내가 뽑은 원픽! 최신 출제경향에 맞춘 최고의 수험서

2025 철도교통 안전관리자

기출유형 모의고사 첨삭식 10회

문제편 + 해설편

교통안전자격시험연구회 편저

목차 CONTENTS

1 문제편

기출유형 모의고사

제1회 기출유형 모의고사	12
제2회 기출유형 모의고사	47
제3회 기출유형 모의고사	80
제4회 기출유형 모의고사	113
제5회 기출유형 모의고사	146
제6회 기출유형 모의고사	178
제7회 기출유형 모의고사	212
제8회 기출유형 모의고사	246
제9회 기출유형 모의고사	279
제10회 기출유형 모의고사	314

철도교통안전관리자 주요법령

CHAPTER 01_ 교통안전법	352
CHAPTER 02_ 철도산업발전 기본법	394
CHAPTER 03_ 철도안전법	417
CHAPTER 04_ 철도차량운전규칙	503
CHAPTER 05_ 도시철도운전규칙	530

2 해설편

제1회 기출유형 모의고사 정답 및 해설	6
제2회 기출유형 모의고사 정답 및 해설	77
제3회 기출유형 모의고사 정답 및 해설	146
제4회 기출유형 모의고사 정답 및 해설	210
제5회 기출유형 모의고사 정답 및 해설	279
제6회 기출유형 모의고사 정답 및 해설	346
제7회 기출유형 모의고사 정답 및 해설	415
제8회 기출유형 모의고사 정답 및 해설	483
제9회 기출유형 모의고사 정답 및 해설	552
제10회 기출유형 모의고사 정답 및 해설	617

철도교통안전관리자 기출유형 모의고사 첨삭식 10회

기출유형
모의고사
해설편

제1회 기출유형 모의고사
제2회 기출유형 모의고사
제3회 기출유형 모의고사
제4회 기출유형 모의고사
제5회 기출유형 모의고사

제6회 기출유형 모의고사
제7회 기출유형 모의고사
제8회 기출유형 모의고사
제9회 기출유형 모의고사
제10회 기출유형 모의고사

제1회 기출유형 모의고사

문제편 12p

[1과목] 교통법규

001	002	003	004	005	006	007	008	009	010	011	012	013	014	015	016	017	018	019	020
다	라	나	나	가	가	가	다	라	다	가	다	나	나	나	라	라	가	나	나
021	022	023	024	025	026	027	028	029	030	031	032	033	034	035	036	037	038	039	040
다	나	나	라	라	다	나	라	나	다	나	라	라	다	가	다	라	다	나	나
041	042	043	044	045	046	047	048	049	050										
다	나	가	다	나	가	나	가	라	라										

[2과목] 교통안전관리론

051	052	053	054	055	056	057	058	059	060	061	062	063	064	065	066	067	068	069	070
나	라	나	라	라	나	가	라	다	라	나	다	라	라	가	다	나	나	가	가	라
071	072	073	074	075															
다	다	가	가	나															

[3과목] 철도공학

076	077	078	079	080	081	082	083	084	085	086	087	088	089	090	091	092	093	094	095
다	가	다	라	나	라	다	라	나	나	라	가	가	다	나	나	가	라	나	나
096	097	098	099	100															
다	다	나	나	다															

[4과목] 열차운전(선택과목)

101	102	103	104	105	106	107	108	109	110	111	112	113	114	115	116	117	118	119	120
라	나	라	라	나	나	가	가	라	라	나	나	라	나	나	라	다	나	나	가	나
121	122	123	124	125															
다	라	다	라	라															

[1과목] 교통법규

001 「철도산업발전기본법령」상 과태료 부과기준에 대한 설명 중 빈칸에 적절한 기간으로 옳은 것은?

> 국토교통부장관은 과태료를 부과하고자 하는 때에는 (   )의 기간을 정하여 과태료처분대상자에게 구술 또는 서면에 의한 의견진술의 기회를 주어야 한다. 이 경우 지정된 기일까지 의견진술이 없는 때에는 의견이 없는 것으로 본다

㉮ 3일 이상
㉯ 5일 이상
✓ 10일 이상
㉱ 20일 이상

> 국토교통부장관은 과태료를 부과하고자 하는 때에는 10일 이상의 기간을 정하여 과태료처분대상자에게 구술 또는 서면에 의한 의견진술의 기회를 주어야 한다. 이 경우 지정된 기일까지 의견진술이 없는 때에는 의견이 없는 것으로 본다(「철도산업발전기본법 시행령」 제51조 제2항).

002 「교통안전법」 제13조(지역별 교통안전에 관한 주요 정책 심의)와 관련된 설명 중 빈칸에 공통적으로 들어갈 단어로 알맞은 것은?

> - 지역별 교통안전에 관한 주요 정책과 제17조에 따른 지역교통안전기본계획은 「국가통합교통체계효율화법」 제110조에 따른 지방교통위원회 및 시장·군수·구청장 소속으로 설치하는 (   )에서 심의한다.
> - (   )의 위원장은 시장·군수·구청장이 된다.
> - (   )의 구성 및 운영 등에 관하여 필요한 사항은 대통령령으로 정하는 바에 따라 해당 지방자치단체의 조례로 정한다.

㉮ 중앙교통위원회
㉯ 국가교통위원회
㉰ 지방교통위원회
✓ 시·군·구교통안전위원회

> 시·군·구교통안전위원회는 교통안전에 관한 주요정책의 심의·조정을 위해 지방기초단체에 설치하는 기구이다. ⚖

법령 ⚖

「교통안전법」 제13조(지역별 교통안전에 관한 주요 정책 심의)
① 지역별 교통안전에 관한 주요 정책과 제17조에 따른 지역교통안전기본계획은 「국가통합교통체계효율화법」 제110조에 따른 지방교통위원회(이하 "지방교통위원회"라 한다) 및 시장·군수·구청장 소속으로 설치하는 시·군·구 교통안전정책심의위원회(이하 "시·군·구교통안전위원회"라 한다)에서 심의한다.
② 시·군·구교통안전위원회의 위원장은 시장·군수·구청장이 된다.
③ 시·군·구교통안전위원회의 구성 및 운영 등에 관하여 필요한 사항은 대통령령으로 정하는 바에 따라 해당 지방자치단체의 조례로 정한다.

003 「교통안전법」상 지역교통안전기본계획에 대한 설명 중 ㉠, ㉡에 들어갈 적절한 용어가 바르게 묶인 것은?

- 시·도지사는 국가교통안전기본계획에 따라 시·도의 교통안전에 관한 기본계획을 (㉠) 단위로 수립하여야 한다.
- 시장·군수·구청장은 시·도교통안전기본계획에 따라 시·군·구의 교통안전에 관한 기본계획을 (㉡) 단위로 수립하여야 한다.

㉮ ㉠ 1년, ㉡ 1년
✔ ㉯ ㉠ 5년, ㉡ 5년
㉰ ㉠ 5년, ㉡ 10년
㉱ ㉠ 10년, ㉡ 5년

> 시·도지사는 국가교통안전기본계획에 따라 시·도의 교통안전에 관한 기본계획(이하 "시·도교통안전기본계획"이라 한다)을 <u>5년</u> 단위로 수립하여야 하며, 시장·군수·구청장은 시·도교통안전기본계획에 따라 시·군·구의 교통안전에 관한 기본계획(이하 "시·군·구교통안전기본계획"이라 한다)을 <u>5년</u> 단위로 수립하여야 한다(「교통안전법」 제17조 제1항).

004 「교통안전법령」에 따른 교통안전 우수사업자 지정의 기준에 해당하지 않는 것은?

㉮ 최근 3년간 「교통안전법 시행령」 별표 3의2에 따른 교통안전도 평가지수가 1 미만일 것

> 「교통안전법 시행규칙」 제8조의2 제2항 제1호 ⚖

✔ ㉯ 동종의 운송사업자 중 교통안전도 평가지수가 상위 100분의 10 이내일 것

> 동종의 운송사업자 중 교통안전도 평가지수가 상위 <u>100분의 5</u> 이내일 것(「교통안전법 시행규칙」 제8조의2 제2항 제1호) ⚖

㉰ 최근 3년간 「여객자동차 운수사업법 시행령」 제8조 제1호에 해당하는 규모나 발생 빈도의 교통사고를 발생시키지 않을 것

> 「교통안전법 시행규칙」 제8조의2 제2항 제2호 가목 ⚖

㉱ 최근 3년간 「화물자동차 운수사업법 시행령」 제2항에 따른 빈번한 교통사고를 발생시키지 않을 것

> 「교통안전법 시행규칙」 제8조의2 제2항 제2호 나목 ⚖

> **법령** ⚖️
>
> 「교통안전법 시행규칙」제8조의2(교통안전 우수사업자 지정의 대상 등)
> ② 교통안전 우수사업자 지정의 기준은 다음 각 호와 같다.
>   1. 최근 3년간 영 별표 3의2에 따른 <u>교통안전도 평가지수가 1 미만</u>이고 <u>동종의 운송사업자 중 교통안전도 평가지수가 상위 100분의 5 이내일 것</u>
>   2. 최근 3년간 다음 각 목의 구분에 따른 교통사고 발생 기준을 충족할 것
>   가. 제1항 제1호의 여객자동차운송사업자 : <u>「여객자동차 운수사업법 시행령」</u>제11조에 따른 중대한 교통사고를 같은 영 제8조 제1호 각 목에 따른 빈도로 발생시키지 않을 것
>   나. 제1항 제2호의 화물자동차 운송사업자 : <u>「화물자동차 운수사업법 시행령」</u>제6조 제1항에 따른 중대한 교통사고 또는 같은 조 제2항에 따른 빈번한 교통사고를 발생시키지 않을 것

005 「교통안전법령」상 교통수단안전점검의 대상으로 옳지 않은 것은?

✅ ㉮ 군용항공기 등과 국가기관 등 항공기

> 「항공안전법」제3조 및 제4조를 적용받는 <u>군용항공기 등과 국가기관 등 항공기</u>는 <u>교통수단안전점검의 대상에서 제외</u>한다(「교통안전법 시행령」제20조 제1항 제6호). ⚖️

㉯ 여객자동차운송사업자가 보유한 자동차

> 「교통안전법 시행령」제20조 제1항 제1호 ⚖️

㉰ 건설기계사업자가 보유한 건설기계

> 「교통안전법 시행령」제20조 제1항 제3호 ⚖️

㉱ 도시철도운영자가 보유한 철도차량

> 「교통안전법 시행령」제20조 제1항 제5호 ⚖️

> **법령** ⚖️
>
> 「교통안전법 시행령」제20조(교통수단안전점검의 대상 등)
> ① 법 제33조 제1항에 따른 교통수단안전점검의 대상은 다음 각 호와 같다.
>   1. 「여객자동차 운수사업법」에 따른 <u>여객자동차운송사업자가 보유한 자동차</u> 및 그 운영에 관련된 사항
>   2. 「화물자동차 운수사업법」에 따른 화물자동차 운송사업자가 보유한 자동차 및 그 운영에 관련된 사항
>   3. 「건설기계관리법」에 따른 <u>건설기계사업자가 보유한 건설기계</u>(같은 법 제26조 제1항 단서에 따라 「도로교통법」에 따른 운전면허를 받아야 하는 건설기계에 한정한다) 및 그 운영에 관련된 사항
>   4. 「철도사업법」에 따른 철도사업자 및 전용철도운영자가 보유한 철도차량 및 그 운영에 관련된 사항
>   5. 「도시철도법」에 따른 <u>도시철도운영자가 보유한 철도차량</u> 및 그 운영에 관련된 사항
>   6. 「항공사업법」에 따른 항공운송사업자가 보유한 항공기(「항공안전법」제3조 및 제4조를 적용받는 <u>군용항공기 등과 국가기관등항공기는 제외한다</u>) 및 그 운영에 관련된 사항
>   7. 그 밖에 국토교통부령으로 정하는 어린이 통학버스 및 위험물 운반자동차 등 교통수단안전점검이 필요하다고 인정되는 자동차 및 그 운영에 관련된 사항

006 「철도산업발전기본법」상 철도부채의 포괄승계기관이 적절하게 연결된 것은?

- 운영부채의 포괄승계기관 : (㉠)
- 시설부채의 포괄승계기관 : (㉡)
- 기타부채의 포괄승계기관 : (㉢)

✔ ㉮ ㉠ 철도공사, ㉡ 국가철도공단, ㉢ 일반회계
㉯ ㉠ 철도공사, ㉡ 철도교통안전공단, ㉢ 특별회계
㉰ ㉠ 국가철도공단, ㉡ 철도공사, ㉢ 일반회계
㉱ ㉠ 철도교통안전공단, ㉡ 철도공사, ㉢ 특별회계

운영부채는 철도공사가, 시설부채는 국가철도공단이 각각 포괄하여 승계하고, 기타부채는 일반회계가 포괄하여 승계한다(「철도산업발전기본법」 제24조 제2항).

007 국토교통부장관이 안전관리체계 정기검사 또는 수시검사를 마친 후 작성하는 검사 결과보고서에 포함되지 않는 사항은?

✔ ㉮ 안전관리체계의 검사 전후 변경사항

안전관리체계의 검사 전후 변경사항은 「철도안전법 시행규칙」 제6조 제4항에 따른 검사 결과보고서에 포함되지 않는다.

㉯ 안전관리체계의 검사 개요 및 현황 「철도안전법 시행규칙」 제6조 제4항 제1호 ⚖

㉰ 안전관리체계의 검사 과정 및 내용 「철도안전법 시행규칙」 제6조 제4항 제2호 ⚖

㉱ 철도사고에 따른 사망자·중상자의 수 및 철도사고 등에 따른 재산피해액

「철도안전법 시행규칙」 제6조 제4항 제5호 ⚖

법령 ⚖

「철도안전법 시행규칙」 제6조(안전관리체계의 유지·검사 등)
④ 국토교통부장관은 정기검사 또는 수시검사를 마친 경우에는 다음 각 호의 사항이 포함된 검사 결과보고서를 작성하여야 한다.
  1. 안전관리체계의 검사 개요 및 현황
  2. 안전관리체계의 검사 과정 및 내용
  3. 법 제8조 제3항에 따른 시정조치 사항
  4. 제6항에 따라 제출된 시정조치계획서에 따른 시정조치명령의 이행 정도
  5. 철도사고에 따른 사망자·중상자의 수 및 철도사고 등에 따른 재산피해액

008 다음 중 「교통안전법」상 국가교통안전시행계획의 수립 의무자는?

㉮ 시·도지사
㉯ 국토교통부장관
✔ 지정행정기관의 장
㉰ 시장·군수·구청장

> 지정행정기관의 장은 국가교통안전기본계획을 집행하기 위하여 매년 소관별 교통안전시행계획안을 수립하여 이를 국토교통부장관에게 제출하여야 한다(「교통안전법」 제16조 제1항).

009 다음 중 철도산업위원회 실무위원회의 위원자가 될 수 없는 자는?

㉮ 국가철도공단의 임직원 중 국가철도공단이사장이 지명하는 자 1인

> 「철도산업발전기본법 시행령」 제10조 제4항 제2호

㉯ 한국철도공사의 임직원 중 한국철도공사사장이 지명하는 자 1인

> 「철도산업발전기본법 시행령」 제10조 제4항 제3호

㉰ 철도산업에 관한 전문성과 경험이 풍부한 자 중에서 실무위원회의 위원장이 위촉하는 자

> 「철도산업발전기본법 시행령」 제10조 제4항 제4호

✔ 공정거래위원회의 2급 공무원, 3급 공무원 또는 고위공무원단에 속하는 특수직 공무원 중 그 소속기관의 장이 지명하는 자 각 1인

> 공정거래위원회의 3급 공무원, 4급 공무원 또는 고위공무원단에 속하는 일반직 공무원 중 그 소속기관의 장이 지명하는 자 각 1인(「철도산업발전기본법 시행령」 제10조 제4항 제1호)

법령

「철도산업발전기본법 시행령」 제10조(실무위원회의 구성 등)
④ 실무위원회의 위원은 다음 각 호의 자가 된다.
1. 기획재정부·교육부·과학기술정보통신부·행정안전부·산업통상자원부·고용노동부·국토교통부·해양수산부 및 공정거래위원회의 3급 공무원, 4급 공무원 또는 고위공무원단에 속하는 일반직공무원 중 그 소속기관의 장이 지명하는 자 각 1인
2. 국가철도공단의 임직원 중 국가철도공단이사장이 지명하는 자 1인
3. 한국철도공사의 임직원 중 한국철도공사사장이 지명하는 자 1인
4. 철도산업에 관한 전문성과 경험이 풍부한 자 중에서 실무위원회의 위원장이 위촉하는 자

010 교통안전관리자의 자격정지를 명할 수 있는 최대 기간으로 적절한 것은?

㉮ 3개월　　　　　　　　　　　㉯ 6개월
✓ 1년　　　　　　　　　　　　㉱ 2년

> 시·도지사는 교통안전관리자가 다음 제1호 및 제2호의 어느 하나에 해당하는 때에는 그 자격을 취소하여야 하며, 제3호에 해당하는 때에는 교통안전관리자의 자격을 취소하거나 <u>1년 이내의 기간을 정하여 해당 자격의 정지를 명할 수 있다</u>(「교통안전법」 제54조 제1항).

011 「철도안전법」상 운전적성검사에 관한 설명 중 ㉠, ㉡에 알맞은 기간으로 옳은 것은?

- 운전적성검사에 불합격한 사람은 검사일로부터 (㉠) 동안 운전적성검사를 받을 수 없다.
- 운전적성검사 과정에서 부정행위를 한 사람은 (㉡) 동안 운전적성검사를 받을 수 없다.

✓ ㉮ ㉠ 3개월, ㉡ 1년　　　　　　㉯ ㉠ 1년, ㉡ 3개월
㉰ ㉠ 6개월, ㉡ 1년　　　　　　㉱ ㉠ 6개월, ㉡ 2년

> - 운전적성검사에 불합격한 사람은 검사일로부터 <u>3개월 동안</u> 운전적성검사를 받을 수 없다(「철도안전법」 제15조 제2항 제1호).
> - 운전적성검사 과정에서 부정행위를 한 사람은 <u>1년 동안</u> 운전적성검사를 받을 수 없다(「철도안전법」 제15조 제2항 제2호).

법령

「철도안전법」 제15조(운전적성검사)
② 운전적성검사에 불합격한 사람 또는 운전적성검사 과정에서 부정행위를 한 사람은 다음 각 호의 구분에 따른 기간 동안 운전적성검사를 받을 수 없다.
　1. <u>운전적성검사에 불합격한 사람</u> : 검사일부터 <u>3개월</u>
　2. <u>운전적성검사 과정에서 부정행위를 한 사람</u> : 검사일부터 <u>1년</u>

012 「철도산업발전기본법령」상 철도산업정보화기본계획에 포함되는 사항을 모두 고른 것은?

ㄱ. 철도관련기술에 관한 교육·훈련
ㄴ. 철도서비스에 관한 교육·훈련
ㄷ. 철도산업정보의 유통 및 이용활성화에 관한 사항
ㄹ. 철도산업정보화와 관련된 기술개발의 지원에 관한 사항

㉮ ㄱ, ㄴ, ㄷ
㉯ ㄴ, ㄷ
✓ ㉰ ㄷ, ㄹ
㉱ ㄱ, ㄴ, ㄷ, ㄹ

「철도산업발전기본법 시행령」 제15조에 따른 철도산업정보화 기본계획에는 ㄷ. 철도산업정보의 유통 및 이용활성화에 관한 사항, ㄹ. 철도산업정보화와 관련된 기술개발의 지원에 관한 사항이 포함된다.

법령

「철도산업발전기본법 시행령」 제15조(철도산업정보화기본계획의 내용 등)
① 법 제12조 제1항의 규정에 의한 철도산업정보화기본계획에는 다음 각 호의 사항이 포함되어야 한다.
   1. 철도산업정보화의 여건 및 전망
   2. 철도산업정보화의 목표 및 단계별 추진계획
   3. 철도산업정보화에 필요한 비용
   4. 철도산업정보의 수집 및 조사계획
   5. 철도산업정보의 유통 및 이용활성화에 관한 사항
   6. 철도산업정보화와 관련된 기술개발의 지원에 관한 사항
   7. 그 밖에 국토교통부장관이 필요하다고 인정하는 사항

013 「교통안전법령」상 자동차를 20대 이상 보유한 여객자동차운송사업의 면허를 받거나 등록을 한 자가 국토교통부장관으로부터 교통수단안전점검을 받기 위한 요건으로서 교통안전도 평가지수 기준이 다른 것은?

㉮ 시내버스운송사업
㉯ 농어촌버스운송사업
✓ ㉰ 일반택시운송사업
㉱ 특수여객자동차운송사업

일반택시운송사업의 교통안전도 평가지수 기준은 '2'이며, 나머지는 '2.5'이다(「교통안전법 시행규칙」 제7조의2).

> **법령**
>
> 「교통안전법 시행규칙」 제7조의2(교통안전도 평가지수)
> 영 제20조 제3항 제3호에서 "국토교통부령으로 정하는 기준"이란 다음 각 호와 같다.
> 1. 자동차를 20대 이상 보유하여 「여객자동차 운수사업법」 제4조에 따른 여객자동차운송사업의 면허를 받거나 등록을 한 자
>   가. 시내버스운송사업, 농어촌버스운송사업, 특수여객자동차운송사업 및 마을버스운송사업의 경우 : 2.5
>   나. 시외버스운송사업 및 일반택시운송사업의 경우 : 2
>   다. 전세버스운송사업의 경우 : 1
> 2. 자동차를 20대 이상 보유하여 「화물자동차 운수사업법」 제3조에 따라 일반화물자동차운송사업의 허가를 받은 자 : 1

014 「교통안전법」상 자격의 취득과 관련한 다음 설명 중 빈칸에 공통적으로 들어갈 적절한 단어는?

- 국토교통부장관은 교통수단의 운행·운항·항행 또는 교통시설의 운영·관리와 관련된 기술적인 사항을 점검·관리하는 (　　) 자격 제도를 운영하여야 한다.
- (　　) 자격을 취득하려는 사람은 국토교통부장관이 실시하는 시험에 합격하여야 하며, 국토교통부장관은 시험에 합격한 사람에 대하여는 (　　) 자격증명서를 교부한다.

㉮ 교통사업자　　　　　　　　　　✓㉯ 교통안전관리자
㉰ 교통수단운영자　　　　　　　　㉱ 특별교통안전진단기관

> - 국토교통부장관은 교통수단의 운행·운항·항행 또는 교통시설의 운영·관리와 관련된 기술적인 사항을 점검·관리하는 <u>교통안전관리자</u> 자격 제도를 운영하여야 한다(「교통안전법」 제53조 제1항).
> - <u>교통안전관리자</u> 자격을 취득하려는 사람은 국토교통부장관이 실시하는 시험에 합격하여야 하며, 국토교통부장관은 시험에 합격한 사람에 대하여는 <u>교통안전관리자</u> 자격증명서를 교부한다(동조 제2항).

015 「철도안전법령」상 국토교통부장관은 일정 사유로 철도운영자 등이 안전관리체계 정기검사의 유예를 요청한 경우에 검사 시기를 유예하거나 변경할 수 있다. 이때 유예요청사유에 해당하지 않는 것은?

㉮ 검사 대상 철도운영자 등이 사법기관 및 중앙행정기관의 조사 및 감사를 받고 있는 경우

>
> 「철도안전법 시행규칙」 제6조 제3항 제1호

✔ 철도운영자 등이 민·형사상의 소송 중에 있거나 조정 중에 있는 경우

> 철도운영자 등이 민·형사상의 소송 중에 있거나 조정 중에 있는 경우는 「철도안전법 시행규칙」 제6조 제3항에 따른 유예요청사유에 해당하지 않는다.

㉰ 항공·철도사고조사위원회가 철도사고에 대한 조사를 하고 있는 경우

> 「철도안전법 시행규칙」 제6조 제3항 제2호 ⚖

㉱ 대형 철도사고의 발생, 천재지변, 그 밖의 부득이한 사유가 있는 경우

> 「철도안전법 시행규칙」 제6조 제3항 제3호 ⚖

법령 ⚖

「철도안전법 시행규칙」 제6조(안전관리체계의 유지·검사 등)
③ 국토교통부장관은 다음 각 호의 사유로 철도운영자 등이 안전관리체계 정기검사의 유예를 요청한 경우에 검사 시기를 유예하거나 변경할 수 있다.
  1. 검사 대상 철도운영자 등이 사법기관 및 중앙행정기관의 조사 및 감사를 받고 있는 경우
  2. 「항공·철도 사고조사에 관한 법률」 제4조 제1항에 따른 항공·철도사고조사위원회가 같은 법 제19조에 따라 철도사고에 대한 조사를 하고 있는 경우
  3. 대형 철도사고의 발생, 천재지변, 그 밖의 부득이한 사유가 있는 경우

---

016 「철도산업발전기본법」상 철도산업발전기본계획의 수립에 관한 설명 중 ㉠, ㉡에 적절한 단어가 바르게 연결된 것은?

> (㉠)은 철도산업의 육성과 발전을 촉진하기 위하여 (㉡)로 철도산업발전기본계획을 수립하여 시행하여야 한다.

㉮ ㉠ 철도청장, ㉡ 3년 단위
㉯ ㉠ 국토교통부장관, ㉡ 3년 단위
㉰ ㉠ 철도청장, ㉡ 5년 단위
✔ ㉱ ㉠ 국토교통부장관, ㉡ 5년 단위

> 국토교통부장관은 철도산업의 육성과 발전을 촉진하기 위하여 5년 단위로 철도산업발전기본계획(이하 "기본계획"이라 한다)을 수립하여 시행하여야 한다(「철도산업발전기본법」 제5조 제1항).

017 「철도산업발전기본법령」상 철도산업구조개혁기본계획에 관한 설명으로 옳지 않은 것은?

㉮ 국토교통부장관은 철도산업의 구조개혁을 효율적으로 추진하기 위하여 철도산업구조개혁기본계획을 수립하여야 한다.

> 「철도산업발전기본법」 제18조 제1항 ⚖️

㉯ 국토교통부장관은 구조개혁계획을 수립하고자 하는 때에는 미리 구조개혁계획과 관련이 있는 행정기관의 장과 협의한 후 위원회의 심의를 거쳐야 한다.

> 「철도산업발전기본법」 제18조 제3항 ⚖️

㉰ 관계행정기관의 장은 수립·고시된 구조개혁계획에 따라 연도별 시행계획을 수립·추진하고, 그 연도의 계획 및 전년도의 추진실적을 국토교통부장관에게 제출하여야 한다.

> 「철도산업발전기본법」 제18조 제5항 ⚖️

✔ 관계행정기관의 장은 당해 연도의 시행계획을 전년도 12월 말까지 국토교통부장관에게 제출하여야 한다.

> 관계행정기관의 장은 당해 연도의 시행계획을 전년도 11월 말까지 국토교통부장관에게 제출하여야 한다 (「철도산업발전기본법 시행령」 제27조 제1항). ⚖️

법령 ⚖️

「철도산업발전기본법」 제18조(철도산업구조개혁기본계획의 수립 등)
① 국토교통부장관은 철도산업의 구조개혁을 효율적으로 추진하기 위하여 철도산업구조개혁기본계획(이하 "구조개혁계획"이라 한다)을 수립하여야 한다.
② 구조개혁계획에는 다음 각 호의 사항이 포함되어야 한다.
  1. 철도산업구조개혁의 목표 및 기본방향에 관한 사항
  2. 철도산업구조개혁의 추진방안에 관한 사항
  3. 철도의 소유 및 경영구조의 개혁에 관한 사항
  4. 철도산업구조개혁에 따른 대내외 여건조성에 관한 사항
  5. 철도산업구조개혁에 따른 자산·부채·인력 등에 관한 사항
  6. 철도산업구조개혁에 따른 철도관련 기관·단체 등의 정비에 관한 사항
  7. 그 밖에 철도산업구조개혁을 위하여 필요한 사항으로서 대통령령으로 정하는 사항
③ 국토교통부장관은 구조개혁계획을 수립하고자 하는 때에는 미리 구조개혁계획과 관련이 있는 행정기관의 장과 협의한 후 제6조에 따른 위원회의 심의를 거쳐야 한다. 수립한 구조개혁계획을 변경(대통령령으로 정하는 경미한 변경은 제외한다)하고자 하는 경우에도 또한 같다.
④ 국토교통부장관은 제3항에 따라 구조개혁계획을 수립 또는 변경한 때에는 이를 관보에 고시하여야 한다.
⑤ 관계행정기관의 장은 수립·고시된 구조개혁계획에 따라 연도별 시행계획을 수립·추진하고, 그 연도의 계획 및 전년도의 추진실적을 국토교통부장관에게 제출하여야 한다.
⑥ 제5항에 따른 연도별 시행계획의 수립 및 시행 등에 관하여 필요한 사항은 대통령령으로 정한다.

「철도산업발전기본법 시행령」 제27조(철도산업구조개혁시행계획의 수립절차 등)
① 관계행정기관의 장은 법 제18조 제5항의 규정에 의한 당해 연도의 시행계획을 전년도 11월 말까지 국토교통부장관에게 제출하여야 한다.
② 관계행정기관의 장은 전년도 시행계획의 추진실적을 매년 2월말까지 국토교통부장관에게 제출하여야 한다.

018 교통안전진단기관에 대한 지도, 감독에 있어서 출입·검사를 하는 경우 검사계획은 검사일의 며칠 전까지 통지해야 하는가?

- ㉮ 7일 전 ✓
- ㉯ 10일 전
- ㉰ 15일 전
- ㉱ 30일 전

> 시·도지사는 교통안전진단기관이 교통시설안전진단 업무를 적절하게 수행하고 있는지의 여부 등을 확인하기 위하여 교통안전진단기관으로 하여금 필요한 보고를 하게 하거나 관련 자료를 제출하게 할 수 있으며, 필요한 경우 소속 공무원으로 하여금 관련서류 그 밖의 물건을 점검·검사하게 하거나 관계인에게 질문을 하게 할 수 있다(「교통안전법」 제47조 제1항). 출입·검사를 하는 경우에는 검사일 7일 전까지 검사일시·검사이유 및 검사내용 등을 포함한 검사계획을 교통안전진단기관에 통지하여야 한다(동조 제2항).

019 「철도산업발전기본법」상 철도산업위원회와 관련된 설명으로 옳은 것은?

㉮ 철도산업에 관한 기본계획 및 중요정책 등을 심의·조정하기 위하여 관리청에 철도산업위원회를 둔다.

> 철도산업에 관한 기본계획 및 중요정책 등을 심의·조정하기 위하여 국토교통부에 철도산업위원회를 둔다(「철도산업발전기본법」 제6조 제1항).

㉯ 위원회는 위원장을 포함한 25인 이내의 위원으로 구성한다. ✓

> 「철도산업발전기본법」 제6조 제3항

㉰ 위원회에 상정할 안건을 미리 검토하고 위원회가 위임한 안건을 심의하기 위하여 위원회에 특별위원회를 둔다.

> 위원회에 상정할 안건을 미리 검토하고 위원회가 위임한 안건을 심의하기 위하여 위원회에 분과위원회를 둔다(「철도산업발전기본법」 제6조 제4항).

㉱ 위원회 및 분과위원회의 구성·기능 및 운영에 관하여 필요한 사항은 국토교통부령으로 정한다.

> 위원회 및 분과위원회의 구성·기능 및 운영에 관하여 필요한 사항은 대통령령으로 정한다(「철도산업발전기본법」 제6조 제5항).

020 「철도안전법령」에 따른 운전교육훈련기관의 지정취소 및 업무정지기준에서 4차 위반 시 지정취소를 해야 하는 위반사항으로 적절한 것은?

㉮ 거짓이나 그 밖의 부정한 방법으로 지정을 받은 경우
㉯ 업무정지 명령을 위반하여 그 정지기간 중 운전교육훈련업무를 한 경우
✓ 정당한 사유 없이 운전교육훈련업무를 거부한 경우

> 「철도안전법 시행규칙」 [별표 9]에 따라, 정당한 사유 없이 운전교육훈련업무를 거부한 경우에 대한 4차 위반 시 지정취소에 처한다. ⚖

㉱ 거짓이나 그 밖의 부정한 방법으로 운전교육훈련 수료증을 발급한 경우

법령 ⚖

「철도안전법 시행규칙」 [별표 9] 운전교육훈련기관의 지정취소 및 업무정지기준(제23조 제1항 관련)

위반사항	근거 법조문	처분기준			
		1차 위반	2차 위반	3차 위반	4차 위반
1. 거짓이나 그 밖의 부정한 방법으로 지정을 받은 경우	법 제15조의2 제1항 제1호	지정취소			
2. 업무정지 명령을 위반하여 그 정지기간 중 운전교육훈련업무를 한 경우	법 제15조의2 제1항 제2호	지정취소			
3. 법 제16조 제4항에 따른 지정기준에 맞지 아니한 경우	법 제15조의2 제1항 제3호	경고 또는 보완명령	업무정지 1개월	업무정지 3개월	지정취소
4. 정당한 사유 없이 운전교육훈련업무를 거부한 경우	법 제15조의2 제1항 제4호	경고	업무정지 1개월	업무정지 3개월	지정취소
5. 법 제16조 제5항에 따라 준용되는 법 제15조 제6항을 위반하여 거짓이나 그 밖의 부정한 방법으로 운전교육훈련 수료증을 발급한 경우	법 제15조의2 제1항 제5호	업무정지 1개월	업무정지 3개월	지정취소	

021 「철도산업발전기본법」에 따른 철도자산의 구분으로 ㉠~㉢에 적절한 단어를 순서대로 나열한 것은?

1) (㉠) : 철도청과 고속철도건설공단이 철도운영 등을 주된 목적으로 취득하였거나 관련 법령 및 계약 등에 의하여 취득하기로 한 재산·시설 및 그에 관한 권리
2) (㉡) : 철도청과 고속철도건설공단이 철도의 기반이 되는 시설의 건설 및 관리를 주된 목적으로 취득하였거나 관련 법령 및 계약 등에 의하여 취득하기로 한 재산·시설 및 그에 관한 권리
3) (㉢) : 1)과 2)의 철도자산을 제외한 자산

㉮ ㉠ 철도자산, ㉡ 시설자산, ㉢ 기타자산
㉯ ㉠ 운영자산, ㉡ 철도자산, ㉢ 기타자산
✓ ㉰ ㉠ 운영자산, ㉡ 시설자산, ㉢ 기타자산
㉱ ㉠ 철도자산, ㉡ 운영자산, ㉢ 기타자산

「철도산업발전기본법」 제22조 제1항에 따라 철도자산은 ㉠ 운영자산, ㉡ 시설자산, ㉢ 기타자산으로 구분된다.

법령

「철도산업발전기본법」 제22조(철도자산의 구분 등)
① 국토교통부장관은 철도산업의 구조개혁을 추진하는 경우 철도청과 고속철도건설공단의 철도자산을 다음 각 호와 같이 구분하여야 한다.
  1. 운영자산 : 철도청과 고속철도건설공단이 철도운영 등을 주된 목적으로 취득하였거나 관련 법령 및 계약 등에 의하여 취득하기로 한 재산·시설 및 그에 관한 권리
  2. 시설자산 : 철도청과 고속철도건설공단이 철도의 기반이 되는 시설의 건설 및 관리를 주된 목적으로 취득하였거나 관련 법령 및 계약 등에 의하여 취득하기로 한 재산·시설 및 그에 관한 권리
  3. 기타자산 : 제1호 및 제2호의 철도자산을 제외한 자산
② 국토교통부장관은 제1항에 따라 철도자산을 구분하는 때에는 기획재정부장관과 미리 협의하여 그 기준을 정한다.

022 다음 중 「교통안전법」에 제7조에 따른 차량 운전자의 의무와 관련 없는 것은?

㉮ 차량운전자 등의 안전운행 의무

> 차량을 운전하는 자 등은 법령에서 정하는 바에 따라 해당 차량이 안전운행에 지장이 없는지를 점검하고 보행자와 자전거이용자에게 위험과 피해를 주지 아니하도록 안전하게 운전하여야 한다(「교통안전법」 제7조 제1항).

✓ 교통안전에 관한 사항의 배려 의무

> 교통안전에 관한 사항의 배려 의무는 「교통안전법」 제3조 국가 등의 의무사항과 관련이 있다. ⚖️

㉯ 항공승무원 등의 항행안전시설 기능장애 보고 의무

> 항공기에 탑승하여 그 운항업무 등에 종사하는 자(이하 "항공승무원 등"이라 한다)는 법령에서 정하는 바에 따라 해당 항공기의 운항 전 확인 및 항행안전시설의 기능장애에 관한 보고 등을 행하고 안전운항을 하여야 한다(「교통안전법」 제7조 제3항).

㉰ 선박승무원 등의 안전운항 의무

> 선박에 승선하여 항행업무 등에 종사하는 자(「도선법」에 의한 도선사를 포함하며, 이하 "선박승무원 등"이라 한다)는 법령에서 정하는 바에 따라 해당 선박이 출항하기 전에 검사를 행하여야 하며, 기상조건·해상조건·항로표지 및 사고의 통보 등을 확인하고 안전운항을 하여야 한다(「교통안전법」 제7조 제2항).

법령 ⚖️

「교통안전법」 제3조(국가 등의 의무)
① 국가는 국민의 생명·신체 및 재산을 보호하기 위하여 교통안전에 관한 종합적인 시책을 수립하고 이를 시행하여야 한다.
② 지방자치단체는 주민의 생명·신체 및 재산을 보호하기 위하여 그 관할구역 내의 교통안전에 관한 시책을 해당 지역의 실정에 맞게 수립하고 이를 시행하여야 한다.
③ 국가 및 지방자치단체(이하 "국가 등"이라 한다)는 제1항 및 제2항의 규정에 따른 교통안전에 관한 시책을 수립·시행하는 것 외에 지역개발·교육·문화 및 법무 등에 관한 계획 및 정책을 수립하는 경우에는 교통안전에 관한 사항을 배려하여야 한다.

023 다음 중 「교통안전법령」상 교통안전점검의 방법에 대한 설명으로 옳은 것은?

㉮ 교통행정기관은 소관 교통수단에 대한 교통안전 실태를 파악하기 위하여 주기적으로 또는 수시로 교통수단안전점검을 실시하여야 한다.

> 교통행정기관은 소관 교통수단에 대한 교통안전 실태를 파악하기 위하여 주기적으로 또는 수시로 교통수단 안전점검을 실시할 수 있다(「교통안전법」 제33조 제1항). 즉, 의무사항이 아니다.

✔ 교통행정기관의 장은 교통수단안전점검을 하기 위하여 필요하다고 인정되는 경우에는 교통안전과 관련된 전문기관 · 단체의 지원을 받을 수 있다.

> 「교통안전법 시행령」 제21조 제3항

㉰ 교통수단안전점검의 대상이 둘 이상의 교통행정기관의 소관 사항인 경우에는 해당 소관 기관이 공동으로 점검할 수 없다.

> 교통수단안전점검의 대상이 둘 이상의 교통행정기관의 소관 사항인 경우에는 해당 소관 기관이 공동으로 점검할 수 있다(「교통안전법 시행령」 제21조 제2항).

㉱ 교통행정기관의 장은 교통수단안전점검을 실시할 때에는 교통안전에 관한 전문지식과 경험이 있는 관계 업체로 하여금 이를 실시하도록 하여야 한다.

> 교통행정기관의 장은 교통수단안전점검을 실시할 때에는 교통안전에 관한 전문지식과 경험이 있는 관계 공무원으로 하여금 이를 실시하도록 하여야 한다(「교통안전법 시행령」 제21조 제1항).

법령

「교통안전법 시행령」 제21조(교통수단안전점검의 방법)
① 교통행정기관의 장은 법 제33조 제1항 및 제6항에 따라 교통수단안전점검을 실시할 때에는 교통안전에 관한 전문지식과 경험이 있는 관계 공무원으로 하여금 이를 실시하도록 하여야 한다.
② 교통수단안전점검의 대상이 둘 이상의 교통행정기관의 소관 사항인 경우에는 해당 소관 기관이 공동으로 점검할 수 있다.
③ 교통행정기관의 장은 교통수단안전점검을 하기 위하여 필요하다고 인정되는 경우에는 교통안전과 관련된 전문기관 · 단체의 지원을 받을 수 있다.

024 「교통안전법」상 국가 등의 의무와 관련한 설명으로 적절하지 않은 것은?

㉮ 국가는 국민의 생명·신체 및 재산을 보호하기 위하여 교통안전에 관한 종합적인 시책을 수립하고 이를 시행하여야 한다.

> 「교통안전법」 제3조 제1항

㉯ 국가 및 지방자치단체는 교통안전에 관한 시책을 수립·시행하는 것 외에 지역개발·교육·문화 및 법무 등에 관한 계획 및 정책을 수립하는 경우에는 교통안전에 관한 사항을 배려하여야 한다.

> 「교통안전법」 제3조 제3항

㉰ 교통시설설치·관리자는 해당 교통시설을 설치 또는 관리하는 경우 교통안전표지 그 밖의 교통안전시설을 확충·정비하는 등 교통안전을 확보하기 위한 필요한 조치를 강구하여야 한다.

> 「교통안전법」 제4조

✔ 국가는 주민의 생명·신체 및 재산을 보호하기 위하여 그 관할구역 내의 교통안전에 관한 시책을 해당 지역의 실정에 맞게 수립하고 이를 시행하여야 한다.

> <u>지방자치단체</u>는 주민의 생명·신체 및 재산을 보호하기 위하여 그 관할구역 내의 교통안전에 관한 시책을 해당 지역의 실정에 맞게 수립하고 이를 시행하여야 한다(「교통안전법」 제3조 제2항).

025 「철도산업발전기본법」 중 철도시설의 정의와 가장 거리가 먼 것은?

㉮ 철도운영을 위한 건축물·건축설비

> 「철도산업발전기본법」 제3조 제2호 가목

㉯ 철도의 전철전력설비, 정보통신설비, 신호 및 열차제어설비

> 「철도산업발전기본법」 제3조 제2호 다목

㉰ 철도기술의 개발·시험 및 연구를 위한 시설

> 「철도산업발전기본법」 제3조 제2호 마목

✔ 철도시설·철도차량 및 철도부지 등을 활용한 부대사업개발

> 철도시설·철도차량 및 철도부지 등을 활용한 부대사업개발은 「철도산업발전기본법」 제3조 제2호에 따른 철도시설의 정의에 포함되지 않는다.

> **법령**
>
> 「철도산업발전기본법」 제3조(정의)
> 이 법에서 사용하는 용어의 정의는 다음 각 호와 같다.
> 2. "철도시설"이라 함은 다음 각 목의 어느 하나에 해당하는 시설(부지를 포함한다)을 말한다.
>   가. 철도의 선로(선로에 부대되는 시설을 포함한다), 역시설(물류시설·환승시설 및 편의시설 등을 포함한다) 및 철도운영을 위한 건축물·건축설비
>   나. 선로 및 철도차량을 보수·정비하기 위한 선로보수기지, 차량정비기지 및 차량유치시설
>   다. 철도의 전철전력설비, 정보통신설비, 신호 및 열차제어설비
>   라. 철도노선 간 또는 다른 교통수단과의 연계운영에 필요한 시설
>   마. 철도기술의 개발·시험 및 연구를 위한 시설
>   바. 철도경영연수 및 철도전문인력의 교육훈련을 위한 시설
>   사. 그 밖에 철도의 건설·유지보수 및 운영을 위한 시설로서 대통령령으로 정하는 시설

026 「철도안전법」상 빈칸에 들어갈 위반행위에 대한 벌칙으로 적절한 것은?

> 정당한 사유 없이 운행 중에 비상정지버튼을 누르거나 승강용 출입문을 여는 행위를 한 사람은 (　　)에 처한다.

㉮ 500만 원 이하의 벌금
㉯ 1천만 원 이하의 벌금
㉰ 1년 이하의 징역 또는 1천만 원 이하의 벌금
✔ 2년 이하의 징역 또는 2천만 원 이하의 벌금

> 정당한 사유 없이 운행 중에 비상정지버튼을 누르거나 승강용 출입문을 여는 행위를 한 사람은 2년 이하의 징역 또는 2천만 원 이하의 벌금에 처한다(「철도안전법」 제79조 제3항 제18호).

> **법령**
>
> 「철도안전법」 제79조(벌칙)
> ③ 다음 각 호의 어느 하나에 해당하는 자는 2년 이하의 징역 또는 2천만 원 이하의 벌금에 처한다.
>   1. 거짓이나 그 밖의 부정한 방법으로 제7조 제1항에 따른 안전관리체계의 승인을 받은 자
>   2. 제8조 제1항을 위반하여 철도운영이나 철도시설의 관리에 중대하고 명백한 지장을 초래한 자
>   3. 거짓이나 그 밖의 부정한 방법으로 제15조 제4항, 제16조 제3항, 제21조의6 제3항, 제21조의7 제3항, 제24조의4 제2항, 제38조의13 제1항 또는 제69조 제5항에 따른 지정을 받은 자
>   4. 제15조의2(제16조 제5항, 제21조의6 제5항, 제21조의7 제5항, 제24조의4 제5항 또는 제69조 제7항에서 준용하는 경우를 포함한다)에 따른 업무정지 기간 중에 해당 업무를 한 자
>   5. 거짓이나 그 밖의 부정한 방법으로 제26조 제1항 또는 제27조 제1항에 따른 형식승인을 받은 자
>   6. 제26조 제5항을 위반하여 형식승인을 받지 아니한 철도차량을 운행한 자
>   7. 거짓이나 그 밖의 부정한 방법으로 제26조의3 제1항 또는 제27조의2 제1항에 따른 제작자승인을 받은 자

8. 거짓이나 그 밖의 부정한 방법으로 제26조의3 제3항(제27조의2 제4항에서 준용하는 경우를 포함한다)에 따른 제작자승인의 면제를 받은 자
9. 제26조의6 제1항을 위반하여 완성검사를 받지 아니하고 철도차량을 판매한 자
10. 제26조의7 제1항 제5호(제27조의2 제4항에서 준용하는 경우를 포함한다)에 따른 업무정지 기간 중에 철도차량 또는 철도용품을 제작한 자
11. 제27조 제3항을 위반하여 형식승인을 받지 아니한 철도용품을 철도시설 또는 철도차량 등에 사용한 자
11의2. 거짓이나 그 밖의 부정한 방법으로 제27조의3에 따라 위탁받은 검사 업무를 수행한 자
12. 제32조 제1항에 따른 중지명령에 따르지 아니한 자
13. 제38조 제1항을 위반하여 종합시험운행을 실시하지 아니하거나 실시한 결과를 국토교통부장관에게 보고하지 아니하고 철도노선을 정상운행한 자
13의2. 제38조의6 제1항을 위반하여 철도차량정비가 되지 않은 철도차량임을 알면서 운행한 자
13의3. 제38조의6 제3항에 따른 철도차량정비 또는 원상복구 명령에 따르지 아니한 자
13의4. 거짓이나 그 밖의 부정한 방법으로 제38조의7 제1항에 따른 철도차량 정비조직의 인증을 받은 자
13의5. 제38조의10 제1항 제2호에 해당하는 경우로서 고의 또는 중대한 과실로 철도사고 또는 중대한 운행장애를 발생시킨 자
13의6. 제38조의12 제4항을 위반하여 정밀안전진단을 받지 아니하거나 정밀안전진단 결과 또는 정밀안전진단 결과에 대한 평가 결과 계속 사용이 적합하지 아니하다고 인정된 철도차량을 운행한 자
13의7. 제40조 제2항 후단을 위반하여 특별한 사유 없이 열차운행을 중지하지 아니한 자
13의8. 제40조 제4항을 위반하여 철도종사자에게 불이익한 조치를 한 자
14. 삭제
15. 제41조 제2항에 따른 확인 또는 검사에 불응한 자
16. 정당한 사유 없이 제42조 제1항을 위반하여 위해물품을 휴대하거나 적재한 사람
17. 제45조 제1항 및 제2항에 따른 신고를 하지 아니하거나 같은 조 제3항에 따른 명령에 따르지 아니한 자
18. 제47조 제1항 제2호를 위반하여 운행 중 비상정지버튼을 누르거나 승강용 출입문을 여는 행위를 한 사람
19. 제61조의3 제3항을 위반하여 철도안전 자율보고를 한 사람에게 불이익한 조치를 한 자

---

027 다음 중 「교통안전법」에 따른 "교통수단"에 해당하는 것을 모두 고르면?

> ㄱ. 「궤도운송법」에 따른 궤도
> ㄴ. 「해사안전기본법」에 의한 선박
> ㄷ. 「항공안전법」에 의한 항공기
> ㄹ. 「해상교통안전법」에 의한 항만

㉮ ㄴ, ㄹ
㉯ ㄷ, ㄹ
✓ ㉰ ㄱ, ㄴ, ㄷ
㉱ ㄱ, ㄴ, ㄷ, ㄹ

「교통안전법」 제2조에 따른 "교통수단"에는 ㄱ. 「궤도운송법」에 따른 궤도, ㄴ. 「해사안전기본법」에 의한 선박, ㄷ. 「항공안전법」에 의한 항공기가 포함되며, ㄹ. 「해상교통안전법」에 의한 항만은 이에 해당하지 않는다.

> **법령**
>
> 「교통안전법」 제2조(정의)
> 이 법에서 사용하는 용어의 뜻은 다음과 같다.
> 1. "교통수단"이라 함은 사람이 이동하거나 화물을 운송하는 데 이용되는 것으로서 다음 각 목의 어느 하나에 해당하는 운송수단을 말한다.
>   가. 「도로교통법」에 의한 차마 또는 노면전차, 「철도산업발전 기본법」에 의한 철도차량(도시철도를 포함한다) 또는 「궤도운송법」에 따른 궤도에 의하여 교통용으로 사용되는 용구 등 육상교통용으로 사용되는 모든 운송수단(이하 "차량"이라 한다)
>   나. 「해사안전기본법」에 의한 선박 등 수상 또는 수중의 항행에 사용되는 모든 운송수단(이하 "선박"이라 한다)
>   다. 「항공안전법」에 의한 항공기 등 항공교통에 사용되는 모든 운송수단(이하 "항공기"라 한다)

028 「철도안전법령」상 철도사고 발생 시 철도운영자가 국토교통부장관에게 즉시 보고해야 할 내용이 아닌 것은?

㉮ 사고 발생 일시 및 장소

> 「철도안전법 시행규칙」 제86조 제1항 제1호

㉯ 사상자 등 피해사항

> 「철도안전법 시행규칙」 제86조 제1항 제2호

㉰ 사고 발생 경위

> 「철도안전법 시행규칙」 제86조 제1항 제3호

✔ 사고조사 결과 및 대응사항

> 사고조사 결과 및 대응사항은 「철도안전법 시행규칙」 제86조 제1항에 따른 철도사고 발생 시 의무보고사항에 해당하지 않는다.

> **법령**
>
> 「철도안전법」 제61조(철도사고 등 의무보고)
> ① 철도운영자 등은 사상자가 많은 사고 등 대통령령으로 정하는 철도사고 등이 발생하였을 때에는 국토교통부령으로 정하는 바에 따라 즉시 국토교통부장관에게 보고하여야 한다.
>
>> 「철도안전법 시행규칙」 제86조(철도사고 등의 의무보고)
>> ① 철도운영자 등은 법 제61조 제1항에 따른 철도사고 등이 발생한 때에는 다음 각 호의 사항을 국토교통부장관에게 즉시 보고하여야 한다.
>> 1. 사고 발생 일시 및 장소
>> 2. 사상자 등 피해사항
>> 3. 사고 발생 경위
>> 4. 사고 수습 및 복구 계획 등

029 다음 중 「교통안전법」의 목적에 관한 설명으로 적절하지 않은 것은?

㉮ 국가 또는 지방자치단체의 의무를 규정한다.

> 교통안전법은 교통안전에 관한 국가 또는 지방자치단체의 의무 · 추진체계 및 시책 등을 규정하고 이를 종합적 · 계획적으로 추진함으로써 교통안전 증진에 이바지함을 목적으로 한다(「교통안전법」 제1조).

㉯ 시책 등을 종합적 · 계획적으로 추진한다.

> 교통안전법은 교통안전에 관한 국가 또는 지방자치단체의 의무 · 추진체계 및 시책 등을 규정하고 이를 종합적 · 계획적으로 추진함으로써 교통안전 증진에 이바지함을 목적으로 한다(「교통안전법」 제1조).

㉰ 교통안전증진에 이바지함을 목적으로 한다.

> 교통안전법은 교통안전에 관한 국가 또는 지방자치단체의 의무 · 추진체계 및 시책 등을 규정하고 이를 종합적 · 계획적으로 추진함으로써 교통안전 증진에 이바지함을 목적으로 한다(「교통안전법」 제1조).

✅ 교통수단의 성능을 규정짓고 안전을 확보한다.

> 교통수단의 성능 규정 및 안전 확보는 「교통안전법」 제1조에 따른 목적의 내용과 관련이 없다.

---

030 「철도안전법령」에 따른 관제교육훈련의 과목 중 도시철도 관제자격증명의 교육훈련시간으로 옳은 것은?

㉮ 80시간 ㉯ 105시간
✅ 280시간 ㉱ 360시간

> 「철도안전법 시행규칙」 [별표 11의2]에 따른 관제교육훈련의 과목 중 도시철도관제자격증명의 교육훈련시간은 280시간이다. ⚖️

법령 ⚖️

「철도안전법 시행규칙」 [별표 11의2] 관제교육훈련의 과목 및 교육훈련시간(제38조의2 제2항 관련)

1. 관제교육훈련의 과목 및 교육훈련시간

관제자격증명 종류	관제교육훈련 과목	교육훈련시간
가. 철도 관제자격증명	• 열차운행계획 및 실습 • 철도관제(노면전차 관제를 포함한다)시스템 운용 및 실습 • 열차운행선 관리 및 실습 • 비상시 조치 등	360시간
나. 도시철도 관제자격증명	• 열차운행계획 및 실습 • 도시철도관제(노면전차 관제를 포함한다)시스템 운용 및 실습 • 열차운행선 관리 및 실습 • 비상시 조치 등	280시간

2. 관제교육훈련의 일부 면제
   가. 법 제21조의7 제1항 제1호에 따라 「고등교육법」 제2조에 따른 학교에서 제1호에 따른 관제교육훈련 과목 중 어느 하나의 과목과 교육내용이 동일한 교과목을 이수한 사람에게는 해당 관제교육훈련 과목의 교육훈련을 면제한다. 이 경우 교육훈련을 면제받으려는 사람은 해당 교과목의 이수 사실을 증명할 수 있는 서류를 관제교육훈련기관에 제출하여야 한다
   나. 법 제21조의7 제1항 제2호에 따라 철도차량의 운전업무 또는 철도신호기ㆍ선로전환기ㆍ조작판의 취급업무에 5년 이상의 경력을 취득한 사람에 대한 철도 관제자격증명 또는 도시철도 관제자격증명의 교육훈련시간은 105시간으로 한다. 이 경우 교육훈련을 면제받으려는 사람은 해당 경력을 증명할 수 있는 서류를 관제교육훈련기관에 제출하여야 한다.
   다. 법 제21조의7 제1항 제3호에 따라 도시철도 관제자격증명을 취득한 사람에 대한 철도 관제자격증명의 교육훈련시간은 80시간으로 한다. 이 경우 교육 훈련을 면제받으려는 사람은 도시철도 관제자격증명서 사본을 관제교육훈련기관에 제출해야 한다.
3. 삭제

031

「철도산업발전기본법」상 철도사업특별회계가 부담하고 있는 철도부채 중 공공자금관리기금에 대한 부채를 의미하는 용어는?

㉮ 운영부채 ㉯ 자산부채
☑ 기타부채 ㉱ 시설부채

기타부채는 철도부채 중 운영부채, 시설부채를 제외한 부채로서 철도사업특별회계가 부담하고 있는 철도부채 중 공공자금관리기금에 대한 부채이다(「철도산업발전기본법」 제24조 제1항 제3호).

법령

「**철도산업발전기본법**」 제24조(철도부채의 처리)
① 국토교통부장관은 기획재정부장관과 미리 협의하여 철도청과 고속철도건설공단의 철도부채를 다음 각 호로 구분하여야 한다.
  1. 운영부채 : 제22조 제1항 제1호에 따른 운영자산과 직접 관련된 부채
  2. 시설부채 : 제22조 제1항 제2호에 따른 시설자산과 직접 관련된 부채
  3. 기타부채 : 제1호 및 제2호의 철도부채를 제외한 부채로서 철도사업특별회계가 부담하고 있는 철도부채 중 공공자금관리기금에 대한 부채

032 「철도산업발전기본법령」상 실무위원회의 구성 등에 관한 설명 중 올바르지 않은 것은?

㉮ 실무위원회는 위원장을 포함한 20인 이내의 위원으로 구성한다.

「철도산업발전기본법 시행령」 제10조 제2항

✔ 위원회의 심의·조정사항과 위원회에서 위임한 사항의 실무적인 검토를 위하여 국토교통부에 실무위원회를 둔다.

위원회의 심의·조정사항과 위원회에서 위임한 사항의 실무적인 검토를 위하여 위원회에 실무위원회를 둔다 (「철도산업발전기본법 시행령」 제10조 제1항).

㉰ 실무위원회의 위원장은 국토교통부장관이 국토교통부의 3급 공무원 또는 고위공무원단에 속하는 일반직공무원 중에서 지명한다.

「철도산업발전기본법 시행령」 제10조 제3항

㉱ 실무위원회에 간사 1인을 두되, 간사는 국토교통부장관이 국토교통부소속공무원 중에서 지명한다.

「철도산업발전기본법 시행령」 제10조 제6항

033 「교통안전법령」에 따른 교통문화지수의 조사 항목에 해당하지 않는 것은?

㉮ 운전행태 ㉯ 교통안전
㉰ 보행행태 ✔ 운행기록

「교통안전법 시행령」 제47조 제1항에 따른 교통문화지수의 조사 항목은 운전행태, 교통안전, 보행행태(도로교통분야로 한정), 그 밖에 국토교통부장관이 필요하다고 인정하여 정하는 사항 등이다. 이때 운행기록은 포함되지 않는다.

034 「철도안전법령」상 철도운행상의 위험 방지 및 인명 보호를 위하여 포장·적재·관리·운송하여야 하는 운송취급주의 위험물에 해당하는 것은?

ㄱ. 철도운송 중 폭발할 우려가 있는 것
ㄴ. 유독성 가스를 발생시킬 우려가 있는 것
ㄷ. 마찰·충격·흡습(吸濕) 등 주위의 상황으로 인하여 발화할 우려가 있는 것
ㄹ. 인화성·산화성 등이 강하여 그 물질 자체의 성질에 따라 발화할 우려가 있는 것

㉮ ㄱ, ㄴ, ㄷ   ㉯ ㄱ, ㄴ, ㄹ
㉰ ㄴ, ㄷ, ㄹ   ✔㉱ ㄱ, ㄴ, ㄷ, ㄹ

「철도안전법 시행령」 제45조에 따라 ㄱ~ㄹ 모두 운송취급주의 위험물에 포함된다. ⚖

> **법령** ⚖
>
> 「철도안전법」 제44조(위험물의 운송 등)
> ① 대통령령으로 정하는 위험물(이하 "위험물"이라 한다)의 운송을 위탁하여 철도로 운송하려는 자와 이를 운송하는 철도운영자(이하 "위험물취급자"라 한다)는 국토교통부령으로 정하는 바에 따라 철도운행상의 위험 방지 및 인명(人命) 보호를 위하여 위험물을 안전하게 포장·적재·관리·운송(이하 "위험물취급"이라 한다)하여야 한다.
>
>> 「철도안전법 시행령」 제45조(운송취급주의 위험물)
>> 법 제44조 제1항에서 "대통령령으로 정하는 위험물"이란 다음 각 호의 어느 하나에 해당하는 것으로서 국토교통부령으로 정하는 것을 말한다.
>> 1. 철도운송 중 폭발할 우려가 있는 것
>> 2. 마찰·충격·흡습(吸濕) 등 주위의 상황으로 인하여 발화할 우려가 있는 것
>> 3. 인화성·산화성 등이 강하여 그 물질 자체의 성질에 따라 발화할 우려가 있는 것
>> 4. 용기가 파손될 경우 내용물이 누출되어 철도차량·레일·기구 또는 다른 화물 등을 부식시키거나 침해할 우려가 있는 것
>> 5. 유독성 가스를 발생시킬 우려가 있는 것
>> 6. 그 밖에 화물의 성질상 철도시설·철도차량·철도종사자·여객 등에 위해나 손상을 끼칠 우려가 있는 것

035 「철도안전법」에 따른 벌칙에 관한 내용으로 적절하지 않은 것은?

㉮ 폭행·협박으로 철도종사자의 직무집행을 방해한 자는 5년 이하의 징역 또는 5천만 원 이하의 벌금에 처한다.

「철도안전법」 제79조 제1항

㉯ 안전관리체계의 승인을 받지 아니하고 철도운영을 하거나 철도시설을 관리한 자는 3년 이하의 징역 또는 3천만 원 이하의 벌금에 처한다.

「철도안전법」 제79조 제2항 제1호

✔㉰ 술을 마시거나 약물을 사용한 상태에서 업무를 한 사람은 2년 이하의 징역 또는 2천만 원 이하의 벌금에 처한다.

술을 마시거나 약물을 사용한 상태에서 업무를 한 사람은 3년 이하의 징역 또는 3천만 원 이하의 벌금에 처한다(「철도안전법」 제79조 제2항 제5호).

㉔ 거짓이나 그 밖의 부정한 방법으로 안전관리체계의 승인을 받은 자는 2년 이하의 징역 또는 2천만 원 이하의 벌금에 처한다.

> 「철도안전법」 제79조 제3항 제1호

036 「철도산업발전기본법」상 2년 이하의 징역 또는 3천만 원 이하의 벌금에 처하는 경우가 아닌 것은?

✅ 국토교통부장관의 승인을 얻지 아니하고 특정 노선 및 역을 폐지하거나 철도서비스를 제한 또는 중지한 자

> 국토교통부장관의 승인을 얻지 아니하고 특정 노선 및 역을 폐지하거나 철도서비스를 제한 또는 중지한 자는 3년 이하의 징역 또는 5천만 원 이하의 벌금에 처한다(「철도산업발전기본법」 제40조 제1항). ⚖

㉡ 거짓이나 그 밖의 부정한 방법으로 철도시설 사용허가를 받은 자

> 거짓이나 그 밖의 부정한 방법으로 철도시설 사용허가를 받은 자는 2년 이하의 징역 또는 3천만 원 이하의 벌금에 처한다(「철도산업발전기본법」 제40조 제2항 제1호). ⚖

㉢ 철도시설 허가를 받지 아니하고 철도시설을 사용한 자

> 철도시설 허가를 받지 아니하고 철도시설을 사용한 자는 2년 이하의 징역 또는 3천만 원 이하의 벌금에 처한다(「철도산업발전기본법」 제40조 제2항 제2호). ⚖

㉣ 비상사태 시 국토교통부장관의 임시열차의 편성 및 운행에 따른 조정·명령 등의 조치를 위반한 자

> 비상사태 시 국토교통부장관의 임시열차의 편성 및 운행에 따른 조정·명령 등의 조치를 위반한 자는 2년 이하의 징역 또는 3천만 원 이하의 벌금에 처한다(「철도산업발전기본법」 제40조 제2항 제3호). ⚖

법령 ⚖

「철도산업발전기본법」 제40조(벌칙)
① 제34조의 규정을 위반하여 국토교통부장관의 승인을 얻지 아니하고 특정 노선 및 역을 폐지하거나 철도서비스를 제한 또는 중지한 자는 3년 이하의 징역 또는 5천만 원 이하의 벌금에 처한다.
② 다음 각 호의 어느 하나에 해당하는 자는 2년 이하의 징역 또는 3천만 원 이하의 벌금에 처한다.
 1. 거짓이나 그 밖의 부정한 방법으로 제31조 제1항에 따른 허가를 받은 자
 2. 제31조 제1항에 따른 허가를 받지 아니하고 철도시설을 사용한 자

「철도산업발전기본법」 제31조(철도시설 사용료)
① 철도시설을 사용하고자 하는 자는 대통령령으로 정하는 바에 따라 관리청의 허가를 받거나 철도시설관리자와 시설사용계약을 체결하거나 그 시설사용계약을 체결한 자(이하 "시설사용계약자"라 한다)의 승낙을 얻어 사용할 수 있다.

3. 제36조 제1항 제1호부터 제5호까지 또는 제7호에 따른 조정·명령 등의 조치를 위반한 자

> 「철도산업발전기본법」 제36조(비상사태 시 처분)
> ① 국토교통부장관은 천재·지변·전시·사변, 철도교통의 심각한 장애 그 밖에 이에 준하는 사태의 발생으로 인하여 철도서비스에 중대한 차질이 발생하거나 발생할 우려가 있다고 인정하는 경우에는 필요한 범위 안에서 철도시설관리자·철도운영자 또는 철도이용자에게 다음 각 호의 사항에 관한 조정·명령 그 밖의 필요한 조치를 할 수 있다.
> 1. 지역별·노선별·수송대상별 수송 우선순위 부여 등 수송통제
> 2. 철도시설·철도차량 또는 설비의 가동 및 조업
> 3. 대체수송수단 및 수송로의 확보
> 4. 임시열차의 편성 및 운행
> 5. 철도서비스 인력의 투입
> 6. 철도이용의 제한 또는 금지
> 7. 그 밖에 철도서비스의 수급안정을 위하여 대통령령으로 정하는 사항

037 「철도산업발전기본법」상 철도산업전문인력의 교육·훈련 등과 관련한 설명으로 적절하지 않은 것은?

㉮ 국토교통부장관은 철도산업에 종사하는 자의 자질향상과 새로운 철도기술 및 그 운영기법의 향상을 위한 교육·훈련방안을 마련하여야 한다.

「철도산업발전기본법」 제9조 제1항

㉯ 국토교통부장관은 국토교통부령으로 정하는 바에 의하여 철도산업전문연수기관과 협약을 체결하여 철도산업에 종사하는 자의 교육·훈련프로그램에 대한 행정적·재정적 지원 등을 할 수 있다.

「철도산업발전기본법」 제9조 제2항

✓ 철도산업전문연수기관은 3년마다 전문인력수요조사를 실시하고 그 결과와 전문인력의 수급에 관한 의견을 국토교통부장관에게 제출할 수 있다.

철도산업전문연수기관은 매년 전문인력수요조사를 실시하고 그 결과와 전문인력의 수급에 관한 의견을 국토교통부장관에게 제출할 수 있다(「철도산업발전기본법」 제9조 제3항).

㉰ 국토교통부장관은 새로운 철도기술과 운영기법의 향상을 위하여 특히 필요하다고 인정하는 때에는 정부투자기관·정부출연기관 또는 정부가 출자한 회사 등으로 하여금 새로운 철도기술과 운영기법의 연구·개발에 투자하도록 권고할 수 있다.

「철도산업발전기본법」 제9조 제4항

038 철도차량을 운전하려는 사람이 철도차량 운전면허를 소지하지 않아도 운전할 수 있는 경우가 아닌 것은?

㉮ 운전교육훈련을 받기 위하여 철도차량을 운전하는 경우

> 「철도안전법」 제10조 제1항 단서, 동법 시행령 제10조 제1항 제1호 ⚖

㉯ 운전면허시험을 치르기 위하여 철도차량을 운전하는 경우

> 「철도안전법」 제10조 제1항 단서, 동법 시행령 제10조 제1항 제2호 ⚖

㉰ 철도차량을 제작·조립·정비하기 위한 공장 안의 선로에서 철도차량을 운전하여 이동하는 경우

> 「철도안전법」 제10조 제1항 단서, 동법 시행령 제10조 제1항 제3호 ⚖

☑ 철도사고 등을 복구한 후 최초로 철도차량을 운전하는 경우

> 철도사고 등을 복구한 후 최초로 철도차량을 운전하는 경우는 「철도안전법 시행령」 제10조 제1항에 따른 운전면허 없이 운전할 수 있는 경우에 해당하지 않는다.

법령 ⚖

「철도안전법」 제10조(철도차량 운전면허)
① 철도차량을 운전하려는 사람은 국토교통부장관으로부터 철도차량 운전면허(이하 "운전면허"라 한다)를 받아야 한다. 다만, 제16조에 따른 교육훈련 또는 제17조에 따른 운전면허시험을 위하여 철도차량을 운전하는 경우 등 대통령령으로 정하는 경우에는 그러하지 아니하다.

> 「철도안전법 시행령」 제10조(운전면허 없이 운전할 수 있는 경우)
> ① 법 제10조 제1항 단서에서 "대통령령으로 정하는 경우"란 다음 각 호의 어느 하나에 해당하는 경우를 말한다.
> 1. 법 제16조 제3항에 따른 철도차량 운전에 관한 전문 교육훈련기관(이하 "운전교육훈련기관"이라 한다)에서 실시하는 운전교육훈련을 받기 위하여 철도차량을 운전하는 경우
> 2. 법 제17조 제1항에 따른 운전면허시험(이하 이 조에서 "운전면허시험"이라 한다)을 치르기 위하여 철도차량을 운전하는 경우
> 3. 철도차량을 제작·조립·정비하기 위한 공장 안의 선로에서 철도차량을 운전하여 이동하는 경우
> 4. 철도사고 등을 복구하기 위하여 열차운행이 중지된 선로에서 사고복구용 특수차량을 운전하여 이동하는 경우

039 「교통안전법령」에 따른 교통안전담당자의 지정 등과 관련한 설명으로 적절하지 않은 것은?

㉮ 교통시설설치·관리자는 교통안전관리자 자격을 취득한 사람을 교통안전담당자로 지정하여 직무를 수행하게 하여야 한다.

「교통안전법」 제54조의2 제1항 ⚖

✔ 교통수단운영자는 「산업안전보건법」 제17조에 따른 안전관리자를 교통안전담당자로 지정하여 직무를 수행하게 할 수 있다.

교통수단운영자는 「산업안전보건법」 제17조에 따른 안전관리자를 교통안전담당자로 지정하여 직무를 <u>수행하게 하여야 한다</u>(「교통안전법」 제54조의2 제1항). ⚖

㉰ 교통시설설치·관리자 및 교통수단운영자는 교통안전담당자로 하여금 교통안전에 관한 전문지식과 기술능력을 향상시키기 위하여 교육을 받도록 하여야 한다.

「교통안전법」 제54조의2 제2항 ⚖

㉱ 교통안전담당자의 직무, 지정 방법 및 교통안전담당자에 대한 교육에 필요한 사항은 대통령령으로 정한다.

「교통안전법」 제54조의2 제3항 ⚖

법령 ⚖

「교통안전법」 제54조의2(교통안전담당자의 지정 등)

① 대통령령으로 정하는 <u>교통시설설치·관리자 및 교통수단운영자</u>는 다음 각 호의 어느 하나에 해당하는 사람을 교통안전담당자로 지정하여 <u>직무를 수행하게 하여야 한다</u>.
  1. 제53조에 따라 교통안전관리자 자격을 취득한 사람
  2. 대통령령으로 정하는 자격을 갖춘 사람

> **「교통안전법 시행령」 제44조(교통안전담당자의 지정)**
> ② 법 제54조의2 제1항 제2호에서 "대통령령으로 정하는 자격을 갖춘 사람"이란 다음 각 호의 어느 하나에 해당하는 사람을 말한다.
>   1. <u>「산업안전보건법」 제17조에 따른 안전관리자</u>
>   2. 「자격기본법」에 따른 민간자격으로서 국토교통부장관이 교통사고 원인의 조사·분석과 관련된 것으로 인정하는 자격을 갖춘 사람

② 제1항에 따른 <u>교통시설설치·관리자 및 교통수단운영자는 교통안전담당자로 하여금 교통안전에 관한 전문지식과 기술능력을 향상시키기 위하여 교육을 받도록 하여야 한다</u>.
③ <u>교통안전담당자의 직무, 지정 방법 및 교통안전담당자에 대한 교육에 필요한 사항은 대통령령으로 정한다</u>.

040 「철도산업발전기본법」상 철도산업구조개혁기본계획에 포함되지 않는 것은?

㉮ 철도산업구조개혁의 추진방안에 관한 사항

> 「철도산업발전기본법」 제18조 제2항 제2호 ⚖²

✓ 철도이용자 보호와 열차운행원칙 등 철도운영에 필요한 사항

> 철도이용자 보호와 열차운행원칙 등 철도운영에 필요한 사항은 철도산업구조개혁기본계획이 아닌 국토교통부장관이 철도운영에 대해 수립·시행하는 시책에 해당한다(「철도산업발전기본법」 제21조 제2항 제5호). ⚖¹

㉯ 철도산업구조개혁에 따른 자산·부채·인력 등에 관한 사항

> 「철도산업발전기본법」 제18조 제2항 제5호 ⚖²

㉰ 그 밖에 철도산업구조개혁을 위하여 필요한 사항으로서 대통령령으로 정하는 사항

> 「철도산업발전기본법」 제18조 제2항 제7호 ⚖²

법령 ⚖¹

「철도산업발전기본법」 제21조(철도운영)
① 철도산업의 구조개혁을 추진하는 경우 철도운영 관련사업은 시장경제원리에 따라 국가외의 자가 영위하는 것을 원칙으로 한다.
② 국토교통부장관은 철도운영에 대한 다음 각 호의 시책을 수립·시행한다.
  1. 철도운영부문의 경쟁력 강화
  2. 철도운영서비스의 개선
  3. 열차운영의 안전진단 등 예방조치 및 사고조사 등 철도운영의 안전확보
  4. 공정한 경쟁여건의 조성
  5. 그 밖에 철도이용자 보호와 열차운행원칙 등 철도운영에 필요한 사항

법령 ⚖²

「철도산업발전기본법」 제18조(철도산업구조개혁기본계획의 수립 등)
① 국토교통부장관은 철도산업의 구조개혁을 효율적으로 추진하기 위하여 철도산업구조개혁기본계획(이하 "구조개혁계획"이라 한다)을 수립하여야 한다.
② 구조개혁계획에는 다음 각 호의 사항이 포함되어야 한다.
  1. 철도산업구조개혁의 목표 및 기본방향에 관한 사항
  2. 철도산업구조개혁의 추진방안에 관한 사항
  3. 철도의 소유 및 경영구조의 개혁에 관한 사항
  4. 철도산업구조개혁에 따른 대내외 여건조성에 관한 사항
  5. 철도산업구조개혁에 따른 자산·부채·인력 등에 관한 사항
  6. 철도산업구조개혁에 따른 철도관련 기관·단체 등의 정비에 관한 사항
  7. 그 밖에 철도산업구조개혁을 위하여 필요한 사항으로서 대통령령으로 정하는 사항

041 「교통안전법」에 따른 교통시설안전진단과 관련한 설명 중 올바르지 않은 것은?

㉮ 교통행정기관은 교통시설안전진단을 받은 자가 권고사항을 이행하기 위하여 필요한 자료 제공 및 기술지원을 할 수 있다.

> 「교통안전법」 제37조 제1항 후단 ⚖[1]

㉯ 교통행정기관은 권고 등을 받은 자가 권고 등을 이행하는지를 점검할 수 있다.

> 「교통안전법」 제37조 제2항 ⚖[1]

✓ 국토교통부장관은 점검을 위하여 필요하다고 인정하는 경우에는 권고 등을 받은 자에게 권고 등의 이행실적을 제출할 것을 요청할 수 있다.

> 교통행정기관은 점검을 위하여 필요하다고 인정하는 경우에는 권고 등을 받은 자에게 권고 등의 이행실적을 제출할 것을 요청할 수 있다(「교통안전법」 제37조 제3항). ⚖[1]

㉰ 국토교통부장관은 교통시설안전진단의 체계적이고 효율적인 실시를 위하여 교통시설안전진단지침을 작성하여 이를 관보에 고시하여야 한다.

> 「교통안전법」 제38조 제1항 ⚖[2]

법령 ⚖[1]

「교통안전법」 제37조(교통시설안전진단 결과의 처리)
① 교통행정기관은 제34조 제1항, 제3항 및 제5항에 따른 교통시설안전진단을 받은 자가 제출한 교통시설안전진단보고서를 검토한 후 교통안전의 확보를 위하여 필요하다고 인정되는 경우에는 해당 교통시설안전진단을 받은 자에 대하여 다음 각 호의 어느 하나에 해당하는 사항을 권고하거나 관계법령에 따른 필요한 조치(이하 "권고 등"이라 한다)를 할 수 있다. 이 경우 교통행정기관은 교통시설안전진단을 받은 자가 권고사항을 이행하기 위하여 필요한 자료 제공 및 기술지원을 할 수 있다.
 1. 교통시설에 대한 공사계획 또는 사업계획 등의 시정 또는 보완
 2. 교통시설의 개선·보완 및 이용제한
 3. 교통시설의 관리·운영 등과 관련된 절차·방법 등의 개선·보완
 4. 삭제
 5. 그 밖에 교통안전에 관한 업무의 개선
② 교통행정기관은 제1항에 따라 권고 등을 받은 자가 권고 등을 이행하는지를 점검할 수 있다.
③ 교통행정기관은 제2항에 따른 점검을 위하여 필요하다고 인정하는 경우에는 제1항에 따라 권고 등을 받은 자에게 권고 등의 이행실적을 제출할 것을 요청할 수 있다.

> **법령** ⚖²
>
> 「교통안전법」 제38조(교통시설안전진단지침)
> ① 국토교통부장관은 교통시설안전진단의 체계적이고 효율적인 실시를 위하여 대통령령으로 정하는 바에 따라 교통시설안전진단의 실시 항목·방법 및 절차, 교통시설안전진단을 실시하는 자의 자격 및 구성, 교통시설안전진단보고서의 작성 및 교통시설안전진단 결과의 사후 관리 등의 내용을 포함한 교통시설안전진단지침을 작성하여 이를 관보에 고시하여야 한다.
> ② 국토교통부장관은 제1항에 따른 교통시설안전진단지침을 작성하려면 미리 관계지정행정기관의 장과 협의하여야 한다.
> ③ 교통안전진단기관은 제34조 제1항, 제3항 및 제5항에 따른 교통시설안전진단을 실시하는 경우에는 제1항에 따른 교통시설안전진단지침에 따라야 한다.

042 「철도산업발전기본법령」상 사용계약에 따른 선로 등의 사용료의 한도에 관한 설명 중 빈칸에 공통적으로 들어갈 단어로 알맞은 것은?

> 선로 등의 사용료를 정하는 경우에는 다음의 한도를 초과하지 않는 범위에서 선로 등의 유지보수비용 등 관련 비용을 회수할 수 있도록 해야 한다.
> • 국가 또는 지방자치단체가 건설사업비의 전액을 부담한 선로 등 : 해당 선로 등에 대한 (　　　)의 총액
> • 국가 또는 지방자치단체가 건설사업비의 전액을 부담한 선로 등 외의 선로 등 : 해당 선로 등에 대한 (　　　) 총액과 총건설사업비의 합계액

㉮ 건설비용　　　　　　　　　　✔ ㉯ 유지보수비용
㉰ 총건설비용　　　　　　　　　　㉱ 유효건설사업비용

「철도산업발전기본법 시행령」 제36조 제1항에 따라 빈칸에 공통적으로 들어갈 단어는 유지보수비용이다. ⚖

> **법령** ⚖
>
> 「철도산업발전기본법 시행령」 제36조(사용 계약에 여론 선로 등의 사용료 등)
> ① 철도시설관리자는 제35조 제1항 제1호에 따른 선로 등의 사용료를 정하는 경우에는 다음 각 호의 한도를 초과하지 않는 범위에서 선로 등의 유지보수비용 등 관련 비용을 회수할 수 있도록 해야 한다. 다만, 「사회기반시설에 대한 민간투자법」 제26조에 따라 사회기반시설관리운영권을 설정받은 철도시설관리자는 같은 법에서 정하는 바에 따라 선로 등의 사용료를 정해야 한다.
>   1. 국가 또는 지방자치단체가 건설사업비의 전액을 부담한 선로 등 : 해당 선로 등에 대한 유지보수비용의 총액
>   2. 제1호의 선로 등 외의 선로 등 : 해당 선로 등에 대한 유지보수비용 총액과 총건설사업비(조사비·설계비·공사비·보상비 및 그 밖에 건설에 소요된 비용의 합계액에서 국가·지방자치단체 또는 법 제37조 제1항에 따라 수익자가 부담한 비용을 제외한 금액을 말한다)의 합계액

043 「철도안전법」상 철도차량 완성검사에 관한 설명으로 적절하지 않은 것은?

✔ ㉮ 철도차량 제작자승인을 받은 자는 제작한 철도차량을 판매한 후에 해당 철도차량이 형식승인을 받은 대로 제작되었는지를 확인하기 위하여 완성검사를 받아야 한다.

> 철도차량 제작자승인을 받은 자는 제작한 철도차량을 <u>판매하기 전에</u> 해당 철도차량이 제26조에 따른 형식승인을 받은대로 제작되었는지를 확인하기 위하여 국토교통부장관이 시행하는 완성검사를 받아야 한다(「철도안전법」 제26조의6 제1항). ⚖

㉯ 국토교통부장관은 철도차량이 완성검사에 합격한 경우에는 철도차량제작자에게 완성검사증명서를 발급하여야 한다.

> 「철도안전법」 제26조의6 제2항 ⚖

㉰ 철도차량 완성검사는 완성차량검사, 주행시험으로 구분·실시한다.

> 「철도안전법 시행규칙」 제57조 제1항 ⚖

㉱ 철도차량 완성검사의 절차 및 방법 등에 관하여 필요한 사항은 국토교통부령으로 정한다.

> 「철도안전법」 제26조의6 제3항 ⚖

법령 ⚖

「철도안전법」 제26조의6(철도차량 완성검사)

① 제26조의3에 따라 <u>철도차량 제작자승인을 받은 자는 제작한 철도차량을 판매하기 전에 해당 철도차량이 제26조에 따른 형식승인을 받은대로 제작되었는지를 확인하기 위하여 국토교통부장관이 시행하는 완성검사를 받아야 한다.</u>
② <u>국토교통부장관은 철도차량이 제1항에 따른 완성검사에 합격한 경우에는 철도차량제작자에게 국토교통부령으로 정하는 완성검사증명서를 발급하여야 한다.</u>
③ <u>제1항에 따른 철도차량 완성검사의 절차 및 방법 등에 관하여 필요한 사항은 국토교통부령으로 정한다.</u>

「철도안전법 시행규칙」 제57조(철도차량 완성검사의 방법 및 검사증명서 발급 등)

① 법 제26조의6 제1항에 따른 <u>철도차량 완성검사는 다음 각 호의 구분에 따라 실시한다.</u>
　1. <u>완성차량검사</u> : 안전과 직결된 주요 부품의 안전성 확보 등 철도차량이 철도차량기술기준에 적합하고 형식승인 받은 설계대로 제작되었는지를 확인하는 검사
　2. <u>주행시험</u> : 철도차량이 형식승인 받은대로 성능과 안전성을 확보하였는지 운행선로 시운전 등을 통하여 최종 확인하는 검사

044 「철도안전법」상 여객열차에서의 금지행위와 관련이 없는 것은?

㉮ 정당한 사유 없이 국토교통부령으로 정하는 여객출입 금지장소에 출입하는 행위

> 「철도안전법」 제47조 제1항 제1호 ⚖

㉯ 여객열차 밖에 있는 사람을 위험하게 할 우려가 있는 물건을 여객열차 밖으로 던지는 행위

> 「철도안전법」 제47조 제1항 제3호 ⚖

✔ 정당한 사유 없이 여객열차 내에서 취식하는 행위

> 정당한 사유 없이 여객열차 내에서 취식하는 행위는 「철도안전법」 제47조에 따른 여객열차에서의 금지행위에 포함되지 않는다.

㉱ 술을 마시거나 약물을 복용하고 다른 사람에게 위해를 주는 행위

> 「철도안전법」 제47조 제1항 제6호 ⚖

법령 ⚖

「철도안전법」 제47조(여객열차에서의 금지행위)
① 여객(무임승차자를 포함한다. 이하 이 조에서 같다)은 여객열차에서 다음 각 호의 어느 하나에 해당하는 행위를 하여서는 아니 된다.
  1. 정당한 사유 없이 국토교통부령으로 정하는 여객출입 금지장소에 출입하는 행위
  2. 정당한 사유 없이 운행 중에 비상정지버튼을 누르거나 철도차량의 옆면에 있는 승강용 출입문을 여는 등 철도차량의 장치 또는 기구 등을 조작하는 행위
  3. 여객열차 밖에 있는 사람을 위험하게 할 우려가 있는 물건을 여객열차 밖으로 던지는 행위
  4. 흡연하는 행위
  5. 철도종사자와 여객 등에게 성적(性的) 수치심을 일으키는 행위
  6. 술을 마시거나 약물을 복용하고 다른 사람에게 위해를 주는 행위
  7. 그 밖에 공중이나 여객에게 위해를 끼치는 행위로서 국토교통부령으로 정하는 행위
② 여객은 여객열차에서 다른 사람을 폭행하여 열차운행에 지장을 초래하여서는 아니 된다.
③ 운전업무종사자, 여객승무원 또는 여객역무원은 제1항 또는 제2항의 금지행위를 한 사람에 대하여 필요한 경우 다음 각 호의 조치를 할 수 있다.
  1. 금지행위의 제지
  2. 금지행위의 녹음·녹화 또는 촬영
④ 철도운영자는 국토교통부령으로 정하는 바에 따라 제1항 각 호 및 제2항에 따른 여객열차에서의 금지행위에 관한 사항을 여객에게 안내하여야 한다.

045 다음 중 「교통안전법령」에 따른 교통안전도 평가지수의 산정식으로 적절한 것은?

㉮ 교통안전도 평가지수 $= \dfrac{(\text{교통사고 발생건수} \times 0.6) + (\text{교통사고 사상자 수} \times 0.4)}{\text{자동차등록(면허) 대수}} \times 10$

✔ 교통안전도 평가지수 $= \dfrac{(\text{교통사고 발생건수} \times 0.4) + (\text{교통사고 사상자 수} \times 0.6)}{\text{자동차등록(면허) 대수}} \times 10$

> 「교통안전법 시행령」[별표 3의2]에 따른 교통안전도 평가지수의 산정식은
> '교통안전도 평가지수 $= \dfrac{(\text{교통사고 발생건수} \times 0.4) + (\text{교통사고 사상자 수} \times 0.6)}{\text{자동차등록(면허) 대수}} \times 10$'이다.

㉰ 교통안전도 평가지수 $= \dfrac{(\text{교통사고 발생건수} \times 0.6) + (\text{교통사고 사상자 수} \times 0.6)}{\text{자동차등록(면허) 대수}} \times 10$

㉱ 교통안전도 평가지수 $= \dfrac{(\text{교통사고 발생건수} \times 0.8) + (\text{교통사고 사상자 수} \times 0.8)}{\text{자동차등록(면허) 대수}} \times 10$

046 「철도안전법」상 보안검색장비의 성능인증 등에 관한 설명으로 올바르지 않은 것은?

✔ 보안검색을 하는 경우에는 철도운행안전관리자로부터 성능인증을 받은 보안검색장비를 사용하여야 한다.

> 보안검색을 하는 경우에는 국토교통부장관으로부터 성능인증을 받은 보안검색장비를 사용하여야 한다(「철도안전법」 제48조의3 제1항).

㉯ 성능인증을 위한 기준·방법·절차 등 운영에 필요한 사항은 국토교통부령으로 정한다.

> 「철도안전법」 제48조의3 제2항

㉰ 국토교통부장관은 성능인증을 받은 보안검색장비의 운영, 유지관리 등에 관한 기준을 정하여 고시하여야 한다.

> 「철도안전법」 제48조의3 제3항

㉱ 국토교통부장관은 성능인증을 받은 보안검색장비가 운영 중에 계속하여 성능을 유지하고 있는 지를 확인하기 위하여 국토교통부령으로 정하는 바에 따라 정기적으로 또는 수시로 점검을 실시하여야 한다.

> 「철도안전법」 제48조의3 제4항

047 다음은 「철도안전법령」상 인증정비조직의 인증 취소 등에 관한 설명이다. 이때 '국토교통부령으로 정하는 철도사고 및 중대한 운행장애'에 해당하는 경우가 아닌 것은?

> 국토교통부장관은 인증정비조직이 고의 또는 중대한 과실로 국토교통부령으로 정하는 철도사고 및 중대한 운행장애를 발생시킨 경우 인증을 취소하거나 6개월 이내의 기간을 정하여 업무의 제한이나 정지를 명할 수 있다. 다만, 고의인 경우에는 그 인증을 취소하여야 한다.

㉮ 철도사고로 사망자가 발생한 경우

> 「철도안전법 시행규칙」 제75조의12 제1항 제1호

✔ 운행사고로 사망자가 발생한 경우

> 운행사고로 사망자가 발생한 경우는 「철도안전법 시행규칙」 제75조의12 제1항에 따른 '국토교통부령으로 정하는 철도사고 및 중대한 운행장애'에 해당하지 않는다.

㉰ 철도사고로 5억 원 이상의 재산피해가 발생한 경우

> 「철도안전법 시행규칙」 제75조의12 제1항 제2호

㉱ 운행장애로 5억 원 이상의 재산피해가 발생한 경우

> 「철도안전법 시행규칙」 제75조의12 제1항 제2호

법령

「철도안전법」 제38조의10(인증정비조직의 인증 취소 등)
① 국토교통부장관은 인증정비조직이 다음 각 호의 어느 하나에 해당하면 인증을 취소하거나 6개월 이내의 기간을 정하여 업무의 제한이나 정지를 명할 수 있다. 다만, 제1호, 제2호(고의에 의한 경우로 한정한다) 및 제4호에 해당하는 경우에는 그 인증을 취소하여야 한다.
  1. 거짓이나 그 밖의 부정한 방법으로 인증을 받은 경우
  2. 고의 또는 중대한 과실로 국토교통부령으로 정하는 철도사고 및 중대한 운행장애를 발생시킨 경우

> 「철도안전법 시행규칙」 제75조의12(인증정비조직의 인증 취소 등)
> ① 법 제38조의10 제1항 제2호에서 "국토교통부령으로 정하는 철도사고 및 중대한 운행장애"란 다음 각 호의 어느 하나에 해당하는 경우를 말한다.
>   1. 철도사고로 사망자가 발생한 경우
>   2. 철도사고 또는 운행장애로 5억 원 이상의 재산피해가 발생한 경우

048 「철도산업발전기본법」상 용어의 정의 중 다음에서 설명하는 것은?

> 여객 또는 화물을 운송하는 데 필요한 철도시설과 철도차량 및 이와 관련된 운영·지원체계가 유기적으로 구성된 운송체계

㉮ 철도

"철도"라 함은 여객 또는 화물을 운송하는 데 필요한 철도시설과 철도차량 및 이와 관련된 운영·지원체계가 유기적으로 구성된 운송체계를 말한다(「철도산업발전기본법」 제3조 제1호). ⚖

㉯ 철도시설

「철도산업발전기본법」 제3조 제2호 ⚖

㉰ 철도운영

「철도산업발전기본법」 제3조 제3호 ⚖

㉱ 철도산업

「철도산업발전기본법」 제3조 제8호 ⚖

법령 ⚖

「철도산업발전기본법」 제3조(정의)
이 법에서 사용하는 용어의 정의는 다음 각 호와 같다.
1. "철도"라 함은 여객 또는 화물을 운송하는 데 필요한 철도시설과 철도차량 및 이와 관련된 운영·지원체계가 유기적으로 구성된 운송체계를 말한다.
2. "철도시설"이라 함은 다음 각 목의 어느 하나에 해당하는 시설(부지를 포함한다)을 말한다.
   가. 철도의 선로(선로에 부대되는 시설을 포함한다), 역시설(물류시설·환승시설 및 편의시설 등을 포함한다) 및 철도운영을 위한 건축물·건축설비
   나. 선로 및 철도차량을 보수·정비하기 위한 선로보수기지, 차량정비기지 및 차량유치시설
   다. 철도의 전철전력설비, 정보통신설비, 신호 및 열차제어설비
   라. 철도노선 간 또는 다른 교통수단과의 연계운영에 필요한 시설
   마. 철도기술의 개발·시험 및 연구를 위한 시설
   바. 철도경영연수 및 철도전문인력의 교육훈련을 위한 시설
   사. 그 밖에 철도의 건설·유지보수 및 운영을 위한 시설로서 대통령령으로 정하는 시설
3. "철도운영"이라 함은 철도와 관련된 다음 각 목의 어느 하나에 해당하는 것을 말한다.
   가. 철도 여객 및 화물 운송
   나. 철도차량의 정비 및 열차의 운행관리
   다. 철도시설·철도차량 및 철도부지 등을 활용한 부대사업개발 및 서비스
4. "철도차량"이라 함은 선로를 운행할 목적으로 제작된 동력차·객차·화차 및 특수차를 말한다.
5. "선로"라 함은 철도차량을 운행하기 위한 궤도와 이를 받치는 노반 또는 공작물로 구성된 시설을 말한다.
6. "철도시설의 건설"이라 함은 철도시설의 신설과 기존 철도시설의 직선화·전철화·복선화 및 현대화 등 철도시설의 성능 및 기능향상을 위한 철도시설의 개량을 포함한 활동을 말한다.
7. "철도시설의 유지보수"라 함은 기존 철도시설의 현상유지 및 성능향상을 위한 점검·보수·교체·개량 등 일상적인 활동을 말한다.

8. "철도산업"이라 함은 철도운송·철도시설·철도차량 관련산업과 철도기술개발관련산업 그 밖에 철도의 개발·이용·관리와 관련된 산업을 말한다.
9. "철도시설관리자"라 함은 철도시설의 건설 및 관리 등에 관한 업무를 수행하는 자로서 다음 각 목의 어느 하나에 해당하는 자를 말한다.
   가. 제19조에 따른 관리청
   나. 제20조 제3항에 따라 설립된 국가철도공단
   다. 제26조 제1항에 따라 철도시설관리권을 설정받은 자
   라. 가목부터 다목까지의 자로부터 철도시설의 관리를 대행·위임 또는 위탁받은 자
10. "철도운영자"라 함은 제21조 제3항에 따라 설립된 한국철도공사 등 철도운영에 관한 업무를 수행하는 자를 말한다.
11. "공익서비스"라 함은 철도운영자가 영리목적의 영업활동과 관계없이 국가 또는 지방자치단체의 정책이나 공공목적 등을 위하여 제공하는 철도서비스를 말한다.

049 「철도안전법령」상 ㉠, ㉡에 알맞은 종합시험운행의 실시 방법으로 옳은 것은?

- (㉠) : 해당 철도노선에서 허용되는 최고속도까지 단계적으로 철도차량의 속도를 증가시키면서 철도시설의 안전상태, 철도차량의 운행적합성이나 철도시설물과의 연계성(Interface), 철도시설물의 정상 작동 여부 등을 확인·점검하는 시험
- (㉡) : 시설물검증시험이 끝난 후 영업 개시에 대비하기 위하여 열차운행계획에 따른 실제 영업상태를 가정하고 열차운행체계 및 철도종사자의 업무숙달 등을 점검하는 시험

㉮ ㉠ 차량형식시험, ㉡ 주행시험
㉯ ㉠ 차량형식시험, ㉡ 영업시운전
㉰ ㉠ 시설물검증시험, ㉡ 주행시험
✓ ㉱ ㉠ 시설물검증시험, ㉡ 영업시운전

「철도안전법 시행규칙」 제75조 제5항에 따라, 종합시험운행은 다음 각 호의 절차로 구분하여 순서대로 실시한다.
- 시설물검증시험 : 해당 철도노선에서 허용되는 최고속도까지 단계적으로 철도차량의 속도를 증가시키면서 철도시설의 안전상태, 철도차량의 운행적합성이나 철도시설물과의 연계성(Interface), 철도시설물의 정상 작동 여부 등을 확인·점검하는 시험
- 영업시운전 : 시설물검증시험이 끝난 후 영업 개시에 대비하기 위하여 열차운행계획에 따른 실제 영업상태를 가정하고 열차운행체계 및 철도종사자의 업무숙달 등을 점검하는 시험

050 다음은 「철도안전법」상 운전면허의 갱신과 관련한 설명이다. 이때 '이와 같은 수준 이상의 경력'에 해당하지 않는 것은?

> 국토교통부장관은 운전면허의 갱신을 신청한 사람이 운전면허의 갱신을 신청하는 날 전 10년 이내에 국토교통부령으로 정하는 철도차량의 운전업무에 종사한 경력이 있거나 국토교통부령으로 정하는 바에 따라 '이와 같은 수준 이상의 경력'이 있다고 인정되는 경우 운전면허증을 갱신하여 발급하여야 한다.

㉮ 관제업무에 2년 이상 종사

「철도안전법 시행규칙」 제32조 제2항 제1호 ⚖

㉯ 운전교육훈련업무에 2년 이상 종사

「철도안전법 시행규칙」 제32조 제2항 제2호 ⚖

㉰ 철도차량 운전자를 교육하는 업무에 2년 이상 종사

「철도안전법 시행규칙」 제32조 제2항 제3호 ⚖

✅ 철도차량 운전자를 지시하는 업무에 3년 이상 종사

철도차량 운전자들 지시하는 업무에 3년 이상 종사한 것은 「철도안전법 시행규칙」 제32조 제2항에 따른 '이와 같은 수준 이상의 경력'과 관련이 없다.

법령 ⚖

「철도안전법」 제19조(운전면허의 갱신)

③ 국토교통부장관은 제2항 및 제5항에 따라 운전면허의 갱신을 신청한 사람이 다음 각 호의 어느 하나에 해당하는 경우에는 운전면허증을 갱신하여 발급하여야 한다.
  1. 운전면허의 갱신을 신청하는 날 전 10년 이내에 국토교통부령으로 정하는 철도차량의 운전업무에 종사한 경력이 있거나 국토교통부령으로 정하는 바에 따라 <u>이와 같은 수준 이상의 경력</u>이 있다고 인정되는 경우
  2. 국토교통부령으로 정하는 교육훈련을 받은 경우

> 「철도안전법 시행규칙」 제32조(운전면허 갱신에 필요한 경력 등)
> ① 법 제19조 제3항 제1호에서 "<u>국토교통부령으로 정하는 철도차량의 운전업무에 종사한 경력</u>"이란 운전면허의 유효기간 내에 6개월 이상 해당 철도차량을 운전한 경력을 말한다.
> ② 법 제19조 제3항 제1호에서 "<u>이와 같은 수준 이상의 경력</u>"이란 다음 각 호의 어느 하나에 해당하는 업무에 <u>2년 이상 종사한 경력</u>을 말한다.
>   1. <u>관제업무</u>
>   2. <u>운전교육훈련기관에서의 운전교육훈련업무</u>
>   3. <u>철도운영자 등에게 소속되어 철도차량 운전자를 지도·교육·관리하거나 감독하는 업무</u>

[2과목] 교통안전관리론

051 다음 사항 중에서 옳지 않은 것은?

㉮ 운수란 사람과 화물의 장소적 이동에 의해 그 수요와 균형을 기한다.
✓ 1885년 독일의 다임러에 의해 2cycle 내연기관 자동차가 만들어졌다.

> 1885년 독일의 다임러에 의해 4cycle 내연기관 자동차가 만들어졌다. 2cycle 가솔린 자동차는 칼 벤츠에 의해 만들어졌다.

㉰ 자동차의 시조는 1885년에 등장했다.
㉱ 교통수단은 pipe line이다.

052 교통안전관리의 특성에 대한 설명으로 옳지 않은 것은?

㉮ 교통안전의 확보
㉯ 국민의 생명 및 재산보호 등 공공복리에 기여
㉰ 교통안전사고 예방
✓ 교통안전관리 기관에 대한 홍보

> 교통안전 확보 및 사고 예방을 기본 원칙으로 하는 관리로 교통안전관리 기관에 대한 홍보는 연관이 없다.

 TIP

교통안전관리
- 교통안전을 확보하기 위해 자원을 교통안전활동에 배분, 조정, 통합하는 과정이다.
- 교통안전사고를 예방하고 국민의 생명 및 재산 보호 등 공공복리 영역의 관리이다.

053 공주거리에 대한 계산방법으로 옳은 것은?

㉮ 제동거리+안전거리 ✓ 정지거리-제동거리
㉰ 제동거리-안전거리 ㉱ 정지거리+제동거리

> 공주거리 : 운전자가 위험을 인식·판단한 후 브레이크 페달을 밟아 브레이크가 작동되기 전까지 나아가는 거리이다. 공주거리=정지거리-제동거리

> **TIP**
>
> **정지거리(시간) 계산방법**
> - 공주거리 : 운전자가 위험을 인식·판단한 후 브레이크 페달을 밟아 브레이크가 작동되기 전까지 나아가는 거리이다. 공주거리 = 정지거리 − 제동거리
> - 제동거리 : 브레이크가 작동을 시작하여 정지할 때까지의 거리이다. 제동거리 = 정지거리 − 공주거리
> - 정지거리 : 운전자가 위험을 인식하고 판단한 뒤 브레이크 페달을 밟아 브레이크가 작동하여 정지할 때까지의 거리이다. 정지거리 = 공주거리 + 제동거리
> - 안전거리 : 앞차가 갑자기 정지하게 되는 경우 추돌사고를 피하는 데 필요한 거리이다. 60km/h 이하는 주행속도에서 15를 빼 구하며, 60km 초과 시 주행속도와 동일한 거리로 계산한다.

054 노선평가에 대한 교통사고 분석 시 흔히 사용되는 구간 분할 단위로서 잘못된 것은?

㉮ 1,000m
㉯ 500m
㉰ 100m
☑ ㉱ 50m

> 노선(구간)평가 시에는 주로 100m, 500m, 1,000m(1km)를 단위로 하여 분할 평가한다.

055 다음 중 보행자의 심리가 아닌 것은?

㉮ 자동차의 통행이 적을 때는 신호를 무시하고 건너려 한다.
㉯ 이동에 있어 급히 서두르는 경향이 있다.
㉰ 자동차가 모든 것을 양보해 줄 것이라고 믿는 경향이 있다.
☑ ㉱ 신호에 맞춰 건너려는 심리가 크다.

> **TIP**
>
> **보행자의 심리**
> - 자동차가 모든 것을 양보해 줄 것이라 믿는 경향이 있다.
> - 횡단보도를 이용하는 것보다는 현 위치에서 바로 횡단하고자 한다.
> - 자동차의 통행이 적을 때는 신호를 무시하고 횡단하려는 경향이 있다.
> - 이동에 있어 급히 서두르는 경향이 있다.

056 관리기능에 따른 직무수행방법 중 통제의 특성에 관한 설명으로 옳지 않은 것은?

㉮ 목표 및 계획과의 밀접불가분성 ✓ ㉯ 일시적 과정
㉰ 정보제공 기능 ㉱ 책임의 확보수단

통제는 목표를 달성할 때까지 <u>계속적으로 진행되는 과정</u>이다.

> **TIP**
>
> 통제의 특성
> - 목표나 계획 등과의 밀접불가분성
> - 통제의 정도에 대한 적절성
> - 책임의 확보수단
> - 계속적 과정
> - 정보제공 기능

057 브레인스토밍법에 대한 설명으로 옳은 것은?

✓ ㉮ 자유분방한 분위기에서 각자 아이디어를 내게 하는 기법
㉯ 희망사항을 열거함으로써 아이디어를 찾는 기법

희망열거법에 대한 설명이다.

㉰ 문제의 해결책을 그 문제되는 대상 자체가 아닌 관련 부분에서 찾는 기법

고든법(Gordon method)에 대한 설명이다.

㉱ 유사성 비교를 통해 아이디어를 찾는 기법

시그니피컨트법(Significant method)에 대한 설명이다.

058 현대교통의 서비스 기능 측면의 내용이 아닌 것은?

㉮ 신속 및 정확성
㉯ 일괄수송방식
㉰ Door to Door
✓ ㉱ 공공성과 대량성

공공성과 대량성은 <u>사회적 기능 측면</u>에 해당한다.

> **TIP**
>
> **교통의 기능**
> - 사회적 기능의 측면
>   - <u>공공성</u> : 사회적 공기(空器)로서 역할하며 교통수단의 사용자(또는 경영자) 개인의 사적 이익만을 추구해서는 안 된다는 것(예 편의성, 보급성 서비스성 등)
>   - <u>대량성</u> : 안전하고 저렴한 교통의 실현(예 철도, 선박)
> - 서비스 기능의 측면
>   - 교통이 추구하는 목표 : 경제성, 보급성, 신속성, 안전성, 정확성, 쾌적성, 편의성 등
>   - 교통수단의 연계 : 일괄수송방식(예 중·장거리 카페리), 문전 대 문전(Door to Door)의 경제적 실현(예 철도의 대량성기능과 트럭의 서비스기능 결합)

059 다음 중 인간의 행동을 규제하는 외적 환경요인으로 옳지 않은 것은?

㉮ 직장
㉯ 기상
✓ ㉰ 교육
㉱ 교통공간 배치

<u>교육</u>은 규제 요인 중 <u>내적 인적요인</u>에 속한다.

> **TIP**
>
> **인적요인(내적 요인)의 종류**
>
> | 인적요인(내적요인)의 종류 | 환경요인(외적요인)의 종류 |
> |---|---|
> | • 의욕 : 지위, 대우, 후생, 흥미 등
• 소질 : 운동기능, 성격, 태도 등
• 경력 : 연령, 경험, 교육 등
• 일반심리 : 착오, 부주의, 무의식적 조건반사 등
• 심신상태 : 피로, 질병, 수면, 휴식, 알코올, 약물 등 | • 인간관계 : 가정, 직장, 사회, 경제, 문화 등
• 자연조건 : 온·습도, 기압, 환기, 기상, 명암 등
• 시간적 조건 : 근로시간, 시각, 속도, 교대제 등
• 물리적 조건 : 교통공간의 배치 등 |

060 다음 중 운전자의 시각특성에 대한 설명으로 옳지 않은 것은?

㉮ 속도와 시야는 반비례한다.
㉯ 야간에는 주간에 비해 운전자의 시야가 50% 저하된다.
㉰ 눈에 들어오는 빛의 양에 따라 시력이 변동된다.
✔ 상향등 불빛에 의해 유효한 가시거리는 40~50m 수준이다.

> • 상향등에 의한 전방 유효 가시거리 : 100~150m
> • 하향등에 의한 전방 유효 가시거리 : 40~50m

061 운전자의 핸들조작에 있어 지장을 주지 않는 범위 내에서 배수를 고려할 때 노면의 최대 횡단구배는 얼마인가?

㉮ 2%   ✔ 4%
㉰ 5%   ㉱ 6%

> 노면의 횡단구배는 도로 중심선으로부터 노면 끝까지의 횡단면 구배로 배수를 위해 사용된다. 최대 4%까지의 경사를 주었을 때 운전자의 핸들 조작에 지장을 주지 않을 수 있다.

062 하인리히 법칙에 따라서 '중대한 사고'가 3번 발생하였다면 이때 경미한 사고 발생횟수는?

㉮ 600회   ㉯ 300회
✔ 87회   ㉱ 58회

> 하인리히의 법칙에서 '중대한 사고 : 경미한 사고 : 재해를 수반하지 않는 사고'의 비율은 1:29:300이다. 따라서 중대한 사고가 3번 발생하였다면 경미한 사고는 29×3으로 87회 발생하였다.

063 피주거리에 대한 설명으로 옳지 않은 것은?

㉮ 진행로상 위험요소를 발견하고 위험가능성을 판단하여 안전조치를 취하는 데 필요한 거리이다.
㉯ 인터체인지와 교차로, 톨게이트 등 시각적 혼란이 일어나기 쉬운 곳에서는 반드시 확보되어야 한다.
㉰ 피주거리 확보가 힘들 경우 위험요소를 미리 알려주는 표지판을 설치해야 한다.
✓㉱ 피주거리의 길이는 정지시거보다 항상 작은 값을 가진다.

> 피주거리는 운전자의 판단착오를 시정할 여유를 주고 정지하는 대신 동일한 속도 혹은 감속을 하여 안전한 행동을 취하는 것이므로 정지시거보다 훨씬 큰 값을 갖는다.

064 재해의 직접원인으로서 교통종사자의 불안전한 상태에 해당하지 않는 것은?

㉮ 안전방호장치의 결함
㉯ 작업환경의 결함
㉰ 물체의 배치 및 작업장소 결함
✓㉱ 위험물 취급 부주의

> 위험물 취급 부주의는 불안전한 행동에 해당한다.

065 등치성의 원리는 사고요인 중 어디에 중점을 둔 원칙인가?

✓㉮ 교통사고의 원인
㉯ 조사원의 건강
㉰ 도로환경
㉱ 운행조건

> 등치성의 원리는 사고가 동일노선, 동일장소에서 일어나고 있다는 원리로 교통사고 발생 원인에 관한 내용이다.

066 다음 마찰계수 중 브레이크 작동 시 노면에 대해 미끄러지는 정도를 의미하는 것은?

㉮ 가로 미끄럼 마찰계수

> 평면곡선부를 주행할 때 포장면에 작용하는 수직력에 의해 타이어와 포장면 사이에서 발생하는 마찰력으로 세로 미끄럼 마찰계수보다 약간 크다.

㉯ 세로 미끄럼 마찰계수

> 타이어가 고정되어 미끄러지고 있을 때의 마찰계수로 토면의 상태, 노면의 거친 정도, 차이어 상태 등에 의해 차이를 보인다.

✔ 제동 시의 마찰계수

㉱ 자유구름 마찰계수

> 차량의 속도, 타이어의 공기압에 따라 영향을 받는 마찰계수로 일반적으로 상당히 작은 값을 보인다.

067 라인형 조직과 스탭형 조직에 대한 설명으로 옳지 않은 것은?

㉮ 스탭형 조직은 참모형 조직이라고도 부른다.

✔ 교통안전관리자는 스탭형 조직일 때 가장 영향력을 행사하기 유리하다.

> 교통안전관리자는 업무성격으로 볼 때 라인 – 스탭형 조직으로 구성하는 것이 가장 유리하다.

㉯ 라인형 조직은 지휘부가 작업 결과에 대한 책임을 지는 조직이다.
㉱ 스탭형 조직은 안전관리자가 안전업무 경험이 풍부할 때 효과적이다.

068 바너드(C. Barnard)가 주장한 조직존속을 위해 필요한 3요소로 옳은 것은?

✔ 공통목적, 의사소통, 공헌의욕   ㉯ 공통목적, 창의성, 분업의 원칙
㉰ 단결의 원칙, 창의성, 의사소통   ㉱ 분업의 원칙, 합리성, 공헌의욕

> 바너드(C. Barnard)의 조직존속 3요소 : 공통목적, 의사소통, 공헌의욕

069 테일러의 과학적 관리법에 관한 설명으로 옳지 않은 것은?

✔ 금전적인 동기부여만을 강조한 것이 아닌 상호적 성장을 목표로 하였다.

> 테일러의 과학적 관리법은 금전적인 동기부여만 지나치게 강조하여 공장의 생산관리 및 노무관리에 불과하다는 비판도 받았다.

㉯ 노동자에게 높은 임금과 자본가에게 높은 이윤을 주는 것을 목표로 하였다.
㉰ 차별적 성과급제, 직능적 직장제도, 계획부제도 등을 주장하였다.
㉱ 표준작업량을 기준으로 하여 고임금 – 저노무비를 적용하였다.

---

070 교통안전관리의 계획수립과 관련하여 '계획단계'에 해당하지 않는 것은?

㉮ 문제의 인식
㉯ 계획 전제의 수립
㉰ 대안의 평가
✔ 세미나를 통한 정보 공유

> 세미나를 통한 정보 공유는 준비단계에 진행하여야 한다.

> **TIP**
> 계획단계 진행 및 고려사항
> • 문제의 인식   • 목표의 설정
> • 계획 전제의 수립   • 대안의 검토
> • 대안의 평가   • 코스의 선정

---

071 다음 중 욕조곡선의 원리에 대한 설명으로 옳지 않은 것은?

㉮ 고장률을 시간의 함수로 나타낸 곡선이다.
㉯ 고장률의 기간에 따른 변화양상 모양이 욕조형태를 닮아 욕조곡선이라고 한다.
✔ 초기에는 새 부품, 새 사용자이기에 고장률이 낮게 나타난다.

> 초기에는 부품 등의 내재하는 결함 및 사용자의 미숙 등으로 고장률이 높게 나타난다.

㉱ 대다수 시스템은 수명을 가지고 있기에 후기에는 노화에 의해 고장률이 높아진다.

> 💡 **TIP**
>
> **고장률곡선(욕조곡선)**
> - 사용 중 나타나는 고장률을 시간의 함수로 나타낸 곡선이다.
> - 고장률의 기간에 따른 변화의 양상이 욕조형태를 닮아 붙여진 이름이다.
> - 시기별 고장
>   - 초기 고장기간(DFR) : 부품 등에 내재하는 결함, 사용자의 미숙 등으로 인한 고장
>   - 중기 우발 고장기간(CFR) : 부품의 적응, 및 숙련으로 인해 고장률이 점차 감소
>   - 말기 마모 고장기간(IFR) : 부품의 노화(마모), 불충분한 정비 등으로 인한 고장

072 다음 중 종사원 상호 간에 확인을 진행하여 불안전한 행동에 대한 안전의식을 높이는 활동으로 적절한 것은?

㉮ 예비조사

㉯ 순찰
> 불안전행동을 정의하고 순찰을 통해 이를 감찰 및 체크하여 시정방안을 강구하는 것

✔ **상호 간 체크**
> 종사원 상호 간 확인을 통해 불안전 행동을 확인하고 점검하여 불안전한 행동에 대한 경계를 높이는 것

㉱ 등치성 원리
> 사고가 동일노선, 동일장소에서 일어나고 있다는 원리

073 다음 중 바이오닉스법(Bionics method)에 대한 설명으로 옳은 것은?

✔ 자연계나 동식물의 모양 · 활동 등을 관찰 · 이용하여 문제에 대한 아이디어를 찾는 기법

㉯ 유사성 비교를 통해 아이디어를 찾는 기법
> 시그니피컨트법(Significant method)에 대한 설명이다.

㉰ 도해적으로 아이디어를 찾는 기법
> 노모그램법(Nomogram method)에 대한 설명이다.

㉱ 문제에 대한 해결법을 문제 대상이 아닌 그 문제의 관련 부분에서 찾는 기법
> 고든법(Gordon method)에 대한 설명이다.

074 테일러(F. Taylor)의 과학적 관리법의 내용에 해당되지 않는 것은?

✓ ㉮ 사회적 접근 ㉯ 차별적 성과급제
㉰ 시간 및 동작연구 ㉱ 기능식 직장제도

> 사회적 접근은 메이요(E. Mayo)의 인간관계론에 따른 접근법이다.

075 하인리히의 재해구성 비율에 따라 경상사고가 58번 발생하였다면 무상해사고는 몇 건이 발생하였겠는가?

㉮ 300 ✓ ㉯ 600
㉰ 900 ㉱ 1,000

> 하인리히의 재해구성비율은 사망 및 중상 : 경상 : 무상해사고 = 1 : 29 : 300이다. 따라서 경상자가 58(29×2)일 경우 무상해사고는 300×2 = 600건이다.

[3과목] 철도공학

076 뇌(雷)에 의한 이상 전압에 대하여 그 파고값을 저감시켜 전기기를 절연파괴에서 보호하는 장치인 피뢰기의 설치에 대한 설명으로 옳지 않은 것은?

㉮ 흡상변압기 및 단권변압기의 1차측 및 2차측·급전용 케이블 단말에 설치한다.
㉯ 지상에 설치하는 피뢰기는 지표상 5m 이상 높이에 설치한다.
✓ ㉰ 피뢰기의 접지단자 중 지중 접지도선 리드선과의 접속은 25mm²의 전력케이블을 사용하고, 지표상 5m 높이까지는 절연관을 보호한다.

> 피뢰기의 접지단자 중 지중 접지도선 리드선과의 접속은 25mm²의 전력케이블을 사용하고, 지표상 2m 높이까지는 절연관을 보호한다.

㉱ 피뢰기 누설전류 측정이 가능하도록 피뢰기 본체와 지지대 간 절연체 또는 절연애자를 삽입하여 시설한다.

077 상치신호기의 설치위치로 옳지 않은 것은?

✓ ㉮ 신호기는 소속선의 바로 위 또는 오른쪽에 세운다.

> 신호기는 소속선의 바로 위 또는 왼쪽에 세워야 한다.

㉯ 1진로마다 1신호기를 설치하는 것을 원칙으로 한다.
㉰ 같은 선에서 분기되는 2 이상의 진로에 대해 같은 종류의 신호기는 같은 지점 또는 같은 신호기 주에 설치한다.
㉱ 장내신호기 및 출발신호기는 600m 이상 확인거리를 확보해야 한다.

078 엔진에 대한 설명으로 잘못된 것은?

㉮ 가스터빈엔진은 크기가 비교적 작으며 가볍고 대출력을 얻기 쉽다.
㉯ 가스터빈엔진은 비싼 가격, 복잡한 구조, 어려운 정비 등의 단점이 있다.
✓ ㉰ 디젤엔진은 엔진과 동륜을 직결한 상태에서 시동이 가능하다.

> 디젤엔진은 일정 회전수 이하에서 운전이 불가능하여 엔진과 동륜을 직결한 상태에서는 시동이 어렵다.

㉱ 디젤기관차나 디젤동차는 차량의 중량이 전기차에 비해 무겁다.

079 건널목 중 제1종 건널목에 대한 설명으로 옳은 것은?

㉮ 건널목 교통안전표지만 설치하는 건널목

> 제3종 건널목에 대한 설명이다.

㉯ 차단기를 주·야간 계속 작동하거나 건널목 안내원이 근무하는 건널목

> 제1종 건널목은 차단기, 경보기 및 건널목 교통안전표지를 설치하고 차단기를 주·야간 계속 작동하거나 건널목 안내원이 근무하는 건널목을 의미한다.

㉰ 경보기와 건널목 교통안전표지만 설치하는 건널목

> 제2종 건널목에 대한 설명이다.

✓ ㉱ 차단기, 경보기 및 건널목 교통안전표지를 설치하고 차단기를 주·야간 계속 작동하거나 건널목 안내원이 근무하는 건널목

080 다음 중 레일앵커(레일고정장치) 설치방법으로 옳은 것은?

㉮ 침목 1개당 4개씩 설치한다.
✓ 침목측면과 밀착하여 레일 밑부분에 부착한다.

> 레일앵커는 레일고정장치, 철길고정장치로 순화하여 부르기도 하며, 침목에 지지되어 레일의 미끄럼을 방지하는 쇠붙이를 말한다. 침목측면과 밀착하여 레일의 밑 부분에 부착시킨다.

㉰ 레일에 연속하여 집중적으로 설치한다.
㉯ 레일이음매판에 밀착시켜 설치한다.

> 레일의 밑부분에 부착한다.

081 궤도 복진의 발생원인으로 옳지 않은 것은?

㉮ 차륜과 레일단부와의 충돌으로 인한 레일의 전방 이동
㉯ 주행에 따른 레일에서 발생되는 파상진동에 의한 레일의 전방 이동
㉰ 구동륜의 회전에 따른 반작용으로 인한 레일의 후방 이동
✓ 온도하락에 따라 발생되는 레일의 신장에 및 레일의 전방 이동

> 온도가 상승될 때 레일은 신장된다. 레일 신장 시 양단부가 양측 레일에 밀착되고 레일의 중간부분이 약간 치솟아 차륜이 레일을 전방으로 떠밀어 궤도 복진이 발생할 수 있다.

082 자갈도상 재료의 구비조건으로 적합하지 않은 것은?

㉮ 점토 및 불순물의 혼입률이 낮고 배수가 양호할 것
㉯ 동사와 풍화에 강하고, 잡초를 방지할 것
✓ 단위 중량이 작고, 능각(모서리각) 및 입자 간의 마찰력이 작은 것

> 자갈도상은 레일 및 침목으로부터 전달되는 하중을 노반에 전달해야 하므로 단위 중량은 크고, 모서리각이 풍부하며 입자 간의 마찰력이 큰 것이 좋다.

㉰ 광물 알갱이의 크기가 적정하고 도상작업에 편리할 것

083 교량상의 장대레일 부설조건으로 옳지 않은 것은?

㉮ 레일과 침목의 체결은 레일의 복진과 온도신축을 방지할 수 있는 구조로 할 것
㉯ 훅 볼트는 체결력이 우수한 것을 선택하여 침목의 이동을 방지할 것
㉰ 보의 온도와 비슷한 레일 온도에서 장대레일을 설정할 것
✔ 연속보의 중앙에 교량용 레일 신축이음매를 설치할 것

> 교량 위의 장대레일은 필요한 곳마다 신축이음장치를 설치하여야 한다.

084 철도계획의 내용에 해당하지 않는 것은?

㉮ 시설 및 운영계획
✔ 목표예측

> 철도계획에 있어 수요에 대한 예측이 필요하다.

㉰ 설비투자의 경영채산

> 철도의 경영은 이용운임 등의 수입으로 운영경비를 마련하는 것이 원칙이다. 직접적인 경영채산은 물론 간접적인 이익에 관한 효과 또한 고려하여야 한다.

㉱ 사회경제적 시험에서의 평가

085 레일 체결장치의 기능으로 옳지 않은 것은?

㉮ 내구성 부재의 강도 ✔ 하중의 집중 및 충격의 강화
㉰ 진동의 감쇠, 차단 ㉱ 전기적 절연 성능 확보

> 레일 체결장치는 레일에 가해지는 하중을 분산시켜 충격을 완화시켜야 한다.

💡 **TIP**

레일 체결장치의 기능
- 내구성 부재의 강도
- 레일 체결력 확보
- 진동의 감쇠 및 차단
- 조절성 확보
- 궤간의 확보
- 하중의 분산과 충격의 완화
- 전기적 절연 성능의 확보
- 구조의 단순화 및 보수 노력 절약

086 연동장치에 대한 설명으로 옳지 않은 것은?

㉠ 연동장치는 정거장 구내에서의 열차운전의 안전을 확보하기 위해 작동한다.
㉡ 입구의 장내신호기, 발차선의 출발신호기, 입환운전을 위한 입환신호기 등에 연관시켜 작동한다.
㉢ 신호기와 전철기의 상호 간에 결정된 조건일 때만 작동한다.
☑ 기계적, 전기적, 하드웨어적으로 상호 연동하여 동작하도록 한다.

> 연동장치는 정거장 구내의 열차운행과 차량의 입환을 신호기, 선로전환기, 궤도회로 등의 장치를 기계적, 전기적, 소프트웨어(Software)적으로 상호연동하여 동작하도록 한 장치이다.

087 다음 차량기호 중 운전실을 갖춘 부수차는?

☑ Tc

> T(Trailer)는 부수차, c(Cab)는 운전실로 Tc는 운전실을 갖춘 부수차를 말한다.

㉡ T1

> T1(Trailer 1) : 부수차로서 보조전원장치, 배터리, 공기압축기가 설치된 차량이다.

㉢ ´

> ´(Pantograph) : 팬터그래프가 있는 차량이다.

㉣ M

> M(Motor) : 동력차(모터차), 구동차(견인전동기)를 말한다.

088 열차의 차바퀴나 기관이 헛돌며 바퀴만 고속으로 회전하는 공전현상을 방지하기 위한 대책으로 옳지 않은 것은?

☑ 열차 출발 또는 가속 시 속도를 빠르게 하여 견인력을 향상시킨다.

> 공전은 동력차가 운전시 견인력(끌 수 있는 힘)이 바퀴의 점착력보다 클 때 바퀴가 굴러가지 않고 헛도는 현상인 만큼 점착력을 향상시켜야 공전을 방지할 수 있다.

㉡ 공전이 작을 때 레일과 바퀴가 재접착하도록 한다.
㉢ 모래 등을 통해 접착 계수를 크게 한다.
㉣ 선로보수상태를 좋아지도록 한다.

089 다음 중 전차선의 편위 기준으로 옳은 것은?

㉮ 250mm
㉯ 230mm
✓ 200mm
㉰ 150mm

> 전차선의 편위는 전차선의 궤도 중심면에서의 수평거리를 말한다. <u>규정에 따르면 200mm를 기준</u>으로 하며, 최대 250mm까지 가능하다.

090 경보제어장치의 일반사항으로 옳지 않은 것은?

㉮ 건널목 경보등의 인식거리 : 특별한 경우를 제외하고 45m 이상
✓ 경보시분 : 구간 열차최고속도를 고려하여 20초를 기준으로 하고 10초 이하로는 할 수 없음

> 경보시분은 구간 열차최고속도를 고려하여 <u>30초를 기준</u>으로 하고 <u>20초 이하로는 할 수 없다</u>(다만, 차단기가 설치되어 있는 개소에는 차단기가 완전히 하강된 후 열차가 완전히 진입할 때까지 15초 이상 확보하여야 한다.).

㉰ 경보등 섬광횟수 : 분당 50±10회
㉱ 경보종 타종수 : 분당 70~100회

091 전기차량이 전차선로에서 전력을 받아들이는 장치로 전기차의 집전장치로 볼 수 없는 것은?

㉮ 팬터그래프

> 지붕에 장치한 마름모꼴로 접을 수 있게 짠 틀 위에 전차선과 접촉하는 집전부를 갖춘 장치이다. 스프링 또는 압축공기의 힘으로 전차선이 밀착하도록 밀어 올리고 있다.

✓ 축전지

> <u>집전장치는</u> 차량으로 하여금 외부로부터 <u>전력을 공급받기 위해 사용</u>되는 장치이다. <u>축전지는</u> 전기에너지를 화학에너지로 변환하여 <u>모아두어 필요할 때 사용하는 장치</u>이다.

㉰ 집전봉

> 차체로부터 1~2개의 긴 장대를 들어 올려 가공가선에 접촉시켜 집전하는 장치이다.

㉱ 뷔겔

> 폴(pole)의 끝단에 가로대를 설치하여 전차선과의 접촉면을 점에서 선으로 바꿔 횡변 위에 대응할 수 있도록 한 집전장치이다.

092 정거장 배선에 대한 설명으로 옳지 않은 것은?

✔ 차량을 유치하지 않는 측선은 선로의 기울기를 25‰까지 할 수 있다.

> 차량을 유치하지 않는 측선은 선로의 기울기를 35‰까지 할 수 있다.

㉯ 인접선로와의 차량접촉한계 간의 거리를 선로 유효장으로 측정한다.
㉰ 여객 화물공용의 본선으로 화물열차장을 유효장으로 한다.
㉱ 측선은 본선 한쪽에 배선하여 본선횡단을 적게 한다.

093 열차의 보수방향에 대한 설명으로 옳지 않은 것은?

㉮ 궤도구조의 강화와 보선작업의 기계화
㉯ 레일의 중량화, 침목의 P.C화, 장대레일화
㉰ 전자기술의 이용에 따른 보선경비처리 시스템 확립
✔ 열차상간의 확보를 통해 직원들의 휴무를 안정화

> 열차상간은 운행하고 있는 선행열차와 후속열차와의 간격, 역과 역 사이에 있어서 열차가 운행하지 않는 시간을 말한다. 열차의 보수를 통해 열차 상간을 확보하여 선로보수 및 기타 작업시간 확보를 목표로 하여야 한다.

094 정거장의 분류 중 역 본체, 승강장, 지하도 승강장은 어떠한 설비에 속하는가?

㉮ 화물설비

> 각 역에 집결되는 화물을 하차로 적재 및 하차 작업을 하기 위한 시설 및 장비를 말한다.

✔ 여객설비
㉰ 운전설비

> 열차운전에 필요한 설비로 선로, 신호보안설비, 운전보안설비, 전차선로, 정차장 등을 말한다.

㉱ 궤도설비

> 노반과 함께 열차하중을 직접 지지하는 역할로 도상의 윗부분을 말한다. 레일과 그 부속품, 침목 및 도상으로 구성된다.

095 디젤 전기기관차에서 차륜에 직접 동력을 전달하는 장치는?

㉮ 주발전기　　　　　　　　　　✓ ㉯ 견인전동기
㉰ 전차선　　　　　　　　　　　　㉱ 기관차제어기

> 💡 **TIP**
>
> **견인전동기**
> - 주발전기 또는 전차선에서 공급되는 전압을 받아 차량을 견인(주행)할 수 있도록 설치된 전동기이다.
> - 차량을 주행할 수 있도록 힘을 발하는 전동기로서 주발전기 또는 전차선에서 에너지를 받아 동륜을 구동시킬 수 있는 전동기이다.
> - 종류 : 직류 직권전동기, 유도전동기, 동기전동기 등

096 유도전동기의 회전력에 대한 설명으로 틀린 것은?

㉮ 유도전동기 회전수는 전원주파수에 비례하고, 자극수에 반비례한다.
㉯ 유도전동기 회전력은 전원주파수의 제곱에 반비례한다.
✓ ㉰ 유도전동기 회전력은 1차전압의 제곱에 반비례한다.
　　유도전동기 회전력은 1차전압의 제곱에 비례한다.
㉱ 유도전동기 회전력은 슬립주파수에 비례한다.

097 L.I.M(Linear Induction Motor car)에 대한 설명으로 옳지 않은 것은?

㉮ 물리적 접촉 없이도 구동력이 주어져 차륜과 레일 간의 마찰력이 필요 없다.
㉯ 선형 유도모터를 이용하여 차체 높이가 낮아져 터널단면 축소를 통한 건설비용 절감이 가능하다.
✓ ㉰ 곡선반경이 작은 곳에서 운행이 불가하여 불규칙한 가로망에서 건설이 어렵다.
　　L.I.M은 일반형 유도전동기를 축에 따라서 분리하여 1차측 고정자, 2차측 회전자 및 공극을 각각 직선으로 펼친 비회전형 모터를 활용한 것으로 곡선반경이 작은 곳에서 운행할 수 있어 가로망에서도 건설이 가능하다.
㉱ 지하철과 비교하였을 때 1회 승차 인원이 적다.

098 침목의 종류 중 재질에 의한 분류에 포함하지 않는 것은?

㉮ 교량침목

> 사용 목적에 의한 분류에 포함된다.

㉯ 보통침목

> 사용 목적에 의한 분류에 포함된다.

✓ 조합침목

> 조합침목은 2종류 혹은 2종류 이상이 재료를 조합하여 만든 침목으로 재질에 따른 분류에 포함된다.

㉱ 횡침목

> 부설법에 의한 분류에 포함된다.

> 💡 **TIP**
>
> **침목의 분류**
> • 사용 목적에 따른 분류 : 보통침목, 분기침목, 교량침목
> • 재질에 따른 분류 : 목침목(소재침목, 주약침목), 콘크리트 침목(철근콘크리트침목, P.S 콘크리트침목), 철침목, 조합침목
> • 부설법에 따른 분류 : 횡침목, 종침목, 블록침목

099 건축한계에 관한 설명으로 옳은 것은?

㉮ 안전히 운행할 수 있는 차량의 크기를 결정하고 제한하는 범위이다.

> 차량한계 : 차량을 제작할 때 일정한 크기 안으로 제작하도록 규정한 공간을 말한다. 건축한계보다 좁게 하여 차량과 철도시설물의 접촉을 방지하게 하였다.

✓ 건축한계 내에는 건조물을 설치하지 못한다.

> 건축한계 : 차량한계 내의 차량이 안전하게 운행될 수 있도록 선로상에 설정된 공간이다. 건축한계 내에는 건조물을 설치할 수 없다.

㉰ 레일 부위는 건축한계와 무관하며 레일 상부만 제한한다.
㉱ 건축한계는 기관차, 동차, 객화차 등이 각각 다르다.

100 다음 중 열차진로 제어설비로 옳은 것은?

㉮ 폐색장치 열차간격 제어설비에 속한다.

㉯ 열차자동방호장치(ATP) 열차간격 제어설비에 속한다.

✓ 열차집중제어장치(CTC)

㉱ 건널목보안장치 운전보안 및 정보화설비에 속한다.

> **TIP**
> 신호제어설비의 종류
> • 열차간격 제어설비
>   – 폐색장치[자동폐색장치(ABS), 연동폐색장치, 통표폐색장치, 차내신호폐색장치]
>   – 열차자동전지장치(ATS)   – 열차자동제어장치(ATC)
>   – 열차자동방호장치(ATP)   – 통신기반열차제어장치(CBTC)
> • 열차진로 제어설비
>   – 신호기장치   – 궤도회로장치
>   – 선로전환기장치   – 연동장치
>   – 열차집중제어장치(CTC)   – 신호원격제어장치
> • 운전보안 및 정보화 설비
>   – 건널목보안장치   – 선로지장물검지장치
>   – 낙석검지장치   – 분기기융설장치
>   – 지진경보장치   – 여객자동안내장치

[**4과목**] 열차운전(선택)

101 다음 중 「철도차량운전규칙」상 대용폐색방식으로 적절한 것은?

㉮ 자동폐색식 상용폐색방식에 해당한다(「철도차량운전규칙」 제50조 제1호). ⚖

㉯ 연동폐색식 상용폐색방식에 해당한다(「철도차량운전규칙」 제50조 제1호). ⚖

㉰ 통표폐색식 상용폐색방식에 해당한다(「철도차량운전규칙」 제50조 제1호). ⚖

✓ 지도통신식 대용폐색방식에 해당한다(「철도차량운전규칙」 제50조 제2호). ⚖

> **법령**
>
> 「철도차량운전규칙」 제50조(폐색방식의 구분)
> 폐색방식은 각 호와 같이 구분한다.
> 1. 상용(常用)폐색방식 : 자동폐색식 · 연동폐색식 · 차내신호폐색식 · 통표폐색식
> 2. 대용(代用)폐색방식 : 통신식 · 지도통신식 · 지도식 · 지령식

102 「철도차량운전규칙」에 따른 열차의 운전방향을 지정된 선로의 반대선로로 운행할 수 있는 경우로 적절한 것은?

㉮ 단방향 신호설비가 설치된 구간에서 열차를 운전하는 경우

> 양방향 신호설비가 설치된 구간에서 열차를 운전하는 경우(「철도차량운전규칙」 제20조 제2항 제8호)

✔ ㉯ 퇴행운전을 하는 경우   「철도차량운전규칙」 제20조 제2항 제7호

㉰ 회송열차를 운전하는 경우

> 공사열차 · 구원열차 또는 제설열차를 운전하는 경우(「철도차량운전규칙」 제20조 제2항 제3호)

㉱ 정거장 외의 선로를 운전하는 경우

> 정거장 내의 선로를 운전하는 경우(「철도차량운전규칙」 제20조 제2항 제2호)

> **법령**
>
> 「철도차량운전규칙」 제20조(열차의 운전방향 지정 등)
> ① 철도운영자 등은 상행선 · 하행선 등으로 노선이 구분되는 선로의 경우에는 열차의 운행방향을 미리 지정하여야 한다.
> ② 다음 각 호의 어느 하나에 해당하는 경우에는 제1항의 규정에 의하여 지정된 선로의 반대선로로 열차를 운행할 수 있다.
>   1. 제4조 제2항의 규정에 의하여 철도운영자 등과 상호 협의된 방법에 따라 열차를 운행하는 경우
>   2. 정거장내의 선로를 운전하는 경우
>   3. 공사열차 · 구원열차 또는 제설열차를 운전하는 경우
>   4. 정거장과 그 정거장 외의 본선 도중에서 분기하는 측선과의 사이를 운전하는 경우
>   5. 입환운전을 하는 경우
>   6. 선로 또는 열차의 시험을 위하여 운전하는 경우
>   7. 퇴행(退行)운전을 하는 경우
>   8. 양방향 신호설비가 설치된 구간에서 열차를 운전하는 경우
>   9. 철도사고 또는 운행장애(이하 "철도사고 등"이라 한다)의 수습 또는 선로보수공사 등으로 인하여 부득이하게 지정된 선로방향을 운행할 수 없는 경우
> ③ 철도운영자 등은 제2항의 규정에 의하여 반대선로로 운전하는 열차가 있는 경우 후속 열차에 대한 운행통제 등 필요한 안전조치를 하여야 한다.

103 「철도차량운전규칙」에서 시계운전에 의한 열차운전의 설명으로 적절하지 않은 것은?

㉮ 전령법은 복식운전, 단식운전을 하는 경우 모두 시행할 수 있다.

> 「철도차량운전규칙」 제72조 ⚖

㉯ 단선운전을 하는 경우에는 지도격시법을 시행한다.

> 「철도차량운전규칙」 제72조 제2호 가목 ⚖

㉰ 복식운전을 하는 경우에는 격시법을 시행한다.

> 「철도차량운전규칙」 제72조 제1호 가목 ⚖

✔ 복선운전을 하는 경우 지령식을 시행한다.

> 「철도차량운전규칙」 제72조에 따르면 시계운전에 의한 열차운전을 복선운전으로 하는 경우 격시법 혹은 전령법으로 시행하여야 한다. ⚖

법령 ⚖

「철도차량운전규칙」 제72조(시계운전에 의한 열차의 운전)

시계운전에 의한 열차운전은 다음 각 호의 어느 하나의 방법으로 시행해야 한다. 다만, 협의용 단행기관차의 운행 등 철도운영자 등이 특별히 따로 정한 경우에는 그렇지 않다.

1. 복선운전을 하는 경우
   가. 격시법
   나. 전령법
2. 단선운전을 하는 경우
   가. 지도격시법(指導隔時法)
   나. 전령법

---

104 다음 중 「철도차량운전규칙」에서 정한 주신호기의 종류로 적절하지 않은 것은?

㉮ 장내신호기   「철도차량운전규칙」 제82조 제1호 가목 ⚖

㉯ 엄호신호기   「철도차량운전규칙」 제82조 제1호 라목 ⚖

㉰ 폐색신호기   「철도차량운전규칙」 제82조 제1호 다목 ⚖

✔ 중계신호기

> 「철도차량운전규칙」 제82조 제2호 다목에 따르면 중계신호기는 장내신호기・출발신호기・폐색신호기 및 엄호신호기에 종속하여 열차에 주 신호기가 현시하는 신호의 중계신호를 현시하는 것으로 종속신호기에 속한다.

> **법령** ⚖️
>
> 「철도차량운전규칙」 제82조(상치신호기의 종류)
> 상치신호기의 종류와 용도는 다음 각 호와 같다.
> 1. 주신호기
>   가. 장내신호기 : 정거장에 진입하려는 열차에 대하여 신호를 현시하는 것
>   나. 출발신호기 : 정거장을 진출하려는 열차에 대하여 신호를 현시하는 것
>   다. 폐색신호기 : 폐색구간에 진입하려는 열차에 대하여 신호를 현시하는 것
>   라. 엄호신호기 : 특히 방호를 요하는 지점을 통과하려는 열차에 대하여 신호를 현시하는 것
>   마. 유도신호기 : 장내신호기에 정지신호의 현시가 있는 경우 유도를 받을 열차에 대하여 신호를 현시하는 것
>   바. 입환신호기 : 입환차량 또는 차내신호폐색식을 시행하는 구간의 열차에 대하여 신호를 현시하는 것
> 2. 종속신호기
>   가. 원방신호기 : 장내신호기·출발신호기·폐색신호기 및 엄호신호기에 종속하여 열차에 주 신호기가 현시하는 신호의 예고신호를 현시하는 것
>   나. 통과신호기 : 출발신호기에 종속하여 정거장에 진입하는 열차에 신호기가 현시하는 신호를 예고하며, 정거장을 통과할 수 있는지에 대한 신호를 현시하는 것
>   다. 중계신호기 : 장내신호기·출발신호기·폐색신호기 및 엄호신호기에 종속하여 열차에 주 신호기가 현시하는 신호의 중계신호를 현시하는 것
> 3. 신호부속기
>   가. 진로표시기 : 장내신호기·출발신호기·진로개통표시기 및 입환신호기에 부속하여 열차 또는 차량에 대하여 그 진로를 표시하는 것
>   나. 진로예고기 : 장내신호기·출발신호기에 종속하여 다음 장내신호기 또는 출발신호기에 현시하는 진로를 열차에 대하여 예고하는 것
>   다. 진로개통표시기 : 차내신호를 사용하는 열차가 운행하는 본선의 분기부에 설치하여 진로의 개통 상태를 표시하는 것
> 4. 차내신호 : 동력차 내에 설치하여 신호를 현시하는 것

105 다음 중 열차다이아를 작성할 때 고려할 사항으로 적절하지 않은 것은?

㉮ 열차의 상호지장 방지 ㉯ 수송수요의 예측
㉰ 열차지연에 따른 탄력성 확보 ㉱ 회차, 착발선 운전설비 고려

> 열차 DIA 작성 시 고려할 사항으로는 열차의 상호 간에 지장 방지, 수송수요에 적합, 열차지연에 따른 탄력성 확보, 회차, 착발선 운전설비의 고려가 있다.

> 💡 **TIP**
>
> **열차 DIA 작성 시 고려사항**
> • 열차의 상호 간에 지장 방지
> • 수송수요에 적합
> • 열차지연에 따른 탄력성 확보
> • 회차, 착발선 운전설비의 고려

106. 「철도차량운전규칙」에 따라 임시신호기 중 서행속도를 표시하여야 하는 것을 모두 고르면?

ㄱ. 서행신호기 ㄴ. 서행예고신호기
ㄷ. 서행해제신호기 ㄹ. 서행발리스

㉮ ㄱ
㉯ ✓ ㄱ, ㄷ
㉰ ㄱ, ㄷ, ㄹ
㉱ ㄱ, ㄴ, ㄷ, ㄹ

ㄱ. (O) 서행신호기 및 서행예고신호기에는 서행속도를 표시하여야 한다(「철도차량운전규칙」 제92조 제2항).
ㄴ. (×)
ㄷ. (O) 서행신호기 및 서행예고신호기에는 서행속도를 표시하여야 한다(「철도차량운전규칙」 제92조 제2항).
ㄹ. (×)

107. 다음 중 속도에 비례하는 요소로 적절한 것은?

✓ 기계부의 충격에 의한 저항
속도에 비례하는 요소에는 플랜지와 레일 옆면 간의 마찰저항, 기계부의 충격에 의한 저항이 있다.

㉯ 기계부분의 마찰저항 기계부분의 마찰저항은 속도와 관계없는 요소이다.

㉰ 차축과 축수 간의 마찰저항 차축과 축수 간의 마찰저항은 속도와 관계없는 요소이다.

㉱ 공기의 저항 공기의 저항은 속도의 제곱에 비례하는 요소이다.

TIP

주행저항의 요소
- 속도와 관계없는 요소
  - 기계부분의 마찰저항
  - 차축과 축수 간의 마찰저항
  - 차륜 답면과 레일면과의 마찰저항
- 속도에 비례하는 요소
  - 플랜지와 레일 옆면 간의 마찰저항
  - 기계부의 충격에 의한 저항
- 속도의 제곱에 비례하는 요소
  - 공기의 저항
  - 동요에 의한 저항

108 「도시철도운전규칙」에 따른 신설구간 등에서의 시험운전 기간으로 적절한 것은?

㉮ 60일 ㉯ 90일
㉰ 100일 ㉱ 150일

> 도시철도운영자는 선로·전차선로 또는 운전보안장치를 신설·이설(移設) 또는 개조한 경우 그 설치상태 또는 운전체계의 점검과 종사자의 업무 숙달을 위하여 정상운전을 하기 전에 60일 이상 시험운전을 하여야 한다. 다만, 이미 운영하고 있는 구간을 확장·이설 또는 개조한 경우에는 관계 전문가의 안전진단을 거쳐 시험운전 기간을 줄일 수 있다(「도시철도운전규칙」 제9조).

109 「철도차량운전규칙」상 차내신호폐색식을 시행하는 구간의 차내신호가 자동으로 정지신호를 현시하는 경우를 모두 고르면?

> ㄱ. 다른 선로에 있는 열차 또는 차량이 폐색구간을 진입하고 있는 경우
> ㄴ. 폐색구간에 있는 선로전환기가 정당한 방향에 있지 아니한 경우
> ㄷ. 폐색구간에 열차 또는 다른 차량이 있는 경우
> ㄹ. 열차제어장치의 지상장치에 고장이 있는 경우
> ㅁ. 열차 정상운행선로의 방향이 다른 경우

㉮ ㄱ, ㄷ ㉯ ㄱ, ㄴ, ㅁ
㉰ ㄱ, ㄷ, ㄹ, ㅁ ㉱ ㄱ, ㄴ, ㄷ, ㄹ, ㅁ

> ㄱ. (O) 「철도차량운전규칙」 제54조 제3호
> ㄴ. (O) 「철도차량운전규칙」 제54조 제2호
> ㄷ. (O) 「철도차량운전규칙」 제54조 제1호
> ㄹ. (O) 「철도차량운전규칙」 제54조 제4호
> ㄹ. (O) 「철도차량운전규칙」 제54조 제5호

법령

「철도차량운전규칙」 제54조(차내신호폐색장치의 기능)
차내신호폐색식을 시행하는 구간의 차내신호는 다음 각 호의 경우에는 자동으로 정지신호를 현시하는 기능을 갖추어야 한다.
1. 폐색구간에 열차 또는 다른 차량이 있는 경우
2. 폐색구간에 있는 선로전환기가 정당한 방향에 있지 아니한 경우
3. 다른 선로에 있는 열차 또는 차량이 폐색구간을 진입하고 있는 경우
4. 열차제어장치의 지상장치에 고장이 있는 경우
5. 열차 정상운행선로의 방향이 다른 경우

110 다음 중 거리기준 운전선도의 종류로 적절한 것을 모두 고르면?

> ㄱ. 실제운전선도　　　　　　　ㄴ. 가속력선도
> ㄷ. 계획운전선도　　　　　　　ㄹ. 열차 DIA

- ㉮ ㄱ, ㄷ
- ㉯ ㄴ, ㄷ
- ㉰ ㄱ, ㄷ, ㄹ
- ✓ ㉱ ㄱ, ㄴ, ㄷ

거리기준 운전선도에는 '<u>ㄱ. 실제운전선도</u>', '<u>ㄴ. 가속력선도</u>', '<u>ㄷ. 계획운전선도</u>'가 있다.

---

111 「철도차량운전규칙」상 운전방향 맨 앞 차량의 운전실 외에서 운전할 수 있는 경우만을 모두 고르면?

> ㄱ. 철도종사자가 차량의 맨 앞에서 전호를 하는 경우로서 그 전호에 의하여 열차를 운전하는 경우
> ㄴ. 사전에 정한 특정한 구간을 운전하는 경우
> ㄷ. 정거장과 그 정거장 외의 측선 도중에서 분기하는 본선과의 사이를 운전하는 경우
> ㄹ. 양방향 신호설비가 설치된 구간에서 열차를 운전하는 경우

- ㉮ ㄱ
- ✓ ㉯ ㄱ, ㄴ
- ㉰ ㄱ, ㄴ, ㄷ
- ㉱ ㄱ, ㄴ, ㄷ, ㄹ

ㄱ. (○) 「철도차량운전규칙」 제13조 제2항 제1호 ⚖[1]
ㄴ. (○) 「철도차량운전규칙」 제13조 제2항 제6호 ⚖[1]
ㄷ. (×) <u>정거장과 그 정거장 외의 본선 도중에서 분기하는 측선과의 사이를 운전하는 경우</u>에는 열차의 맨 앞에 연결하지 않아도 된다(「철도차량운전규칙」 제13조 제2항 제4호). ⚖[1]
ㄹ. (×) <u>양방향 신호설비가 설치된 구간에서 열차를 운전하는 경우에는 지정된 선로의 반대선로로 열차를 운행할 수 있다</u>(「철도차량운전규칙」 제20조 제2항 제8호). 즉, 해당 선지는 운전방향 맨 앞 차량의 운전실 외에서 운전할 수 있는 경우에 해당하는 규정이 아니다. ⚖[2]

법령 ⚖[1]

「철도차량운전규칙」 제13조(열차의 연결위치)
① 열차는 운전방향 맨 앞 차량의 운전실에서 운전하여야 한다.
② 제1항에도 불구하고 다음 각 호의 어느 하나에 해당하는 경우에는 운전방향 맨 앞 차량의 운전실 외에서도 열차를 운전할 수 있다.
　1. <u>철도종사자가 차량의 맨 앞에서 전호를 하는 경우로서 그 전호에 의하여 열차를 운전하는 경우</u>
　2. 선로·전차선로 또는 차량에 고장이 있는 경우
　3. 공사열차·구원열차 또는 제설열차를 운전하는 경우

4. 정거장과 그 정거장 외의 본선 도중에서 분기하는 측선과의 사이를 운전하는 경우
5. 철도시설 또는 철도차량을 시험하기 위하여 운전하는 경우
6. 사전에 정한 특정한 구간을 운전하는 경우
6의2. 무인운전을 하는 경우
7. 그 밖에 부득이한 경우로서 운전방향 맨 앞 차량의 운전실에서 운전하지 아니하여도 열차의 안전한 운전에 지장이 없는 경우

법령 2

「철도차량운전규칙」 제20조(열차의 운전방향 지정 등)
② 다음 각 호의 어느 하나에 해당되는 경우에는 제1항의 규정에 의하여 지정된 선로의 반대선로로 열차를 운행할 수 있다.
1. 제4조 제2항의 규정에 의하여 철도운영자등과 상호 협의된 방법에 따라 열차를 운행하는 경우
2. 정거장내의 선로를 운전하는 경우
3. 공사열차·구원열차 또는 제설열차를 운전하는 경우
4. 정거장과 그 정거장 외의 본선 도중에서 분기하는 측선과의 사이를 운전하는 경우
5. 입환운전을 하는 경우
6. 선로 또는 열차의 시험을 위하여 운전하는 경우
7. 퇴행(退行)운전을 하는 경우
8. 양방향 신호설비가 설치된 구간에서 열차를 운전하는 경우
9. 철도사고 또는 운행장애(이하 "철도사고등"이라 한다)의 수습 또는 선로보수공사 등으로 인하여 부득이하게 지정된 선로방향을 운행할 수 없는 경우

112 「철도차량운전규칙」에 따른 수신호의 현시방법으로 적절하지 않은 것은?

㉮ 주간에 정지신호는 적색기를 현시하나 적색기가 없을 때에는 양팔을 높이 들거나 녹색기 외의 것을 급히 흔든다.

「철도차량운전규칙」 제93조 제1호 가목

✓ 야간에 진행신호는 깜박이는 녹색등을 현시한다.

야간에 진행신호는 녹색등을 현시하며, 깜박이는 녹색등은 야간에 서행신호를 현시할 때의 방법이다(「철도차량운전규칙」 제93조).

㉰ 야간에 정지신호는 적색등을 현시하나 적색등이 없을 때에는 녹색등 외의 것을 급히 흔든다.

「철도차량운전규칙」 제93조 제1호 나목

㉱ 주간에 진행신호는 녹색기를 현시하나 녹색기가 없을 때에는 한 팔을 높이 든다.

「철도차량운전규칙」 제93조 제3호 가목

> **법령**
>
> 「철도차량운전규칙」 제93조(수신호의 현시방법)
> 신호기를 설치하지 아니하거나 이를 사용하지 못하는 경우에 사용하는 수신호는 다음 각 호와 같이 현시한다.
> 1. 정지신호
>   가. 주간 : 적색기. 다만, 적색기가 없을 때에는 양팔을 높이 들거나 또는 녹색기외의 것을 급히 흔든다.
>   나. 야간 : 적색등. 다만, 적색등이 없을 때에는 녹색등 외의 것을 급히 흔든다.
> 2. 서행신호
>   가. 주간 : 적색기와 녹색기를 모아쥐고 머리 위에 높이 교차한다.
>   나. 야간 : 깜박이는 녹색등
> 3. 진행신호
>   가. 주간 : 녹색기. 다만, 녹색기가 없을 때는 한 팔을 높이 든다.
>   나. 야간 : 녹색등

113. 「철도차량운전규칙」에 따른 2현시 색등식 정지신호 현시방식으로 적절한 것은?

㉮ 상·하위 등황색등 ㉯ 녹색등
㉰ 상위 등황색등, 하위 녹색등 ✔ 적색등

「철도차량운전규칙」 제84조에 따르면 <u>2현시 색등식의 정지신호 현시방식은 적색등</u>이다.

> **법령**
>
> 「철도차량운전규칙」 제84조(신호현시방식)
> 상치신호기의 현시방식은 다음 각 호와 같다.
> 1. 장내신호기·출발신호기·폐색신호기 및 엄호신호기

종류	신호현시방식						
	5현시	4현시	3현시	2현시			
	색등식	색등식	색등식	색등식	완목식		
					주간	야간	
정지신호	적색등	적색등	적색등	적색등	완·수평	적색등	
경계신호	상위 등황색등						
	하위 등황색등						
주의신호	등황색등	등황색등	등황색등				
감속신호	상위 등황색등	상위 등황색등					
	하위 녹색등	하위 녹색등					
진행신호	녹색등	녹색등	녹색등	녹색등	완·좌하향 45도	녹색등	

114 다음 중 곡선저항의 크기에 영향을 끼치는 것이 아닌 것은?

㉮ 선로의 곡선반경의 대소
㉯ 캔트량, 슬랙량
㉰ 공기의 마찰 ✓
㉱ 레일의 형태 및 마찰력

> 곡선저항의 크기는 선로의 곡선반경의 대소, 캔트량, 슬랙량, 레일의 형태 및 마찰력, 속도 등에 의해 좌우된다.

115 다음은 치차비에 관한 내용이다. A, B에 들어갈 말로 적절한 것은?

> 치차비란 견인전동기 축에 연결된 소치차의 치수와의 차축에 부착된 대치차의 치수의 비이다. 즉, 기어의 잇수비이다. 치차비는 열차속도에 (A)하고, 견인력에 (B)한다.

㉮ A : 비례, B : 비례
㉯ A : 반비례, B : 비례 ✓
㉰ A : 비례, B : 반비례
㉱ A : 반비례, B : 반비례

> 치차비란 견인전동기 축에 연결된 소치차의 치수와의 차축에 부착된 대치차의 치수의 비이다. 즉, 기어의 잇수비이다. 치차비는 열차속도에 반비례하고, 견인력에 비례한다.

116 「도시철도운전규칙」상 폐색구간에서 둘 이상의 열차가 동시 운전이 불가능한 경우는?

㉮ 고장난 열차가 있는 폐색구간에서 구원열차를 운전하는 경우
> 「도시철도운전규칙」 제37조 제2항 제1호 ⚖[2]

㉯ 하나의 열차를 분할하여 운전하는 경우
> 「도시철도운전규칙」 제37조 제2항 제4호 ⚖[2]

㉰ 다른 열차의 차선 바꾸기 지시에 따라 차선을 바꾸기 위하여 운전하는 경우
> 「도시철도운전규칙」 제37조 제2항 제3호 ⚖[2]

㉱ 시계운전이 가능한 노선에서 열차를 서행하여 운전하는 경우 ✓
> 「철도차량운전규칙」 제49조 제2항 제6호에 해당하는 내용이다. 따라서 「도시철도운전규칙」에 해당하는 내용이 아니므로 적절하지 않다. ⚖[1]

> **법령 ⚖¹**
>
> 「철도차량운전규칙」 제49조(폐색에 의한 열차 운행)
> ② 하나의 폐색구간에는 둘 이상의 열차를 동시에 운행할 수 없다. 다만, 다음 각 호에 해당하는 경우에는 그렇지 않다.
> 1. 제36조 제2항 및 제3항에 따라 열차를 진입시키려는 경우
> 2. 고장열차가 있는 폐색구간에 구원열차를 운전하는 경우
> 3. 선로가 불통된 구간에 공사열차를 운전하는 경우
> 4. 폐색구간에서 뒤의 보조기관차를 열차로부터 떼었을 경우
> 5. 열차가 정차되어 있는 폐색구간으로 다른 열차를 유도하는 경우
> 6. 폐색에 의한 방법으로 운전을 하고 있는 열차를 열차제어장치로 운전하거나 <u>시계운전이 가능한 노선에서 열차를 서행하여 운전하는 경우</u>
> 7. 그 밖에 특별한 사유가 있는 경우

> **법령 ⚖²**
>
> 「도시철도운전규칙」 제37조(폐색구간)
> ② 폐색구간에서는 둘 이상의 열차를 동시에 운전할 수 없다. 다만, 다음 각 호의 어느 하나에 해당하는 경우에는 그러하지 아니하다.
> 1. <u>고장난 열차가 있는 폐색구간에서 구원열차를 운전하는 경우</u>
> 2. 선로 불통으로 폐색구간에서 공사열차를 운전하는 경우
> 3. <u>다른 열차의 차선 바꾸기 지시에 따라 차선을 바꾸기 위하여 운전하는 경우</u>
> 4. <u>하나의 열차를 분할하여 운전하는 경우</u>

117 다음 중 적절하지 않은 것은?

㉮ 공주거리는 전제동거리에서 실제동거리를 뺀 거리이다.
㉯ 제동거리는 열차의 중량에 비례하고, 감속력에 반비례한다.
✓ 제동거리는 제동초속도 제곱에 반비례하고 열차저항에 비례한다.

> 브레이크가 작동된 후 열차가 정지할 때까지(운동에너지를 열에너지로 변화시켜 감속하는 과정) 주행한 거리를 말한다. 제동거리의 특징으로는 열차의 중량과 <u>제동초속도 제곱에 비례하고</u>, 감속력과 <u>열차저항에 반비례한다</u>.

㉰ 공주시간은 제동핸들을 제동위치로 이동시킨 후부터 제동력이 75%에 도달할 때까지 열차가 소요된 시간이다.

118 다음에서 설명하는 내용은 「철도차량운전규칙」 제2조(정의)에서 어떤 장소에 해당하는가?

> 차량의 입환 또는 열차의 조성을 위하여 사용되는 장소를 말한다.

㉮ 전차선로

> "전차선로"라 함은 전차선 및 이를 지지하는 공작물을 말한다(「철도차량운전규칙」 제2조 제7호).

✔ ㉯ 조차장

> "조차장(操車場)"이라 함은 차량의 입환 또는 열차의 조성을 위하여 사용되는 장소를 말한다(「철도차량운전규칙」 제2조 제14호).

㉰ 정거장

> "정거장"이라 함은 여객의 승강(여객 이용시설 및 편의시설을 포함한다), 화물의 적하(積下), 열차의 조성(組成, 철도차량을 연결하거나 분리하는 작업을 말한다), 열차의 교행(交行) 또는 대피를 목적으로 사용되는 장소를 말한다(「철도차량운전규칙」 제2조 제1호).

㉱ 신호소

> "신호소"라 함은 상치신호기 등 열차제어시스템을 조작·취급하기 위하여 설치한 장소를 말한다(「철도차량운전규칙」 제2조 제15호).

119 「도시철도운전규칙」상 지령식 및 통신식에 관한 설명으로 적절하지 않은 것은?

✔ ㉮ 폐색장치 및 차내신호장치의 고장으로 열차의 정상적인 운전이 불가능할 때에는 관제사가 폐색구간에 열차의 진입을 지시하는 통신식에 따른다.

> 폐색장치 및 차내신호장치의 고장으로 열차의 정상적인 운전이 불가능할 때에는 관제사가 폐색구간에 열차의 진입을 지시하는 지령식에 따른다(「도시철도운전규칙」 제56조 제1항). ⚖

㉯ 상용폐색방식 또는 지령식에 따를 수 없을 때에는 폐색구간에 열차를 진입시키려는 역장 또는 소장이 상대 역장 또는 소장 및 관제사와 협의하여 폐색구간에 열차의 진입을 지시하는 통신식에 따른다.

> 「도시철도운전규칙」 제56조 제2항 ⚖

㉰ 지령식 또는 통신식에 따르는 경우에는 관제사 및 폐색구간 양쪽의 역장 또는 소장은 전용전화기를 설치·운용하여야 한다.

> 「도시철도운전규칙」 제56조 제3항 전단 ⚖

㉔ 부득이한 사유로 전용전화기를 설치할 수 없거나 전용전화기에 고장이 발생하였을 때에는 전용전화기 외에 다른 전화기를 이용할 수 있다.

「도시철도운전규칙」 제56조 제3항 후단

법령

「도시철도운전규칙」 제56조(지령식 및 통신식)
① 폐색장치 및 차내신호장치의 고장으로 열차의 정상적인 운전이 불가능할 때에는 관제사가 폐색구간에 열차의 진입을 지시하는 지령식에 따른다.
② 상용폐색방식 또는 지령식에 따를 수 없을 때에는 폐색구간에 열차를 진입시키려는 역장 또는 소장이 상대 역장 또는 소장 및 관제사와 협의하여 폐색구간에 열차의 진입을 지시하는 통신식에 따른다.
③ 제1항 또는 제2항에 따른 지령식 또는 통신식에 따르는 경우에는 관제사 및 폐색구간 양쪽의 역장 또는 소장은 전용전화기를 설치·운용하여야 한다. 다만, 부득이한 사유로 전용전화기를 설치할 수 없거나 전용전화기에 고장이 발생하였을 때에는 다른 전화기를 이용할 수 있다.

120 「철도차량운전규칙」에 따라 임시신호기의 종류로 적절하지 않은 것은?

㉮ 서행발리스   「철도차량운전규칙」 제91조 제4호

✔ 유도신호기

「철도차량운전규칙」 제91조에 따르면 임시신호기의 종류에는 서행신호기, 서행예고신호기, 서행해제신호기, 서행발리스가 있다.

㉰ 서행예고신호기   「철도차량운전규칙」 제91조 제2호

㉱ 서행신호기   「철도차량운전규칙」 제91조 제1호

법령

「철도차량운전규칙」 제91조(임시신호기의 종류)
임시신호기의 종류와 용도는 다음 각 호와 같다.
1. 서행신호기 : 서행운전할 필요가 있는 구간에 진입하려는 열차 또는 차량에 대하여 당해구간을 서행할 것을 지시하는 것
2. 서행예고신호기 : 서행신호기를 향하여 진행하려는 열차에 대하여 그 전방에 서행신호의 현시 있음을 예고하는 것
3. 서행해제신호기 : 서행구역을 진출하려는 열차에 대하여 서행을 해제할 것을 지시하는 것
4. 서행발리스(Balise) : 서행운전할 필요가 있는 구간의 전방에 설치하는 송·수신용 안테나로 지상 정보를 열차로 보내 자동으로 열차의 감속을 유도하는 것

121 다음 중 견인정수의 산정 시 고려할 사항으로 적절한 것을 모두 고르면?

> ㄱ. 열차의 사명 ㄴ. 동력차의 상태
> ㄷ. 기온 ㄹ. 선로 유효장 및 승강장 유효장
> ㅁ. 상구배의 제동거리

㉮ ㄱ, ㄴ, ㄷ
✓ ㄱ, ㄴ, ㄷ, ㄹ
㉯ ㄱ, ㄷ, ㄹ, ㅁ
㉱ ㄱ, ㄴ, ㄷ, ㄹ, ㅁ

견인정수를 산정할 때 고려할 사항은 대표적으로 <u>ㄱ. 열차의 사명</u>, 선로의 상태, <u>ㄴ. 동력차의 상태</u>, <u>ㄷ. 기온</u>, <u>ㄹ. 선로 유효장 및 승강장 유효장</u>이 있다.

> **TIP**
>
> 견인정수의 산정 시 고려하여야 할 사항
> • <u>열차의 사명</u>
> • <u>선로의 상태</u>
>   - 곡선 및 터널
>   - 레일의 상태
>   - 상구배의 완급과 장단
>   ※ 견인정수를 지배하는 최대요소이다.
>   - 하구배의 제동거리
> • <u>동력차의 상태</u>
>   - 동력차의 상태 및 견인시험
>   - 사용연료 및 전차선 전압
>   - 제한구배상의 인출조건
>   - 전기차의 온도상승 한도
> • <u>선로 및 승강장 유효장</u>
> • <u>기온</u>

122 다음 중 열차운전의 3요소에 해당하는 것을 모두 고르면?

> ㄱ. 궤도 ㄴ. 신호
> ㄷ. 기관사 ㄹ. 차량

㉮ ㄱ, ㄴ
㉯ ㄱ, ㄴ, ㄷ
㉰ ㄴ, ㄷ, ㄹ
✓ ㄱ, ㄷ, ㄹ

열차운전의 3요소에는 '<u>ㄱ. 궤도</u>', '<u>ㄷ. 기관사</u>', '<u>ㄹ. 차량</u>'이 있다.

123 ㉮역과 ㉯역 사이의 운전거리는 30km, 운전소요시간 15분, 중간정차 5분일 때의 ㉮~㉯ 구간의 평균속도로 적절한 것은?

㉮ 80km/h
㉯ 100km/h
✓ 120km/h
㉱ 135km/h

> 평균속도란 운전거리를 순수운전시분으로 나누어 구한 속도를 의미한다. 단, 이때 순수운전시분에는 정차시간을 포함하지 않는다. 평균속도의 공식은 평균속도(km/h) = $\dfrac{운전거리}{순수운전시분}$ 이다.
>
> 따라서 평균속도(km/h) = $\dfrac{운전거리}{순수운전시분}$ = $\dfrac{30}{\frac{15}{60}}$ = <u>120km/h</u> 이다.

124 다음 중 공전을 방지하기 위한 운전방법으로 적절한 것을 모두 고르면?

> ㄱ. 레일에 모래를 뿌려 점착견인력을 높인다.
> ㄴ. 동력차를 최적의 상태로 보수하여 동륜주견인력을 작게 한다.
> ㄷ. 기울기가 심한 선로에서는 가·감간을 적절하게 조절한다.

㉮ ㄱ
㉯ ㄴ, ㄷ
㉰ ㄱ, ㄷ
✓ ㄱ, ㄴ, ㄷ

> ㄱ~ㄷ 모두 공전을 방지하기 위한 방법으로 적절하다.

125 「도시철도운전규칙」에서 도시철도운영자가 열차 등의 안전운전에 지장이 없도록 설치하여야 하는 것으로 적절한 것은?

㉮ 중계신호기
㉯ 수신호기
㉰ 서행예고신호기
✓ 운전관계표지

> 도시철도운영자는 열차 등의 안전운전에 지장이 없도록 <u>운전관계표지</u>를 설치하여야 한다(「도시철도운전규칙」 제75조).

제2회 기출유형 모의고사

문제편 47p

[1과목] 교통법규

001	002	003	004	005	006	007	008	009	010	011	012	013	014	015	016	017	018	019	020
나	라	라	나	다	나	라	다	라	다	나	라	나	다	가	가	라	라	나	라
021	022	023	024	025	026	027	028	029	030	031	032	033	034	035	036	037	038	039	040
나	라	라	다	가	라	가	다	나	나	가	나	다	나	다	다	가	라	나	다	라
041	042	043	044	045	046	047	048	049	050										
나	가	다	다	라	가	다	나	다											

[2과목] 교통안전관리론

051	052	053	054	055	056	057	058	059	060	061	062	063	064	065	066	067	068	069	070
라	다	나	다	나	라	라	나	다	라	라	라	다	라	라	라	가	다	라	가
071	072	073	074	075															
라	다	나	가	나															

[3과목] 철도공학

076	077	078	079	080	081	082	083	084	085	086	087	088	089	090	091	092	093	094	095
라	가	다	다	라	다	다	라	다	라	라	다	가	다	라	다	가	라	라	다
096	097	098	099	100															
나	나	라	라	라															

[4과목] 열차운전(선택과목)

101	102	103	104	105	106	107	108	109	110	111	112	113	114	115	116	117	118	119	120
라	라	다	라	가	가	라	라	라	나	나	라	가	가	라	다	다	가
121	122	123	124	125															
다	라	라	나	가															

[1과목] 교통법규

001 「철도산업발전기본법」에 따른 철도시설관리권과 관련한 설명으로 가장 거리가 먼 것은?

㉮ 국토교통부장관은 철도시설을 관리하고 그 철도시설을 사용하거나 이용하는 자로부터 사용료를 징수할 수 있는 권리를 설정할 수 있다.

> 「철도산업발전기본법」 제26조 제1항

✓ 철도시설관리권은 이를 채권으로 보며, 이 법에 특별한 규정이 있는 경우를 제외하고는 민법 중 부동산에 관한 규정을 준용한다.

> 철도시설관리권은 이를 물권으로 보며, 이 법에 특별한 규정이 있는 경우를 제외하고는 민법 중 부동산에 관한 규정을 준용한다(「철도산업발전기본법」 제27조).

㉰ 저당권이 설정된 철도시설관리권은 그 저당권자의 동의가 없으면 처분할 수 없다.

> 「철도산업발전기본법」 제28조

㉱ 철도시설관리권의 등록에 관하여 필요한 사항은 대통령령으로 정한다.

> 「철도산업발전기본법」 제29조 제2항

002 「철도산업발전기본법령」에 따른 철도산업위원회의 위원장으로 옳은 것은?

㉮ 교육부차관
㉯ 국토교통부차관
㉰ 기획재정부차관
✓ 국토교통부장관

> 철도산업위원회의 위원장은 국토교통부장관이 된다(「철도산업발전기본법 시행령」 제6조 제1항).

003 「철도안전법」에 따른 철도안전 자율보고서에 관한 설명 중 빈칸에 공통적으로 들어갈 보고서 제출 대상으로 옳은 것은?

> - 철도안전을 해치거나 해칠 우려가 있는 사건·상황·상태 등을 발생시켰거나 철도안전위험요인이 발생한 것을 안 사람 또는 철도안전위험요인이 발생할 것이 예상된다고 판단하는 사람은 국토교통부장관에게 그 사실을 보고할 수 있다.
> - 철도안전 자율보고를 하려는 자는 철도안전 자율보고서를 (　　)에게 제출하거나 국토교통부장관이 정하여 고시하는 방법으로 (　　)에게 보고해야 한다.

㉮ 철도운영자　　　　　　　　　㉯ 국가철도공단 이사장
㉰ 한국철도기술연구원장　　　　✔ 한국교통안전공단 이사장

> - 철도안전을 해치거나 해칠 우려가 있는 사건·상황·상태 등을 발생시켰거나 철도안전위험요인이 발생한 것을 안 사람 또는 철도안전위험요인이 발생할 것이 예상된다고 판단하는 사람은 국토교통부장관에게 그 사실을 보고할 수 있다(「철도안전법」 제61조의3 제1항).
> - 철도안전 자율보고를 하려는 자는 철도안전 자율보고서를 <u>한국교통안전공단 이사장</u>에게 제출하거나 국토교통부장관이 정하여 고시하는 방법으로 <u>한국교통안전공단 이사장</u>에게 보고해야 한다(「철도안전법 시행규칙」 제88조 제1항).

004 철도산업구조개혁기본계획에 관한 설명 중 빈칸에 들어갈 단어로 옳은 것은?

> - 국토교통부장관은 구조개혁계획을 수립하고자 하는 때에는 미리 구조개혁계획과 관련이 있는 행정기관의 장과 협의한 후 제6조에 따른 위원회의 심의를 거쳐야 한다. 수립한 구조개혁계획을 변경("대통령령으로 정하는 경미한 변경"은 제외한다)하고자 하는 경우에도 또한 같다.
> - "대통령령이 정하는 경미한 변경"이라 함은 철도산업구조개혁기본계획 추진기간의 (　　)의 내에서의 변경을 말한다.

㉮ 6개월　　　　　　　　　　　✔ 1년
㉰ 3년　　　　　　　　　　　　㉱ 5년

> - 국토교통부장관은 구조개혁계획을 수립하고자 하는 때에는 미리 구조개혁계획과 관련이 있는 행정기관의 장과 협의한 후 제6조에 따른 위원회의 심의를 거쳐야 한다. 수립한 구조개혁계획을 변경("대통령령으로 정하는 경미한 변경"은 제외한다)하고자 하는 경우에도 또한 같다(「철도산업발전기본법」 제18조 제3항).
> - "대통령령이 정하는 경미한 변경"이라 함은 철도산업구조개혁기본계획 추진기간의 <u>1년의 기간</u> 내에서의 변경을 말한다(「철도산업발전기본법 시행령」 제26조).

005 다음 중 교통안전진단기관의 결격사유에 해당하지 않는 자는?

㉮ 피성년후견인 또는 피한정후견인

「교통안전법」 제41조 제1호

㉯ 파산선고를 받고 복권되지 아니한 자

「교통안전법」 제41조 제2호

✅ 교통안전진단기관의 등록이 취소된 후 2년이 지난 자

교통안전진단기관의 등록이 취소된 후 2년이 지나지 않은 자가 교통안전진단기관의 결격사유에 포함된다(「교통안전법」 제41조 제5호).

㉰ 「교통안전법」을 위반하여 징역형의 집행유예를 선고받고 그 유예기간 중에 있는 자

「교통안전법」 제41조 제4호

법령

「교통안전법」 제41조(결격사유)
다음 각 호의 어느 하나에 해당하는 자는 교통안전진단기관으로 등록할 수 없다.
1. 피성년후견인 또는 피한정후견인
2. 파산선고를 받고 복권되지 아니한 자
3. 이 법을 위반하여 징역형의 실형을 선고받고 그 집행이 종료(집행이 종료된 것으로 보는 경우를 포함한다)되거나 집행이 면제된 날부터 2년이 지나지 아니한 자
4. 이 법을 위반하여 징역형의 집행유예를 선고받고 그 유예기간 중에 있는 자
5. 제43조에 따라 교통안전진단기관의 등록이 취소된 후 2년이 지나지 아니한 자. 다만, 제43조 제3호 중 제41조 제1호 및 제2호에 해당하여 등록이 취소된 경우는 제외한다.
6. 임원 중에 제1호부터 제5호까지의 어느 하나에 해당하는 자가 있는 법인

---

006 「교통안전법」상 다음의 빈칸에 들어갈 단어로 적절한 것은?

( )은/는 교통안전에 관한 시책의 원활한 실시를 위하여 예산의 확보, 재정지원 등 재정·금융상의 필요한 조치를 강구하여야 한다.

㉮ 대통령
㉯ 국무총리
✅ 국가 등
㉰ 국토교통부장관

국가 등은 교통안전에 관한 시책의 원활한 실시를 위하여 예산의 확보, 재정지원 등 재정·금융상의 필요한 조치를 강구하여야 한다(「교통안전법」 제9조 제1항).

007 다음 중 교통시설설치·관리자 등이 교통안전담당자를 지정 또는 지정해지하거나 교통안전담당자가 퇴직한 경우, 지체 없이 그 사실을 알려야 하는 기관에 해당하는 것은?

㉮ 국토교통부
㉯ 지방경찰청장
㉰ 교통수단운영자
✓ ㉱ 관할 교통행정기관

> 교통시설설치·관리자 등은 법 제54조의2 제1항에 따라 교통안전담당자를 지정 또는 지정해지하거나 교통안전담당자가 퇴직한 경우에는 지체 없이 그 사실을 관할 교통행정기관에 알리고, 지정해지 또는 퇴직한 날부터 30일 이내에 다른 교통안전담당자를 지정해야 한다(「교통안전법 시행령」 제44조 제3항).

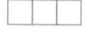
008 「철도산업발전기본법」의 정의 중 '철도운영'과 가장 거리가 먼 것은?

㉮ 철도 여객 및 화물 운송

> 「철도산업발전기본법」 제3조 제3호 가목 ⚖

㉯ 철도차량의 정비 및 열차의 운행관리

> 「철도산업발전기본법」 제3조 제3호 나목 ⚖

✓ ㉰ 철도전문인력의 경영 연수 및 교육훈련

> 철도전문인력의 경영 연수 및 교육훈련은 「철도산업발전기본법」 제3조 제3호에 따른 철도운영의 정의와 관련이 없다.

㉱ 철도시설·철도차량 및 철도부지 등을 활용한 부대사업개발 및 서비스

> 「철도산업발전기본법」 제3조 제3호 다목 ⚖

법령 ⚖

「철도산업발전기본법」 제3조(정의)
이 법에서 사용하는 용어의 정의는 다음 각 호와 같다.
3. "철도운영"이라 함은 철도와 관련된 다음 각 목의 어느 하나에 해당하는 것을 말한다.
　가. 철도 여객 및 화물 운송
　나. 철도차량의 정비 및 열차의 운행관리
　다. 철도시설·철도차량 및 철도부지 등을 활용한 부대사업개발 및 서비스

009 「교통안전법령」상 교통안전 우수사업자 지정 등에 관한 내용 중 빈칸에 해당하는 내용으로 옳은 것은?

> 국토교통부장관은 교통안전 우수사업자 지정을 받은 자가 다음 각 호의 어느 하나에 해당하는 경우에는 지정을 취소할 수 있다. 다만, 제1호에 해당하는 경우에는 지정을 취소하여야 한다.
> 1. (   )
> 2. 국토교통부령으로 정하는 기준 이상의 교통사고를 일으킨 경우

㉮ 운송사업자가 보유한 자동차의 대수가 300대 미만인 경우 – 중대한 교통사고를 1건 이상 일으킨 경우

> 「교통안전법 시행규칙」 제8조의2 제6항, 「여객자동차 운수사업법 시행령」 제8조 제1호 가목 ⚖²

㉯ 운송사업자가 보유한 자동차의 대수가 300대 이상 600대 미만인 경우 – 중대한 교통사고를 2건 이상 일으킨 경우

> 「교통안전법 시행규칙」 제8조의2 제6항, 「여객자동차 운수사업법 시행령」 제8조 제1호 나목 ⚖²

㉰ 운송사업자가 보유한 자동차의 대수가 600대 이상인 경우 – 중대한 교통사고를 3건 이상 일으킨 경우

> 「교통안전법 시행규칙」 제8조의2 제6항, 「여객자동차 운수사업법 시행령」 제8조 제1호 다목 ⚖²

✔ 거짓이나 그 밖의 부정한 방법으로 지정을 받은 경우

> 국토교통부장관은 교통안전 우수사업자 지정을 받은 자가 거짓이나 그 밖의 부정한 방법으로 제1항에 따른 지정을 받은 경우에는 지정을 취소하여야 한다(「교통안전법」 제35조의2 제3항). ⚖¹

법령 ⚖¹

「교통안전법」 제35조의2(교통안전 우수사업자 지정 등)
① 국토교통부장관은 교통안전수준을 높이고 교통사고 감소에 기여한 교통수단운영자를 교통안전 우수사업자로 지정할 수 있다.
② 교통행정기관은 제1항에 따라 지정을 받은 자에 대하여 교통수단안전점검을 면제하는 등 국토교통부령으로 정하는 지원을 할 수 있다.
③ 국토교통부장관은 제1항에 따라 지정을 받은 자가 다음 각 호의 어느 하나에 해당하는 경우에는 지정을 취소할 수 있다. 다만, 제1호에 해당하는 경우에는 지정을 취소하여야 한다.
 1. 거짓이나 그 밖의 부정한 방법으로 제1항에 따른 지정을 받은 경우
 2. 국토교통부령으로 정하는 기준 이상의 교통사고를 일으킨 경우

> **법령 ⚖²**
>
> 「교통안전법 시행규칙」 제8조의2(교통안전 우수사업자 지정의 대상 등)
> ② 교통안전 우수사업자 지정의 기준은 다음 각 호와 같다.
>   1. 최근 3년간 영 별표 3의2에 따른 교통안전도 평가지수가 1 미만이고 동종의 운송사업자 중 교통안전도 평가지수가 상위 100분의 5 이내일 것
>   2. 최근 3년간 다음 각 목의 구분에 따른 교통사고 발생 기준을 충족할 것
>   가. 제1항 제1호의 여객자동차운송사업자 : 「여객자동차 운수사업법 시행령」 제11조에 따른 중대한 교통사고를 같은 영 제8조 제1호 각 목에 따른 빈도로 발생시키지 않을 것
>
>   > 「여객자동차 운수사업법 시행령」 제8조(사업계획의 변경이 제한되는 교통사고의 규모 또는 발생 빈도)
>   > 법 제10조 제5항 제4호에 따라 사업계획의 변경을 제한할 수 있는 경우는 다음 각 호의 어느 하나에 해당하는 경우로 한다.
>   > 1. 법 제4조 제1항에 따라 여객자동차운송사업의 면허를 받거나 등록을 한자(이하 "운송사업자"라 한다)의 <u>중대한 교통사고</u> 건수(운송사업자가 사업계획 변경의 인가일·등록일 또는 신고일 전 최근 1년간 일으킨 제11조에 따른 중대한 교통사고의 건수를 말한다)가 다음 각 목의 어느 하나에 해당하는 경우
>   >   가. <u>운송사업자가 보유한 자동차의 대수가 300대 미만인 경우 : 1건 이상</u>
>   >   나. <u>운송사업자가 보유한 자동차의 대수가 300대 이상 600대 미만인 경우 : 2건 이상</u>
>   >   다. <u>운송사업자가 보유한 자동차의 대수가 600대 이상인 경우 : 3건 이상</u>
>
>   나. 제1항 제2호의 화물자동차 운송사업자 : 「화물자동차 운수사업법 시행령」 제6조 제1항에 따른 중대한 교통사고 또는 같은 조 제2항에 따른 빈번한 교통사고를 발생시키지 않을 것
>   ⋮
> ⑥ 법 제35조의2 제3항 제2호에서 "<u>국토교통부령으로 정하는 기준 이상의 교통사고를 일으킨 경우</u>"란 제2항 제2호 각 목의 구분에 따른 기준에 해당하는 교통사고를 일으킨 경우를 말한다.

010 「철도산업발전기본법」상 철도산업위원회의 심의·조정사항에 해당하지 않는 것은?

㉮ 철도산업의 육성·발전에 관한 중요정책 사항

> 「철도산업발전기본법」 제6조 제2항 제1호 ⚖

㉯ 철도산업구조개혁에 관한 중요정책 사항

> 「철도산업발전기본법」 제6조 제2항 제2호 ⚖

✔ 철도차량의 제작 및 관리 등 철도차량에 관한 정책사항

> 철도차량의 제작 및 관리 등 철도차량에 관한 정책사항은 「철도산업발전기본법」 제6조 제2항에 따른 철도산업위원회의 심의·조정사항에 해당하지 않는다.

㉰ 철도시설관리자와 철도운영자 간 상호협력 및 조정에 관한 사항

> 「철도산업발전기본법」 제6조 제2항 제5호 ⚖

> **법령**
>
> 「철도산업발전기본법」 제6조(철도산업위원회)
> ① 철도산업에 관한 기본계획 및 중요정책 등을 심의·조정하기 위하여 국토교통부에 <u>철도산업위원회(이하 "위원회"라 한다)</u>를 둔다.
> ② 위원회는 다음 각 호의 사항을 심의·조정한다.
>   1. <u>철도산업의 육성·발전에 관한 중요정책 사항</u>
>   2. <u>철도산업구조개혁에 관한 중요정책 사항</u>
>   3. 철도시설의 건설 및 관리 등 철도시설에 관한 중요정책 사항
>   4. 철도안전과 철도운영에 관한 중요정책 사항
>   5. <u>철도시설관리자와 철도운영자 간 상호협력 및 조정에 관한 사항</u>
>   6. 이 법 또는 다른 법률에서 위원회의 심의를 거치도록 한 사항
>   7. 그 밖에 철도산업에 관한 중요한 사항으로서 위원장이 회의에 부치는 사항

011 「철도안전법령」상 대통령령으로 정한 철도안전 종합계획의 경미한 사항의 변경 중 빈칸에 적절한 숫자로 알맞은 것은?

> 철도안전 종합계획에서 정한 총사업비를 원래 계획의 (　　) 이내에서의 변경

㉮ 100분의 1　　　　　　　　　　✓ ㉯ 100분의 10
㉰ 100분의 25　　　　　　　　　　㉱ 100분의 30

> 철도안전 종합계획에서 정한 총사업비를 원래 계획의 <u>100분의 10</u> 이내에서의 변경(「철도안전법 시행령」 제4조 제1호) ⚖

> **법령**
>
> 「철도안전법」 제5호(철도안전 종합계획)
> ③ 국토교통부장관은 철도안전 종합계획을 수립할 때에는 미리 관계 중앙행정기관의 장 및 철도운영자 등과 협의한 후 기본법 제6조 제1항에 따른 철도산업위원회의 심의를 거쳐야 한다. 수립된 철도안전 종합계획을 <u>변경(대통령령으로 정하는 경미한 사항의 변경</u>은 제외한다)할 때에도 또한 같다.
>
> > 「철도안전법 시행령」 제4조(철도안전 종합계획의 경미한 변경)
> > 법 제5조 제3항 후단에서 "대통령령으로 정하는 경미한 사항의 변경"이란 다음 각 호의 어느 하나에 해당하는 변경을 말한다.
> > 1. 법 제5조 제1항에 따른 <u>철도안전 종합계획(이하 "철도안전 종합계획"이라 한다)에서 정한 총사업비를 원래 계획의 100분의 10 이내에서의 변경</u>
> > 2. 철도안전 종합계획에서 정한 시행기한 내에 단위사업의 시행시기의 변경
> > 3. 법령의 개정, 행정구역의 변경 등과 관련하여 철도안전 종합계획을 변경하는 등 당초 수립된 철도안전 종합계획의 기본방향에 영향을 미치지 아니하는 사항의 변경

012 「교통안전법령」상 교통사고와 관련된 자료·통계 또는 정보를 보관해야 하는 관리자에 해당하지 않는 자는?

㉮ 한국교통안전공단
> 「교통안전법」 제51조 및 동법 시행령 제39조 제1호

㉯ 한국도로공사
> 「교통안전법」 제51조 및 동법 시행령 제39조 제3호

㉰ 손해보험회사
> 「교통안전법」 제51조 및 동법 시행령 제39조 제4호

✔ **교통수단운영자**
> 교통수단운영자는 「교통안전법」 제51조 및 동법 시행령 제39조에 따른 교통사고 관련자료 등을 보관·관리하는 자에 해당하지 않는다.

법령

「교통안전법」 제51조(교통사고 관련자료 등의 보관·관리)
① 제49조 및 제50조의 규정에 따라 교통사고 또는 그 원인을 조사·처리한 교통행정기관 등은 교통사고조사와 관련된 자료·통계 또는 정보(이하 "교통사고 관련자료 등"이라 한다)를 대통령령으로 정하는 바에 따라 보관·관리하여야 한다.
② 「여객자동차 운수사업법」 제19조·제55조·제64조 및 「보험업법」 제167조 등 관계법령에 따라 교통사고와 관련된 자료 또는 정보를 조사·취득·분석하는 자 중 대통령령으로 정하는 자는 그가 조사·취득·분석한 교통사고 관련자료 등을 대통령령으로 정하는 바에 따라 보관·관리하여야 한다.

> **「교통안전법 시행령」 제39조(교통사고 관련자료 등을 보관·관리하는 자)**
> 법 제51조 제2항에서 "대통령령이 정하는 자"란 다음 각 호의 자를 말한다.
> 1. 「한국교통안전공단법」에 따른 한국교통안전공단(이하 "한국교통안전공단"이라 한다)
> 2. 「도로교통법」 제120조에 따른 도로교통공단(이하 "도로교통공단"이라 한다)
> 3. 「한국도로공사법」에 따른 한국도로공사
> 4. 「보험업법」 제175조에 따라 설립된 손해보험협회에 소속된 손해보험회사
> 5. 「여객자동차 운수사업법」 제4조에 따라 여객자동차운송사업의 면허를 받거나 등록을 한 자
> 6. 「여객자동차 운수사업법」 제61조에 따른 공제조합
> 7. 「화물자동차 운수사업법」 제35조에 따라 화물자동차운수사업자로 구성된 협회가 설립한 연합회

013 「교통안전법령」상 운행기록장치의 장착의무가 없는 차량은?

㉮ 여객자동차 운송사업자

「교통안전법」 제55조 제1항 제1호

✓ **소형 화물차량 운송업자**

다음 각 호의 어느 하나에 해당하는 자는 그 운행하는 차량에 국토교통부령으로 정하는 기준에 적합한 운행기록장치를 장착하여야 한다. 다만, 소형 화물차량 등 국토교통부령으로 정하는 차량은 그러하지 아니하다 (「교통안전법」 제55조 제1항).

㉰ 화물자동차 운송사업자

「교통안전법」 제55조 제1항 제2호

㉱ 화물자동차 운송가맹사업자

「교통안전법」 제55조 제1항 제2호

법령

「교통안전법」 제55조(운행기록장치의 장착 및 운행기록의 활용 등)
① 다음 각 호의 어느 하나에 해당하는 자는 그 운행하는 차량에 국토교통부령으로 정하는 기준에 적합한 운행기록장치를 장착하여야 한다. 다만, 소형 화물차량 등 국토교통부령으로 정하는 차량은 그러하지 아니하다.
  1. 「여객자동차 운수사업법」에 따른 여객자동차 운송사업자
  2. 「화물자동차 운수사업법」에 따른 화물자동차 운송사업자 및 화물자동차 운송가맹사업자
  3. 「도로교통법」 제52조에 따른 어린이통학버스(제1호에 따라 운행기록장치를 장착한 차량은 제외한다) 운영자

> 「교통안전법 시행규칙」 제29조의4(운행기록장치 장착면제 차량)
> 법 제55조 제1항 단서에서 "소형 화물차량 등 국토교통부령으로 정하는 차량"이란 다음 각 호의 어느 하나에 해당하는 차량을 말한다.
> 1. 「화물자동차 운수사업법」 제2조 제3호에 따른 화물자동차운송사업용 자동차로서 최대 적재량 1톤 이하인 화물자동차
> 2. 「자동차관리법 시행규칙」 별표 1에 따른 경형·소형 특수자동차 및 구난형·특수작업형 특수자동차
> 3. 「여객자동차 운수사업법」 제3조에 따른 여객자동차운송사업에 사용되는 자동차로서 2002년 6월 30일 이전에 등록된 자동차

014 「철도안전법령」상 운전적성검사기관의 지정기준으로 적절하지 않은 것은?

㉮ 운전적성검사기관의 운영 등에 관한 업무규정을 갖출 것

> 「철도안전법 시행령」 제14조 제1항 제4호

㉯ 운전적성검사 시행에 필요한 사무실, 검사장과 검사 장비를 갖출 것

> 「철도안전법 시행령」 제14조 제1항 제3호

✔ 운전적성검사 업무를 수행할 수 있는 전문검사인력을 1명 이상 확보할 것

> 운전적성검사 업무를 수행할 수 있는 전문검사인력을 <u>3명 이상</u> 확보하여야 한다(「철도안전법 시행령」 제14조 제1항 제2호).

㉱ 전적성검사 업무의 통일성을 유지하고 운전적성검사 업무를 원활히 수행하는 데 필요한 상설 전담조직을 갖출 것

> 「철도안전법 시행령」 제14조 제1항 제1호

법령

「철도안전법 시행령」 제14조(운전적성검사기관 지정기준)
① 운전적성검사기관의 지정기준은 다음 각 호와 같다.
  1. <u>운전적성검사 업무의 통일성을 유지하고 운전적성검사 업무를 원활히 수행하는 데 필요한 상설 전담조직을 갖출 것</u>
  2. 운전적성검사 업무를 수행할 수 있는 전문검사인력을 <u>3명 이상</u> 확보할 것
  3. <u>운전적성검사 시행에 필요한 사무실, 검사장과 검사 장비를 갖출 것</u>
  4. <u>운전적성검사기관의 운영 등에 관한 업무규정을 갖출 것</u>

---

015 선로 등 사용계약을 체결하고자 하는 자는 선로 등의 사용목적을 기재한 선로 등 사용계약신청서에 서류를 첨부하여 철도시설관리자에게 제출하여야 한다. 이때 제출서류에 해당하지 않는 것은?

✔ 철도차량의 종류 및 중량을 나타내는 서류

> 철도차량의 종류 및 중량을 나타내는 서류는 「철도산업발전기본법 시행령」 제37조에 따른 제출서류에 해당하지 않는다.

㉯ 철도여객 또는 화물운송사업의 자격을 증명할 수 있는 서류

> 「철도산업발전기본법 시행령」 제37조 제1항 제1호

㉢ 철도여객 또는 화물운송사업계획서 「철도산업발전기본법 시행령」 제37조 제1항 제2호
㉣ 철도차량·운영시설의 규격 및 안전성을 확인할 수 있는 서류
「철도산업발전기본법 시행령」 제37조 제1항 제3호

> **법령**
>
> 「철도산업발전기본법 시행령」 제37조(선로 등 사용계약 체결의 절차)
> ① 제35조 제2항의 규정에 의한 선로 등 사용계약을 체결하고자 하는 자(이하 "사용신청자"라 한다)는 선로 등의 사용목적을 기재한 선로 등 사용계약신청서에 다음 각 호의 서류를 첨부하여 철도시설관리자에게 제출하여야 한다.
> 1. 철도여객 또는 화물운송사업의 자격을 증명할 수 있는 서류
> 2. 철도여객 또는 화물운송사업계획서
> 3. 철도차량·운영시설의 규격 및 안전성을 확인할 수 있는 서류
> ② 철도시설관리자는 제1항의 규정에 의하여 선로 등 사용계약신청서를 제출받은 날부터 1월 이내에 사용신청자에게 선로 등 사용계약의 체결에 관한 협의일정을 통보하여야 한다.
> ③ 철도시설관리자는 사용신청자가 철도시설에 관한 자료의 제공을 요청하는 경우에는 특별한 이유가 없는 한 이에 응하여야 한다.
> ④ 철도시설관리자는 사용신청자와 선로 등 사용계약을 체결하고자 하는 경우에는 미리 국토교통부장관의 승인을 받아야 한다. 선로 등 사용계약의 내용을 변경하는 경우에도 또한 같다.

016
「교통안전법 시행령」[별표 3의2]에 규정된 교통사고에서의 사망사고는 교통사고 발생 시부터 (   )일 이내에 사람이 사망한 사고이다. 빈칸에 적절한 단어는?

㉮ 30
㉯ 60
㉰ 90
㉱ 120

「교통안전법 시행령」[별표 3의2] 교통안전도 평가지수에 규정된 교통사고에서의 사망사고는 교통사고 발생 시부터 30일 이내에 사람이 사망한 사고이다.

> **법령**
>
> 「교통안전법 시행령」[별표 3의2] 교통안전도 평가지수(제20조 제3항 제3호 관련)
>
> 교통안전도 평가지수 = $\dfrac{(교통사고\ 발생건수 \times 0.4) + (교통사고\ 사상자\ 수 \times 0.6)}{자동차등록(면허)\ 대수} \times 10$
>
> ※ 비고
> 1. 교통사고는 직전연도 1년간의 교통사고를 기준으로 하며, 다음 각 목과 같이 구분한다.
>   가. 사망사고 : 교통사고가 주된 원인이 되어 교통사고 발생 시부터 30일 이내에 사람이 사망한 사고
>   나. 중상사고 : 교통사고로 인하여 다친 사람이 의사의 최초 진단 결과 3주 이상의 치료가 필요한 상해를 입은 사고
>   다. 경상사고 : 교통사고로 인하여 다친 사람이 의사의 최초 진단 결과 5일 이상 3주 미만의 치료가 필요한 상해를 입은 사고

017

「철도안전법」상 철도경계선으로부터 30미터 이내에서 대통령령으로 정하는 바에 따라 국토교통부장관 또는 시·도지사에게 신고하여야 하는 행위와 가장 거리가 먼 것은?

㉮ 토지의 형질변경 「철도안전법」 제45조 제1항 제1호

㉯ 토지의 굴착(掘鑿) 「철도안전법」 제45조 제1항 제1호

㉰ 건축물의 신축·개축(改築)·증축 「철도안전법」 제45조 제1항 제3호

✔ 나무의 식재(국토교통부령으로 정하는 경우)

> 철도경계선으로부터 30미터 이내에서 나무의 식재(대통령령으로 정하는 경우만 해당) 행위를 하려는 자는 국토교통부장관 또는 시·도지사에게 신고하여야 한다(「철도안전법」 제45조 제1항 제4호).

법령

「철도안전법」 제45조(철도보호지구에서의 행위제한 등)
① 철도경계선(가장 바깥쪽 궤도의 끝선을 말한다)으로부터 30미터 이내[「도시철도법」 제2조 제2호에 따른 도시철도 중 노면전차(이하 "노면전차"라 한다)의 경우에는 10미터 이내]의 지역(이하 "철도보호지구"라 한다)에서 다음 각 호의 어느 하나에 해당하는 행위를 하려는 자는 대통령령으로 정하는 바에 따라 국토교통부장관 또는 시·도지사에게 신고하여야 한다.
  1. 토지의 형질변경 및 굴착(掘鑿)
  2. 토석, 자갈 및 모래의 채취
  3. 건축물의 신축·개축(改築)·증축 또는 인공구조물의 설치
  4. 나무의 식재(대통령령으로 정하는 경우만 해당한다)
  5. 그 밖에 철도시설을 파손하거나 철도차량의 안전운행을 방해할 우려가 있는 행위로서 대통령령으로 정하는 행위

018

「교통안전법」 제55조에 따르면 대통령령으로 운행기록장치 장착의무자는 교통행정기관의 제출 요청과 관계없이 운행기록을 주기적으로 제출하여야 한다. 이때 운행기록장치 장착의무자에 해당하는 업종은?

㉮ 일반화물차   ㉯ 개인택시
㉰ 전세버스   ✔ 시외버스

> 운행기록장치를 장착하여야 하는 자는 운행기록장치에 기록된 운행기록을 대통령령으로 정하는 기간 동안 보관하여야 하며, 교통행정기관이 제출을 요청하는 경우 이에 따라야 한다. 다만, 노선 여객자동차운송사업자는 교통행정기관의 제출 요청과 관계없이 운행기록을 주기적으로 제출하여야 한다(「교통안전법」 제55조 제2항, 동법 시행령 제45조 제3항).

> **법령**
>
> 「교통안전법」 제55조 제2항(운행기록장치의 장착 및 운행기록의 활용 등)
> ② 제1항에 따라 운행기록장치를 장착하여야 하는 자(이하 "운행기록장치 장착의무자"라 한다)는 운행기록장치에 기록된 운행기록을 대통령령으로 정하는 기간 동안 보관하여야 하며, 교통행정기관이 제출을 요청하는 경우 이에 따라야 한다. 다만, 대통령령으로 정하는 운행기록장치 장착의무자는 교통행정기관의 제출 요청과 관계없이 운행기록을 주기적으로 제출하여야 한다. 이 경우 운행기록장치 장착의무자는 운행기록장치에 기록된 운행기록을 임의로 조작하여서는 아니 된다.
>
> 「교통안전법 시행령」 제45조(운행기록장치의 장착시기 및 보관기간)
> ③ 법 제55조 제2항 단서에서 "대통령령으로 정하는 운행기록장치 장착의무자"란 다음 각 호의 자를 말한다.
> 1. 「여객자동차 운수사업법」 제4조에 따라 면허를 받은 노선 여객자동차운송사업자
> 2. 「화물자동차 운수사업법」 제3조에 따라 허가를 받은 화물자동차 운송사업자 및 같은 법 제29조에 따라 허가를 받은 화물자동차 운송가맹사업자

019 다음 중 교통안전관리자 자격을 취소하거나 해당 자격의 정지를 명할 수 있는 조건에 해당하지 않는 것은?

㉮ 거짓이나 그 밖의 부정한 방법으로 교통안전관리자 자격을 취득한 때

> 「교통안전법」 제54조 제1항 제2호

✔ 운행기록 등을 보관하지 아니한 때

> 「교통안전법」 제54조에 따른 교통안전관리자 자격 취소 또는 자격 정지의 대상에 해당하지 않는다.

㉰ 교통안전관리자가 직무를 행하면서 고의 또는 중대한 과실로 인하여 교통사고를 발생하게 한 때

> 「교통안전법」 제54조 제1항 제3호

㉱ 피성년후견인 또는 피한정후견인에 해당하는 자

> 「교통안전법」 제54조 제1항 제1호 및 동법 제53조 제3항 제1호

> **법령**
>
> 「교통안전법」 제54조(교통안전관리자 자격의 취소 등)
> ① 시·도지사는 교통안전관리자가 다음 제1호 및 제2호의 어느 하나에 해당하는 때에는 그 자격을 취소하여야 하며, 제3호에 해당하는 때에는 교통안전관리자의 자격을 취소하거나 1년 이내의 기간을 정하여 해당 자격의 정지를 명할 수 있다.

1. 제53조 제3항 각 호의 어느 하나에 해당하게 된 때

> 「교통안전법」 제53조(교통안전관리자 자격의 취득 등)
> ③ 다음 각 호의 어느 하나에 해당하는 자는 교통안전관리자가 될 수 없다.
>   1. 피성년후견인 또는 피한정후견인
>   2. 금고 이상의 실형을 선고받고 그 집행이 종료(집행이 종료된 것으로 보는 경우를 포함한다)되거나 집행이 면제된 날부터 2년이 지나지 아니한 자
>   3. 금고 이상의 형의 집행유예를 선고받고 그 유예기간 중에 있는 자
>   4. 제54조의 규정에 따라 교통안전관리자 자격의 취소처분을 받은 날부터 2년이 지나지 아니한 자. 다만, 제54조 제1항 제1호 중 제53조 제3항 제1호에 해당하여 자격이 취소된 경우는 제외한다.

2. 거짓이나 그 밖의 부정한 방법으로 교통안전관리자 자격을 취득한 때
3. 교통안전관리자가 직무를 행하면서 고의 또는 중대한 과실로 인하여 교통사고를 발생하게 한 때

020 「철도안전법」상 국토교통부장관이 철도차량정비기술자의 인정을 취소하여야 하는 경우가 아닌 것은?

㉮ 거짓이나 그 밖의 부정한 방법으로 철도차량정비기술자로 인정받은 경우

「철도안전법」 제24조의5 제1항 제1호 ⚖

㉯ 철도차량정비기술자 자격기준에 해당하지 아니하게 된 경우

「철도안전법」 제24조의5 제1항 제2호 ⚖

㉰ 철도차량정비 업무 수행 중 고의로 철도사고의 원인을 제공한 경우

「철도안전법」 제24조의5 제1항 제3호 ⚖

✅ 철도차량정비 업무 수행 중 중과실로 철도사고의 원인을 제공한 경우

국토교통부장관은 철도차량정비기술자가 철도차량정비 업무 수행 중 중과실로 철도사고의 원인을 제공한 경우 1년의 범위에서 철도차량정비기술자의 인정을 정지시킬 수 있다(「철도안전법」 제24조의5 제2항 제2호). ⚖

법령 ⚖

「철도안전법」 제24조의5(철도차량정비기술자의 인정취소 등)
① 국토교통부장관은 철도차량정비기술자가 다음 각 호의 어느 하나에 해당하는 경우 그 인정을 취소하여야 한다.
  1. 거짓이나 그 밖의 부정한 방법으로 철도차량정비기술자로 인정받은 경우
  2. 제24조의2 제2항에 따른 자격기준에 해당하지 아니하게 된 경우
  3. 철도차량정비 업무 수행 중 고의로 철도사고의 원인을 제공한 경우
② 국토교통부장관은 철도차량정비기술자가 다음 각 호의 어느 하나에 해당하는 경우 1년의 범위에서 철도차량정비기술자의 인정을 정지시킬 수 있다.
  1. 다른 사람에게 철도차량정비경력증을 빌려 준 경우
  2. 철도차량정비 업무 수행 중 중과실로 철도사고의 원인을 제공한 경우

021 「철도안전법」상 운전면허의 결격사유에 해당하는 것을 모두 고르면?

> ㄱ. 19세 미만인 사람
> ㄴ. 한쪽 귀의 청력 또는 눈의 시력을 완전히 상실한 사람
> ㄷ. 운전면허가 취소된 날부터 1년이 지나지 아니한 사람
> ㄹ. 철도차량 운전상의 위험과 장해를 일으킬 수 있는 정신질환자 또는 뇌전증환자로서 대통령령으로 정하는 사람
> ㅁ. 철도차량 운전상의 위험과 장해를 일으킬 수 있는 약물 또는 알코올 중독자로서 대통령령으로 정하는 사람

㉮ ㄱ, ㄴ, ㄷ　　　　　　　　　　㉯ ㄱ, ㄹ, ㅁ ✓
㉰ ㄴ, ㄷ, ㄹ　　　　　　　　　　㉱ ㄷ, ㄹ, ㅁ

ㄱ. (O) 「철도안전법」 제11조 제1호
ㄴ. (X) <u>두 귀의 청력</u> 또는 <u>두 눈의 시력</u>을 완전히 상실한 사람(「철도안전법」 제11조 제4호)
ㄷ. (X) 운전면허가 취소된 날부터 <u>2년</u>이 지나지 아니하였거나 운전면허의 효력정지기간 중인 사람(「철도안전법」 제11조 제5호)
ㄹ. (O) 「철도안전법」 제11조 제2호
ㅁ. (O) 「철도안전법」 제11조 제3호

법령

「철도안전법」 제11조(운전면허의 결격사유 등)
① 다음 각 호의 어느 하나에 해당하는 사람은 운전면허를 받을 수 없다.
 1. <u>19세 미만인 사람</u>
 2. <u>철도차량 운전상의 위험과 장해를 일으킬 수 있는 정신질환자 또는 뇌전증환자로서 대통령령으로 정하는 사람</u>
 3. <u>철도차량 운전상의 위험과 장해를 일으킬 수 있는 약물</u>(「마약류 관리에 관한 법률」 제2조 제1호에 따른 마약류 및 「화학물질관리법」 제22조 제1항에 따른 환각물질을 말한다. 이하 같다) <u>또는 알코올 중독자로서 대통령령으로 정하는 사람</u>
 4. <u>두 귀의 청력 또는 두 눈의 시력을 완전히 상실한 사람</u>
 5. <u>운전면허가 취소된 날부터 2년이 지나지 아니하였거나</u> 운전면허의 효력정지기간 중인 사람

022 「철도안전법」상 1년 이하의 징역 또는 1천만 원 이하의 벌금에 처하는 경우가 아닌 것은?

㉮ 운전면허를 받지 아니하고(운전면허가 취소되거나 그 효력이 정지된 경우를 포함) 철도차량을 운전한 사람

> 「철도안전법」 제79조 제4항 제1호

㉯ 거짓이나 그 밖의 부정한 방법으로 관제자격증명을 받은 사람

> 「철도안전법」 제79조 제4항 제2호의2

㉰ 실무수습을 이수하지 아니하고 철도차량의 운전업무에 종사한 사람

> 「철도안전법」 제79조 제4항 제3호

✔ 형식승인을 받지 아니한 철도용품을 철도시설 또는 철도차량 등에 사용한 자

> 형식승인을 받지 아니한 철도용품을 철도시설 또는 철도차량 등에 사용한 자는 2년 이하의 징역 또는 2천만 원 이하의 벌금에 처한다(「철도안전법」 제79조 제3항 제11호).

법령

「철도안전법」 제79조(벌칙)

④ 다음 각 호의 어느 하나에 해당하는 자는 1년 이하의 징역 또는 1천만 원 이하의 벌금에 처한다.
1. 제10조 제1항을 위반하여 운전면허를 받지 아니하고(제20조에 따라 운전면허가 취소되거나 그 효력이 정지된 경우를 포함한다) 철도차량을 운전한 사람
2. 거짓이나 그 밖의 부정한 방법으로 운전면허를 받은 사람
2의2. 거짓이나 그 밖의 부정한 방법으로 관제자격증명을 받은 사람
2의3. 거짓이나 그 밖의 부정한 방법으로 철도차량정비기술자로 인정받은 사람
2의4. 제19조의2를 위반하여 운전면허증을 다른 사람에게 빌려주거나 빌리거나 이를 알선한 사람
3. 제21조를 위반하여 실무수습을 이수하지 아니하고 철도차량의 운전업무에 종사한 사람
3의2. 제21조의2를 위반하여 운전면허를 받지 아니하거나(제20조에 따라 운전면허가 취소되거나 그 효력이 정지된 경우를 포함한다) 실무수습을 이수하지 아니한 사람을 철도차량의 운전업무에 종사하게 한 철도운영자 등
3의3. 제21조의3을 위반하여 관제자격증명을 받지 아니하고(제21조의11에 따라 관제자격증명이 취소되거나 그 효력이 정지된 경우를 포함한다) 관제업무에 종사한 사람
3의4. 제21조의10을 위반하여 관제자격증명서를 다른 사람에게 빌려주거나 빌리거나 이를 알선한 사람
4. 제22조를 위반하여 실무수습을 이수하지 아니하고 관제업무에 종사한 사람
4의2. 제22조의2를 위반하여 관제자격증명을 받지 아니하거나(제21조의11에 따라 관제자격증명이 취소되거나 그 효력이 정지된 경우를 포함한다) 실무수습을 이수하지 아니한 사람을 관제업무에 종사하게 한 철도운영자 등
5. 제23조 제1항을 위반하여 신체검사와 적성검사를 받지 아니하거나 같은 조 제3항을 위반하여 신체검사와 적성검사에 합격하지 아니하고 같은 조 제1항에 따른 업무를 한 사람 및 그로 하여금 그 업무에 종사하게 한 자
5의2. 제24조의3을 위반한 다음 각 목의 어느 하나에 해당하는 사람
  가. 다른 사람에게 자기의 성명을 사용하여 철도차량정비 업무를 수행하게 하거나 자신의 철도차량정비 경력증을 빌려준 사람

나. 다른 사람의 성명을 사용하여 철도차량정비 업무를 수행하거나 다른 사람의 철도차량정비경력증을 빌린 사람
　　다. 가목 및 나목의 행위를 알선한 사람
6. 제26조 제1항 또는 제27조 제1항에 따른 형식승인을 받지 아니한 철도차량 또는 철도용품을 판매한 자
6의2. 제31조 제6항에 따른 이행 명령에 따르지 아니한 자
7. 제38조 제1항을 위반하여 종합시험운행 결과를 허위로 보고한 자
7의2. 제38조의7 제1항을 위반하여 정비조직의 인증을 받지 아니하고 철도차량정비를 한 자
8. 제39조의2 제1항에 따른 지시를 따르지 아니한 자
9. 제39조의3 제3항을 위반하여 설치 목적과 다른 목적으로 영상기록장치를 임의로 조작하거나 다른 곳을 비춘 자 또는 운행기간 외에 영상기록을 한 자
10. 제39조의3 제4항을 위반하여 영상기록을 목적 외의 용도로 이용하거나 다른 자에게 제공한 자
11. 제39조의3 제5항을 위반하여 안전성 확보에 필요한 조치를 하지 아니하여 영상기록장치에 기록된 영상정보를 분실 · 도난 · 유출 · 변조 또는 훼손당한 자
12. 제47조 제1항 제6호를 위반하여 술을 마시거나 약물을 복용하고 다른 사람에게 위해를 주는 행위를 한 사람
13. 거짓이나 부정한 방법으로 철도운행안전관리자 자격을 받은 사람
14. 제69조의2 제1항을 위반하여 철도운행안전관리자를 배치하지 아니하고 철도시설의 건설 또는 관리와 관련한 작업을 시행한 철도운영자
15. 제69조의3 제1항 및 제2항을 위반하여 정기교육을 받지 아니하고 업무를 한 사람 및 그로 하여금 그 업무에 종사하게 한 자
16. 제69조의4를 위반하여 철도안전 전문인력의 분야별 자격을 다른 사람에게 빌려주거나 빌리거나 이를 알선한 사람

023 「철도산업발전기본법」상 국가철도공단이 철도자산처리계획에 의하여 권리와 의무를 포괄하여 승계하는 철도자산에 해당하지 않는 것은?

㉮ 철도청이 건설 중인 시설자산

> 「철도산업발전기본법」 제23조 제5항 제1호 ⚖

㉯ 고속철도건설공단이 건설 중인 시설자산

> 「철도산업발전기본법」 제23조 제5항 제2호 ⚖

㉰ 고속철도건설공단이 건설 중인 운영자산

> 「철도산업발전기본법」 제23조 제5항 제2호 ⚖

✔ 고속철도건설공단이 건설을 완료한 기타자산

> 고속철도건설공단이 건설을 완료한 기타자산은 「철도산업발전기본법」 제23조 제5항에 따른 국가철도공단이 권리와 의무를 포괄하여 승계하는 철도자산에 포함되지 않는다.

> **법령** ⚖️
>
> 「철도산업발전기본법」 제23조(철도자산의 처리)
> ① 국토교통부장관은 대통령령으로 정하는 바에 의하여 철도산업의 구조개혁을 추진하기 위한 철도자산의 처리계획(이하 "철도자산처리계획"이라 한다)을 위원회의 심의를 거쳐 수립하여야 한다.
> ② 국가는 「국유재산법」에도 불구하고 철도자산처리계획에 의하여 철도공사에 운영자산을 현물출자한다.
> ③ 철도공사는 제2항에 따라 현물출자받은 운영자산과 관련된 권리와 의무를 포괄하여 승계한다.
> ④ 국토교통부장관은 철도자산처리계획에 의하여 철도청장으로부터 다음 각 호의 철도자산을 이관받으며, 그 관리업무를 국가철도공단, 철도공사, 관련 기관 및 단체 또는 대통령령으로 정하는 민간법인에 위탁하거나 그 자산을 사용·수익하게 할 수 있다.
>   1. 철도청의 시설자산(건설중인 시설자산은 제외한다)
>   2. 철도청의 기타자산
> ⑤ 국가철도공단은 철도자산처리계획에 의하여 다음 각 호의 철도자산과 그에 관한 권리와 의무를 포괄하여 승계한다. 이 경우 제1호 및 제2호의 철도자산이 완공된 때에는 국가에 귀속된다.
>   1. 철도청이 건설 중인 시설자산
>   2. 고속철도건설공단이 건설 중인 시설자산 및 운영자산
>   3. 고속철도건설공단의 기타자산
> ⑥ 철도청장 또는 고속철도건설공단이사장이 제2항부터 제5항까지의 규정에 의하여 철도자산의 인계·이관 등을 하고자 하는 때에는 그에 관한 서류를 작성하여 국토교통부장관의 승인을 얻어야 한다.
> ⑦ 제6항에 따른 철도자산의 인계·이관 등의 시기와 해당 철도자산 등의 평가방법 및 평가기준일 등에 관한 사항은 대통령령으로 정한다.

024 다음 중 교통안전관리자 시험을 실시하는 기관으로 옳은 것은?

㉮ 지방자치단체
㉯ 국토교통부
✔ 한국교통안전공단
㉰ 경찰청

> 한국교통안전공단은 법 제53조 제2항에 따른 교통안전관리자 시험(이하 "시험"이라 한다)을 매년 실시하여야 하며, 시험을 실시하기 전에 교통안전관리자의 수급상황을 파악하여 시험의 실시에 관한 계획을 국토교통부장관에게 제출하여야 한다(「교통안전법 시행규칙」 제18조).

025 다음 중 「교통안전법」에 따라 비밀유지의무를 부담하는 업무를 모두 고른 것은?

> ㄱ. 교통수단안전점검 업무
> ㄴ. 교통업무종사자 관리 업무
> ㄷ. 교통안전교육 업무

✓ ㉮ ㄱ ㉯ ㄱ, ㄴ
㉰ ㄴ, ㄷ ㉱ ㄱ, ㄴ, ㄷ

ㄱ. (O) 교통수단안전점검 업무는 「교통안전법」 제58조에 제1호에 따른 비밀유지 부담 업무에 해당한다. 이 외 교통시설안전진단 업무, 교통사고원인조사업무, 교통사고 관련자료 등의 보관·관리업무, 운행기록 관련 업무 등이 포함된다.
ㄴ, ㄷ. (×) 「교통안전법」에 따라 비밀유지의무를 부담하는 업무에 해당하지 않는다.

법령

「교통안전법」 제58조(비밀유지 등)
다음 각 호의 어느 하나에 해당하는 업무에 종사하는 자 또는 종사하였던 자는 그 직무상 알게 된 비밀을 타인에게 누설하거나 직무상 목적 외에 이를 사용하여서는 아니 된다. 다만, 다른 법령에 특별한 규정이 있는 경우에는 그러하지 아니하다.
1. 제33조 제1항 및 제6항에 따른 교통수단안전점검 업무
2. 제34조 제1항, 제3항 및 제5항에 따른 교통시설안전진단 업무
3. 제50조의 규정에 따른 교통사고원인조사업무
4. 제51조의 규정에 따른 교통사고 관련자료 등의 보관·관리업무
5. 제55조에 따른 운행기록 관련 업무

026 다음 중 국가교통안전기본계획에 포함되야 하는 사항과 거리가 먼 것은?

㉮ 교통안전에 관한 중·장기 종합정책방향 「교통안전법」 제15조 제2항 제1호

㉯ 육상교통 교통사고의 발생현황과 원인의 분석 「교통안전법」 제15조 제2항 제2호

㉰ 교통안전정책의 추진성과에 대한 분석·평가 「교통안전법」 제15조 제2항 제5호

✓ ㉱ 교통안전정책의 소요예산 추정을 위한 부문별 추진전략

교통안전정책의 소요예산 추정을 위한 부문별 추진전략은 「교통안전법」 제15조에 따른 국가교통안전기본계획의 내용과 관련이 없다.

> **법령** ⚖️
>
> 「교통안전법」제15조(국가교통안전기본계획)
> ② 국가교통안전기본계획에는 다음 각 호의 사항이 포함되어야 한다.
>   1. 교통안전에 관한 중·장기 종합정책방향
>   2. 육상교통·해상교통·항공교통 등 부문별 교통사고의 발생현황과 원인의 분석
>   3. 교통수단·교통시설별 교통사고 감소목표
>   4. 교통안전지식의 보급 및 교통문화 향상목표
>   5. 교통안전정책의 추진성과에 대한 분석·평가
>   6. 교통안전정책의 목표달성을 위한 부문별 추진전략
>   6의2. 고령자, 어린이 등「교통약자의 이동편의 증진법」제2조 제1호에 따른 교통약자의 교통사고 예방에 관한 사항
>   7. 부문별·기관별·연차별 세부 추진계획 및 투자계획
>   8. 교통안전표지·교통관제시설·항행안전시설 등 교통안전시설의 정비·확충에 관한 계획
>   9. 교통안전 전문인력의 양성
>   10. 교통안전과 관련된 투자사업계획 및 우선순위
>   11. 지정행정기관별 교통안전대책에 대한 연계와 집행력 보완방안
>   12. 그 밖에 교통안전수준의 향상을 위한 교통안전시책에 관한 사항

027 「철도산업발전기본법」상 철도안전 및 이용자 보호와 관련한 설명으로 적절하지 않은 것은?

✅ 철도운영자는 국민의 생명·신체 및 재산을 보호하기 위하여 철도안전에 필요한 법적·제도적 장치를 마련하고 이에 필요한 재원을 확보하도록 노력하여야 한다.

> 국가는 국민의 생명·신체 및 재산을 보호하기 위하여 철도안전에 필요한 법적·제도적 장치를 마련하고 이에 필요한 재원을 확보하도록 노력하여야 한다(「철도산업발전기본법」 제14조 제1항).

㉯ 철도시설관리자는 그 시설을 설치 또는 관리할 때에 해당 시설과 이를 이용하려는 철도차량 간의 종합적인 성능검증 및 안전상태 점검 등 안전확보에 필요한 조치를 하여야 한다.

> 철도시설관리자는 그 시설을 설치 또는 관리할 때에 법령에서 정하는 바에 따라 해당 시설의 안전한 상태를 유지하고, 해당 시설과 이를 이용하려는 철도차량간의 종합적인 성능검증 및 안전상태 점검 등 안전확보에 필요한 조치를 하여야 한다(「철도산업발전기본법」 제14조 제2항).

㉰ 철도차량 및 장비 등의 제조업자는 철도의 안전한 운행 또는 그 제조하는 철도차량 및 장비 등의 구조·설비 및 장치의 안전성을 확보하여야 한다.

> 철도운영자 또는 철도차량 및 장비 등의 제조업자는 법령에서 정하는 바에 따라 철도의 안전한 운행 또는 그 제조하는 철도차량 및 장비 등의 구조·설비 및 장치의 안전성을 확보하고 이의 향상을 위하여 노력하여야 한다(「철도산업발전기본법」 제14조 제3항).

㉱ 국가는 공정한 철도사고조사를 추진하기 위한 전담기구와 전문인력을 확보하여야 한다.

> 국가는 객관적이고 공정한 철도사고조사를 추진하기 위한 전담기구와 전문인력을 확보하여야 한다(「철도산업발전기본법」 제14조 제4항).

028
「철도안전법령」상 안전관리체계의 유지·검사에 관한 설명 중 빈칸에 들어갈 통보기한으로 옳은 것은?

- 국토교통부장관은 안전관리체계 위반 여부 확인 및 철도사고 예방 등을 위하여 철도운영자 등이 안전관리체계를 지속적으로 유지하는지 등을 정기검사 또는 수시검사를 통해 국토교통부령으로 정하는 바에 따라 점검·확인할 수 있다.
- 국토교통부장관은 정기검사 또는 수시검사를 시행하려는 경우에는 검사 시행일 (   )까지 검사계획을 검사 대상 철도운영자 등에게 통보해야 한다.

㉮ 3일 전 ㉯ 5일 전
✔ 7일 전 ㉱ 10일 전

- 국토교통부장관은 안전관리체계 위반 여부 확인 및 철도사고 예방 등을 위하여 철도운영자 등이 안전관리체계를 지속적으로 유지하는지 등을 정기검사 또는 수시검사를 통해 국토교통부령으로 정하는 바에 따라 점검·확인할 수 있다(「철도안전법」 제8조 제2항).
- 국토교통부장관은 정기검사 또는 수시검사를 시행하려는 경우에는 검사 시행일 <u>7일 전</u>까지 검사계획을 검사 대상 철도운영자 등에게 통보해야 한다(「철도안전법 시행규칙」 제6조 제2항).

029
「철도산업발전기본법」상 철도산업시책의 수립 및 추진체제에 관한 설명으로 옳지 않은 것은?

㉮ 국토교통부장관은 철도산업의 육성과 발전을 촉진하기 위하여 5년 단위로 철도산업발전기본계획을 수립하여 시행하여야 한다.

「철도산업발전기본법」 제5조 제1항

✔ 국토교통부장관은 철도산업시책을 수립하여 시행하는 경우 효율성과 공익적 기능을 고려하여야 한다.

<u>국가는</u> 철도산업시책을 수립하여 시행하는 경우 효율성과 공익적 기능을 고려하여야 한다(「철도산업발전기본법」 제4조 제1항).

㉰ 국가는 철도산업시책과 철도투자·안전 등 관련 시책을 효율적으로 추진하기 위하여 필요한 조직과 인원을 확보하여야 한다.

「철도산업발전기본법」 제4조 제3항

㉱ 국가는 에너지이용의 효율성, 환경친화성 및 수송효율성이 높은 철도의 역할이 국가의 건전한 발전과 국민의 교통편익 증진을 위하여 필수적인 요소임을 인식하여 적정한 철도수송분담의 목표를 설정하여 유지하고 이를 위한 철도시설을 확보하는 등 철도산업발전을 위한 여러 시책을 마련하여야 한다.

「철도산업발전기본법」 제4조 제2항

030 「철도안전법」에 따른 벌칙에 관한 내용 중 빈칸에 적절한 내용으로 옳은 것은?

( )은 500만 원 이하의 벌금에 처한다.

✅ ㉮ 철도종사자와 여객 등에게 성적(性的) 수치심을 일으키는 행위를 한 사람

> 철도종사자와 여객 등에게 성적(性的) 수치심을 일으키는 행위를 한 사람에게는 500만 원 이하의 벌금에 처한다(「철도안전법」 제79조 제5항). ⚖️

㉯ 술을 마시거나 약물을 복용하고 다른 사람에게 위해를 주는 행위를 한 사람

> 술을 마시거나 약물을 복용하고 다른 사람에게 위해를 주는 행위를 한 사람은 1년 이하의 징역 또는 1천만 원 이하의 벌금에 처한다(「철도안전법」 제79조 제4항 제12호).

㉰ 거짓이나 부정한 방법으로 철도운행안전관리자 자격을 받은 사람

> 거짓이나 부정한 방법으로 철도운행안전관리자 자격을 받은 사람은 1년 이하의 징역 또는 1천만 원 이하의 벌금에 처한다(「철도안전법」 제79조 제4항 제13호).

㉱ 사람이 탑승하여 운행 중인 철도차량에 불을 놓아 소훼(燒燬)한 사람

> 사람이 탑승하여 운행 중인 철도차량에 불을 놓아 소훼(燒燬)한 사람은 무기징역 또는 5년 이상의 징역에 처한다(「철도안전법」 제78조 제1항).

법령 ⚖️

「철도안전법」 제79조(벌칙)
⑤ 제47조 제1항 제5호를 위반한 자는 500만 원 이하의 벌금에 처한다.

> **「철도안전법」 제47조(여객열차에서의 금지행위)**
> ① 여객(무임승차자를 포함한다. 이하 이 조에서 같다)은 여객열차에서 다음 각 호의 어느 하나에 해당하는 행위를 하여서는 아니 된다.
>   1. 정당한 사유 없이 국토교통부령으로 정하는 여객출입 금지장소에 출입하는 행위
>   2. 정당한 사유 없이 운행 중에 비상정지버튼을 누르거나 철도차량의 옆면에 있는 승강용 출입문을 여는 등 철도차량의 장치 또는 기구 등을 조작하는 행위
>   3. 여객열차 밖에 있는 사람을 위험하게 할 우려가 있는 물건을 여객열차 밖으로 던지는 행위
>   4. 흡연하는 행위
>   5. 철도종사자와 여객 등에게 성적(性的) 수치심을 일으키는 행위
>   6. 술을 마시거나 약물을 복용하고 다른 사람에게 위해를 주는 행위
>   7. 그 밖에 공중이나 여객에게 위해를 끼치는 행위로서 국토교통부령으로 정하는 행위

031 「철도안전법」상 종합시험운행에 관한 설명으로 적절하지 않은 것은?

✔ ㉮ 철도운영자 등은 철도노선을 새로 건설하거나 기존노선을 개량하여 운영하려는 경우에는 정상운행 후에 종합시험운행을 실시한 후 그 결과를 국토교통부장관에게 보고하여야 한다.

> 철도운영자 등은 철도노선을 새로 건설하거나 기존노선을 개량하여 운영하려는 경우에는 정상운행을 하기 전에 종합시험운행을 실시한 후 그 결과를 국토교통부장관에게 보고하여야 한다(「철도안전법」 제38조 제1항).

㉯ 국토교통부장관은 종합시험운행 보고를 받은 경우에는 기술기준에의 적합 여부, 철도시설 및 열차운행체계의 안전성 여부, 정상운행 준비의 적절성 여부 등을 검토하여 필요하다고 인정하는 경우에는 개선·시정할 것을 명할 수 있다.

> 「철도안전법」 제38조 제2항

㉰ 종합시험운행의 실시 시기·방법·기준과 개선·시정 명령 등에 필요한 사항은 국토교통부령으로 정한다.

> 「철도안전법」 제38조 제3항

㉱ 철도시설관리자는 종합시험운행을 실시하기 전에 철도운영자와 합동으로 해당 철도노선에 설치된 철도시설물에 대한 기능 및 성능 점검결과를 설명한 서류에 대한 검토 등 사전검토를 하여야 한다.

> 「철도안전법 시행규칙」 제75조 제4항

032 「교통안전법」상 지역교통안전기본계획에 대한 설명으로 적절한 것은?

㉮ 시·도지사는 국가교통안전기본계획에 따라 시·도의 교통안전에 관한 기본계획을 1년 단위로 수립하여야 하며, 시장·군수·구청장은 시·도교통안전기본계획에 따라 시·군·구의 교통안전에 관한 기본계획을 5년 단위로 수립하여야 한다.

> 시·도지사는 국가교통안전기본계획에 따라 시·도의 교통안전에 관한 기본계획을 5년 단위로 수립하여야 하며, 시장·군수·구청장은 시·도교통안전기본계획에 따라 시·군·구의 교통안전에 관한 기본계획을 5년 단위로 수립하여야 한다(「교통안전법」 제17조 제1항).

㉯ 국토교통부장관 또는 시·도지사는 시·도교통안전기본계획 또는 시·군·구교통안전기본계획의 수립에 관한 지침을 작성하여 시·도지사 및 시장·군수·구청장에게 통보하여야 한다.

> 국토교통부장관 또는 시·도지사는 시·도교통안전기본계획 또는 시·군·구교통안전기본계획의 수립에 관한 지침을 작성하여 시·도지사 및 시장·군수·구청장에게 통보할 수 있다(「교통안전법」 제17조 제2항).

㉠ 시·도지사가 시·도교통안전기본계획을 수립한 때에는 지방교통위원회의 심의를 거쳐 이를 확정한다.

> 시·도지사가 시·도교통안전기본계획을 수립한 때에는 지방교통위원회의 심의를 거쳐 이를 확정하고, 시장·군수·구청장이 시·군·구교통안전기본계획을 수립한 때에는 시·군·구교통안전위원회의 심의를 거쳐 이를 확정한다(「교통안전법」 제17조 제3항 전단).

㉣ 시장·군수·구청장이 시·군·구교통안전기본계획을 수립한 때에는 국토교통부의 심의를 거쳐 이를 확정한다.

> 시·도지사가 시·도교통안전기본계획을 수립한 때에는 지방교통위원회의 심의를 거쳐 이를 확정하고, 시장·군수·구청장이 시·군·구교통안전기본계획을 수립한 때에는 시·군·구교통안전위원회의 심의를 거쳐 이를 확정한다(「교통안전법」 제17조 제3항 후단).

033 「교통안전법」상 2년 이하의 징역 또는 2천만 원 이하의 벌금에 처하는 경우가 아닌 것은?

㉠ 타인에게 자기의 명칭 또는 상호를 사용하게 한 자

> 「교통안전법」 제63조 제3호

㉡ 교통안전진단기관등록증을 대여한 자

> 「교통안전법」 제63조 제3호

✓ 점검·검사를 거부·기피·방해하거나 질문에 대하여 거짓으로 진술한 자

> 점검·검사를 거부·기피·방해하거나 질문에 대하여 거짓으로 진술한 자는 500만 원 이하의 과태료를 부과한다(「교통안전법」 제65조 제2항 제7호).

㉣ 교통안전진단기관의 명칭 또는 상호를 사용하거나 교통안전진단기관등록증을 대여받은 자

> 「교통안전법」 제63조 제3호

법령

「교통안전법」 제63조(벌칙)
다음 각 호의 어느 하나에 해당하는 자는 2년 이하의 징역 또는 2천만 원 이하의 벌금에 처한다.
1. 제39조 제1항을 위반하여 등록을 하지 아니하고 교통시설안전진단 업무를 수행한 자
2. 거짓이나 그 밖의 부정한 방법으로 제39조 제1항의 규정에 따른 등록을 한 자
3. 제42조의 규정을 위반하여 타인에게 자기의 명칭 또는 상호를 사용하게 하거나 교통안전진단기관등록증을 대여한 자 및 교통안전진단기관의 명칭 또는 상호를 사용하거나 교통안전진단기관등록증을 대여받은 자
4. 제43조에 따라 영업정지처분을 받고 그 영업정지 기간 중에 새로이 교통시설안전진단 업무를 수행한 자
5. 제58조의 규정을 위반하여 직무상 알게 된 비밀을 타인에게 누설하거나 직무상 목적 외에 이를 사용한 자

034 「철도산업발전기본법」상 특정노선 폐지의 승인과 관련한 설명으로 적절하지 않은 것은?

㉮ 철도시설관리자와 철도운영자는 국토교통부장관의 승인을 얻어 특정노선 및 역의 폐지와 관련 철도서비스의 제한 또는 중지 등 필요한 조치를 취할 수 있다.

「철도산업발전기본법」 제34조 제1항 ⚖[2]

㉯ 국토교통부장관은 승인신청서가 제출된 경우 원인제공자 및 관계 행정기관의 장과 협의한 후 위원회의 심의를 거쳐 승인 여부를 결정하고 그 결과를 승인신청자에게 통보하여야 한다.

「철도산업발전기본법」 제34조 제3항 ⚖[2]

㉰ 국토교통부장관은 노선 폐지 등의 조치가 공익을 현저하게 저해한다고 인정하는 경우 승인을 하지 아니할 수 있다.

「철도산업발전기본법」 제35조 제1항 제1호 ⚖[1]

✓ 국토교통부장관은 노선 폐지 등의 조치가 대체교통수단 미흡 등으로 교통서비스 제공에 중대한 지장을 초래한다고 인정하는 경우 승인을 유예하여야 한다.

국토교통부장관은 노선 폐지 등의 조치가 대체교통수단 미흡 등으로 교통서비스 제공에 중대한 지장을 초래한다고 인정하는 경우 승인을 하지 아니할 수 있다(「철도산업발전기본법」 제35조 제1항 제2호). ⚖[1]

법령 ⚖[1]

「철도산업발전기본법」 제35조(승인의 제한 등)
① 국토교통부장관은 제34조 제1항 각 호의 어느 하나에 해당되는 경우에도 다음 각 호의 어느 하나에 해당하는 경우에는 같은 조 제3항에 따른 승인을 하지 아니할 수 있다.
  1. 제34조에 따른 노선 폐지 등의 조치가 공익을 현저하게 저해한다고 인정하는 경우
  2. 제34조에 따른 노선 폐지 등의 조치가 대체교통수단 미흡 등으로 교통서비스 제공에 중대한 지장을 초래한다고 인정하는 경우
② 국토교통부장관은 제1항 각 호에 따라 승인을 하지 아니함에 따라 철도운영자인 승인신청자가 경영상 중대한 영업손실을 받은 경우에는 그 손실을 보상할 수 있다.

법령 ⚖[2]

「철도산업발전기본법」 제34조(특정노선 폐지 등의 승인)
① 철도시설관리자와 철도운영자(이하 "승인신청자"라 한다)는 다음 각 호의 어느 하나에 해당하는 경우에 국토교통부장관의 승인을 얻어 특정노선 및 역의 폐지와 관련 철도서비스의 제한 또는 중지 등 필요한 조치를 취할 수 있다.
  1. 승인신청자가 철도서비스를 제공하고 있는 노선 또는 역에 대하여 철도의 경영개선을 위한 적절한 조치를 취하였음에도 불구하고 수지균형의 확보가 극히 곤란하여 경영상 어려움이 발생한 경우
  2. 제33조에 따른 보상계약체결에도 불구하고 공익서비스비용에 대한 적정한 보상이 이루어지지 아니한 경우
  3. 원인제공자가 공익서비스비용을 부담하지 아니한 경우
  4. 원인제공자가 제33조 제5항에 따른 조정에 따르지 아니한 경우

② 승인신청자는 다음 각 호의 사항이 포함된 승인신청서를 국토교통부장관에게 제출하여야 한다.
  1. 폐지하고자 하는 특정 노선 및 역 또는 제한·중지하고자 하는 철도서비스의 내용
  2. 특정 노선 및 역을 계속 운영하거나 철도서비스를 계속 제공하여야 할 경우의 원인제공자의 비용부담 등에 관한 사항
  3. 그 밖에 특정 노선 및 역의 폐지 또는 철도서비스의 제한·중지 등과 관련된 사항
③ <u>국토교통부장관은 제2항에 따라 승인신청서가 제출된 경우 원인제공자 및 관계 행정기관의 장과 협의한 후 위원회의 심의를 거쳐 승인 여부를 결정하고 그 결과를 승인신청자에게 통보하여야 한다.</u> 이 경우 승인하기로 결정된 때에는 그 사실을 관보에 공고하여야 한다.
④ 국토교통부장관 또는 관계행정기관의 장은 승인신청자가 제1항에 따라 특정 노선 및 역을 폐지하거나 철도서비스의 제한·중지 등의 조치를 취하고자 하는 때에는 대통령령으로 정하는 바에 의하여 대체수송수단의 마련 등 필요한 조치를 하여야 한다.

035 「철도산업발전기본법」상 고용승계 등과 관련된 설명 중 빈칸에 적절한 단어는?

( )은/는 철도청 직원 중 공무원 신분을 계속 유지하는 자를 제외한 철도청 직원 및 고속철도건설공단 직원의 고용을 포괄하여 승계한다.

㉮ 철도청 및 철도공사
㉯ 철도청 및 국가철도공단
✔ 철도공사 및 국가철도공단
㉰ 철도공사 및 고속철도시설공단

<u>철도공사 및 국가철도공단</u>은 철도청 직원 중 공무원 신분을 계속 유지하는 자를 제외한 철도청 직원 및 고속철도건설공단 직원의 고용을 포괄하여 승계한다(「철도산업발전기본법」 제25조 제1항).

036 철도산업구조개혁기획단의 구성위원에 대한 설명 중 빈칸에 들어갈 숫자가 순서대로 나열된 것은?

- 철도산업구조개혁기획단은 단장 ( )인과 단원으로 구성한다.
- 철도산업구조개혁기획단의 단장은 국토교통부장관이 국토교통부의 ( )급 공무원 또는 고위공무원단에 속하는 일반직 공무원 중에서 임명한다.

✔ ㉮ 1, 3 ㉯ 1, 5
㉰ 2, 3 ㉱ 2, 5

- 기획단은 단장 <u>1인</u>과 단원으로 구성한다(「철도산업발전기본법 시행령」 제11조 제2항).
- 기획단의 단장은 국토교통부장관이 국토교통부의 <u>3급</u> 공무원 또는 고위공무원단에 속하는 일반직 공무원 중에서 임명한다(「철도산업발전기본법 시행령」 제11조 제3항).

037 다음 중 「교통안전법」상 교통수단에 해당하는 것을 모두 고르면?

ㄱ. 「도로교통법」에 의한 차마 또는 노면전차
ㄴ. 「해사안전기본법」에 의한 선박 등 수상 또는 수중의 항행에 사용되는 모든 운송수단
ㄷ. 「항공안전법」에 의한 항공기 등 항공교통에 사용되는 모든 운송수단
ㄹ. 「궤도운송법」에 따른 궤도에 의하여 교통용으로 사용되는 용구 등 육상교통용으로 사용되는 모든 운송수단

㉮ ㄱ, ㄴ
㉯ ㄴ, ㄷ
㉰ ㄱ, ㄴ, ㄷ
✅ ㉱ ㄱ, ㄴ, ㄷ, ㄹ

ㄱ. (○) 「교통안전법」 제2조 제1호 가목
ㄴ. (○) 「교통안전법」 제2조 제1호 나목
ㄷ. (○) 「교통안전법」 제2조 제1호 다목
ㄹ. (○) 「교통안전법」 제2조 제1호 가목

법령

「교통안전법」 제2조(정의)
이 법에서 사용하는 용어의 뜻은 다음과 같다.
1. "교통수단"이라 함은 사람이 이동하거나 화물을 운송하는 데 이용되는 것으로서 다음 각 목의 어느 하나에 해당하는 운송수단을 말한다.
   가. 「도로교통법」에 의한 차마 또는 노면전차, 「철도산업발전 기본법」에 의한 철도차량(도시철도를 포함한다) 또는 「궤도운송법」에 따른 궤도에 의하여 교통용으로 사용되는 용구 등 육상교통용으로 사용되는 모든 운송수단(이하 "차량"이라 한다)
   나. 「해사안전기본법」에 의한 선박 등 수상 또는 수중의 항행에 사용되는 모든 운송수단(이하 "선박"이라 한다)
   다. 「항공안전법」에 의한 항공기 등 항공교통에 사용되는 모든 운송수단(이하 "항공기"라 한다)

038 「철도산업발전기본법」상 국토교통부장관의 승인을 얻지 아니하고 특정 노선 및 역을 폐지하거나 철도서비스를 제한 또는 중지한 자의 벌칙으로 옳은 것은?

㉮ 2년 이하의 징역 또는 3천만 원 이하의 벌금
✅ ㉯ 3년 이하의 징역 또는 5천만 원 이하의 벌금

국토교통부장관의 승인을 얻지 아니하고 특정 노선 및 역을 폐지하거나 철도서비스를 제한 또는 중지한 자는 3년 이하의 징역 또는 5천만 원 이하의 벌금에 처한다(「철도산업발전기본법」 제40조 제1항).

㉰ 1천만 원 이하의 과태료
㉱ 3천만 원 이하의 과태료

039

국토교통부장관은 안전관리체계의 승인을 받은 철도운영자 등이 일정 사유에 해당하는 경우에는 그 승인을 취소하거나 6개월 이내의 기간을 정하여 업무의 제한이나 정지를 명할 수 있다. 이때 승인의 취소 또는 제한·정지 사유에 해당하지 않는 것은?

㉮ 거짓이나 그 밖의 부정한 방법으로 승인을 받은 경우

> 「철도안전법」 제9조 제1항 제1호

㉯ 변경승인을 받지 아니하거나 변경신고를 하지 아니하고 안전관리체계를 변경한 경우

> 「철도안전법」 제9조 제1항 제2호

✓ 안전관리체계를 지속적으로 유지하였음에도 철도운영이나 철도시설의 관리에 중대한 지장을 초래한 경우

> 안전관리체계를 지속적으로 유지하지 아니하여 철도운영이나 철도시설의 관리에 중대한 지장을 초래한 경우가 해당한다(「철도안전법」 제9조 제1항 제3호).

㉱ 시정조치명령을 정당한 사유 없이 이행하지 아니한 경우

> 「철도안전법」 제9조 제1항 제4호

법령

「철도안전법」 제9조(승인의 취소 등)
① 국토교통부장관은 안전관리체계의 승인을 받은 철도운영자 등이 다음 각 호의 어느 하나에 해당하는 경우에는 그 승인을 취소하거나 6개월 이내의 기간을 정하여 업무의 제한이나 정지를 명할 수 있다. 다만, 제1호에 해당하는 경우에는 그 승인을 취소하여야 한다.
  1. 거짓이나 그 밖의 부정한 방법으로 승인을 받은 경우
  2. 제7조 제3항을 위반하여 변경승인을 받지 아니하거나 변경신고를 하지 아니하고 안전관리체계를 변경한 경우
  3. 제8조 제1항을 위반하여 안전관리체계를 지속적으로 유지하지 아니하여 철도운영이나 철도시설의 관리에 중대한 지장을 초래한 경우
  4. 제8조 제3항에 따른 시정조치명령을 정당한 사유 없이 이행하지 아니한 경우
② 제1항에 따른 승인 취소, 업무의 제한 또는 정지의 기준 및 절차 등에 관하여 필요한 사항은 국토교통부령으로 정한다.

040 「철도안전법」상 철도차량정비기술자의 인정 등에 관한 내용으로 적절하지 않은 것은?

㉮ 철도차량정비기술자로 인정을 받으려는 사람은 국토교통부장관에게 자격 인정을 신청하여야 한다.

「철도안전법」 제24조의2 제1항

㉯ 국토교통부장관은 신청인이 대통령령으로 정하는 자격, 경력 및 학력 등 철도차량정비기술자의 인정 기준에 해당하는 경우에는 철도차량정비기술자로 인정하여야 한다.

「철도안전법」 제24조의2 제2항

㉰ 국토교통부장관은 신청인을 철도차량정비기술자로 인정하면 철도차량정비기술자로서의 등급 및 경력 등에 관한 증명서를 그 철도차량정비기술자에게 발급하여야 한다.

「철도안전법」 제24조의2 제3항

✓ 자격 인정의 신청, 철도차량정비경력증의 발급 및 관리 등에 필요한 사항은 대통령령으로 정한다.

자격 인정의 신청, 철도차량정비경력증의 발급 및 관리 등에 필요한 사항은 국토교통부령으로 정한다(「철도안전법」 제24조의2 제4항).

---

041 「철도산업발전기본법령」에 따른 철도서비스의 품질평가방법에 대한 설명으로 올바르지 않은 것은?

㉮ 국토교통부장관은 철도서비스의 품질평가를 2년마다 실시한다.

「철도산업발전기본법 시행규칙」 제3조 제1항 전단

✓ 국토교통부장관은 필요한 경우에는 품질평가일 1개월 전까지 철도운영자에게 품질평가계획을 통보한 후 수시품질평가를 실시할 수 있다.

국토교통부장관은 필요한 경우에는 품질평가일 1주 전까지 철도운영자에게 품질평가계획을 통보한 후 수시품질평가를 실시할 수 있다(「철도산업발전기본법 시행규칙」 제3조 제1항 후단).

㉰ 국토교통부장관은 객관적인 품질평가를 위하여 적정 철도서비스의 수준, 평가항목 및 평가지표를 정하여야 한다.

「철도산업발전기본법 시행규칙」 제3조 제2항

㉱ 국토교통부장관은 품질평가의 결과를 확정하기 전에 철도산업위원회의 심의를 거쳐야 한다.

「철도산업발전기본법 시행규칙」 제3조 제3항

042 「철도안전법령」에 따른 철도용품 형식승인의 경미한 변경사항에 해당하지 않는 것은?

✓ ㉮ 철도용품의 안전 및 성능에 영향을 미치는 형상 변경

> 철도용품의 안전 및 성능에 영향을 <u>미치지 아니하는</u> 형상 변경이 철도용품의 형식승인의 경미한 변경사항에 해당한다(「철도안전법 시행규칙」 제61조 제1항 제1호).

㉯ 철도용품의 안전에 영향을 미치지 아니하는 설비의 변경

> 「철도안전법 시행규칙」 제61조 제1항 제2호

㉰ 동일 성능으로 입증할 수 있는 부품의 규격 변경

> 「철도안전법 시행규칙」 제61조 제1항 제4호

㉱ 중량분포 및 크기에 영향을 미치지 아니하는 장치 또는 부품의 배치 변경

> 「철도안전법 시행규칙」 제61조 제1항 제3호

법령

「철도안전법 시행규칙」 제61조(철도용품 형식승인의 경미한 사항 변경)
① 법 제27조 제4항에서 준용하는 법 제26조 제2항 단서에서 "국토교통부령으로 정하는 경미한 사항을 변경하려는 경우"란 다음 각 호의 어느 하나에 해당하는 변경을 말한다.
  1. 철도용품의 안전 및 성능에 영향을 미치지 아니하는 형상 변경
  2. 철도용품의 안전에 영향을 미치지 아니하는 설비의 변경
  3. 중량분포 및 크기에 영향을 미치지 아니하는 장치 또는 부품의 배치 변경
  4. 동일 성능으로 입증할 수 있는 부품의 규격 변경
  5. 그 밖에 철도용품의 안전 및 성능에 영향을 미치지 아니한다고 국토교통부장관이 인정하는 사항의 변경

043 철도산업발전기본계획에 있어 조화를 이루도록 하여야 하는 것과 관련이 없는 것은?

㉮ 「국가통합교통체계효율화법」에 따른 국가기간교통망계획
㉯ 「국가통합교통체계효율화법」에 따른 중기 교통시설투자계획
✓ ㉰ 「한국고속철도건설공단법」에 따른 철도시설투자계획

> 기본계획은 「국가통합교통체계효율화법」 제4조에 따른 국가기간교통망계획, 같은 법 제6조에 따른 중기 교통시설투자계획 및 「국토교통과학기술 육성법」 제4조에 따른 국토교통과학기술 연구개발 종합계획과 조화를 이루도록 하여야 한다(「철도산업발전기본법」 제5조 제3항).

㉱ 「국토교통과학기술 육성법」에 따른 국토교통과학기술 연구개발 종합계획

044 「철도안전법」제2조(정의)에 따라 대통령령으로 정하는 철도종사자에 해당하지 않는 자는?

✔ ㉮ 철도 관련 용품 생산업무를 수행하는 사람

> 철도 관련 용품 생산업무를 수행하는 사람은「철도안전법」제2조 제10항 사목 및 동법 시행령 제3조에 따른 대통령령으로 정하는 철도종사자에 해당하지 않는다.

㉯ 철도에 공급되는 전력의 원격제어장치를 운영하는 사람

> 「철도안전법」제2조 제10항 사목, 동법 시행령 제3조 제5호 ⚖

㉰ 철도시설 또는 철도차량을 보호하기 위한 순회점검업무 또는 경비업무를 수행하는 사람

> 「철도안전법」제2조 제10항 사목, 동법 시행령 제3조 제3호 ⚖

㉱ 철도사고, 철도준사고 및 운행장애가 발생한 현장에서 조사·수습·복구 등의 업무를 수행하는 사람

> 「철도안전법」제2조 제10항 사목, 동법 시행령 제3조 제1호 ⚖

법령 ⚖

「철도안전법」제2조(정의)
이 법에서 사용하는 용어의 뜻은 다음과 같다.
10. "철도종사자"란 다음 각 목의 어느 하나에 해당하는 사람을 말한다.
   가. 철도차량의 운전업무에 종사하는 사람(이하 "운전업무종사자"라 한다)
   나. 철도차량의 운행을 집중 제어·통제·감시하는 업무(이하 "관제업무"라 한다)에 종사하는 사람
   다. 여객에게 승무(乘務) 서비스를 제공하는 사람(이하 "여객승무원"이라 한다)
   라. 여객에게 역무(驛務) 서비스를 제공하는 사람(이하 "여객역무원"이라 한다)
   마. 철도차량의 운행선로 또는 그 인근에서 철도시설의 건설 또는 관리와 관련한 작업의 협의·지휘·감독·안전관리 등의 업무에 종사하도록 철도운영자 또는 철도시설관리자가 지정한 사람(이하 "작업책임자"라 한다)
   바. 철도차량의 운행선로 또는 그 인근에서 철도시설의 건설 또는 관리와 관련한 작업의 일정을 조정하고 해당 선로를 운행하는 열차의 운행일정을 조정하는 사람(이하 "철도운행안전관리자"라 한다)
   사. 그 밖에 철도운영 및 철도시설관리와 관련하여 철도차량의 안전운행 및 질서유지와 철도차량 및 철도시설의 점검·정비 등에 관한 업무에 종사하는 사람으로서 대통령령으로 정하는 사람

> **「철도안전법 시행령」제3조(안전운행 또는 질서유지 철도종사자)**
> 「철도안전법」(이하 "법"이라 한다) 제2조 제10호 사목에서 "대통령령으로 정하는 사람"이란 다음 각 호의 어느 하나에 해당하는 사람을 말한다.
> 1. 철도사고, 철도준사고 및 운행장애(이하 "철도사고 등"이라 한다)가 발생한 현장에서 조사·수습·복구 등의 업무를 수행하는 사람
> 2. 철도차량의 운행선로 또는 그 인근에서 철도시설의 건설 또는 관리와 관련된 작업의 현장감독업무를 수행하는 사람
> 3. 철도시설 또는 철도차량을 보호하기 위한 순회점검업무 또는 경비업무를 수행하는 사람
> 4. 정거장에서 철도신호기·선로전환기 또는 조작판 등을 취급하거나 열차의 조성업무를 수행하는 사람
> 5. 철도에 공급되는 전력의 원격제어장치를 운영하는 사람
> 6. 「사법경찰관리의 직무를 수행할 자와 그 직무범위에 관한 법률」제5조 제11호에 따른 철도경찰 사무에 종사하는 국가공무원
> 7. 철도차량 및 철도시설의 점검·정비 업무에 종사하는 사람

045

다음 중 55세인 철도종사자 A씨가 정기적으로 받아야 하는 정기검사의 주기로 옳은 것은?

㉮ 최초검사를 받은 후 1년마다
㉯ 최초검사를 받은 후 3년마다
✅ 최초검사를 받은 후 5년마다
㉱ 최초검사를 받은 후 10년마다

> 50세 이상인 철도종사자는 최초검사를 받은 후 5년마다 정기검사를 실시하여야 한다(「철도안전법 시행규칙」 제41조 제1항 제2호).

법령

「철도안전법」 제23조(운전업무종사자 등의 관리)
① 철도차량 운전·관제업무 등 대통령령으로 정하는 업무에 종사하는 철도종사자는 정기적으로 신체검사와 적성검사를 받아야 한다.

「철도안전법 시행규칙」 제41조(운전업무종사자 등에 대한 적성검사)
① 법 제23조 제1항에 따른 철도종사자에 대한 적성검사는 다음 각 호와 같이 구분하여 실시한다.
  1. 최초검사 : 해당 업무를 수행하기 전에 실시하는 적성검사
  2. 정기검사 : 최초검사를 받은 후 10년(50세 이상인 경우에는 5년)마다 실시하는 적성검사
  3. 특별검사 : 철도종사자가 철도사고 등을 일으키거나 질병 등의 사유로 해당 업무를 적절히 수행하기 어렵다고 철도운영자 등이 인정하는 경우에 실시하는 적성검사

046

「교통안전법령」에 따른 지역교통안전시행계획의 수립과 관련한 설명 중 ㉠, ㉡에 들어갈 단어가 적절하게 연결된 것은?

> • 시·도지사 등은 각각 다음 연도의 시·도교통안전시행계획 또는 시·군·구교통안전시행계획(이하 "지역교통안전시행계획"이라 한다)을 (㉠)월 말까지 수립하여야 한다.
> • 시장·군수·구청장은 시·군·구교통안전시행계획과 전년도의 시·군·구교통안전시행계획 추진실적을 매년 (㉡)월 말까지 시·도지사에게 제출해야 한다.

㉮ ㉠ 1, ㉡ 12
㉯ ㉠ 1, ㉡ 2
㉰ ㉠ 12, ㉡ 2
✅ ㉠ 12, ㉡ 1

> • 시·도지사 등은 각각 다음 연도의 시·도교통안전시행계획 또는 시·군·구교통안전시행계획(이하 "지역교통안전시행계획"이라 한다)을 12월 말까지 수립하여야 한다(「교통안전법 시행령」 제14조 제1항).
> • 시장·군수·구청장은 시·군·구교통안전시행계획과 전년도의 시·군·구교통안전시행계획 추진실적을 매년 1월 말까지 시·도지사에게 제출해야 한다(동조 제2항 전단).

047 다음 중 교통안전담당자의 직무에 해당하지 않는 것은?

㉮ 교통안전을 해치는 행위를 한 운전자 등에 대한 징계 건의

> 교통안전을 해치는 행위를 한 운전자 등에 대한 징계 건의는 교통안전담당자의 직무에 해당하지 않는다.

㉯ 교통안전관리규정의 시행 및 그 기록의 작성·보존

> 「교통안전법 시행령」 제44조의2 제1항 제1호 ⚖

㉰ 교통시설의 조건 및 기상조건에 따른 안전 운행 등에 필요한 조치

> 「교통안전법 시행령」 제44조의2 제1항 제3호 ⚖

㉱ 교통사고 원인 조사·분석 및 기록 유지

> 「교통안전법 시행령」 제44조의2 제1항 제5호 ⚖

법령 ⚖

「교통안전법 시행령」 제44조의2(교통안전담당자의 직무)
① 교통안전담당자의 직무는 다음 각 호와 같다.
  1. 교통안전관리규정의 시행 및 그 기록의 작성·보존
  2. 교통수단의 운행·운항 또는 항행(이하 이 조에서 "운행 등"이라 한다) 또는 교통시설의 운영·관리와 관련된 안전점검의 지도·감독
  3. 교통시설의 조건 및 기상조건에 따른 안전 운행 등에 필요한 조치
  4. 법 제24조 제1항에 따른 운전자 등(이하 "운전자 등"이라 한다)의 운행 등 중 근무상태 파악 및 교통안전 교육·훈련의 실시
  5. 교통사고 원인 조사·분석 및 기록 유지
  6. 운행기록장치 및 차로이탈경고장치 등의 점검 및 관리
② 삭제
③ 교통안전담당자는 교통안전을 위해 필요하다고 인정하는 경우에는 다음 각 호의 조치를 교통시설설치·관리자 등에게 요청해야 한다. 다만, 교통안전담당자가 교통시설설치·관리자 등에게 필요한 조치를 요청할 시간적 여유가 없는 경우에는 직접 필요한 조치를 하고, 이를 교통시설설치·관리자 등에게 보고해야 한다.
  1. 국토교통부령으로 정하는 교통수단의 운행 등의 계획 변경
  2. 교통수단의 정비
  3. 운전자 등의 승무계획 변경
  4. 교통안전 관련 시설 및 장비의 설치 또는 보완
  5. 교통안전을 해치는 행위를 한 운전자 등에 대한 징계 건의

048 「철도산업발전기본법」상 철도자산의 처리에 대한 설명으로 적절하지 않은 것은?

㉮ 국토교통부장관은 철도산업의 구조개혁을 추진하기 위한 철도자산의 처리계획을 위원회의 심의를 거쳐 수립하여야 한다.

> 「철도산업발전기본법」 제23조 제1항

㉯ 국가는 「국유재산법」에도 불구하고 철도자산처리계획에 의하여 철도공사에 운영자산을 현물출자한다.

> 「철도산업발전기본법」 제23조 제2항

㉰ 철도청장 또는 고속철도건설공단이사장이 철도자산의 인계·이관 등을 하고자 하는 때에는 그에 관한 서류를 작성하여 국토교통부장관의 승인을 얻어야 한다.

> 「철도산업발전기본법」 제23조 제6항

✔ 철도자산의 인계·이관 등의 시기와 해당 철도자산 등의 평가방법 및 평가기준일 등에 관한 사항은 국토교통부령으로 정한다.

> 철도자산의 인계·이관 등의 시기와 해당 철도자산 등의 평가방법 및 평가기준일 등에 관한 사항은 <u>대통령령</u>으로 정한다(「철도산업발전기본법」 제23조 제7항).

법령

「철도산업발전기본법」 제23조(철도자산의 처리)
① 국토교통부장관은 대통령령으로 정하는 바에 의하여 철도산업의 구조개혁을 추진하기 위한 철도자산의 처리계획(이하 "철도자산처리계획"이라 한다)을 위원회의 심의를 거쳐 수립하여야 한다.
② 국가는 「국유재산법」에도 불구하고 철도자산처리계획에 의하여 철도공사에 운영자산을 현물출자한다.
③ 철도공사는 제2항에 따라 현물출자받은 운영자산과 관련된 권리와 의무를 포괄하여 승계한다.
④ 국토교통부장관은 철도자산처리계획에 의하여 철도청장으로부터 다음 각 호의 철도자산을 이관받으며, 그 관리업무를 국가철도공단, 철도공사, 관련 기관 및 단체 또는 대통령령으로 정하는 민간법인에 위탁하거나 그 자산을 사용·수익하게 할 수 있다.
  1. 철도청의 시설자산(건설 중인 시설자산은 제외한다)
  2. 철도청의 기타자산
⑤ 국가철도공단은 철도자산처리계획에 의하여 다음 각 호의 철도자산과 그에 관한 권리와 의무를 포괄하여 승계한다. 이 경우 제1호 및 제2호의 철도자산이 완공된 때에는 국가에 귀속된다.
  1. 철도청이 건설 중인 시설자산
  2. 고속철도건설공단이 건설 중인 시설자산 및 운영자산
  3. 고속철도건설공단의 기타자산
⑥ 철도청장 또는 고속철도건설공단이사장이 제2항부터 제5항까지의 규정에 의하여 철도자산의 인계·이관 등을 하고자 하는 때에는 그에 관한 서류를 작성하여 국토교통부장관의 승인을 얻어야 한다.
⑦ 제6항에 따른 철도자산의 인계·이관 등의 시기와 해당 철도자산 등의 평가방법 및 평가기준일 등에 관한 사항은 대통령령으로 정한다.

049 「철도산업발전기본법」상 빈칸에 들어갈 처벌의 내용으로 옳은 것은?

> 비상사태 시 국토교통부장관의 임시열차의 편성 및 운행에 따른 조정·명령 등의 조치를 위반한 자는 (　　　).

㉮ 3년 이하의 징역 또는 5천만 원 이하의 벌금에 처한다.

㉯ 2년 이하의 징역 또는 3천만 원 이하의 벌금에 처한다.

✅ 1천만 원 이하의 과태료를 부과한다.

> 비상사태 시 국토교통부장관의 임시열차의 편성 및 운행에 따른 조정·명령 등의 조치를 위반한 자는 1천만 원 이하의 과태료를 부과한다(「철도산업발전기본법」 제42조 제1항 및 동법 제36조 제1항 제6호). ⚖️

㉱ 2천만 원 이하의 과태료를 부과한다.

법령 ⚖️

「철도산업발전기본법」 제42조(과태료)
① 제36조 제1항 제6호의 규정을 위반한 자에게는 1천만 원 이하의 과태료를 부과한다.

「철도산업발전기본법」 제36조(비상사태 시 처분)
① 국토교통부장관은 천재·지변·전시·사변, 철도교통의 심각한 장애 그 밖에 이에 준하는 사태의 발생으로 인하여 철도서비스에 중대한 차질이 발생하거나 발생할 우려가 있다고 인정하는 경우에는 필요한 범위 안에서 철도시설관리자·철도운영자 또는 철도이용자에게 다음 각 호의 사항에 관한 조정·명령 그 밖의 필요한 조치를 할 수 있다.
　⋮
6. 철도이용의 제한 또는 금지

---

050 「철도안전법」상 국토교통부장관이 성능인증을 보안검색장비에 대해 그 인증으로 취소하여야 하는 경우에 해당하는 것은?

㉮ 보안검색장비의 수량이 필요기준에 미치지 못하는 경우

㉯ 정당한 사유 없이 보안검색장비 인증을 받은 경우

✅ 거짓이나 그 밖의 부정한 방법으로 인증을 받은 경우

> 국토교통부장관은 성능인증을 받은 보안검색장비가 거짓이나 그 밖의 부정한 방법으로 인증을 받은 경우에는 그 인증을 취소하여야 한다(「철도안전법」 제48조의3 제5항 제1호). ⚖️

㉱ 보안검색장비가 성능인증 기준에 적합하지 아니하게 된 경우

> **법령**
>
> 「철도안전법」 제48조의3(보안검색장비의 성능인증 등)
> ⑤ 국토교통부장관은 제1항에 따른 성능인증을 받은 보안검색장비가 다음 각 호의 어느 하나에 해당하는 경우에는 그 인증을 취소할 수 있다. 다만, 제1호에 해당하는 때에는 그 인증을 취소하여야 한다.
>   1. 거짓이나 그 밖의 부정한 방법으로 인증을 받은 경우
>   2. 보안검색장비가 제2항에 따른 성능인증 기준에 적합하지 아니하게 된 경우

[2과목] 교통안전관리론

051 교통사고통계원표의 본표에 기록하여야 하는 사항이 아닌 것은?

㉮ 사고의 발생 일시 및 주소 ㉯ 사고의 유형
㉰ 도로의 형상 ✅ 제3당사자에 관한 사항

> 제3당사자 이상의 당사자가 있는 경우 보충표에 기재한다. 본표에는 제1, 제2당사자에 관한 사항을 기재하여야 한다.

> **TIP**
>
> 교통사고통계원표의 본표에 기록하여야 하는 사항
> • 사고 발생 일시 및 장소 • 사고의 유형
> • 도로의 형상 • 도로의 종류
> • 일기 • 제1 및 제2당사자에 관한 사항

052 다음 중 인간행위의 가변요인이 아닌 것은?

㉮ 생체기능의 저하 ㉯ 작업능률의 저하
✅ 생리적 긴장수준의 증가 ㉲ 심리적 요인의 저하

> 인간행위는 생리적 요인의 저하에 따라 가변될 수 있다.

> **TIP**
>
> 인간행위의 가변적 요인
> • 생체기능의 저하 • 작업능률의 저하
> • 생리적 요인의 저하 • 심리적 요인의 저하

053 참모형 조직에 관한 설명으로 옳지 않은 것은?

㉮ 안전활동을 전담하는 부서를 두고 안전에 관한 계획, 조사, 검토, 독려, 보고 등의 업무를 맡도록 한다.
㉯ 스테프형 조직이라고도 부른다.
㉰ 부서는 안전업무에 대한 방안을 건의하고 조언을 하는 역할을 한다.
✅ 안전관리자의 지식과 경험이 부족하여도 충분히 기능을 발휘할 수 있다.

> 참모형 조직은 안전관리자가 안전에 대한 지식과 기술, 경험이 풍부할 때에는 안전업무가 발전하나 참모(안전관리자)의 능력이 부족할 시에는 기능을 발휘할 수 없다.

054 합리적인 의사결정을 위한 과정을 바르게 나열한 것은?

㉮ 문제 인식 → 정보 수집·분석 → 대안 탐색·평가 → 실행 → 대안 선택 → 평가
㉯ 문제 인식 → 대안 탐색·평가 → 정보 수집·분석 → 대안 선택 → 실행 → 평가
✅ 문제 인식 → 정보 수집·분석 → 대안 탐색·평가 → 대안 선택 → 실행 → 평가

> 합리적인 의사결정과정 : 문제 인식 → 정보 수집·분석 → 대안 탐색·평가 → 대안 선택 → 실행 → 평가

㉰ 문제 인식 → 대안 탐색·평가 → 정보 수집·분석 → 실행 → 대안 선택 → 평가

055 배수구의 깊이는 도로중심선 높이로부터 60cm 이상은 되어야 한다. 이때 기층의 배수를 돕는 노반보다 몇 cm 이상 낮아야 하는가?

㉮ 5cm   ✅ 15cm
㉰ 30cm   ㉱ 40cm

> 배수구의 깊이는 도로중심선 높이로부터 최소 60cm 이상은 되어야 하며 기층의 배수를 돕기 위하여 노반보다 최소 15cm 이상 낮아야 한다.

056 교통안전 확보를 위한 정책방향의 방안으로 가장 거리가 먼 것은?

㉮ 교통사고 구조대책의 강화
㉯ 교통안전의식의 제고
㉰ 교통안전시설의 정비
✔ 교통안전 관련 제도의 유지

> 변화하는 교통수단, 장비, 시설 등에 대비해 교통안전을 확보하려면 교통안전 관련 제도는 개선되어야 한다.

---

057 교통안전계획에 포함되어야 할 사항으로 적정하지 않은 것은?

㉮ 교통종사원을 위한 교육 · 훈련 계획
㉯ 노선 및 항로 점검 계획
㉰ 점검 및 정비 계획
✔ 안전관리조직의 계획

> 💡 **TIP**
>
> **교통안전계획에 포함되어야 할 내용**
> - 교통종사원에 대한 교육 · 훈련 계획
> - 점검 · 정비 계획
> - 노선 및 항로의 점검 계획 등

---

058 다음 중 교통안전담당자의 교육이 아닌 것은?

㉮ 신규교육은 직무를 시작한 날로부터 6개월 이내에 1회 실시한다.
✔ 보수교육은 직무를 시작한 날이 속한 연도의 다음 해를 기준으로 2년마다 1회 실시한다.

> 보수교육은 교통안전담당자의 직무를 시작한 날이 속하는 연도를 기준으로 2년마다 1회 실시

㉰ 신규교육은 16시간으로 진행한다.
㉱ 보수교육은 회당 8시간으로 한하여 진행한다.

> **법령** ⚖️
>
> 「교통안전법 시행령」제44조의3(교통안전담당자의 교육)
> ① 교통시설설치 · 관리자 등은 법 제54조의2 제2항에 따라 교통안전담당자로 하여금 다음 각 호의 구분에 따른 교육을 받도록 해야 한다.
>   1. 신규교육 : 교통안전담당자의 직무를 시작한 날부터 6개월 이내에 1회
>   2. 보수교육 : 교통안전담당자의 직무를 시작한 날이 속하는 연도를 기준으로 2년마다 1회
> ② 제1항 제1호에 따른 신규교육은 16시간으로, 같은 항 제2호에 따른 보수교육은 회당 8시간으로 한다.

059 다음 중 운전자의 교통안전운전요건에 해당하지 않는 것은?

㉮ 안전운전적성 ㉯ 지식
㉰ 심신의 결함 ✓ 운전자의 성별

> 운전자의 성별은 교통안전운전조건에 해당하지 않는다.
> 운전자의 교통안전운전요건 예시 : 안전운전적성, 성격, 태도, 습관, 지식, 피로, 음주, 심신의 결함 등

060 다음 중 교통사고 방지대책을 수립하기 위해서 필요한 과학적이며, 실증적인 분석의 하나로서 사례적 분석의 유형에 속하지 않는 것은?

㉮ 개별적 사고분석 ㉯ 교통환경 분석
✓ 조직별 사고분석 ㉰ 운전자 적성분석

> TIP
> 사고발생경향과 통계분석
> • 통계적 분석 : 노선별 사고분석, 차종별 사고분석, 조직별 사고분석
> • 사례적 분석 : 개별적 사고분석, 교통환경 분석, 운전자 적성분석, 차량의 안전도 분석

061 페이욜(H. Fayol)이 제시한 14가지 관리원칙 중 가장 토대가 되는 것으로 규모가 커진 기업 경영을 위한 필수적인 전제가 되는 원칙은?

㉮ 명령 일원화의 원칙(unity of command)
> 한 사람의 상사에게서만 명령을 받아야 한다는 것을 의미한다.

㉯ 규율의 원칙(discipline)
> 규칙을 준수하고 그에 따라 일을 처리하고 노력해야 한다. 잘못된 업무수행에 대한 처벌은 공정한 감독과 연관되어야 한다.

㉰ 공정성의 원칙(equity)
> 관리자의 친절과 정의감이 충성과 헌신으로 이어지며, 이로 인해 구성원을 공평하게 다룰 수 있다.

✓ 분업의 원칙(division of work)
> 페이욜(H. Fayol)은 기술적인 작업은 물론 관리적 업무 등 모든 업무에 분업의 원칙을 적용하였다. 분업의 원칙은 구성원들로 하여 한정된 분야에서 일해 일의 범주를 줄이고 능률을 증신시켜주는 원칙이다.

062 다음 중 인간관계론에 대한 설명으로 옳지 않은 것은?

㉮ 인간을 사회인 또는 자기실현인으로 간주하여 인간에 대한 동기부여를 시도하였다.
㉯ 개인은 경제적 요인만이 아닌 사회심리적 요인에 의하여도 동기부여가 된다.
㉰ 조직 내의 여러 계층 간 효율적인 의사소통경로를 개발해야 한다.
✔ 의사결정론, 시스템 이론, 행동과학론 등이 인간관계론에 속한다.

> 의사결정론, 시스템 이론, 행동과학론은 참여적 관리론에 속한다. 메이요(E. Mayo), 뢰슬리스버거(F. J. Roethlisberger)의 호손실험 등이 인간관계론에 속한다.

063 교통안전관리의 3대 기능으로 옳지 않은 것은?

㉮ 계획기능
㉯ 개선기능
㉰ 단속기능
✔ 진행기능

> 교통안전관리의 3대 기능은 계획기능, 개선기능, 단속기능이다.

064 운전자의 시력에 의한 정보입수 범위 관련 요인으로 옳지 않은 것은?

㉮ 물체의 밝기
㉯ 주위와의 대비
✔ 운전자의 절대속도
㉱ 조명의 정도

> 운전자의 절대속도가 아닌 운전자의 상대속도에 따라 시각적 정보입수가 달라진다.

065 운송사업체의 최고경영진이 가져야 할 마음가짐으로 옳지 않은 것은?

㉮ 감독자와 운전자는 계급을 떠나 인간적 관계 확립을 하여야 한다.
㉯ 안전관계회의에 항시 참석하여야 한다.
㉰ 권위있는 지도력과 안전관리에 대해 지속적인 관심을 표현한다.
✔ 벌을 줄 때는 임시로 자리를 피하여야 하며 상을 줄 때는 반드시 참여하여야 한다.

> 경영자는 상을 줄 때 혹은 벌을 줄 때 모두 참여하여야 한다.

066 다음 중 피아제의 인지발달 단계에 대한 설명으로 옳지 않은 것은?

㉮ 감각운동기 : 나와 외부세계를 구별하지 못하고 직접적인 신체감각 경험을 통하여 환경을 이해한다.
㉯ 전조작기 : 언어습득을 통한 상징적인 표현력을 습득하고 개념적인 사고가 시작된다.
㉰ 구체적 조작기 : 다른 사람의 관점에서 사물을 이해하고 공감하며, 비논리적 사고에서 논리적 사고로 전환된다.
✔ 형식적 조작기 : 보존개념 획득 및 분류화・서열화와 가역적 사고가 가능해진다.

> 구체적 조작기에 대한 설명이다. <u>형식적 조작기</u>는 <u>경험보다는 논리의 원리에 따른 지배를 받아 가설 및 연역적 추론이 가능하고 체계적・조합적 사고가 가능</u>해진다.

💡 TIP

피아제(J. Piaget)의 인지발달 단계
- 감각운동기(0~2세)
  - 직접적인 신체감각과 경험을 통해 환경에 대한 이해 진행
  - 지능과 인식은 유아의 반사적이고 급격히 발달하는 감각과 운동능력의 결과
  - 자신과 외부에 대한 구별 불가
  - 대상영속성 획득
- 전조작기(2~7세)
  - 언어 습득을 통해 상징적 표현력 습득하고 개념적 사고를 시작
  - 자아중심적, 직관적 사고, 물활론, 상징적 기능, 중심화(집중성), 비가역적 사고
- 구체적 조작기(7~12세)
  - 경험에 기초한 사고 진행
  - 관점의 초점은 생각이 아니라 사물
  - 비논리적 사고에서 논리적 사고로 발달
  - 다른 사람의 관점에서 사물을 이해하고 공감
  - 보존개념 획득, 분류화 가능, 서열화 가능, 가역적 사고, 조합기술
- 형식적 조작기(12세~성장기)
  - 자신의 지각이나 경험보다 논리적 원리의 지배를 받음
  - 사물이 존재하는 방식과 기능하는 방식에 대해 추상적 사고
  - 추상적 사고가 가능하므로 경험하지 못한 사건에 대한 가설적이고 추상적인 합리화를 통하여 과학적 사고가 가능
  - 가설, 연적적 추론, 체계적・조합적 사고

067 기계나 그 부품에 고장이나 기능불량이 발생하여도 항상 안전을 유지하는 구조와 기능을 무엇이라고 하는가?

☑ 페일 세이프(Fail-Safe)

> 페일 세이프(Fail-Safe) : 인간 또는 기계의 과오나 오작동이 있어도 사고 및 재해가 발생하지 않도록 2중, 3중으로 안전장치를 한 시스템을 말한다.

㉯ 위험성 평가(Risk Assessment)

> 위험성 평가(Risk Assessment) : 사업주가 스스로 유해·위험요인을 파악, 위험성 수준을 결정하여, 위험성을 낮추기 위한 적절한 조치를 마련하고 실행하는 평가이다.

㉰ 인터록(Inter lock)

> 인터록(Inter lock) : 기계의 각 작동부분 상호 간을 연결해서 기계의 각 작동부분이 정상조건을 만족하지 못할 시 자동으로 작동할 수 없도록 하는 것을 말한다.

㉱ 연쇄원리

> 연쇄원리 : 하나의 사고요인이 또 다른 사고요인을 연쇄적으로 만들어 나간다는 원리이다.

068 다음 중 노령자의 행동특성으로 잘못된 것은?

㉮ 오랜 사회생활을 통하여 풍부한 지식과 경험을 가지고 있다.
㉯ 행동이 신중하며 모범적 교통생활을 한다.
☑ 풍부한 경험으로 인해 교통사고 피해자의 비율은 낮다.

> 노령자는 교통생활인으로서 풍부한 경험 및 자질을 가지고 있음에도 신체적인 취약 조건들로 인해 어린이, 신체허약자와 함께 교통사고 피해자의 상당수를 차지한다.

㉱ 신체적인 면에서 운동능력이 신체감각에 따른 감지기능이 약화되어 위급 대책이 둔화된다.

069 안정적인 작업관리를 위해 작업강도를 낮추는 방법이 아닌 것은?

㉮ 적절한 보호구 사용
㉯ 작업 시 충분한 휴식시간 보장
㉰ 작업환경 유지보수를 통한 악화 방지
☑ 대인적 접촉을 감소시켜 작업에 대한 집중력 향상

> 대인적 접촉은 작업강도를 낮출 수 있어 감소시켜서는 안 된다.

070 다음 중 교통사고로 인한 공적 비용이 아닌 것은?

- ✓ ㉮ 병원 방문에 따른 교통비용
- ㉯ 휴업비용
- ㉰ 보험처리 행정비용
- ㉱ 장례비용

> 방문비용은 개인적 지출비용에 해당한다.

TIP

교통사고 비용 구분

항목		내용
인적피해비용	생산손실비용	사망자, 부상 후유장애
	휴업손해	부상자의 휴업손해
	의료비용	응급실, 입원, 통원, 재활 등 의료비용, 장례비용
물적피해비용		차량, 재물, 구조물 가치
행정처리비용		경찰관서의 사고처리비용, 보험처리 행정비용

071 교통안전관리단계 중 안전관리자가 근무환경, 운전감독 등의 내용을 작성하는 단계로 옳은 것은?

- ㉮ 준비단계

  안전관리의 준비로써 전문잡지 및 도서 등을 통한 자료조사, 회의 및 세미나를 통한 정보공유 등이 포함된다.

- ㉯ 조사단계

  사고기록을 작성해나가며 진행되는 단계이다. 작업장, 사고현장 등을 방문하여 안전지시, 감독상태 등을 점검·조사하는 단계이다.

- ㉰ 교육·훈련단계

  경영진으로부터 새로운 제도에 대한 승인을 얻고 난 뒤 교육·훈련을 진행하는 단계이다.

- ✓ ㉱ 계획단계

  안전관리자는 대안을 분석하여 그중 가장 바람직한 행동계획을 수립하여야 하며 계획에는 근무환경, 운전감독 등의 내용이 수록되어야 한다.

072 교통사고의 주요 요인이 아닌 것은?

㉮ 인적요인

> 인적요인의 예시 : 운전자, 보행자, 안전 및 질서의식

㉯ 차량요인

> 차량요인의 예시 : 차량구조, 차량정비 · 검사, 차량보안기술

✓ 법적요인
㉰ 교통안전시설 환경요인

> 교통안전시설 환경요인의 예시 : 시설구조, 안전시설, 기타 시설

073 다음 중 하인리히의 법칙에 대한 설명으로 옳지 않은 것은?

㉮ 한 번의 큰 재해가 있기 전에 그와 관련된 작은 사고나 일어났었다는 법칙이다.
✓ 큰 재해와 작은 재해, 사소한 사고의 발생 비율을 1:30:300으로 보았다.

> 하인리히 법칙은 '1:29:300 법칙'이라고도 부르며 큰 재해 작은 재해, 사소한 사고의 비율은 '1:29:300'이다.

㉰ 하인리히 법칙은 사소한 문제를 내버려 둘 때 대형사고로 이어질 수 있다는 점을 바탕으로 산업재해 예방의 중요성을 말하고 있다.
㉱ 큰 재해가 있기 전 사소한 사고 등의 징후가 있다는 것을 실증적으로 밝혀내었다.

074 다음 중 사고율 계산 시 사용되는 사고피해의 종류가 아닌 것은?

✓ 부상사고 건수   ㉯ 사망자 수
㉰ 사망사고 건수   ㉱ 재산피해

> 사고율 계산 시 부상사고 건수가 아닌 사망사고 건수, 부상자 수 등을 활용하여 계산한다.

 TIP

사고율 계산 시 사용되는 사고피해 종류
- 부상자 수
- 사망자 수
- 사고 건수
- 사망사고 건수
- 재산피해 등

075 교통안전교육의 내용 중 하나로 안전운전에 대한 인지 · 판단 · 결정기능과 위험감수능력, 위험발견 기능 등을 얻도록 하는 것은?

㉮ 준법정신 교육

> 교통법령에 대한 지식과 그 의미를 이해하고 적법한 교육습관을 가지도록 하는 교육

✔ 안전운전기술 교육

㉰ 운전(조작)기능 교육

> 능숙하게 자동차를 운전(조작)하는 능력과 교통위험을 회피할 수 있는 능력을 배양하는 교육

㉱ 자기통제(Self−control) 교육

> 교통수단의 사회적인 의미 · 기능을 비롯하여 교통참가자의 의무 · 책임, 각종의 사회적 제한에 대해 인식하고 욕구 · 감정을 스스로 통제하도록 하는 교육

💡 **TIP**

교통안전교육의 종류
- 자기통제(Self−control) 교육
- 안전운전태도 교육
- 안전운전기술 교육
- 준법정신 교육
- 타자적응성 교육
- 운전(조작)기능 교육

[3과목] 철도공학

076 목침목의 장 · 단점으로 옳지 않은 것은?

㉮ 레일의 체결이 용이하고 가공이 편리하다.
㉯ 전기절연도가 비교적 높다.
㉰ 자연부식으로 인해 내구연한이 비교적 짧다.
✔ 충격력에 약하고 탄성이 부족하다.

> 콘크리트 침목에 대한 설명이다. <mark>목침목은 탄성이 풍부하며 완충성이 뛰어나다.</mark>

> **TIP**
>
> **목침목의 장·단점**
> - 장점
>   - 레일의 체결이 용이하고 가공이 편리하다.
>   - 탄성이 풍부하며 완충성이 뛰어나다.
>   - 보수와 교환작업이 용이하다.
>   - 전기절연도가 높다.
> - 단점
>   - 자연적인 부식으로 인해 갈라지는 등 내구연한이 비교적 짧다.
>   - 충해를 받기 쉬우며 약제 작업을 하여야 한다.
>   - 하중에 의한 기계적 손상을 받기 쉽다.
>   - 증기기관차의 경우 화상과 소상의 우려가 있다.

077 철도관련법에 따른 철도의 종류 중 주요 구간을 시속 200킬로미터 이상으로 주행하는 철도는?

✅ ㉮ 고속철도

> "고속철도"란 열차가 <u>주요 구간을 시속 200킬로미터 이상으로 주행하는</u> 철도로서 국토교통부장관이 그 노선을 지정·고시하는 철도를 말한다(「철도건설법」 제2조 제2호).

㉯ 도시철도

> "도시철도"란 도시교통의 원활한 소통을 위하여 도시교통권역에서 건설·운영하는 철도·모노레일·노면전차·선형유도전동기·자기부상열차 등 궤도에 의한 교통시설 및 교통수단을 말한다(「도시철도법」 제2조 제2호).

㉰ 광역철도

> "광역철도"란 둘 이상의 시·도에 걸쳐 운행되는 도시철도 또는 철도로서 대통령령으로 정하는 요건에 해당하는 도시철도 또는 철도를 말한다(「광역교통법」 제2조 제2호 나목).

㉱ 일반철도

> "일반철도"란 고속철도와 「도시철도법」에 따른 도시철도를 제외한 철도를 말한다(「철도건설법」 제2조 제4호).

078 레일의 구비조건으로 옳은 것은?

㉮ 주행차량의 단면과 조화를 이루어 저속 통과 시 차량 진동 완화 및 승차감을 상승시킬 것

> 주행차량의 단면과 조화를 이루어 고속 통과 시 차량 진동 완화 및 승차감을 상승시킬 것

㉯ 침목의 설치가 용이하며, 내력에 대하여 구조적 안정된 형상일 것

> 침목의 설치가 용이하며, 외력에 대하여 구조적 안정된 형상일 것

✓ 두부의 마모가 적고, 마모에 대하여 충분한 여유가 있으며, 내구연수가 길 것

㉰ 적은 단면적으로 연직 및 수직방향의 작용력에 대하여 충분한 강도와 연성을 가질 것

> 적은 단면적으로 연직 및 수평방향의 작용력에 대하여 충분한 강도와 강성을 가질 것

079 강화노반에 대한 설명으로 옳지 않은 것은?

㉮ 알갱이 크기를 조정한 쇄석을 편 후 다짐을 하여 쇄석층을 만든다.

✓ 고르기는 한 층의 두께를 30cm 이하로 하여 롤러로 다진 후 20cm 정도 쇄석을 편 후 다시 롤러로 다진다.

> 강화노반에 대하여 고르기는 한 층의 두께를 15cm 이하로 하여 롤러로 다진 후 10cm 정로 쇄석을 편 후 다시 롤러로 다진다.

㉰ 쇄석층 위에 아스팔트 콘크리트층을 설치하여 물을 차단한다.

㉱ 일반적으로 시공의 기준이 되는 면의 밑 30cm를 쇄석층을 25cm 아스팔트 5cm를 기준으로 진행한다.

080 다음 중 궤도노후화의 원인과 관계없는 것은?

㉮ 강우, 강성 등 자연조건 ㉯ 열차의 축중 및 속도
㉰ 열차 운행횟수 및 하중조건 ✓ 반복되는 보수 및 재료 교환

> 궤도노후화를 방지하는 방법에 해당한다.

081 다음 중 마찰력 발생 기구에 따른 제동장치의 종류에 해당하는 것은?

㉮ 전자제동 동작원리에 의한 분류 중 기계적인 제동장치에 해당한다.

㉯ 회생제동 동작원리에 의한 분류 중 전기적인 제동장치에 해당한다.

✔ 디스크제동

㉱ 비상제동 조작방법에 의한 분류에 해당한다.

> 💡 **TIP**
>
> **제동장치의 종류**
> - 동작원리에 의한 분류
>   - 기계적인 제동장치 : 수동제동(수용제동), 공기제동, 전자제동, 전공제동
>   - 전기적인 제동장치 : 와류제동, 발전제동, 회생제동, 레일제동, 혼합제동
> - 마찰력 발생 기구에 의한 분류 : 답면제동, 디스크제동, 드럼제동, 레일제동
> - 조작방법에 의한 분류 : 상용제동, 비상제동, 보안제동, 주차제동, 정차제동

082 선로의 분기개소에서 상호 전기차가 운전 가능하도록 전차선을 교차시켜 팬터그래프(pantagraph)의 집전을 가능하게 하는 설비는?

㉮ 흐름방지장치(Midpoint Anchor) 전차선로가 한쪽으로 치우치는 것을 방지하는 장치

㉯ 진동방지-곡선당김 장치

  전차선의 동요를 억제하고, 전차선을 곡선로에 적합한 소정의 위치에 가선되도록 하는 장치

✔ 건널선 장치

㉱ 구분장치(Section) 팬터그래프의 습동에 지장을 주지 않으면서 전차선을 전기적으로 구분시키는 장치

083 집전용 팬터그래프의 구비조건으로 옳지 않은 것은?

㉮ 집전판과 접촉점에서의 적은 유효질량을 가질 것
㉯ 공기저항을 적게 하고 소음이 적을 것
㉰ 접촉력이 일정할 것
✔ 이선율이 클 것

집전용 팬터그래프는 이선율이 작아야 한다.

> **TIP**
>
> **집전용 팬터그래프의 구비조건**
> • 접촉력이 일정할 것
> • 집전판과 접촉점에서의 적은 유효질량을 가질 것
> • 공기저항을 적게 하고 소음 및 이선율이 적을 것
> • 열차당 팬터그래프의 수를 줄이고 최소화할 것
> • 충분한 집전 용량과 마모율이 작을 것

084 궤간에 대한 설명으로 잘못된 것은?

㉮ 궤간은 레일두부 아래 14mm 지점에서 상대편 레일두부 동일점까지 내측면 간 최단거리를 말한다.
㉯ 우리나라가 사용하는 표준궤간은 1,435mm이다.
✔ 표준궤간보다 좁으면 광궤, 넓으면 협궤라고 부른다.

표준궤간보다 넓으면 광궤, 좁으면 협궤라고 부른다.

㉱ 궤간은 수송량, 속도, 안전도 등을 고려하여 결정한다.

> **TIP**
>
> **광궤와 협궤의 특징**
> • 광궤의 특징
>   - 표준궤간보다 넓은 궤간을 가지고 있다.
>   - 고속도를 낼 수 있으며 수송력이 증대된다.
>   - 열차의 주행안전도를 증대시키고 흔들림은 감소시킨다.
>   - 차량의 폭이 넓으며 용적이 커져 차량 설비가 용이해 수송효율이 향상된다.
>   - 직경이 큰 동륜 사용이 가능하여 고속이 가능하고 차륜의 마모가 적어진다.
> • 협궤의 특징
>   - 표준궤간보다 좁은 궤간을 가지고 있다.
>   - 차량의 폭이 좁아 차량의 시설물 규모 또한 적다.
>   - 시설물 규모가 적어도 되어 건설비 및 유지비가 저렴하다.
>   - 급곡선 시 광궤보다 곡선저항이 적어 산악지대에서 선로선정에 활용한다.

085 열차집중제어장치(CTC)에 대한 설명으로 옳지 않은 것은?

㉮ CTC는 자동제어(Auto), 콘솔제어(CCM), 로컬제어(Local)의 모드가 있다.
㉯ CTC는 중앙관제실에 있는 운전관제사가 광범위한 지역 내의 열차운행을 모두 파악한 후 열차진로를 자동으로 제어해주는 방식이다.
㉰ CTC를 통해 운전도 및 선로설비 보수능률을 향상시키고, 운전업무 취급의 간소화, 열차의 수 증대를 통한 수송력 증강을 시킬 수 있다.
✓ CTC의 주요기능으로는 열차 다이어그램 작성, 열차 진로제어, 열차의 안내 정보 및 역 상태 모니터링이 있다.

> 열차운행종합제어장치(TTC ; Total Traffic Control)의 기능에 대한 설명이다. 열차집중제어장치(CTC ; Centralized Traffic Control)는 열차운행계획관리, 신호설비의 감시 및 제어, 열차진로의 자동제어, 열차운행상황 표시 기능이 있다.

086 상구배 25‰, 곡선반경 700m인 구간의 환산구배는?

㉮ 28‰
㉯ 27‰
✓ 26‰
㉱ 25‰

> 환산구배(‰) = 실제구배(‰) + $\dfrac{700}{곡선반경(m)}$ (‰)
> = 25(‰) + $\dfrac{700}{700}$ (‰) = **26(‰)**

087 동력분산식 열차에 대한 설명이 아닌 것은?

㉮ 견인동력이 여러 차량에 나눠 분산되어있는 열차이다.
㉯ 축중을 분산시켜 결국 열차 전체의 견인력을 높일 수 있다.
㉰ 우리나라의 열차 중 KTX-이음, ITX-새마을호 등에 이용한다.

- 동력집중식 열차 : KTX-1, KTX-산천, 디젤·전기기관차 연결열차
- 동력분산식 열차 : KTX-이음, ITX 마음, ITX-새마을호, 디젤동차, 전기동차

✓ 증결 및 증차 편성의 유연성이 있다.

> 동력집중식 열차의 특징이다. 동력분산식 열차는 편성이 고정되어있어 유연하지 못하다.

088 장대레일 좌굴 시의 응급복구조치 중 레일을 절단하는 경우의 작업방법으로 잘못된 것은?

㉮ 레일의 현저히 휜 부분 및 손상이 있는 부분은 절단 제거한다.
㉯ 용접 전 초음파탐상기 등으로 검사한 레일을 사용한다.
㉰ 복구 완료한 장대레일은 조속한 시일 내에 실시한다.
✓ 레일 절단은 레일절단기를 사용해야 한다.

레일을 절단할 때에는 레일절단기를 사용하여 직각이 되게 수직으로 절단하여야 한다. 다만, 사고 발생 및 예방 등 긴급한 경우에는 산소절단기 등을 이용하여 절단할 수 있다(「선로유지관리지침」 제18조).

TIP
좌굴
좌굴은 온도가 상승하여 과대압축력이 작용하든가, 도상 횡 저항력이 부족할 경우 안정이 파괴되어 궤도가 급격하게 횡 방향으로 변위하는 현상을 말한다.

089 철도신호기의 조작상 분류에 해당하는 것은?

㉮ 완목신호기 구조상 분류에 속한다.　　㉯ 상치신호기　기능별 분류에 속한다.
✓ 자동신호기　　　　　　　　　　　　㉱ 등열식 신호기　구조상 분류에 속한다.

TIP
철도신호기의 분류
• 구조상 분류 : 완목신호기, 색등식 신호기, 등열식 신호기
• 조작상 분류 : 수동신호기, 자동신호기, 반자동신호기
• 기능별 분류 : 상치신호기

090 철도의 시설이나 운영계획에 해당하지 않는 것은?

✓ 목표예측　　　　　　　　　　　　㉯ 세력권의 설정
㉰ 경제조사 및 현황분석　　　　　　㉱ 설비투자의 경영채산 평가

철도계획에 있어 수요에 대한 예측이 필요하다.

091 선로전환기의 개통상태를 관계자에게 알릴 때 사용하는 전호는?

㉮ 제동시험전호

　제동신호전호 : 열차의 조성 또는 해결 등으로 제동기를 시험할 경우 사용한다.

㉯ 입환전호

　입환전호 : 정거장에서 차량을 입환할 때 수전호 또는 전호 등에 의해 행하는 방식의 전호이다.

☑ 전철전호

㉱ 출발전호

　출발전호 : 역장과 차장이 지정된 방식에 따라 열차를 출발시킬 때 행하는 전호이다.

092 레일의 성분 중 제강 시 탈산제로 작용하여 강재 중 반드시 일정량 함유하여야 하는 것으로 양을 증가시킴에 따라 경도와 항장력을 증대시키나 연성이 감소시키는 성분은?

㉮ C

　탄소(C ; Carbon) : 함유량 1.0%까지는 증가할수록 결정이 미세해지고 항장력과 강도가 커지나 연성이 감소된다.

㉯ S

　유황(S ; Sulphur) : 강재에 가장 유해한 성분으로 적열상태에서 압연작업 중 균열을 발생시키고 레일에 함유되면 사용 중 충격에 의한 파손을 조장하여 강질을 불균형하게 만든다.

㉰ Si

　규소(Si ; Silicon) : 탄소강의 조직을 치밀하게 하고 항장력을 증가시키나, 지나치게 많으면 약해진다.

☑ Mn

　망간(Mn ; Manganese) : 탈산제로 사용하므로 강재 중에 반드시 함유된다. 양을 증가시킴에 따라 경도와 항장력을 증대시키나 연성이 감소된다. 유황과 인의 유해성 제거에도 효과적이다. 1% 이상이면 특수강이 된다.

093 기존선의 속도 향상을 위한 궤도구조 개선방안으로 적절하지 않은 것은?

㉮ 가드레일 플랜지웨이 도입각을 확대한다.

> 기존선의 속도 향상을 위해서는 가드레일(탈선 방지레일) 플랜지웨이 도입각을 축소하여야 한다.

㉯ 분기각이 작고 리드곡선 반경이 큰 고번화 분기기를 이용한다.
㉰ 포인트 전단부 슬랙 축소 및 탄성 포인트를 이용하고 이음매를 가능한 용접한다.
㉱ 분기기 내 및 분기기 전후 약 20m 전후인 타이플레이트를 부설하고 도상을 쇄석화한다.

094 레일이음매의 구비조건으로 옳지 않은 것은?

㉮ 구조가 간단하고, 제조 · 보수작업이 용이하여야 한다.
㉯ 체결과 해체가 용이하고 제작비나 보수비가 저렴하여야 한다.
㉰ 연직하중 및 횡압력에 충분히 견딜 수 있어야 한다.
㉱ 레일이음매 이외의 부분과 강도와 강성이 달라야 한다.

> 분단된 전후의 양 레일은 연속으로 작용한다. 그러므로 레일이음매는 레일이음매 이외의 부분과 강도와 강성이 동일하여야 한다.

095 건널목 입체교차의 종류 중 옳지 않은 것은?

㉮ 도로를 선로 위로 올리는 것
㉯ 도로를 선로 위로 올리는 것
㉰ 도로와 선로에 건널목을 설치하는 것

> 입체교차는 도로와 도로, 또는 도로와 철도를 상하 분리하여 입체적으로 분리 교차하는 방식을 말한다. 건널목 설치는 입체교차에 속하지 않는다.

㉱ 도로 한쪽을 어느 높이까지 올려 통과하도록 하는 것

096 다음 중 열차의 제동력과 점착력의 가장 이상적인 관계식으로 옳은 것은?

㉮ 점착력 > 제동력　　　　　㉯ ✔ 점착력 ≥ 제동력
㉰ 점착력 = 제동력　　　　　㉱ 점착력 ≤ 제동력

> 점착력의 한계 내에서 견인력이나 제동력이 발휘될 때 열차 감·가속에 따른 차륜의 공전 혹은 미끄럼을 방지할 수 있다.

097 전철화 계획에 따른 급전계통 구성 시 고려할 요소가 아닌 것은?

㉮ 보호계전기 가선 범위　　　㉯ 전압강하
㉰ 사고 시 구분　　　　　　　㉱ ✔ 전철의 차량 특성

> 전철의 차량 특성은 급전계통 주요 고려사항에 속하지 않는다.

TIP
급전계통 주요 고려사항
전압강하, 사고 시의 구분, 보호계전기의 보호 범위, 보호계전기의 가선 범위, 보수 등

098 전차선의 구비조건으로 옳지 않은 것은?

㉮ 도전율이 크고, 내열성이 좋을 것
㉯ 어느 정도의 굴곡에는 견딜 수 있을 것
㉰ 횡방향하중, 수직방향하중을 견딜 수 있을 것
㉱ ✔ 마모성이 클 것

> 전차선은 마모에 강해야 한다.

TIP
전차의 구비조건
- 횡방향하중, 수직방향하중을 견딜 수 있을 것
- 전기의 전도율이 크기 내열성이 좋을 것
- 굴곡에 강하여 어느 정도의 굴곡에는 견딜 수 있을 것
- 건설 및 유지비용이 적을 것
- 마모성이 작아 마모에 강할 것

099 다음 중 정거장에 속하지 않는 것은?

㉮ 역(Station)

여객 또는 화물을 취급하기 위해 시설한 장소이다.

㉯ 조차장(Shunting Yard)

열차의 조성과 차량의 입환을 하기 위해 설치된 장소이다.

㉰ 신호장(Signal Station)

열차를 교행 또는 대피시키기 위해 시설한 장소이다. 역과 역 사이 거리가 먼 구간에 선로용량을 증가시키고자 설치한다.

☑ 신호소(Signal Box)

상치신호기 등 열차제어시스템을 조작·취급하기 위하여 설치한 장소이다.

> **법령**
> 「철도건설규칙」 제2조(정의)
> 9. "정거장"이란 여객 또는 화물의 취급을 위한 철도시설 등을 설치한 장소[조차장(열차의 조성 또는 차량의 입환을 위하여 철도시설 등이 설치된 장소를 말한다) 및 신호장(열차의 교차 통행 또는 대피를 위하여 철도시설 등이 설치된 장소를 말한다)을 포함한다]를 말한다.

100 잔차대의 최소 길이로 옳은 것은?

㉮ 15m   ㉯ 20m
㉰ 24m   ☑ 27m

전차대의 길이는 27m 이상으로 하여야 한다.

> **TIP**
> 전차대(Turn table)
> - 전관차와 기타 차량의 방향을 전환하거나 한 선에서 타선으로 전환하는 장치이다.
> - 원형 핏트(pit) 내에 강판을 설치하고 회전축을 이용하여 차량을 180° 방향전환이 가능하도록 하는 장치이다.
> - 전차대의 길이는 27m 이상으로 하여야 한다.
> - 진출입이 원활하여야 하며, 선로 끝단에 설치 시 대항선과 차막이 설비를 할 수 있다.
> - 전차대 구조물에는 배수계획이 포함되어야 한다.

[**4과목**]   열차운전(선택)

101 「도시철도운전규칙」에 따른 지도통신식에 관한 설명으로 적절하지 않은 것은?

㉮ 지도통신식에 따르는 경우에는 지도표 또는 지도권을 발급받은 열차만 해당 폐색구간을 운전할 수 있다.

> 「도시철도운전규칙」 제57조 제1항

㉯ 지도표와 지도권은 폐색구간에 열차를 진입시키려는 역장 또는 소장이 상대 역장 또는 소장 및 관제사와 협의하여 발행한다.

> 「도시철도운전규칙」 제57조 제2항

㉰ 지도표와 지도권에는 폐색구간 양쪽의 역 이름 또는 소 이름, 관제사, 명령번호, 열차번호 및 발행일과 시각을 적어야 한다.

> 「도시철도운전규칙」 제57조 제4항

✅ 역장이나 소장은 같은 방향의 폐색구간으로 진입시키려는 열차가 하나뿐인 경우에는 지도권을 발급한다.

> 역장이나 소장은 같은 방향의 폐색구간으로 진입시키려는 열차가 하나뿐인 경우에는 지도표를 발급하고, 연속하여 둘 이상의 열차를 같은 방향의 폐색구간으로 진입시키려는 경우에는 맨 마지막 열차에 대해서는 지도표를, 나머지 열차에 대해서는 지도권을 발급한다(「도시철도운전규칙」 제57조 제3항).

102 「도시철도운전규칙」에 따른 신설구간 등에서의 시험운전 기간으로 적절한 것은?

㉮ 30일   ㉯ 40일
㉰ 50일   ✅ 60일

> 도시철도운영자는 선로·전차선로 또는 운전보안장치를 신설·이설(移設) 또는 개조한 경우 그 설치상태 또는 운전체계의 점검과 종사자의 업무 숙달을 위하여 정상운전을 하기 전에 60일 이상 시험운전을 하여야 한다(「도시철도운전규칙」 제9조).

103 「철도차량운전규칙」에서 정한 진행지시신호에 해당하지 않는 것은?

㉮ 감속신호 ㉯ 주의신호
✓ 정지신호 ㉰ 경계신호

> "진행지시신호"라 함은 진행신호·감속신호·주의신호·경계신호·유도신호 및 차내신호(정지신호를 제외한다) 등 차량의 진행을 지시하는 신호를 말한다(「철도차량운전규칙」 제2조 제10호).

104 다음 중 견인정수를 산정할 때 고려할 사항으로 가장 적절하지 않은 것은?

㉮ 선로의 상태

> 견인정수를 산정할 때 고려할 사항은 대표적으로 열차의 사명, 선로의 상태, 동력차의 상태, 선로 및 승강장 유효장, 기온이 있다.

㉯ 선로 및 승강장 유효장

> 견인정수를 산정할 때 고려할 사항은 대표적으로 열차의 사명, 선로의 상태, 동력차의 상태, 선로 및 승강장 유효장, 기온이 있다.

㉰ 사용연료 및 전차서 전압

> 견인정수의 산정 시 동력차의 상태를 반드시 고려하여야 한다. 동력차의 상태를 판단하기 위한 요인으로는 동력차의 상태 및 견인시험, 사용연료 및 전차선 전압, 제한구배상의 인출조건, 전기차의 온도상승 한도가 있다.

✓ 가파른 경사의 운전 시 견인력

> 급구배의 운전 시의 견인력을 견인정수 산정에 있어 고려할 사항이 아니다.

 TIP

견인정수의 산정 시 고려하여야 할 사항
- 열차의 사명
- 선로의 상태
  - 곡선 및 터널
  - 레일의 상태
  - 상구배의 완급과 장단
    ※ 견인정수를 지배하는 최대요소이다.
  - 하구배의 제동거리
- 동력차의 상태
  - 동력차의 상태 및 견인시험
  - 사용연료 및 전차선 전압
  - 제한구배상의 인출조건
  - 전기차의 온도상승 한도
- 선로 및 승강장 유효장
- 기온

105 「철도차량운전규칙」에 따라 지도표에 기입하여야 하는 사항으로 적절한 것은?

✔ ㉮ 구간 양 끝의 정거장명

> 지도표에는 그 구간 양끝의 정거장명·발행일자 및 사용열차번호를 기입하여야 한다(「철도차량운전규칙」 제62조 제1항). ⚖️

㉯ 사용-구간 「철도차량운전규칙」 제62조 제2항 ⚖️

㉰ 사용열차 「철도차량운전규칙」 제62조 제2항 ⚖️

㉱ 발행일자 「철도차량운전규칙」 제62조 제2항 ⚖️

법령 ⚖️
「철도차량운전규칙」 제62조(지도표·지도권의 기입사항)
① 지도표에는 그 구간 양끝의 정거장명·발행일자 및 사용열차번호를 기입하여야 한다.
② 지도권에는 사용구간·사용열차·발행일자 및 지도표 번호를 기입하여야 한다.

106 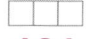 다음 중 열차 회수가 많은 선구에 1시간 눈금 DIA를 대신하여 사용하는 열차 다이아(DIA)로 적절한 것은?

✔ ㉮ 10분 눈금 DIA ㉯ 30분 눈금 DIA
㉰ 2분 눈금 DIA ㉱ 1분 눈금 DIA

💡 **TIP**

열차 DIA의 종류
- 1시간 눈금 DIA : 시간 간격이 1시간 단위로 표시된 DIA로 주로 장기열차계획, 열차시각개정의 구상, 승무원 운용계획, 차량운용계획 등에 사용된다.
- 10분 눈금 DIA : 시간 간격이 10분 단위로 표시된 DIA로 열차 횟수가 많은 구간에 1시간 눈금 DIA를 대신한다.
- 2분 눈금 DIA : 시간 간격이 2분 단위로 표시된 DIA로 열차 계획의 기본이며 시각개정작업, 임시열차 계획 등에 사용된다.
- 1분 눈금 DIA : 시간 간격이 1분 단위로 표시된 DIA로 열차 밀도가 높은 수도권의 전동열차 DIA로 사용된다.

107 「철도차량운전규칙」상 신호현시의 기본원칙이 나머지와 다른 것은?

㉮ 장내신호기 ㉯ 폐색신호기
㉰ 입환신호기 ✔㉱ 유도신호기

> 장내신호, 출발신호, 폐색신호, 엄호신호, 입환신호기는 정지신호가 기본원칙이다. 유도신호기는 신호를 현시하지 않는다(「철도차량운전규칙」 제85조 제1항). ⚖

법령 ⚖

「철도차량운전규칙」 제85조(신호현시의 기본원칙)
① 별도의 작동이 없는 상태에서의 상치신호기의 기본원칙은 다음 각 호와 같다.
 1. 장내신호기 : 정지신호
 2. 출발신호기 : 정지신호
 3. 폐색신호기(자동폐색신호기를 제외한다) : 정지신호
 4. 엄호신호기 : 정지신호
 5. 유도신호기 : 신호를 현시하지 아니한다.
 6. 입환신호기 : 정지신호
 7. 원방신호기 : 주의신호

---

108 Ⓐ역에서 Ⓑ역까지 총 300km를 운행하였을 때 운전시분이 50분, 도중정차시분이 10분일 경우의 표정속도와 평균속도로 가장 적절한 것은?

✔㉮ 표정속도 : 300km/h, 평균속도 : 360km/h

> • 표정속도란 출발역에서 종착역까지의 거리를 소요시간으로 나눈 속도를 말한다. 이때 소요시간에는 중간역에 정차한 시간도 포함된다. 공식은 표정속도(km/h) = $\dfrac{이동거리}{소요시간}$ = $\dfrac{운전거리}{순수운전시분 + 도중정차시분}$ 이다.
>
> 따라서 표정속도(km/h) = $\dfrac{운전거리}{순수운전시분 + 도중정차시분}$ = $\dfrac{300}{\frac{50}{60}+\frac{10}{60}}$ = $\dfrac{300}{\frac{60}{60}}$ = $\dfrac{300 \times 60}{60}$ = 300km/h 이다.
>
> • 평균속도란 운전거리를 순수운전시분으로 나누어 구한 속도를 의미한다. 단, 이때 순수운전시분에는 정차시간을 포함하지 않는다. 공식은 평균속도(km/h) = $\dfrac{운전거리}{순수운전시분}$ 이다.
>
> 따라서 평균속도(km/h) = $\dfrac{운전거리}{순수운전시분}$ = $\dfrac{300}{\frac{50}{60}}$ = 360km/h 이다.

㉯ 표정속도 : 250km/h, 평균속도 : 300km/h
㉰ 표정속도 : 200km/h, 평균속도 : 350km/h
㉱ 표정속도 : 350km/h, 평균속도 : 400km/h

109
「철도차량운전규칙」에서 원방신호기의 현시방식에 관한 표이다. ㉠~㉢에 들어갈 내용으로 적절한 것은?

종류		신호현시방식		
		색등식	완목식	
			주간	야간
주신호기가 정지신호를 할 경우	주의신호	(㉠)	완·수평	(㉢)
주신호기가 진행을 지시하는 신호를 할 경우	진행신호	녹색등	(㉡)	녹색등

✓ ㉮ ㉠ 등황색등, ㉡ 완·좌하향 45도, ㉢ 등황색등

「철도차량운전규칙」 제84조 제4호 ⚖

㉯ ㉠ 적색등, ㉡ 완·수평, ㉢ 녹색등
㉰ ㉠ 등황색등, ㉡ 완·수평, ㉢ 적색등
㉱ ㉠ 적색등, ㉡ 완·좌하향 30도, ㉢ 등황색등

법령 ⚖

「철도차량운전규칙」 제84조(신호현시방식)
상치신호기의 현시방식은 다음 각 호와 같다.
4. 원방신호기(통과신호기를 포함한다)

종류		신호현시방식		
		색등식	완목식	
			주간	야간
주신호기가 정지신호를 할 경우	주의신호	등황색등	완·수평	등황색등
주신호기가 진행을 지시하는 신호를 할 경우	진행신호	녹색등	완·좌하향 45도	녹색등

110
다음 중 견인정수의 지배요인 중에서 최대 영향을 미치는 것으로 가장 적절한 것은?

✓ ㉮ 상구배   ㉯ 터널
㉰ 전차선 저항   ㉱ 측선의 수량

견인정수를 산정할 때 영향요소는 구배, 곡선 및 터널 동력차상태 등이 있지만, 상구배가 가장 큰 영향을 미친다.

111 「철도차량운전규칙」에 따른 수신호의 현시 방식으로 적절하지 않은 것은?

㉮ 야간에 서행신호는 깜박이는 녹색등을 현시한다.

> 「철도차량운전규칙」 제93조 제2호 나목 ⚖

㉯ 주간에 진행신호는 녹색기를 현시하여야 하며 녹색기가 없다면 한 팔을 높이 들어야 한다.

> 「철도차량운전규칙」 제93조 제3호 가목 ⚖

㉰ 야간에 진행신호는 녹색등을 현시한다.

> 「철도차량운전규칙」 제93조 제3호 나목 ⚖

✅ 야간에 정지신호는 반드시 적색등을 현시한다.

> 야간에 정지신호는 적색등을 현시한다. 다만, 적색등이 없을 때에는 녹색등 외의 것을 급히 흔들어야 한다 (「철도차량운전규칙」 제93조 제1호 나목). ⚖

법령 ⚖

「철도차량운전규칙」 제93조(수신호의 현시방법)
신호기를 설치하지 아니하거나 이를 사용하지 못하는 경우에 사용하는 수신호는 다음 각 호와 같이 현시한다.
1. 정지신호
   가. 주간 : 적색기. 다만, 적색기가 없을 때에는 양팔을 높이 들거나 또는 녹색기 외의 것을 급히 흔든다.
   나. 야간 : 적색등. 다만, 적색등이 없을 때에는 녹색등 외의 것을 급히 흔든다.
2. 서행신호
   가. 주간 : 적색기와 녹색기를 모아쥐고 머리 위에 높이 교차한다.
   나. 야간 : 깜박이는 녹색등
3. 진행신호
   가. 주간 : 녹색기. 다만, 녹색기가 없을 때는 한 팔을 높이 든다.
   나. 야간 : 녹색등

---

112 다음 중 열차의 저항에 관한 설명으로 가장 적절하지 않은 것은?

㉮ 주행저항은 객차가 화차보다 크다.

✅ 기온이 높아지면 출발저항이 작아진다.

> 출발저항은 기온이 높을수록 커지는데 그 이유는 기온이 높아지면 윤활유의 점도가 낮아져 유막이 파괴되기 때문이다.

㉰ 공기저항과 차량의 중량은 관계없다.
㉱ 주행저항은 공차가 실은 차보다 크다.

113. 「도시철도운전규칙」에 따라 단선운전을 하는 경우의 대용폐색방식은?

㉮ 통신식
✔ ㉯ 지도통신식
㉰ 자동폐색식
㉱ 지령식

「도시철도운전규칙」 제55조

법령
「도시철도운전규칙」 제55조(대용폐색방식)
대용폐색방식은 다음 각 호의 구분에 따른다.
1. 복선운전을 하는 경우 : 지령식 또는 통신식
2. 단선운전을 하는 경우 : 지도통신식

114. 「철도차량운전규칙」에서 지정된 선로의 반대선로로 열차를 운행할 수 있는 경우로 적절하지 않은 것은?

㉮ 양방향 신호설비가 설치된 구간에서 열차를 운전하는 경우

「철도차량운전규칙」 제20조 제2항 제8호 [1]

㉯ 선로 또는 열차의 시험을 위하여 운전하는 경우

「철도차량운전규칙」 제20조 제2항 제6호 [1]

㉰ 퇴행운전을 하는 경우

「철도차량운전규칙」 제20조 제2항 제7호 [1]

✔ ㉱ 무인운전을 하는 경우

무인운전을 하는 경우에는 운전방향 맨 앞 차량의 운전실 외에서도 열차를 운전할 수 있다(「철도차량운전규칙」 제13조 제2항 제6호의2). [2]

법령 [1]
「철도차량운전규칙」 제20조(열차의 운전방향 지정 등)
② 다음 각 호의 어느 하나에 해당되는 경우에는 제1항의 규정에 의하여 지정된 선로의 반대선로로 열차를 운행할 수 있다.
1. 제4조 제2항의 규정에 의하여 철도운영자 등과 상호 협의된 방법에 따라 열차를 운행하는 경우
2. 정거장내의 선로를 운전하는 경우
3. 공사열차·구원열차 또는 제설열차를 운전하는 경우
4. 정거장과 그 정거장 외의 본선 도중에서 분기하는 측선과의 사이를 운전하는 경우

5. 입환운전을 하는 경우
6. 선로 또는 열차의 시험을 위하여 운전하는 경우
7. 퇴행(退行)운전을 하는 경우
8. 양방향 신호설비가 설치된 구간에서 열차를 운전하는 경우
9. 철도사고 또는 운행장애(이하 "철도사고 등"이라 한다)의 수습 또는 선로보수공사 등으로 인하여 부득이하게 지정된 선로방향을 운행할 수 없는 경우

법령 2

「철도차량운전규칙」 제13조(열차의 운전위치)
② 제1항에도 불구하고 다음 각 호의 어느 하나에 해당하는 경우에는 운전방향 맨 앞 차량의 운전실 외에서도 열차를 운전할 수 있다.
 1. 철도종사자가 차량의 맨 앞에서 전호를 하는 경우로서 그 전호에 의하여 열차를 운전하는 경우
 2. 선로·전차선로 또는 차량에 고장이 있는 경우
 3. 공사열차·구원열차 또는 제설열차를 운전하는 경우
 4. 정거장과 그 정거장 외의 본선 도중에서 분기하는 측선과의 사이를 운전하는 경우
 5. 철도시설 또는 철도차량을 시험하기 위하여 운전하는 경우
 6. 사전에 정한 특정한 구간을 운전하는 경우
 6의2. 무인운전을 하는 경우
 7. 그 밖에 부득이한 경우로서 운전방향 맨 앞 차량의 운전실에서 운전하지 아니하여도 열차의 안전한 운전에 지장이 없는 경우

115 「철도차량운전규칙」에 따른 상용폐색방식으로 적절한 것은?

✓ ㉮ 차내신호폐색식 상용폐색방식에 해당한다(「철도차량운전규칙」 제50조 제1호).
㉯ 통신식 대용폐색방식에 해당한다(「철도차량운전규칙」 제50조 제1호).
㉰ 지도통신식 대용폐색방식에 해당한다(「철도차량운전규칙」 제50조 제1호).
㉱ 지령식 대용폐색방식에 해당한다(「철도차량운전규칙」 제50조 제2호).

법령

「철도차량운전규칙」 제50조(폐색방식의 구분)
폐색방식은 각 호와 같이 구분한다.
 1. 상용(常用)폐색방식 : 자동폐색식·연동폐색식·차내신호폐색식·통표폐색식
 2. 대용(代用)폐색방식 : 통신식·지도통신식·지도식·지령식

116 다음 중 동일한 구간을 동일한 운전시분으로 주행할 때 경제적으로 운전을 하기 위한 설명으로 적절하지 않은 것은?

㉮ 운전 시 가속도를 작게 한다. ✓

> 운전 시 가속도를 크게 하면 역행운전시분이 감소되고 타력운전시분이 증가되어 경제적인 운전이 가능하다.

㉯ 운전 시 제동 감속도를 크게 한다.
㉰ 약계자 방식 운전을 한다.
㉱ 타력운전을 한다.

117 다음 중 속도, 견인력, 치차비의 관계로 가장 적절한 것은?

㉮ 열차속도와 견인력은 치차비에 비례한다.
㉯ 열차속도와 견인력은 치차비에 반비례한다.
㉰ 열차속도는 치차비에 비례하고, 견인력은 치차비에 반비례한다.
㉱ 열차의 속도는 치차비에 반비례하고, 견인력 치차비에 비례한다. ✓

> 치차비란 견인전동기 축에 연결된 소치차의 치수와의 차축에 부착된 대치차의 치수의 비이다. 즉, 기어의 잇수비이다. 치차비는 열차속도에 반비례하고, 견인력에 비례한다.

118 다음 중 열차번호 부여기준에 대한 설명으로 적절하지 않은 것은?

㉮ 열차가 도중에서 분할 또는 합병 운전하는 경우 동일한 번호를 부여하지 않아도 된다.
㉯ 열차번호는 시발역에서 종착역까지 동일한 번호를 부여한다.
㉰ 열차번호는 상행열차는 홀수, 하행열차는 짝수 번호를 부여한다. ✓

> 열차는 열차번호를 부여하여야 하며, 상행열차는 짝수, 하행열차는 홀수 번호를 부여한다.

㉱ 열차번호는 4자리 이하 숫자로 표시한다.

119 「철도차량운전규칙」에 따른 열차의 퇴행운전에 관한 설명으로 적절하지 않은 것은?

㉮ 선로·전차선로 또는 차량에 고장이 있는 경우

> 「철도차량운전규칙」 제26조 제1항 제1호

㉯ 공사열차·구원열차 또는 제설열차가 작업상 퇴행할 필요가 있는 경우

> 「철도차량운전규칙」 제26조 제1항 제2호

✓ 정거장 내의 선로를 운전하는 경우

㉰ 철도사고 등의 발생 등 특별한 사유가 있는 경우

> 「철도차량운전규칙」 제26조 제1항 제4호

법령

「철도차량운전규칙」 제26조(열차의 퇴행 운전)
① 열차는 퇴행하여서는 아니된다. 다만, 다음 각 호의 어느 하나에 해당하는 경우에는 그러하지 아니하다.
  1. 선로·전차선로 또는 차량에 고장이 있는 경우
  2. 공사열차·구원열차 또는 제설열차가 작업상 퇴행할 필요가 있는 경우
  3. 뒤의 보조기관차를 활용하여 퇴행하는 경우
  4. 철도사고 등의 발생 등 특별한 사유가 있는 경우

---

120 다음 중 제동률에 영향을 미치는 요인으로 적절하지 않은 것은?

✓ 제륜자 형상 및 크기   ㉯ 제동통 직경
㉰ 기초제동장치 제동배율   ㉱ 기초제동장치 효율

> 제동률에 영향을 미치는 요인에는 제동통 직경, 기초제동장치 제동배율, 제동통 압력, 기초제동장치 효율 등이 있다. 제륜자 형상 및 크기는 제동률에 영향을 미치지 않는다.

TIP

제동율에 영향을 미치는 요소
- 제동통 직경(설계상 일정)
- 기초제동장치 제동배율(설계상 일정)
- 제동통 압력(가변적)
- 기초제동장치 효율(가변적)

121 「철도차량운전규칙」에 따른 설명으로 적절하지 않은 것은?

㉮ 지도격시법은 폐색구간의 한끝에 있는 정거장 또는 신호소의 운전취급담당자가 적임자를 파견하여 상대의 정거장 또는 신호소 운전취급담당자와 협의한 후 시행해야 한다.

> 「철도차량운전규칙」 제73조 제3항 ⚖[1]

㉯ 격시법은 폐색구간의 한끝에 있는 정거장 또는 신호소의 운전취급담당자가 시행한다.

> 「철도차량운전규칙」 제73조 제2항 ⚖[1]

✓ 전령법은 반드시 그 폐색구간 양끝에 있는 정거장 또는 신호소의 운전취급담당자가 협의하여 이를 시행해야 한다.

> 선로고장 등으로 지도식을 시행하는 폐색구간에 전령법을 시행하는 경우, 전화불통으로 협의가 불가능한 경우에는 협의하지 않고 전령법을 시행할 수 있다(「철도차량운전규칙」 제74조 제2항). ⚖[2]

㉰ 열차 또는 차량이 정차되어 있는 폐색구간에 다른 열차를 진입시킬 때에는 전령법에 의하여 운전하여야 한다.

> 「철도차량운전규칙」 제74조 제1항 ⚖[2]

법령 ⚖[1]

「철도차량운전규칙」 제73조(격시법 또는 지도격시법의 시행)
① 격시법 또는 지도격시법을 시행하는 경우에는 최초의 열차를 운전시키기 전에 폐색구간에 열차 또는 차량이 없음을 확인하여야 한다.
② 격시법은 폐색구간의 한끝에 있는 정거장 또는 신호소의 운전취급담당자가 시행한다.
③ 지도격시법은 폐색구간의 한끝에 있는 정거장 또는 신호소의 운전취급담당자가 적임자를 파견하여 상대의 정거장 또는 신호소 운전취급담당자와 협의한 후 시행해야 한다. 다만, 지도통신식을 시행 중인 구간에서 통신두절이 된 경우 지도표를 가지고 있는 정거장 또는 신호소에서 출발하는 최초의 열차에 대해서는 적임자를 파견하지 않고 시행할 수 있다.

법령 ⚖[2]

「철도차량운전규칙」 제74조(전령법의 시행)
① 열차 또는 차량이 정차되어 있는 폐색구간에 다른 열차를 진입시킬 때에는 전령법에 의하여 운전하여야 한다.
② 전령법은 그 폐색구간 양끝에 있는 정거장 또는 신호소의 운전취급담당자가 협의하여 이를 시행해야 한다. 다만, 다음 각 호의 어느 하나에 해당하는 경우에는 협의하지 않고 시행할 수 있다.
  1. 선로고장 등으로 지도식을 시행하는 폐색구간에 전령법을 시행하는 경우
  2. 제1호 외의 경우로서 전화불통으로 협의를 할 수 없는 경우
③ 제2항 제2호에 해당하는 경우에는 당해 열차 또는 차량이 정차되어 있는 곳을 넘어서 열차 또는 차량을 운전할 수 없다.

122 다음 중 횡압에 관한 설명으로 적절한 것은?

㉮ 자동차가 수평상태에 있을 때, 1개의 바퀴가 수직으로 지면을 누르는 중량을 말한다.

> 윤중에 해당하는 설명이다. 횡압은 정상적인 운행속도와 선로의 수직적 불규칙성 하에서의 철도차량이 선로에 미치는 힘을 말한다.

㉯ 곡선을 통과할 때 불평형원심력의 상하 방향 성분에 의해 횡압력이 발생한다.

> 곡선을 통과할 때 불평형원심력의 좌우 방향 성분에 의해 횡압력이 발생한다.

㉰ 횡압의 크기가 90%에 도달하면 차량이 탈선할 우려가 있다.

> 횡압의 크기가 수직력의 70~80%에 이르면 차량이 탈선할 우려가 있다.

✓ 차량의 동요로 인한 차량의 사행동과 궤도의 틀림에 의해 횡압력이 발생한다.

123 「도시철도운전규칙」상 선로의 보전을 위한 내용으로 적절하지 않은 것은?

㉮ 열차등이 도시철도운영자가 정하는 속도(이하 "지정속도"라 한다)로 안전하게 운전할 수 있는 상태로 보전하여야 한다.

> 「도시철도운전규칙」 제10조 제1항

㉯ 선로는 매일 한 번 이상 순회점검 하여야 하며, 필요한 경우에는 정비하여야 한다.

> 「도시철도운전규칙」 제11조 제1항

㉰ 선로는 정기적으로 안전점검을 하여 안전운전에 지장이 없도록 유지·보수하여야 한다.

> 「도시철도운전규칙」 제11조 제2항

✓ 경미한 정도의 선로를 개조하였다 하더라도 일시적으로 사용을 중지한 후 검사하고 시험운전을 한 후에 사용하여야 한다.

> 선로를 신설·개조 또는 이설하거나 일시적으로 사용을 중지한 경우에는 이를 검사하고 시험운전을 하기 전에는 사용할 수 없다. 다만, 경미한 정도의 개조를 한 경우에는 그러하지 아니하다(「도시철도운전규칙」 제12조).

124 「철도차량운전규칙」에서 정한 종속신호기의 종류로 적절한 것을 모두 고르면?

> ㄱ. 유도신호기 ㄴ. 원방신호기
> ㄷ. 장내신호기 ㄹ. 통과신호기

㉮ ㄱ
㉯ ✓ ㄴ, ㄹ
㉰ ㄴ, ㄷ, ㄹ
㉱ ㄱ, ㄴ, ㄷ, ㄹ

- ㄱ. (×) 「철도차량운전규칙」 제82조 제1호 마목 ⚖
- ㄴ. (○) 「철도차량운전규칙」 제82조 제2호 가목 ⚖
- ㄷ. (×) 「철도차량운전규칙」 제82조 제1호 가목 ⚖
- ㄹ. (○) 「철도차량운전규칙」 제82조 제2호 나목 ⚖

법령 ⚖

「철도차량운전규칙」 제82조(상치신호기의 종류)
상치신호기의 종류와 용도는 다음 각 호와 같다.
1. 주신호기
   가. 장내신호기 : 정거장에 진입하려는 열차에 대하여 신호를 현시하는 것
   나. 출발신호기 : 정거장을 진출하려는 열차에 대하여 신호를 현시하는 것
   다. 폐색신호기 : 폐색구간에 진입하려는 열차에 대하여 신호를 현시하는 것
   라. 엄호신호기 : 특히 방호를 요하는 지점을 통과하려는 열차에 대하여 신호를 현시하는 것
   마. 유도신호기 : 장내신호기에 정지신호의 현시가 있는 경우 유도를 받을 열차에 대하여 신호를 현시하는 것
   바. 입환신호기 : 입환차량 또는 차내신호폐색식을 시행하는 구간의 열차에 대하여 신호를 현시하는 것
2. 종속신호기
   가. 원방신호기 : 장내신호기·출발신호기·폐색신호기 및 엄호신호기에 종속하여 열차에 주 신호기가 현시하는 신호의 예고신호를 현시하는 것
   나. 통과신호기 : 출발신호기에 종속하여 정거장에 진입하는 열차에 신호기가 현시하는 신호를 예고하며, 정거장을 통과할 수 있는지에 대한 신호를 현시하는 것
   다. 중계신호기 : 장내신호기·출발신호기·폐색신호기 및 엄호신호기에 종속하여 열차에 주 신호기가 현시하는 신호의 중계신호를 현시하는 것

125 다음 중 곡선저항이 발생하는 원인으로 가장 적절하지 않은 것은?

㉮ ✓ 곡선선로를 주행 시 내측레일에 횡압이 작용하여 발생하는 마찰저항

> 곡선저항은 열차가 곡선구간을 주행할 때 곡선의 반지름에 비례하여 받는 저항이며, 곡선선로를 주행 시 <u>외측레일</u>에 횡압이 작용하여 발생하는 마찰저항이 발생 원인이다.

㉯ 내외측 레일의 길이 차이에 의해 발생하는 저항
㉰ 관성력과 원심력에 의한 레일과 차륜 간의 마찰저항
㉱ 곡선운전 시 회전중심으로부터 발생하는 레일과 차륜답면의 마찰저항

제3회 기출유형 모의고사

문제편 80p

[1과목] 교통법규

001	002	003	004	005	006	007	008	009	010	011	012	013	014	015	016	017	018	019	020
딴	㉮	㉮	㉯	㉮	㉰	딴	㉮	㉮	딴	㉮	㉯	㉯	㉮	딴	딴	㉮	딴	㉰	㉯
021	022	023	024	025	026	027	028	029	030	031	032	033	034	035	036	037	038	039	040
㉰	㉯	딴	㉯	㉯	㉯	㉰	㉰	㉯	㉮	㉰	딴	㉰	딴	㉯	㉯	㉯	㉯	㉯	㉯
041	042	043	044	045	046	047	048	049	050										
㉮	딴	㉮	㉯	㉮	㉯	㉮	㉯	㉯	㉮										

[2과목] 교통안전관리론

051	052	053	054	055	056	057	058	059	060	061	062	063	064	065	066	067	068	069	070
㉰	㉰	딴	㉰	㉯	㉰	㉯	㉯	㉰	㉰	㉮	㉯	㉰	딴	㉰	㉮	㉰	㉯	㉰	㉯
071	072	073	074	075															
딴	㉮	딴	딴	㉯															

[3과목] 철도공학

076	077	078	079	080	081	082	083	084	085	086	087	088	089	090	091	092	093	094	095
딴	㉯	㉮	딴	㉮	㉰	㉮	딴	딴	㉰	㉮	㉰	딴	㉮	㉰	㉰	딴	㉮	㉯	㉯
096	097	098	099	100															
㉮	딴	㉮	㉰	㉰															

[4과목] 열차운전(선택과목)

101	102	103	104	105	106	107	108	109	110	111	112	113	114	115	116	117	118	119	120
㉯	㉮	딴	딴	㉯	㉮	㉯	딴	㉯	㉯	㉮	㉯	㉰	㉯	㉯	㉮	㉯	㉯	㉯	㉰
121	122	123	124	125															
딴	㉮	딴	딴	㉰															

[1과목] 교통법규

001 「교통안전법」상 교통시설안전진단에 관한 다음의 설명 중 빈칸에 들어갈 알맞은 단어는?

> 교통시설안전진단을 실시하려는 자는 (　　)에게 등록하여야 한다. 이 경우 시·도지사는 국토교통부령으로 정하는 바에 따라 교통안전진단기관등록증을 발급하여야 한다.

㉮ 대통령
㉯ 국무총리
✓ 시·도지사
㉱ 국토교통부장관

> 교통시설안전진단을 실시하려는 자는 시·도지사에게 등록하여야 한다. 이 경우 시·도지사는 국토교통부령으로 정하는 바에 따라 교통안전진단기관등록증을 발급하여야 한다(「교통안전법」 제39조 제1항).

002 「철도안전법령」상 정비교육훈련기관 지정기준에 해당하지 않는 것은?

✓ 정비교육훈련생을 위한 전담 숙소 등을 갖출 것
㉯ 정비교육훈련 업무 수행에 필요한 상설 전담조직을 갖출 것

> 「철도안전법 시행령」 제21조의4 제1항 제1호 ⚖

㉰ 정비교육훈련 업무를 수행할 수 있는 전문인력을 확보할 것

> 「철도안전법 시행령」 제21조의4 제1항 제2호 ⚖

㉱ 정비교육훈련에 필요한 사무실, 교육장 및 교육 장비를 갖출 것

> 「철도안전법 시행령」 제21조의4 제1항 제4호 ⚖

법령 ⚖

「철도안전법」 제24조의4(철도차량정비기술교육훈련)
② 국토교통부장관은 철도차량정비기술자를 육성하기 위하여 철도차량정비 기술에 관한 전문 교육훈련기관(이하 "정비교육훈련기관"이라 한다)을 지정하여 정비교육훈련을 실시하게 할 수 있다.

「철도안전법 시행령」 제21조의4(정비교육훈련기관 지정기준 및 절차)
① 법 제24조의4 제2항에 따른 정비교육훈련기관(이하 "정비교육훈련기관"이라 한다)의 지정기준은 다음 각 호와 같다.
  1. 정비교육훈련 업무 수행에 필요한 상설 전담조직을 갖출 것
  2. 정비교육훈련 업무를 수행할 수 있는 전문인력을 확보할 것
  3. 정비교육훈련에 필요한 사무실, 교육장 및 교육 장비를 갖출 것
  4. 정비교육훈련기관의 운영 등에 관한 업무규정을 갖출 것

003 「교통안전법령」에 따라 국토교통부령으로 정하는 차량은 국토교통부령으로 정하는 기준에 적합한 차로이탈경고장치를 장착하여야 한다. 이때 차로이탈경고장치의 설치의무에 해당하지 않는 차량은?

✓ ㉮ 덤프형 화물자동차

> 덤프형 화물자동차의 경우 「교통안전법 시행규칙」 제30조의2 제1항 제1호에 따라 차로이탈경고장치의 설치의무 차량에서 제외된다.

㉯ 길이 9미터 이상의 승합자동차

> 길이 9미터 이상의 승합자동차 및 차량총중량 20톤을 초과하는 화물·특수자동차는 국토교통부령으로 정하는 기준에 적합한 차로이탈경고장치를 장착하여야 한다(「교통안전법」 제55조의2 및 동법 시행규칙 제30조의2).

㉰ 차량총중량 20톤을 초과하는 화물자동차

> 길이 9미터 이상의 승합자동차 및 차량총중량 20톤을 초과하는 화물·특수자동차는 국토교통부령으로 정하는 기준에 적합한 차로이탈경고장치를 장착하여야 한다(「교통안전법」 제55조의2 및 동법 시행규칙 제30조의2).

㉱ 차량총중량 20톤을 초과하는 특수자동차

> 길이 9미터 이상의 승합자동차 및 차량총중량 20톤을 초과하는 화물·특수자동차는 국토교통부령으로 정하는 기준에 적합한 차로이탈경고장치를 장착하여야 한다(「교통안전법」 제55조의2 및 동법 시행규칙 제30조의2).

법령

「교통안전법」 제55조의2(차로이탈경고장치의 장착)
제55조 제1항 제1호 또는 제2호에 따른 차량 중 국토교통부령으로 정하는 차량은 국토교통부령으로 정하는 기준에 적합한 차로이탈경고장치를 장착하여야 한다.

「교통안전법 시행규칙」 제30조의2(차로이탈경고장치의 장착)
① 법 제55조의2에서 "국토교통부령으로 정하는 차량"이란 길이 9미터 이상의 승합자동차 및 차량총중량 20톤을 초과하는 화물·특수자동차를 말한다. 다만, 다음 각 호의 어느 하나에 해당하는 자동차는 제외한다.
  1. 「자동차관리법 시행규칙」 별표 1 제2호에 따른 덤프형 화물자동차
  2. 피견인자동차
  3. 「자동차 및 자동차부품의 성능과 기준에 관한 규칙」 제28조에 따라 입석을 할 수 있는 자동차
  4. 그 밖에 자동차의 구조나 운행여건 등으로 설치가 곤란하거나 불필요하다고 국토교통부장관이 인정하는 자동차
② 법 제55조의2에서 "국토교통부령으로 정하는 기준"이란 「자동차 및 자동차부품의 성능과 기준에 관한 규칙」 별표 6의29에 따른 차로이탈경고장치 기준을 말한다.

004 「철도산업발전기본법」상 철도안전 및 이용자 보호와 관련한 설명으로 적절하지 않은 것은?

㉮ 국가는 철도이용자의 권익보호를 위하여 시책을 강구하여야 한다.

「철도산업발전기본법」 제16조

✓ 국토교통부장관은 철도운영자가 제공하는 철도서비스의 품질을 개선하기 위하여 노력하여야 한다.

철도운영자는 그가 제공하는 철도서비스의 품질을 개선하기 위하여 노력하여야 한다(「철도산업발전기본법」 제15조 제1항).

㉰ 국토교통부장관은 철도서비스의 품질을 개선하고 이용자의 편익을 높이기 위하여 철도서비스의 품질을 평가하여 시책에 반영하여야 한다.

「철도산업발전기본법」 제15조 제2항

㉱ 철도서비스 품질평가의 절차 및 활용 등에 관하여 필요한 사항은 국토교통부령으로 정한다.

「철도산업발전기본법」 제15조 제3항

005 다음 중 국토교통부장관이 안전관리의 승인을 받은 철도운영자 등에 대하여 그 승인을 취소하여야 하는 경우는?

✓ 거짓이나 그 밖의 부정한 방법으로 승인을 받은 경우

국토교통부장관은 안전관리체계의 승인을 받은 철도운영자 등이 거짓이나 그 밖의 부정한 방법으로 승인을 받은 경우에는 그 승인을 취소하여야 한다(「철도안전법」 제9조 제1항 제1호).

㉯ 변경승인을 받지 아니하거나 변경신고를 하지 아니하고 안전관리체계를 변경한 경우

「철도안전법」 제9조 제1항 제2호

㉰ 안전관리체계를 지속적으로 유지하지 아니하여 철도운영이나 철도시설의 관리에 중대한 지장을 초래한 경우

「철도안전법」 제9조 제1항 제3호

㉱ 시정조치명령을 정당한 사유 없이 이행하지 아니한 경우

「철도안전법」 제9조 제1항 제4호

> **법령** ⚖️
>
> 「철도안전법」 제9조(승인의 취소 등)
> ① 국토교통부장관은 안전관리체계의 승인을 받은 철도운영자 등이 다음 각 호의 어느 하나에 해당하는 경우에는 그 승인을 취소하거나 6개월 이내의 기간을 정하여 업무의 제한이나 정지를 명할 수 있다. 다만, 제1호에 해당하는 경우에는 그 승인을 취소하여야 한다.
>   1. 거짓이나 그 밖의 부정한 방법으로 승인을 받은 경우
>   2. 제7조 제3항을 위반하여 변경승인을 받지 아니하거나 변경신고를 하지 아니하고 안전관리체계를 변경한 경우
>   3. 제8조 제1항을 위반하여 안전관리체계를 지속적으로 유지하지 아니하여 철도운영이나 철도시설의 관리에 중대한 지장을 초래한 경우
>   4. 제8조 제3항에 따른 시정조치명령을 정당한 사유 없이 이행하지 아니한 경우
> ② 제1항에 따른 승인 취소, 업무의 제한 또는 정지의 기준 및 절차 등에 관하여 필요한 사항은 국토교통부령으로 정한다.

006 다음 중 국토교통부장관이 소관별 교통안전에 관한 계획안을 종합·조정하는 경우 검토하여야 할 사항을 모두 고른 것은?

> ㄱ. 정책목표
> ㄴ. 정책과제의 추진시기
> ㄷ. 투자규모
> ㄹ. 정책과제의 추진에 필요한 해당 기관별 협의사항

㉮ ㄱ, ㄷ ㉯ ㄴ, ㄹ
㉰ ㄴ, ㄷ, ㄹ ✓㉱ ㄱ, ㄴ, ㄷ, ㄹ

국토교통부장관이 소관별 교통안전에 관한 계획안을 종합·조정하는 경우에는 ㄱ. 정책목표, ㄴ. 정책과제의 추진시기, ㄷ. 투자규모, ㄹ. 정책과제의 추진에 필요한 해당 기관별 협의사항을 검토하여야 한다(「교통안전법 시행령」 제10조 제3항).

> **법령** ⚖️
>
> 「교통안전법 시행령」 제10조(국가교통안전기본계획의 수립)
> ① 법 제15조 제3항에 따라 국토교통부장관은 국가교통안전기본계획의 수립 또는 변경을 위한 지침(이하 이 조에서 "수립지침"이라 한다)을 작성하여 계획연도 시작 전전년도 6월 말까지 지정행정기관의 장에게 통보하여야 한다.
> ② 지정행정기관의 장은 수립지침에 따라 소관별 교통안전에 관한 계획안을 작성하여 계획연도 시작 전년도 2월 말까지 국토교통부장관에게 제출하여야 한다.
> ③ 국토교통부장관은 법 제15조 제4항에 따라 제2항의 소관별 교통안전에 관한 계획안을 종합·조정하여 계획연도 시작 전년도 6월 말까지 국가교통안전기본계획을 확정하여야 한다. 소관별 교통안전에 관한 계획안을 종합·조정하는 경우에는 다음 각 호의 사항을 검토하여야 한다.
>   1. 정책목표
>   2. 정책과제의 추진시기
>   3. 투자규모
>   4. 정책과제의 추진에 필요한 해당 기관별 협의사항

007 「철도산업발전기본법」에 따른 용어의 정의로 옳지 않은 것은?

㉮ 철도 : 여객 또는 화물을 운송하는 데 필요한 철도시설과 철도차량 및 이와 관련된 운영·지원체계가 유기적으로 구성된 운송체계

> "철도"라 함은 여객 또는 화물을 운송하는 데 필요한 철도시설과 철도차량 및 이와 관련된 운영·지원체계가 유기적으로 구성된 운송체계를 말한다(「철도산업발전기본법」 제3조 제1호).

㉯ 선로 : 철도차량을 운행하기 위한 궤도와 이를 받치는 노반 또는 공작물로 구성된 시설

> "선로"라 함은 철도차량을 운행하기 위한 궤도와 이를 받치는 노반 또는 공작물로 구성된 시설을 말한다(「철도산업발전기본법」 제3조 제5호).

✓ 철도시설의 건설 : 기존 철도시설의 현상유지 및 성능향상을 위한 점검·보수·교체·개량 등 일상적인 활동

> - "철도시설의 유지보수"라 함은 기존 철도시설의 현상유지 및 성능향상을 위한 점검·보수·교체·개량 등 일상적인 활동을 말한다(「철도산업발전기본법」 제3조 제7호).
> - "철도시설의 건설"이라 함은 철도시설의 신설과 기존 철도시설의 직선화·전철화·복선화 및 현대화 등 철도시설의 성능 및 기능향상을 위한 철도시설의 개량을 포함한 활동을 말한다(동조 제6호).

㉰ 철도산업 : 철도운송·철도시설·철도차량 관련산업과 철도기술개발관련산업 그 밖에 철도의 개발·이용·관리와 관련된 산업을 말한다.

> "철도산업"이라 함은 철도운송·철도시설·철도차량 관련산업과 철도기술개발관련산업 그 밖에 철도의 개발·이용·관리와 관련된 산업을 말한다(「철도산업발전기본법」 제3조 제8호).

008 「철도산업발전기본법」상 철도시설관리권에 관한 설명으로 옳지 않은 것은?

✓ 철도시설관리권은 이를 물권으로 보며, 「민법」 중 토지에 관한 규정을 준용한다.

> 철도시설관리권은 이를 물권으로 보며, 민법 중 부동산에 관한 규정을 준용한다(「철도산업발전기본법」 제27조).

㉯ 저당권이 설정된 철도시설관리권은 그 저당권자의 동의가 없으면 처분할 수 없다.

> 「철도산업발전기본법」 제28조

㉰ 철도시설을 관리하는 자는 그가 관리하는 철도시설의 관리대장을 작성·비치하여야 한다.

> 「철도산업발전기본법」 제30조 제1항

㉱ 철도시설을 사용하고자 하는 자는 관리청의 허가를 받거나 철도시설관리자와 시설사용계약을 체결하거나 그 시설사용계약을 체결한 자의 승낙을 얻어 사용할 수 있다.

> 「철도산업발전기본법」 제31조 제1항

009 「철도산업발전기본법」의 목적과 관련이 없는 것은?

✓ ㉮ 철도산업의 경제적 이익 향상
㉯ 철도산업의 발전기반 조성
㉰ 철도산업의 효율성 및 공익성 향상
㉱ 국민경제의 발전에 이바지

> 「철도산업발전기본법」은 철도산업의 경쟁력을 높이고 발전기반을 조성함으로써 철도산업의 효율성 및 공익성의 향상과 국민경제의 발전에 이바지함을 목적으로 한다(「철도산업발전기본법」 제1호).

010 「철도산업발전기본법」상 철도차량의 정의와 가장 거리가 먼 것은?

㉮ 객차
㉯ 화차
✓ ㉰ 부수차
㉱ 특수차

> "철도차량"이라 함은 선로를 운행할 목적으로 제작된 동력차·객차·화차 및 특수차를 말한다(「철도산업발전기본법」 제3조 제4호).

011 「철도안전법」상 철도안전 종합계획 변경 시 철도산업위원회의 심의를 거치지 않아도 되는 경우에 해당하지 않는 것은?

✓ ㉮ 철도차량의 정비 및 점검 등에 관한 사항의 변경

> 철도차량의 정비 및 점검 등에 관한 사항의 변경은 「철도안전법」 제5조 제3항 및 동법 시행령 제4조에 따른 경미한 사항의 변경으로서 철도산업위원회의 심의를 거치지 않아도 되는 경우에 해당하지 않는다.

㉯ 철도안전 종합계획에서 정한 시행기한 내에 단위사업의 시행시기의 변경

> 「철도안전법」 제5조 제3항, 동법 시행령 제4조 제2호

㉰ 철도안전 종합계획에서 정한 총사업비를 원래 계획의 100분의 10 이내에서의 변경

> 「철도안전법」 제5조 제3항, 동법 시행령 제4조 제1호

㉱ 법령의 개정, 행정구역의 변경 등과 관련하여 철도안전 종합계획을 변경하는 등 당초 수립된 철도안전 종합계획의 기본방향에 영향을 미치지 아니하는 사항의 변경

> 「철도안전법」 제5조 제3항, 동법 시행령 제4조 제3호

> **법령**
>
> 「철도안전법」 제5조(철도안전 종합계획)
> ③ 국토교통부장관은 철도안전 종합계획을 수립할 때에는 미리 관계 중앙행정기관의 장 및 철도운영자 등과 협의한 후 기본법 제6조 제1항에 따른 철도산업위원회의 심의를 거쳐야 한다. 수립된 철도안전 종합계획을 변경(대통령령으로 정하는 경미한 사항의 변경은 제외한다)할 때에도 또한 같다.
>> 「철도안전법 시행령」 제4조(철도안전 종합계획의 경미한 변경)
>> 법 제5조 제3항 후단에서 "대통령령으로 정하는 경미한 사항의 변경"이란 다음 각 호의 어느 하나에 해당하는 변경을 말한다.
>> 1. 법 제5조 제1항에 따른 철도안전 종합계획(이하 "철도안전 종합계획"이라 한다)에서 정한 총사업비를 원래 계획의 100분의 10 이내에서의 변경
>> 2. 철도안전 종합계획에서 정한 시행기한 내에 단위사업의 시행시기의 변경
>> 3. 법령의 개정, 행정구역의 변경 등과 관련하여 철도안전 종합계획을 변경하는 등 당초 수립된 철도안전 종합계획의 기본방향에 영향을 미치지 아니하는 사항의 변경

012

「교통안전법」 제54조 제2항에 따르면 자격의 취소 또는 정지처분을 한 때에는 국토교통부령으로 정하는 바에 따라 해당 교통안전관리자에게 이를 통지하여야 한다. 이때 자격의 취소 또는 정지처분의 통지 내용에 포함되는 사항을 모두 고르면?

> ㄱ. 자격의 취소 또는 정지처분의 사유
> ㄴ. 자격의 회복방법에 대한 절차
> ㄷ. 자격의 취소 또는 정지처분에 대하여 불복하는 경우 불복신청의 절차와 기간 등
> ㄹ. 교통안전관리자 자격증명서의 반납에 관한 사항

㉮ ㄱ, ㄴ, ㄷ　　　　　　　　　　✓ ㉯ ㄱ, ㄷ, ㄹ
㉰ ㄴ, ㄷ, ㄹ　　　　　　　　　　㉱ ㄱ, ㄴ, ㄷ, ㄹ

교통안전관리자 자격의 취소 또는 정지처분의 통지에는 ㄱ. 자격의 취소 또는 정지처분의 사유, ㄴ. 자격의 취소 또는 정지처분에 대하여 불복하는 경우 불복신청의 절차와 기간 등, ㄹ. 교통안전관리자 자격증명서의 반납에 관한 사항이 포함되어야 한다(「교통안전법」 제54조 제2항 및 동법 시행규칙 제26조 제1항).

> **법령**
>
> 「교통안전법」 제54조(교통안전관리자 자격의 취소 등)
> ② 시·도지사는 제1항에 따라 자격의 취소 또는 정지처분을 한 때에는 국토교통부령으로 정하는 바에 따라 해당 교통안전관리자에게 이를 통지하여야 한다.
>> 「교통안전법 시행규칙」 제26조(자격의 취소 등)
>> ① 법 제54조 제2항에 따른 교통안전관리자 자격의 취소 또는 정지처분의 통지에는 다음 각 호의 사항이 포함되어야 한다.
>> 1. 자격의 취소 또는 정지처분의 사유
>> 2. 자격의 취소 또는 정지처분에 대하여 불복하는 경우 불복신청의 절차와 기간 등
>> 3. 교통안전관리자 자격증명서의 반납에 관한 사항

013

「철도안전법령」상 운전적성검사기관 및 관제적성검사기관의 세부 지정기준에 관한 설명으로 빈칸에 들어갈 심사 기간으로 옳은 것은?

> 국토교통부장관은 운전적성검사기관 또는 관제적성검사기관이 지정기준에 적합한지를 (　　)마다 심사해야 한다.

㉮ 1년　　　　　　　　　　　　　✔ ㉯ 2년
㉰ 5년　　　　　　　　　　　　　㉱ 10년

> 국토교통부장관은 운전적성검사기관 또는 관제적성검사기관이 지정기준에 적합한지를 <u>2년마다</u> 심사해야 한다(「철도안전법 시행규칙」 제18조 제2항).

014

다음 중 시·도지사가 반드시 등록을 취소하여야 하는 경우는?

✔ ㉮ 거짓이나 그 밖의 부정한 방법으로 등록을 한 때

> 시·도지사는 교통안전진단기관이 거짓이나 그 밖의 부정한 방법으로 등록을 한 때에는 <u>그 등록을 취소하여야 한다</u>(「교통안전법」 제43조 제1항 제1호). ⚖

㉯ 교통안전진단기관의 등록기준에 미달하게 된 때

> 시·도지사는 교통안전진단기관이 교통안전진단기관의 등록기준에 미달하게 된 때에는 <u>그 등록을 취소하거나 1년 이내의 기간을 정하여 영업의 정지를 명할 수 있다</u>(「교통안전법」 제43조 제1항 제6호). ⚖

㉰ 교통시설안전진단을 실시할 자격이 없는 자로 하여금 교통시설안전진단을 수행하게 한 때

> 시·도지사는 교통안전진단기관이 교통시설안전진단을 실시할 자격이 없는 자로 하여금 교통시설안전진단을 수행하게 한 때에는 <u>그 등록을 취소하거나 1년 이내의 기간을 정하여 영업의 정지를 명할 수 있다</u>(「교통안전법」 제43조 제1항 제7호). ⚖

㉱ 교통시설안전진단의 실시결과를 평가한 결과 교통시설안전진단 업무를 부실하게 수행한 것으로 평가된 때

> 시·도지사는 교통안전진단기관이 교통시설안전진단의 실시결과를 평가한 결과 교통시설안전진단 업무를 부실하게 수행한 것으로 평가된 때에는 <u>그 등록을 취소하거나 1년 이내의 기간을 정하여 영업의 정지를 명할 수 있다</u>(「교통안전법」 제43조 제1항 제8호). ⚖

> **법령**
>
> 「교통안전법」 제43조(등록의 취소 등)
> ① 시·도지사는 교통안전진단기관이 다음 각 호의 어느 하나에 해당하는 때에는 그 등록을 취소하거나 1년 이내의 기간을 정하여 영업의 정지를 명할 수 있다. 다만, 제1호부터 제5호까지의 어느 하나에 해당하는 때에는 그 등록을 취소하여야 한다.
>   1. 거짓이나 그 밖의 부정한 방법으로 등록을 한 때
>   2. 최근 2년간 2회의 영업정지처분을 받고 새로이 영업정지처분에 해당하는 사유가 발생한 때
>   3. 제41조 각 호의 어느 하나에 해당하게 된 때. 다만, 법인의 임원 중에 같은 조 제1호부터 제5호까지의 어느 하나에 해당하는 자가 있는 경우 6개월 이내에 해당 임원을 개임한 때에는 그러하지 아니하다.
>   4. 제42조의 규정을 위반하여 타인에게 자기의 명칭 또는 상호를 사용하게 하거나 교통안전진단기관등록증을 대여한 때
>   5. 영업정지처분을 받고 영업정지처분기간 중에 새로이 교통시설안전진단 업무를 실시한 때
>   6. 제39조 제2항의 규정에 따른 등록기준에 미달하게 된 때
>   7. 교통시설안전진단을 실시할 자격이 없는 자로 하여금 교통시설안전진단을 수행하게 한 때
>   8. 제45조에 따라 교통시설안전진단의 실시결과를 평가한 결과 안전의 상태를 사실과 다르게 진단하는 등 교통시설안전진단 업무를 부실하게 수행한 것으로 평가된 때

015 「교통안전법령」에 따른 교통안전담당자의 직무와 관련이 없는 것은?

㉮ 교통시설의 운영·관리와 관련된 안전점검의 지도·감독

「교통안전법 시행령」 제44조의2 제1항 제2호

㉯ 운전자 등의 운행 등 중 근무상태 파악 및 교통안전 교육·훈련의 실시

「교통안전법 시행령」 제44조의2 제1항 제4호

✔ 교통안전담당 교육기관의 경영관리

교통안전담당 교육기관의 경영관리는 교통안전담당자의 직무에 해당하지 않는다.

㉱ 운행기록장치 및 차로이탈경고장치 등의 점검 및 관리   「교통안전법 시행령」 제44조의2 제1항 제6호

> **법령**
>
> 「교통안전법 시행령」 제44조의2(교통안전담당자의 직무)
> ① 교통안전담당자의 직무는 다음 각 호와 같다.
>   1. 교통안전관리규정의 시행 및 그 기록의 작성·보존
>   2. 교통수단의 운행·운항 또는 항행(이하 이 조에서 "운행 등"이라 한다) 또는 교통시설의 운영·관리와 관련된 안전점검의 지도·감독
>   3. 교통시설의 조건 및 기상조건에 따른 안전 운행 등에 필요한 조치
>   4. 법 제24조 제1항에 따른 운전자 등(이하 "운전자 등"이라 한다)의 운행 등 중 근무상태 파악 및 교통안전 교육·훈련의 실시
>   5. 교통사고 원인 조사·분석 및 기록 유지
>   6. 운행기록장치 및 차로이탈경고장치 등의 점검 및 관리

016 교통안전관리자 시험의 부정행위자에 대한 제재로서 빈칸에 들어갈 단어로 적절한 것은?

> 국토교통부장관은 부정한 방법으로서 교통안전관리자 시험에서 부정행위를 한 사람에 대하여는 그 시험을 정지시키거나 무효로 한다. 시험이 정지되거나 무효로 된 사람은 그 처분이 있은 날부터 (　　　)간 시험에 응시할 수 없다.

㉮ 6개월　　　　　　　　㉯ 1년
✓ 2년　　　　　　　　　㉱ 4년

> 국토교통부장관은 부정한 방법으로 교통안전관리자 시험에 응시한 사람 또는 시험에서 부정행위를 한 사람에 대하여는 그 시험을 정지시키거나 무효로 한다. 시험이 정지되거나 무효로 된 사람은 그 처분이 있은 날부터 <u>2년간</u> 시험에 응시할 수 없다(「교통안전법」 제53조의2 제1항·제2항).

017 「교통안전법 시행령」[별표 3의2]에 규정된 교통안전도 평가지수의 산정식으로 적절한 것은?

✓ $\dfrac{(교통사고\ 발생건수 \times 0.4) + (교통사고\ 사상자\ 수 \times 0.6)}{자동차등록(면허)\ 대수} \times 10$

> 「교통안전법 시행령」[별표 3의2]에 따른 교통안전도 평가지수의 산정식은
> '교통안전도 평가지수 = $\dfrac{(교통사고\ 발생건수 \times \underline{0.4}) + (교통사고\ 사상자\ 수 \times \underline{0.6})}{자동차등록(면허)\ 대수} \times \underline{10}$'이다.

㉯ $\dfrac{(교통사고\ 발생건수 \times 0.4) + (교통사고\ 사상자\ 수 \times 0.6)}{자동차등록(면허)\ 대수} \times 15$

㉰ $\dfrac{(교통사고\ 발생건수 \times 0.6) + (교통사고\ 사상자\ 수 \times 0.8)}{자동차등록(면허)\ 대수} \times 10$

㉱ $\dfrac{(교통사고\ 발생건수 \times 0.6) + (교통사고\ 사상자\ 수 \times 0.8)}{자동차등록(면허)\ 대수} \times 15$

018 「교통안전법령」상 교통사고 관련자료 등을 보관·관리하는 자는 교통사고가 발생한 날부터 몇 년간 이를 보관·관리하여야 하는가?

㉮ 1년　　　　　　　　㉯ 3년
✓ 5년　　　　　　　　㉱ 7년

> 교통사고와 관련된 자료·통계 또는 정보(이하 "교통사고 관련자료 등"이라 한다)를 보관·관리하는 자는 교통사고가 발생한 날부터 <u>5년간</u> 이를 보관·관리하여야 한다(교통안전법 시행령 제38조 제1항).

019 「철도안전법령」상 안전관리체계의 유지·검사에 관한 설명 중 빈칸에 들어갈 통보기한으로 옳은 것은?

- 국토교통부장관은 안전관리체계가 지속적으로 유지되지 아니하거나 그 밖에 철도안전을 위하여 필요하다고 인정하는 경우에는 국토교통부령으로 정하는 바에 따라 시정조치를 명할 수 있다.
- 국토교통부장관은 철도운영자 등에게 시정조치를 명하는 경우에는 시정에 필요한 적정한 기간을 주어야 한다.
- 철도운영자 등이 시정조치명령을 받은 경우에 (　　) 이내에 시정조치계획서를 작성하여 국토교통부장관에게 제출하여야 하고, 시정조치를 완료한 경우에는 지체 없이 그 시정내용을 국토교통부장관에게 통보하여야 한다.

㉮ 3일　　　　　　　　　　　　㉯ 7일
㉰ 10일　　　　　　　　　　　☑ 14일

- 국토교통부장관은 안전관리체계가 지속적으로 유지되지 아니하거나 그 밖에 철도안전을 위하여 필요하다고 인정하는 경우에는 국토교통부령으로 정하는 바에 따라 시정조치를 명할 수 있다(「철도안전법」 제8조 제3항).
- 국토교통부장관은 철도운영자 등에게 시정조치를 명하는 경우에는 시정에 필요한 적정한 기간을 주어야 한다(「철도안전법 시행규칙」 제6조 제5항).
- 철도운영자 등이 시정조치명령을 받은 경우에 <u>14일 이내</u>에 시정조치계획서를 작성하여 국토교통부장관에게 제출하여야 하고, 시정조치를 완료한 경우에는 지체 없이 그 시정내용을 국토교통부장관에게 통보하여야 한다(「철도안전법 시행규칙」 제6조 제6항).

020 「철도산업발전기본법」상 철도산업의 정보화 촉진에 관한 설명 중 빈칸에 적절한 기관으로 옳은 것은?

- 국토교통부장관은 철도산업에 관한 정보를 효율적으로 처리하고 원활하게 유통하기 위하여 철도산업정보화기본계획을 수립·시행하여야 한다.
- 국토교통부장관은 철도산업에 관한 정보를 효율적으로 수집·관리 및 제공하기 위하여 (　　)을/를 설치·운영하거나 철도산업에 관한 정보를 수집·관리 또는 제공하는 자 등에게 필요한 지원을 할 수 있다.

㉮ 한국철도공사　　　　　　　☑ 철도산업정보센터
㉰ 한국철도기술공사　　　　　㉱ 한국철도시설공단

- 국토교통부장관은 철도산업에 관한 정보를 효율적으로 처리하고 원활하게 유통하기 위하여 대통령령으로 정하는 바에 의하여 철도산업정보화기본계획을 수립·시행하여야 한다(「철도산업발전기본법」 제12조 제1항).
- 국토교통부장관은 철도산업에 관한 정보를 효율적으로 수집·관리 및 제공하기 위하여 대통령령으로 정하는 바에 의하여 <u>철도산업정보센터를</u> 설치·운영하거나 철도산업에 관한 정보를 수집·관리 또는 제공하는 자 등에게 필요한 지원을 할 수 있다(동조 제2항).

021

「철도안전법령」상 폭발물 등 적치금지 구역으로서 국토교통부령으로 정하는 구역 또는 시설을 모두 고른 것은?

> ㄱ. 정거장 및 선로(정거장 또는 선로를 지지하는 구조물 및 그 주변지역에 한정한다)
> ㄴ. 철도 역사
> ㄷ. 철도 교량
> ㄹ. 철도 터널

㉮ ㄱ, ㄴ, ㄷ ㉯ ㄱ, ㄷ, ㄹ
㉰ ㄱ, ㄴ, ㄹ ✓ ㉱ ㄴ, ㄷ, ㄹ

> ㄱ. (×) 정거장 또는 선로를 지지하는 구조물 및 그 주변지역에 한정하지 않고 주변지역을 포함한다(「철도안전법 시행규칙」 제81조 제1호).
> ㄴ. (○) 「철도안전법 시행규칙」 제81조 제2호
> ㄷ. (○) 「철도안전법 시행규칙」 제81조 제3호
> ㄹ. (○) 「철도안전법 시행규칙」 제81조 제4호

법령

「철도안전법 시행규칙」 제81조(폭발물 등 적치금지 구역)
법 제48조 제4호에서 "국토교통부령으로 정하는 구역 또는 시설"이란 다음 각 호의 구역 또는 시설을 말한다.
1. 정거장 및 선로(정거장 또는 선로를 지지하는 구조물 및 그 주변지역을 포함한다)
2. 철도 역사
3. 철도 교량
4. 철도 터널

022

「교통안전법령」상 시·도지사가 국토교통부장관에게 지역교통안전시행계획을 제출하여야 하는 기한은?

㉮ 매년 1월 말 ✓ ㉯ 매년 2월 말
㉰ 매년 6월 말 ㉱ 매년 12월 말

> 시장·군수·구청장은 시·군·구교통안전시행계획과 전년도의 시·군·구교통안전시행계획 추진실적을 매년 1월 말까지 시·도지사에게 제출하고, 시·도지사는 이를 종합·정리하여 그 결과를 시·도교통안전시행계획 및 전년도의 시·도교통안전시행계획 추진실적과 함께 매년 2월 말까지 국토교통부장관에게 제출하여야 한다(「교통안전법 시행령」 제14조 제2항).

> **법령**
>
> 「교통안전법 시행령」 제14조(지역교통안전시행계획의 수립 등)
> ① 법 제18조 제1항에 따라 시·도지사등은 각각 다음 연도의 시·도교통안전시행계획 또는 시·군·구교통안전시행계획(이하 "지역교통안전시행계획"이라 한다)을 12월 말까지 수립하여야 한다.
> ② 시장·군수·구청장은 시·군·구교통안전시행계획과 전년도의 시·군·구교통안전시행계획 추진실적을 매년 1월 말까지 시·도지사에게 제출하고, 시·도지사는 이를 종합·정리하여 그 결과를 시·도교통안전시행계획 및 전년도의 시·도교통안전시행계획 추진실적과 함께 매년 2월 말까지 국토교통부장관에게 제출하여야 한다.
> ③ 지역교통안전시행계획의 추진실적에 포함되어야 하는 세부사항은 국토교통부령으로 정한다.

023 「교통안전법」상 수수료 납부 대상에 해당하지 않는 자는?

㉮ 교통안전진단기관의 등록을 받고자 하는 자 「교통안전법」 제60조

㉯ 교통안전관리자 자격시험을 응시하려는 자 「교통안전법」 제60조

✓ 교통안전체험 연구 및 교육시설의 설치·운영자

> 교통안전체험 연구 및 교육시설의 설치·운영자는 「교통안전법」 제60조에 따른 수수료 납부 대상자에 해당하지 않는다.

㉱ 교통안전관리자자격증의 교부를 받고자 하는 자 「교통안전법」 제60조

> **법령**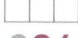
>
> 「교통안전법」 제60조(수수료)
> 이 법의 규정에 따른 교통안전진단기관의 등록(변경등록을 포함한다), 교통안전관리자 자격시험의 응시, 교통안전관리자자격증의 교부(재교부를 포함한다)를 받고자 하는 자는 국토교통부령으로 정하는 바에 따라 수수료를 납부하여야 한다.

024 「교통안전법」상 교통행정기관이 교통수단안전점검을 위해 사업장을 출입·검사할 경우, 검사계획의 사전통지 기간으로 적절한 것은?

㉮ 출입·검사 3일 전까지 통지   ✓ 출입·검사 7일 전까지 통지
㉯ 출입·검사 10일 전까지 통지   ㉱ 출입·검사 15일 전까지 통지

> 사업장을 출입하여 검사하려는 경우에는 출입·검사 7일 전까지 검사일시·검사이유 및 검사내용 등을 포함한 검사계획을 교통수단운영자에게 통지하여야 한다. 다만, 증거인멸 등으로 검사의 목적을 달성할 수 없다고 판단되는 경우에는 검사일에 검사계획을 통지할 수 있다(「교통안전법」 제33조 제4항).

025

「철도안전법」상 철도보호지구에서 국토교통부장관 또는 시·도지사에게 신고하여야 하는 대상 중 철도시설을 파손하거나 철도차량의 안전운행을 방해할 우려가 있는 행위로서 대통령령으로 정하는 행위가 아닌 것은?

㉮ 폭발물이나 인화물질 등 위험물을 제조·저장하거나 전시하는 행위

> 「철도안전법」 제45조 제1항 제5호, 동법 시행령 제48조 제1호 ⚖

✅ 철도차량 운전자의 전방 시야 확보에 지장을 주는 경우

> 철도차량 운전자의 전방 시야 확보에 지장을 주는 경우는 「철도안전법 시행령」 제48조에 따른 대통령령으로 정하는 철도보호지구에서의 안전운행 저해행위에 포함되지 않는다.

㉰ 전차선로에 의하여 감전될 우려가 있는 시설이나 설비를 설치하는 행위

> 「철도안전법」 제45조 제1항 제5호, 동법 시행령 제48조 제4호 ⚖

㉱ 시설 또는 설비가 선로의 위나 밑으로 횡단하거나 선로와 나란히 되도록 설치하는 행위

> 「철도안전법」 제45조 제1항 제5호, 동법 시행령 제48조 제5호 ⚖

법령 ⚖

「철도안전법」 제45조(철도보호지구에서의 행위제한 등)

① 철도경계선(가장 바깥쪽 궤도의 끝선을 말한다)으로부터 30미터 이내[「도시철도법」 제2조 제2호에 따른 도시철도 중 노면전차(이하 "노면전차"라 한다)의 경우에는 10미터 이내]의 지역(이하 "철도보호지구"라 한다)에서 다음 각 호의 어느 하나에 해당하는 행위를 하려는 자는 대통령령으로 정하는 바에 따라 국토교통부장관 또는 시·도지사에게 신고하여야 한다.
1. 토지의 형질변경 및 굴착(掘鑿)
2. 토석, 자갈 및 모래의 채취
3. 건축물의 신축·개축(改築)·증축 또는 인공구조물의 설치
4. 나무의 식재(대통령령으로 정하는 경우만 해당한다)
5. 그 밖에 철도시설을 파손하거나 철도차량의 안전운행을 방해할 우려가 있는 행위로서 대통령령으로 정하는 행위

「철도안전법」 시행령 제48조(철도보호지구에서의 안전운행 저해행위 등)

법 제45조 제1항 제5호에서 "대통령령으로 정하는 행위"란 다음 각 호의 어느 하나에 해당하는 행위를 말한다.
1. 폭발물이나 인화물질 등 위험물을 제조·저장하거나 전시하는 행위
2. 철도차량 운전자 등이 선로나 신호기를 확인하는 데 지장을 주거나 줄 우려가 있는 시설이나 설비를 설치하는 행위
3. 철도신호등(鐵道信號燈)으로 오인할 우려가 있는 시설물이나 조명 설비를 설치하는 행위
4. 전차선로에 의하여 감전될 우려가 있는 시설이나 설비를 설치하는 행위
5. 시설 또는 설비가 선로의 위나 밑으로 횡단하거나 선로와 나란히 되도록 설치하는 행위
6. 그 밖에 열차의 안전운행과 철도 보호를 위하여 필요하다고 인정하여 국토교통부장관이 정하여 고시하는 행위

026

「철도안전법」상 철도특별사법경찰관리는 직무를 수행하기 위하여 필요하다고 인정되는 상당한 이유가 있을 때에는 합리적으로 판단하여 필요한 한도에서 직무장비를 사용할 수 있다. 이때 직무장비에 해당하지 않는 것은?

㉮ 수갑
✓ ㉯ 권총
㉰ 포승
㉱ 전자충격기

> 권총은 「철도안전법」 제48조의5 제2항에 따른 직무장비에 해당하지 않는다.

법령

「철도안전법」 제48조의5(직무장비의 휴대 및 사용 등)
① 철도특별사법경찰관리는 이 법 및 「사법경찰관리의 직무를 수행할 자와 그 직무범위에 관한 법률」 제6조 제9호에 따른 직무를 수행하기 위하여 필요하다고 인정되는 상당한 이유가 있을 때에는 합리적으로 판단하여 필요한 한도에서 직무장비를 사용할 수 있다.
② 제1항에서의 "직무장비"란 철도특별사법경찰관리가 휴대하여 범인검거와 피의자 호송 등의 직무수행에 사용하는 수갑, 포승, 가스분사기, 가스발사총(고무탄 발사겸용인 것을 포함한다. 이하 같다), 전자충격기, 경비봉을 말한다.

027

「철도산업발전기본법」상 철도시설관리권과 관련한 설명으로 옳은 것은?

㉮ 저당권이 설정된 철도시설관리권은 그 저당권자의 동의가 없어도 처분할 수 있다.

> 저당권이 설정된 철도시설관리권은 그 저당권자의 동의가 없으면 처분할 수 없다(「철도산업발전기본법」 제28조).

✓ ㉯ 철도시설을 관리하는 자는 그가 관리하는 철도시설의 관리대장을 작성·비치하여야 한다.

> 「철도산업발전기본법」 제30조 제1항

㉰ 철도시설관리자 또는 시설사용계약자는 철도시설을 사용하는 자로부터 사용료를 징수할 수 없다.

> 철도시설관리자 또는 시설사용계약자는 제1항에 따라 철도시설을 사용하는 자로부터 사용료를 징수할 수 있다. 다만, 「국유재산법」 제34조에도 불구하고 지방자치단체가 직접 공용·공공용 또는 비영리 공익사업용으로 철도시설을 사용하고자 하는 경우에는 대통령령으로 정하는 바에 따라 그 사용료의 전부 또는 일부를 면제할 수 있다(「철도산업발전기본법」 제31조 제2항).

㉱ 철도시설 사용료를 징수하는 경우 철도의 사회경제적 편익이 고려되어야 하며 다른 교통수단과의 형평성 등은 고려대상이 아니다.

> 철도시설 사용료를 징수하는 경우 철도의 사회경제적 편익과 다른 교통수단과의 형평성 등이 고려되어야 한다(「철도산업발전기본법」 제31조 제3항).

028 「교통안전법령」에 따른 지정행정기관에 해당하지 않는 것은?

㉮ 교육부 「교통안전법」제2조 제5호, 동법 시행령 제2조 제2호

㉯ 법무부 「교통안전법」제2조 제5호, 동법 시행령 제2조 제3호

㉰ 보건복지부 「교통안전법」제2조 제5호, 동법 시행령 제2조 제8호

✓ 국가보훈부

국가보훈부는 「교통안전법」 제2조 제5호 및 동법 시행령 제2조에 따른 지정행정기관에 해당하지 않는다.

> **법령**
>
> 「교통안전법」 제2조(정의)
> 이 법에서 사용하는 용어의 뜻은 다음과 같다.
> 5. "지정행정기관"이라 함은 교통수단·교통시설 또는 교통체계의 운행·운항·설치 또는 운영 등에 관하여 지도·감독을 행하거나 관련 법령·제도를 관장하는 「정부조직법」에 의한 중앙행정기관으로서 대통령령으로 정하는 행정기관을 말한다.
>
> 「교통안전법 시행령」 제2조(지정행정기관)
> 「교통안전법」(이하 "법"이라 한다) 제2조 제5호에 따른 지정행정기관은 다음 각 호와 같다.
> 1. 기획재정부   2. 교육부   3. 법무부
> 4. 행정안전부   5. 문화체육관광부   6. 농림축산식품부
> 7. 산업통상자원부   8. 보건복지부   8의2. 환경부
> 9. 고용노동부   10. 여성가족부   11. 국토교통부
> 12. 해양수산부   12의2. 삭제   13. 경찰청
> 14. 국무총리가 교통안전정책상 특히 필요하다고 인정하여 지정하는 중앙행정기관

029 국토교통부장관은 철도산업의 육성과 발전을 촉진하기 위하여 몇 년 단위로 철도산업발전기본계획을 수립하여 시행하여야 하는가?

㉮ 1년 단위   ㉯ 3년 단위

✓ 5년 단위   ㉱ 10년 단위

국토교통부장관은 철도산업의 육성과 발전을 촉진하기 위하여 5년 단위로 철도산업발전기본계획을 수립하여 시행하여야 한다(「철도산업발전기본법」 제5조 제1항).

030

교통시설설치·관리자 및 교통수단운영자는 그가 설치·관리하거나 운영하는 교통시설 또는 교통수단과 관련된 교통안전을 확보하기 위하여 (   )을 관할교통행정기관에 제출하여야 한다. 빈칸에 알맞은 단어는?

- ✓ ㉮ 교통안전관리규정
- ㉯ 국가교통안전기본계획
- ㉰ 국가교통안전시행계획
- ㉱ 지역교통안전시행계획

> 대통령령으로 정하는 교통시설설치·관리자 및 교통수단운영자는 그가 설치·관리하거나 운영하는 교통시설 또는 교통수단과 관련된 교통안전을 확보하기 위하여 <u>교통안전관리규정</u>을 정하여 관할교통행정기관에 제출하여야 한다(「교통안전법」 제21조 제1항).

법령

「교통안전법」 제21조(교통시설설치·관리자 등의 교통안전관리규정)
① 대통령령으로 정하는 <u>교통시설설치·관리자 및 교통수단운영자</u>(이하 이 조에서 "교통시설설치·관리자 등"이라 한다)는 그가 설치·관리하거나 운영하는 교통시설 또는 교통수단과 관련된 교통안전을 확보하기 위하여 다음 각 호의 사항을 포함한 규정(이하 "<u>교통안전관리규정</u>"이라 한다)을 정하여 관할교통행정기관에 제출하여야 한다. 이를 변경한 때에도 또한 같다.
  1. 교통안전의 경영지침에 관한 사항
  2. 교통안전목표 수립에 관한 사항
  3. 교통안전 관련 조직에 관한 사항
  4. 제54조의2에 따른 교통안전담당자 지정에 관한 사항
  5. 안전관리대책의 수립 및 추진에 관한 사항
  6. 그 밖에 교통안전에 관한 중요 사항으로서 대통령령으로 정하는 사항

031

「철도안전법령」상 국토교통부령으로 정하는 철도차량 형식승인의 경미한 변경사항에 해당하지 않는 것은?

- ㉮ 철도차량의 구조안전 및 성능에 영향을 미치지 아니하는 차체 형상의 변경
  > 「철도안전법 시행규칙」 제47조 제1항 제1호
- ㉯ 철도차량의 안전에 영향을 미치지 아니하는 설비의 변경
  > 「철도안전법 시행규칙」 제47조 제1항 제2호
- ㉰ 중량분포에 영향을 미치지 아니하는 장치 또는 부품의 배치 변경
  > 「철도안전법 시행규칙」 제47조 제1항 제3호
- ✓ ㉱ 동일하지 않은 성능으로 입증할 수 있는 부품의 규격 변경
  > 동일 성능으로 입증할 수 있는 부품의 규격 변경이 철도차량 형식승인의 경미한 변경사항에 해당한다(「철도안전법 시행규칙」 제47조 제1항 제4호).

> **법령**
>
> 「철도안전법」 제26조(철도차량 형식승인)
> ① 국내에서 운행하는 철도차량을 제작하거나 수입하려는 자는 국토교통부령으로 정하는 바에 따라 해당 철도차량의 설계에 관하여 국토교통부장관의 형식승인을 받아야 한다.
> ② 제1항에 따라 형식승인을 받은 자가 승인받은 사항을 변경하려는 경우에는 국토교통부장관의 변경승인을 받아야 한다. 다만, 국토교통부령으로 정하는 경미한 사항을 변경하려는 경우에는 국토교통부장관에게 신고하여야 한다.
>
>> 「철도안전법 시행규칙」 제47조(철도차량 형식승인의 경미한 사항 변경)
>> ① 법 제26조 제2항 단서에서 "국토교통부령으로 정하는 경미한 사항을 변경하려는 경우"란 다음 각 호의 어느 하나에 해당하는 변경을 말한다.
>> 1. 철도차량의 구조안전 및 성능에 영향을 미치지 아니하는 차체 형상의 변경
>> 2. 철도차량의 안전에 영향을 미치지 아니하는 설비의 변경
>> 3. 중량분포에 영향을 미치지 아니하는 장치 또는 부품의 배치 변경
>> 4. 동일 성능으로 입증할 수 있는 부품의 규격 변경
>> 5. 그 밖에 철도차량의 안전 및 성능에 영향을 미치지 아니한다고 국토교통부장관이 인정하는 사항의 변경

032 「철도안전법」상 철도안전 전문기관의 육성에 관한 설명으로 적절하지 않은 것은?

㉮ 국토교통부장관은 철도안전에 관한 전문기관 또는 단체를 지도·육성하여야 한다.

> 「철도안전법」 제69조 제1항

㉯ 국토교통부장관은 철도시설의 건설, 운영 및 관리와 관련된 안전점검업무 등 대통령령으로 정하는 철도안전업무에 종사하는 전문인력을 원활하게 확보할 수 있도록 시책을 마련하여 추진하여야 한다.

> 「철도안전법」 제69조 제2항

✔ 철도안전 전문인력의 분야별 자격기준, 자격부여 절차 및 자격을 받기 위한 안전교육훈련 등에 관하여 필요한 사항은 국토교통부령으로 정한다.

> 철도안전 전문인력의 분야별 자격기준, 자격부여 절차 및 자격을 받기 위한 안전교육훈련 등에 관하여 필요한 사항은 대통령령으로 정한다(「철도안전법」 제69조 제4항).

㉰ 국토교통부장관은 철도안전에 관한 전문기관을 지정하여 철도안전 전문인력의 양성 및 자격관리 등의 업무를 수행하게 할 수 있다.

> 「철도안전법」 제69조 제5항

033

「철도안전법」상 국토교통부장관이 철도운영자 등에게 해당 철도차량에 대하여 철도차량정비 또는 원상복구를 명할 수 있는 경우가 아닌 것은?

㉮ 철도차량기술기준에 적합하지 아니하거나 안전운행에 지장이 있다고 인정되는 경우

> 「철도안전법」 제38조의6 제3항 제1호 ⚖️

㉯ 소유자 등이 개조승인을 받지 아니하고 철도차량을 개조한 경우

> 「철도안전법」 제38조의6 제3항 제2호 ⚖️

㉰ 국토교통부령으로 정하는 철도사고 또는 운행장애 등이 발생한 경우

> 「철도안전법」 제38조의6 제3항 제3호 ⚖️

✅ 철도차량을 개조승인의 내용과 다르게 개조한 경우

> 철도차량을 개조승인의 내용과 다르게 개조한 경우는 「철도안전법」 제38조의6 제3항에 따른 철도차량정비 또는 원상복구를 명할 수 있는 경우에 해당하지 않는다.

법령 ⚖️

「철도안전법」 제38조의6(철도차량정비 등)
③ 국토교통부장관은 철도차량이 다음 각 호의 어느 하나에 해당하는 경우에 철도운영자 등에게 해당 철도차량에 대하여 국토교통부령으로 정하는 바에 따라 철도차량정비 또는 원상복구를 명할 수 있다. 다만, 제2호 또는 제3호에 해당하는 경우에는 국토교통부장관은 철도운영자 등에게 철도차량정비 또는 원상복구를 명하여야 한다.
  1. 철도차량기술기준에 적합하지 아니하거나 안전운행에 지장이 있다고 인정되는 경우
  2. 소유자 등이 개조승인을 받지 아니하고 철도차량을 개조한 경우
  3. 국토교통부령으로 정하는 철도사고 또는 운행장애 등이 발생한 경우

034

「철도산업발전기본법」에 따라 철도산업의 구조개혁을 추진하는 경우 철도시설의 소유 주체로 옳은 것은?

㉮ 국토교통부장관 ㉯ 철도운영자
✅ 국가 ㉱ 사인

> 철도산업의 구조개혁을 추진하는 경우 철도시설은 국가가 소유하는 것을 원칙으로 한다(「철도산업발전기본법」 제20조 제1항).

035 「철도산업발전기본법령」에 따른 관리청에 관한 설명 중 적절하지 않은 것은?

✔ ㉮ 철도의 관리청은 관계행정기관의 장으로 한다.

> 철도의 관리청은 <u>국토교통부장관</u>으로 한다(「철도산업발전기본법」 제19조 제1항). ⚖

㉯ 국토교통부장관은 관계법률에 규정된 철도시설의 건설 및 관리 등에 관한 그의 업무의 일부를 대통령령으로 정하는 바에 의하여 국가철도공단으로 하여금 대행하게 할 수 있다.

> 「철도산업발전기본법」 제19조 제2항 전단 ⚖

㉰ 관리청 업무의 대행업무에는 국가가 추진하는 철도시설 건설사업의 집행 등이 있다.

> 「철도산업발전기본법 시행령」 제28조 제1호 ⚖

㉱ 국가철도공단은 국토교통부장관의 업무를 대행하는 경우에 그 대행하는 범위 안에서 이 법과 그 밖의 철도에 관한 법률을 적용할 때에는 그 철도의 관리청으로 본다.

> 「철도산업발전기본법」 제19조 제3항 ⚖

법령 ⚖

「철도산업발전기본법」 제19조(관리청)

① <u>철도의 관리청은 국토교통부장관으로 한다</u>.
② <u>국토교통부장관은 이 법과 그 밖의 철도에 관한 법률에 규정된 철도시설의 건설 및 관리 등에 관한 그의 업무의 일부를 대통령령으로 정하는 바에 의하여 제20조 제3항에 따라 설립되는 국가철도공단으로 하여금 대행하게 할 수 있다</u>. 이 경우 대행하는 업무의 범위·권한의 내용 등에 관하여 필요한 사항은 대통령령으로 정한다.

> **「철도산업발전기본법 시행령」 제28조(관리청 업무의 대행범위)**
> 국토교통부장관이 법 제19조 제2항의 규정에 의하여 국가철도공단으로 하여금 대행하게 하는 경우 그 대행업무는 다음 각 호와 같다.
> 1. <u>국가가 추진하는 철도시설 건설사업의 집행</u>
> 2. 국가 소유의 철도시설에 대한 사용료 징수 등 관리업무의 집행
> 3. 철도시설의 안전유지, 철도시설과 이를 이용하는 철도차량간의 종합적인 성능검증·안전상태점검 등 철도시설의 안전을 위하여 국토교통부장관이 정하는 업무
> 4. 그 밖에 국토교통부장관이 철도시설의 효율적인 관리를 위하여 필요하다고 인정한 업무

③ 제20조 제3항에 따라 설립되는 <u>국가철도공단</u>은 제2항에 따라 <u>국토교통부장관의 업무를 대행하는 경우에 그 대행하는 범위 안에서 이 법과 그 밖의 철도에 관한 법률을 적용할 때에는 그 철도의 관리청으로 본다</u>.

036 「철도산업발전기본법령」상 선로 등 사용계약 체결의 절차와 관련한 설명으로 옳지 않은 것은?

㉮ 사용신청자는 선로 등의 사용목적을 기재한 선로 등 사용계약신청서에 화물운송사업계획서를 첨부하여 철도시설관리자에게 제출하여야 한다.

「철도산업발전기본법 시행령」 제37조 제1항 제2호 ⚖[1]

✔ 철도시설관리자는 선로 등 사용계약신청서를 제출받은 날부터 3월 이내에 사용신청자에게 선로 등 사용계약의 체결에 관한 협의일정을 통보하여야 한다.

철도시설관리자는 선로 등 사용계약신청서를 제출받은 날부터 1월 이내에 사용신청자에게 선로 등 사용계약의 체결에 관한 협의일정을 통보하여야 한다(「철도산업발전기본법 시행령」 제37조 제2항). ⚖[1]

㉰ 철도시설관리자는 사용신청자가 철도시설에 관한 자료의 제공을 요청하는 경우에는 특별한 이유가 없는 한 이에 응하여야 한다.

「철도산업발전기본법 시행령」 제37조 제3항 ⚖[1]

㉱ 선로 등 사용계약자는 그 선로 등을 계속하여 사용하고자 하는 경우에는 사용기간이 만료되기 10월 전까지 선로 등 사용계약의 갱신을 신청하여야 한다.

「철도산업발전기본법 시행령」 제38조 제1항 ⚖[2]

법령 ⚖[1]

「철도산업발전기본법 시행령」 제37조(선로 등 사용계약 체결의 절차)
① 제35조 제2항의 규정에 의한 선로 등 사용계약을 체결하고자 하는 자(이하 "사용신청자"라 한다)는 선로 등의 사용목적을 기재한 선로 등 사용계약신청서에 다음 각 호의 서류를 첨부하여 철도시설관리자에게 제출하여야 한다.
 1. 철도여객 또는 화물운송사업의 자격을 증명할 수 있는 서류
 2. 철도여객 또는 화물운송사업계획서
 3. 철도차량·운영시설의 규격 및 안전성을 확인할 수 있는 서류
② 철도시설관리자는 제1항의 규정에 의하여 선로 등 사용계약신청서를 제출받은 날부터 1월 이내에 사용신청자에게 선로 등 사용계약의 체결에 관한 협의일정을 통보하여야 한다.
③ 철도시설관리자는 사용신청자가 철도시설에 관한 자료의 제공을 요청하는 경우에는 특별한 이유가 없는 한 이에 응하여야 한다.
④ 철도시설관리자는 사용신청자와 선로 등 사용계약을 체결하고자 하는 경우에는 미리 국토교통부장관의 승인을 받아야 한다. 선로 등 사용계약의 내용을 변경하는 경우에도 또한 같다.

법령 ⚖[2]

「철도산업발전기본법 시행령」 제38조(선로 등 사용계약의 갱신)
① 선로 등 사용계약을 체결하여 선로 등을 사용하고 있는 자(이하 "선로 등 사용계약자"라 한다)는 그 선로 등을 계속하여 사용하고자 하는 경우에는 사용기간이 만료되기 10월 전까지 선로 등 사용계약의 갱신을 신청하여야 한다.

037 「철도산업발전기본법」상 철도산업위원회의 심의·조정사항에 해당하지 않는 것은?

㉮ 철도안전과 철도운영에 관한 중요정책 사항

> 「철도산업발전기본법」 제6조 제2항 제4호 ⚖

✔ 철도시설의 건설 및 관리 등의 재원확보에 관한 사항

> 철도시설의 건설 및 관리 등의 재원확보에 관한 사항은 「철도산업발전기본법」 제6조 제2항에 따른 철도산업위원회의 심의·조정사항에 해당하지 않는다.

㉰ 철도시설관리자와 철도운영자 간 상호협력 및 조정에 관한 사항

> 「철도산업발전기본법」 제6조 제2항 제5호 ⚖

㉱ 그 밖에 철도산업에 관한 중요한 사항으로서 위원장이 회의에 부치는 사항

> 「철도산업발전기본법」 제6조 제2항 제7호 ⚖

법령 ⚖

「철도산업발전기본법」 제6조(철도산업위원회)
① 철도산업에 관한 기본계획 및 중요정책 등을 심의·조정하기 위하여 국토교통부에 철도산업위원회(이하 "위원회"라 한다)를 둔다.
② 위원회는 다음 각 호의 사항을 심의·조정한다.
　1. 철도산업의 육성·발전에 관한 중요정책 사항
　2. 철도산업구조개혁에 관한 중요정책 사항
　3. 철도시설의 건설 및 관리 등 철도시설에 관한 중요정책 사항
　4. 철도안전과 철도운영에 관한 중요정책 사항
　5. 철도시설관리자와 철도운영자 간 상호협력 및 조정에 관한 사항
　6. 이 법 또는 다른 법률에서 위원회의 심의를 거치도록 한 사항
　7. 그 밖에 철도산업에 관한 중요한 사항으로서 위원장이 회의에 부치는 사항

---

038 국가가 철도시설 투자를 추진하는 경우 고려해야 할 사항으로 옳은 것은?

㉮ 경제적·사회적 편익　　　　✔ 사회적·환경적 편익
㉰ 사회적·기술적 편익　　　　㉱ 경제적·기술적 편익

> 국가는 철도시설 투자를 추진하는 경우 사회적·환경적 편익을 고려하여야 한다(「철도산업발전기본법」 제7조 제1항).

039 「철도안전법」상 용어의 정의로 옳지 않은 것은?

㉮ "철도용품"이란 철도시설 및 철도차량 등에 사용되는 부품·기기·장치 등을 말한다.
㉯ "열차"란 선로를 운행할 목적으로 철도운영자가 편성하여 열차번호를 부여한 철도차량을 말한다.
㉰ "선로"란 철도차량을 운행하기 위한 궤도와 이를 받치는 노반(路盤) 또는 인공구조물로 구성된 시설을 말한다.
✅ "철도준사고"란 철도사고 및 철도준사고 외에 철도차량의 운행에 지장을 주는 것으로서 국토교통부령으로 정하는 것을 말한다.

> "철도준사고"란 철도안전에 중대한 위해를 끼쳐 철도사고로 이어질 수 있었던 것으로 국토교통부령으로 정하는 것을 말한다(「철도안전법」 제2조 제12호).
> "운행장애"란 철도사고 및 철도준사고 외에 철도차량의 운행에 지장을 주는 것으로서 국토교통부령으로 정하는 것을 말한다(동조 제13호).

040 「철도안전법령」상 철도운영자 등이 종합시험운행을 실시할 때 안전관리책임자가 수행하여야 하는 업무에 해당하지 않는 것은?

㉮ 종합시험운행 참여자에 대한 안전교육 　「철도안전법 시행규칙」 제75조 제9항 제5호 ⚖
✅ 종합시험운행과 관련한 비상대응계획의 수립

> 종합시험운행과 관련한 비상대응계획의 수립은 「철도안전법 시행규칙」 제75조 제9항에 따른 안전관리책임자의 수행업무에 해당하지 않는다.

㉰ 종합시험운행에 사용되는 철도차량에 대한 안전 통제

　「철도안전법 시행규칙」 제75조 제9항 제3호 ⚖

㉱ 「산업안전보건법」 등 관련 법령에서 정한 안전조치사항의 점검·확인

　「철도안전법 시행규칙」 제75조 제9항 제1호 ⚖

법령 ⚖

「철도안전법 시행규칙」 제75조(종합시험운행의 시기·절차 등)
⑨ 철도운영자 등이 종합시험운행을 실시하는 때에는 안전관리책임자를 지정하여 다음 각 호의 업무를 수행하도록 하여야 한다.
  1. 「산업안전보건법」 등 관련 법령에서 정한 안전조치사항의 점검·확인
  2. 종합시험운행을 실시하기 전의 안전점검 및 종합시험운행 중 안전관리 감독
  3. 종합시험운행에 사용되는 철도차량에 대한 안전 통제
  4. 종합시험운행에 사용되는 안전장비의 점검·확인
  5. 종합시험운행 참여자에 대한 안전교육

041
「교통안전법령」상 교통안전이 취약한 시·군·구에 대하여 실시하는 교통안전 특별실태조사의 조건으로 옳은 것은?

✓ ㉮ 교통문화지수가 하위 100분의 20 이내 ㉯ 교통문화지수가 하위 100분의 40 이내
㉰ 안전도평가도지수가 하위 100분 20 이내 ㉱ 안전도평가도지수가 하위 100분 40 이내

> 특별실태조사는 교통문화지수가 하위 100분의 20 이내인 시·군·구를 대상으로 한다(「교통안전법」 제33조의2 제1항, 동법 시행규칙 제7조의3 제1항). ⚖️

법령 ⚖️

「교통안전법」 제33조의2(교통안전 특별실태조사의 실시 등)
① 지정행정기관의 장은 교통사고가 자주 발생하는 등 교통안전이 취약한 시(「제주특별자치도 설치 및 국제자유도시 조성을 위한 특별법」 제10조 제2항에 따른 행정시를 포함한다. 이하 이 항에서 같다)·군·구에 대하여 필요하다고 인정하는 경우 해당 시·군·구의 교통체계에 대한 특별실태조사(이하 "특별실태조사"라 한다)를 실시할 수 있다.

「교통안전법 시행규칙」 제7조의3(특별실태조사의 대상 등)
① 법 제33조의2 제1항에 따른 특별실태조사는 법 제57조 제1항에 따른 교통문화지수가 하위 100분의 20 이내인 시(「제주특별자치도 설치 및 국제자유도시 조성을 위한 특별법」 제10조 제2항에 따른 행정시를 포함한다)·군·구를 대상으로 한다.

042
「철도안전법」상 운전면허의 갱신에 대한 내용으로 빈칸에 알맞은 철도운전면허 갱신 신청 기간으로 옳은 것은?

> • 운전면허 취득자가 운전면허의 갱신을 받지 아니하면 그 운전면허의 유효기간이 만료되는 날의 다음 날부터 그 운전면허의 효력이 정지된다.
> • 운전면허의 효력이 정지된 사람이 (　　　)의 범위에서 대통령령으로 정하는 기간 내에 운전면허의 갱신을 신청하여 운전면허의 갱신을 받지 아니하면 그 기간이 만료되는 날의 다음 날부터 그 운전면허는 효력을 잃는다.

㉮ 1개월 ㉯ 3개월
✓ ㉰ 6개월 ㉱ 1년

> • 운전면허 취득자가 운전면허의 갱신을 받지 아니하면 그 운전면허의 유효기간이 만료되는 날의 다음 날부터 그 운전면허의 효력이 정지된다(「철도안전법」 제19조 제4항).
> • 운전면허의 효력이 정지된 사람이 6개월의 범위에서 대통령령으로 정하는 기간 내에 운전면허의 갱신을 신청하여 운전면허의 갱신을 받지 아니하면 그 기간이 만료되는 날의 다음 날부터 그 운전면허는 효력을 잃는다(동조 제5항).

043 다음은「철도안전법령」상 업무의 위탁과 관련한 설명이다. 빈칸에 들어갈 위탁 기관으로 옳은 것은?

> 국토교통부장관은 안전관리기준에 대한 적합 여부 검사의 업무를 (　　　)에 위탁한다.

- ✅ ㉮ 한국교통안전공사
- ㉯ 시·도지사
- ㉰ 지방행정기관의 장
- ㉱ 철도안전전문기관

> 국토교통부장관은 안전관리기준에 대한 적합 여부 검사의 업무를 <u>한국교통안전공단</u>에 위탁한다(「철도안전법 시행령」제63조 제1항 제1호).

044 「철도안전법」상 '철도종사자'에 해당하지 않는 사람은?

- ㉮ 운전업무종사자   「철도안전법」제2조 제10호 가목 ⚖
- ✅ ㉯ 철도안전전문기술자

> 철도안전전문기술자는「철도안전법」제2조 제10호에 따른 철도종사자에 해당하지 않는다.

- ㉰ 관제업무종사자   「철도안전법」제2조 제10호 나목 ⚖
- ㉱ 철도운행안전관리자   「철도안전법」제2조 제10호 바목 ⚖

법령 ⚖

「철도안전법」제2조(정의)
이 법에서 사용하는 용어의 뜻은 다음과 같다.
10. "<u>철도종사자</u>"란 다음 각 목의 어느 하나에 해당하는 사람을 말한다.
　가. 철도차량의 운전업무에 종사하는 사람(이하 "<u>운전업무종사자</u>"라 한다)
　나. 철도차량의 운행을 집중 제어·통제·감시하는 업무(이하 "<u>관제업무</u>"라 한다)에 <u>종사하는 사람</u>
　다. 여객에게 승무(乘務) 서비스를 제공하는 사람(이하 "여객승무원"이라 한다)
　라. 여객에게 역무(驛務) 서비스를 제공하는 사람(이하 "여객역무원"이라 한다)
　마. 철도차량의 운행선로 또는 그 인근에서 철도시설의 건설 또는 관리와 관련한 작업의 협의·지휘·감독·안전관리 등의 업무에 종사하도록 철도운영자 또는 철도시설관리자가 지정한 사람(이하 "작업책임자"라 한다)
　바. 철도차량의 운행선로 또는 그 인근에서 철도시설의 건설 또는 관리와 관련한 작업의 일정을 조정하고 해당 선로를 운행하는 열차의 운행일정을 조정하는 사람(이하 "<u>철도운행안전관리자</u>"라 한다)
　사. 그 밖에 철도운영 및 철도시설관리와 관련하여 철도차량의 안전운행 및 질서유지와 철도차량 및 철도시설의 점검·정비 등에 관한 업무에 종사하는 사람으로서 대통령령으로 정하는 사람

045 「철도산업발전기본법」상 철도자산의 처리에 대한 설명으로 적절하지 않은 것은?

✔ 철도공사는 현물출자받은 운영자산과 관련된 권리와 의무를 특정하여 승계한다.

> 철도공사는 현물출자받은 운영자산과 관련된 권리와 의무를 **포괄하여** 승계한다(「철도산업발전기본법」 제23조 제3항). ⚖

㉯ 국토교통부장관은 철도청장으로부터 철도청의 시설자산(건설 중인 시설자산 제외), 철도청의 기타자산을 이관받는다.

> 「철도산업발전기본법」 제23조 제4항 전단 ⚖

㉰ 국가철도공단은 철도청이 건설 중인 시설자산과 그에 관한 권리와 의무를 포괄하여 승계한다.

> 「철도산업발전기본법」 제23조 제5항 전단 ⚖

㉱ 철도청이 건설 중인 시설자산이 완공된 때에는 국가에 귀속된다.

> 「철도산업발전기본법」 제23조 제5항 후단 ⚖

법령 ⚖

「철도산업발전기본법」 제23조(철도자산의 처리)
① 국토교통부장관은 대통령령으로 정하는 바에 의하여 철도산업의 구조개혁을 추진하기 위한 철도자산의 처리계획(이하 "철도자산처리계획"이라 한다)을 위원회의 심의를 거쳐 수립하여야 한다.
② 국가는 「국유재산법」에도 불구하고 철도자산처리계획에 의하여 철도공사에 운영자산을 현물출자한다.
③ 철도공사는 제2항에 따라 현물출자받은 운영자산과 관련된 권리와 의무를 포괄하여 승계한다.
④ 국토교통부장관은 철도자산처리계획에 의하여 철도청장으로부터 다음 각 호의 철도자산을 이관받으며, 그 관리업무를 국가철도공단, 철도공사, 관련 기관 및 단체 또는 대통령령으로 정하는 민간법인에 위탁하거나 그 자산을 사용·수익하게 할 수 있다.
  1. 철도청의 시설자산(건설 중인 시설자산은 제외한다)
  2. 철도청의 기타자산
⑤ 국가철도공단은 철도자산처리계획에 의하여 다음 각 호의 철도자산과 그에 관한 권리와 의무를 포괄하여 승계한다. 이 경우 제1호 및 제2호의 철도자산이 완공된 때에는 국가에 귀속된다.
  1. 철도청이 건설 중인 시설자산
  2. 고속철도건설공단이 건설 중인 시설자산 및 운영자산
  3. 고속철도건설공단의 기타자산
⑥ 철도청장 또는 고속철도건설공단이사장이 제2항부터 제5항까지의 규정에 의하여 철도자산의 인계·이관 등을 하고자 하는 때에는 그에 관한 서류를 작성하여 국토교통부장관의 승인을 얻어야 한다.
⑦ 제6항에 따른 철도자산의 인계·이관 등의 시기와 해당 철도자산 등의 평가방법 및 평가기준일 등에 관한 사항은 대통령령으로 정한다.

046
「교통안전법령」에 따른 교통행정기관의 장의 업무 중 (　　　)에 관한 경찰청장의 업무는 도로교통공단에 위탁한다. 빈칸에 해당하지 않는 것은?

㉮ 도로교통사고에 관한 교통안전정보관리체계의 구축·관리

> 「교통안전법 시행령」 제48조의2 제3항 제2호 ⚖

㉯ 교통안전체험연구·교육시설의 설치·운영

> 「교통안전법 시행령」 제48조의2 제3항 제3호 ⚖

✅ 교통안전관리규정의 접수 및 준수 여부에 대한 확인·평가

> 교통행정기관의 장의 업무 중 교통안전관리규정의 접수 및 준수 여부에 대한 확인·평가에 관한 시·도지사의 업무는 한국교통안전공단에 위탁한다(「교통안전법 시행령」 제48조의2 제2항 제1호). ⚖

㉱ 도로교통사고에 관한 교통문화지수의 조사·작성

> 「교통안전법 시행령」 제48조의2 제3항 제4호 ⚖

법령 ⚖

「교통안전법 시행령」 제48조의2(업무의 위탁)
① 국토교통부장관은 법 제59조 제3항에 따라 다음 각 호의 업무를 한국교통안전공단에 위탁한다.
  1. 법 제33조 제6항에 따른 교통수단안전점검
  2. 법 제35조의2 제1항 및 제3항에 따른 교통안전우수사업자의 지정 및 지정 취소
  3. 법 제45조 제1항 및 제2항에 따른 교통시설안전진단 실시결과의 평가와 평가에 필요한 관련 자료의 제출 요구
  4. 법 제53조 제2항에 따른 시험의 실시 및 자격증명서의 발급
② 교통행정기관의 장의 업무 중 다음 각 호에 관한 국토교통부장관의 업무와 제1호 및 제4호에 관한 시·도지사 등의 업무는 법 제59조 제3항에 따라 한국교통안전공단에 위탁한다.
  1. 법 제21조 제1항·제3항에 따른 교통안전관리규정의 접수 및 준수 여부에 대한 확인·평가
  2. 교통안전정보관리체계의 구축·관리
  3. 삭제
  4. 운행기록 등(자동차의 운행기록 등만 해당한다)의 제출 요청 및 점검·분석
  5. 교통안전체험연구·교육시설의 설치·운영
  6. 교통문화지수의 개발·조사·작성 및 결과의 공표
  7. 법 제33조 제3항에 따른 교통수단안전점검에 필요한 관련 자료의 제출 요구(제1항 제1호에 따라 위탁된 업무와 관련된 경우로 한정한다)
  8. 법 제33조의2 제1항부터 제4항까지의 규정에 따른 특별실태조사의 실시, 교통체계 개선권고와 그 이행에 필요한 행정적 지원, 이행계획서의 접수와 그 이행의 확인·점검 및 이행결과보고서의 접수
③ 교통행정기관의 장의 업무 중 다음 각 호에 관한 경찰청장의 업무는 법 제59조 제3항에 따라 도로교통공단에 위탁한다.
  1. 법 제51조 제3항에 따른 교통사고 관련자료 등(제39조 제1호부터 제3호까지 및 제5호에 해당하는 자가 보관·관리하는 교통사고 관련자료 등은 제외한다)의 제출 요구
  2. 도로교통사고에 관한 교통안전정보관리체계의 구축·관리
  3. 교통안전체험연구·교육시설의 설치·운영
  4. 도로교통사고에 관한 교통문화지수의 조사·작성

047 「철도안전법」상 철도종사자와 여객 등에게 성적(性的) 수치심을 일으키는 행위를 한 자에 대한 벌칙으로 옳은 것은?

㉮ 300만 원 이하의 벌금

✓ ㉯ 500만 원 이하의 벌금

> 철도종사자와 여객 등에게 성적(性的) 수치심을 일으키는 행위를 한 사람에게는 500만 원 이하의 벌금에 처한다(「철도안전법」 제79조 제5항, 동법 제47조 제1항 제5호). ⚖

㉰ 1년 이하의 징역 또는 1천만 원 이하의 벌금

㉱ 2년 이하의 징역 또는 2천만 원 이하의 벌금

법령 ⚖

「철도안전법」 제79조(벌칙)
⑤ 제47조 제1항 제5호를 위반한 자는 500만 원 이하의 벌금에 처한다.

「철도안전법」 제47조(여객열차에서의 금지행위)
① 여객(무임승차자를 포함한다. 이하 이 조에서 같다)은 여객열차에서 다음 각 호의 어느 하나에 해당하는 행위를 하여서는 아니 된다.
1. 정당한 사유 없이 국토교통부령으로 정하는 여객출입 금지장소에 출입하는 행위
2. 정당한 사유 없이 운행 중에 비상정지버튼을 누르거나 철도차량의 옆면에 있는 승강용 출입문을 여는 등 철도차량의 장치 또는 기구 등을 조작하는 행위
3. 여객열차 밖에 있는 사람을 위험하게 할 우려가 있는 물건을 여객열차 밖으로 던지는 행위
4. 흡연하는 행위
5. 철도종사자와 여객 등에게 성적(性的) 수치심을 일으키는 행위
6. 술을 마시거나 약물을 복용하고 다른 사람에게 위해를 주는 행위
7. 그 밖에 공중이나 여객에게 위해를 끼치는 행위로서 국토교통부령으로 정하는 행위

048 「철도산업발전기본법」상 특정노선 폐지의 승인과 관련한 설명 중 빈칸에 알맞은 단어는?

> 국토교통부장관은 특정노선 폐지 등의 승인을 한 때에는 그 승인이 있은 날부터 (   ) 이내에 폐지되는 특정노선 및 역 또는 제한·중지되는 철도서비스의 내용과 그 사유를 국토교통부령이 정하는 바에 따라 공고하여야 한다.

✓ ㉮ 1월
㉯ 2월
㉰ 6월
㉱ 12월

> 국토교통부장관은 특정노선 폐지 등의 승인을 한 때에는 그 승인이 있은 날부터 1월 이내에 폐지되는 특정노선 및 역 또는 제한·중지되는 철도서비스의 내용과 그 사유를 국토교통부령이 정하는 바에 따라 공고하여야 한다(「철도산업발전기본법 시행령」 제46조).

049

「철도안전법령」에 따르면 철도용품 제작자승인을 받은 자는 해당 철도용품에 일정 사항을 포함하여 형식승인품임을 나타내는 표시를 하여야 한다. 이때 표시사항에 포함되지 않는 것은?

㉮ 형식승인품명 및 형식승인번호 「철도안전법 시행규칙」 제68조 제1항 제1호
㉯ 형식승인품명의 제조일 「철도안전법 시행규칙」 제68조 제1항 제2호
☑ 형식승인품의 승인자명

> 형식승인품의 승인자명은 「철도안전법 시행규칙」 제68조 제1항에 따른 형식승인품 표시사항에 해당하지 않는다.

㉱ 형식승인기관의 명칭 「철도안전법 시행규칙」 제68조 제1항 제4호

> **법령**
> 「철도안전법 시행규칙」 제68조(형식승인을 받은 철도용품의 표시)
> ① 법 제27조의2 제3항에 따라 철도용품 제작자승인을 받은 자는 해당 철도용품에 다음 각 호의 사항을 포함하여 형식승인을 받은 철도용품(이하 "형식승인품"이라 한다)임을 나타내는 표시를 하여야 한다.
> 1. 형식승인품명 및 형식승인번호
> 2. 형식승인품명의 제조일
> 3. 형식승인품의 제조자명(제조자임을 나타내는 마크 또는 약호를 포함한다)
> 4. 형식승인기관의 명칭

050

「교통안전법」 제2조(정의)에서 "교통수단"을 규정하고 있는 법에 해당하지 않는 것은?

☑ 해양법 　　㉯ 궤도운송법
㉰ 도로교통법　　㉱ 항공안전법

> 해양법은 「교통안전법」 제2조에 따라 "교통수단"을 규정하는 법에 해당하지 않는다.

> **법령**
> 「교통안전법」 제2조(정의)
> 이 법에서 사용하는 용어의 뜻은 다음과 같다.
> 1. "교통수단"이라 함은 사람이 이동하거나 화물을 운송하는 데 이용되는 것으로서 다음 각 목의 어느 하나에 해당하는 운송수단을 말한다.
> 　가. 「도로교통법」에 의한 차마 또는 노면전차, 「철도산업발전 기본법」에 의한 철도차량(도시철도를 포함한다) 또는 「궤도운송법」에 따른 궤도에 의하여 교통용으로 사용되는 용구 등 육상교통용으로 사용되는 모든 운송수단(이하 "차량"이라 한다)
> 　나. 「해사안전기본법」에 의한 선박 등 수상 또는 수중의 항행에 사용되는 모든 운송수단(이하 "선박"이라 한다)
> 　다. 「항공안전법」에 의한 항공기 등 항공교통에 사용되는 모든 운송수단(이하 "항공기"라 한다)

[2과목] 교통안전관리론

051 다음 중 사고지점도에 대한 설명으로 옳지 않은 것은?

㉮ 사고가 집중적으로 발생하는 지점에 시각적인 색인을 한 지점도이다.
㉯ 지도상에 핀, 색종이 등을 통해 표시하여 사고지점을 나타낸다.
㉰ 범례는 가능한 단순하게 하여 4~5가지 이하 유형, 크기 및 색체를 사용하도록 한다.
✓㉱ 가로의 지형적인 특성을 나타내는 축척 1:50,000의 소축척도가 활용에 적합하다.

> 사고지점도는 가로의 지형적인 특성을 나타내는 축척 1:5,000의 간단한 대축척도가 활용에 적합하다.

052 다음 중 비공식조직의 장점으로 옳지 않은 것은?

㉮ 구성원에게 귀속감과 안정감을 줄 수 있다.
㉯ 구성원 간의 유대와 협조를 통해 업무 능률성이 향상된다.
㉰ 개인의 창의력을 발휘하여 활동할 수 있다.
✓㉱ 업무에 있어 능률의 논리로 운영할 수 있다.

> 업무에 있어 능률의 논리로 운영할 수 있는 것은 공식조직의 특징이다. 비공식조직은 감정의 논리에 따라 운영된다.

053 과거의 사고자료를 사용하지 않고 짧은 시간 동안 수시로 충돌에 근접하는 교통현상을 관측하여 그 장소의 사고 위험도를 평가하는 방법은?

㉮ Rate-Quality Control법

> 도로구간 또는 교차로에서의 교통사고가 발생할 확률은 다른 장소와 같다는 가정에 따라 품질관리이론을 적용하여 위험도를 평가하는 방법이다.

㉯ 회귀분석모형법

> 사고자료에서 관찰된 연속된 변수들에 대해 두 변수 사이의 모형을 구한 뒤 적합도를 측정해 내는 분석방법이다.

✓㉰ 교통상충법
㉱ 사고율법

> 과거의 사고자료를 토대로 분류된 사고율을 분석하여 해당 교통현상에 대한 사고 위험도를 평가하는 방법이다.

054 교통안전의 증진을 위한 3E에 해당하지 않는 것은?

㉮ 기술(engineering)　　㉯ 교육(education)
㉰ 관리(enforcement)　　**㉱ 환경(environment)** ✓

> 하인리히가 주장한 재해예방의 중요요소 3E는 Engineering(기술), Education(교육), Enforcement(관리)이다.

055 교통운용계획의 시행절차를 올바르게 나열한 것은?

㉮ 계획 → 통제 → 조정 → 실시　　**㉯ 계획 → 실시 → 통제 → 조정** ✓
㉰ 통제 → 계획 → 실시 → 조정　　㉱ 조정 → 통제 → 계획 → 실시

> 교통운용계획 시행절차(PDCA) : 계획(Plan) → 실시(Do) → 통제(Control) → 조정(Adjustment)

056 교육훈련의 목적으로 옳지 않은 것은?

㉮ 기술의 축적　　㉯ 조직의 협력
㉰ 동기유발　　**㉱ 지휘계통의 확립** ✓

> 교육훈련은 직무에 대한 지식, 기능, 태도 개발을 목적으로 하며 지휘계통의 확립은 이에 포함되지 않는다.

057 제시된 경영목표를 효율적으로 달성하기 위해 실행하는 구체적 계획인 전술 계획에 해당하지 않는 것은?

㉮ 방침　　**㉯ 이념** ✓
㉰ 예산　　㉱ 일정계획

> 이념은 전술 계획에 해당하지 않는다.

💡 TIP

전술 계획의 구분
- 지속적 계획 : 방침, 절차, 규칙 등 반복적 성격을 갖는 문제 및 상황에 대응하기 위한 계획
- 일시적 계획 : 예산, 프로그램, 일정계획 등의 기간 내 특정 목표를 달성하기 위한 계획

058 운전자의 반응과정이 올바르게 된 것은?

㉮ 인지 → 판단 → 제거
㉯ 인지 → 판단 → 조작 ✓
㉰ 판단 → 조작 → 인지
㉱ 판단 → 인지 → 제거

> 운전자의 반응과정 : 사실 인지 → 인지를 통한 판단 → 조작

059 운전자 모집 시 고려하여야 할 사항으로 거리가 먼 것은?

㉮ 운전경력
㉯ 결혼 여부
㉰ 기술 수준
㉱ 재산 상태 ✓

> 운전자의 재산은 운전자 모집 시 고려사항이 아니다.

운전자 모집 시 고려사항
- 운전 능숙도
- 업무만족도
- 사고방지능력
- 사회적 순응 능력
- 운전경력
- 결혼 여부
- 인격(인성)도

060 교통기관의 3대 구성요소가 아닌 것은?

㉮ 교통환경
㉯ 운반구
㉰ 동력
㉱ 이용자 ✓

> 이용자는 교통기관의 3대 구성요소가 아닌 교통의 구성요소에 속한다.

교통기관의 3대 구성요소
- 통로
- 운반구
- 동력

061 직장 내 교육훈련(OJT)에 관한 설명으로 옳지 않은 것은?

✓ ㉮ 직업훈련소나 연수원을 통해 다 인원에게 통일된 훈련을 진행한다.

> 직업훈련소, 연수원 등 작업현장이 아닌 곳에서 훈련을 진행하는 것은 직장 외 훈련(Off-JT ; Off-Job Training)에 해당한다.

㉯ 직장의 직속상사를 통해 직무수행 관련 교육을 들을 수 있다.
㉰ 통일된 내용의 훈련이 곤란하다.
㉱ 현장에서 개별적 능력에 맞춘 훈련이 가능하다.

062 다음 중 시각특성과 도로를 주행하는 관계에 대한 설명으로 옳지 않은 것은?

㉮ 운전에 필요한 교통정보의 약 90% 이상이 운전자의 눈을 통해 얻어진다.

✓ ㉯ 승용차와 대형차의 시계 차이로 인해 고속도로에서 일어나는 추돌사고는 대부분 승용차가 일으킨다.

> 대형차 운전자는 노면 부분이 넓게 보이고, 같은 거리라도 더 길게 느껴지기 때문에 안전거리를 좁혀 주행하여도 위험하다고 느끼기 어려워 안전거리를 가깝게 유지하게 된다. 이 때문에 고속도로에서 일어나는 추돌사고 대부분은 대형차량에 의해 발생한다.

㉰ 전방주시를 집중하는 것으로 안전운전을 실천할 수 있다.
㉱ 속도가 빠를수록 시야는 반비례하여 좁아진다.

063 교통서비스의 주요기능으로 가장 거리가 먼 것은?

㉮ 편의성   ㉯ 쾌적성
㉰ 정확성   ✓ ㉱ 지역균등성

> 교통서비스는 많은 사람이 골고루 누릴 수 있다는 의미의 보급성의 기능을 지니고 있으나 이는 지역균등을 의미하는 것이 아닌 차별 없이 누릴 수 있다는 의미를 뜻한다.

 TIP

교통서비스의 주요기능
경제성, 보급성, 신속성, 안전성, 정확성, 쾌적성, 편의성

064 다음 노면의 종류 중 사고율이 가장 높은 노면은?

㉮ 건조한 노면   건조한 노면에서 타이어와의 마찰계수 : 0.8~0.9μ

㉯ 젖어있는 노면   젖어있는 노면에서 타이어와의 마찰계수 : 0.5~0.7μ

 얼어있는 노면

노면과 타이어와의 마찰계수가 낮을수록 미끄러짐에 따른 사고발생율이 높다.
얼어있는 노면에서 타이어와의 마찰계수 : 0.2μ 이하

㉱ 눈 덮인 노면

눈의 상태에 따라 변동이 있으나 눈 덮인 노면은 젖은 노면과 얼은 노면 중간의 마찰계수를 보임

TIP

노면의 사고율
얼어있는 노면 > 눈 덮인 노면 > 젖어있는 노면 > 건조한 노면

065 도로 경사도가 10%를 초과하는 급경사의 최소 미끄럼 방지 저항기준(BPN)은?

㉮ 20BPN   ㉯ 40BPN   도로 경사도가 0~2% 이하인 평지

㉰ 45BPN   도로 경사도가 2~4% 이하인 평지   50BPN

TIP

BPN(British Pendulum Number)
• 도로 포장재 표면의 마찰특성을 측정하는 기준
• 수치가 높을수록 미끄럼에 안전함
• 도로 경사도에 따른 포장재의 BPN 저항기준
 - 경사도 0~2%인 평지 : 40BPN 이상의 포장재 사용
 - 경사도 2~4%인 완경사지 : 45BPN 이상의 포장재 사용
 - 경사도 10%를 초과하는 급경사지 : 50BPN 이상의 포장재 사용

066 교통사고 예방을 위해 운반구 및 동력제작의 기술 발전을 통해 안전관리의 효율성을 제고하고자 하는 접근방법은?

✔ 기술적 접근방법

> 교통기관, 운반구, 동력 등 하드웨어의 개발을 통해 안전도를 향상시키고자 하는 방법이다. 교통수단을 조작하는 교통종사원의 기술향상 또한 기술적 접근방식에 해당한다.

㉯ 관리적 접근방법

> 관리적 접근방식 혹은 정신적·내적 접근방식으로 부르며 교통의 기술면에서 교통기관을 효율적으로 관리 통제할 수 있도록 하는 방법이다.
> 예 경영관리기법을 통한 전사적 안전관리, 통계학을 이용한 사고유형 및 원인 분석, 인간형태학적 접근 등

㉰ 제도적 접근방법

> 기술적, 관리적 접근방식을 통해 개발된 기법을 효율적으로 제고하기 위해 법규나 관리규정 등을 제정하여 안전관리의 효율성을 제고하고자 하는 접근방식이다.

㉱ 정신적·내적 접근방법

> 관리적 접근방식 혹은 정신적·내적 접근방식으로 부르며 교통의 기술면에서 교통기관을 효율적으로 관리·통제할 수 있도록 하는 방법이다.
> 예 경영관리기법을 통한 전사적 안전관리, 통계학을 이용한 사고유형 및 원인 분석, 인간형태학적 접근 등

067 사고의 연쇄반응에 대한 순서로 옳은 것은?

㉮ 사회적 결함 → 불안전 행위 → 사고 → 성격상 결함
㉯ 사회적 결함 → 사고 → 불안전 행위 → 성격상 결함
㉰ 사회적 결함 → 사고 → 성격상 결함 → 불안전 행위
✔ 사회적 결함 → 성격상 결함 → 불안전 행위 → 사고

> 사고의 연쇄반응은 사회적 결함과 개인의 성격상의 결함으로 인해 불안전한 행위가 발생하고 최종적으로 사고로 반응한다는 것을 말한다.

 TIP

사고의 연쇄반응 순서
사회적 결함 → 성격상 결함 → 불안전 행위 → 사고

068 연석의 주요 기능으로 옳지 않은 것은?

㉮ 차량의 이탈방지　　㉯ 차도의 경계 구분
✓ 고장차량의 대피소　　㉱ 배수유도

> 고장 난 차량을 임시로 세워 놓거나 위급한 차량이 지나가기 위해 사용하는 것은 갓길이다.

069 음주운전자의 특성으로 볼 수 없는 것은?

㉮ 행동 통제의 부족　　㉯ 부정적 정서성
㉰ 권위와의 갈등　　✓ 신체기능의 원활

> 음주운전자는 알코올로 인해 신체기능이 원활하지 않은 행동통제 부족의 특성을 보인다.

070 사고의 기본원인을 제공하는 4M에 대한 사고방지대책을 잘못 나타낸 것은?

㉮ 인간(Man) : 능동적인 의욕, 위험예지, 리더십, 의사소통 등
㉯ 기계(Machine) : 안전설계, 위험방호, 표시장치 등
✓ 매개체(Media) : 작업정보, 작업환경, 건강관리 등

> 건강관리는 관리(Management)에 대한 사고방지대책에 해당한다. 매개체(Media)는 작업정보, 작업방법 등에 대한 오인으로 발생하는 에러이다. 그러므로 매개체로 인한 사고를 방지하기 위해서는 작업 관련 정보 및 방법을 파악하여야 한다.

㉱ 관리(Management) : 관리조직, 평가 및 훈련, 직장활동 등

071 정상적인 시력을 가진 사람의 시야(시각)은?

㉮ 100~120°　　㉯ 120~150°
✓ 180~200°　　㉱ 220~280°

> 시야란 정지되어 있는 상태에서 눈을 고정시킨 자세에서 양눈으로 볼 수 있는 좌우의 범위를 말한다. 정상적인 사람의 시야는 180~200° 정도이며 한쪽 눈의 시야는 좌우 각각 160°이다.

072 교통사고 예방을 위한 법령의 제정을 통해 안전관리의 효율성을 높이고자 하는 접근방법은?

㉮ 제도적 접근방법 ✓

㉯ 관리적 접근방법

> 교통의 기술면에서 교통수단을 효율적으로 관리하고 통제하여 교통사고 예방을 시키고자 하는 방법론

㉰ 기술적 접근방법

> 교통수단별 기술개발 및 안전시설·장비의 하드웨어 개발 등의 기술적 발달을 통해 교통사고를 예방하는 방법

㉱ 과학적 접근방법

> **TIP**
>
> **사고 예방을 위한 접근방법**
> - 기술적 접근방법
>   - 교통기관, 운반구, 동력 등 하드웨어의 개발을 통해 안전도를 향상시키고자 하는 방법이다.
>   - 교통수단을 조작하는 교통종사원의 기술향상 또한 기술적 접근방식에 해당한다.
> - 관리적 접근방법
>   - 관리적 접근방식 혹은 정신적·내적 접근방식으로 부르며 교통의 기술면에서 교통기관을 효율적으로 관리 통제할 수 있도록 하는 방법이다.
>   예 경영관리기법을 통한 전사적 안전관리, 통계학을 이용한 사고유형 및 원인 분석, 인간형태학적 접근 등
> - 제도적 접근방법
>   - 기술적, 관리적 접근방식을 통해 개발된 기법을 효율적으로 제고하기 위해 법규나 관리규정 등을 제정하여 안전관리의 효율성을 제고하고자 하는 접근방식이다.

073 음주운전 사고의 특징으로 옳지 않은 것은?

㉮ 알코올로 인해 발생하는 뇌의 기능 저하로 인해 발생한다.

㉯ 정지물체인 가로등, 전봇대 등과 충돌하는 사고가 발생한다.

㉰ 음주로 인한 사고는 야간(밤)보다 주간(낮)에 빈번히 발생한다. ✓

> 음주로 인한 사고는 주간(낮)보다 야간(밤)에 빈번히 발생한다.

㉱ 음주운전자의 과활동성, 충동성으로 인해 사고가 발생한다.

074 운전자교육의 마지막 단계의 내용으로 적합한 것은?

㉮ 상호 간 신뢰관계의 형성
㉯ 운전자교육의 실행
㉰ 실행교육기법의 평가
✓ ㉱ 교육에 대한 ROI 분석

> 운전자교육의 단계 : 상호간 신뢰관계의 형성 → 교육의 실행 → 실행교육기법의 평가 → 교육에 대한 ROI(Return Of Investment) 분석

075 다음 중 집단의사결정에 대한 설명으로 옳지 않은 것은?

㉮ 집단에 주어진 문제에 대하여 개인이 아닌 집단에 의해 이루어지는 의사결정을 말한다.
✓ ㉯ 집단의사결정은 많은 사람이 타협을 통해 이루어지므로 결정과정이 느리지만, 가장 적절한 방안을 찾을 수 있다.

> 집단의사결정은 많은 사람이 타협을 통해 이루어지므로 결정과정이 느리고, 타협을 통해 의사결정이 이루어지므로 가장 적절한 방안보다는 가장 다수에게 이익이 가는 방안으로 결정되기 쉽다.

㉰ 집단구성원의 참여를 통해 구성원의 만족과 결정에 대한 지지를 확보할 수 있다.
㉱ 개인적 의사결정에 비하여 문제분석을 보다 광범위한 관점에서 할 수 있다.

[**3과목**] 철도공학

076 다음 중 개폐식 구름막이의 설치 및 취급에 대한 설명으로 옳지 않은 것은?

㉮ 개폐식 구름막이를 설치할 정거장·선로의 지정 및 설치는 지역본부장이 지정하여야 한다.
㉯ 개폐식 구름막이는 그 선로에 차량을 유치하고 있을 때 입환의 경우를 제외하고 반드시 닫아 두어야 한다.
✓ ㉰ 개폐식 구름막이는 측선으로부터 분기하는 측선의 차량접촉한계표지의 안쪽 3미터 이상의 지점에 설치하여야 한다.

> 개폐식 구름막이는 본선으로부터 분기하는 측선의 차량접촉한계표지의 안쪽 3미터 이상의 지점에 설치하여야 한다.

㉱ 개폐식 구름막이는 본선으로부터 분기하는 측선의 차량접촉한계표지의 안쪽 3미터 이상의 지점에 설치하여야 한다.

077 구조가 간단하고 견고하나 열차가 분기선에 진입할 때 레일의 결선구간이 열차에 충격을 주는 포인트는?

㉮ 승월포인트

> 보선기계 차량을 유지하기 위한 측선으로의 분기 혹은 안전측선으로의 분기 시 활용하는 포인트이다. 곡선 내측의 텅레일은 특수한 형상으로 본선레일을 타고 넘으며 크로싱도 본선 정위로 되어있다.

✓ 둔단포인트

㉰ 첨단포인트

> 가장 흔히 사용되는 모양이 포인트이다. 2개의 첨단레일을 설치한다. 열차의 주행을 원활하게 하나 첨단부 손상이 쉬워 각종의 단면 형상으로 선단부 보강을 고려하여야 한다.

㉱ 스프링포인트

> 강력한 스프링의 작용으로 평상시는 교통이 빈번한 기본레일 방향으로 개통되어 있는 포인트이다. 속도가 느린 노면전차에 사용되었으나 근래에는 철도에서도 종단역과 중간역 등에서 열차의 진행방향이 일정한 분기기에 일부 사용되고 있다.

078 다음 중 전차선 전원에 따라 전동차의 회로를 교류 또는 직류회로로 절환하는 기기는?

✓ ADCg

㉯ MCB

> MCB(주차단기) : 과전류를 신속하고 안전하게 차단할 목적으로 설치하는 기기이다.

㉰ ACOCR

> ACOCR(교류과전류계전기) : 주변압기 1차측에 과전류 발생 시 주차단기를 차단하여 주변압기를 보호한다.

㉱ MFS

> MFS(주휴즈) : 주변압기 보호를 위해 설치하는 기기로 주변압기 1차측 회로에 이상전류가 들어올 경우 용손되어 주변압기를 보호한다.

> **TIP**
>
> **ADCg(교직절환기)**
> - 전차선 교류극과 직류극을 가지고 있으며 전원에 따라 <u>전동차의 회로를 교류 또는 직류회로로 절환하는 기기</u>이다.
> - 차량의 운전조건에 따라 교류와 직류 구간을 운행할 수 있도록 전환해주는 장치이다.
> - 옥상에 설치하며 차량 상부에 설치된 단로기에 의해서 주회로의 절환을 수행한다.
> - 압축공기에 의해 조작되며 교직절환 스위치를 교류 위치로 조정 시 당로기 조작제어용의 전자밸브가 여자되고 압충공기가 조작실린더로 송입되어 단로기 블레이드가 교류측으로 전환된다.

079 다음 중 정거장의 구내배선을 할 때 주의사항으로 잘못된 것은?

㉮ 사고 등에 대비하여 배선한다.
㉯ 구내 전반에 걸쳐 투시가 좋게 한다.
✔ 융통성 확보를 위해 곡선을 원칙으로 한다.

> 정거장의 구내배선은 직선을 원칙으로 한다.

㉱ 구내 전체를 균형 잡힌 배선으로 한다.

080 다음 중 노스 가동 분기기에 대한 설명으로 옳은 것은?

✔ 포인트에서 크로싱 후단까지 일정한 곡률을 유지한다.

> 일반 분기기는 리드부만 곡선의 형태를 가지지만, 노스 가동 분기기는 포인트에서 크로싱 후단까지 일정한 곡률을 유지한다.

㉯ 선로 취약부로 열차 진동이 크다.

> 일반 분기기에 대한 설명이다. 노스 가동 분기기는 안정성 및 승차감이 크게 개선되었다.

㉰ 볼트에 의한 조립식 또는 망간 크로싱으로 구성된다.

> 일반 분기기에 대한 설명이다. 노스 가동 분기기는 고망간 크래들 및 크로싱 노스 레일로 구성된다.

㉱ 일반 분기기보다 길이는 짧으나 긴 빠른 통과 속도를 보인다.

> 노스 가동 분기기는 일반 분기기보다 긴 길이와 빠른 통과속도를 보인다.
> • 일반 분기기 : 길이 25~27m, 통과속도 22~55km/h
> • 노스 가동 분기기 : 길이 68~193m, 통과속도 100~230km/h

081 레일의 훼손 원인이 아닌 것은?

㉮ 레일 제작 중 강괴 내부의 결함 혹은 압연작업이 불량할 때
㉯ 레일의 취급 및 부설방법이 불량할 때
㉰ 부식, 이음매부 레일 끝 처짐 등으로 레일 상태가 약화될 때
✔ 레일의 하중이 강도에 비해 적을 때

> 레일의 하중이 강도에 비해 클 때 훼손될 수 있다.

082 다음 중 정거장에 속하지 않는 것은?

- ✅ 신호소(Signal Box)

  상치신호기 등 열차제어시스템을 조작·취급하기 위하여 설치한 장소이다.

- ㉯ 신호장(Signal Station)

  열차를 교행 또는 대피시키기 위해 시설한 장소이다. 역과 역 사이 거리가 먼 구간에 선로용량을 증가시키고자 설치한다.

- ㉰ 조차장(Shunting Yard) 열차의 조성과 차량의 입환을 하기 위해 설치된 장소이다.

- ㉱ 역(Station) 여객 또는 화물을 취급하기 위해 시설한 장소이다.

> **법령**
>
> 정거장 정의(「철도건설규칙」 제2조 제9항)
> "정거장"이란 여객 또는 화물의 취급을 위한 철도시설 등을 설치한 장소[조차장(열차의 조성 또는 차량의 입환을 위하여 철도시설 등이 설치된 장소를 말한다) 및 신호장(열차의 교차 통행 또는 대피를 위하여 철도시설 등이 설치된 장소를 말한다)을 포함한다]를 말한다.

083 장력조정장치 중 자동식에 해당하지 않는 것은?

- ㉮ 유압식 밸런서
- ㉯ 레버식 텐션밸런서
- ✅ 와이어 턴버클
- ㉱ 스프링식 자동장력 조정장치

와이어 턴버클은 수동식 장력조정장치에 해당한다.

> **TIP**
>
> 장력조정장치
> - 전차선의 장력을 일정한 크기로 유지하기 위한 설비이다.
> - 이선에 따른 전차선의 집전성능의 악화, 장력 증대에 따른 전차선 단선 등의 위험 발생에 따른 전기운전 지장을 대비해주는 설비이다.
> - 장력조정장치의 구분
>
> | 자동식 | 수동식 |
> |---|---|
> | - 활차식 자동장력 조정장치
- 스프링식 자동장력 조정장치
- 레버식 텐션밸런서
- 유압식 밸런서 | - 와이어 턴버클
- 조정스트랩 |

084 철도차량연결기에 대한 설명으로 옳지 않은 것은?

㉮ ✓ 차량연결방식은 자동연결, 밀착식 소형 수동연결이 있다.

> 철도차량연결방식 : 밀착식 자동연결, 밀착식 소형 자동연결, 밀착식 연결

㉯ 차량연결기의 연결방식은 동일하여야 한다.
㉰ 차량연결기의 높이는 일정하여야 한다.
㉱ 차량연결기의 높이는 레일면에서 815~900mm로 규제한다.

085 다음 중 객화차의 중량을 기준으로 견인정수를 구하는 방법은?

㉮ 환산량수법

> 차중환선법이라고도 부르며 차량의 중량을 기준중량으로 나눈 값에 의하여 견인정수를 정하는 방법이다.

㉯ 인장봉하중법

> 동력차의 인장봉인장력과 객화차의 열차저항이 균형을 이루는 객차차수를 통해 견인정수를 산정한다.

㉰ ✓ 실제톤수법 객화차의 중량을 기준으로 견인정수를 산정한다.

㉱ 수정톤수법

> 객화차의 톤당 주행저항은 적재차, 빈차별로 다르므로 수정하여 인장봉인장력과 같은 열차저항이 되는 차수로서 견인정수를 정한다.

086 특수철도의 종류 중 가공복선식의 전차선에서 차량의 집전장치를 통해서 전력공급을 받아 레일을 이용하지 않고 노면 위를 주행하는 버스형의 차량에 의한 수송기관은?

㉮ 노웨이트

> • 자동순환식으로 움직이기 때문에 열차를 기다릴 필요가 없어 노웨이트(nowait)라는 이름이 붙여졌다.
> • 지상의 교각 위에 너비 5m, 높이 4.5m의 투명튜브를 설치하고 그 속으로 일정한 간격으로 운행하다 역사에 들어서면 속도를 줄여 승객들이 탑승할 수 있게 하는 시스템이다.

㉯ 노면철도

> • 도로의 노면상에 레일을 부설하고, 여기에 차량을 주행시키는 일반교통수단으로 쓰이는 철도를 노면철도라 칭한다.
> • 노면철도는 모두 전기운전에 의하는 것으로 노면전차라 불리고 있다.

㉰ A.G.T(Automated Guideway Transit)
- 넓은 의미로 A.G.T(Automated Guideway Transit)는 무인자동운전이 가능한 고무차륜, 철제차륜 등으로 운영하는 경량전철 시스템을 말한다.
- 일반적으로는 고무바퀴 차량이 가이드웨이에 의하여 무인으로 운영하는 시스템을 말한다.

✅ 트롤리 버스(Trolley Bus)
- 무궤도전차라고도 부르며, 가공복선식의 전차선에서 차량의 집전장치를 통해서 전력공급을 받아 레일을 이용하지 않고 노면 위를 주행하는 버스형의 차량에 의한 수송기관이다.
- 성능상으로 노면전차와 버스의 중간에 해당한다.

087 다음 중 전기철도의 집전장치로 볼 수 없는 것은?

✅ 축전지

집전장치는 차량으로 하여금 외부로부터 전력을 공급받기 위해 사용되는 장치이다. 축전지는 전기에너지를 화학에너지로 변환하여 모아두어 필요할 때 사용하는 장치이다.

㉯ 팬터그래프

지붕에 장치한 마름모꼴로 접을 수 있게 짠 틀 위에 전차선과 접촉하는 집전부를 갖춘 장치이다. 스프링 또는 압축공기의 힘으로 전차선이 밀착하도록 밀어 올리고 있다.

㉰ 뷔겔

폴의 끝단에 가로대를 설치하여 전차선과의 접촉면을 점에서 선으로 바꿔 횡변 위에 대응할 수 있도록 한 집전장치이다.

㉱ 집전봉

차체로부터 1~2개의 긴 장대를 들어 올려 가공가선에 접촉시켜 집전하는 장치이다.

088 「철도의 건설기준에 관한 규정」에 따른 설계속도가 $200 < V \leq 350$인 여객전용선 본선의 최대 기울기(‰)로 적절한 것은?

㉮ 10   ㉯ 12.5
㉰ 25   ✅ 35

「철도의 건설기준에 관한 규정」 제10조에 따라 설계속도가 $200 < V \leq 350$인 여객전용선의 최대 기울기는 35‰이며, 기울기가 35‰인 구간은 연속하여 6km를 초과할 수 없다.

> **법령** ⚖️
>
> 「철도의 건설기준에 관한 규정」 제10조(기울기)
> 본선의 기울기는 설계속도에 따라 다음 표의 값 이하로 하여야 한다.
>
> | 설계속도 V(km/h) | | 최대 기울기(‰) |
> |---|---|---|
> | 여객전용선 | $V \leq 400$ | 35^{(1),(2)} |
> | 여객화물혼용선 | $V \leq 250$ | 25 |
> | 전기동차전용선 | | 35 |
>
> (1) 연속한 선로 10km에 대한 평균기울기는 25‰ 이하로 하여야 한다.
> (2) 기울기가 35‰인 구간은 연속하여 6km를 초과할 수 없다.
> (주) 다만, 선로용량이 최적이 되도록 본선 기울기를 결정하여야 한다.

089 열차의 주행하중에 대한 굽힘강도가 높아 마모에 강하며 횡압에 대하여서도 안정성이 우수하여 철도에서 보편적으로 사용하는 레일은?

㉮ 우두레일

소의 머리 형태로 고안된 레일로 저부에 비하여 두부를 크게하여 마모에 대한 수명을 연장하기 위해 설계된 레일이다. 압연이 용이하지만, 레일 횡방향의 안전성에 문제가 있어 상용화되지 못하였다.

㉯ 어복레일

물고기의 배 모양으로 중간이 불룩하도록 고안된 레일을 말한다. 현재는 사용하지 않는다.

☑ 평저레일

I형 레일로서 동일 단면적으로는 단면 2차모멘트가 크고 레일을 침목에 체결할 때 안전도가 크며 체결장치가 간단하여 세계적으로 보급되어 가장 보편적으로 사용된다.

㉱ 쌍두레일

두부와 저부가 같은 단면으로 상하, 좌우를 자유로이 전환하여 경제적으로 설계한 것이다. 평저레일보다는 비경제적이어서 상용화되지는 못하였다.

090 목침목의 체결방법에 대한 설명으로 옳지 않은 것은?

✔ 실전탄성체결 : 레일의 상하방향에서 탄성적으로 누르는 체결방법

> 상하방향에서 탄성적으로 누르는 것은 이중탄성체결에 대한 설명이다. 실전탄성체결은 레일의 상하좌우에서 탄성적으로 누르는 체결법이다.

㉯ 개못(스파이크)체결 : 스파이크를 이용해 강성적으로 레일을 누르는 체결방법
㉰ 단순탄성체결 : 레일을 위에서 누르는 체결방법
㉱ 타이플레이트체결 : 나란한 레일에 타이플레이트를 이용해 체결강화하는 방법

> 💡 **TIP**
>
> **레일 체결장치의 종류**
> - 일반체결법
>   - 스파이크(개못)체결 : 스파이크를 통해 강성적으로 레일을 누르는 방법
>   - 나사스파이크체결 : 나사스파이크를 통해 강성적으로 레일을 누르는 방법
>   - 타이플레이트체결 : 타이플레이트를 이용해 체결강화를 하는 방법
> - 탄성체결법
>   - 단순탄성체결 : 레일을 위에서 탄성적으로 눌러주는 방법
>   - 이중탄성체결 : 레일의 상하방향에서 탄성적으로 누르는 방법
>   - 실전탄성체결 : 레일의 상하좌우에서 탄성적으로 누르는 방법
>   - 다중탄성체결 : 다중으로 탄성체결을 하는 방법

091 레일 길이에 대한 분류로 옳지 않은 것은?

㉮ 장대레일 – 1개의 길이 200m 이상
㉯ 장척레일 – 1개의 길이 25m 이상 200m 미만
㉰ 단척레일 – 1개의 길이 5m 이상 25m 미만
✔ 정척(중척)레일 – 1개의 길이 20m

> 정척(중척)레일은 25m를 표준으로 하며 도시철도의 경우일 때 20m로 한다.

> 💡 **TIP**
>
> **길이에 의한 레일 분류**
>
> | 분류 | 1개의 길이(m) | 비교 |
> |---|---|---|
> | 장대레일 | 200m 이상 | 고속철도 : 3,000m 이상 |
> | 장척레일 | 25m 이상 200m 미만 | – |
> | 정척(중척)레일 | 25m(표준) | 도시철도 : 20m |
> | 단척레일 | 5m 이상 25m 미만 | 도시철도 : 10m 이상 20m 미만 |

092 유간검사에 대한 설명으로 잘못된 것은?

㉮ 과대 유간의 유무를 검사한다.
㉯ 맹유간의 연속상태를 확인한다.
㉰ 신축이음매의 이동상태 여부에 대한 검사를 시행한다.
✔ 계절에 따른 온도신축에 대한 검사를 진행하기 위해 연 4회 실시한다.

> 유간은 레일의 온도신축을 처리하기 위해 이음매부의 레일 상호간에 두는 틈을 말한다. 온도신축이 큰 여름과 겨울 이전에 연 2회 검사한다.

과대유간과 맹유간
- **과대유간** : 레일 이음부의 유간이 과하게 설정되어 있는 상태
- **맹유간** : 레일 이음부의 온도신축을 대비에 따라 두어야 하는 유간이 전혀 없이 붙어있는 상태

093 다음 중 강제 제어식 틸팅방식에 대한 설명으로 옳지 않은 것은?

✔ 차체의 회전중심을 무게보다 높게 설정하여 곡선에서 주행시 발생하는 차체의 원심력을 이용해 차체를 곡선 내측으로 경사시키는 방식이다.

> 자연 진자식 틸팅방식에 대한 설명이다. 강제 제어식 틸팅방식은 가속도계, 속도계, 자이로스코프 등의 센서를 통해 선로상태 및 운행조건을 측정하여 유압, 전기 액추에이터를 통해 강제로 곡선 내측으로 경사시키는 방식이다.

㉯ 센서에 의한 신호들을 이용하여 전자제어 모듈에서 틸팅 신호를 발생한다.
㉰ 링크 등으로 지지된 차체를 유압, 전기 액추에이터(actuator)를 이용해 차체를 경사시킨다.
㉱ 가속도계, 속도계, 자이로스코프 등을 통해 차량이 주행하고 있는 선로상태 및 운영조건을 감지한다.

틸팅열차(Tilting train)
- 열차가 곡선을 주행할 때 차량의 초과 원심가속도를 상쇄시켜 승차감을 개선함으로써 고속운전을 할 수 있는 열차이다.
- 열차가 선로 곡선부 통과 시 초과 원심가속도와 레일 안쪽과 바깥쪽의 높낮이를 검지하여 유압실린더, 전동기 등이 작동되어 강제적으로 곡선부의 안쪽으로 차체를 기울게 하여 곡선통과 속도와 승차감을 향상시킨 차량이다.
- 적은 투자와 최소의 환경영향 속에서 고속화가 가능하다.
- 곡선부와 구배지역이 많은 곳에서 사용하기 적합하다.

094 다음 중 주신호기에 해당하는 것은?

㉮ 원방신호기　종속신호기에 해당한다.　　✓ 출발신호기

㉰ 진로표시기　신호부속기에 해당한다.　　㉱ 통과신호기　종속신호기에 해당한다.

> **TIP**
> 기능에 따른 신호기의 분류
> • 주신호기 : 장내신호기, 출발신호기, 폐색신호기, 유도신호기, 엄호신호기, 입환신호기
> • 종속신호기 : 원방신호기, 통과신호기, 중계신호기
> • 신호부속기 : 진로표시기

 095 전차선의 편위가 바르게 연결된 것은?

㉮ 표준 편위 150m – 최대 편위 250m

✓ 표준 편위 200m – 최대 편위 250m

> 편위는 전차선과 궤도중심선 간의 거리를 말한다. 전차선의 표준 편위는 200mm, 최대 편위는 250mm로 정하고 있다.

㉰ 표준 편위 250m – 최대 편위 300m

㉱ 표준 편위 300m – 최대 편위 300m

> **TIP**
> 전차선의 표준 편위 및 최대 편위 설정 방법
> • 전차선 편위의 한계는 팬터그래프의 집적 유효폭을 약 1m로 보았을 때 차량의 동요에 따른 팬터그래프 경사를 통해 설정하였다.
> • 팬터그래프의 편마모를 방지하기 위해 직선로 및 곡선반경 1,600m 이상의 선로에는 전주 2개 사이를 일주기로 좌우 교대 200mm의 편위를 두는 지그재그가선법으로 설정한다.
> ※ 팬터그래프(Pantograph : 지붕에 장치한 마름모꼴로 접을 수 있게 짠 틀 위에 전차선과 접촉하는 집전부를 갖춘 장치이다. 스프링 또는 압축공기의 힘으로 전차선이 밀착하도록 밀어 올리고 있다.

096 철도에서 교량으로 분류하지 않는 것은?

✔ ㉮ 구교

> 교량은 교통로, 수로 등이 하천, 계곡, 움푹 패어 들어간 곳, 그 밖의 다른 도로의 기능을 저해하는 것이 있을 때 연결하는 구조물의 총칭을 말한다.
> 구교는 철도나 도로에 있어 폭이 좁은 수로에 놓은 다리의 일종으로 일반적으로 경간이 1m 이상이고 전장이 5m 미만을 구교라 하고 1m 미만을 하수구라고 한다.

㉯ 피일교

> 홍수 때 물이 잘 빠져나가도록 범람지 내에 만드는 교량이다.

㉰ 가도교

> 철도와 도로가 입체 교차하는 경우에 철도가 도로의 위를 달리는 모양으로 만든 교량이다.

㉱ 과선교

> 철도선로를 가로질러 건너갈 수 있도록 만든 교량이다.

097 다음 중 전기제동장치에 대한 설명으로 옳지 않은 것은?

㉮ 회생제동은 발전제동 시 발생된 전력을 전차선에 반환하는 제동이다.
㉯ 레일제동은 레일과 차량 간 반대극성의 자력을 이용하는 제동이다.
✔ ㉰ 혼합제동은 공기제동장치와 와류제동장치를 혼합하여 작동하도록 한 제동이다.

> 혼합제동은 공기제동장치와 전기제동장치를 혼합하여 작동하도록 한 제동이다.
> ※ 공기제동 : 압력공기를 사용하여 제동력을 발휘하도록 만든 제동장치이다. 자동공기제동장치와 직통공기제동장치로 구분한다.

㉱ 와류제동은 레일제동과 유사한 방법이나 궤도에 별도의 와류 발생장치를 설치하여 자력선에 의한 와류를 발생시켜 이뤄지는 제동이다.

098 다음 중 제3종 건널목에 대한 설명으로 옳은 것은?

✔ ㉮ 건널목 교통안전표지만 설치하는 건널목
㉯ 경보기와 건널목 교통안전표지만 설치하는 건널목

> 제2종 건널목에 대한 설명이다.

㉰ 차단기, 경보기 및 건널목 교통안전표지를 설치 후 차단기를 주·야간 계속 작동하는 건널목

> 제1종 건널목에 대한 설명이다. 차단기, 경보기 및 건널목 교통안전표지를 설치 후 차단기를 주·야간 계속 작동하거나 건널목 안내원이 근무하는 건널목이다.

㉱ 차단기를 주·야간 계속 작동하거나 건널목 안내원이 근무하는 건널목

099 다음 중 모노레일의 단점이 아닌 것은?

㉮ 분기장치가 복잡하고 작동시간이 길다.
㉯ 타교통기관과 승환이 어렵다.
㉰ 차량고장 시 장시간의 피난시간이 필요하다.
✔ 노면을 이용하는 교통수단과 교차로에서 지체가 생긴다.

> 모노레일은 노면을 이용하는 교통수단과 입체교차하기 때문에 교차로에서의 지체가 없다.

100 열차운행종합제어장치(TTC)에 대한 설명으로 옳지 않은 것은?

㉮ 역을 통하지 않고 열차의 운행상태를 직접 파악하여 신호기, 전철기 등을 중앙으로부터 제어하는 장치이다.
㉯ 열차 착발시각의 기록, 출발지령신호, 행선안내표시, 안내방송 등의 자동화가 해당한다.
㉰ 열차에 필요한 다이어그램 작성·변경하며 열차의 각종 정보를 LDP에 표시한다.
✔ 오토제어, 콘솔제어, 로컬제어의 모드가 있다.

> 열차집중제어장치(CTC ; Centralized Traffic Control)의 제어모드에 대한 설명이다.

TIP

열차운행종합제어장치(TTC ; Total Traffic Control)의 주요기능
- 열차 다이어그램(Diagram) 작성 및 변경
- 운전 계통 감시
- 열차의 진로제어
- 역의 상태 및 열차의 안내 정보, 각종 고장 정보 모니터
- 운행 열차를 추적하여 LDP(Large Display Panel)에 표시하여 모니터

[4과목] 열차운전(선택)

101 「철도차량운전규칙」에서 정한 주신호기의 종류로 적절한 것을 모두 고르면?

> ㄱ. 유도신호기　　　　　　ㄴ. 원방신호기
> ㄷ. 장내신호기　　　　　　ㄹ. 통과신호기

㉮ ㄱ　　　　　　　　　　　☑ ㄱ, ㄷ
㉱ ㄴ, ㄷ, ㄹ　　　　　　　　㉳ ㄱ, ㄴ, ㄷ, ㄹ

ㄱ. (○) 「철도차량운전규칙」 제82조 제1호 마목
ㄴ. (×) 「철도차량운전규칙」 제82조 제2호 가목
ㄷ. (○) 「철도차량운전규칙」 제82조 제1호 가목
ㄹ. (×) 「철도차량운전규칙」 제82조 제2호 나목

법령

「철도차량운전규칙」 제82조(상치신호기의 종류)
상치신호기의 종류와 용도는 다음 각 호와 같다.
1. 주신호기
　가. 장내신호기 : 정거장에 진입하려는 열차에 대하여 신호를 현시하는 것
　나. 출발신호기 : 정거장을 진출하려는 열차에 대하여 신호를 현시하는 것
　다. 폐색신호기 : 폐색구간에 진입하려는 열차에 대하여 신호를 현시하는 것
　라. 엄호신호기 : 특히 방호를 요하는 지점을 통과하려는 열차에 대하여 신호를 현시하는 것
　마. 유도신호기 : 장내신호기에 정지신호의 현시가 있는 경우 유도를 받을 열차에 대하여 신호를 현시하는 것
　바. 입환신호기 : 입환차량 또는 차내신호폐색식을 시행하는 구간의 열차에 대하여 신호를 현시하는 것
2. 종속신호기
　가. 원방신호기 : 장내신호기ㆍ출발신호기ㆍ폐색신호기 및 엄호신호기에 종속하여 열차에 주 신호기가 현시하는 신호의 예고신호를 현시하는 것
　나. 통과신호기 : 출발신호기에 종속하여 정거장에 진입하는 열차에 신호기가 현시하는 신호를 예고하며, 정거장을 통과할 수 있는지에 대한 신호를 현시하는 것
　다. 중계신호기 : 장내신호기ㆍ출발신호기ㆍ폐색신호기 및 엄호신호기에 종속하여 열차에 주 신호기가 현시하는 신호의 중계신호를 현시하는 것

102 「도시철도운전규칙」에 관한 내용으로 적절하지 않은 것은?

✅ ㉮ 전력설비를 경미한 정도의 개조 또는 수리를 한 경우에는 이를 검사하고 시험운전을 하기 전에 사용할 수 없다.

> 전력설비를 신설·이설·개조 또는 수리하거나 일시적으로 사용을 중지한 경우에는 이를 검사하고 시험운전을 하기 전에는 사용할 수 없다. 다만, 경미한 정도의 개조 또는 수리를 한 경우에는 그러하지 아니하다(「도시철도운전규칙」 제16조).

㉯ 전차선로는 매일 한 번 이상 순회점검을 하여야 한다.

> 「도시철도운전규칙」 제14조

㉰ 전력설비의 각 부분은 도시철도운영자가 정하는 주기에 따라 검사를 하고 안전운전에 지장이 없도록 정비하여야 한다.

> 「도시철도운전규칙」 제15조

㉱ 전력설비는 열차 등이 지정속도로 안전하게 운전할 수 있는 상태로 보전하여야 한다.

> 「도시철도운전규칙」 제13조

103 다음 중 제동초속도 V(km/h), 공주시간 t(sec)일 때 공주거리 S(m) 공식으로 적절한 것은?

㉮ $S(m) = V^2 \times t$ ㉯ $S(m) = \dfrac{V^2}{3.6} \times t$

✅ ㉰ $S(m) = \dfrac{V}{3.6} \times t$ ㉱ $S(m) = V \times t$

> - 제동초속도(V)의 단위 변환(km/h → m/s)
> $V(km/h) = 1km/h = \dfrac{1km}{1h} = \dfrac{1,000m}{3,600s} = \dfrac{1}{3.6} m/s$
>   따라서 $V(m/s) = \dfrac{V(km/h)}{3.6}$
> - 공주거리 공식에 대입
> $S = V(m/s) \times t = \dfrac{V(km/h)}{3.6} \times t = \dfrac{V}{3.6} \times t = \dfrac{Vt}{3.6}$

104 「철도차량운전규칙」에 따른 차내신호의 현시방식에 관한 설명으로 적절하지 않은 것은?

㉮ 정지신호 – 적색사각형등 점등 「철도차량운전규칙」 제84조 제6호

㉯ 15신호 – 적색원형등 점등("15"지시) 「철도차량운전규칙」 제84조 제6호

✔ ㉰ 야드신호 – 노란색 정사각형과 녹색원형등(25등신호) 점등 「철도차량운전규칙」 제84조 제6호

㉱ 진행신호 – 적색원형등(해당신호등) 점등 「철도차량운전규칙」 제84조 제6호

> **법령**
> 「철도차량운전규칙」 제84조(신호현시방식)
> 상치신호기의 현시방식은 다음 각 호와 같다.
> 6. 차내신호
>
> | 종류 | 신호현시방식 |
> |---|---|
> | 정지신호 | 적색사각형등 점등 |
> | 15신호 | 적색원형등 점등("15"지시) |
> | 야드신호 | 노란색 직각사각형등과 적색원형등(25등신호) 점등 |
> | 진행신호 | 적색원형등(해당신호등) 점등 |

105 다음 중 열차의 저항에 관한 설명으로 적절하지 않은 것은?

㉮ 출발저항은 열차가 구배 없는 평탄한 직선구간에서 출발할 때 받는 저항을 의미한다.

㉯ 곡선저항은 곡선에서 고정축거가 클수록 커진다.

✔ ㉰ 공기저항은 차량의 중량에 영향을 받는다.

> 공기저항은 차량 중량과 관계없으며 차량의 형상, 단면적, 연결량수, 속도 등과 전면형상에 상당한 영향을 받는다.

㉱ 주행저항은 객차가 화차보다 크다.

106. 다음 중 동륜주견인력(Td)의 공식으로 가장 적절한 것은?

㉮ 0.975×120÷D
㉯ 0.1745×2tGrM×기관차효율÷D
✓ 0.3672×(Et×I÷V)×M×기관차효율
㉱ 0.1745×D÷Gr×Et

동륜주견인력(Td) 공식
$$Td = 0.3672 \times \frac{Et \times I \times M \times \eta'}{V} \text{ (kgf)}$$
[여기서, Et : 단자전압, I : 전류, M : 전동기 수, η : 효율, V : 속도(km/h)]

107. 「철도차량운전규칙」상 열차가 퇴행운전을 할 수 있는 경우로 적절한 것은?

㉮ 회송열차 또는 제설열차가 작업상 퇴행할 필요가 있는 경우

> 열차는 퇴행하여서는 아니 된다. 다만, 공사열차·구원열차 또는 제설열차가 작업상 퇴행할 필요가 있는 경우에는 그러하지 아니하다(「철도차량운전규칙」 제26조 제1항 제2호).

㉯ 차량이 아닌 선로·전차선로에 고장이 있는 경우

> 열차는 퇴행하여서는 아니 된다. 다만, 선로·전차선로 또는 차량에 고장이 있는 경우에는 그러하지 아니하다(「철도차량운전규칙」 제26조 제1항 제1호).

✓ 철도사고등의 발생 등 특별한 사유가 있는 경우

> 「철도차량운전규칙」 제26조 제1항 제4호

㉱ 앞의 보조기관차를 활용하여 퇴행하는 경우

> 열차는 퇴행하여서는 아니 된다. 다만, 뒤의 보조기관차를 활용하여 퇴행하는 경우에는 그러하지 아니하다(「철도차량운전규칙」 제26조 제1항 제3호).

법령

「철도차량운전규칙」 제26조(열차의 퇴행 운전)
① 열차는 퇴행하여서는 아니 된다. 다만, 다음 각 호의 어느 하나에 해당하는 경우에는 그러하지 아니하다.
  1. 선로·전차선로 또는 차량에 고장이 있는 경우
  2. 공사열차·구원열차 또는 제설열차가 작업상 퇴행할 필요가 있는 경우
  3. 뒤의 보조기관차를 활용하여 퇴행하는 경우
  4. 철도사고 등의 발생 등 특별한 사유가 있는 경우
② 제1항 단서의 규정에 의하여 퇴행하는 경우에는 다른 열차 또는 차량의 운전에 지장이 없도록 조치를 취하여야 한다.

108 다음 중 윤중에 관한 설명으로 적절하지 않은 것은?

✓ ㉮ 정상적인 운행속도와 선로의 수직적 불규칙성 하에서의 철도차량이 선로에 미치는 힘을 말한다.

> 횡압에 해당하는 설명이다. 윤중은 자동차가 수평상태에 있을 때, 1개의 바퀴가 수직으로 지면을 누르는 중량을 말한다.

㉯ 곡선통과 시의 불평형원심력에 따른 윤중이 변동된다.
㉰ 차량 동요 관성력에 의하여 좌우의 윤중 차가 생긴다.
㉱ 레일면이나 차륜답면의 부정으로 인한 충격력으로 윤중이 변동된다.

109 「철도차량운전규칙」에 따른 완급차의 정의로 적절한 것은?

㉮ 기관차, 전동차, 동차 등 동력발생장치에 의하여 선로를 이동하는 것을 목적으로 제조한 철도차량을 말한다.

> "동력차"라 함은 기관차(機關車), 전동차(電動車), 동차(動車) 등 동력발생장치에 의하여 선로를 이동하는 것을 목적으로 제조한 철도차량을 말한다(「철도차량운전규칙」 제2조 제16호).

✓ ㉯ 관통제동기용 제동통·압력계·차장변 및 수제동기를 장치한 차량으로서 열차승무원이 집무할 수 있는 차실이 설비된 객차 또는 화차를 말한다.

> 「철도차량운전규칙」 제2조 제8호

㉰ 완급차에는 관통제동기용 제동통 및 측등이 장치된 차량이다.

> 측등은 완급차에 장치되어 있지 않다(「철도차량운전규칙」 제2조 제8호).

㉱ 열차의 구성부분이 되는 1량의 철도차량을 말한다.

> "차량"이라 함은 열차의 구성부분이 되는 1량의 철도차량을 말한다(「철도차량운전규칙」 제2조 제6호).

법령

「철도차량운전규칙」 제2조(정의)
이 규칙에서 사용하는 용어의 정의는 다음과 같다.
8. "완급차(緩急車)"라 함은 관통제동기용 제동통·압력계·차장변(車掌弁) 및 수(手)제동기를 장치한 차량으로서 열차승무원이 집무할 수 있는 차실이 설비된 객차 또는 화차를 말한다.

110 「철도차량운전규칙」에 따른 전령자에 관한 설명으로 적절하지 않은 것은?

㉮ 전령법을 시행하는 구간에는 전령자를 선정하여야 한다.

> 「철도차량운전규칙」 제75조 제1항 ⚖

㉯ 전령자는 1폐색구간 1인에 한한다.

> 「철도차량운전규칙」 제75조 제2항 ⚖

✔ 전령자는 흰바탕에 붉은 글씨로 전령자임을 표시한 완장을 착용하여야 한다.

> 「철도차량운전규칙」 제75조 제3항에 해당하는 내용이었으나 2021년 10월 26일에 삭제되었다. ⚖

㉱ 전령법을 시행하는 구간에서는 당해구간의 전령자가 동승하지 아니하고는 열차를 운전할 수 없다.

> 「철도차량운전규칙」 제75조 제4항 ⚖

법령 ⚖

「철도차량운전규칙」 제75조(전령자)
① 전령법을 시행하는 구간에는 전령자를 선정하여야 한다.
② 제1항의 규정에 의한 전령자는 1폐색구간 1인에 한한다.
③ 삭제
④ 전령법을 시행하는 구간에서는 당해구간의 전령자가 동승하지 아니하고는 열차를 운전할 수 없다.

---

111 다음 중 제동율에 의해 열차를 편성하는 조건으로 적절하지 않은 것은?

㉮ 가능하면 여객, 화물용 견인차를 구분하여 배치한다.

✔ 수제동일 때는 전차제동률이 40% 이상 되도록 정한다.

> 수제동일 때는 전차제동률이 20% 이상 되도록 정한다.

㉯ 화물열차 또는 입환을 위한 동력차는 제동율을 저하시킨다.
㉱ 차량을 혼합편성 시 제동율의 중간치를 취하여 충격을 최소화한다.

 TIP

제동율에 의한 열차편성의 조건
- 가능하면 여객, 화물용 견인차를 구분하여 배치한다.
- 차량을 혼합편성 시 제동율의 중간치를 취하여 충격을 최소화한다.
- 화물열차 또는 입환을 위한 동력차는 제동율을 저하시킨다.
- 수제동일 때는 전차제동률이 20% 이상 되도록 정한다.

112 「도시철도운전규칙」에 따른 장내신호기를 설명하는 것으로 적절한 것은?

✅ ㉮ 정거장에 진입하려는 열차등에 대하여 신호기 뒷방향으로의 진입이 가능한지를 지시하는 신호기

「도시철도운전규칙」 제65조 제1호 나목 ⚖

㉯ 열차등의 가장 앞쪽의 운전실에 설치하여 운전조건을 지시하는 신호기

「도시철도운전규칙」 제65조 제1호 가목 ⚖

㉰ 차량을 결합·해체하거나 차선을 바꾸려는 차량에 대하여 신호기 뒷방향으로의 진입이 가능한지를 지시하는 신호기

「도시철도운전규칙」 제65조 제1호 마목 ⚖

㉱ 차내신호기를 사용하는 본선로의 분기부에 설치하여 진로의 개통상태를 표시하는 것

「도시철도운전규칙」 제65조 제3호 나목 ⚖

법령 ⚖

「도시철도운전 규칙」 제65조(상설신호기의 종류)
상설신호기의 종류와 기능은 다음 각 호와 같다.
1. 주신호기
   가. 차내신호기 : 열차등의 가장 앞쪽의 운전실에 설치하여 운전조건을 지시하는 신호기
   나. 장내신호기 : 정거장에 진입하려는 열차등에 대하여 신호기 뒷방향으로의 진입이 가능한지를 지시하는 신호기
   다. 출발신호기 : 정거장에서 출발하려는 열차등에 대하여 신호기 뒷방향으로의 진입이 가능한지를 지시하는 신호기
   라. 폐색신호기 : 폐색구간에 진입하려는 열차등에 대하여 운전조건을 지시하는 신호기
   마. 입환신호기 : 차량을 결합·해체하거나 차선을 바꾸려는 차량에 대하여 신호기 뒷방향으로의 진입이 가능한지를 지시하는 신호기
2. 종속신호기
   가. 원방신호기 : 장내신호기 및 폐색신호기에 종속되어 그 신호상태를 예고하는 신호기
   나. 중계신호기 : 주신호기에 종속되어 그 신호상태를 중계하는 신호기
3. 신호부속기
   가. 진로표시기 : 장내신호기, 출발신호기, 진로개통표시기 또는 입환신호기에 부속되어 열차등에 대하여 그 진로를 표시하는 것
   나. 진로개통표시기 : 차내신호기를 사용하는 본선로의 분기부에 설치하여 진로의 개통상태를 표시하는 것

113 다음 중 속도, 견인력, 치차비의 관계로 가장 적절하지 않은 것은?

㉮ 열차의 속도는 치차비에 반비례한다.

㉯ 견인력은 치차비에 비례한다.

✓ 치차비는 소치차의 치수에 비례한다.

> 치차비(Gr)를 구하는 공식은 $\dfrac{\text{대치차의 치수}}{\text{소치차의 치수}} = \dfrac{\text{종동 기어수}}{\text{피니언 기어수}}$ 이다.
> 따라서 소치차의 치수에 <u>반비례한다</u>.

㉰ 치차비는 피니언 기어수에 반비례한다.

> 치차비(Gr)를 구하는 공식은 $\dfrac{\text{대치차의 치수}}{\text{소치차의 치수}} = \dfrac{\text{종동 기어수}}{\text{피니언 기어수}}$ 이다.
> 따라서 종동 기어수에 비례하고, 피니언 기어수에 반비례한다.

💡 TIP

치차비
- 견인전동기 축에 연결된 소치차의 치수와의 차축에 부착된 대치차의 치수의 비이다.
- 치차비는 열차속도에 반비례하고, 견인력에 비례한다.
- 치차비(Gr) = $\dfrac{\text{대치차의 치수}}{\text{소치차의 치수}} = \dfrac{\text{종동 기어수}}{\text{피니언 기어수}}$
- 속도(V) = $0.1885 \times \dfrac{\text{동륜의 직경(D)}}{\text{치차비(Gr)}} \times \text{주전동기 1분간 회전수}$

---

114 「철도차량운전규칙」에 따른 시계운전에 관한 설명으로 적절하지 않은 것은?

㉮ 복식운전을 하는 경우에는 격시법 또는 전령법으로 시행한다.

> 「철도차량운전규칙」 제72조 제1호

㉯ 동일 방향으로 운전하는 열차는 선행 열차와 충분한 간격을 두고 운전하여야 한다.

> 「철도차량운전규칙」 제70조 제3항

㉰ 격시법 또는 지도격시법을 시행하는 경우에는 최초의 열차를 운전시키기 전에 폐색구간에 열차 또는 차량이 없음을 확인하여야 한다.

> 「철도차량운전규칙」 제73조 제1항

✓ 격시법은 폐색구간의 양쪽에 있는 정거장 또는 신호소의 운전취급담당자가 시행한다.

> 격시법은 폐색구간의 <u>한끝</u>에 있는 정거장 또는 신호소의 운전취급담당자가 시행한다(「철도차량운전규칙」 제73조 제2항).

115 「철도차량운전규칙」상 열차가 동시에 진출·입 할 수 있는 경우로 적절하지 않은 것은?

㉠ 안전측선·탈선선로전환기·탈선기가 설치되어 있는 경우

> 「철도차량운전규칙」 제28조 제1호

㉡ 단행기관차로 운행하는 열차를 진입시키는 경우

> 「철도차량운전규칙」 제28조 제3호

✔ 다른 방향에서 진입하는 열차들이 출발신호기 또는 정차위치로부터 200미터(동차·전동차의 경우에는 100미터) 이상의 여유거리가 있는 경우

> 다른 방향에서 진입하는 열차들이 출발신호기 또는 정차위치로부터 200미터(동차·전동차의 경우에는 150미터) 이상의 여유거리가 있는 경우(「철도차량운전규칙」 제28조 제4호)

㉣ 동일방향에서 진입하는 열차들이 각 정차위치에서 100미터 이상의 여유거리가 있는 경우

> 「철도차량운전규칙」 제28조 제5호

116 「도시철도운전규칙」에 따른 전력설비의 보전을 위한 내용으로 적절하지 않은 것은?

㉠ 전력설비는 열차 등이 지정속도로 안전하게 운전할 수 있는 상태로 보전하여야 한다.

> 「도시철도운전규칙」 제13조

✔ 전차선로는 보름마다 순회점검을 하여야 한다.

> 전차선로는 매일 한 번 이상 순회점검을 하여야 한다(「도시철도운전규칙」 제14조).

㉢ 전력설비의 각 부분은 도시철도운영자가 정하는 주기에 따라 검사를 하고 안전운전에 지장이 없도록 정비하여야 한다.

> 「도시철도운전규칙」 제15조

㉣ 전력설비를 신설·이설·개조 또는 수리하거나 일시적으로 사용을 중지한 경우에는 이를 검사하고 시험운전을 하기 전에는 사용할 수 없다.

> 「도시철도운전규칙」 제16조

117 「철도차량운전규칙」에 따른 수신호의 현시방법에 관한 내용이다. 해당 신호로 적절한 것은?

> 주간에는 적색기를 현시하나 적색기가 없을 때에는 양팔을 높이 들거나 녹색기 외의 것을 급히 흔들어야 한다.

- ✅ ㉮ 정지신호   「철도차량운전규칙」 제93조 제1호 ⚖️
- ㉯ 서행신호   「철도차량운전규칙」 제93조 제2호 ⚖️
- ㉰ 진행신호   「철도차량운전규칙」 제93조 제3호 ⚖️
- ㉱ 주의신호

법령 ⚖️

「철도차량운전규칙」 제93조(수신호의 현시방법)
신호기를 설치하지 아니하거나 이를 사용하지 못하는 경우에 사용하는 수신호는 다음 각 호와 같이 현시한다.
1. 정지신호
   가. 주간 : 적색기. 다만, 적색기가 없을 때에는 양팔을 높이 들거나 또는 녹색기 외의 것을 급히 흔든다.
   나. 야간 : 적색등. 다만, 적색등이 없을 때에는 녹색등 외의 것을 급히 흔든다.
2. 서행신호
   가. 주간 : 적색기와 녹색기를 모아쥐고 머리 위에 높이 교차한다.
   나. 야간 : 깜박이는 녹색등
3. 진행신호
   가. 주간 : 녹색기. 다만, 녹색기가 없을 때는 한 팔을 높이 든다.
   나. 야간 : 녹색등

118 「도시철도운전규칙」에 따른 대용폐색방식이 아닌 것은?

- ㉮ 지령식
- ✅ ㉯ 지도식
- ㉰ 통신식
- ㉱ 지도통신식

지도식은 「철도차량운전규칙」 제50조 제2호에 따른 대용폐색방식으로 「도시철도운전규칙」 제55조에 따르면 지도식은 대용폐색방식에 해당하지 않는다. ⚖️

법령 ⚖️

「도시철도운전규칙」 제55조(대용폐색방식)
대용폐색방식은 다음 각 호의 구분에 따른다.
1. 복선운전을 하는 경우 : 지령식 또는 통신식
2. 단선운전을 하는 경우 : 지도통신식

119 다음 중 연동폐색장치의 구비조건에 관한 설명으로 적절하지 않은 것은?

㉮ 단선구간에 있어서 하나의 방향에 대하여 폐색이 이루어지면 그 반대방향의 신호기는 자동으로 정지신호를 현시할 것

> 「철도차량운전규칙」 제52조 제4호 ⚖️

✓ 폐색구간에 진입한 열차가 그 구간을 통과한 후가 아니면 "폐색구간에 열차 없음"의 표시를 변경할 수 없을 것

> 폐색구간에 진입한 열차가 그 구간을 통과한 후가 아니면 폐색구간에 열차 있음의 표시를 변경할 수 없을 것 (「철도차량운전규칙」 제52조 제3호) ⚖️

㉰ 열차가 폐색구간에 있을 때에는 그 구간의 신호기에 진행을 지시하는 신호를 현시할 수 없을 것

> 「철도차량운전규칙」 제52조 제2호 ⚖️

㉱ 연동폐색식을 시행하는 폐색구간 양끝의 정거장 또는 신호소에는 신호기와 연동하여 자동으로 폐색구간에 열차 없음의 표시를 할 수 있을 것

> 「철도차량운전규칙」 제52조 제1호 나목 ⚖️

> **법령** ⚖️
>
> 「철도차량운전규칙」 제52조(연동폐색장치의 구비조건)
> 연동폐색식을 시행하는 폐색구간 양끝의 정거장 또는 신호소에는 다음 각 호의 기능을 갖춘 연동폐색기를 설치해야 한다.
> 1. 신호기와 연동하여 자동으로 다음 각 목의 표시를 할 수 있을 것
>   가. 폐색구간에 열차 있음
>   나. 폐색구간에 열차 없음
> 2. 열차가 폐색구간에 있을 때에는 그 구간의 신호기에 진행을 지시하는 신호를 현시할 수 없을 것
> 3. 폐색구간에 진입한 열차가 그 구간을 통과한 후가 아니면 제1호가목의 표시를 변경할 수 없을 것
> 4. 단선구간에 있어서 하나의 방향에 대하여 폐색이 이루어지면 그 반대방향의 신호기는 자동으로 정지신호를 현시할 것

120 표정속도를 a, 운전거리를 b 그리고 순수운전시분을 c라고 할 때 도중정차시분 d를 구하는 공식으로 적절한 것은?

㉮ $d = a \div (c+b)$ ㉯ $d = c \div b - a$
㉰ $d = b \div (c+a)$ ✓ $d = b \div a - c$

> 표정속도를 a, 운전거리를 b, 순수운전시분을 c라고 할 때 도중정차시분(d)의 공식은 다음과 같다.
>
> 도중정차시분(d) = $\dfrac{\text{운전거리(b)}}{\text{표정속도(a)}}$ − 순수운전시분(c) = $d = b \div a - c$

121 다음 중 열차를 경제적으로 운전하기 위한 3원칙에 해당하는 것만을 고르면?

ㄱ. 차량의 중량을 낮출 것
ㄴ. 동력비가 최소일 것
ㄷ. 정시운전을 할 수 있을 것
ㄹ. 열차에 충격 및 기기의 손상이 없을 것
ㅁ. 안전하게 운전할 것

㉮ ㄱ, ㄴ, ㄷ
㉯ ㄱ, ㄷ, ㅁ
✓ ㉰ ㄴ, ㄷ, ㄹ
㉱ ㄴ, ㄷ, ㅁ

> 운전기술상의 경제운전의 3원칙에는 'ㄴ. 동력비가 최소일 것', 'ㄷ. 정시운전을 할 수 있을 것' 그리고 'ㄹ. 열차에 충격 및 기기 손상이 없을 것'이 있다.

TIP
운전기술상의 경제운전의 3원칙
1. 정시운전을 할 수 있을 것
2. 동력비가 최소일 것
3. 열차에 충격 및 기기 손상이 없을 것

122 다음 중 제동거리의 설명으로 적절하지 않은 것은?

✓ ㉮ 전제동거리는 공주거리에서 실제동를 뺀 값이며, 제동초속도에 영향을 받는다.

> 전제동거리는 공주거리와 실제동거리를 합한 값이며, 제동초속도에 영향을 받는다.

㉯ 제동거리는 제동초속도의 제곱에 비례하고, 열차의 중량에 비례한다.
㉰ 공주거리는 제동변을 제동위치로 이동시킨 후 제동이 유효하게 작용하기까지의 주행거리를 의미한다.
㉱ 실제동거리는 속도의 제곱에 비례한다.

123. 다음 중 견인정수의 산정 시 고려할 사항으로 가장 적절하지 않은 것은?

㉮ 곡선

견인정수를 산정할 때에는 선로의 상태가 곡선 혹은 터널일 경우를 고려하여야 한다.

㉯ 상구배의 장단

견인정수를 산정할 때에는 선로의 상태가 오르막 구배(상구배)일 때의 장단과 완급을 고려하여야 한다.

✅ 상구배의 제동거리

견인정수를 산정할 때에는 내리막 구배(하구)일 때의 제동거리를 고려하여야 한다.

㉱ 열차의 사명

견인정수의 변동에 따라 운전속도가 달라지므로 열차의 사명은 견인정수의 산정 시 반드시 고려하여야 할 사항이다.

> **TIP**
>
> 견인정수의 산정 시 고려하여야 할 사항
> - 열차의 사명
> - 선로의 상태
>   - 곡선 및 터널
>   - 레일의 상태
>   - 상구배의 완급과 장단
>   ※ 견인정수를 지배하는 최대요소이다.
>   - 하구배의 제동거리
> - 동력차의 상태
>   - 동력차의 상태 및 견인시험
>   - 사용연료 및 전차선 전압
>   - 제한구배상의 인출조건
>   - 전기차의 온도상승 한도
> - 선로 및 승강장 유효장
> - 기온

124 다음 중 열차번호 부여기준에 대한 설명으로 적절하지 않은 것은?

㉮ 열차번호는 시발역에서 종착역까지 동일한 열차번호를 부여한다.
㉯ 열차는 열차번호를 부여하여야 하며, 상행열차는 짝수, 하행열차는 홀수 번호를 부여한다.
✓ ㉰ 열차번호는 6자리 이하 숫자로 표시하고, 열차번호 앞에 알파벳 대문자를 사용할 수 있다.

> 열차번호는 <u>4자리</u> 이하 숫자로 표시하고, 열차특성에 따라 열차번호 앞에 알파벳 대문자를 사용할 수 있다.

㉱ 노선별 칭호방향이 다른 구간인 경우 시발역을 기준으로 부여한다.

125 다음은 「철도차량운전규칙」 제94조의 내용이다. 빈칸에 들어갈 말로 적절한 것은?

〈제94조〉
선로에서 정상적인 운행이 어려워 열차를 정지하거나 서행시켜야 하는 경우로서 임시신호기를 설치할 수 없는 경우에는 다음 각 호의 구분에 따른 조치를 해야 한다. 다만, 열차의 무선전화로 열차를 정지하거나 서행시키는 조치를 한 경우에는 다음 각 호의 구분에 따른 조치를 생략할 수 있다.
1. 열차를 정지시켜야 하는 경우 : 철도사고 등이 발생한 지점으로부터 (   )미터 이상의 앞 지점에서 정지 수신호를 현시할 것

㉮ 50
㉯ 100
㉰ 150
✓ ㉱ 200

> 열차를 정지시켜야 하는 경우에는 철도사고 등이 발생한 지점으로부터 <u>200미터 이상</u>의 앞 지점에서 정지 수신호를 현시한다(「철도차량운전규칙」 제94조 제1호).

법령

「철도차량운전규칙」 제94조(선로에서 정상 운행이 어려운 경우의 조치)
선로에서 정상적인 운행이 어려워 열차를 정지하거나 서행시켜야 하는 경우로서 임시신호기를 설치할 수 없는 경우에는 다음 각 호의 구분에 따른 조치를 해야 한다. 다만, 열차의 무선전화로 열차를 정지하거나 서행시키는 조치를 한 경우에는 다음 각 호의 구분에 따른 조치를 생략할 수 있다.
1. <u>열차를 정지시켜야 하는 경우 : 철도사고 등이 발생한 지점으로부터 200미터 이상의 앞 지점에서 정지 수신호를 현시할 것</u>
2. 열차를 서행시켜야 하는 경우 : 서행구역의 시작지점에서 서행수신호를 현시하고 서행구역이 끝나는 지점에서 진행수신호를 현시할 것

제4회 기출유형 모의고사

문제편 113p

[1과목] 교통법규

001	002	003	004	005	006	007	008	009	010	011	012	013	014	015	016	017	018	019	020
다	나	다	라	가	가	다	다	다	가	라	나	다	라	가	나	나	가	나	나
021	022	023	024	025	026	027	028	029	030	031	032	033	034	035	036	037	038	039	040
라	다	나	나	나	가	나	나	다	라	나	나	나	나	가	라	가	나	라	다
41	42	43	44	45	46	47	48	49	50										
라	가	나	나	나	다	가	가	나	다										

[2과목] 교통안전관리론

051	052	053	054	055	056	057	058	059	060	061	062	063	064	065	066	067	068	069	070
나	나	가	다	라	가	라	라	라	나	다	라	라	나	다	나	다	다	나	나
71	72	73	74	75															
라	라	라	라	다															

[3과목] 철도공학

076	077	078	079	080	081	082	083	084	085	086	087	088	089	090	091	092	093	094	095
라	다	라	가	가	라	다	나	다	나	가	라	가	나	나	가	나	나	나	라
096	097	098	099	100															
라	다	나	다	다															

[4과목] 열차운전(선택과목)

101	102	103	104	105	106	107	108	109	110	111	112	113	114	115	116	117	118	119	120
라	나	가	라	라	나	다	가	라	라	라	라	나	다	나	다	나	다	나	가
121	122	123	124	125															
가	라	나	나	라															

[1과목] 교통법규

001 「철도안전법령」상 형식승인검사에 관한 설명으로 적절하지 않은 것은?

㉮ 국토교통부장관은 형식승인 또는 변경승인을 하는 경우에는 해당 철도차량이 국토교통부장관이 정하여 고시하는 철도차량의 기술기준에 적합한지에 대하여 형식승인검사를 하여야 한다.

> 「철도안전법」 제26조 제3항 ⚖

㉯ 형식승인검사에는 설계적합성 검사, 합치성 검사, 차량형식 시험이 포함된다.

> 「철도안전법 시행규칙」 제48조 제1항 ⚖

✓ 설계적합성 검사는 철도차량이 부품단계, 구성품단계, 완성차단계에서 설계와 합치하게 제작되었는지 여부에 대한 검사이다.

> 설계적합성 검사는 <u>철도차량의 설계가 철도차량기술기준에 적합한지 여부에 대한 검사</u>이다(「철도안전법 시행규칙」 제48조 제1항 제1호). ⚖

㉱ 차량형식 시험은 철도차량이 부품단계, 구성품단계, 완성차단계, 시운전단계에서 철도차량기술기준에 적합한지 여부에 대한 시험이다.

> 「철도안전법 시행규칙」 제48조 제1항 제3호 ⚖

법령 ⚖

「철도안전법」 제26조(철도차량 형식승인)
③ <u>국토교통부장관은</u> 제1항에 따른 <u>형식승인 또는</u> 제2항 본문에 따른 <u>변경승인을 하는 경우에는 해당 철도차량이 국토교통부장관이 정하여 고시하는 철도차량의 기술기준에 적합한지에 대하여 형식승인검사를 하여야 한다.</u>

「철도안전법 시행규칙」 제48조(철도차량 형식승인검사의 방법 및 증명서 발급 등)
① 법 제26조 제3항에 따른 철도차량 형식승인검사는 다음 각 호의 구분에 따라 실시한다.
  1. <u>설계적합성 검사</u> : <u>철도차량의 설계가 철도차량기술기준에 적합한지 여부에 대한 검사</u>
  2. <u>합치성 검사</u> : 철도차량이 부품단계, 구성품단계, 완성차단계에서 제1호에 따른 설계와 합치하게 제작되었는지 여부에 대한 검사
  3. <u>차량형식 시험</u> : <u>철도차량이 부품단계, 구성품단계, 완성차단계, 시운전단계에서 철도차량기술기준에 적합한지 여부에 대한 시험</u>

002 「철도안전법령」상 철도교통관제업무의 대상에서 제외되지 않는 것은?

㉮ 정상운행을 하기 전의 신설선에서 철도차량을 운행하는 경우

✓ ㉯ 정상운행 중의 개량선에서 철도차량을 운행하는 경우

> 정상운행을 하기 전의 신설선 또는 개량선에서 철도차량을 운행하는 경우와 철도차량을 보수·정비하기 위한 차량정비기지 및 차량유치시설에서 철도차량을 운행하는 경우는 철도교통관제업무의 대상에서 제외한다 (「철도안전법 시행규칙」 제76조 제1항 제1호 및 제2호).

㉰ 철도차량을 보수하기 위한 차량정비기지에서 철도차량을 운행하는 경우

㉱ 철도차량을 정비하기 위한 차량유치시설에서 철도차량을 운행하는 경우

법령

「철도안전법 시행규칙」 제76조(철도교통관제업무의 대상 및 내용 등)
① 다음 각 호의 어느 하나에 해당하는 경우에는 법 제39조의2에 따라 국토교통부장관이 행하는 철도교통관제업무(이하 "관제업무"라 한다)의 대상에서 제외한다.
  1. 정상운행을 하기 전의 신설선 또는 개량선에서 철도차량을 운행하는 경우
  2. 「철도산업발전기본법」 제3조 제2호 나목에 따른 철도차량을 보수·정비하기 위한 차량정비기지 및 차량유치시설에서 철도차량을 운행하는 경우

003 「철도산업발전기본법령」상 철도산업정보화기본계획의 내용에 포함되지 않는 사항은?

㉮ 철도산업정보화의 여건 및 전망

> 「철도산업발전기본법 시행령」 제15조 제1항 제1호

㉯ 철도산업정보의 수집 및 조사계획

> 「철도산업발전기본법 시행령」 제15조 제1항 제4호

✓ ㉰ 철도산업정보화의 여건 조성에 관한 사항

> 철도산업정보화의 여건 조성에 관한 사항은 「철도산업발전기본법 시행령」 제15조에 따른 철도산업정보화 기본계획의 내용에 포함되지 않는다.

㉱ 철도산업정보화의 목표 및 단계별 추진계획

> 「철도산업발전기본법 시행령」 제15조 제1항 제2호

> **법령** ⚖
>
> 「철도산업발전기본법 시행령」 제15조(철도산업정보화기본계획의 내용 등)
> ① 법 제12조 제1항의 규정에 의한 철도산업정보화기본계획에는 다음 각 호의 사항이 포함되어야 한다.
>   1. <u>철도산업정보화의 여건 및 전망</u>
>   2. <u>철도산업정보화의 목표 및 단계별 추진계획</u>
>   3. 철도산업정보화에 필요한 비용
>   4. <u>철도산업정보의 수집 및 조사계획</u>
>   5. 철도산업정보의 유통 및 이용활성화에 관한 사항
>   6. 철도산업정보화와 관련된 기술개발의 지원에 관한 사항
>   7. 그 밖에 국토교통부장관이 필요하다고 인정하는 사항

004 「철도산업발전기본법」상 철도시설에 관한 설명으로 적절하지 않은 것은?

㉮ 철도산업의 구조개혁을 추진하는 경우 철도시설은 국가가 소유하는 것을 원칙으로 한다.

> 「철도산업발전기본법」 제20조 제1항 ⚖

㉯ 국토교통부장관은 철도시설의 건설 및 관리 등의 시책을 수립·시행한다.

> 「철도산업발전기본법」 제20조 제2항 제2호 ⚖

㉰ 국토교통부장관은 철도시설의 안전관리 및 재해대책 등의 시책을 수립·시행한다.

> 「철도산업발전기본법」 제20조 제2항 제4호 ⚖

✔ 국가는 철도시설 관련업무를 체계적이고 효율적으로 추진하기 위하여 그 운영조직으로서 철도청 및 고속철도관리공단의 관련 조직을 통·폐합하여 특별법에 의하여 한국도시철도공사를 설립한다.

> 국가는 철도시설 관련업무를 체계적이고 효율적으로 추진하기 위하여 그 <u>집행조직</u>으로서 철도청 및 <u>고속철도건설공단</u>의 관련 조직을 통·폐합하여 특별법에 의하여 <u>국가철도공단</u>을 설립한다(「철도산업발전기본법」 제20조 제3항). ⚖

> **법령** ⚖
>
> 「철도산업발전기본법」 제20조(철도시설)
> ① <u>철도산업의 구조개혁을 추진하는 경우 철도시설은 국가가 소유하는 것을 원칙으로 한다.</u>
> ② 국토교통부장관은 철도시설에 대한 다음 각 호의 시책을 수립·시행한다.
>   1. 철도시설에 대한 투자 계획수립 및 재원조달
>   2. <u>철도시설의 건설 및 관리</u>
>   3. 철도시설의 유지보수 및 적정한 상태유지
>   4. <u>철도시설의 안전관리 및 재해대책</u>
>   5. 그 밖에 다른 교통시설과의 연계성확보 등 철도시설의 공공성 확보에 필요한 사항
> ③ <u>국가는 철도시설 관련업무를 체계적이고 효율적으로 추진하기 위하여 그 집행조직으로서 철도청 및 고속철도건설공단의 관련 조직을 통·폐합하여 특별법에 의하여 국가철도공단</u>(이하 "국가철도공단"이라 한다)<u>을 설립한다.</u>

005 「교통안전법령」상 교통안전관리규정에 포함되지 않는 사항은?

㉮ 교통안전관리자의 임금 규정에 관한 사항

> 교통안전관리자의 임금 규정에 관한 사항은 교통안전관리 규정에 포함되지 않는다.

㉯ 안전관리대책의 수립 및 추진에 관한 사항

> 「교통안전법」 제21조 제1항 제5호 ⚖

㉰ 교통업무에 종사하는 자의 관리에 관한 사항

> 「교통안전법」 제21조 제1항 제6호 및 동법 시행령 제18조 제5호 ⚖

㉱ 교통사고 원인의 조사·보고 및 처리에 관한 사항

> 「교통안전법」 제21조 제1항 제6호 및 동법 시행령 제18조 제7호 ⚖

법령 ⚖

「교통안전법」 제21조(교통시설설치·관리자 등의 교통안전관리규정)

① 대통령령으로 정하는 교통시설설치·관리자 및 교통수단운영자(이하 이 조에서 "교통시설설치·관리자 등"이라 한다)는 그가 설치·관리하거나 운영하는 교통시설 또는 교통수단과 관련된 교통안전을 확보하기 위하여 다음 각 호의 사항을 포함한 규정(이하 "교통안전관리규정"이라 한다)을 정하여 관할교통행정기관에 제출하여야 한다. 이를 변경한 때에도 또한 같다.
  1. 교통안전의 경영지침에 관한 사항
  2. 교통안전목표 수립에 관한 사항
  3. 교통안전 관련 조직에 관한 사항
  4. 제54조의2에 따른 교통안전담당자 지정에 관한 사항
  5. 안전관리대책의 수립 및 추진에 관한 사항
  6. 그 밖에 교통안전에 관한 중요 사항으로서 대통령령으로 정하는 사항

「교통안전법 시행령」 제18조(교통안전관리규정에 포함할 사항)

법 제21조 제1항 제6호에서 "대통령령이 정하는 사항"이란 다음 각 호의 사항을 말한다.
1. 교통안전과 관련된 자료·통계 및 정보의 보관·관리에 관한 사항
2. 교통시설의 안전성 평가에 관한 사항
3. 사업장에 있는 교통안전 관련 시설 및 장비에 관한 사항
4. 교통수단의 관리에 관한 사항
5. 교통업무에 종사하는 자의 관리에 관한 사항
6. 교통안전의 교육·훈련에 관한 사항
7. 교통사고 원인의 조사·보고 및 처리에 관한 사항
8. 그 밖에 교통안전관리를 위하여 국토교통부장관이 따로 정하는 사항

006

「철도산업발전기본법」상 철도시설을 관리하고 그 철도시설을 사용하거나 이용하는 자로부터 사용료를 징수할 수 있는 권리를 일컫는 용어는?

- ✓ ㉮ 철도시설관리권
- ㉯ 철도시설감독권
- ㉰ 철도시설관리 · 징수권
- ㉱ 철도시설관리 · 감독권

국토교통부장관은 철도시설을 관리하고 그 철도시설을 사용하거나 이용하는 자로부터 사용료를 징수할 수 있는 권리(이하 "철도시설관리권"이라 한다)를 설정할 수 있다(「철도산업발전기본법」 제26조 제1항).

007

「철도산업발전기본법」상 국토교통부장관이 철도운영에 대해 수립 · 시행하여야 할 시책을 모두 고른 것은?

ㄱ. 철도운영 경영관리목표 수립 ㄴ. 철도운영부문의 경쟁력 강화
ㄷ. 철도운영서비스의 개선 ㄹ. 공정한 경쟁여건의 조성

- ㉮ ㄱ, ㄴ, ㄷ
- ㉯ ㄱ, ㄷ, ㄹ
- ✓ ㉰ ㄴ, ㄷ, ㄹ
- ㉱ ㄱ, ㄴ, ㄷ, ㄹ

「철도산업발전기본법」 제21조 제2항에 따라 국토교통부장관이 철도운영에 대해 수립 · 시행하는 시책에는 ㄴ. 철도운영부문의 경쟁력 강화, ㄷ. 철도운영서비스의 개선, ㄹ. 공정한 경쟁여건의 조성이 포함된다.

법령

「철도산업발전기본법」 제21조(철도운영)
① 철도산업의 구조개혁을 추진하는 경우 철도운영 관련사업은 시장경제원리에 따라 국가외의 자가 영위하는 것을 원칙으로 한다.
② 국토교통부장관은 철도운영에 대한 다음 각 호의 시책을 수립 · 시행한다.
  1. 철도운영부문의 경쟁력 강화
  2. 철도운영서비스의 개선
  3. 열차운영의 안전진단 등 예방조치 및 사고조사 등 철도운영의 안전확보
  4. 공정한 경쟁여건의 조성
  5. 그 밖에 철도이용자 보호와 열차운행원칙 등 철도운영에 필요한 사항

008 「철도안전법령」상 철도안전 시행계획의 수립절차에 관한 설명으로 옳은 것은?

㉮ 시·도지사 및 철도운영자 등은 다음 연도의 시행계획을 매년 12월 말까지 국토교통부장관에게 제출하여야 한다.

> 시·도지사 및 철도운영자 등은 다음 연도의 시행계획을 매년 10월 말까지 국토교통부장관에게 제출하여야 한다(「철도안전법 시행령」 제5조 제1항).

㉯ 시·도지사 및 철도운영자 등은 전년도 시행계획의 추진실적을 매년 6월 말까지 국토교통부장관에게 제출하여야 한다.

> 시·도지사 및 철도운영자 등은 전년도 시행계획의 추진실적을 매년 2월 말까지 국토교통부장관에게 제출하여야 한다(「철도안전법 시행령」 제5조 제2항).

✓ ㉰ 국토교통부장관은 시·도지사 및 철도운영자 등이 제출한 다음 연도의 시행계획이 철도안전 종합계획에 위반되거나 철도안전 종합계획을 원활하게 추진하기 위하여 보완이 필요하다고 인정될 때에는 시·도지사 및 철도운영자 등에게 시행계획의 수정을 요청할 수 있다.

> 「철도안전법 시행령」 제5조 제3항

㉱ 수정 요청을 받은 시·도지사 및 철도운영자 등은 특별한 사유가 없는 한 이를 시행계획에 반영할 수 있다.

> 수정 요청을 받은 시·도지사 및 철도운영자 등은 특별한 사유가 없는 한 이를 시행계획에 반영하여야 한다(「철도안전법 시행령」 제5조 제4항).

009 「철도안전법령」에 따른 정비교육훈련기관의 변경사항 통지 등에 관한 설명 중 빈칸에 들어갈 통지 시기로 적절한 것은?

> 정비교육훈련기관은 정비교육훈련기관의 명칭 및 소재지, 대표자의 성명, 그 밖에 정비교육훈련에 중요한 영향을 미친다고 국토교통부장관이 인정하는 사항이 변경된 때에는 그 사유가 발생한 날부터 (   ) 이내에 국토교통부장관에게 그 내용을 통지해야 한다.

㉮ 7일 이내 ㉯ 10일 이내
✓ ㉰ 15일 이내 ㉱ 30일 이내

> 정비교육훈련기관은 정비교육훈련기관의 명칭 및 소재지, 대표자의 성명, 그 밖에 정비교육훈련에 중요한 영향을 미친다고 국토교통부장관이 인정하는 사항이 변경된 때에는 그 사유가 발생한 날부터 15일 이내에 국토교통부장관에게 그 내용을 통지해야 한다(「철도안전법 시행령」 제21조의5 제1항).

> **법령**
> 「철도안전법」 제21조의4(정비교육훈련기관 지정기준 및 절차)
> ④ 국토교통부장관은 정비교육훈련기관을 지정한 때에는 다음 각 호의 사항을 관보에 고시해야 한다.
>   1. 정비교육훈련기관의 명칭 및 소재지
>   2. 대표자의 성명
>   3. 그 밖에 정비교육훈련에 중요한 영향을 미친다고 국토교통부장관이 인정하는 사항
>
> 「철도안전법」 제21조의5(정비교육훈련기관의 변경사항 통지 등)
> ① 정비교육훈련기관은 제21조의4 제4항 각 호의 사항이 변경된 때에는 그 사유가 발생한 날부터 <u>15일 이내</u>에 국토교통부장관에게 그 내용을 통지해야 한다.

010 「교통안전법」에 따라 교통안전진단기관으로 등록할 수 없는 대상은?

✅ ㉮ 교통행정기관

> 교통행정기관은 「교통안전법」 제41조에 따른 교통안전진단기관 등록결격사유에 해당하지 않는다.

㉯ 피성년후견인

> 「교통안전법」 제41조 제1호

㉰ 파산선고를 받고 복권되지 아니한 자

> 「교통안전법」 제41조 제2호

㉱ 교통안전법을 위반하여 징역형의 집행유예 선고를 받고 그 유예기긴 중에 있는 자

> 「교통안전법」 제41조 제4호

> **법령**
> 「교통안전법」 제41조(결격사유)
> 다음 각 호의 어느 하나에 해당하는 자는 교통안전진단기관으로 등록할 수 없다.
> 1. <u>피성년후견인</u> 또는 피한정후견인
> 2. <u>파산선고를 받고 복권되지 아니한 자</u>
> 3. 이 법을 위반하여 징역형의 실형을 선고받고 그 집행이 종료(집행이 종료된 것으로 보는 경우를 포함한다)되거나 집행이 면제된 날부터 2년이 지나지 아니한 자
> 4. <u>이 법을 위반하여 징역형의 집행유예를 선고받고 그 유예기간 중에 있는 자</u>
> 5. 제43조에 따라 교통안전진단기관의 등록이 취소된 후 2년이 지나지 아니한 자. 다만, 제43조 제3호 중 제41조 제1호 및 제2호에 해당하여 등록이 취소된 경우는 제외한다.
> 6. 임원 중에 제1호부터 제5호까지의 어느 하나에 해당하는 자가 있는 법인

011 「철도산업발전기본법」에 따른 철도시설관리자가 아닌 자는?

㉮ 관리청

> 「철도산업발전기본법」 제3조 제9호 가목 ⚖️

㉯ 국가철도공단

> 「철도산업발전기본법」 제3조 제9호 나목 ⚖️

㉰ 철도시설관리권을 설정받은 자

> 「철도산업발전기본법」 제3조 제9호 다목 ⚖️

✔ ㉱ 철도시설의 관리를 위탁받지 않은 자

> 철도시설의 관리를 대행·위임 또는 위탁받은 자가 철도시설관리자에 해당한다(「철도산업발전기본법」 제3조 제9호 라목). ⚖️

법령 ⚖️

「철도산업발전기본법」 제3조(정의)
이 법에서 사용하는 용어의 정의는 다음 각 호와 같다.
9. "철도시설관리자"라 함은 철도시설의 건설 및 관리 등에 관한 업무를 수행하는 자로서 다음 각 목의 어느 하나에 해당하는 자를 말한다.
　가. 제19조에 따른 관리청
　나. 제20조 제3항에 따라 설립된 국가철도공단
　다. 제26조 제1항에 따라 철도시설관리권을 설정받은 자
　라. 가목부터 다목까지의 자로부터 철도시설의 관리를 대행·위임 또는 위탁받은 자

012 「철도산업발전기본법」에 따른 철도산업발전기본계획의 수립 주체는?

㉮ 국무총리　　　　　　　　✔ ㉯ 국토교통부장관
㉰ 철도시설관리자　　　　　　㉱ 철도운영자

> 국토교통부장관은 철도산업의 육성과 발전을 촉진하기 위하여 5년 단위로 철도산업발전기본계획을 수립하여 시행하여야 한다(「철도산업발전기본법」 제5조 제1항).

013 「철도산업발전기본법」상 철도시설의 신설과 기존 철도시설의 직선화·전철화·복선화 및 현대화 등 철도시설의 성능 및 기능향상을 위한 철도시설의 개량을 포함한 활동을 일컫는 용어는?

㉮ 철도산업

> "철도산업"이라 함은 철도운송·철도시설·철도차량 관련산업과 철도기술개발관련산업 그 밖에 철도의 개발·이용·관리와 관련된 산업을 말한다(「철도산업발전기본법」 제3조 제8호).

㉯ 철도운영

> "철도운영"이라 함은 철도와 관련된 철도 여객 및 화물 운송, 철도차량의 정비 및 열차의 운행관리, 철도시설·철도차량 및 철도부지 등을 활용한 부대사업개발 및 서비스 중 어느 하나에 해당하는 것을 말한다(「철도산업발전기본법」 제3조 제3호).

✅ 철도시설의 건설

> "철도시설의 건설"이라 함은 철도시설의 신설과 기존 철도시설의 직선화·전철화·복선화 및 현대화 등 철도시설의 성능 및 기능향상을 위한 철도시설의 개량을 포함한 활동을 말한다(「철도산업발전기본법」 제3조 제6호).

㉱ 철도시설의 유지보수

> "철도시설의 유지보수"라 함은 기존 철도시설의 현상유지 및 성능향상을 위한 점검·보수·교체·개량 등 일상적인 활동을 말한다(「철도산업발전기본법」 제3조 제7호).

014 「철도산업발전기본법」상 철도산업위원회의 구성과 관련한 설명 중 ㉠, ㉡에 적절한 단어는?

> • 위원회는 위원장을 포함한 (㉠) 이내의 위원으로 구성한다.
> • 위원회에 상정할 안건을 미리 검토하고 위원회가 위임한 안건을 심의하기 위하여 위원회에 (㉡)를 둔다.

㉮ ㉠ 20인, ㉡ 심의위원회 ㉯ ㉠ 20인, ㉡ 분과위원회
㉰ ㉠ 25인, ㉡ 심의위원회 ✅ ㉠ 25인, ㉡ 분과위원회

> • 위원회는 위원장을 포함한 25인 이내의 위원으로 구성한다(「철도산업발전기본법」 제6조 제3항).
> • 위원회에 상정할 안건을 미리 검토하고 위원회가 위임한 안건을 심의하기 위하여 위원회에 분과위원회를 둔다(동조 제4항).

015

「철도안전법」상 "철도준사고"란 철도안전에 중대한 위해를 끼쳐 철도사고로 이어질 수 있었던 것으로 국토교통부령으로 정하는 것을 말한다. 이때 철도준사고의 범위에 해당하지 않는 것은?

㉮ ✔ 철도차량에 화재가 발생하는 경우

> 철도차량에 화재가 발생하는 경우는 「철도안전법 시행규칙」 제1조의3에 따른 철도준사고의 범위에 해당하지 않는다.

㉯ 운행허가를 받지 않은 구간으로 열차가 주행하는 경우

> 「철도안전법 시행규칙」 제1조의3 제1호 ⚖

㉰ 열차 또는 철도차량이 승인 없이 정지신호를 지난 경우

> 「철도안전법 시행규칙」 제1조의3 제3호 ⚖

㉱ 열차 또는 철도차량이 역과 역 사이로 미끄러진 경우

> 「철도안전법 시행규칙」 제1조의3 제4호 ⚖

법령 ⚖

「철도안전법」 제2조(정의)
이 법에서 사용하는 용어의 뜻은 다음과 같다.
12. "철도준사고"란 철도안전에 중대한 위해를 끼쳐 철도사고로 이어질 수 있었던 것으로 국토교통부령으로 정하는 것을 말한다.

> 「철도안전법 시행규칙」 제1조의3(철도준사고의 범위)
> 법 제2조 제12호에서 "국토교통부령으로 정하는 것"이란 다음 각 호의 어느 하나에 해당하는 것을 말한다.
> 1. 운행허가를 받지 않은 구간으로 열차가 주행하는 경우
> 2. 열차가 운행하려는 선로에 장애가 있음에도 진행을 지시하는 신호가 표시되는 경우. 다만, 복구 및 유지 보수를 위한 경우로서 관제 승인을 받은 경우에는 제외한다.
> 3. 열차 또는 철도차량이 승인 없이 정지신호를 지난 경우
> 4. 열차 또는 철도차량이 역과 역 사이로 미끄러진 경우
> 5. 열차운행을 중지하고 공사 또는 보수작업을 시행하는 구간으로 열차가 주행한 경우
> 6. 안전운행에 지장을 주는 레일 파손이나 유지보수 허용범위를 벗어난 선로 뒤틀림이 발생한 경우
> 7. 안전운행에 지장을 주는 철도차량의 차륜, 차축, 차축베어링에 균열 등의 고장이 발생한 경우
> 8. 철도차량에서 화약류 등 「철도안전법 시행령」(이하 "영"이라 한다) 제45조에 따른 위험물 또는 제78조 제1항에 따른 위해물품이 누출된 경우
> 9. 제1호부터 제8호까지의 준사고에 준하는 것으로서 철도사고로 이어질 수 있는 것

016 「철도안전법」상 철도차량 인증정비조직이 준수해야 할 사항이 아닌 것은?

㉮ 철도차량정비기술기준을 준수할 것

> 「철도안전법」 제38조의9 제1호 ⚖

✅ **철도차량을 효과적으로 관리·운영할 것**

> 철도차량을 효과적으로 관리·운영하는 것은 「철도안전법」 제38조의9에 따른 철도차량의 인증정비조직 준수사항에 해당하지 않는다.

㉰ 정비조직인증기준에 적합하도록 유지할 것

> 「철도안전법」 제38조의9 제2호 ⚖

㉱ 철도차량정비가 완료되지 않은 철도차량은 운행할 수 없도록 관리할 것

> 「철도안전법」 제38조의9 제5호 ⚖

법령 ⚖

「철도안전법」 제38조의9(인증정비조직의 준수사항)
인증정비조직은 다음 각 호의 사항을 준수하여야 한다.
1. 철도차량정비기술기준을 준수할 것
2. 정비조직인증기준에 적합하도록 유지할 것
3. 정비조직운영기준을 지속적으로 유지할 것
4. 중고 부품을 사용하여 철도차량정비를 할 경우 그 적정성 및 이상 여부를 확인할 것
5. 철도차량정비가 완료되지 않은 철도차량은 운행할 수 없도록 관리할 것

---

017 「철도안전법」상 폭행·협박으로 철도종사자의 직무집행을 방해한 자에 대한 벌칙으로 적절한 것은?

㉮ 무기징역 또는 5년 이상의 징역

✅ **5년 이하의 징역 또는 5천만 원 이하의 벌금**

> 폭행·협박으로 철도종사자의 직무집행을 방해한 자는 5년 이하의 징역 또는 5천만 원 이하의 벌금에 처한다(「철도안전법」 제79조 제1항).

㉰ 3년 이하의 징역 또는 3천만 원 이하의 벌금
㉱ 2년 이하의 징역 또는 2천만 원 이하의 벌금

018 국토교통부장관은 특정노선 및 역의 폐지 또는 철도서비스의 제한·중지 등의 조치로 인하여 영향을 받는 지역 중에서 대체수송수단이 없거나 현저히 부족하여 수송서비스에 심각한 지장이 초래되는 지역에 대하여는 수송대책을 수립·시행하여야 한다. 이때 수송대책에 포함되는 것을 모두 고르면?

> ㄱ. 수송여건의 분석
> ㄴ. 대체수송수단의 운행횟수 증대
> ㄷ. 대체수송에 필요한 재원조달
> ㄹ. 대중교통과의 연계에 관한 사항

㉮ ㄱ, ㄴ, ㄷ ✓
㉯ ㄴ, ㄷ, ㄹ
㉰ ㄱ, ㄷ, ㄹ
㉱ ㄱ, ㄴ, ㄷ, ㄹ

특정노선폐지 등에 따라 수립·시행될 수송대책에는 ㄱ. 수송여건의 분석, ㄴ. 대체수송수단의 운행횟수 증대, ㄷ. 대체수송에 필요한 재원조달이 포함된다. 이 외에도 '노선조정 또는 추가투입', '그 밖에 수송대책의 효율적 시행을 위하여 필요한 사항' 등이 포함된다(「철도산업발전기본법 시행령」 제47조). ⚖

법령 ⚖

「철도산업발전기본법 시행령」 제47조(특정노선 폐지 등에 따른 수송대책의 수립)
국토교통부장관 또는 관계행정기관의 장은 특정노선 및 역의 폐지 또는 철도서비스의 제한·중지 등의 조치로 인하여 영향을 받는 지역중에서 대체수송수단이 없거나 현저히 부족하여 수송서비스에 심각한 지장이 초래되는 지역에 대하여는 법 제34조 제4항의 규정에 의하여 다음 각 호의 사항이 포함된 수송대책을 수립·시행하여야 한다.
1. 수송여건 분석
2. 대체수송수단의 운행횟수 증대, 노선조정 또는 추가투입
3. 대체수송에 필요한 재원조달
4. 그 밖에 수송대책의 효율적 시행을 위하여 필요한 사항

019 「교통안전법 시행령」[별표 3의2]에 규정된 교통안전도 평가지수에서 교통사고 발생건수의 가중치는?

㉮ 0.1
㉯ 0.4 ✓
㉰ 0.7
㉱ 0.9

「교통안전법 시행령」[별표 3의2] 교통안전도 평가지수의 산정식
'교통안전도 평가지수 = $\dfrac{(교통사고\ 발생건수 \times 0.4) + (교통사고\ 사상자\ 수 \times 0.6)}{자동차등록(면허)\ 대수} \times 10$'에 따른 교통사고 발생건수의 가중치는 0.4이다.

020 「철도안전법령」상 철도용품 품질관리체계의 유지 등에 관한 설명으로 적절하지 않은 것은?

㉮ 국토교통부장관은 철도용품 품질관리체계에 대하여 1년마다 1회의 정기검사를 실시하여야 한다.

> 「철도안전법 시행규칙」 제71조 제1항 ⚖️

✔ 철도용품의 안전 및 품질 확보 등을 위하여 필요하다고 인정하는 경우에는 1년마다 3회 이내의 수시 검사를 실시할 수 있다.

> 국토교통부장관은 철도용품 품질관리체계에 대하여 1년마다 1회의 정기검사를 실시하고, 철도용품의 안전 및 품질 확보 등을 위하여 필요하다고 인정하는 경우에는 수시로 검사할 수 있다(「철도안전법 시행규칙」 제71조 제1항). 즉, 수시검사에는 횟수 제한이 없다. ⚖️

㉰ 정기검사 또는 수시검사를 시행하려는 경우에는 검사 시행일 15일 전까지 검사계획을 철도용품 제작자승인을 받은 자에게 통보하여야 한다.

> 「철도안전법 시행령」 제71조 제2항 ⚖️

㉱ 국토교통부장관은 정기검사 또는 수시검사를 마친 경우에는 검사 결과보고서를 작성하여야 한다.

> 「철도안전법 시행령」 제71조 제3항 ⚖️

법령 ⚖️

「철도안전법 시행규칙」 제71조(철도용품 품질관리체계의 유지 등)
① 국토교통부장관은 법 제27조의2 제4항에서 준용하는 법 제8조 제2항에 따라 철도용품 품질관리체계에 대하여 1년마다 1회의 정기검사를 실시하고, 철도용품의 안전 및 품질 확보 등을 위하여 필요하다고 인정하는 경우에는 수시로 검사할 수 있다.
② 국토교통부장관은 제1항에 따라 정기검사 또는 수시검사를 시행하려는 경우에는 검사 시행일 15일 전까지 다음 각 호의 내용이 포함된 검사계획을 철도용품 제작자승인을 받은 자에게 통보하여야 한다.
  1. 검사반의 구성
  2. 검사 일정 및 장소
  3. 검사 수행 분야 및 검사 항목
  4. 중점 검사 사항
  5. 그 밖에 검사에 필요한 사항
③ 국토교통부장관은 정기검사 또는 수시검사를 마친 경우에는 다음 각 호의 사항이 포함된 검사 결과보고서를 작성하여야 한다.
  1. 철도용품 품질관리체계의 검사 개요 및 현황
  2. 철도용품 품질관리체계의 검사 과정 및 내용
  3. 법 제27조의2 제4항에서 준용하는 제8조 제3항에 따른 시정조치 사항
④ 국토교통부장관은 법 제27조의2 제4항에서 준용하는 법 제8조 제3항에 따라 철도용품 제작자승인을 받은 자에게 시정조치를 명하는 경우에는 시정에 필요한 적정한 기간을 주어야 한다.
⑤ 법 제27조의2 제4항에서 준용하는 제8조 제3항에 따라 시정조치명령을 받은 철도용품 제작자승인을 받은 자는 시정조치를 완료한 경우에는 지체 없이 그 시정내용을 국토교통부장관에게 통보하여야 한다.
⑥ 제1항부터 제5항까지의 규정에서 정한 사항 외에 정기검사 또는 수시검사에 관한 세부적인 기준·방법 및 절차는 국토교통부장관이 정하여 고시한다.

021 「철도산업발전기본법」에 따르면 국가는 철도이용자의 권익보호를 위하여 일정 시책을 강구하여야 한다. 해당 시책과 관련이 없는 것은?

㉮ 철도이용자의 권익보호를 위한 홍보·교육 및 연구

> 「철도산업발전기본법」 제16조 제1호 ⚖

㉯ 철도이용자의 생명·신체 및 재산상의 위해 방지

> 「철도산업발전기본법」 제16조 제2호 ⚖

㉰ 철도이용자의 불만 및 피해에 대한 신속·공정한 구제조치

> 「철도산업발전기본법」 제16조 제3호 ⚖

✅ 그 밖에 철도이용자 관리와 관련된 사항

> 그 밖에 철도이용자 보호와 관련된 사항이 국가가 강구하여야 할 시책에 포함된다(「철도산업발전기본법」 제16조 제4호).

법령 ⚖

「철도산업발전기본법」 제16조(철도이용자의 권익보호 등)
국가는 철도이용자의 권익보호를 위하여 다음 각 호의 시책을 강구하여야 한다.
1. 철도이용자의 권익보호를 위한 홍보·교육 및 연구
2. 철도이용자의 생명·신체 및 재산상의 위해 방지
3. 철도이용자의 불만 및 피해에 대한 신속·공정한 구제조치
4. 그 밖에 철도이용자 보호와 관련된 사항

022 「교통안전법」상 다음의 빈칸에 들어갈 단어로 적절한 것은?

> 국토교통부장관은 국가의 전반적인 교통안전수준의 향상을 도모하기 위하여 교통안전에 관한 기본계획을 (　　　) 단위로 수립하여야 한다.

㉮ 6개월　　　　　　　　　　　㉯ 1년
✅ 5년　　　　　　　　　　　　㉱ 10년

> 국토교통부장관은 국가의 전반적인 교통안전수준의 향상을 도모하기 위하여 교통안전에 관한 기본계획을 5년 단위로 수립하여야 한다(「교통안전법」 제15조 제1항).

023 「철도산업발전기본법」상 원인제공자가 부담하는 공익서비스비용에 포함되는 사항을 모두 고른 것은?

> ㄱ. 철도운영자가 국가의 특수목적사업을 수행함으로써 발생되는 비용
> ㄴ. 철도운영자가 다른 법령에 의하거나 국가정책 또는 공공목적을 위하여 철도운임·요금을 감면할 경우 그 증가액
> ㄷ. 철도운영자가 다른 법령에 의하거나 국가정책 또는 공공목적을 위하여 철도운임·요금을 감면할 경우 그 감면액
> ㄹ. 철도운영자가 경영개선을 위한 적절한 조치를 취하였음에도 불구하고 철도이용수요가 적어 수지균형의 확보가 극히 곤란하여 벽지의 노선 또는 역의 철도서비스를 제한 또는 중지하여야 되는 경우로서 공익목적을 위하여 기초적인 철도서비스를 계속함으로써 발생되는 경영손실

㉮ ㄱ, ㄴ, ㄷ ✓㉯ ㄱ, ㄷ, ㄹ
㉰ ㄴ, ㄷ, ㄹ ㉱ ㄱ, ㄴ, ㄷ, ㄹ

> ㄱ. (○)「철도산업발전기본법」제32조 제2항 제3호
> ㄴ. (×) 철도운영자가 다른 법령에 의하거나 국가정책 또는 공공목적을 위하여 철도운임·요금을 감면할 경우 그 <u>감면액</u>(「철도산업발전기본법」제32조 제2항 제1호)
> ㄷ. (○)「철도산업발전기본법」제32조 제2항 제1호
> ㄹ. (○)「철도산업발전기본법」제32조 제2항 제2호

법령

「철도산업발전기본법」제32조(공익서비스비용의 부담)
① 철도운영자의 공익서비스 제공으로 발생하는 비용(이하 "공익서비스비용"이라 한다)은 대통령령으로 정하는 바에 따라 국가 또는 해당 철도서비스를 직접 요구한 자(이하 "원인제공자"라 한다)가 부담하여야 한다.
② 원인제공자가 부담하는 공익서비스비용의 범위는 다음 각 호와 같다.
 1. 철도운영자가 다른 법령에 의하거나 국가정책 또는 공공목적을 위하여 철도운임·요금을 감면할 경우 그 감면액
 2. 철도운영자가 경영개선을 위한 적절한 조치를 취하였음에도 불구하고 철도이용수요가 적어 수지균형의 확보가 극히 곤란하여 벽지의 노선 또는 역의 철도서비스를 제한 또는 중지하여야 되는 경우로서 공익목적을 위하여 기초적인 철도서비스를 계속함으로써 발생되는 경영손실
 3. 철도운영자가 국가의 특수목적사업을 수행함으로써 발생되는 비용

024

「철도안전법」에 따르면 철도 보호 및 질서유지를 선로 또는 '국토교통부령으로 정하는 철도시설'에 철도운영자 등의 승낙 없이 출입하거나 통행하는 행위는 금지된다. 이때 국토교통부령으로 정하는 출입금지 철도시설에 해당하지 않는 것은?

㉮ 철도차량 정비시설

> 「철도안전법 시행규칙」 제83조 제4호

✓ 철도차량 부속시설

> 철도차량 부속시설은 「철도안전법 시행규칙」 제83조에 따른 국토교통부령으로 정하는 출입금지 철도시설에 포함되지 않는다.

㉰ 철도운전용 급유시설물이 있는 장소

> 「철도안전법 시행규칙」 제83조 제3호

㉯ 위험물을 적하하거나 보관하는 장소

> 「철도안전법 시행규칙」 제83조 제1호

법령

「철도안전법」 제48조(철도 보호 및 질서유지를 위한 금지행위)
누구든지 정당한 사유 없이 철도 보호 및 질서유지를 해치는 다음 각 호의 어느 하나에 해당하는 행위를 하여서는 아니 된다.
5. 선로(철도와 교차된 도로는 제외한다) 또는 국토교통부령으로 정하는 철도시설에 철도운영자 등의 승낙 없이 출입하거나 통행하는 행위

「철도안전법 시행규칙」 제83조(출입금지 철도시설)
법 제48조 제5호에서 "국토교통부령으로 정하는 철도시설"이란 다음 각 호의 철도시설을 말한다.
1. 위험물을 적하하거나 보관하는 장소
2. 신호·통신기기 설치장소 및 전력기기·관제설비 설치장소
3. 철도운전용 급유시설물이 있는 장소
4. 철도차량 정비시설

025 「교통안전법」에 따른 청문에 관한 내용 중 다음 빈칸에 들어갈 적절한 단어는?

( )은/는 교통안전진단기관 등록의 취소, 교통안전관리자 자격의 취소 중 어느 하나에 해당하는 처분을 하고자 하는 경우에는 청문을 실시하여야 한다.

㉮ 국무총리
✓ ㉯ 시·도지사
㉰ 국토교통부장관
㉱ 교통수단운영자

시·도지사는 교통안전진단기관 등록의 취소, 교통안전관리자 자격의 취소 중 어느 하나에 해당하는 처분을 하고자 하는 경우에는 청문을 실시하여야 한다(「교통안전법」 제61조).

법령

「교통안전법」 제61조(청문)
시·도지사는 다음 각 호의 어느 하나에 해당하는 처분을 하고자 하는 경우에는 청문을 실시하여야 한다.
1. 제43조에 따른 교통안전진단기관 등록의 취소
2. 제54조 제1항의 규정에 따른 교통안전관리자 자격의 취소

---

026 「철도산업발전기본법령」에 따른 철도산업발전시행계획의 수립절차에 관한 설명으로 ㉠, ㉡에 적절한 단어가 바르게 연결된 것은?

- 관계행정기관의 장은 당해 연도의 철도산업발전시행계획을 (㉠)까지 국토교통부장관에게 제출하여야 한다.
- 관계행정기관의 장은 전년도 철도산업발전시행계획의 추진실적을 (㉡)까지 국토교통부장관에게 제출하여야 한다.

㉮ ㉠ 전년도 6월 말, ㉡ 매년 2월 말
㉯ ㉠ 전년도 6월 말, ㉡ 매년 1월 말
✓ ㉰ ㉠ 전년도 11월 말, ㉡ 매년 2월 말
㉱ ㉠ 전년도 12월 말, ㉡ 매년 1월 말

관계행정기관의 장은 법 제5조 제6항의 규정에 의한 당해 연도의 시행계획을 전년도 11월 말까지 국토교통부장관에게 제출하여야 한다(「철도산업발전기본법 시행령」 제5조 제1항).
관계행정기관의 장은 전년도 시행계획의 추진실적을 매년 2월 말까지 국토교통부장관에게 제출하여야 한다(동조 제2항).

027 「교통안전법」상 그 수립주기가 다른 하나는?

☑ ㉮ 지역교통안전시행계획

> 시·도지사 및 시장·군수·구청장은 소관 지역교통안전기본계획을 집행하기 위하여 시·도교통안전시행계획과 시·군·구교통안전시행계획(이하 "지역교통안전시행계획"이라 한다)을 매년 수립·시행하여야 한다(「교통안전법」 제18조 제1항).

㉯ 국가교통안전기본계획

> 국토교통부장관은 국가의 전반적인 교통안전수준의 향상을 도모하기 위하여 교통안전에 관한 기본계획(이하 "국가교통안전기본계획"이라 한다)을 5년 단위로 수립하여야 한다(「교통안전법」 제15조 제1항).

㉰ 시·도교통안전기본계획

> 시·도지사는 국가교통안전기본계획에 따라 시·도의 교통안전에 관한 기본계획(이하 "시·도교통안전기본계획"이라 한다)을 5년 단위로 수립하여야 하며, 시장·군수·구청장은 시·도교통안전기본계획에 따라 시·군·구의 교통안전에 관한 기본계획(이하 "시·군·구교통안전기본계획"이라 한다)을 5년 단위로 수립하여야 한다(「교통안전법」 제17조 제1항).

㉱ 시·군·구교통안전기본계획

> 시·도지사는 국가교통안전기본계획에 따라 시·도의 교통안전에 관한 기본계획(이하 "시·도교통안전기본계획"이라 한다)을 5년 단위로 수립하여야 하며, 시장·군수·구청장은 시·도교통안전기본계획에 따라 시·군·구의 교통안전에 관한 기본계획(이하 "시·군·구교통안전기본계획"이라 한다)을 5년 단위로 수립하여야 한다(「교통안전법」 제17조 제1항).

028 「철도안전법」상 과징금과 관련한 설명으로 빈칸에 적절한 과징금액으로 옳은 것은?

> 국토교통부장관은 철도운영자 등에 대하여 업무의 제한이나 정지를 명하여야 하는 경우로서 그 업무의 제한이나 정지가 철도 이용자 등에게 심한 불편을 주거나 그 밖에 공익을 해할 우려가 있는 경우에는 업무의 제한이나 정지를 갈음하여 (   ) 이하의 과징금을 부과할 수 있다.

㉮ 10억 원 ㉯ 20억 원
☑ ㉰ 30억 원 ㉱ 50억 원

> 국토교통부장관은 철도운영자 등에 대하여 업무의 제한이나 정지를 명하여야 하는 경우로서 그 업무의 제한이나 정지가 철도 이용자 등에게 심한 불편을 주거나 그 밖에 공익을 해할 우려가 있는 경우에는 업무의 제한이나 정지를 갈음하여 30억 원 이하의 과징금을 부과할 수 있다(「철도안전법」 제9조의2 제1항).

029 「철도산업발전기본법」에 따른 철도시설에 해당하지 않는 것은?

㉮ 철도의 선로

「철도산업발전기본법」 제3조 제2호 가목 ⚖

㉯ 신호 및 열차제어설비

「철도산업발전기본법」 제3조 제2호 다목 ⚖

✔ 철도승무원의 통근버스

철도승무원의 통근버스는 「철도산업발전기본법」 제3조 제2호에 따른 철도시설에 포함되지 않는다.

㉱ 철도노선 간 연계운영에 필요한 시설

「철도산업발전기본법」 제3조 제2호 라목 ⚖

법령 ⚖

「철도산업발전기본법」 제3조(정의)
이 법에서 사용하는 용어의 정의는 다음 각호와 같다.
2. "철도시설"이라 함은 다음 각 목의 어느 하나에 해당하는 시설(부지를 포함한다)을 말한다.
   가. 철도의 선로(선로에 부대되는 시설을 포함한다), 역시설(물류시설·환승시설 및 편의시설 등을 포함한다) 및 철도운영을 위한 건축물·건축설비
   나. 선로 및 철도차량을 보수·정비하기 위한 선로보수기지, 차량정비기지 및 차량유치시설
   다. 철도의 전철전력설비, 정보통신설비, 신호 및 열차제어설비
   라. 철도노선 간 또는 다른 교통수단과의 연계운영에 필요한 시설
   마. 철도기술의 개발·시험 및 연구를 위한 시설
   바. 철도경영연수 및 철도전문인력의 교육훈련을 위한 시설
   사. 그 밖에 철도의 건설·유지보수 및 운영을 위한 시설로서 대통령령으로 정하는 시설

---

030 「철도안전법」상 다음 중 빈칸에 들어갈 용어로 옳은 것은?

( )란 철도운영 또는 철도시설관리와 관련하여 사람이 죽거나 다치거나 물건이 파손되는 사고로 국토교통부령으로 정하는 것을 말한다.

㉮ 철도파손   ㉯ 운행장애
✔ 철도사고   ㉱ 교통사고

"철도사고"란 철도운영 또는 철도시설관리와 관련하여 사람이 죽거나 다치거나 물건이 파손되는 사고로 국토교통부령으로 정하는 것을 말한다(「철도안전법」 제2조 제11호).

031 교통안전담당자는 교통안전을 위해 필요하다고 인정하는 경우에는 (   ) 등의 조치를 교통시설설치·관리자 등에게 요청해야 한다. 빈칸에 들어갈 수 없는 사항은?

㉮ 교통수단의 정비 「교통안전법 시행령」 제44조의2 제3항 제2호 ⚖

㉯ 운전자 등의 승무계획 변경 「교통안전법 시행령」 제44조의2 제3항 제3호 ⚖

㉰ 교통안전 관련 시설 및 장비의 설치 또는 보완 「교통안전법 시행령」 제44조의2 제3항 제4호 ⚖

✅ 운행기록장치 및 차로이탈경고장치 등의 점검 및 관리

운행기록장치 및 차로이탈경고장치 등의 점검 및 관리는 교통안전담당자의 직무사항에 해당한다(「교통안전법 시행령」 제44조의2 제1항 제6호).

법령 ⚖

「교통안전법 시행령」 제44조의2(교통안전담당자의 직무)
① 교통안전담당자의 직무는 다음 각 호와 같다.
  1. 교통안전관리규정의 시행 및 그 기록의 작성·보존
  2. 교통수단의 운행·운항 또는 항행(이하 이 조에서 "운행 등"이라 한다) 또는 교통시설의 운영·관리와 관련된 안전점검의 지도·감독
  3. 교통시설의 조건 및 기상조건에 따른 안전 운행 등에 필요한 조치
  4. 법 제24조 제1항에 따른 운전자 등(이하 "운전자 등"이라 한다)의 운행 등 중 근무상태 파악 및 교통안전 교육·훈련의 실시
  5. 교통사고 원인 조사·분석 및 기록 유지
  6. 운행기록장치 및 차로이탈경고장치 등의 점검 및 관리
② 삭제
③ 교통안전담당자는 교통안전을 위해 필요하다고 인정하는 경우에는 다음 각 호의 조치를 교통시설설치·관리자 등에게 요청해야 한다. 다만, 교통안전담당자가 교통시설설치·관리자 등에게 필요한 조치를 요청할 시간적 여유가 없는 경우에는 직접 필요한 조치를 하고, 이를 교통시설설치·관리자에게 보고해야 한다.
  1. 국토교통부령으로 정하는 교통수단의 운행 등의 계획 변경
  2. 교통수단의 정비
  3. 운전자 등의 승무계획 변경
  4. 교통안전 관련 시설 및 장비의 설치 또는 보완
  5. 교통안전을 해치는 행위를 한 운전자 등에 대한 징계 건의

032 「교통안전법」상 국가교통안전기본계획 및 시행계획, 지역교통안전기본계획 및 시행계획의 수립시기가 잘못 연결된 것은?

㉮ 국가교통안전기본계획 : 5년 단위

> 국토교통부장관은 국가의 전반적인 교통안전수준의 향상을 도모하기 위하여 교통안전에 관한 기본계획(이하 "국가교통안전기본계획"이라 한다)을 5년 단위로 수립하여야 한다(「교통안전법」 제15조 제1항).

㉯ 국가교통안전시행계획 : 매년

> 지정행정기관의 장은 국가교통안전기본계획을 집행하기 위하여 매년 소관별 교통안전시행계획안을 수립하여 이를 국토교통부장관에게 제출하여야 한다(「교통안전법」 제16조 제1항).

㉰ 지역교통안전기본계획 : 5년 단위

> 시·도지사는 국가교통안전기본계획에 따라 시·도의 교통안전에 관한 기본계획(이하 "시·도교통안전기본계획"이라 한다)을 5년 단위로 수립하여야 하며, 시장·군수·구청장은 시·도교통안전기본계획에 따라 시·군·구의 교통안전에 관한 기본계획(이하 "시·군·구교통안전기본계획"이라 한다)을 5년 단위로 수립하여야 한다(「교통안전법」 제17조 제1항).
> 이때, 동조 제2항에 따라 시·군·구교통안전기본계획은 지역교통안전기본계획과 그 뜻이 같다.

✅ 지역교통안전시행계획 : 10년 단위

> 시·도지사 및 시장·군수·구청장은 소관 지역교통안전기본계획을 집행하기 위하여 시·도교통안전시행계획과 시·군·구교통안전시행계획(이하 "지역교통안전시행계획"이라 한다)을 매년 수립·시행하여야 한다(「교통안전법」 제18조 제1항).

법령

「교통안전법」 제17조(지역교통안전기본계획)
① 시·도지사는 국가교통안전기본계획에 따라 시·도의 교통안전에 관한 기본계획(이하 "시·도교통안전기본계획"이라 한다)을 5년 단위로 수립하여야 하며, 시장·군수·구청장은 시·도교통안전기본계획에 따라 시·군·구의 교통안전에 관한 기본계획(이하 "시·군·구교통안전기본계획"이라 한다)을 5년 단위로 수립하여야 한다.
② 국토교통부장관 또는 시·도지사는 시·도교통안전기본계획 또는 시·군·구교통안전기본계획(이하 "지역교통안전기본계획"이라 한다)의 수립에 관한 지침을 작성하여 시·도지사 및 시장·군수·구청장에게 통보할 수 있다.

033 「교통안전법령」에 따라 5년 단위 또는 주기로 수립·보관·관리하여야 하는 대상이 아닌 것은?

㉮ 국가교통안전기본계획

> 국토교통부장관은 국가의 전반적인 교통안전수준의 향상을 도모하기 위하여 교통안전에 관한 기본계획(이하 "국가교통안전기본계획"이라 한다)을 5년 단위로 수립하여야 한다(「교통안전법」 제15조 제1항).

㉯ 시·도의 교통안전에 관한 기본계획

> 시·도지사는 국가교통안전기본계획에 따라 시·도의 교통안전에 관한 기본계획(이하 "시·도교통안전기본계획"이라 한다)을 5년 단위로 수립하여야 하며, 시장·군수·구청장은 시·도교통안전기본계획에 따라 시·군·구의 교통안전에 관한 기본계획(이하 "시·군·구교통안전기본계획"이라 한다)을 5년 단위로 수립하여야 한다(「교통안전법」 제17조 제1항).

㉰ 교통사고와 관련된 자료·통계 또는 정보

> 교통사고와 관련된 자료·통계 또는 정보(이하 "교통사고 관련자료등"이라 한다)를 보관·관리하는 자는 교통사고가 발생한 날부터 5년간 이를 보관·관리하여야 한다(「교통안전법 시행령」 제38조 제1항).

☑ 중대한 교통사고의 누적지점 및 구관에 관한 자료

> 중대한 교통사고의 누적지점 및 구간에 관한 자료는 지난 3년간 발생한 사고를 기준으로 교통사고의 누적지점과 구간에 관한 자료를 보관·관리하여야 한다(「교통안전법 시행령」 제36조 제1항·제3항). ⚖

법령 ⚖

「교통안전법 시행령」 제36조(중대한 교통사고 등)
① 법 제50조 제1항·제2항에서 "대통령령이 정하는 중대한 교통사고"란 교통시설 또는 교통수단의 결함으로 사망사고 또는 중상사고(의사의 최초진단결과 3주 이상의 치료가 필요한 상해를 입은 사람이 있는 사고를 말한다. 이하 같다)가 발생했다고 추정되는 교통사고를 말한다.
② 지방자치단체의 장은 소관 교통시설 안에서 교통수단의 결함이 원인이 되어 제1항에 따른 교통사고가 발생하였다고 판단되는 경우에는 법 제50조 제2항에 따른 지정행정기관의 장에게 교통사고의 원인조사를 의뢰할 수 있다.
③ 법 제50조 제1항에 따라 교통시설(도로만 해당한다. 이하 같다)을 관리하는 행정기관과 교통시설설치·관리자(도로의 설치·관리자만 해당한다. 이하 같다)를 지도·감독하는 교통행정기관(이하 "교통행정기관등"이라 한다)은 지난 3년간 발생한 제1항에 따른 교통사고를 기준으로 교통사고의 누적지점과 구간에 관한 자료를 보관·관리하여야 한다.

034 「교통안전법」제61조에 따라 시·도지사가 청문을 실시해야 하는 경우를 모두 고르면?

> ㄱ. 교통체계의 개선권고
> ㄴ. 교통안전관리자 자격의 취소
> ㄷ. 교통안전진단기관 등록의 취소
> ㄹ. 교통수단운영자 사업장의 출입·검사

㉮ ㄱ, ㄴ 　　　　　　　　　　㉯ ✔ ㄴ, ㄷ
㉰ ㄴ, ㄷ, ㄹ 　　　　　　　　㉱ ㄱ, ㄴ, ㄷ, ㄹ

> 시·도지사는 「교통안전법」제43조에 따른 교통안전진단기관 등록의 취소 및 제54조 제1항의 규정에 따른 교통안전관리자 자격의 취소 중 어느 하나에 해당하는 처분을 하고자 하는 경우에는 청문을 실시하여야 한다 (「교통안전법」제61조).

035 「철도안전법」상 철도차량 운전면허의 갱신에 관한 설명으로 적절한 것은?

㉮ ✔ 운전면허의 유효기간은 10년으로 한다.

> 「철도안전법」제19조 제1항

㉯ 운전면허 취득자로서 유효기간 이후에도 그 운전면허의 효력을 유지하려는 사람은 운전면허의 유효기간 만료 후에 국토교통부령으로 정하는 바에 따라 운전면허의 갱신을 받아야 한다.

> 운전면허 취득자로서 제1항에 따른 유효기간 이후에도 그 운전면허의 효력을 유지하려는 사람은 운전면허의 유효기간 만료 전에 국토교통부령으로 정하는 바에 따라 운전면허의 갱신을 받아야 한다(「철도안전법」제19조 제2항).

㉰ 운전면허 취득자가 운전면허의 갱신을 받지 아니하면 그 운전면허의 유효기간이 만료되는 날부터 그 운전면허의 효력이 정지된다.

> 운전면허 취득자가 제2항에 따른 운전면허의 갱신을 받지 아니하면 그 운전면허의 유효기간이 만료되는 날의 다음 날부터 그 운전면허의 효력이 정지된다(「철도안전법」제19조 제4항).

㉱ 운전면허의 효력이 정지된 사람이 1년의 범위에서 대통령령으로 정하는 기간 내에 운전면허의 갱신을 신청하여 운전면허의 갱신을 받지 아니하면 그 기간이 만료되는 날의 다음 날부터 그 운전면허는 효력을 잃는다.

> 운전면허의 효력이 정지된 사람이 6개월의 범위에서 대통령령으로 정하는 기간 내에 운전면허의 갱신을 신청하여 운전면허의 갱신을 받지 아니하면 그 기간이 만료되는 날의 다음 날부터 그 운전면허는 효력을 잃는다(「철도안전법」제19조 제5항).

036 다음 중 운동기록장치 등의 장착 여부에 관한 조사에 대한 내용으로 적절하지 않은 것은?

㉮ 국토교통부장관은 운행기록장치를 장착하지 아니한 사항을 확인하기 위하여 관계공무원, 자동차안전단속원 또는 운행제한단속원으로 하여금 운행 중인 자동차를 조사하게 할 수 있다.

> 「교통안전법」 제55조의3 제1항 제1조 ⚖

㉯ 교통행정기관은 기준에 적합하지 아니한 차로이탈경고장치를 장착하였는지 여부를 확인하기 위해 관계공무원, 자동차안전단속원 또는 운행제한단속원으로 하여금 운행 중인 자동차를 조사하게 할 수 있다.

> 「교통안전법」 제55조의3 제1항 제2조 ⚖

㉰ 조사를 하는 관계공무원 등은 그 권한을 표시하는 증표를 지니고 이를 관계인에게 내보여야 한다.

> 「교통안전법」 제55조의3 제3항 ⚖

✅ 운행 중인 자동차의 소유자나 운전자는 이와 관련한 조사를 거부·방해 또는 기피할 수 있다.

> 운행 중인 자동차의 소유자나 운전자는 정당한 사유 없이 제1항에 따른 조사를 거부·방해 또는 기피하여서는 아니 된다(「교통안전법」 제55조의3 제2항). ⚖

법령 ⚖

「교통안전법」 제55조의3(운행기록장치 등의 장착 여부에 관한 조사)
① 국토교통부장관 또는 교통행정기관은 다음 각 호의 어느 하나에 해당하는 사항을 확인하기 위하여 관계공무원, 「자동차관리법」 제73조의2제1항에 따른 자동차안전단속원 또는 「도로법」 제77조 제4항에 따른 운행제한단속원(이하 이 조에서 "관계공무원 등"이라 한다)으로 하여금 운행 중인 자동차를 조사하게 할 수 있다.
  1. 제55조 제1항을 위반하여 운행기록장치를 장착하지 아니하였거나 기준에 적합하지 아니한 운행기록장치를 장착하였는지 여부
  2. 제55조의2를 위반하여 차로이탈경고장치를 장착하지 아니하였거나 기준에 적합하지 아니한 차로이탈경고장치를 장착하였는지 여부
② 운행 중인 자동차의 소유자나 운전자는 정당한 사유 없이 제1항에 따른 조사를 거부·방해 또는 기피하여서는 아니 된다.
③ 제1항에 따라 조사를 하는 관계공무원 등은 그 권한을 표시하는 증표를 지니고 이를 관계인에게 내보여야 한다.

037 「철도안전법령」상 철도안전업무에 종사하는 전문인력의 구분 중 철도안전전문기술자에 해당하지 않는 것은?

☑ ㉮ 철도운행안전관리자

> 철도운행안전관리자는 「철도안전법 시행령」 제59조 제1항 제2호에 따른 철도안전전문기술자에 해당하지 않는다.

㉯ 전기철도 분야 철도안전전문기술자

> 「철도안전법 시행령」 제59조 제1항 제2호 가목 ⚖

㉰ 철도신호 분야 철도안전전문기술자

> 「철도안전법 시행령」 제59조 제1항 제2호 나목 ⚖

㉱ 철도궤도 분야 철도안전전문기술자

> 「철도안전법 시행령」 제59조 제1항 제2호 다목 ⚖

법령 ⚖

「철도안전법 시행령」 제59조(철도안전 전문인력의 구분)
① 법 제69조 제2항에서 "대통령령으로 정하는 철도안전업무에 종사하는 전문인력"이란 다음 각 호의 어느 하나에 해당하는 인력을 말한다.
 1. 철도운행안전관리자
 2. 철도안전전문기술자
  가. 전기철도 분야 철도안전전문기술자
  나. 철도신호 분야 철도안전전문기술자
  다. 철도궤도 분야 철도안전전문기술자
  라. 철도차량 분야 철도안전전문기술자

---

038 「교통안전법」상 시·도지사가 청문을 실시하여야 하는 처분 대상에 해당하는 것은?

㉮ 교통안전시범도시 지정의 취소

☑ ㉯ 교통안전진단기관 등록의 취소

> 시·도지사는 「교통안전법」 제43조에 따른 교통안전진단기관 등록의 취소, 동법 제54조 제1항의 규정에 따른 교통안전관리자 자격의 취소에 해당하는 처분을 하고자 하는 경우에는 청문을 실시하여야 한다(「교통안전법」 제61조).

㉰ 교통안전진단기관등록증 대여의 취소
㉱ 교통안전 전문교육 실행의 취소

039 「철도안전법령」상 철도용품 형식승인검사의 방법에 포함되지 않는 것은?

㉮ 설계적합성 검사
㉯ 합치성 검사
㉰ 용품형식 시험
✅ 차량형식 시험

철도용품 형식승인검사는 설계적합성 검사, 합치성 검사, 용품형식 시험으로 구분되며, 차량형식 시험은 이에 해당하지 않는다(「철도안전법 시행규칙」 제62조 제1항). ⚖️

> **법령** ⚖️
>
> 「철도안전법 시행규칙」 제62조(철도용품 형식승인검사의 방법 및 증명서 발급 등)
> ① 법 제27조 제2항에 따른 철도용품 형식승인검사는 다음 각 호의 구분에 따라 실시한다.
>   1. 설계적합성 검사 : 철도용품의 설계가 철도용품기술기준에 적합한지 여부에 대한 검사
>   2. 합치성 검사 : 철도용품이 부품단계, 구성품단계, 완성품단계에서 제1호에 따른 설계와 합치하게 제작되었는지 여부에 대한 검사
>   3. 용품형식 시험 : 철도용품이 부품단계, 구성품단계, 완성품단계, 시운전단계에서 철도용품기술기준에 적합한지 여부에 대한 시험

---

040 「철도산업발전기본법」상 철도산업교육과정의 확대와 관련한 내용 중 옳은 것은?

> ㄱ. 국토교통부장관은 철도산업 첨단화로 인한 환경의 변화에 따라 철도산업교육과정의 확대 등 필요한 조치를 관계중앙행정기관의 장에게 요청할 수 있다.
> ㄴ. 국가는 철도산업종사자의 자격제도를 다양화하고 질적 수준을 유지·발전시키기 위하여 필요한 시책을 수립·시행하여야 한다.
> ㄷ. 국토교통부장관은 철도산업 전문인력의 원활한 수급 및 철도산업의 발전을 위하여 특성화된 대학 등 교육기관을 운영·지원할 수 있다.

㉮ ㄱ
㉯ ㄱ, ㄴ
✅ ㄴ, ㄷ
㉱ ㄱ, ㄴ, ㄷ

ㄱ. (×) 국토교통부장관은 철도산업전문인력의 수급의 변화에 따라 철도산업교육과정의 확대 등 필요한 조치를 관계중앙행정기관의 장에게 요청할 수 있다(「철도산업발전기본법」 제10조 제1항).
ㄴ. (○) 국가는 철도산업종사자의 자격제도를 다양화하고 질적 수준을 유지·발전시키기 위하여 필요한 시책을 수립·시행하여야 한다(「철도산업발전기본법」 제10조 제2항).
ㄷ. (○) 국토교통부장관은 철도산업 전문인력의 원활한 수급 및 철도산업의 발전을 위하여 특성화된 대학 등 교육기관을 운영·지원할 수 있다(「철도산업발전기본법」 제10조 제3항).

041 「철도안전법령」상 운전교육훈련기관의 교수 자격기준으로 적절하지 않은 것은?

㉮ 학사학위 소지자로서 철도차량 운전업무수행자에 대한 지도교육 경력이 2년 이상 있는 사람
㉯ 전문학사학위 소지자로서 철도차량 운전업무수행자에 대한 지도교육 경력이 3년 이상 있는 사람
㉰ 고등학교 졸업자로서 철도차량 운전업무수행자에 대한 지도교육 경력이 5년 이상 있는 사람
✔ 철도차량 운전과 관련된 교육기관에서 강의 경력이 5년 이상 있는 사람

> 철도차량 운전과 관련된 교육기관에서 강의 경력이 <u>1년 이상</u> 있는 사람이 운전교육훈련기관의 교수 자격기준에 해당한다(「철도안전법 시행규칙」 [별표 8]).

법령

「철도안전법 시행규칙」 [별표 8] 교육훈련기관의 세부 지정기준(제22조 제1항 관련)
1. 인력기준
   가. 자격기준

등급	학력 및 경력
책임교수	1) 박사학위 소지자로서 철도교통에 관한 업무에 10년 이상 또는 철도차량 운전 관련 업무에 5년 이상 근무한 경력이 있는 사람 2) 석사학위 소지자로서 철도교통에 관한 업무에 15년 이상 또는 철도차량 운전 관련 업무에 8년 이상 근무한 경력이 있는 사람 3) 학사학위 소지자로서 철도교통에 관한 업무에 20년 이상 또는 철도차량 운전 관련 업무에 10년 이상 근무한 경력이 있는 사람 4) 철도 관련 4급 이상의 공무원 경력 또는 이와 같은 수준 이상의 자격 및 경력이 있는 사람 5) 대학의 철도차량 운전 관련 학과에서 조교수 이상으로 재직한 경력이 있는 사람 6) 선임교수 경력이 3년 이상 있는 사람
선임교수	1) 박사학위 소지자로서 철도교통에 관한 업무에 5년 이상 또는 철도차량 운전 관련 업무에 3년 이상 근무한 경력이 있는 사람 2) 석사학위 소지자로서 철도교통에 관한 업무에 10년 이상 또는 철도차량 운전 관련 업무에 5년 이상 근무한 경력이 있는 사람 3) 학사학위 소지자로서 철도교통에 관한 업무에 15년 이상 또는 철도차량 운전 관련 업무에 8년 이상 근무한 경력이 있는 사람 4) 철도차량 운전업무에 5급 이상의 공무원 경력 또는 이와 같은 수준 이상의 자격 및 경력이 있는 사람 5) 대학의 철도차량 운전 관련 학과에서 전임강사 이상으로 재직한 경력이 있는 사람 6) 교수 경력이 3년 이상 있는 사람
교수	1) <u>학사학위 소지자로서 철도차량 운전업무수행자에 대한 지도교육 경력이 2년 이상 있는 사람</u> 2) <u>전문학사학위 소지자로서 철도차량 운전업무수행자에 대한 지도교육 경력이 3년 이상 있는 사람</u> 3) <u>고등학교 졸업자로서 철도차량 운전업무수행자에 대한 지도교육 경력이 5년 이상 있는 사람</u> 4) 철도차량 운전과 관련된 교육기관에서 강의 경력이 <u>1년 이상</u> 있는 사람

042 「교통안전법」상 교통안전관리자 자격의 취득이 불가능한 자는?

☑ 피성년후견인 또는 피한정후견인

> 피성년후견인 또는 피한정후견인은 교통안전관리자가 될 수 없다(「교통안전법」제53조 제3항 제1호). ⚖

㉯ 금고 이상의 실형을 선고받고 그 집행이 종료되지 않은 자

> 금고 이상의 실형을 선고받고 그 집행이 종료된 자는 교통안전관리자가 될 수 없다(「교통안전법」제53조 제3항 제2호). ⚖

㉰ 금고 이상의 형의 집행유예를 선고받고 그 유예기간이 지난 자

> 금고 이상의 형의 집행유예를 선고받고 그 유예기간 중에 있는 자는 교통안전관리자가 될 수 없다(「교통안전법」제53조 제3항 제3호). ⚖

㉱ 교통안전관리자 자격의 취소처분을 받은 날부터 2년이 지난 자

> 교통안전관리자 자격의 취소처분을 받은 날부터 2년이 지나지 아니한 자는 교통안전관리자가 될 수 없다(「교통안전법」제53조 제3항 제4호). ⚖

법령 ⚖

「교통안전법」 제53조(교통안전관리자 자격의 취득 등)
③ 다음 각 호의 어느 하나에 해당하는 자는 교통안전관리자가 될 수 없다.
1. 피성년후견인 또는 피한정후견인
2. 금고 이상의 실형을 선고받고 그 집행이 종료(집행이 종료된 것으로 보는 경우를 포함한다)되거나 집행이 면제된 날부터 2년이 지나지 아니한 자
3. 금고 이상의 형의 집행유예를 선고받고 그 유예기간 중에 있는 자
4. 제54조의 규정에 따라 교통안전관리자 자격의 취소처분을 받은 날부터 2년이 지나지 아니한 자. 다만, 제54조 제1항 제1호 중 제53조 제3항 제1호에 해당하여 자격이 취소된 경우는 제외한다.

---

043 「철도산업발전기본법」 제3조 정의 중 빈칸에 적절한 단어로 옳은 것은?

> "( )"라 함은 철도차량을 운행하기 위한 궤도와 이를 받치는 노반 또는 공작물로 구성된 시설을 말한다.

㉮ 전차 ☑ 선로
㉰ 철도 ㉱ 철도시설

> "선로"라 함은 철도차량을 운행하기 위한 궤도와 이를 받치는 노반 또는 공작물로 구성된 시설을 말한다(「철도산업발전기본법」 제3조 제5호).

044 「철도안전법」상 국토교통부장관이 철도차량 소유자 등에게 철도차량의 운행제한을 명하는 경우 통보해야 하는 사항을 모두 고른 것은?

> ㄱ. 제한목적 및 기간
> ㄴ. 제한지역 및 내용
> ㄷ. 대상 철도차량의 종류

㉮ ㄱ, ㄴ
㉯ ㄱ, ㄷ
㉰ ㄴ, ㄷ
✓ ㉱ ㄱ, ㄴ, ㄷ

국토교통부장관은 철도차량 소유자 등에게 운행제한을 명하는 경우 사전에 <u>그 목적, 기간, 지역, 제한내용 및 대상 철도차량의 종류와 그 밖에 필요한 사항</u>을 해당 소유자 등에게 통보하여야 한다(「철도안전법」 제38조의3 제2항).

045 「철도산업발전기본법」상 국가철도공단이 철도자산처리계획에 의하여 권리와 의무를 포괄하여 승계하는 철도자산에 해당하지 않는 것은?

㉮ 철도청이 건설 중인 시설자산

> 「철도산업발전기본법」 제23조 제5항 제1호 ⚖

✓ ㉯ 철도공사의 운영자산

철도공사의 운영자산은 「철도산업발전기본법」 제23조 제5항에 따른 국가철도공단이 철도자산처리계획에 의하여 권리와 의무를 포괄하여 승계하는 철도자산에 해당하지 않는다.

㉰ 고속철도건설공단의 기타자산

> 「철도산업발전기본법」 제23조 제5항 제3호 ⚖

㉱ 고속철도건설공단이 건설 중인 시설자산

> 「철도산업발전기본법」 제23조 제5항 제2호 ⚖

법령 ⚖

「철도산업발전기본법」 제23조(철도자산의 처리)
⑤ 국가철도공단은 철도자산처리계획에 의하여 다음 각 호의 철도자산과 그에 관한 권리와 의무를 포괄하여 승계한다. 이 경우 제1호 및 제2호의 철도자산이 완공된 때에는 국가에 귀속된다.
1. <u>철도청이 건설 중인 시설자산</u>
2. <u>고속철도건설공단이 건설 중인 시설자산</u> 및 운영자산
3. <u>고속철도건설공단의 기타자산</u>

046 「철도산업발전기본법령」상 철도시설의 사용계약에 있어 사용조건에 포함되는 사항이 아닌 것은?

㉮ 투입되는 철도차량의 종류 및 길이

> 「철도산업발전기본법 시행령」 제35조 제3항 제1호 ⚖

㉯ 출발역·정차역 및 종착역

> 「철도산업발전기본법 시행령」 제35조 제3항 제3호 ⚖

✔ 계약내용에 대한 비밀누설금지에 관한 사항

> 계약내용에 대한 비밀누설금지에 관한 사항은 「철도산업발전기본법 시행령」 제35조 제1항 제7호에 따른 철도시설에 사용계약에 포함되는 사항이지만, 사용조건에는 포함되지 않는다.

㉰ 철도여객 또는 화물운송서비스의 수준

> 「철도산업발전기본법 시행령」 제35조 제3항 제5호 ⚖

법령 ⚖

「철도산업발전기본법 시행령」 제35조(철도시설의 사용계약)
① 법 제31조 제1항에 따른 철도시설의 사용계약에는 다음 각 호의 사항이 포함되어야 한다.
  1. 사용기간·대상시설·사용조건 및 사용료
  2. 대상시설의 제3자에 대한 사용승낙의 범위·조건
  3. 상호책임 및 계약위반 시 조치사항
  4. 분쟁 발생 시 조정절차
  5. 비상사태 발생 시 조치
  6. 계약의 갱신에 관한 사항
  7. 계약내용에 대한 비밀누설금지에 관한 사항
② 법 제3조 제2호 가목부터 라목까지에서 규정한 철도시설(이하 "선로 등"이라 한다)에 대한 법 제31조 제1항에 따른 사용계약(이하 "선로 등 사용계약"이라 한다)을 체결하려는 경우에는 다음 각 호의 기준을 모두 충족해야 한다.
  1. 해당 선로 등을 여객 또는 화물운송 목적으로 사용하려는 경우일 것
  2. 사용기간이 5년을 초과하지 않을 것
③ 선로 등에 대한 제1항 제1호에 따른 사용조건에는 다음 각 호의 사항이 포함되어야 하며, 그 사용조건은 제24조 제1항에 따른 선로배분지침에 위반되는 내용이어서는 안 된다.
  1. 투입되는 철도차량의 종류 및 길이
  2. 철도차량의 일일운행횟수·운행개시시각·운행종료시각 및 운행간격
  3. 출발역·정차역 및 종착역
  4. 철도운영의 안전에 관한 사항
  5. 철도여객 또는 화물운송서비스의 수준

047

「철도안전법령」상 철도보호지구의 바깥쪽 경계선으로부터 20미터 이내의 지역에서 신고하여야 하는 노면전차의 안전운행 저해행위에 해당하지 않는 것은?

㉮ 깊이 10미터 이상의 굴착

> 「철도안전법」 제45조 제2항, 동법 시행령 제48조의2 제1항 제1호 ⚖

㉯ 건설기계 중 최대높이가 10미터 이상인 건설기계

> 「철도안전법」 제45조 제2항, 동법 시행령 제48조의2 제1항 제2호 가목 ⚖

✓ ㉰ 높이가 20미터 이상인 인공구조물

> 높이가 10미터 이상인 인공구조물이 노면전차의 안전운행 저해행위에 포함된다(「철도안전법」 제45조 제2항, 동법 시행령 제48조의2 제1항 제2호 나목). ⚖

㉱ 「위험물안전관리법」에 따른 위험물지정수량 이상 제조·저장하거나 전시하는 행위

> 「철도안전법」 제45조 제2항, 동법 시행령 제48조의2 제1항 제3호 ⚖

법령 ⚖

「철도안전법」 제45조(철도보호지구에서의 행위제한 등)
② 노면전차 철도보호지구의 바깥쪽 경계선으로부터 20미터 이내의 지역에서 굴착, 인공구조물의 설치 등 철도시설을 파손하거나 철도차량의 안전운행을 방해할 우려가 있는 행위로서 대통령령으로 정하는 행위를 하려는 자는 대통령령으로 정하는 바에 따라 국토교통부장관 또는 시·도지사에게 신고하여야 한다.

> 「철도안전법 시행령」 제48조의2(노면전차의 안전운행 저해행위 등)
> ① 법 제45조 제2항에서 "대통령령으로 정하는 행위"란 다음 각 호의 어느 하나에 해당하는 행위를 말한다.
>   1. 깊이 10미터 이상의 굴착
>   2. 다음 각 목의 어느 하나에 해당하는 것을 설치하는 행위
>   가. 「건설기계관리법」 제2조 제1항 제1호에 따른 건설기계 중 최대높이가 10미터 이상인 건설기계
>   나. 높이가 10미터 이상인 인공구조물
>   3. 「위험물안전관리법」 제2조 제1항 제1호에 따른 위험물을 같은 항 제2호에 따른 지정수량 이상 제조·저장하거나 전시하는 행위

048
「교통안전법령」상 국가교통안전기본계획의 수립과 관련한 설명 중 ㉠, ㉡에 알맞은 단어가 바르게 짝지어진 것은?

> 국토교통부장관은 국가교통안전기본계획을 확정한 경우에는 확정한 날부터 (㉠) 이내에 지정행정기관의 장과 (㉡)에게 이를 통보하여야 한다.

㉮ ㉠ 20일, ㉡ 시 · 도지사 ✓
㉯ ㉠ 20일, ㉡ 시장 · 군수 · 구청장
㉰ ㉠ 30일, ㉡ 시 · 도지사
㉱ ㉠ 30일, ㉡ 시장 · 군수 · 구청장

> 국토교통부장관은 국가교통안전기본계획을 확정한 경우에는 확정한 날부터 **20일** 이내에 지정행정기관의 장과 **시 · 도지사**에게 이를 통보하여야 한다(「교통안전법 시행령」 제10조 제4항).

049
「교통안전법」 제2조(정의)에서 교통행정기관과 관련된 다음의 설명에서 빈칸에 들어갈 단어와 거리가 먼 것은?

> "교통행정기관"이라 함은 법령에 의하여 교통수단 · 교통시설 또는 교통체계의 운행 · 운항 · 설치 또는 운영 등에 관하여 교통사업자에 대한 지도 · 감독을 행하는 (   )을 말한다.

㉮ 지정행정기관의 장
㉯ 특별시장 · 광역시장
㉰ 지방경찰청장 ✓
㉱ 시장 · 군수 · 구청장

> "교통행정기관"이라 함은 법령에 의하여 교통수단 · 교통시설 또는 교통체계의 운행 · 운항 · 설치 또는 운영 등에 관하여 교통사업자에 대한 지도 · 감독을 행하는 **지정행정기관의 장**, **특별시장 · 광역시장** · 도지사 · 특별자치도지사(이하 "시 · 도지사"라 한다) 또는 **시장 · 군수 · 구청장**(자치구의 구청장을 말한다. 이하 같다)을 말한다(「교통안전법」 제2조 제6호).

050 다음에 나타난 교통안전도 평가지수 산정식 중 ㉠, ㉡에 들어갈 숫자가 올바르게 나열된 것은?

$$교통안전도\ 평가지수 = \frac{(교통사고\ 발생건수 \times ㉠) + (교통사고\ 사상자\ 수 \times ㉡)}{자동차등록(면허)\ 대수} \times 10$$

㉮ ㉠ 0.1, ㉡ 0.3   ㉯ ㉠ 0.3, ㉡ 0.1
✓ ㉠ 0.4, ㉡ 0.6   ㉰ ㉠ 0.6, ㉡ 0.4

「교통안전법 시행령」[별표 3의2]에 따른 교통안전도 평가지수의 산정식은
'교통안전도 평가지수 = $\frac{(교통사고\ 발생건수 \times \underline{0.4}) + (교통사고\ 사상자\ 수 \times \underline{0.6})}{자동차등록(면허)\ 대수} \times 10$'이다.

[2과목]   교통안전관리론

051 다음 중 경영문제에 관하여 쿤츠(H. Koontz)의 접근방법이 아닌 것은?

㉮ 사례 접근법   ✓ 개인행동 접근법
㉰ 시스템적 접근법   ㉯ 운영적 관리법

집단행동 접근법이 해당한다.

> 💡 TIP
>
> 쿤츠(H. Koontz)의 경영문제 접근방법
> - 경험적(사례) 접근법
> - 집단행동 접근법
> - 사회기술시스템 접근법
> - 수리적 · 경영과학적 접근법
> - 컨틴전시 · 상황적 접근법
> - 운영적 관리법
> - 인간상호간 접근법
> - 협동사회 시스템 접근법
> - 의사결정이론
> - 시스템적 접근법
> - 관리역할적 접근법

052 차량과 반대방향에서 움직이는 차량 간의 충돌사고는?

㉮ 추돌사고   같은 방향으로 움직이는 차량 간의 충돌사고를 의미한다.

✓ 정면충돌사고

㉯ 측면충돌사고   같은 방향 혹은 반대 방향에서 움직이는 차량 간에 측면으로 스치는 충돌사고를 의미한다.

㉰ 각도충돌사고   다른 방향으로 움직이는 차량 간의 충돌사고. 주로 직각충돌사고를 의미한다.

> **TIP**
>
> 차량 간 충돌사고 유형
> - 추돌사고
> - 각도충돌사고
> - 측면충돌사고
> - 정면충돌사고
> - 후진충돌사고

053 위험요소 제거 6단계 중 안전관리 책임자를 임명하고 안전계획을 수립하는 단계는?

✓ 조직의 구성

안전관리업무를 수행할 수 있는 조직의 구성, 안전관리자의 임명, 안전계획의 수립 및 추진 등을 진행하는 단계이다.

㉯ 위험요소의 탐지

안전점검, 진단사고, 교통종사원의 활동 및 태도 분석 등을 통해 불안전행위 및 위험 환경조건 등 위험요소를 발견하는 단계이다.

㉰ 원인분석

탐지를 통해 발견한 위험요소를 면밀히 분석하여 사고의 원인을 규명하는 단계이다.

㉱ 개선 대안의 제시

분석을 통해 확인된 원인에 대해 효과적인 대안을 제시하는 단계이다.

> **TIP**
>
> 위험요소 제거 6단계 진행과정
> 조직의 구성 → 위험요소의 탐지 → 원인분석 → 개선 대안의 제시 → 대안의 채택 및 시행 → 환류(Feed back)

054 교육과 훈련에 대한 설명으로 옳지 않은 것은?

㉮ 교육은 개인의 목표를 강조하며 훈련은 조직목표를 강조한다.
㉯ 교육 및 훈련은 인간의 변화와 학습이론이 적용된다는 면에서는 동일하다.
✔ 훈련은 장기적 목표 달성을 위해 진행하나, 교육은 역할 습득이라는 단기적 목표 달성을 위해 진행한다.

> 훈련은 단기적 목표 달성을 위해 진행하나, 교육은 역할 습득이라는 장기적 목표 달성을 위해 진행한다.

㉱ 교육과 훈련의 성질을 종합한 개발이라는 개념이 현대에 강조되고 있다.

> **TIP**
> 훈련 및 교육의 특징
> - 훈련의 특징
>   - 특정직무 수행에 도움을 주기 위해 진행
>   - 조직목표를 중시함
>   - 단기적 목표 달성을 위해 진행
> - 교육의 특징
>   - 인간으로서 다양한 역할 습득을 위해 진행
>   - 개인의 목표를 중시함
>   - 장기적 목표 달성을 위해 진행

055 교통사고 방지대책을 수립하기 위해서 필요한 통계적 분석 유형에 속하지 않는 것은?

㉮ 노선별 분석 ㉯ 차종별 분석
㉰ 조직별 분석 ✔ 차량의 안전도 분석

> 차량의 안전도 분석은 사례적 분석에 해당한다.

> **TIP**
> 사례적 분석
> - 개별적 사고분석
> - 운전자 적성분석
> - 교통환경분석
> - 차량의 안전도 분석

056 교통안전에 관한 설명으로 옳지 않은 것은?

✅ ㉮ 교통수단의 운행에 위험을 주는 외적 요소를 중심으로 점검·제거하여 방지하는 것

> - <u>교통안전</u>이란 교통수단을 이용하여 사람과 물자를 장소적 이동시키는 과정에서 위험을 주는 <u>외·내적 요소들을 사전에 제거하는 것</u>을 말한다.
> - 교통안전의 목적은 인명과 재산을 보호하여 개인의 건강과 사회복지증진을 도모하는 것을 목표로 한다.

㉯ 운행과정에서 발생할 수 있는 사고를 방지하여 인명과 재산을 보호하는 것이다.
㉰ 교통사고를 방지하여 인명과 재산을 보호하는 것을 목표로 한다.
㉱ 사고를 예방하여 개인의 건강과 사회복지증진을 도모한다.

057 교통사고 발생원인 중 간접적 원인에 해당하는 것은?

㉮ 운전자의 음주 ㉯ 지정속도 위반
㉰ 차량 정비상태 불량 ✅ ㉱ 운수종사자 교육 미실시

> 운수종사자 교육 등 <u>교육적 원인은 간접적 원인에 해당</u>한다.

💡 TIP

재해 원인의 유형
- 직접적 원인
  - 불안전한 행동(인적 요인)
  - 불안전한 상태(물적 요인)
- 간접적 원인
  - 기술적 원인
  - 교육적 원인
  - 작업관리상 원인

058 교통안전관리의 6단계를 바르게 나열한 것은?

㉮ 준비단계 → 계획단계 → 조사단계 → 설득단계 → 교육훈련단계 → 확인단계
㉯ 준비단계 → 조사단계 → 계획단계 → 교육훈련단계 → 설득단계 → 확인단계
㉰ 준비단계 → 계획단계 → 조사단계 → 교육훈련단계 → 설득단계 → 확인단계
✅ ㉱ 준비단계 → 조사단계 → 계획단계 → 설득단계 → 교육훈련단계 → 확인단계

> 교통안전관리의 6단계 : <u>준비단계 → 조사단계 → 계획단계 → 설득단계 → 교육훈련단계 → 확인단계</u>

059 다음 중 교통수단의 전자파 보호대책이 아닌 것은?

㉮ ESD

ESD(Electrostatic Discharge) 대책은 정전기 방전을 의미한다. 이는 서로 다른 정전기 전위를 가진 물체가 가까워지거나 접촉했을 때 전하가 이동하고 이때 과전류가 흘러가는 것을 이용한 전자파 보호대책을 말한다.

㉯ EMC

EMC(Electro-Magnetic Compatibility) 대책은 전자파적합성이라고도 부르며 EMS와 EMI를 모두 포함하는 용어이다. '전자파를 주는 측과 받는 측의 양쪽에 적용하여 성능을 확보할 수 있는 기기의 능력'을 말한다.

㉰ EMS

EMS(Magnetic Susceptibility) 대책은 어떤 기기에 대해 전자파방사 또는 전자파전도에 의한 영향으로부터 정상적으로 동작할 수 있는 능력을 의미한다. 즉, '전자파로부터의 보호' 혹은 '전자파에 대한 내성' 대책이라고 할 수 있다.

 EMI

EMI(Electro-Magnetic Interference) 대책은 EMS와 대응되는 말로 '전자파 간섭' 또는 '전자파 장애법규에 의하여 방사 또는 전도되는 전자파가 다른 기기의 기능에 장애를 주는 것을 의미한다.

060 산업재해의 기본원인 4M에 대한 예방대책으로 옳지 않은 것은?

㉮ Man(인간) : 직장 및 조직 내에서 인간관계 등 인간행동의 신뢰성을 확보하도록 한다.

✓ Machine(기계) : 기계의 위험방호설비, 기계사용 규정 확립 및 교육, 작업 통로의 안전유지 및 Man-Machine interface의 인간공학적 설계 적용 등을 하여야 한다.

기계사용 규정 확립 및 교육은 관리(Management)의 측면에서의 예방대책이다. 기계(Machine)적 원인을 방지하기 위해서는 기계의 위험방호설비, 작업 통로의 안전유지 및 Man-Machine interface의 인간공학적 설계 적용 등을 하여야 한다.

㉰ Media(매개체) : 정확한 작업정보 및 방법을 전달하고, 적절한 작업공간 및 작업환경조건을 지킨다.

㉱ Management(관리) : 안전법규의 철저, 안전기준의 정비, 안전관리조직, 교육훈련, 계획, 지휘, 감독 등의 관리를 한다.

061 심리학자 카츠(D. Katz)가 주장하는 인성에 작용하는 4가지 태도의 기능 중 '내적 갈등 및 외적 위험으로부터 보호'의 기능은?

㉮ 지식기능

> 지식기능 : 이해, 의미있는 인지조직화, 일관성 및 명료성에 대한 욕구

㉯ 가치표현적 기능

> 가치표현적 기능 : 자기정체성의 유지, 긍정적인 자아 이미지 고양, 자기표현 및 자기결정

✔ 자기방어적 기능
㉱ 도구적 · 적응적 · 공리적 기능

> 도구적 · 적응적 · 공리적 기능 : 욕구 충족에 있어서 대상의 유용성, 외적 보상의 최대화 및 처벌의 최소화

062 다음 중 교통안전관리의 특성으로 옳지 않은 것은?

㉮ 교통안전의 확보 ㉯ 국민의 생명과 재산 보호
㉱ 교통사고의 예방 ✔ 사유재산 증식

> 교통안전관리는 교통사고를 예방하여 국민의 생명과 재산을 보호하는 공공복리 확보의 특성을 가지고 있다.

063 다음 중 동기부여 이론에 관한 설명으로 옳지 않은 것은?

㉮ 매슬로우의 욕구 5단계 이론은 욕구를 생리적 욕구, 안전의 욕구, 사회적 욕구, 존중의 욕구, 자아실현의 욕구로 분류하였다.
㉯ 알더퍼의 ERG 이론은 욕구를 존재의 욕구, 관계의 욕구, 성장의 욕구로 분류하였다.
㉱ 허즈버그의 2요인 이론은 위생요인과 동기요인을 중심으로 동기부여를 설명한 이론이다.
✔ 알더퍼는 상위욕구가 발휘되기 위해서는 하위욕구가 충족되어야 한다고 주장하였다.

> 알더퍼는 한 가지 이상의 욕구가 동시에 작용할 수 있다고 보았다. 매슬로우의 욕구 5단계 이론에서는 하위욕구가 만족되어야 상위욕구가 발현될 수 있다고 하였다.

064 안전운전의 주요요건과 가장 거리가 먼 것은?

㉮ 적성 ✓ 신체조건
㉰ 기술 ㉯ 태도

안전운전을 위한 주요요건 : 적성, 기술, 지식, 태도

065 교통사고 연구를 위해 권장하는 도시지역 도로의 구간장은 0.2km이다. 지방부 도로의 표준 구간장 길이로 옳은 것은?

㉮ 0.2km ㉯ 0.5km
✓ 2.0km ㉰ 5.0km

- 도시지역 도로의 표준 구간장 : 0.2km
- 지방부 도로의 표준 구간장 : 2.0km

066 교통사고 발생에 대한 인적요인 중 가장 빈도가 높은 것은?

㉮ 운전자 과속 ㉯ 운전자 조작 착오
✓ 운전자 부주의 ㉰ 운전자 음주

인적요인으로 인한 교통사고 중 가장 빈도가 높은 경우는 운전자 부주의에 의한 사고이다.

067 운전자가 운전 중 외부 자극을 받아들이고 행동으로 이어지는 정보처리과정으로 옳은 것은?

㉮ 자각 → 판단 → 행동 → 식별   ㉯ 자각 → 식별 → 판단 → 행동
✓ 식별 → 자각 → 판단 → 행동   ㉰ 식별 → 순응 → 판단 → 행동

외부 자극에 따른 행동 과정 : 식별 → 자각 → 판단 → 행동

068 다음 중 교통안전계획의 특징으로 옳지 않은 것은?

㉮ 통제성 ㉯ 경제성
✔ 확실성   ㉱ 목적성

교통안전계획은 미래에 해야 할 활동이므로 미래성 즉, 불확실성(가변성)의 특징을 가지고 있다.

> 💡 **TIP**
>
> **교통안전계획의 특징**
> - 미래성 : 계획은 미래에 해야 할 내용으로 불확실성을 가지며 이에 대응하기 위해 정보의 수집 및 분석을 통한 계획을 세워야 한다.
> - 목적성 : 계획은 목적이 확실하여야 한다.
> - 경제성 : 계획은 활동을 효율적으로 진행하기 위해 세우는 것이므로 모든 계획의 비용을 경제적으로 최소화 하는 기능을 발휘하여야 한다.
> - 통제성 : 계획대로 올바르게 활동이 추진되기 위해서는 계획에 대한 통제 및 조정이 필요하다.

069 허즈버그의 2요인이론 중 위생요인에 해당하지 않는 것은?

㉮ 복지후생 ✔ 성취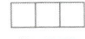
㉰ 작업환경 ㉱ 안전보건

성취는 동기요인에 해당한다.

> ⚖ **법령**
>
> **위생요인의 종류**
> - 임금   • 복지후생   • 지위   • 대인관계
> - 감독   • 안전보건   • 회사방침 • 작업환경

070 운전자가 위험을 느끼고 브레이크 페달을 밟아 실제로 자동차가 제동되기 전까지 주행한 거리를 의미하는 것은?

㉮ 제동거리
> 제동거리 : 차량이 제동되기 시작하여 정지될 때까지 주행한 거리

✔ 공주거리
> 공주거리 : 운전자가 위험을 느끼고 브레이크 페달을 밟아 실제로 자동차가 제동되기 전까지 주행한 거리

㉰ 시인거리
> 시인거리 : 육안으로 물체를 알아볼 수 있는 거리

㉱ 안전거리
> 안전거리 : 앞차가 갑자기 정지하게 되는 경우 추돌사고를 피하는 데 필요한 거리

071 다음 중 노령운전자의 시각적 특성으로 옳지 않은 것은?

㉮ 50세를 넘기면 시각, 청각, 지각 등의 감각능력이 감소되기 시작한다.
㉯ 속도와 거리 판단의 정확도가 떨어진다.
㉰ 수평 시야각이 좁아져 운전 중 주변 인지 범위가 좁아진다.
✔ 눈부심 현상은 60대가 20대 운전자보다 3배 이상 쉽게 증가하지만, 회복시간은 덜 소요된다.
> 고령화에 따라 망막에 도달하는 빛의 양은 점차 감소하며, 이로 인해 물체식별력 저하와 눈부심 현상이 쉽게 발생한다. 또한, 20대에 비하여 눈부심 현상에 대한 회복시간이 오래 소요된다.

072 자동차에 작용하는 마찰의 힘에 대한 설명 중 옳지 않은 것은?

㉮ 타이어와 노면과의 마찰저항이 작용하면서 차는 정지한다.
㉯ 앞으로 달려나가려는 운동에너지는 속도의 제곱에 비례하여 커진다.
㉰ 급제동 시 순간적으로 핸들이 돌지 않고 이상한 미끄러짐 현상이 일어날 수 있다.
✔ 노면이 젖었을 때보다 건조할 때 타이어와 노면과의 마찰저항이 적어져 제동거리가 짧아진다.
> 노면이 젖었을 때는 마찰계수가 0.5~0.7μ 수준이나 노면이 건조할 때의 마찰계수는 0.8~0.9μ 수준으로 늘어나 제동거리가 짧아진다.

073 교통안전관리자의 직무에 해당하지 않는 것은?

㉮ 교통안전관리규정의 시행 및 그 기록의 작성·보존

> 「교통안전법 시행령」 제44조의2 제1항 제1호 ⚖️

㉯ 교통수단의 운행·운항 또는 항행 또는 교통시설의 운영·관리와 관련된 안전점검의 지도·감독

> 「교통안전법 시행령」 제44조의2 제1항 제2호 ⚖️

㉰ 교통시설의 조건 및 기상조건에 따른 안전운행 등에 필요한 조치

> 「교통안전법 시행령」 제44조의2 제1항 제3호 ⚖️

✔ 운전자 등의 승무계획 변경

> 운전자 등의 승무계획은 교통안전담당자가 교통안전을 위해 교통시설설치·관리자 등에게 요청하는 사항으로 교통안전관리자의 직무에 해당하지 않는다.

법령 ⚖️

「교통안전법 시행령」 제44조의2(교통안전담당자의 직무)
① 교통안전담당자의 직무는 다음 각 호와 같다.
  1. 교통안전관리규정의 시행 및 그 기록의 작성·보존
  2. 교통수단의 운행·운항 또는 항행(이하 이 조에서 "운행 등"이라 한다) 또는 교통시설의 운영·관리와 관련된 안전점검의 지도·감독
  3. 교통시설의 조건 및 기상조건에 따른 안전운행 등에 필요한 조치
  4. 법 제24조 제1항에 따른 운전자 등(이하 "운전자 등"이라 한다)의 운행 등 중 근무상태 파악 및 교통안전 교육·훈련의 실시
  5. 교통사고 원인 조사·분석 및 기록 유지
  6. 운행기록장치 및 차로이탈경고장치 등의 점검 및 관리

---

074 위험요소 제거를 위하여 거치는 단계 중 안전점검 또는 진단사고, 원인의 규명, 종사원 교통활동 및 태도 분석을 통하여 위험요소를 발견하는 단계는?

㉮ 환류 단계   위험요소 제거 단계를 거치며 확인한 문제점과 미비점을 보완하는 단계이다.

㉯ 조직의 구성 단계

> 안전관리업무를 수행할 수 있는 조직의 구성, 안전관리책임자의 임명, 안전계획의 수립 및 추진 등의 단계이다.

㉰ 개선대안 제시 단계   분석을 통해 도출된 원인을 통해 대안을 제시하는 단계이다.

✔ 위험요소 탐시 단계

075 다음 중 교통수단에 해당하지 않는 것은?

㉮ 선박
㉯ 차량
☑ 비행장
㉱ 항공기

비행장은 교통수단이 아닌 교통시설에 속한다(「교통안전법」 제2조 제2호).

법령

「교통안전법」 제2조(정의)
1. "교통수단"이라 함은 사람이 이동하거나 화물을 운송하는 데 이용되는 것으로서 다음 각 목의 어느 하나에 해당하는 운송수단을 말한다.
   가. 「도로교통법」에 의한 차마 또는 노면전차, 「철도산업발전 기본법」에 의한 철도차량(도시철도를 포함한다) 또는 「궤도운송법」에 따른 궤도에 의하여 교통용으로 사용되는 용구 등 육상교통용으로 사용되는 모든 운송수단(이하 "차량"이라 한다)
   나. 「해사안전기본법」에 의한 선박 등 수상 또는 수중의 항행에 사용되는 모든 운송수단(이하 "선박"이라 한다)
   다. 「항공안전법」에 의한 항공기 등 항공교통에 사용되는 모든 운송수단(이하 "항공기"라 한다)
2. "교통시설"이라 함은 도로·철도·궤도·항만·어항·수로·공항·비행장 등 교통수단의 운행·운항 또는 항행에 필요한 시설과 그 시설에 부속되어 사람의 이동 또는 교통수단의 원활하고 안전한 운행·운항 또는 항행을 보조하는 교통안전표지·교통관제시설·항행안전시설 등의 시설 또는 공작물을 말한다.

[3과목] 철도공학

076 다음 중 세계적으로 보급되어 가장 보편적으로 사용하는 레일은?

㉮ 우두레일

소의 머리 형태로 고안된 레일로 저부에 비하여 두부를 크게하여 마모에 대한 수명을 연장하기 위해 설계된 레일이다. 압연이 용이하지만 레일 횡방향의 안전성에 문제가 있어 상용화되지 못하였다.

㉯ 어복레일

물고기의 배 모양으로 중간이 불록하도록 고안된 레일을 말한다. 현재는 사용하지 않는다.

㉰ 쌍두레일

두부와 저부가 같은 단면으로 상하, 좌우를 자유로이 전환하여 경제적으로 설계한 것이다. 평저레일보다는 비경제적이어서 상용화되지는 못하였다.

☑ 평저레일

I형 레일로서 동일 단면적으로는 단면 2차 모멘트가 크고 레일을 침목에 체결할 때 안전도가 크며 체결장치가 간단하여 세계적으로 보급되어 가장 보편적으로 사용된다.

077 다음 중 열차를 정해진 시간 내에 안전하게 운전할 수 있도록 연결하는 객화차 중량의 한도를 나타내는 것은?

㉮ 운전선도
> 평상시의 운전에 있어서 동력차 성능 및 운전조건을 고려하여 실제운전의 표준이 되도록 작성한 '거리-속도곡선', '거리-시간곡선', '거리-온도상승곡선', '거리-연료(전력)소비량곡선' 등 열차의 운전상태를 나타낸 선도를 말한다.

㉯ 균형속도
> 동력차의 견인력과 열차저항이 서로 균형을 이루어 열차가 등속운전을 할 때의 속도를 말한다.

✅ 견인정수
> 열차가 정하여진 운전속도로서 끌을 수(견인) 있는 최대 차량 수를 말한다. 화차 1량은 43.5톤으로 객차 1량은 40톤으로 표시한 량수이다.

㉱ 경제속도
> 열차나 자동차의 운전에 있어 연료의 소비량, 전력량, 차량의 사용 효율 등을 고려한 가장 경제적인 운전속도를 말한다.

078 시공기면 결정 시 고려사항으로 적절하지 않은 것은?

㉮ 성토량의 균형으로 토공량이 최소가 되게 한다.
㉯ 가까운 곳에 토취장과 토사장을 설치하여 운반거리를 짧게 한다.
㉰ 연약지반, 산사태, 낙석의 위험이 있는 곳은 피한다.
✅ 부대 구조물이 많고 법면의 연장이 적어야 한다.

> 시공기면은 부대 구조물이 적고 법면의 연장이 적어야 한다.

TIP

시공기면 결정 시 고려사항
- 성토량의 균형으로 토공량이 최소가 되게 한다.
- 가까운 곳에 토취장과 토사장을 설치하여 운반거리를 짧게 한다.
- 암석 굴착은 비용이 크므로 위험이 있는 곳은 피한다.
- 연약지반, 산사태, 낙석의 위험이 있는 곳은 피한다.
- 비탈면 안정에 철저한 조치를 한다.
- 부대 구조물이 적고 법면의 연장이 적어야 한다.
- 용지 보상이나 지장물 보상이 최소가 되게 한다.

079 열차운행 중 발생할 수 있는 레일 훼손의 원인이 아닌 것은?

☑ ㉮ 레일의 하중이 강도에 비해 적을 때

> 레일의 하중이 강도에 비해 클 때 훼손될 수 있다.

㉯ 레일의 취급 및 부설방법이 불량할 때
㉰ 레일 제작 중 강괴 내부의 결함 혹은 압연작업이 불량할 때
㉱ 부식, 이음매부 레일 끝 처짐 등으로 레일 상태가 악화될 때

> **TIP**
> 레일의 마모에 영향을 주는 요인
> - 표면의 패임
> - 마찰방법(패임, 구절)
> - 상대속도
> - 경화
> - 접속압력
> - 주변속도 등
> - 재질형상
> - 윤활제의 유무(물, 기름)

080 레일의 내구연한에 대한 설명으로 옳지 않은 것은?

☑ ㉮ 일반적으로 레일의 통과 톤 수는 레일의 중량과 관계없이 약 10억 톤이다.

> 50kg 레일의 누적통과톤수는 5억 톤, 60kg 레일은 6억 톤일 때 교체하여야 한다.

㉯ 레일의 수명은 궤도, 노반, 운전환경, 누적통과톤수 등에 따라 교체한다.
㉰ 직선부는 20~30년, 해안구간은 12~16년, 5~10년이 내구연한이다.
㉱ 레일은 훼손, 부식, 마모의 3요인 및 피로현상 등에 따라 교체한다.

081 정거장 구내의 범위는?

㉮ 승강장 시종점 간의 구간
㉯ 정차장 양단분기기 첨단 간의 구간
㉰ 상하선 출발신호기 설치지점 간의 구간
☑ ㉱ 상하선의 양 장내신호기 설치지점 간의 구간

> 정차장은 일정 범위가 있으며 상하선의 양 장내신호기를 설치한 지점 간의 구역 또는 그것이 없을 때는 정차장 구역표 간의 지역이 정차장 구내가 된다.

082 철도수송이 구비하고 있는 특성으로 적합하지 않은 것은?

㉮ 타 수송기관보다 비교적 안전하다.
㉯ 수송능력이 높아 저렴한 수송이 가능하다.
✔ 화물수송에 있어 분산집배수송이 가능하다.
> 철도수송은 레일을 통해 이동하므로 높은 수송능력 및 정확성을 보일 수 있지만, 분산집배송에는 불리하다.

㉰ 비교적 기상조건의 영향을 받지 않아 정확성을 확보한다.

083 콘크리트 침목의 특징으로 옳지 않은 것은?

㉮ 부식의 염려가 없고 내구연한이 길다.
✔ 목침목보다 전기절연성이 우수하다.
> 콘크리트 침목은 목침목보다 전기절연성이 부족하다.

㉰ 보수비가 적게 소요되어 경제적이다.
㉱ 충격력에 약하고 탄성이 부족하다.

 TIP

콘크리트침목의 장·단점
- 장점
  - 자체의 무게가 무거워 안정성이 좋고 궤도틀림이 적다.
  - 부식의 염려가 없고 내구연한이 길다.
  - 기상 작용에 대한 저항력이 크다.
  - 보수비가 적게 소요되어 경제적이다.
- 단점
  - 무게가 무거워 취급이 어려우며 부분적 파손이 발생하기 쉽다.
  - 레일체결이 복잡하고 균열발생의 염려가 크다.
  - 충격력에 약하고 탄성이 부족하다.
  - 인력 보수작업 시 침목의 손상이 발생하기 쉽다.
  - 전기절연성이 목침목보다 부족하다.

084 가공전차선로를 지지하거나 인류(한쪽 당김)하기 위한 구조물로 옳은 것은?

㉮ 빔(beam)

전철주와 조립하여 전차선과 급전선 등을 지지하기 위한 강(鋼) 구조물이다.

㉯ 완철

전주 또는 고정빔 등에 취부하여 급전선, 부급전선, 보호선 등을 지지 또는 인류하기 위한 시설이다.

㉰ 평행틀

전차선 팽행개소(Over Lap) 등에서 1본의 전주에 2개의 가동 브래킷을 지지하기 위한 구조물이다.

✓ 전철주

085 발전제동의 특징이 아닌 것은?

㉮ 제동장치의 이완, 차륜의 찰상 등의 현상이 없다.

✓ 속도에서 따른 발전 제동력의 차이가 없다.

고속, 저속 상태에서는 발전 제동력이 약하다.

㉰ 발전제동을 위해 저항기가 필요하다.
㉱ 연속되는 내리막 선로에서 속도제어가 쉽다.

> **TIP**
>
> 발전제동의 장·단점
>
> | 장점 | 단점 |
> | --- | --- |
> | • 제동장치의 이완, 차륜의 찰상 등의 현상이 없음
• 균일한 제동력을 얻을 수 있음
• 공주시간이 단축됨
• 환경오염 유발을 억제
• 연속되는 내리막 선로에서 속도제어가 쉬움
• 큰 평균감속력을 가질 수 있음 | • 공기제동장치가 필요함
• 발전 제동을 위해 저항기가 필요함
• 전기회로가 복잡함
• 고속, 저속 상태에서는 발전 제동력이 약함 |

086 레일이음매의 종류 중 '침목 위치상의 분류'인 것은?

✓ ㉮ 2정이음매법

㉯ 본드이음매 이음매 구조상의 분류에 해당한다.

㉰ 상대식 이음매 이음매 배치상의 분류에 해당한다.

㉱ 용접이음매 이음매 구조상의 분류에 해당한다.

> 💡 **TIP**
>
> **레일이음매의 종류**
> - 이음매 구조상의 분류
>   - 보통이음매
>   - 특수이음매 : 본드이음매, 절연이음매, 이종이음매, 신축이음매, 용접이음매(가스용접, 플래시버트(Flash Butt) 용접, 테르밋(Thermit) 용접, 전호용접 등)
> - 이음매 배치상의 분류
>   - 상대식 이음매
>   - 상호식 이음매
> - 침목 위치상의 분류
>   - 지접법
>   - 현접법
>   - 2정 이음매법
>   - 3정 이음매법

087 크랭크 축에서 실제로 외부에 전달하는 마력은?

㉮ 지시마력

실제 발생시킨 힘을 말한다. 지시마력과 실제 사용할 수 있는 마력의 차이는 기관의 내부에서 마찰 따위에 의해 발생하는 기계적 손실 등에 의해 발생할 수 있다.

㉯ 마찰마력

기관의 내부에서 마찰에 의해 손실된 힘을 말한다.

㉰ 견인마력

견인력과 견인속도를 곱하여 구할 수 있는 견인동력을 마력의 단위로 나타낸 것이다.

✓ ㉱ 제동마력

088 다음 중 정거장으로 보기 어려운 것은?

☑ ㉮ 신호소(Signal Box)

상치신호기 등 열차제어시스템을 조작·취급하기 위하여 설치한 장소이다.

㉯ 조차장(Shunting Yard)

열차의 조성과 차량의 입환을 하기 위해 설치된 장소이다. ⚖

㉰ 신호장(Signal Station)

열차를 교행 또는 대피시키기 위해 시설한 장소이다. 역과 역 사이 거리가 먼 구간에 선로용량을 증가시키고자 설치한다. ⚖

㉱ 역(Station)

여객 또는 화물을 취급하기 위해 시설한 장소이다. ⚖

> **법령** ⚖
>
> 「철도건설규칙」 제2조 제9호
> "정거장"이란 여객 또는 화물의 취급을 위한 철도시설 등을 설치한 장소[조차장(열차의 조성 또는 차량의 입환을 위하여 철도시설 등이 설치된 장소를 말한다) 및 신호장(열차의 교차 통행 또는 대피를 위하여 철도시설 등이 설치된 장소를 말한다)을 포함한다]를 말한다.

089 테이퍼 형상 차륜에서 발생하기 쉬운 문제점은?

㉮ 롤링

롤링(Rolling) : 열차의 전후축 회전(좌우 진동)을 말한다. X축을 중심으로 회전한다.

㉯ 피칭

피칭(Pitching) : 열차의 좌우축 회전(전후 진동)을 말한다. Y축을 중심으로 회전한다.

㉰ 요잉

요잉(Yawing) : 열차의 상하축 회전(상하 진동)을 말한다. Z축을 중심으로 회전한다.

☑ ㉱ 사행동

테이퍼 형상 차륜은 윤축이 한쪽으로 쏠렸다가 반대쪽으로 쏠리는 현상의 반복으로 사행동이 발생하기 쉽다. 사행동(Hunting)은 열차가 뱀처럼 꾸불꾸불 전진하는 행동을 말한다.

090 설계속도(V)가 200km/h인 콘크리트도상 궤도의 최소 곡선반경(m)은?

㉮ 1,900   ✓ ㉯ 1,700
㉰ 1,000   ㉱ 700

설계속도(V)가 200km/h인 콘크리트도상 궤도에서는 곡선반경을 1,700m 이상으로 하여야 한다.

법령

「철도의 건설기준에 관한 규정」 제6조(곡선반경)

설계속도 V(킬로미터/시간)	최소 곡선반경(미터)	
	자갈도상 궤도	콘크리트도상 궤도
400	_(1)	6,100
350	6,100	4,700
300	4,500	3,500
250	2,900	2,400
200	1,900	1,600
150	1,100	900
120	700	600
70	400	400

(1) 설계속도 30< V ≤킬로미터/시간 구간에서는 콘크리트도상 궤도를 적용하는 것을 원칙으로 하고, 자갈도상 궤도 적용시에는 별도로 검토하여 정한다.
※ 전기동차 전용선의 경우 설계속도와 관계없이 250m이다.

091 열차의 운행 시 상하좌우 진동검사를 시행하는 궤도보수검사는?

✓ ㉮ 선로진동검사
㉯ 유간검사

유간의 상태에 대하여 과대 유간의 유무, 맹유간의 연속상태, 평균 유간의 상태를 적어도 여름과 겨울 이전에 연 2회 실시한다.

㉰ 노반검사

도상 및 궤도를 지지하는 노반의 상태를 확인하는 검사이다.

㉱ 소음측정검사

열차의 운행에 따라 발생하는 소음의 정도가 「소음·진동관리법」에서 정하는 기준에 합당한지 확인하는 검사이다.

092

「철도의 건설기준에 관한 규정」에 따른 설계속도가 $V \leq 400$인 여객전용선 본선의 최대 기울기(‰)가 35이다. 이때 연속가능한 구간 최대 길이는(km)?

㉮ 제한 없음
㉯ 3km
✓ 6km
㉱ 10km

기울기가 35‰인 구간은 연속하여 6km를 초과할 수 없다(「철도의 건설기준에 관한 규정」 제10조).

법령

「철도의 건설기준에 관한 규정」 제10조(기울기)

본선의 기울기는 설계속도에 따라 다음 표의 값 이하로 하여야 한다.

설계속도 V(km/h)		최대 기울기(‰)
여객전용선	$V \leq 400$	35[1],[2]
여객화물혼용선	$V \leq 250$	25
전기동차전용선		35

[1] 연속한 선로 10km에 대한 평균기울기는 25‰ 이하로 하여야 한다.
[2] 기울기가 35‰인 구간은 연속하여 6km를 초과할 수 없다.
(주) 다만, 선로용량이 최적이 되도록 본선 기울기를 결정하여야 한다.

093

다음 중 경보기와 건널목 교통안전표지만 설치하는 건널목은?

㉮ 제1종 건널목

차단기, 경보기 및 건널목 교통안전표지를 설치하고 차단기를 주·야간 계속 작동하거나 건널목 안내원이 근무하는 건널목이다.

✓ 제2종 건널목
㉰ 제3종 건널목

건널목 교통안전표지만 설치하는 건널목이다.

㉱ 특종 건널목

건널목의 종류에 해당하지 않는다.

094 가스절연개폐장치(GIS)에 대한 특징으로 옳지 않은 것은?

㉮ 옥외형 변전설비에 비해 설치면적이 축소된다.
✓ 안전을 위해 유닛별로 각각 미조립 상태로 공급된다.

> 가스절연개폐장치(GIS ; Gas – Insulated Switch gear)는 가능한 각 유닛별로 완전 조립된 상태로 공급된다. 이에 따라 설치가 간편하고 설치기간이 짧다.

㉰ 모든 충전부는 접지된 탱크 내에 내장된다.
㉱ 외부의 영향을 받지 않아 신뢰성이 높다.

095 다음 중 레일의 단면형상에 의한 분류에 속하지 않는 것은?

㉮ 교형레일   교형레일(bridge rail)은 레일의 모양이 다리 형태인 레일이다.

㉯ 우두레일   우두레일(bull – head rail)은 레일의 모양이 소의 머리 형태인 레일이다.

㉰ 평저레일   평저레일(flat – bottom rail)은 레일의 모양이 'ㅗ' 형태인 레일이다.

✓ 단척레일   단척레일(shorter rail)은 레일의 길이에 의한 분류이다.

TIP

레일의 단면형상에 의한 분류

096 선로용량 산정 시 고려하여야 하는 사항이 아닌 것은?

㉮ 선로조건 ㉯ 차량성능
㉰ 운전상태 ✅ 이용요금

> 이용요금은 선로용량 산정과 연관이 없다. 선로용량을 산정하기 위해서는 선로의 조건, 차량의 성능, 운전상태 등을 고려하여야 한다.

097 틸팅열차(Tilting train)에 대한 설명으로 옳지 않은 것은?

㉮ 곡선부 통과 시 발생하는 감·가속을 줄일 수 있어 에너지 소비가 감소한다.
㉯ 적은 투자와 최소의 환경영향 속에서 고속화가 가능하다.
✅ 곡선부와 구배지역이 많은 우리나라 여건에서는 부적합하다.

> 틸팅열차(Tilting train)는 곡선부의 안쪽으로 차체를 기울게하여 곡선통과 속도향상이 가능한 열차이다. 그러므로 곡선부와 구배지역이 많은 우리나라에 여건에서는 틸팅차량을 적용하기 적합하다.

㉱ 고속화에 따라 승객이 느끼는 횡 가속도 저감 및 운행시간 단축의 효과가 있다.

098 다음 중 이동폐색방식의 특징이 아닌 것은?

㉮ 궤도회로 없이 선·후행 열차 상호 간의 위치 및 속도를 무선신호 전송매체를 통해 파악할 수 있다.
㉯ 차상에서 직접 열차운행 간격을 조정함으로 자동운전이 이루어지는 첨단 폐색방식이다.
㉰ 폐색구간의 길이에 의한 제한을 받지 않는다.
✅ 보안도가 낮기 때문에 통신두절 등 특수한 상황일 때에만 사용한다.

> 고정폐색방식 중 시간간격법에 대한 설명이다.

099 철도의 신설 또는 개량에 소요되는 투자비 분류로 잘못된 것은?

㉮ 용지비 및 건물비 ㉯ 노반비 및 궤도비
✅ 인건비 및 유지비 ㉱ 통신비 및 차량비

> 인건비 및 유지비는 '철도'에 투자하는 투자비가 아니다.

100. 민간투자 철도건설 방식 중 준공과 동시에 사업시행자에게 당해 시설의 소유권을 인정하는 방식은?

㉮ BTO 방식

> BTO(Build – Transfer – Operate) 방식 : 준공과 동시에 시설의 소유권이 국가 또는 지방자치단체에 귀속되며 사업시행자에게는 일정기간 시설관리 및 운영권을 인정해주는 방식이다.

㉯ BOT 방식

> BOT(Build – Own – Transfer) 방식 : 준공 후 일정기간 사업시행자에게 당해 시설의 소유권을 인정해주고 그 기간 만료 시 시설 소유권은 국가 또는 지방자치단체에 귀속시키는 방식이다.

 BOO 방식

> BOO(Build – Own – Operate) 방식 : 준공과 동시에 사업시행자에게 당해 시설의 소유권을 인정해주는 방식이다.

㉱ BTL 방식

> BTL(Build – Transfer – Lease) 방식 : 사업시행자가 시설을 준공하고 일정기간 운영권을 정부에 임대한 뒤 임대기간 종료 후 시설물을 국가 또는 지방자치단체에 이전하는 방식

TIP

민간투자 철도건설방식

- BTO(Build – Transfer – Operate) 방식 : 준공과 동시에 시설의 소유권이 국가 또는 지방자치단체에 귀속되며 사업시행자에게는 일정기간 시설관리 및 운영권을 인정해주는 방식이다.
- BOT(Build – Own – Transfer) 방식 : 준공 후 일정기간 사업시행자에게 당해 시설의 소유권을 인정해주고 그 기간 만료 시 시설 소유권은 국가 또는 지방자치단체에 귀속시키는 방식이다.
- BOO(Build – Own – Operate) 방식 : 준공과 동시에 사업시행자에게 당해 시설의 소유권을 인정해주는 방식이다.
- BTL(Build – Transfer – Lease) 방식 : 사업시행자가 시설을 준공하고 일정기간 운영권을 정부에 임대한 뒤 임대기간 종료 후 시설물을 국가 또는 지방자치단체에 이전하는 방식
- ROT(Rehabilitate – Own – Transfer) 방식 : 국가 또는 지방자치단체 소유의 시설을 정비한 사업시행자에게 일정기간 운영권을 인정해주는 방식
- ROO(Rehabilitate – Own – Operate) 방식 : 국가 또는 지방자치단체 소유의 시설을 정비한 사업시행자에게 당해 시설의 소유권을 인정해주는 방식

[**4과목**] 열차운전(선택)

101 「철도차량운전규칙」상 열차가 퇴행운전을 할 수 있는 경우로 적절하지 않은 것은?

㉮ 선로·전차선로 또는 차량에 고장이 있는 경우

> 열차는 퇴행하여서는 아니 된다. 다만, 선로·전차선로 또는 차량에 고장이 있는 경우에는 그러하지 아니하다(「철도차량운전규칙」 제26조 제1항 제1호).

㉯ 공사열차·구원열차 또는 제설열차가 작업상 퇴행할 필요가 있는 경우

> 열차는 퇴행하여서는 아니 된다. 다만, 공사열차·구원열차 또는 제설열차가 작업상 퇴행할 필요가 있는 경우에는 그러하지 아니하다(「철도차량운전규칙」 제26조 제1항 제2호).

㉰ 철도사고 등의 발생 등 특별한 사유가 있는 경우

> 열차는 퇴행하여서는 아니 된다. 다만, 철도사고 등의 발생 등 특별한 사유가 있는 경우에는 그러하지 아니하다(「철도차량운전규칙」 제26조 제1항 제4호).

✔ 앞의 보조기관차를 활용하여 퇴행하는 경우

> 열차는 퇴행하여서는 아니 된다. 다만, 뒤의 보조기관차를 활용하여 퇴행하는 경우에는 그러하지 아니하다(「철도차량운전규칙」 제26조 제1항 제3호).

법령

「철도차량운전규칙」 제26조(열차의 퇴행 운전)
① 열차는 퇴행하여서는 아니 된다. 다만, 다음 각 호의 어느 하나에 해당하는 경우에는 그러하지 아니하다.
  1. 선로·전차선로 또는 차량에 고장이 있는 경우
  2. 공사열차·구원열차 또는 제설열차가 작업상 퇴행할 필요가 있는 경우
  3. 뒤의 보조기관차를 활용하여 퇴행하는 경우
  4. 철도사고 등의 발생 등 특별한 사유가 있는 경우
② 제1항 단서의 규정에 의하여 퇴행하는 경우에는 다른 열차 또는 차량의 운전에 지장이 없도록 조치를 취하여야 한다.

---

102 「철도차량운전규칙」에 따른 신호현시의 기본원칙에 관한 설명으로 적절하지 않은 것은?

㉮ 장내신호기 - 정지신호   ✔ 자동폐색신호기 - 정지신호
㉰ 유도신호기 - 신호를 현지하지 않음   ㉱ 원방신호기 - 주의신호

> 「철도차량운전규칙」 제85조 제1항 제3호에 따르면 폐색신호기의 기본신호는 정지신호이며, 이때 자동폐색신호기는 제외한다.

103 다음 중 탈선의 종류 중에서 주행탈선에 해당하는 것으로 적절한 것은?

 미끄러져 오르기 탈선　　　㉯ 뛰어오르기 탈선
㉰ 좌굴 탈선　　　㉱ 사행동탈선

> 탈선에는 주행탈선, 뛰어오르기 탈선, 좌굴 탈선으로 분류할 수 있으며, <u>주행탈선</u>에는 타 오르기 탈선과 <u>미끄러져 오르기 탈선</u>이 있다.

💡 TIP

탈선의 분류
- 주행탈선
  - 타 오르기 탈선(Wheel Climb Derailment)
  - 미끄러져 오르기 탈선(Slide-up Derailment)
- 뛰어오르기 탈선(Jump-up Derailment)
- 좌굴 탈선

---

104 〈보기〉에 주어진 조건을 활용하여 동륜주견인력을 계산한 것으로 적절한 것은?

〈보기〉
- 동력차 운전속도 : 80km/h
- 단자 전압 : 500V
- 전동기 효율 : 100%
- 주전동기의 전류 : 250A
- 전동기 수 : 4개
- 치차효율 : 100%

㉮ $0.3972 \times 7,200(\text{kg})$　　　㉯ $0.3972 \times 6,155(\text{kg})$
㉰ $0.3672 \times 4,500(\text{kg})$　　　 $0.3672 \times 6,250(\text{kg})$

> 동륜주견인력
> $Td = 0.3672 \times \dfrac{Et \times I \times m \times \eta'}{V}$ (kgf)
> $= 0.3672 \times \dfrac{500V \times 250A \times 4개 \times 1(100\%) \times 1(100\%)}{80km/h} = 0.3672 \times 6,250(\text{kg})$
> [여기서, Et : 단자전압, I : 전류, M 전동기 수, η : 효율, V : 속도(km/h)]

105. 다음 중 상구배 선로에서 정차 시 인출방법으로 적절한 것을 모두 고르면?

ㄱ. 전진인출방법
ㄴ. 자연인출방법
ㄷ. 압축인출방법
ㄹ. 살사인출방법
ㅁ. 후퇴인출방법

㉮ ㄱ, ㄴ, ㄷ
㉯ ㄱ, ㄷ, ㅁ
㉰ ㄴ, ㄷ, ㄹ
✓㉱ ㄴ, ㄷ, ㅁ

상구배 선로에서 정차 시 인출방법에는 'ㄴ. 자연인출방법', 'ㄷ. 압축인출방법', 'ㅁ. 후퇴인출방법'이 있다.

TIP
상구배 선로에서 정차 시 인출방법
- 자연인출방법
  - 열차가 정차한 상태에서 별다른 조치 없이 인출하는 방법이다.
  - 견인중량이 많은 열차가 상구배에 정차하였다가 출발시 인출이 불가능할 우려가 있다.
  - 열차에 다량의 객화차가 연결될 경우 기동이 불가능할 우려가 있다.
- 압축인출방법
  - 열차에 제동을 걸어 놓은 상태로, 열차의 출발 저항을 이용하는 방법이다.
  - 자연, 후퇴인출방법보다 인출이 쉬운 방법으로 기관사가 가장 많이 사용하는 방법이다.
  - 견인중량이 높은 열차에 주로 사용한다.
- 후퇴인출방법
  - 열차가 정차 위치에서 후퇴하였다가 인출하는 방법이다.
  - 보통 선로의 구배가 완만하고 열차의 길이가 짧은 경우에 주로 사용된다.

106. 「철도차량운전규칙」에서 정한 신호부속기의 종류로 적절한 것을 모두 고르면?

ㄱ. 진로표시기
ㄴ. 입환신호기
ㄷ. 진로예고기
ㄹ. 진로개통표시기

㉮ ㄱ
✓㉯ ㄱ, ㄷ, ㄹ
㉰ ㄴ, ㄷ, ㄹ
㉱ ㄱ, ㄴ, ㄷ, ㄹ

ㄱ. (○) 진로표시기는 신호부속기의 종류에 해당한다(「철도차량운전규칙」 제82조 제3호 가목).
ㄴ. (×) 입환신호기는 주신호기의 종류에 해당한다(「철도차량운전규칙」 제82조 제1호 바목).
ㄷ. (○) 진로예고기는 신호부속기의 종류에 해당한다(「철도차량운전규칙」 제82조 제3호 나목).
ㄹ. (○) 진로개통표시기는 신호부속기의 종류에 해당한다(「철도차량운전규칙」 제82조 제3호 다목).

107. 다음 중 「철도차량운전규칙」에 따른 통표폐색식에 관한 설명으로 적절한 것은?

㉮ 인접폐색구간의 통표는 그 모양이 같아야만 한다.

> 인접폐색구간의 통표는 그 모양을 달리하여야 한다(「철도차량운전규칙」 제55조 제3항). ⚖[1]

㉯ ✓ 통표는 폐색구간 양끝의 정거장 또는 신호소에서 협동하여 취급하지 아니하면 이를 꺼낼 수 없을 것

> 「철도차량운전규칙」 제55조 제1항 제2호 ⚖[1]

㉰ 열차의 운전에 사용하는 통표는 반드시 통표폐색기에 넣은 후에 다른 열차의 운전에 사용하여야 한다.

> 열차의 운전에 사용하는 통표는 통표폐색기에 넣은 후가 아니면 이를 다른 열차의 운전에 사용할 수 없다. 다만, 고장열차가 있는 폐색구간에 구원열차를 운전하는 경우 등 특별한 사유가 있는 경우에는 그러하지 아니하다(「철도차량운전규칙」 제56조 제2항). ⚖[2]

㉱ 열차는 반드시 당해 구간의 통표를 휴대하여야만 그 구간을 운전할 수 있다.

> 열차는 당해 구간의 통표를 휴대하지 아니하면 그 구간을 운전할 수 없다. 다만, 특별한 사유가 있는 경우에는 그러하지 아니하다(「철도차량운전규칙」 제55조 제4항). ⚖[1]

법령 ⚖[1]

「철도차량운전규칙」 제55조(통표폐색장치의 기능 등)
① 통표폐색식을 시행하는 폐색구간 양끝의 정거장 또는 신호소에는 다음 각 호의 기능을 갖춘 통표폐색장치를 설치해야 한다.
  1. 통표는 폐색구간 양끝의 정거장 또는 신호소에서 협동하여 취급하지 아니하면 이를 꺼낼 수 없을 것
  2. 폐색구간 양끝에 있는 통표폐색기에 넣은 통표는 1개에 한하여 꺼낼 수 있으며, 꺼낸 통표를 통표폐색기에 넣은 후가 아니면 다른 통표를 꺼내지 못하는 것일 것
  3. 인접 폐색구간의 통표는 넣을 수 없는 것일 것
② 제1항의 규정에 의한 통표폐색기에는 그 구간 전용의 통표만을 넣어야 한다.
③ 인접폐색구간의 통표는 그 모양을 달리하여야 한다.
④ 열차는 당해 구간의 통표를 휴대하지 아니하면 그 구간을 운전할 수 없다. 다만, 특별한 사유가 있는 경우에는 그러하지 아니하다.

법령 ⚖[2]

「철도차량운전규칙」 제56조(열차를 통표폐색구간에 진입시킬 경우의 취급)
② 열차의 운전에 사용하는 통표는 통표폐색기에 넣은 후가 아니면 이를 다른 열차의 운전에 사용할 수 없다. 다만, 고장열차가 있는 폐색구간에 구원열차를 운전하는 경우 등 특별한 사유가 있는 경우에는 그러하지 아니하다.

108. 「도시철도운전규칙」상 복선운전을 하는 경우의 대용폐색방식을 모두 고르면?

ㄱ. 지령식
ㄴ. 통신식
ㄷ. 지도통신식
ㄹ. 지도식
ㅁ. 전령법

㉮ ㄱ, ㄴ ✓
㉯ ㄱ, ㄴ, ㄷ
㉰ ㄱ, ㄷ, ㅁ
㉱ ㄱ, ㄴ, ㄷ, ㄹ, ㅁ

ㄱ (O) 「도시철도운전규칙」 제55조 제1호
ㄴ. (O) 「도시철도운전규칙」 제55조 제1호
ㄷ. (×) 「도시철도운전규칙」 제55조 제2호
ㄹ. (×) 「도시철도운전규칙」이 아닌 「철도차량운전규칙」 제50조 제2호에 따른 대용폐색방식이다.
ㅁ. (×) 「도시철도운전규칙」 제51조 제2항에 따라 상용폐색방식, 대용폐색방식을 사용할 수 없을 때 활용한다.

법령

「도시철도운전규칙」 제55조(대용폐색방식)
대용폐색방식은 다음 각 호의 구분에 따른다.
1. 복선운전을 하는 경우 : 지령식 또는 통신식
2. 단선운전을 하는 경우 : 지도통신식

109. 다음 중 전제동거리를 계산하는 공식으로 적절한 것은?

㉮ 실제동거리 × 공주거리
㉯ 공주거리 ÷ 실제동거리
㉰ 실제동거리 − 공주거리
㉱ 실제동거리 + 공주거리 ✓

TIP

거리산정공식
• 전제동거리 = 공주거리 + 실제동거리
• 공주거리 = 전제동거리 − 실제동거리
• 실제동거리 = 전제동거리 − 공주거리

110 다음 중 동륜주견인력에 관한 설명으로 가장 적절하지 않은 것은?

㉮ 동륜과 레일 간에 발휘되는 견인력이다.
㉯ 지시견인력에서 마찰 값(내부 손실)을 제외한다.
㉰ 공전하지 않기 위해서는 점착견인력이 동륜주견인력보다 커야 한다.
☑ 동륜주견인력은 동륜직경에 비례한다.

> 동륜주견인력의 공식은 다음과 같다.
> 동륜주견인력(Td) = $\dfrac{2 \times 회전력(t) \times 치차비(Gr) \times 기관효율(\eta)}{치차비(Gr)}$
> 따라서, 동륜주견인력은 동륜직경에 반비례한다.

111 다음 중 「도시철도운전규칙」에 따른 통신설비 및 운전보안장치에 관한 내용으로 적절하지 않은 것은?

㉮ 통신설비는 항상 통신할 수 있는 상태로 보전하여야 한다.

> 「도시철도운전규칙」 제17조

㉯ 통신설비의 각 부분은 일정한 주기에 따라 검사를 하고 안전운전에 지장이 없도록 정비하여야 한다.

> 「도시철도운전규칙」 제18조 제1항

㉰ 운전보안장치는 완전한 상태로 보전하여야 한다.

> 「도시철도운전규칙」 제19조

☑ 운전보안장치는 매일 한 번 이상 순회점검 하여야 한다.

> 운전보안장치의 각 부분은 일정한 주기에 따라 검사를 하고 안전운전에 지장이 없도록 정비하여야 한다(「도시철도운전규칙」 제20조 제1항).

112 「철도차량운전규칙」에 따른 오너라전호 방법으로 적절하지 않은 것은?

㉮ 녹색기를 좌우로 흔든다. 「철도차량운전규칙」 제101조 제1항 제1호 가목 전단

㉯ 한팔을 좌우로 움직여 대신할 수 있다. 「철도차량운전규칙」 제101조 제1항 제1호 가목 후단

㉰ 녹색등을 좌우로 흔든다. 「철도차량운전규칙」 제101조 제1항 제1호 나목

✓ 한 팔을 위·아래로 움직여 대신한다.

> 오너라전호는 주간에 녹색기를 좌우로 흔든다. 다만, 부득이한 경우에는 한 팔을 좌우로 움직여 이를 대신하여야 한다(「철도차량운전규칙」 제101조 제1항 제1호 가목 후단).

법령

「철도차량운전규칙」 제101조(입환전호 방법)
① 입환작업자(기관사를 포함한다)는 서로 맨눈으로 확인할 수 있도록 다음 각 호의 방법으로 입환전호해야 한다.
1. 오너라전호
  가. 주간 : 녹색기를 좌우로 흔든다. 다만, 부득이한 경우에는 한 팔을 좌우로 움직임으로써 이를 대신할 수 있다.
  나. 야간 : 녹색등을 좌우로 흔든다.
2. 가거라전호
  가. 주간 : 녹색기를 위·아래로 흔든다. 다만, 부득이 한 경우에는 한 팔을 위·아래로 움직임으로써 이를 대신할 수 있다.
  나. 야간 : 녹색등을 위·아래로 흔든다.
3. 정지전호
  가. 주간 : 적색기. 다만, 부득이한 경우에는 두 팔을 높이 들어 이를 대신할 수 있다.
  나. 야간 : 적색등

---

113 치차비가 2.15이고, 동륜의 직경이 400mm 그리고 회전의 수가 300rpm일 때의 속도로 가장 적절한 것은? (단, 속도는 소수점 2자리에서 반올림한다.)

㉮ 330.41km/h ㉯ 120.55km/h
㉰ 25.82km/h ✓ 10.52km/h

$$속도(V) = 0.1885 \times \frac{동륜의\ 직경(D)}{치차비(Gr)} \times 주전동기\ 1분간\ 회전수$$

$$= 0.1885 \times \frac{0.4(m)}{2.15} \times 300 = 10.520 ≒ 10.52(km/h)$$

따라서 속도는 10.52(km/h)이다.

114 「철도차량운전규칙」에 따른 시계운전에 관한 설명으로 틀린 것은?

㉮ 단선구간에서는 하나의 방향으로 열차를 운전하는 때에 반대방향의 열차를 운전시키지 아니하는 등 사고예방을 위한 안전조치를 하여야 한다.

「철도차량운전규칙」 제71조

✔ 전령법은 단선운전 구간에만 시행하여야 한다.

「철도차량운전규칙」 제72조에 따르면 복식운전을 하는 경우에는 격시법과 전령법을 시행하고, 단선운전을 하는 경우에는 지도격시법과 전령법을 시행한다. 즉, 전령법은 복선운전과 단선운전을 하는 경우 모두 시행 가능하다.

㉰ 철도차량의 운전속도는 전방 가시거리 범위 내에서 열차를 정지시킬 수 있는 속도 이하로 운전하여야 한다.

「철도차량운전규칙」 제70조 제2항

㉱ 동일 방향으로 운전하는 열차는 선행 열차와 충분한 간격을 두고 운전하여야 한다.

「철도차량운전규칙」 제70조 제3항

115 다음 중 제동률 산출식으로 적절하지 않은 것은?

㉮ 전차제동률 = 총제륜자압력/열차총중량 × 100%
㉯ 제동배율 = 제륜자압력/피스톤압력 × 100%
✔ 축제동률 = 열차축당중량/축당제륜자압력 × 100%   축제동률 = 축당제륜자압력/열차축당중량 × 100%
㉱ 제동률 = 제륜자압력/축중량 × 100%

  TIP

제동률 산출식

• 제동배율 = $\dfrac{\text{제동압력}}{\text{제동원력}} \times 100(\%) = \dfrac{\text{제륜자총압력}}{\text{피스톤총압력}} \times 100(\%) = \dfrac{\text{피스톤행정거리}}{\text{제륜자이동거리}} \times 100(\%)$

※ 제동압력 = $\dfrac{\text{제동원력} \times \text{제동배율}}{100(\%)}$

• 전차제동률 = $\dfrac{\text{총제륜자압력}}{\text{열차총중량}} \times 100(\%)$

• 축제동률 = $\dfrac{\text{축당제륜자압력}}{\text{열차축당중량}} \times 100(\%)$

• 제동률 = $\dfrac{\text{제륜자압력}}{\text{총중량}} \times 100(\%)$

116 다음 중 표정속도를 높이는 방법으로 가장 적절하지 않은 것은?

- ✓ ㉮ 정차역 수 증가
- ㉯ 주행속력을 향상시킨다.
- ㉰ 운전시간을 단축한다.
- ㉱ 역간의 거리를 넓힌다.

> 표정속도란 출발역에서 종착역까지의 거리를 소요시간으로 나눈 속도를 말하며, 소요시간에는 중간역에 정차한 시간도 포함된다. 따라서 정차역 수를 늘리면 그만큼 표정속도가 떨어지게 된다.

법령

표정속도를 높이는 방법
- 정차역의 수를 최소화로 한다.
- 운전시간 및 정차시간을 단축한다.
- 차량의 가속도 및 감속도를 높인다.
- 주행속력을 향상시킨다. 즉, 최고속도를 높인다.
- 역간의 거리를 넓힌다.

117 「도시철도운전규칙」상 차량의 검사 및 시험운전에 관한 설명으로 적절하지 않은 것은?

㉮ 제작 · 개조 · 수선 또는 분해검사를 한 차량과 일시적으로 사용을 중지한 차량은 검사하고 시험운전을 하기 전에는 사용할 수 없다.

> 「도시철도운전규칙」 제24조 제1항

✓ ㉯ 경미한 정도의 개조 또는 수선을 한 경우라고 하더라도 반드시 검사 및 시험운전을 하여야 한다.

> 제작 · 개조 · 수선 또는 분해검사를 한 차량과 일시적으로 사용을 중지한 차량은 검사하고 시험운전을 하기 전에는 사용할 수 없다. 다만, 경미한 정도의 개조 또는 수선을 한 경우에는 그러하지 아니하다(「도시철도운전규칙」 제24조 제1항).

㉰ 차량의 전기장치에 대해서는 절연저항시험 및 절연내력시험을 하여야 한다.

> 「도시철도운전규칙」 제24조 제3항

㉱ 차량의 각 부분은 일정한 기간 또는 주행거리를 기준으로 하여 그 상태와 작용에 대한 검사와 분해검사를 하여야 한다.

> 「도시철도운전규칙」 제24조 제2항

118. 「철도차량운전규칙」상 열차가 정거장 외에서 정차가 가능한 경우로 옳은 것을 모두 고르면?

> ㄱ. 주의신호의 현시가 있는 경우
> ㄴ. 경사도가 1,000분의 20 이상인 급경사 구간에 진입하기 전의 경우
> ㄷ. 철도사고 등이 발생하거나 철도사고 등의 발생 우려가 있는 경우
> ㄹ. 철도안전을 위하여 부득이 정차하여야 하는 경우

㉮ ㄱ
✓ ㉯ ㄷ, ㄹ
㉰ ㄱ, ㄴ
㉱ ㄱ, ㄷ, ㄹ

ㄱ. (×) 열차는 정거장 외에서는 정차하여서는 아니 된다. 다만, 정지신호의 현시가 있는 경우에는 그러하지 아니하다(「철도차량운전규칙」 제22조 제2호).
ㄴ. (×) 열차는 정거장 외에서는 정차하여서는 아니 된다. 다만, 경사도가 1,000분의 30 이상인 급경사 구간에 진입하기 전의 경우에는 그러하지 아니하다(「철도차량운전규칙」 제22조 제1호).
ㄷ. (○) 철도사고 등이 발생하거나 철도사고 등의 발생 우려가 있는 경우 열차는 정거장 외에 정차하여도 된다(「철도차량운전규칙」 제22조 제3호).
ㄹ. (○) 그 밖의 철도안전을 위하여 부득이하게 정차하여야 하는 경우 열차는 정거장 외에 정차하여도 된다(「철도차량운전규칙」 제22조 제4호).

법령

「철도차량운전규칙」 제22조(열차의 정거장 외 정차금지)
열차는 정거장 외에서는 정차하여서는 아니 된다. 다만, 다음 각 호의 어느 하나에 해당하는 경우에는 그러하지 아니하다.
1. 경사도가 1,000분의 30 이상인 급경사 구간에 진입하기 전의 경우
2. 정지신호의 현시(現示)가 있는 경우
3. 철도사고 등이 발생하거나 철도사고 등의 발생 우려가 있는 경우
4. 그 밖에 철도안전을 위하여 부득이 정차하여야 하는 경우

119. 다음 중 공주거리에 관한 설명으로 가장 적절하지 않은 것은?

㉮ 전제동거리에서 실제동거리를 뺀 값이다.
✓ ㉯ 제동초속도에 반비례한다.

> 공주거리 = 제동초속도(m/s) × 공주시간
> 따라서, 공주거리는 제동초속도에 비례한다.

㉰ 유효제동률은 75%이다.
㉱ 제동변을 제동위치로 이동시킨 후 제동이 작용하기까지 주행한 거리를 말한다.

120 「철도차량운전규칙」에 따른 용어의 정의가 적절한 것은?

☑ ㉮ 전차선로란 전차선 및 이를 지지하는 공작물을 말한다.

> "전차선로"라 함은 전차선 및 이를 지지하는 공작물을 말한다(「철도차량운전규칙」 제2조 제7호).

㉯ 노면전차란 도로면의 궤도를 이용하여 운행되는 열차를 말한다.

> "노면전차"란 도로면의 궤도를 이용하여 운행되는 열차를 말한다(「도시철도운전규칙」 제3조 제10호). 즉 「철도차량운전규칙」에서 정한 용어가 아니다.

㉰ 선로란 궤도 및 이를 지지하는 인공구조물을 말하며, 열차의 운전에 상용되는 본선과 그 외의 측선으로 구분된다.

> "선로"란 궤도 및 이를 지지하는 인공구조물을 말하며, 열차의 운전에 상용(常用)되는 본선(本線)과 그 외의 측선(側線)으로 구분된다(「도시철도운전규칙」 제3조 제2호). 즉 「철도차량운전규칙」에서 정한 용어가 아니다.

㉱ 운전보안장치란 열차 및 차량(이하 "열차등"이라 한다)의 안전운전을 확보하기 위한 장치로서 폐색장치, 신호장치, 연동장치, 선로전환장치, 경보장치, 열차자동정지장치, 열차자동제어장치, 열차자동운전장치, 열차종합제어장치 등을 말한다.

> "운전보안장치"란 열차 및 차량(이하 "열차등"이라 한다)의 안전운전을 확보하기 위한 장치로서 폐색장치, 신호장치, 연동장치, 선로전환장치, 경보장치, 열차자동정지장치, 열차자동제어장치, 열차자동운전장치, 열차종합제어장치 등을 말한다(「도시철도운전규칙」 제3조 제5호). 즉 「철도차량운전규칙」에서 정한 용어가 아니다.

121 「도시철도운전규칙」상 주신호기가 진행을 지시하는 신호를 할 경우 원방신호기의 색등으로 적절한 것은?

☑ ㉮ 녹색등　　㉯ 적색등
㉰ 등황색등　　㉱ 백색등

> 주신호기가 진행을 지시하는 신호를 할 경우 원방신호기의 색등은 녹색등이다(「도시철도운전규칙」 제66조 제2호 가목).

법령

「도시철도운전규칙」 제66조(상설신호기의 종류 및 신호 방식)
상설신호기는 계기·색등 또는 등열(燈列)로써 다음 각 호의 방식으로 신호하여야 한다.
2. 종속신호기
　가. 원방신호기

방식	신호의 종류 주간·야간별	주신호기가 정지신호를 할 경우	주신호기가 진행을 지시하는 신호를 할 경우
색등식	주간 및 야간	등황색등	녹색등

122 「도시철도운전규칙」상 운전 진로를 다르게 하는 경우만 모두 고르면?

> ㄱ. 선로 또는 열차에 고장이 발생하여 퇴행운전을 하는 경우
> ㄴ. 차량을 결합·해체하거나 차선을 바꾸는 경우
> ㄷ. 시험운전을 하는 경우
> ㄹ. 운전사고 등으로 인하여 일시적으로 단선운전을 하는 경우

㉮ ㄱ
㉯ ㄱ, ㄴ
㉰ ㄱ, ㄴ, ㄷ
✓ ㉱ ㄱ, ㄴ, ㄷ, ㄹ

ㄱ. (O) 「도시철도운전규칙」 제36조 제2항 제1호
ㄴ. (O) 「도시철도운전규칙」 제36조 제2항 제3호
ㄷ. (O) 「도시철도운전규칙」 제36조 제2항 제5호
ㄹ. (O) 「도시철도운전규칙」 제36조 제2항 제6호

법령

「도시철도운전규칙」 제36조(운전 진로)
① 열차의 운전방향을 구별하여 운전하는 한 쌍의 선로에서 열차의 운전 진로는 우측으로 한다. 다만, 좌측으로 운전하는 기존의 선로에 직통으로 연결하여 운전하는 경우에는 좌측으로 할 수 있다.
② 다음 각 호의 어느 하나에 해당하는 경우에는 제1항에도 불구하고 운전 진로를 달리할 수 있다.
  1. 선로 또는 열차에 고장이 발생하여 퇴행운전을 하는 경우
  2. 구원열차(救援列車)나 공사열차(工事列車)를 운전하는 경우
  3. 차량을 결합·해체하거나 차선을 바꾸는 경우
  4. 구내운전(構內運轉)을 하는 경우
  5. 시험운전을 하는 경우
  6. 운전사고 등으로 인하여 일시적으로 단선운전(單線運轉)을 하는 경우
  7. 그 밖에 특별한 사유가 있는 경우

123 다음 중 열차의 저항에 관한 설명으로 적절하지 않은 것은?

㉮ 기온이 높을수록 출발저항은 커진다.
✓ ㉯ 주행저항은 객차가 화차보다 작으며, 공차가 실은 차보다 크다.

주행저항은 객차가 화차보다 크고, 빈차가 실은 차보다 크다.

㉰ 급구배선이 많을수록 구배저항이 커진다.
㉱ 차량의 동요에 의한 저항은 속도 제곱에 비례한다.

124 「철도차량운전규칙」에 따라 하나의 폐색구간에 둘 이상의 열차를 동시에 운행할 수 있는 경우를 모두 고르면?

> ㄱ. 고장열차가 있는 폐색구간에 구원열차를 운전하는 경우
> ㄴ. 열차가 정차되어 있는 폐색구간으로 다른 열차를 유도하는 경우
> ㄷ. 선로가 개통된 구간에 공사열차를 운전하는 경우
> ㄹ. 폐색구간에서 뒤의 보조기관차를 열차로부터 떼었을 경우

㉮ ㄱ, ㄷ　　　　　　　　　　　㉯ ㄱ, ㄴ, ㄹ ✓
㉰ ㄱ, ㄷ, ㄹ　　　　　　　　　㉱ ㄱ, ㄴ, ㄷ, ㄹ

> ㄱ. (○) 「철도차량운전규칙」 제49조 제2항 제2호 ⚖
> ㄴ. (○) 「철도차량운전규칙」 제49조 제2항 제5호 ⚖
> ㄷ. (×) 하나의 폐색구간에는 둘 이상의 열차를 동시에 운행할 수 없다. 다만 선로가 <u>불통된 구간</u>에 공사열차를 운전하는 경우에는 그렇지 않다(「철도차량운전규칙」 제49조 제2항 제3호). ⚖
> ㄹ. (○) 「철도차량운전규칙」 제49조 제2항 제4호 ⚖

법령 ⚖

「철도차량운전규칙」 제49조(폐색에 의한 열차 운행)
① 폐색에 의한 방법으로 열차를 운행하는 경우에는 본선을 폐색구간으로 분할하여야 한다. 다만, 정거장내의 본선은 이를 폐색구간으로 하지 아니할 수 있다.
② 하나의 폐색구간에는 둘 이상의 열차를 동시에 운행할 수 없다. 다만, 다음 각 호에 해당하는 경우에는 그렇지 않다.
　1. 제36조 제2항 및 제3항에 따라 열차를 진입시키려는 경우
　2. 고장열차가 있는 폐색구간에 구원열차를 운전하는 경우
　3. 선로가 불통된 구간에 공사열차를 운전하는 경우
　4. 폐색구간에서 뒤의 보조기관차를 열차로부터 떼었을 경우
　5. 열차가 정차되어 있는 폐색구간으로 다른 열차를 유도하는 경우
　6. 폐색에 의한 방법으로 운전을 하고 있는 열차를 열차제어장치로 운전하거나 시계운전이 가능한 노선에서 열차를 서행하여 운전하는 경우
　7. 그 밖에 특별한 사유가 있는 경우

125. 다음 중 견인정수를 산정할 때 고려할 사항으로 가장 적절하지 않은 것은?

㉮ 선로의 상태

> 견인정수를 산정할 때 고려할 사항은 대표적으로 열차의 사명, 선로의 상태, 동력차의 상태, 선로 및 승강장 유효장, 기온이 있다.

㉯ 선로 및 승강장 유효장

> 견인정수를 산정할 때 고려할 사항은 대표적으로 열차의 사명, 선로의 상태, 동력차의 상태, 선로 및 승강장 유효장, 기온이 있다.

㉰ 사용연료 및 전차선 전압

> 견인정수의 산정시 동력차의 상태를 반드시 고려하여야 한다. 동력차의 상태를 판단하기 위한 요인으로는 동력차의 상태 및 견인시험, 사용연료 및 전차선 전압, 제한구배상의 인출조건, 전기차의 온도상승 한도가 있다.

 가파른 경사의 운전 시 견인력

> 급구배의 운전 시의 견인력을 견인정수 산정에 있어 고려할 사항이 아니다.

TIP

견인정수의 산정 시 고려하여야 할 사항
- 열차의 사명
- 선로의 상태
  - 곡선 및 터널
  - 레일의 상태
  - 상구배의 완급과 장단
    ※ 견인정수를 지배하는 최대요소이다.
  - 하구배의 제동거리
- 동력차의 상태
  - 동력차의 상태 및 견인시험
  - 사용연료 및 전차선 전압
  - 제한구배상의 인출조건
  - 전기차의 온도상승 한도
- 선로 및 승강장 유효장
- 기온

제5회 기출유형 모의고사

문제편 146p

[1과목] 교통법규

001	002	003	004	005	006	007	008	009	010	011	012	013	014	015	016	017	018	019	020
㉮	㉮	㉮	㉮	㉯	㉮	㉯	㉰	㉰	㉯	㉯	㉰	㉰	㉮	㉯	㉰	㉰	㉮	㉰	㉰
021	022	023	024	025	026	027	028	029	030	031	032	033	034	035	036	037	038	039	040
㉰	㉱	㉰	㉮	㉰	㉰	㉮	㉰	㉯	㉯	㉱	㉯	㉯	㉰	㉯	㉯	㉯	㉯	㉰	㉱
041	042	043	044	045	046	047	048	049	050										
㉰	㉮	㉱	㉮	㉱	㉱	㉮	㉰	㉯											

[2과목] 교통안전관리론

051	052	053	054	055	056	057	058	059	060	061	062	063	064	065	066	067	068	069	070
㉰	㉮	㉱	㉮	㉮	㉰	㉰	㉮	㉮	㉯	㉰	㉮	㉱	㉮	㉰	㉱	㉯	㉯	㉱	㉮
071	072	073	074	075															
㉮	㉮	㉮	㉱	㉯															

[3과목] 철도공학

076	077	078	079	080	081	082	083	084	085	086	087	088	089	090	091	092	093	094	095
㉮	㉰	㉱	㉰	㉰	㉯	㉮	㉮	㉮	㉯	㉮	㉮	㉱	㉮	㉰	㉯	㉰	㉱	㉮	㉮
096	097	098	099	100															
㉱	㉮	㉰	㉰	㉰															

[4과목] 열차운전(선택과목)

101	102	103	104	105	106	107	108	109	110	111	112	113	114	115	116	117	118	119	120
㉱	㉰	㉮	㉮	㉮	㉰	㉯	㉮	㉯	㉰	㉰	㉯	㉰	㉯	㉰	㉯	㉮	㉱	㉯	㉯
121	122	123	124	125															
㉱	㉱	㉮	㉰	㉮															

[1과목] 교통법규

001 「철도산업발전기본법」상 철도산업교육과정의 확대와 관련한 내용 중 빈칸에 적절한 단어로 옳은 것은?

> (   )은/는 철도산업종사자의 자격제도를 다양화하고 질적 수준을 유지·발전시키기 위하여 필요한 시책을 수립·시행하여야 한다.

- ✓ ㉮ 국가
- ㉯ 시·도지사
- ㉰ 국토교통부장관
- ㉱ 지방자치단체의 장

> 국가는 철도산업종사자의 자격제도를 다양화하고 질적 수준을 유지·발전시키기 위하여 필요한 시책을 수립·시행하여야 한다(「철도산업발전기본법」 제10조 제2항).

002 「철도산업발전기본법」상 철도시설관리권에 관한 설명 중 틀린 것은?

- ✓ ㉮ 저당권이 설정된 철도시설관리권은 그 저당권자의 동의 없이 처분할 수 있다.
  > 저당권이 설정된 철도시설관리권은 그 저당권자의 동의가 없으면 처분할 수 없다(「철도산업발전기본법」 제28조).

- ㉯ 철도시설관리권은 이를 물권으로 보며, 이 법에 특별한 규정이 있는 경우를 제외하고는 민법 중 부동산에 관한 규정을 준용한다.
  > 「철도산업발전기본법」 제27조

- ㉰ 철도시설관리권의 설정을 받은 자는 국토교통부장관에게 등록하여야 한다.
  > 「철도산업발전기본법」 제26조 제2항

- ㉱ 철도시설관리권을 목적으로 하는 저당권의 설정·변경·소멸 및 처분의 제한은 국토교통부에 비치하는 철도시설관리권등록부에 등록함으로써 그 효력이 발생한다.
  > 「철도산업발전기본법」 제29조 제1항

003 「철도산업발전기본법」상 철도산업발전기본계획에 포함되는 사항을 모두 고른 것은?

> ㄱ. 철도산업의 여건 및 동향전망에 관한 사항
> ㄴ. 각종 철도 간의 연계수송 및 사업조정에 관한 사항
> ㄷ. 철도산업 전문인력의 양성에 관한 사항
> ㄹ. 철도산업발전기본계획의 추진실적에 관한 사항

㉮ ㄱ, ㄴ, ㄷ ✓
㉯ ㄱ, ㄷ, ㄹ
㉰ ㄴ, ㄷ, ㄹ
㉱ ㄱ, ㄴ, ㄷ, ㄹ

ㄱ. (○)「철도산업발전기본법」제5조 제2항 제2호
ㄴ. (○)「철도산업발전기본법」제5조 제2항 제4호
ㄷ. (○)「철도산업발전기본법」제3조 제2항 제6호
ㄹ. (×)

법령

「철도산업발전기본법」 제5조(철도산업발전기본계획의 수립 등)
① 국토교통부장관은 철도산업의 육성과 발전을 촉진하기 위하여 5년 단위로 철도산업발전기본계획(이하 "기본계획"이라 한다)을 수립하여 시행하여야 한다.
② 기본계획에는 다음 각 호의 사항이 포함되어야 한다.
  1. 철도산업 육성시책의 기본방향에 관한 사항
  2. 철도산업의 여건 및 동향전망에 관한 사항
  3. 철도시설의 투자·건설·유지보수 및 이를 위한 재원확보에 관한 사항
  4. 각종 철도 간의 연계수송 및 사업조정에 관한 사항
  5. 철도운영체계의 개선에 관한 사항
  6. 철도산업 전문인력의 양성에 관한 사항
  7. 철도기술의 개발 및 활용에 관한 사항
  8. 그 밖에 철도산업의 육성 및 발전에 관한 사항으로서 대통령령으로 정하는 사항

004 「교통안전법」상 교통수단·교통시설 또는 교통체계의 운행·운항·설치 또는 운영 등에 관하여 지도·감독을 행하거나 관련 법령·제도를 관장하는 「정부조직법」에 의한 중앙행정기관으로서 대통령령으로 정하는 행정기관은?

㉮ 지정행정기관 ✓
㉯ 교통행정기관
㉰ 국토교통부
㉱ 국가보훈부

"지정행정기관"이라 함은 교통수단·교통시설 또는 교통체계의 운행·운항·설치 또는 운영 등에 관하여 지도·감독을 행하거나 관련 법령·제도를 관장하는 「정부조직법」에 의한 중앙행정기관으로서 대통령령으로 정하는 행정기관을 말한다(「교통안전법」 제2조 제5호).

005 「철도산업발전기본법령」상 철도운영자가 국가부담비용의 추정액 등을 기재한 국가부담비용추정서를 국토교통부장관에게 제출해야 하는 기한은 언제까지인가?

㉮ 매년 1월 말 ✓㉯ 매년 3월 말
㉰ 매년 6월 말 ㉱ 매년 12월 말

> 철도운영자는 매년 3월 말까지 국가가 법 제32조 제1항의 규정에 의하여 다음 연도에 부담하여야 하는 공익서비스비용(이하 "국가부담비용"이라 한다)의 추정액, 당해 공익서비스의 내용 그 밖의 필요한 사항을 기재한 국가부담비용추정서를 국토교통부장관에게 제출하여야 한다. 이 경우 철도운영자가 국가부담비용의 추정액을 산정함에 있어서는 법 제33조 제1항의 규정에 의한 보상계약 등을 고려하여야 한다(「철도산업발전기본법 시행령」 제40조 제1항).

006 「교통안전법령」상 교통안전도 평가지수에서 교통사고 발생건수 및 교통사고 사상자 수 산정 시 중상사고 1건 또는 중상자 1명의 가중치는?

✓㉮ 0.7 ㉯ 1.0
㉰ 1.3 ㉱ 1.5

> 「교통안전법 시행령」[별표 3의2]에 규정된 교통안전도 평가지수에서 교통사고 발생건수 및 교통사고 사상자 수 산정 시 중상사고 1건 또는 중상자 1명의 가중치는 0.7이다.

법령

「교통안전법 시행령」[별표 3의2] 교통안전도 평가지수(제20조 제3항 제3호 관련)

$$교통안전도\ 평가지수 = \frac{(교통사고\ 발생건수 \times 0.4) + (교통사고\ 사상자\ 수 \times 0.6)}{자동차등록(면허)\ 대수} \times 10$$

※ 비고
1. 교통사고는 직전연도 1년간의 교통사고를 기준으로 하며, 다음 각 목과 같이 구분한다.
   가. 사망사고 : 교통사고가 주된 원인이 되어 교통사고 발생 시부터 30일 이내에 사람이 사망한 사고
   나. 중상사고 : 교통사고로 인하여 다친 사람이 의사의 최초 진단 결과 3주 이상의 치료가 필요한 상해를 입은 사고
   다. 경상사고 : 교통사고로 인하여 다친 사람이 의사의 최초 진단 결과 5일 이상 3주 미만의 치료가 필요한 상해를 입은 사고
2. 교통사고 발생건수 및 교통사고 사상자 수 산정 시 경상사고 1건 또는 경상자 1명은 '0.3', 중상사고 1건 또는 중상자 1명은 '0.7', 사망사고 1건 또는 사망자 1명은 '1'을 각각 가중치로 적용하되, 교통사고 발생건수의 산정 시, 하나의 교통사고로 여러 명이 사망 또는 상해를 입은 경우에는 가장 가중치가 높은 사고를 적용한다.
3. 자동차 등록(면허) 대수가 변동되었을 때의 교통안전도 평가지수 계산은 다음 계산식에 따른다.

$$\frac{변동\ 전(교통사고\ 발생건수 \times 0.4) + (교통사고\ 사상자\ 수 \times 0.6)}{변동\ 전\ 자동차\ 등록(면허)\ 대수} \times 10$$
$$+ \frac{변동\ 후(교통사고\ 발생건수 \times 0.4) + (교통사고\ 사상자\ 수 \times 0.6)}{변동\ 후\ 자동차\ 등록(면허)\ 대수} \times 10$$

007 「교통안전법령」상 지정행정기관에 해당하는 것을 모두 고른 것은?

ㄱ. 기획재정부 ㄴ. 교육부
ㄷ. 국회(입법부) ㄹ. 행정안전부

㉮ ㄱ, ㄴ, ㄷ
㉯ **ㄱ, ㄴ, ㄹ** ✓
㉰ ㄴ, ㄷ, ㄹ
㉱ ㄱ, ㄴ, ㄷ, ㄹ

「교통안전법」 제2조 제5호 및 동법 시행령 제2조에 따라 지정행정기관에 해당하는 것은 ㄱ. 기획재정부, ㄴ. 교육부, ㄹ. 행정안전부이며, ㄷ. 국회(입법부)는 이에 해당하지 않는다.

법령

「교통안전법」 제2조(정의)
이 법에서 사용하는 용어의 뜻은 다음과 같다.
5. "지정행정기관"이라 함은 교통수단·교통시설 또는 교통체계의 운행·운항·설치 또는 운영 등에 관하여 지도·감독을 행하거나 관련 법령·제도를 관장하는 「정부조직법」에 의한 중앙행정기관으로서 대통령령으로 정하는 행정기관을 말한다.

「교통안전법 시행령」 제2조(지정행정기관)
「교통안전법」(이하 "법"이라 한다) 제2조 제5호에 따른 지정행정기관은 다음 각 호와 같다.
1. 기획재정부   2. 교육부   3. 법무부
4. 행정안전부   5. 문화체육관광부   6. 농림축산식품부
7. 산업통상자원부   8. 보건복지부   8의2. 환경부
9. 고용노동부   10. 여성가족부   11. 국토교통부
12. 해양수산부   12의2. 삭제   13. 경찰청
14. 국무총리가 교통안전정책상 특히 필요하다고 인정하여 지정하는 중앙행정기관

008 「철도산업발전기본법」상 '철도차량'의 정의 중 빈칸에 들어갈 수 없는 단어는?

"철도차량"이라 함은 선로를 운행할 목적으로 제작된 (   ) 및 특수차를 말한다.

㉮ 객차
㉯ 화차
㉰ 동력차
㉱ **수송차** ✓

"철도차량"이라 함은 선로를 운행할 목적으로 제작된 동력차·객차·화차 및 특수차를 말한다(「철도산업발전기본법」 제3조 제4호).

009 「철도산업발전기본법」상 국토교통부장관이 철도시설에 대해 수립·시행하여야 할 시책이 아닌 것은?

㉮ 철도시설에 대한 투자 계획수립 및 재원조달

「철도산업발전기본법」 제20조 제2항 제1호

㉯ 철도시설의 건설 및 관리

「철도산업발전기본법」 제20조 제2항 제2호

㉰ 철도시설의 유지보수 및 적정한 상태유지

「철도산업발전기본법」 제20조 제2항 제3호

✔ 철도시설의 경제성 확보에 필요한 사항

철도시설의 공공성 확보에 필요한 사항(「철도산업발전기본법」 제20조 제2항 제5호)

> **법령**
>
> 「철도산업발전기본법」 제20조(철도시설)
> ① 철도산업의 구조개혁을 추진하는 경우 철도시설은 국가가 소유하는 것을 원칙으로 한다.
> ② 국토교통부장관은 철도시설에 대한 다음 각 호의 시책을 수립·시행한다.
>   1. 철도시설에 대한 투자 계획수립 및 재원조달
>   2. 철도시설의 건설 및 관리
>   3. 철도시설의 유지보수 및 적정한 상태유지
>   4. 철도시설의 안전관리 및 재해대책
>   5. 그 밖에 다른 교통시설과의 연계성 확보 등 철도시설의 공공성 확보에 필요한 사항

010 「철도안전법」상 철도종사자가 업무에 종사하는 동안에 열차 내에서 흡연을 한 경우에 대한 벌칙으로 적절한 것은?

㉮ 50만 원 이하의 과태료 부과   ✔ 100만 원 이하의 과태료 부과
㉰ 300만 원 이하의 과태료 부과   ㉱ 500천만 원 이하의 과태료 부과

철도종사자가 업무에 종사하는 동안에 열차 내에서 흡연을 한 경우 100만 원 이하의 과태료를 부과한다(「철도안전법」 제82조 제4항 제1호).

011 「철도안전법」상 철도 보호 및 질서유지를 위한 금지행위에 해당하지 않는 것은?

㉮ 철도시설 또는 철도차량을 파손하여 철도차량 운행에 위험을 발생하게 하는 행위

> 「철도안전법」 제48조 제1항 제1호

✓ 철도와 교차된 도로 또는 국토교통부령으로 정하는 철도시설에 철도운영자 등의 승낙 없이 출입하거나 통행하는 행위

> 선로(철도와 교차된 도로는 제외한다) 또는 국토교통부령으로 정하는 철도시설에 철도운영자 등의 승낙 없이 출입하거나 통행하는 행위가 금지행위에 해당한다(「철도안전법」 제48조 제1항 제5호).

㉰ 역시설 등 공중이 이용하는 철도시설 또는 철도차량에서 폭언 또는 고성방가 등 소란을 피우는 행위

> 「철도안전법」 제48조 제1항 제6호

㉱ 열차운행 중에 타고 내리거나 정당한 사유 없이 승강용 출입문의 개폐를 방해하여 열차운행에 지장을 주는 행위

> 「철도안전법」 제48조 제1항 제9호

법령

「철도안전법」 제48조(철도 보호 및 질서유지를 위한 금지행위)

① 누구든지 정당한 사유 없이 철도 보호 및 질서유지를 해치는 다음 각 호의 어느 하나에 해당하는 행위를 하여서는 아니 된다.
1. 철도시설 또는 철도차량을 파손하여 철도차량 운행에 위험을 발생하게 하는 행위
2. 철도차량을 향하여 돌이나 그 밖의 위험한 물건을 던져 철도차량 운행에 위험을 발생하게 하는 행위
3. 궤도의 중심으로부터 양측으로 폭 3미터 이내의 장소에 철도차량의 안전 운행에 지장을 주는 물건을 방치하는 행위
4. 철도교량 등 국토교통부령으로 정하는 시설 또는 구역에 국토교통부령으로 정하는 폭발물 또는 인화성이 높은 물건 등을 쌓아 놓는 행위
5. 선로(철도와 교차된 도로는 제외한다) 또는 국토교통부령으로 정하는 철도시설에 철도운영자 등의 승낙 없이 출입하거나 통행하는 행위
6. 역시설 등 공중이 이용하는 철도시설 또는 철도차량에서 폭언 또는 고성방가 등 소란을 피우는 행위
7. 철도시설에 국토교통부령으로 정하는 유해물 또는 열차운행에 지장을 줄 수 있는 오물을 버리는 행위
8. 역시설 또는 철도차량에서 노숙(露宿)하는 행위
9. 열차운행 중에 타고 내리거나 정당한 사유 없이 승강용 출입문의 개폐를 방해하여 열차운행에 지장을 주는 행위
10. 정당한 사유 없이 열차 승강장의 비상정지버튼을 작동시켜 열차운행에 지장을 주는 행위
11. 그 밖에 철도시설 또는 철도차량에서 공중의 안전을 위하여 질서유지가 필요하다고 인정되어 국토교통부령으로 정하는 금지행위

012 「철도안전법령」상 질서유지를 위한 금지행위에 포함되지 않는 것은?

㉮ 흡연이 금지된 철도시설이나 철도차량 안에서 흡연하는 행위

> 「철도안전법 시행규칙」 제85조 제1호 ⚖️

㉯ 철도종사자의 허락 없이 철도시설이나 철도차량에서 광고물을 붙이거나 배포하는 행위

> 「철도안전법 시행규칙」 제85조 제2호 ⚖️

✅ 철도종사자의 허락 없이 철도시설이나 철도차량에서 물품을 판매하는 행위

> 철도시설이나 철도차량에서의 물품 판매 행위는 「철도안전법」 제48조 및 동법 시행규칙 제85조에 따른 질서유지를 위한 금지행위에 해당하지 않는다.

㉰ 역시설에서 철도종사자의 허락 없이 기부를 부탁하거나 물품을 판매·배부하거나 연설·권유를 하는 행위

> 「철도안전법 시행규칙」 제85조 제3호 ⚖️

법령 ⚖️

「철도안전법」 제48조(철도 보호 및 질서유지를 위한 금지행위)

① 누구든지 정당한 사유 없이 철도 보호 및 질서유지를 해치는 다음 각 호의 어느 하나에 해당하는 행위를 하여서는 아니 된다.
  1. 철도시설 또는 철도차량을 파손하여 철도차량 운행에 위험을 발생하게 하는 행위
  2. 철도차량을 향하여 돌이나 그 밖의 위험한 물건을 던져 철도차량 운행에 위험을 발생하게 하는 행위
  3. 궤도의 중심으로부터 양측으로 폭 3미터 이내의 장소에 철도차량의 안전 운행에 지장을 주는 물건을 방치하는 행위
  4. 철도교량 등 국토교통부령으로 정하는 시설 또는 구역에 국토교통부령으로 정하는 폭발물 또는 인화성이 높은 물건 등을 쌓아 놓는 행위
  5. 선로(철도와 교차된 도로는 제외한다) 또는 국토교통부령으로 정하는 철도시설에 철도운영자 등의 승낙 없이 출입하거나 통행하는 행위
  6. 역시설 등 공중이 이용하는 철도시설 또는 철도차량에서 폭언 또는 고성방가 등 소란을 피우는 행위
  7. 철도시설에 국토교통부령으로 정하는 유해물 또는 열차운행에 지장을 줄 수 있는 오물을 버리는 행위
  8. 역시설 또는 철도차량에서 노숙(露宿)하는 행위
  9. 열차운행 중에 타고 내리거나 정당한 사유 없이 승강용 출입문의 개폐를 방해하여 열차운행에 지장을 주는 행위
  10. 정당한 사유 없이 열차 승강장의 비상정지버튼을 작동시켜 열차운행에 지장을 주는 행위
  11. <u>그 밖에 철도시설 또는 철도차량에서 공중의 안전을 위하여 질서유지가 필요하다고 인정되어 국토교통부령으로 정하는 금지행위</u>

> **「철도안전법 시행규칙」 제85조(질서유지를 위한 금지행위)**
> 법 제48조 제11호에서 "국토교통부령으로 정하는 금지행위"란 다음 각 호의 행위를 말한다.
> 1. <u>흡연이 금지된 철도시설이나 철도차량 안에서 흡연하는 행위</u>
> 2. <u>철도종사자의 허락 없이 철도시설이나 철도차량에서 광고물을 붙이거나 배포하는 행위</u>
> 3. <u>역시설에서 철도종사자의 허락 없이 기부를 부탁하거나 물품을 판매·배부하거나 연설·권유를 하는 행위</u>
> 4. 철도종사자의 허락 없이 선로변에서 총포를 이용하여 수렵하는 행위

013

「철도안전법령」상 운전면허 취득을 위한 교육훈련 과정별 교육시간 및 교육훈련과목 중 일반응시자의 제1종 전기차량 운전면허 기능교육 과목에 해당하지 않는 것은?

- ✅ ㉮ 차량이론교육
- ㉯ 현장실습교육
- ㉰ 운전실무 및 모의운행 훈련
- ㉱ 비상시 조치 등

「철도안전법 시행규칙」[별표 7]에 따른 일반응시자의 기능교육 과목은 '현장실습교육, 운전실무 및 모의운행 훈련, 비상시 조치 등'으로 운전면허 종류와 관계없이 동일하다.

법령

「철도안전법 시행규칙」[별표 7] 운전면허 취득을 위한 교육훈련 과정별 교육시간 및 교육훈련과목(제20조 제3항 관련)

1. 일반응시자

교육과정	교육과목 및 시간	
	이론교육	기능교육
가. 디젤차량 운전면허 (810)	• 철도관련법(50) • 철도시스템 일반(60) • 디젤 차량의 구조 및 기능(170) • 운전이론 일반(30) • 비상시 조치(인적오류 예방 포함) 등(30)	• 현장실습교육 • 운전실무 및 모의운행 훈련 • 비상시 조치 등
	340시간	470시간
나. 제1종 전기 차량 운전면허 (810)	• 철도관련법(50) • 철도시스템 일반(60) • 전기기관차의 구조 및 기능(170) • 운전이론 일반(30) • 비상시 조치(인적오류 예방 포함) 등(30)	• 현장실습교육 • 운전실무 및 모의운행 훈련 • 비상시 조치 등
	340시간	470시간
다. 제2종 전기 차량 운전면허 (680)	• 철도관련법(50) • 도시철도시스템 일반(50) • 전기동차의 구조 및 기능(110) • 운전이론 일반(30) • 비상시 조치(인적오류 예방 포함) 등(30)	• 현장실습교육 • 운전실무 및 모의운행 훈련 • 비상시 조치 등
	270시간	410시간
라. 철도장비 운전면허 (340)	• 철도관련법(50) • 철도시스템 일반(40) • 기계·장비의 구조 및 기능(60) • 비상시 조치(인적오류 예방 포함) 등(20)	• 현장실습교육 • 운전실무 및 모의운행 훈련 • 비상시 조치 등
	170시간	170시간
마. 노면전차 운전면허 (440)	• 철도관련법(50) • 노면전차 시스템 일반(40) • 노면전차의 구조 및 기능(80) • 비상시 조치(인적오류 예방 포함) 등(30)	• 현장실습교육 • 운전실무 및 모의운행 훈련 • 비상시 조치 등
	200시간	240시간

014 「교통안전법령」에 따른 교통사고 관련자료를 보관·관리하는 자에 해당하지 않는 자는?

㉮ 한국도로공사

「교통안전법」 제51조 제2항 및 동법 시행령 제39조 제3호 ⚖️

㉯ 한국교통안전공단

「교통안전법」 제51조 제2항 및 동법 시행령 제39조 제1호 ⚖️

✅ 교통안전관리자

교통안전관리자는 「교통안전법 시행령」 제39조에 따른 교통사고 관련자료 보관의무자에 해당하지 않는다.

㉰ 여객자동차운송사업의 면허를 받거나 등록을 한 자

「교통안전법」 제51조 제2항 및 동법 시행령 제39조 제5호 ⚖️

법령 ⚖️

「교통안전법」 제51조(교통사고 관련자료 등의 보관·관리)
① 제49조 및 제50조의 규정에 따라 교통사고 또는 그 원인을 조사·처리한 교통행정기관 등은 교통사고조사와 관련된 자료·통계 또는 정보(이하 "교통사고 관련자료 등"이라 한다)를 대통령령으로 정하는 바에 따라 보관·관리하여야 한다.
② 「여객자동차 운수사업법」 제19조·제55조·제64조 및 「보험업법」 제167조 등 관계법령에 따라 교통사고와 관련된 자료 또는 정보를 조사·취득·분석하는 자 중 대통령령으로 정하는 자는 그가 조사·취득·분석한 교통사고 관련자료 등을 대통령령으로 정하는 바에 따라 보관·관리하여야 한다.

> **「교통안전법 시행령」 제39조(교통사고 관련자료 등을 보관·관리하는 자)**
> 법 제51조 제2항에서 "대통령령이 정하는 자"란 다음 각 호의 자를 말한다.
> 1. 「한국교통안전공단법」에 따른 한국교통안전공단(이하 "한국교통안전공단"이라 한다)
> 2. 「도로교통법」 제120조에 따른 도로교통공단(이하 "도로교통공단"이라 한다)
> 3. 「한국도로공사법」에 따른 한국도로공사
> 4. 「보험업법」 제175조에 따라 설립된 손해보험협회에 소속된 손해보험회사
> 5. 「여객자동차 운수사업법」 제4조에 따라 여객자동차운송사업의 면허를 받거나 등록을 한 자
> 6. 「여객자동차 운수사업법」 제61조에 따른 공제조합
> 7. 「화물자동차 운수사업법」 제35조에 따라 화물자동차운수사업자로 구성된 협회가 설립한 연합회

015 「철도산업발전기본법」에 따른 용어의 정의로 적절하지 않은 것은?

㉮ "철도"는 여객 또는 화물을 운송하는 데 필요한 철도시설과 철도차량 및 이와 관련된 운영·지원체계가 유기적으로 구성된 운송체계를 말한다.

> 「철도산업발전기본법」 제3조 제1호

㉯ "철도운영"은 철도 여객 및 화물 운송, 철도차량의 정비 및 열차의 운행관리 등과 관련된 것을 말한다.

> 「철도산업발전기본법」 제3조 제3호 가목, 나목

㉰ "철도차량"은 선로를 운행할 목적으로 제작된 동력차·객차·화차 및 특수차를 말한다.

> 「철도산업발전기본법」 제3조 제4호

✓ ㉱ "철도시설"은 철도차량을 운행하기 위한 궤도와 이를 받치는 노반 또는 공작물로 구성된 시설을 말한다.

> "선로"라 함은 철도차량을 운행하기 위한 궤도와 이를 받치는 노반 또는 공작물로 구성된 시설을 말한다(「철도산업발전기본법」 제3조 제5호).

법령

「철도산업발전기본법」 제3조(정의)
이 법에서 사용하는 용어의 정의는 다음 각 호와 같다.
1. "철도"라 함은 여객 또는 화물을 운송하는 데 필요한 철도시설과 철도차량 및 이와 관련된 운영·지원체계가 유기적으로 구성된 운송체계를 말한다.
2. "철도시설"이라 함은 다음 각 목의 어느 하나에 해당하는 시설(부지를 포함한다)을 말한다.
   가. 철도의 선로(선로에 부대되는 시설을 포함한다), 역시설(물류시설·환승시설 및 편의시설 등을 포함한다) 및 철도운영을 위한 건축물·건축설비
   나. 선로 및 철도차량을 보수·정비하기 위한 선로보수기지, 차량정비기지 및 차량유치시설
   다. 철도의 전철전력설비, 정보통신설비, 신호 및 열차제어설비
   라. 철도노선 간 또는 다른 교통수단과의 연계운영에 필요한 시설
   마. 철도기술의 개발·시험 및 연구를 위한 시설
   바. 철도경영연수 및 철도전문인력의 교육훈련을 위한 시설
   사. 그 밖에 철도의 건설·유지보수 및 운영을 위한 시설로서 대통령령으로 정하는 시설
3. "철도운영"이라 함은 철도와 관련된 다음 각 목의 어느 하나에 해당하는 것을 말한다.
   가. 철도 여객 및 화물 운송
   나. 철도차량의 정비 및 열차의 운행관리
   다. 철도시설·철도차량 및 철도부지 등을 활용한 부대사업개발 및 서비스
4. "철도차량"이라 함은 선로를 운행할 목적으로 제작된 동력차·객차·화차 및 특수차를 말한다.
5. "선로"라 함은 철도차량을 운행하기 위한 궤도와 이를 받치는 노반 또는 공작물로 구성된 시설을 말한다.
6. "철도시설의 건설"이라 함은 철도시설의 신설과 기존 철도시설의 직선화·전철화·복선화 및 현대화 등 철도시설의 성능 및 기능향상을 위한 철도시설의 개량을 포함한 활동을 말한다.
7. "철도시설의 유지보수"라 함은 기존 철도시설의 현상유지 및 성능향상을 위한 점검·보수·교체·개량 등 일상적인 활동을 말한다.

8. "철도산업"이라 함은 철도운송·철도시설·철도차량 관련산업과 철도기술개발관련산업 그 밖에 철도의 개발·이용·관리와 관련된 산업을 말한다.
9. "철도시설관리자"라 함은 철도시설의 건설 및 관리 등에 관한 업무를 수행하는 자로서 다음 각 목의 어느 하나에 해당하는 자를 말한다.
   가. 제19조에 따른 관리청
   나. 제20조 제3항에 따라 설립된 국가철도공단
   다. 제26조 제1항에 따라 철도시설관리권을 설정받은 자
   라. 가목부터 다목까지의 자로부터 철도시설의 관리를 대행·위임 또는 위탁받은 자
10. "철도운영자"라 함은 제21조 제3항에 따라 설립된 한국철도공사 등 철도운영에 관한 업무를 수행하는 자를 말한다.
11. "공익서비스"라 함은 철도운영자가 영리목적의 영업활동과 관계없이 국가 또는 지방자치단체의 정책이나 공공목적 등을 위하여 제공하는 철도서비스를 말한다.

016 다음 중 교통안전관리자 자격의 종류에 해당하지 않는 것은?

㉮ 도로교통안전관리자

「교통안전법 시행령」 제41조의2 제1호

㉯ 철도교통안전관리자

「교통안전법 시행령」 제41조의2 제2호

㉰ 삭도교통안전관리자

「교통안전법 시행령」 제41조의2 제5호

✔ 해양교통안전관리자

해양교통안전관리자는 교통안전관리자 자격의 종류에 해당하지 않는다.
「교통안전법 시행령」 제41조의2에 따른 교통안전관리자 자격의 종류에는 도로교통안전관리자, 철도교통안전관리자, 항공교통안전관리자, 항만교통안전관리자, 삭도교통안전관리자가 있다.

법령

「교통안전법 시행령」 제41조의2(교통안전관리자 자격의 종류)
법 제53조 제1항에 따른 교통안전관리자 자격의 종류는 다음 각 호와 같다.
1. 도로교통안전관리자
2. 철도교통안전관리자
3. 항공교통안전관리자
4. 항만교통안전관리자
5. 삭도교통안전관리자

017 「철도안전법」상 2년 이하의 징역 또는 2천만 원 이하의 벌금에 처하는 자는?

☑ ㉮ 완성검사를 받지 아니하고 철도차량을 판매한 자

> 완성검사를 받지 아니하고 철도차량을 판매한 자는 2년 이하의 징역 또는 2천만 원 이하의 벌금에 처한다(「철도안전법」 제79조 제3항 제9호).

㉯ 개조승인을 받지 아니하고 철도차량을 임의로 개조하여 운행한 자

> 개조승인을 받지 아니하고 철도차량을 임의로 개조하여 운행한 자는 3년 이하의 징역 또는 3천만 원 이하의 벌금에 처한다(「철도안전법」 제79조 제2항 제3의2호).

㉰ 술을 마시거나 약물을 사용한 상태에서 업무를 한 사람

> 술을 마시거나 약물을 사용한 상태에서 업무를 한 사람은 3년 이하의 징역 또는 3천만 원 이하의 벌금에 처한다(「철도안전법」 제79조 제2항 제5호).

㉱ 운전면허를 받지 아니하고(운전면허가 취소되거나 그 효력이 정지된 경우를 포함) 철도차량을 운전한 사람

> 운전면허를 받지 아니하고(운전면허가 취소되거나 그 효력이 정지된 경우를 포함) 철도차량을 운전한 사람은 1년 이하의 징역 또는 1천만 원 이하의 벌금에 처한다(「철도안전법」 제79조 제4항 제1호).

법령

「철도안전법」 제79조(벌칙)

③ 다음 각 호의 어느 하나에 해당하는 자는 2년 이하의 징역 또는 2천만 원 이하의 벌금에 처한다.
  1. 거짓이나 그 밖의 부정한 방법으로 제7조 제1항에 따른 안전관리체계의 승인을 받은 자
  2. 제8조 제1항을 위반하여 철도운영이나 철도시설의 관리에 중대하고 명백한 지장을 초래한 자
  3. 거짓이나 그 밖의 부정한 방법으로 제15조 제4항, 제16조 제3항, 제21조의6 제3항, 제21조의7 제3항, 제24조의4 제2항, 제38조의13 제1항 또는 제69조 제5항에 따른 지정을 받은 자
  4. 제15조의2(제16조 제5항, 제21조의6 제5항, 제21조의7 제5항, 제24조의4 제5항 또는 제69조 제7항에서 준용하는 경우를 포함한다)에 따른 업무정지 기간 중에 해당 업무를 한 자
  5. 거짓이나 그 밖의 부정한 방법으로 제26조 제1항 또는 제27조 제1항에 따른 형식승인을 받은 자
  6. 제26조 제5항을 위반하여 형식승인을 받지 아니한 철도차량을 운행한 자
  7. 거짓이나 그 밖의 부정한 방법으로 제26조의3 제1항 또는 제27조의2 제1항에 따른 제작자승인을 받은 자
  8. 거짓이나 그 밖의 부정한 방법으로 제26조의3 제3항(제27조의2 제4항에서 준용하는 경우를 포함한다)에 따른 제작자승인의 면제를 받은 자
  9. 제26조의6 제1항을 위반하여 완성검사를 받지 아니하고 철도차량을 판매한 자
  10. 제26조의7 제1항 제5호(제27조의2 제4항에서 준용하는 경우를 포함한다)에 따른 업무정지 기간 중에 철도차량 또는 철도용품을 제작한 자
  11. 제27조 제3항을 위반하여 형식승인을 받지 아니한 철도용품을 철도시설 또는 철도차량 등에 사용한 자
  11의2. 거짓이나 그 밖의 부정한 방법으로 제27조의3에 따라 위탁받은 검사 업무를 수행한 자
  12. 제32조 제1항에 따른 중지명령에 따르지 아니한 자
  13. 제38조 제1항을 위반하여 종합시험운행을 실시하지 아니하거나 실시한 결과를 국토교통부장관에게 보고하지 아니하고 철도노선을 정상운행한 자
  13의2. 제38조의6 제1항을 위반하여 철도차량정비가 되지 않은 철도차량임을 알면서 운행한 자
  13의3. 제38조의6 제3항에 따른 철도차량정비 또는 원상복구 명령에 따르지 아니한 자

13의4. 거짓이나 그 밖의 부정한 방법으로 제38조의7 제1항에 따른 철도차량 정비조직의 인증을 받은 자
13의5. 제38조의10 제1항 제2호에 해당하는 경우로서 고의 또는 중대한 과실로 철도사고 또는 중대한 운행장애를 발생시킨 자
13의6. 제38조의12 제4항을 위반하여 정밀안전진단을 받지 아니하거나 정밀안전진단 결과 또는 정밀안전진단 결과에 대한 평가 결과 계속 사용이 적합하지 아니하다고 인정된 철도차량을 운행한 자
13의7. 제40조 제2항 후단을 위반하여 특별한 사유 없이 열차운행을 중지하지 아니한 자
13의8. 제40조 제4항을 위반하여 철도종사자에게 불이익한 조치를 한 자
14. 삭제
15. 제41조 제2항에 따른 확인 또는 검사에 불응한 자
16. 정당한 사유 없이 제42조 제1항을 위반하여 위해물품을 휴대하거나 적재한 사람
17. 제45조 제1항 및 제2항에 따른 신고를 하지 아니하거나 같은 조 제3항에 따른 명령에 따르지 아니한 자
18. 제47조 제1항 제2호를 위반하여 운행 중 비상정지버튼을 누르거나 승강용 출입문을 여는 행위를 한 사람
19. 제61조의3 제3항을 위반하여 철도안전 자율보고를 한 사람에게 불이익한 조치를 한 자

018 「교통안전법령」상 중대 교통사고자에 대한 교육에 관한 설명으로 적절한 것은?

㉮ 차량의 운전자가 중대 교통사고를 일으킨 경우에는 대통령령으로 정하는 교통안전 체험교육을 받아야 한다.

> 차량의 운전자가 중대 교통사고를 일으킨 경우에는 국토교통부령으로 정하는 교육을 받아야 한다. 이 경우 교육의 내용에는 운전자의 안전운전능력을 효과적으로 향상시킬 수 있는 교통안전 체험교육이 포함되어야 한다(「교통안전법」 제56조의2 제1항).

㉯ "중대 교통사고"란 차량운전자가 교통수단운영자의 차량을 운전하던 중 1건의 교통사고로 사망진단을 받은 피해자가 발생한 사고를 말한다.

> "중대 교통사고"란 차량운전자가 교통수단운영자의 차량을 운전하던 중 1건의 교통사고로 8주 이상의 치료를 요하는 의사의 진단을 받은 피해자가 발생한 사고를 말한다(「교통안전법 시행규칙」 제31조의2 제2항).

✓ 교육의 내용에는 운전자의 안전운전능력을 효과적으로 향상시킬 수 있는 교통안전 체험교육이 포함되어야 한다.

> 차량의 운전자가 중대 교통사고를 일으킨 경우에는 국토교통부령으로 정하는 교육을 받아야 한다. 이 경우 교육의 내용에는 운전자의 안전운전능력을 효과적으로 향상시킬 수 있는 교통안전 체험교육이 포함되어야 한다(「교통안전법」 제56조의2 제1항).

㉰ 교통안전 체험교육을 이수하지 않았을 경우 벌금에 처한다.

> 교통안전 체험교육을 이수하지 않았을 경우 5백만 원 이하의 과태료를 부과한다(「교통안전법」 제65조 제2항 제11호).

019 다음 중 「교통안전법」에 따라 2년 이하의 징역 또는 2천만 원 이하의 벌금에 처하는 경우는?

✅ ㉮ 등록을 하지 아니하고 교통시설안전진단 업무를 수행한 자

> 「교통안전법」 제39조 제1항을 위반하여 등록을 하지 아니하고 교통시설안전진단 업무를 수행한 자는 2년 이하의 징역 또는 2천만 원 이하의 벌금에 처한다(「교통안전법」 제63조 제1호). ⚖️

㉯ 운행기록장치에 기록된 운행기록을 임의로 조작한 자

> 운행기록장치에 기록된 운행기록을 임의로 조작한 자는 1천만 원 이하의 과태료를 부과한다(「교통안전법」 제65조 제1항 제3호).

㉰ 차로이탈경고장치를 장착하지 아니한 자

> 차로이탈경고장치를 장착하지 아니한 자는 1천만 원 이하의 과태료를 부과한다(「교통안전법」 제65조 제1항 제4호).

㉱ 교통시설안전진단을 받지 아니하거나 교통시설안전진단보고서를 거짓으로 제출한 자

> 교통시설안전진단을 받지 아니하거나 교통시설안전진단보고서를 거짓으로 제출한 자는 1천만 원 이하의 과태료를 부과한다(「교통안전법」 제65조 제1항 제2호).

법령 ⚖️

「교통안전법」 제63조(벌칙)
다음 각 호의 어느 하나에 해당하는 자는 2년 이하의 징역 또는 2천만 원 이하의 벌금에 처한다.
1. 등록을 하지 아니하고 교통시설안전진단 업무를 수행한 자
2. 거짓이나 그 밖의 부정한 방법으로 등록을 한 자
3. 타인에게 자기의 명칭 또는 상호를 사용하게 하거나 교통안전진단기관등록증을 대여한 자 및 교통안전진단기관의 명칭 또는 상호를 사용하거나 교통안전진단기관등록증을 대여받은 자
4. 영업정지처분을 받고 그 영업정지 기간 중에 새로이 교통시설안전진단 업무를 수행한 자
5. 직무상 알게 된 비밀을 타인에게 누설하거나 직무상 목적 외에 이를 사용한 자

---

020 「교통안전법령」상 교통사고와 관련된 자료·통계 또는 정보를 보관·관리하는 자는 교통사고가 발생한 날부터 몇 년간 이를 보관·관리하여야 하는가?

㉮ 1년간
㉯ 3년간
✅ ㉰ 5년간
㉱ 10년간

> 교통사고와 관련된 자료·통계 또는 정보(이하 "교통사고 관련자료등"이라 한다)를 보관·관리하는 자는 교통사고가 발생한 날부터 5년간 이를 보관·관리하여야 한다(「교통안전법 시행령」 제38조 제1항).

021 「철도안전법」상 철도차량 운전면허시험에 관한 설명 중 빈칸에 적절한 단어가 순서대로 나열된 것은?

> 필기시험에 합격한 사람에 대해서는 필기시험에 합격한 날부터 (㉠)이 되는 날이 속하는 해의 (㉡)까지 실시하는 운전면허시험에 있어 필기시험의 합격을 유효한 것으로 본다.

㉮ ㉠ 1년, ㉡ 12월 31일
㉯ ㉠ 1년, ㉡ 1월 1일
✓ ㉠ 2년, ㉡ 12월 31일
㉱ ㉠ 2년, ㉡ 1월 1일

> 필기시험에 합격한 사람에 대해서는 필기시험에 합격한 날부터 <u>2년</u>이 되는 날이 속하는 해의 <u>12월 31일</u>까지 실시하는 운전면허시험에 있어 필기시험의 합격을 유효한 것으로 본다(「철도안전법 시행규칙」 제24조 제3항).

022 「철도산업발전기본법령」에 따른 철도자산처리계획에 포함되는 사항이 아닌 것은?

㉮ 철도자산의 개요 및 현황에 관한 사항
> 「철도산업발전기본법 시행령」 제29조 제1호 ⚖

㉯ 철도자산의 처리방향에 관한 사항
> 「철도산업발전기본법 시행령」 제29조 제2호 ⚖

㉰ 철도자산의 구분기준에 관한 사항
> 「철도산업발전기본법 시행령」 제29조 제3호 ⚖

✓ 철도자산의 위탁업무에 대한 관리 및 감독에 관한 사항
> 철도자산의 위탁업무에 대한 관리 및 감독에 관한 사항은 「철도산업발전기본법 시행령」 제29조 따른 철도자산처리계획에 포함되지 않는다.

법령 ⚖

「철도산업발전기본법 시행령」 제29조(철도자산처리계획의 내용)
법 제23조 제1항의 규정에 의한 철도자산처리계획에는 다음 각 호의 사항이 포함되어야 한다.
1. <u>철도자산의 개요 및 현황에 관한 사항</u>
2. <u>철도자산의 처리방향에 관한 사항</u>
3. <u>철도자산의 구분기준에 관한 사항</u>
4. 철도자산의 인계·이관 및 출자에 관한 사항
5. 철도자산처리의 추진일정에 관한 사항
6. 그 밖에 국토교통부장관이 철도자산의 처리를 위하여 필요하다고 인정하는 사항

023 다음 중 교통안전담당자의 직무에 해당하지 않는 사항은?

㉮ 교통시설의 운영·관리와 관련된 안전점검의 지도

> 「교통안전법 시행령」 제44조의2 제1항 제2호 ⚖

㉯ 교통사고 원인 조사·분석 및 기록 유지

> 「교통안전법 시행령」 제44조의2 제1항 제5호 ⚖

✅ 교통안전 관련 시설 및 장비의 설치 또는 보완

> 교통안전 관련 시설 및 장비의 설치 또는 보완은 교통안전담당자의 직무가 아닌 필요시 교통시설설치·관리자 등에게 요청해야 할 사항이다(「교통안전법 시행령」 제44조의2 제3항 제4조). ⚖

㉰ 운전자의 운행 중 근무상태 파악 및 교통안전 교육·훈련의 실시

> 「교통안전법 시행령」 제44조의2 제1항 제4호 ⚖

법령 ⚖

「교통안전법 시행령」 제44조의2(교통안전담당자의 직무)

① 교통안전담당자의 직무는 다음 각 호와 같다.
  1. 교통안전관리규정의 시행 및 그 기록의 작성·보존
  2. 교통수단의 운행·운항 또는 항행(이하 이 조에서 "운행 등"이라 한다) 또는 교통시설의 운영·관리와 관련된 안전점검의 지도·감독
  3. 교통시설의 조건 및 기상조건에 따른 안전 운행 등에 필요한 조치
  4. 법 제24조 제1항에 따른 운전자 등(이하 "운전자 등"이라 한다)의 운행 등 중 근무상태 파악 및 교통안전 교육·훈련의 실시
  5. 교통사고 원인 조사·분석 및 기록 유지
  6. 운행기록장치 및 차로이탈경고장치 등의 점검 및 관리
② 삭제
③ 교통안전담당자는 교통안전을 위해 필요하다고 인정하는 경우에는 다음 각 호의 조치를 교통시설설치·관리자 등에게 요청해야 한다. 다만, 교통안전담당자가 교통시설설치·관리자 등에게 필요한 조치를 요청할 시간적 여유가 없는 경우에는 직접 필요한 조치를 하고, 이를 교통시설설치·관리자 등에게 보고해야 한다.
  1. 국토교통부령으로 정하는 교통수단의 운행 등의 계획 변경
  2. 교통수단의 정비
  3. 운전자 등의 승무계획 변경
  4. 교통안전 관련 시설 및 장비의 설치 또는 보완
  5. 교통안전을 해치는 행위를 한 운전자 등에 대한 징계 건의

024 「철도산업발전기본법」상 철도산업의 육성과 관련한 설명 중 적절하지 않은 것은?

✔ ㉮ 국가는 철도시설 투자를 추진하는 경우 경제적 편익을 고려하여야 한다.

> 국가는 철도시설 투자를 추진하는 경우 사회적·환경적 편익을 고려하여야 한다(「철도산업발전기본법」 제7조 제1항).

㉯ 국가는 각종 국가계획에 철도시설 투자의 목표치와 투자계획을 반영하여야 한다.

> 국가는 각종 국가계획에 철도시설 투자의 목표치와 투자계획을 반영하여야 하며, 매년 교통시설 투자예산에서 철도시설 투자예산의 비율이 지속적으로 높아지도록 노력하여야 한다(「철도산업발전기본법」 제7조 제2항).

㉰ 국가 및 지방자치단체는 철도산업의 육성·발전을 촉진하기 위하여 철도산업에 대한 재정·금융·세제·행정상의 지원을 할 수 있다.

> 「철도산업발전기본법」 제8조

㉱ 국토교통부장관은 철도산업에 종사하는 자의 자질향상과 새로운 철도기술 및 그 운영기법의 향상을 위한 교육·훈련방안을 마련하여야 한다.

> 「철도산업발전기본법」 제9조 제1항

025 「철도산업발전기본법령」상 철도산업위원회에 관한 설명으로 옳은 것은?

㉮ 위원회는 위원장을 포함한 30인 이내의 위원으로 구성한다.

> 위원회는 위원장을 포함한 25인 이내의 위원으로 구성한다(「철도산업발전기본법」 제6조 제3항).

㉯ 위원회에 상정할 안건을 미리 검토하고 위원회가 위임한 안건을 심의하기 위하여 위원회에 실무위원회를 둔다.

> 위원회에 상정할 안건을 미리 검토하고 위원회가 위임한 안건을 심의하기 위하여 위원회에 분과위원회를 둔다(「철도산업발전기본법」 제6조 제4항).

✔ ㉰ 철도산업에 관한 기본계획 및 중요정책 등을 심의·조정하기 위하여 국토교통부에 철도산업위원회를 둔다.

> 「철도산업발전기본법」 제6조 제1항

㉱ 위원회 및 분과위원회의 구성·기능 및 운영에 관하여 필요한 사항은 국토교통부령으로 정한다.

> 위원회 및 분과위원회의 구성·기능 및 운영에 관하여 필요한 사항은 대통령령으로 정한다(「철도산업발전기본법」 제6조 제5항).

026
「철도산업발전기본법」에 따르면 국토교통부장관은 철도산업의 육성과 발전을 촉진하기 위하여 철도산업발전기본계획을 수립하여 시행하여야 한다. 이때 수립주기로 옳은 것은?

㉮ 1년 단위
㉯ 3년 단위
✓ 5년 단위
㉰ 10년 단위

> 국토교통부장관은 철도산업의 육성과 발전을 촉진하기 위하여 <u>5년 단위</u>로 철도산업발전기본계획(이하 "기본계획"이라 한다)을 수립하여 시행하여야 한다(「철도산업발전기본법」 제5조 제1항).

027
다음 중 국가교통안전기본계획에 포함되는 사항으로 적절한 것은?

✓ ㉮ 부문별 교통사고의 발생현황과 원인의 분석

> 국가교통안전기본계획에는 육상교통·해상교통·항공교통 등 <u>부문별 교통사고의 발생현황과 원인의 분석이 포함된다</u>(「교통안전법」 제15조 제2항 제2호). ⚖️

㉯ 부문별·기관별·월별 세부 추진계획 및 투자계획

> 부문별·기관별·<u>연차별</u> 세부 추진계획 및 투자계획이 포함된다(「교통안전법」 제15조 제2항 제7호). ⚖️

㉰ 교통안전에 관한 단기 종합정책방향

> 교통안전에 관한 <u>중·장기</u> 종합정책방향이 포함된다(「교통안전법」 제15조 제2항 제1호). ⚖️

㉱ 교통수단·교통시설별 교통사고 향상목표

> 교통수단·교통시설별 교통사고 <u>감소목표</u>가 포함된다(「교통안전법」 제15조 제2항 제3호). ⚖️

법령 ⚖️

「교통안전법」 제15조(국가교통안전기본계획)
② 국가교통안전기본계획에는 다음 각 호의 사항이 포함되어야 한다.
1. <u>교통안전에 관한 중·장기 종합정책방향</u>
2. 육상교통·해상교통·항공교통 등 <u>부문별 교통사고의 발생현황과 원인의 분석</u>
3. <u>교통수단·교통시설별 교통사고 감소목표</u>
4. 교통안전지식의 보급 및 교통문화 향상목표
5. 교통안전정책의 추진성과에 대한 분석·평가
6. 교통안전정책의 목표달성을 위한 부문별 추진전략
6의2. 고령자, 어린이 등「교통약자의 이동편의 증진법」제2조 제1호에 따른 교통약자의 교통사고 예방에 관한 사항
7. <u>부문별·기관별·연차별 세부 추진계획 및 투자계획</u>
8. 교통안전표지·교통관제시설·항행안전시설 등 교통안전시설의 정비·확충에 관한 계획
9. 교통안전 전문인력의 양성
10. 교통안전과 관련된 투자사업계획 및 우선순위
11. 지정행정기관별 교통안전대책에 대한 연계와 집행력 보완방안
12. 그 밖에 교통안전수준의 향상을 위한 교통안전시책에 관한 사항

028 「철도산업발전기본법」상 비상사태 시 처분과 관련한 설명으로 적절하지 않은 것은?

㉮ 국토교통부장관은 비상사태로 인해 철도서비스에 철도서비스에 중대한 차질이 발생하거나 발생할 우려가 있다고 인정하는 경우에는 필요한 조치를 할 수 있다.

> 「철도산업발전기본법」 제36조 제1항 ⚖

㉯ 비상사태 시 조치사항에는 지역별·노선별·수송대상별 수송 우선순위 부여 등 수송통제, 철도시설·철도차량 또는 설비의 가동 및 조업 등이 있다.

> 「철도산업발전기본법」 제36조 제1항 제1호·제2호 ⚖

㉰ 국토교통부장관은 조치의 시행을 위하여 관계행정기관의 장에게 필요한 협조를 요청할 수 있으며, 관계행정기관의 장은 이에 협조하여야 한다.

> 「철도산업발전기본법」 제36조 제2항 ⚖

✅ 국토교통부장관은 조치를 한 사유가 소멸되었다고 인정하는 때에는 관계행정기관의 장의 동의를 얻어 이를 해제할 수 있다.

> 국토교통부장관은 조치를 한 사유가 소멸되었다고 인정하는 때에는 지체 없이 이를 해제하여야 한다(「철도산업발전기본법」 제36조 제3항).

법령 ⚖

「철도산업발전기본법」 제36조(비상사태 시 처분)

① 국토교통부장관은 천재·지변·전시·사변, 철도교통의 심각한 장애 그 밖에 이에 준하는 사태의 발생으로 인하여 철도서비스에 중대한 차질이 발생하거나 발생할 우려가 있다고 인정하는 경우에는 필요한 범위 안에서 철도시설관리자·철도운영자 또는 철도이용자에게 다음 각 호의 사항에 관한 조정·명령 그 밖의 필요한 조치를 할 수 있다.
 1. 지역별·노선별·수송대상별 수송 우선순위 부여 등 수송통제
 2. 철도시설·철도차량 또는 설비의 가동 및 조업
 3. 대체수송수단 및 수송로의 확보
 4. 임시열차의 편성 및 운행
 5. 철도서비스 인력의 투입
 6. 철도이용의 제한 또는 금지
 7. 그 밖에 철도서비스의 수급안정을 위하여 대통령령으로 정하는 사항
② 국토교통부장관은 제1항에 따른 조치의 시행을 위하여 관계행정기관의 장에게 필요한 협조를 요청할 수 있으며, 관계행정기관의 장은 이에 협조하여야 한다.
③ 국토교통부장관은 제1항에 따른 조치를 한 사유가 소멸되었다고 인정하는 때에는 지체없이 이를 해제하여야 한다.

029

다음 중 「교통안전법」 제2조 제4호에 따른 '교통사업자'에 해당하는 자를 모두 고르면?

> ㄱ. 교통운전자
> ㄴ. 화물자동차운수사업자
> ㄷ. 교통수단 제조사업자
> ㄹ. 교통사고관리자
> ㅁ. 해운업자

㉮ ㄱ, ㄴ, ㄷ
㉯ ㄱ, ㄷ, ㄹ
✓ ㉰ ㄴ, ㄷ, ㅁ
㉱ ㄴ, ㄹ, ㅁ

교통사업자에 해당하는 자는 ㄴ. 화물자동차운수사업자, ㄷ. 교통수단 제조사업자, ㅁ. 해운업자이며, ㄱ. 교통운전자, ㄹ. 교통사고관리자는 「교통안전법」상 교통사업자에 포함되지 않는다.

법령

「교통안전법」 제2조(정의)

4. "교통사업자"라 함은 교통수단·교통시설 또는 교통체계를 운행·운항·설치·관리 또는 운영 등을 하는 자로서 다음 각 목의 어느 하나에 해당하는 자를 말한다.
   가. 여객자동차운수사업자, 화물자동차운수사업자, 철도사업자, 항공운송사업자, 해운업자 등 교통수단을 이용하여 운송 관련 사업을 영위하는 자(이하 "교통수단운영자"라 한다)
   나. 교통시설을 설치·관리 또는 운영하는 자(이하 "교통시설설치·관리자"라 한다)
   다. 교통수단운영자 및 교통시설설치·관리자 외에 교통수단 제조사업자, 교통관련 교육·연구·조사기관 등 교통수단·교통시설 또는 교통체계와 관련된 영리적·비영리적 활동을 수행하는 자

030

「철도안전법령」에 따른 정거장의 용도에 해당하지 않는 것은?

㉮ 여객의 승하차
✓ ㉯ 여객의 대피
㉰ 화물의 적하
㉱ 열차의 조성

"정거장"이란 여객의 승하차(여객 이용시설 및 편의시설을 포함한다), 화물의 적하(積荷), 열차의 조성(組成 : 철도차량을 연결하거나 분리하는 작업을 말한다), 열차의 교차통행 또는 대피를 목적으로 사용되는 장소를 말한다(「철도안전법 시행령」 제2조 제1호).

031

「철도안전법령」상 철도시설관리자가 종합시험운행을 실시하기 전에 종합시험운행계획에 포함시켜야 하는 사항을 모두 고른 것은?

ㄱ. 종합시험운행의 시행비용
ㄴ. 종합시험운행의 방법 및 절차
ㄷ. 종합시험운행의 일정
ㄹ. 종합시험운행의 실시 조직 및 소요인원

㉮ ㄱ, ㄴ, ㄷ
㉯ ㄱ, ㄷ, ㄹ
㉰ ㄱ, ㄴ, ㄹ
✓㉱ ㄴ, ㄷ, ㄹ

ㄱ. (×)
ㄴ. (○) 「철도안전법 시행규칙」 제75조 제3항 제1호 ⚖
ㄷ. (○) 「철도안전법 시행규칙」 제75조 제3항 제3호 ⚖
ㄹ. (○) 「철도안전법 시행규칙」 제75조 제3항 제4호 ⚖

법령 ⚖

「철도안전법 시행규칙」 제75조(종합시험운행의 시기·절차 등)
③ 철도시설관리자는 종합시험운행을 실시하기 전에 철도운영자와 협의하여 다음 각 호의 사항이 포함된 종합시험운행계획을 수립하여야 한다.
 1. <u>종합시험운행의 방법 및 절차</u>
 2. 평가항목 및 평가기준 등
 3. <u>종합시험운행의 일정</u>
 4. <u>종합시험운행의 실시 조직 및 소요인원</u>
 5. 종합시험운행에 사용되는 시험기기 및 장비
 6. 종합시험운행을 실시하는 사람에 대한 교육훈련계획
 7. 안전관리조직 및 안전관리계획
 8. 비상대응계획
 9. 그 밖에 종합시험운행의 효율적인 실시와 안전 확보를 위하여 필요한 사항

032

「철도산업발전기본법」상 철도운영에 관한 설명 중 빈칸에 들어갈 단어로 옳은 것은?

철도산업의 구조개혁을 추진하는 경우 철도운영 관련사업은 시장경제원리에 따라 (   )이/가 영위하는 것을 원칙으로 한다.

㉮ 국가
✓㉯ 국가 외의 자
㉰ 국토교통부장관
㉱ 한국철도공사

철도산업의 구조개혁을 추진하는 경우 철도운영 관련사업은 시장경제원리에 따라 <u>국가 외의 자</u>가 영위하는 것을 원칙으로 한다(「철도산업발전기본법」 제21조 제1항).

033 다음 중 교통안전담당자가 교통시설설치·관리자 등에게 필요한 조치를 요청할 시간적 여유가 없는 경우 직접 필요한 조치를 하고, 이를 교통시설설치·관리자 등에게 보고해야 하는 것과 관련이 없는 것은?

㉮ 운전자 등의 승무계획 변경

> 「교통안전법 시행령」 제44조의2 제3항 제3호

✓ ㉯ 교통사고 원인 조사·분석 및 기록 유지

> 교통사고 원인 조사·분석 및 기록 유지 교통안전담당자의 직무사항에 해당한다(「교통안전법 시행령」 제44조의2 제1항 제5호).

㉰ 국토교통부령으로 정하는 교통수단의 운행 등의 계획 변경

> 「교통안전법 시행령」 제44조의2 제3항 제1호

㉱ 교통안전을 해치는 행위를 한 운전자 등에 대한 징계 건의

> 「교통안전법 시행령」 제44조의2 제3항 제5호

법령

「교통안전법 시행령」 제44조의2(교통안전담당자의 직무)

① 교통안전담당자의 직무는 다음 각 호와 같다.
  1. 교통안전관리규정의 시행 및 그 기록의 작성·보존
  2. 교통수단의 운행·운항 또는 항행(이하 이 조에서 "운행 등"이라 한다) 또는 교통시설의 운영·관리와 관련된 안전점검의 지도·감독
  3. 교통시설의 조건 및 기상조건에 따른 안전 운행 등에 필요한 조치
  4. 법 제24조 제1항에 따른 운전자 등(이하 "운전자 등"이라 한다)의 운행 등 중 근무상태 파악 및 교통안전 교육·훈련의 실시
  5. 교통사고 원인 조사·분석 및 기록 유지
  6. 운행기록장치 및 차로이탈경고장치 등의 점검 및 관리
② 삭제
③ 교통안전담당자는 교통안전을 위해 필요하다고 인정하는 경우에는 다음 각 호의 조치를 교통시설설치·관리자 등에게 요청해야 한다. 다만, 교통안전담당자가 교통시설설치·관리자 등에게 필요한 조치를 요청할 시간적 여유가 없는 경우에는 직접 필요한 조치를 하고, 이를 교통시설설치·관리자 등에게 보고해야 한다.
  1. 국토교통부령으로 정하는 교통수단의 운행 등의 계획 변경
  2. 교통수단의 정비
  3. 운전자 등의 승무계획 변경
  4. 교통안전 관련 시설 및 장비의 설치 또는 보완
  5. 교통안전을 해치는 행위를 한 운전자 등에 대한 징계 건의

034 「철도안전법령」상 과징금의 부과 및 납부에 관한 설명으로 적절하지 않은 것은?

㉮ 국토교통부장관은 과징금을 부과할 때에는 그 위반행위의 종류와 해당 과징금의 금액을 명시하여 이를 납부할 것을 서면으로 통지하여야 한다.

> 「철도안전법 시행령」 제7조 제1항

㉯ 통지를 받은 자는 통지를 받은 날부터 20일 이내에 국토교통부장관이 정하는 수납기관에 과징금을 내야 한다.

> 「철도안전법 시행령」 제7조 제2항

㉰ 과징금을 받은 수납기관은 그 과징금을 낸 자에게 영수증을 내주어야 한다.

> 「철도안전법 시행령」 제7조 제3항

✓ 국토교통부장관은 과징금을 받으면 지체 없이 그 사실을 과징금의 수납기관에 통보하여야 한다.

> 과징금의 수납기관은 과징금을 받으면 지체 없이 그 사실을 국토교통부장관에게 통보하여야 한다(「철도안전법 시행령」 제7조 제4항).

035 「철도안전법」상 철도차량의 제작자승인에 관한 설명 중 빈칸에 적절한 제작자승인의 승인권자는?

> 형식승인을 받은 철도차량을 제작하려는 자는 국토교통부령으로 정하는 바에 따라 철도차량의 제작을 위한 인력, 설비, 장비, 기술 및 제작검사 등 철도차량의 적합한 제작을 위한 유기적 체계를 갖추고 있는지에 대하여 (   )의 제작자승인을 받아야 한다.

㉮ 시·도지사
✓ 국토교통부장관
㉰ 지방행정기관의 장
㉱ 철도기술심의위원회

> 형식승인을 받은 철도차량을 제작(외국에서 대한민국에 수출할 목적으로 제작하는 경우를 포함한다)하려는 자는 국토교통부령으로 정하는 바에 따라 철도차량의 제작을 위한 인력, 설비, 장비, 기술 및 제작검사 등 철도차량의 적합한 제작을 위한 유기적 체계(이하 "철도차량 품질관리체계"라 한다)를 갖추고 있는지에 대하여 국토교통부장관의 제작자승인을 받아야 한다(「철도안전법」 제26조의3 제1항).

036 다음은 「철도안전법」상 위험물의 운송위탁 및 운송 금지와 관련한 내용이다. 이때 대통령령으로 정하는 위험물에 해당하지 않는 것은?

> 누구든지 점화류(點火類) 또는 점폭약류(點爆藥類)를 붙인 폭약, 니트로글리세린, 건조한 기폭약(起爆藥), 뇌홍질화연(雷汞窒化鉛)에 속하는 것 등 '대통령령으로 정하는 위험물'의 운송을 위탁할 수 없으며, 철도운영자는 이를 철도로 운송할 수 없다.

✅ ㉮ 건조하지 않은 기폭약

건조한 기폭약이 대통령령으로 정하는 위험물에 해당한다(「철도안전법 시행령」 제44조 제3호). ⚖️

㉯ 니트로글리세린

「철도안전법 시행령」 제44조 제2호 ⚖️

㉰ 뇌홍질화연에 속하는 것

「철도안전법 시행령」 제44조 제4호 ⚖️

㉱ 점화 또는 점폭약류를 붙인 폭약

「철도안전법 시행령」 제44조 제1호 ⚖️

법령 ⚖️

「철도안전법」 제43조(위험물의 운송위탁 및 운송 금지)
누구든지 점화류(點火類) 또는 점폭약류(點爆藥類)를 붙인 폭약, 니트로글리세린, 건조한 기폭약(起爆藥), 뇌홍질화연(雷汞窒化鉛)에 속하는 것 등 대통령령으로 정하는 위험물의 운송을 위탁할 수 없으며, 철도운영자는 이를 철도로 운송할 수 없다.

「철도안전법 시행령」 제44조(운송위탁 및 운송 금지 위험물 등)
법 제43조에서 "점화류(點火類) 또는 점폭약류(點爆藥類)를 붙인 폭약, 니트로글리세린, 건조한 기폭약(起爆藥), 뇌홍질화연(雷汞窒化鉛)에 속하는 것 등 대통령령으로 정하는 위험물"이란 다음 각 호의 위험물을 말한다.
1. 점화 또는 점폭약류를 붙인 폭약
2. 니트로글리세린
3. 건조한 기폭약
4. 뇌홍질화연에 속하는 것
5. 그 밖에 사람에게 위해를 주거나 물건에 손상을 줄 수 있는 물질로서 국토교통부장관이 정하여 고시하는 위험물

037 다음 중 철도산업정보화기본계획에 포함되지 않는 사항은?

㉮ 철도산업정보화의 여건 및 전망

> 「철도산업발전기본법 시행령」 제15조 제1항 제1호

✔ **철도안전 종합계획의 추진 목표 및 방향**

> 철도안전 종합계획의 추진 목표 및 방향은 「철도산업발전기본법 시행령」 제15조 제1항에 따른 철도산업정보화기본계획에 포함되지 않는다.

㉰ 철도산업정보의 수집 및 조사계획

> 「철도산업발전기본법 시행령」 제15조 제1항 제4호

㉱ 철도산업정보의 유통 및 이용활성화에 관한 사항

> 「철도산업발전기본법 시행령」 제15조 제1항 제5호

법령

「철도산업발전기본법 시행령」 제15조(철도산업정보화기본계획의 내용 등)
① 법 제12조 제1항의 규정에 의한 철도산업정보화기본계획에는 다음 각 호의 사항이 포함되어야 한다.
1. 철도산업정보화의 여건 및 전망
2. 철도산업정보화의 목표 및 단계별 추진계획
3. 철도산업정보화에 필요한 비용
4. 철도산업정보의 수집 및 조사계획
5. 철도산업정보의 유통 및 이용활성화에 관한 사항
6. 철도산업정보화와 관련된 기술개발의 지원에 관한 사항
7. 그 밖에 국토교통부장관이 필요하다고 인정하는 사항

---

038 「철도안전법」상 철도차량 정밀안전진단을 받아야 하는 대상은?

㉮ 철도운영자 ✔ 철도차량 소유자
㉰ 철도시설관리자 ㉱ 국토교통부장관

> 철도차량을 소유하거나 운영하는 자는 철도차량이 제작된 시점부터 국토교통부령으로 정하는 일정기간 또는 일정주행거리가 지나 노후된 철도차량을 운행하려는 경우 일정기간마다 물리적 사용가능 여부 및 안전성능 등에 대한 진단(이하 "정밀안전진단"이라 한다)을 받아야 한다(「철도안전법」 제38조의12 제1항).

039 「교통안전법령」상 지역교통안전기본계획과 관련한 설명으로 옳은 것은?

㉮ 시·도지사는 국가교통안전기본계획에 따라 시·도의 교통안전에 관한 기본계획을 3년 단위로 수립하여야 한다.

> 시·도지사는 국가교통안전기본계획에 따라 시·도의 교통안전에 관한 기본계획을 <u>5년 단위</u>로 수립하여야 한다(「교통안전법」 제17조 제1항 전단). ⚖[2]

㉯ 시장·군수·구청장은 시·도교통안전기본계획에 따라 시·군·구의 교통안전에 관한 기본계획을 3년 단위로 수립하여야 한다.

> 시장·군수·구청장은 시·도교통안전기본계획에 따라 시·군·구의 교통안전에 관한 기본계획을 <u>5년 단위</u>로 수립하여야 한다(「교통안전법」 제17조 제1항 후단). ⚖[2]

✅ 지역교통안전기본계획에는 해당 지역의 육상교통안전에 관한 중·장기 종합정책방향이 포함되어야 한다.

> 「교통안전법 시행령」 제13조 제1항 제1호 ⚖[1]

㉱ 지역교통안전기본계획을 확정한 때에는 확정한 날부터 15일 이내에 시·도지사는 국토교통부장관에게 이를 제출하고, 시장·군수·구청장은 시·도지사에게 이를 제출하여야 한다.

> 지역교통안전기본계획을 확정한 때에는 확정한 날부터 <u>20일 이내</u>에 시·도지사는 국토교통부장관에게 이를 제출하고, 시장·군수·구청장은 시·도지사에게 이를 제출하여야 한다(「교통안전법 시행령」 제13조 제3항). ⚖[1]

법령 ⚖[1]

「교통안전법 시행규칙」 제13조(지역교통안전기본계획의 수립)

① 법 제17조 제1항에 따른 시·도의 교통안전에 관한 기본계획(이하 "시·도교통안전기본계획"이라 한다) 또는 시·군·구의 교통안전에 관한 기본계획(이하 "시·군·구교통안전기본계획"이라 한다)에는 각각 다음 각 호의 사항이 포함되어야 한다.
  1. 해당 지역의 육상교통안전에 관한 중·장기 종합정책방향
  2. 그 밖에 육상교통안전수준을 향상하기 위한 교통안전시책에 관한 사항
② 법 제17조 제3항에 따라 시·도지사 및 시장·군수·구청장(이하 "시·도지사 등"이라 한다)은 각각 계획연도 시작 전년도 10월 말까지 시·도교통안전기본계획 또는 시·군·구교통안전기본계획(이하 "지역교통안전기본계획"이라 한다)을 확정하여야 한다.
③ 시·도지사 등은 제2항에 따라 <u>지역교통안전기본계획을 확정한 때에는 확정한 날부터 20일 이내에 시·도지사는 국토교통부장관에게 이를 제출하고, 시장·군수·구청장은 시·도지사에게 이를 제출하여야 한다.</u>

법령 ⚖[2]

교통안전법 제17조(지역교통안전기본계획)

① 시·도지사는 국가교통안전기본계획에 따라 시·도의 교통안전에 관한 기본계획(이하 "시·도교통안전기본계획"이라 한다)을 <u>5년 단위로</u> 수립하여야 하며, 시장·군수·구청장은 시·도교통안전기본계획에 따라 시·군·구의 교통안전에 관한 기본계획(이하 "시·군·구교통안전기본계획"이라 한다)을 <u>5년 단위</u>로 수립하여야 한다.

040 「철도안전법」상 국토교통부장관이 철도차량정비기술자의 인정을 취소하는 경우를 모두 고르면?

> ㄱ. 거짓이나 그 밖의 부정한 방법으로 철도차량정비기술자로 인정받은 경우
> ㄴ. 철도차량정비기술자 자격기준에 해당하지 아니하게 된 경우
> ㄷ. 철도차량정비 업무 수행 중 고의로 철도사고의 원인을 제공한 경우

㉮ ㄱ
㉯ ㄴ
㉰ ㄱ, ㄷ
✔ ㉱ ㄱ, ㄴ, ㄷ

ㄱ~ㄷ 모두 철도차량정비기술자의 인정을 취소하는 경우에 해당한다(「철도안전법」제24조의5 제1항).

법령

「철도안전법」 제24조의5(철도차량정비기술자의 인정취소 등)
① 국토교통부장관은 철도차량정비기술자가 다음 각 호의 어느 하나에 해당하는 경우 그 인정을 취소하여야 한다.
  1. 거짓이나 그 밖의 부정한 방법으로 철도차량정비기술자로 인정받은 경우
  2. 제24조의2 제2항에 따른 자격기준에 해당하지 아니하게 된 경우

> **「철도안전법」 제24조의2(철도차량정비기술자의 인정 등)**
> ① 철도차량정비기술자로 인정을 받으려는 사람은 국토교통부장관에게 자격 인정을 신청하여야 한다.
> ② 국토교통부장관은 제1항에 따른 신청인이 대통령령으로 정하는 자격, 경력 및 학력 등 철도차량정비기술자의 인정 기준에 해당하는 경우에는 철도차량정비기술자로 인정하여야 한다.

  3. 철도차량정비 업무 수행 중 고의로 철도사고의 원인을 제공한 경우
② 국토교통부장관은 철도차량정비기술자가 다음 각 호의 어느 하나에 해당하는 경우 1년의 범위에서 철도차량정비기술자의 인정을 정지시킬 수 있다.
  1. 다른 사람에게 철도차량정비경력증을 빌려 준 경우
  2. 철도차량정비 업무 수행 중 중과실로 철도사고의 원인을 제공한 경우

041 다음 중 「교통안전법령」에 따른 운행기록 분석결과의 활용이 가능한 분야는?

㉮ 교통수단관리자의 교육·훈련
㉯ 차량운전자의 접수·등록
✔ ㉰ 자동차의 운행관리
㉱ 과태료 부과 시 일반기준

운행기록의 분석 결과는 자동차의 운행관리, 차량운전자에 대한 교육·훈련, 교통수단운영자의 교통안전관리, 운행계통 및 운행경로 개선의 자동차·운전자·교통수단운영자에 대한 교통안전 업무 등에 활용되어야 한다(「교통안전법 시행규칙」제30조 제5항).

042

다음은 「철도산업발전기본법령」에 따른 업무절차서의 교환 등에 관한 설명이다. 빈칸에 들어갈 단어로 적절한 것은?

> 철도시설관리자와 철도운영자는 철도시설관리와 철도운영에 있어 상호협력이 필요한 분야에 대하여 ( )을/를 작성하여 정기적으로 이를 교환하고, 이를 변경한 때에는 즉시 통보하여야 한다.

- ✓ ㉮ 업무절차서
- ㉯ 선로배분지침
- ㉰ 운영세칙
- ㉱ 철도산업구조개혁기본계획

철도시설관리자와 철도운영자는 철도시설관리와 철도운영에 있어 상호협력이 필요한 분야에 대하여 업무절차서를 작성하여 정기적으로 이를 교환하고, 이를 변경한 때에는 즉시 통보하여야 한다(「철도산업발전기본법 시행령」 제23조 제1항).

법령

「철도산업발전기본법」 제23조(업무절차서의 교환 등)
① 철도시설관리자와 철도운영자는 법 제17조 제2항의 규정에 의하여 철도시설관리와 철도운영에 있어 상호협력이 필요한 분야에 대하여 업무절차서를 작성하여 정기적으로 이를 교환하고, 이를 변경한 때에는 즉시 통보하여야 한다.
② 철도시설관리자와 철도운영자는 상호협력이 필요한 분야에 대하여 정기적으로 합동점검을 하여야 한다.

043

「철도산업발전기본법」상 철도시설관리권에 관한 설명으로 옳은 것은?

㉮ 철도시설관리권은 채권으로 본다.

철도시설관리권은 이를 물권으로 보며, 이 법에 특별한 규정이 있는 경우를 제외하고는 민법중 부동산에 관한 규정을 준용한다(「철도산업발전기본법」 제27조).

㉯ 철도시설관리자는 철도시설관리권을 설정할 수 있다.

국토교통부장관은 철도시설을 관리하고 그 철도시설을 사용하거나 이용하는 자로부터 사용료를 징수할 수 있는 권리(이하 "철도시설관리권"이라 한다)를 설정할 수 있다(「철도산업발전기본법」 제26조 제1항).

㉰ 철도시설관리권은 「민법」 중 동산에 관한 규정을 준용한다.

철도시설관리권은 이를 물권으로 보며, 이 법에 특별한 규정이 있는 경우를 제외하고는 「민법」 중 부동산에 관한 규정을 준용한다(「철도산업발전기본법」 제27조).

✓ ㉱ 철도시설관리권의 설정을 받은 자는 대통령령으로 정하는 바에 따라 국토교통부장관에게 등록하여야 한다.

「철도산업발전기본법」 제26조 제2항

044 「철도안전법령」상 국토교통부장관이 행하는 관제업무의 내용이 아닌 것은?

㉮ 철도차량의 운행에 대한 집중 제어·통제 및 감시

> 「철도안전법 시행규칙」 제76조 제2항 제1호

㉯ 철도시설의 운용상태 등 철도차량의 운행과 관련된 조언과 정보의 제공 업무

> 「철도안전법 시행규칙」 제76조 제2항 제2호

✔ 철도시설에 따른 철도승객을 유치하기 위한 홍보 업무

> 철도시설에 따른 철도승객을 유치하기 위한 홍보 업무는 「철도안전법 시행규칙」 제76조 제2항에 따른 국토교통부장관의 관제업무에 해당하지 않는다.

㉰ 철도사고 등의 발생 시 사고복구, 긴급구조·구호 지시 및 관계 기관에 대한 상황 보고·전파 업무

> 「철도안전법 시행규칙」 제76조 제2항 제4호

법령

「철도안전법 시행규칙」 제76조(철도교통관제업무의 대상 및 내용 등)
② 법 제39조의2 제4항에 따라 국토교통부장관이 행하는 관제업무의 내용은 다음 각 호와 같다.
1. 철도차량의 운행에 대한 집중 제어·통제 및 감시
2. 철도시설의 운용상태 등 철도차량의 운행과 관련된 조언과 정보의 제공 업무
3. 철도보호지구에서 법 제45조 제1항 각 호의 어느 하나에 해당하는 행위를 할 경우 열차운행 통제 업무
4. 철도사고 등의 발생 시 사고복구, 긴급구조·구호 지시 및 관계 기관에 대한 상황 보고·전파 업무
5. 그 밖에 국토교통부장관이 철도차량의 안전운행 등을 위하여 지시한 사항

045 「교통안전법」상 과태료 부과권자에 해당하지 않는 자는?

✔ ㉮ 대통령
㉯ 국토교통부장관
㉰ 교통행정기관
㉱ 시장·군수·구청장

> 과태료는 대통령령으로 정하는 바에 따라 국토교통부장관, 교통행정기관 또는 시장·군수·구청장이 부과·징수한다(「교통안전법」 제65조 제3항).

046 「철도산업발전기본법령」에 따른 공익서비스비용에 관한 설명으로 적절하지 않은 것은?

㉮ 철도운영자는 매년 3월 말까지 국가가 다음 연도에 부담하여야 하는 공익서비스비용의 추정액, 당해 공익서비스의 내용 그 밖의 필요한 사항을 기재한 국가부담비용추정서를 국토교통부장관에게 제출하여야 한다.

> 「철도산업발전기본법 시행령」 제40조 제1항

㉯ 국토교통부장관은 국가부담비용지급신청서를 제출받은 때에는 이를 검토하여 매 반기마다 반기 초에 국가부담비용을 지급하여야 한다.

> 「철도산업발전기본법 시행령」 제41조 제2항

㉰ 국가부담비용을 지급받은 철도운영자는 당해 반기가 끝난 후 30일 이내에 국가부담비용정산서를 국토교통부장관에게 제출하여야 한다.

> 「철도산업발전기본법 시행령」 제42조 제1항

✓ 국토교통부장관은 국가부담비용정산서를 제출받은 때에는 전문기관 등으로 하여금 이를 확인하게 하여야 한다.

> 국토교통부장관은 국가부담비용정산서를 제출받은 때에는 전문기관 등으로 하여금 이를 확인하게 <u>할 수 있다</u>(「철도산업발전기본법 시행령」 제42조 제2항).

047 「철도안전법」상 철도안전 우수운영자의 지정을 취소할 수 있는 경우를 모두 고른 것은?

> ㄱ. 철도 관련 관리인원이 부족한 경우
> ㄴ. 안전관리체계의 승인이 취소된 경우
> ㄷ. 거짓으로 철도안전 우수운영자 지정을 받은 경우
> ㄹ. 부정한 방법으로 철도안전 우수운영자 지정을 받은 경우

㉮ ㄱ, ㄹ   ㉯ ㄷ, ㄹ
㉰ ㄱ, ㄴ, ㄷ   ✓ ㄴ, ㄷ, ㄹ

> ㄱ. (×)
> ㄴ. (○) 「철도안전법」 제9조의5 제2호
> ㄷ. (○) 「철도안전법」 제9조의5 제1호
> ㄹ. (○) 「철도안전법」 제9조의5 제1호

> **법령**
>
> 「철도안전법」 제9조의5(우수운영자 지정의 취소)
> 국토교통부장관은 제9조의4에 따라 철도안전 우수운영자 지정을 받은 자가 다음 각 호의 어느 하나에 해당하는 경우에는 그 지정을 취소할 수 있다. 다만, 제1호 또는 제2호에 해당하는 경우에는 지정을 취소하여야 한다.
> 1. <u>거짓이나 그 밖의 부정한 방법으로 철도안전 우수운영자 지정을 받은 경우</u>
> 2. 제9조에 따라 <u>안전관리체계의 승인이 취소된 경우</u>
> 3. 제9조의4 제5항에 따른 지정기준에 부적합하게 되는 등 그 밖에 국토교통부령으로 정하는 사유가 발생한 경우

048 「철도산업발전기본법」상 국가가 철도이용자의 권익보호를 위해 강구해야 할 시책을 모두 고른 것은?

> ㄱ. 철도이용자의 권익보호를 위한 홍보 · 교육 및 연구
> ㄴ. 철도의 소유 및 경영구조의 개혁에 관한 사항
> ㄷ. 철도산업구조개혁의 목표 및 기본방향에 관한 사항
> ㄹ. 그 밖에 철도이용자 보호와 관련된 사항

- ✅ ㉮ ㄱ, ㄹ
- ㉯ ㄱ, ㄴ, ㄹ
- ㉰ ㄴ, ㄷ, ㄹ
- ㉱ ㄱ, ㄴ, ㄷ, ㄹ

「철도산업발전기본법」 제16조 따른 국가가 철도이용자의 권익보호를 위해 강구해야 할 시책에는 <u>ㄱ. 철도이용자의 권익보호를 위한 홍보 · 교육 및 연구, ㄹ. 그 밖에 철도이용자 보호와 관련된 사항</u>이 포함된다.

> **법령**
>
> 「철도산업발전기본법」 제16조(철도이용자의 권익보호 등)
> 국가는 철도이용자의 권익보호를 위하여 다음 각 호의 시책을 강구하여야 한다.
> 1. <u>철도이용자의 권익보호를 위한 홍보 · 교육 및 연구</u>
> 2. 철도이용자의 생명 · 신체 및 재산상의 위해 방지
> 3. 철도이용자의 불만 및 피해에 대한 신속 · 공정한 구제조치
> 4. <u>그 밖에 철도이용자 보호와 관련된 사항</u>

049 다음 중 교통행정기관의 교통안전진단 실시결과 조치명령항목에 해당하는 것을 바르게 묶은 것은?

> ㄱ. 교통시설의 개선·보완 및 이용제한
> ㄴ. 그 밖에 교통안전에 관한 업무의 개선
> ㄷ. 운전자 등, 교통사업자 소속근로자 등에 대한 근무환경의 개선
> ㄹ. 교통시설에 대한 공사계획 또는 사업계획 등의 시정 또는 보완

㉮ ㄱ, ㄴ, ㄷ
✅ ㄱ, ㄴ, ㄹ
㉯ ㄴ, ㄷ, ㄹ
㉰ ㄱ, ㄴ, ㄷ, ㄹ

ㄱ. (O)「교통안전법」제27조 제1항 제2호
ㄴ. (O)「교통안전법」제27조 제1항 제5호
ㄷ. (×)
ㄹ. (O)「교통안전법」제27조 제1항 제1호

법령

「교통안전법」제37조(교통시설안전진단 결과의 처리)

① 교통행정기관은 제34조 제1항, 제3항 및 제5항에 따른 교통시설안전진단을 받은 자가 제출한 교통시설안전진단보고서를 검토한 후 교통안전의 확보를 위하여 필요하다고 인정되는 경우에는 해당 교통시설안전진단을 받은 자에 대하여 다음 각 호의 어느 하나에 해당하는 사항을 권고하거나 관계법령에 따른 필요한 조치(이하 "권고 등"이라 한다)를 할 수 있다. 이 경우 교통행정기관은 교통시설안전진단을 받은 자가 권고사항을 이행하기 위하여 필요한 자료 제공 및 기술지원을 할 수 있다.
1. 교통시설에 대한 공사계획 또는 사업계획 등의 시정 또는 보완
2. 교통시설의 개선·보완 및 이용제한
3. 교통시설의 관리·운영 등과 관련된 절차·방법 등의 개선·보완
4. 삭제
5. 그 밖에 교통안전에 관한 업무의 개선

050 「철도안전법령」상 다음에서 설명하는 형식승인검사의 구분에 해당하는 것은?

> 철도차량이 부품단계, 구성품단계, 완성차단계, 시운전단계에서 철도차량기술기준에 적합한지 여부에 대한 시험

㉮ 개조형식 시험

> 개조형식시험은 철도차량의 개조가 부품단계, 구성품단계, 완성차단계, 시운전단계에서 철도차량기술기준에 적합한지 여부에 대한 시험이다(「철도안전법 시행규칙」 제75조의6 제1항 제3호).

✔ 차량형식 시험

> 차량형식 시험은 철도차량이 부품단계, 구성품단계, 완성차단계, 시운전단계에서 철도차량기술기준에 적합한지 여부에 대한 시험이다(「철도안전법 시행규칙」 제48조 제1항 제3호).

㉰ 설계적합성 검사

> 설계적합성 검사는 철도차량의 설계가 철도차량기술기준에 적합한지 여부에 대한 검사이다(「철도안전법 시행규칙」 제48조 제1항 제1호).

㉱ 합치성 검사

> 합치성 검사는 철도차량이 부품단계, 구성품단계, 완성차단계에서 따른 설계와 합치하게 제작되었는지 여부에 대한 검사이다(「철도안전법 시행규칙」 제48조 제1항 제2호).

[2과목] 교통안전관리론

051 다음 중 어린이 행동특성으로 옳지 않은 것은?

㉮ 사물을 이해하는 방법이 단순하다.
㉯ 한 가지 일에 집중하면 주위에 대한 인지를 하지 못한다.
✔ 자동차의 속도와 거리에 대한 추정능력이 뛰어나다.

> 어린이는 자동차의 작동원리와 거리 및 속도에 대한 추정능력이 부족하다.

㉱ 주의집중능력과 상황판단능력이 떨어진다.

052 다음 중 안전진단 5단계가 순서대로 바르게 나열된 것은?

✓ ㉮ 예비조사 → 안전진단 → 종합정비 → 대책강구 → 개선목표

> 안전진단의 5단계 : 예비조사 → 안전진단 → 종합정비 → 대책강구 → 개선목표

㉯ 예비조사 → 개선목표 → 안전진단 → 종합정비 → 대책강구
㉰ 예비조사 → 대책강구 → 개선목표 → 안전진단 → 종합정비
㉱ 예비조사 → 종합정비 → 대책강구 → 개선목표 → 안전진단

053 다음 중 공식화의 원칙으로 옳지 않은 것은?

㉮ 조직 내의 직무를 정형화·표준화·법규화시키는 것을 말한다.
㉯ 관리자에 의한 일종의 간접적 감독이다.
㉰ 공식화는 행동의 예측 및 통제가 용이해진다는 장점이 있다.
✓ ㉱ 규칙에 의존하기에 상사와 부하의 인간적 의존관계 유지에 유리하다.

> 공식화는 조직 내의 직무를 정형화, 표준화, 법규화시키는 것으로 관리자의 간접적 감독이라 할 수 있다. 이로 인해 규칙에 의존하게 되어 상사와 부하는 인간적인 관계보다 감독자와 피감독자의 관계가 발생하게 된다.

054 사고의 기본원인을 제공하는 4M에 대한 사고방지대책을 잘못 나타낸 것은?

✓ ㉮ 인간(Man) : 수동적인 의욕, 의사소통, 평가 및 훈련

> 인간(Man)에 의한 사고 방지대책 : 능동적인 의욕, 위험예지, 리더십, 의사소통 등

㉯ 기계(Machine) : 안전설계, 위험방호, 표시장치 등
㉰ 매개체(Media) : 작업정보 제시, 작업방법 제시 등
㉱ 관리(Management) : 관리조직, 평가 및 훈련, 직장활동 등

055 다음 중 도로상태가 위험하거나 도로 또는 그 부근에 위험물이 있는 경우에 필요한 안전조치를 하도록 알리는 표지는?

㉮ ✓ 주의표지 「도로교통법 시행규칙」 제8조 제1호
㉯ 규제표지 「도로교통법 시행규칙」 제8조 제2호
㉰ 지시표지 「도로교통법 시행규칙」 제8조 제3호
㉱ 노면표지 「도로교통법 시행규칙」 제8조 제5호

> **법령**
>
> 「도로교통법 시행규칙」 제8조(안전표지)
> 1. 주의표지 : 도로상태가 위험하거나 도로 또는 그 부근에 위험물이 있는 경우에 필요한 안전조치를 할 수 있도록 이를 도로사용자에게 알리는 표지
> 2. 규제표지 : 도로교통의 안전을 위하여 각종 제한·금지 등의 규제를 하는 경우에 이를 도로사용자에게 알리는 표지
> 3. 지시표지 : 도로의 통행방법·통행구분 등 도로교통의 안전을 위하여 필요한 지시를 하는 경우에 도로사용자가 이에 따르도록 알리는 표지
> 4. 보조표지 : 주의표지·규제표지 또는 지시표지의 주기능을 보충하여 도로사용자에게 알리는 표지
> 5. 노면표시 : 도로교통의 안전을 위하여 각종 주의·규제·지시 등의 내용을 노면에 기호·문자 또는 선으로 도로사용자에게 알리는 표지

056 운전자의 면허취득, 종별, 면허취득 후 사고의 종류·횟수 등에 대해 확인하는 진단을 무엇이라고 하는가?

㉮ 운전기능 진단 ㉯ 운전기술 진단
✓ 운전경력 진단 ㉱ 운전태도 진단

> 운전자의 면허 및 실제 운전경력에 대한 진단은 운전경력 진단에 해당한다.

057 교통의 발달과정 중 해상교통의 발달 순서로 옳은 것은?

㉮ 범선 → 여객선 → 쾌속정
㉯ 범섬 → 기선 → 쾌속정
✔ ㉰ 뗏목 → 범선 → 기선
㉱ 뗏목 → 기선 → 여객선

> 해상교통의 발달 순서는 뗏목 → 범섬 → 기선이다.

058 다음 중 OJT의 장·단점에 대한 설명으로 옳지 않은 것은?

✔ ㉮ 통일된 내용을 가진 훈련 실시가 가능하다.

> 많은 직원을 모아놓고 작업현장을 떠나 특정 장소에서 통일된 내용으로 훈련시키는 것은 직장 외 훈련(Off-JT)의 특징이다. OJT는 직접 현장에서 상사가 알려주는 경우가 일반적이기에 업무에 따라 차이를 보일 수 있다.

㉯ 상사와 동료 사이에 협조적인 분위기를 조성할 수 있다.
㉰ 직장의 직속상사가 직무수행 관련 교육을 실시한다.
㉱ 훈련이 실제적이고 구체적이다.

059 도로교통운전자들의 운전 여유시간을 기초로 운전을 서행·정상·과속 등으로 구분할 때 과속운전에 해당하는 여유시간은?

✔ ㉮ 1초
㉯ 2초 정상운전에 해당한다.
㉰ 4초 이상 서행운전에 해당한다.
㉱ 6초 이상

060 ERG 이론에 대한 설명으로 옳지 않은 것은?

㉮ 알더퍼(Alderfer)에 의해 주장된 욕구단계이론이다.
✔ ㉯ 상위욕구가 행위에 영향을 미치기 전에 하위욕구가 먼저 충족되어야 한다.

> 매슬로우의 욕구 5단계설에 해당하는 내용이다. 알더퍼(Alderfer)의 EGR 이론에서는 한 가지 이상의 욕구가 동시에 작용할 수 있다고 주장하였다.

㉰ 매슬로우(Maslow)의 욕구단계이론의 문제점을 개선하고자 제시되었다.
㉱ 인간의 욕구를 존재(생존), 관계, 성장 욕구로 구분하였다.

061
교통안전관련 현장회의의 단계로써 전달사항, 연락사항, 당일 기상정보, 운행 시 주의사항 등이 진행되는 단계로 옳은 것은?

㉮ 점검 · 정비 단계

점검 · 정비 단계는 참석 인원의 건강 · 복지, 물품의 정비상태 등을 점검하는 단계이다.

㉯ 위험예지 단계

위험 예지 단계는 당일 운행에 예상되는 위험예측활동과 위험예지훈련이 이루어지는 단계이다.

✓ 운행지시 단계

㉱ 도입 단계

도입단계는 인사, 목표제창, 직장체조 등으로 회의를 시작하는 단계이다.

> **TIP**
>
> **안전 현장회의의 진행 절차**
> - 1단계 도입 : 인사, 목표제창, 직장체조 등으로 회의를 시작하는 단계
> - 2단계 점검 · 정비 : 참석 인원의 건강 · 복지, 물품의 정비상태 등을 점검하는 단계
> - 3단계 운행지시 : 전달사항, 연락사항, 작업 시 주의사항, 안전수칙 확인 등이 진행되는 단계
> - 4단계 위험 예지 : 당일 운행에 예상되는 위험예측활동과 위험예지훈련이 이루어지는 단계
> - 5단계 확인 : 위험에 대한 대책, 팀 목표 등을 확인하는 단계

062
교통을 이루고 있는 요소들을 "교통의 장(場)"이라고 한다면 그 구성요소로 옳지 않은 것은?

㉮ 교통환경 ㉯ 운반구
㉰ 이용자 ✓ 사용자

교통의 구성요소로는 운전자, 이용자, 운반구(교통수단), 통로(교통환경) 등이 있다.

063 다음 중 인적평가의 오류에 관한 설명으로 옳지 않은 것은?

㉮ 상동적 평가 : 타인에 대한 평가가 그가 속한 사회적 집단에 대한 직각을 통해 이루어진다.
㉯ 상관적 평가 : 평가자가 관련성이 없는 평가항목 간의 높은 상관성을 인지하거나 평가항목을 구분할 수 없어서 유사 또는 동일하게 인지할 때 발생한다.
✓ 관대화 경향 : 자기 자신의 특성이나 관점을 다른 사람에게 전가시켜 인사고과의 결과에 대한 왜곡현상을 발생시킬 수 있는 오류이다.

주관의 객관화(투사)에 대한 설명이다. 관대화 경향은 피고과자를 실제보다 과대 혹은 과소평가하여 집단의 평가결과가 한쪽으로 치우치는 경향을 말한다.

㉱ 현혹 효과 : 한 분야에 있어 평가자가 피평가자에 대한 호의적인 태도가 있다면 다른 분야 평가 시에도 그에 대한 호의적 평가가 영향을 주는 효과이다.

064 운전적성정밀검사의 기능에 속하지 않는 것은?

㉮ 예언적 기능

운전자의 현재와 미래 사고 경향성 추정이 가능해지며 이에 따라 예측된 사고를 예방할 수 있다.

㉯ 진단적 기능

검사를 통해 개인 또는 집단의 교통사고를 진단·분석하여 사고예방자료로 활용하게 한다.

✓ 인사 선출의 기능

운전적성정밀검사는 인사 선출이 아닌 통해 운전직 사원선발 및 배치의 기능이 있다.

㉱ 조사연구의 기능

검사를 통해 축적된 자료를 통해 검사 자체의 개선·발전 및 관련 연구분야의 자료로 활용할 수 있다.

065 다음 중 심리학자 카츠(D. Katz)가 주장하는 인성에 작용하는 태도 4가지가 아닌 것은?

㉮ 가치표현적 기능 ㉯ 자기방어적 기능
㉰ 지식기능 ✔ ㉱ 관리기능

관리기능은 카츠가 주장한 인성에 작용하는 4가지 태도에 속하지 않는다.

 TIP

카츠(D. Katz)의 인성에 작용하는 4가지 태도의 기능
- 도구적 · 적응적 · 공리적 기능
- 자기방어적 기능
- 가치표현적 기능
- 지식기능

066 허즈버그(F. Herzberg)의 2요인 이론에서 위생요인에 해당하는 것은?

㉮ 존중 ✔ ㉯ 지위
㉰ 성취감 ㉱ 책임

지위는 위생요인에 해당한다.

 TIP

허즈버그의 2요인 이론(동기·위생 이론)
- 동기요인 : 직무성과에 따른 인정, 존중, 책임, 성장, 도전의식
- 위생요인 : 작업환경, 보상, 지위, 정책, 업무 환경요인

067 인간의 행동을 규제하는 내적요인이 아닌 것은?

㉮ 소질관계 ✔ ㉯ 인간관계
㉰ 경력관계 ㉱ 심신상태

인간관계는 외적요인(환경요인)에 해당한다.

인간의 행동규제요인
- 인적요인(내적요인) : 소질, 일반심리, 경력, 의욕, 심신상태
- 환경요인(외적요인) : 인간관계, 자연조건, 물리적 조건, 시간적 조건

068 운전자 개별평가를 진행할 때 평가하여야 하는 운전지식 내용이 아닌 것은?

㉮ 도로교통법 등 관계 법령상의 지식
㉯ 승객 또는 하물에 관한 지식
㉰ 돌발사태에서 벗어나는 데 필요한 지식
✔ 조직 지휘 및 조정에 따른 관리활동 지식

> 조직 지휘 및 조정에 따른 관리활동은 운전자의 개별평가 시 진행할 수 없는 평가항목이다.

운전지식평가 내용
- 「도로교통법」 등 관계 법령상의 지식
- 자동차 등의 구조나 성능에 관한 지식
- 승객 또는 하물에 관한 지식
- 도로·교통에 관한 지식
- 운전자나 보행자에 관한 지식
- 기상에 관한 지식
- 교통사고 예방에 관한 지식
- 돌발사태에서 벗어나는 데 필요한 지식

069 안전관리자로 하여금 최고 경영진에게 가장 효과적인 안전관리 방안을 제시해주는 단계는 안전관리의 단계 중 어느 단계에 해당하는가?

✔ 설득단계
㉯ 조사단계

> 사고기록을 작성해나가며 진행되는 단계이다. 작업장, 사고현장 등을 방문하여 안전지시, 감독상태 등을 점검·조사하는 단계이다.

㉰ 계획단계

안전관리자는 대안을 분석하여 그중 가장 바람직한 행동계획을 수립하여야 하며 계획에는 근무환경, 운전감독 등의 내용이 수록되어야 한다.

㉱ 확인단계

안전제도가 시행된 이후 정기적으로 심층적·표층적 확인을 하여야 한다.

> **TIP**
> 교통안전관리의 6단계
> 준비단계 → 조사단계 → 계획단계 → 설득단계 → 교육훈련단계 → 확인단계

070 교육훈련의 목표와 가장 거리가 먼 것은?

✔ ㉮ 체력 향상
㉯ 지식 형성
㉰ 기능 훈련
㉱ 태도 개발

교육훈련은 직무에 대한 지식, 기능, 태도 개발을 목적으로 하며 체력 향상은 이에 포함되지 않는다.

071 위험요소의 제거 단계 중 안전계획의 수립 및 추진이 해당하는 단계는?

✔ ㉮ 조직의 구성

안전관리업무를 수행할 수 있는 조직의 구성, 안전관리책임자의 임명, 안전계획 수립·추진 등을 시행하는 단계이다.

㉯ 위험요소의 탐지

안전점검 및 사고 분석, 교통활동 및 교통활동 종사자의 태도분석을 하여 불안전행위와 위험환경조건 등을 탐지하는 단계이다.

㉰ 개선 대안의 제시

분석을 토대로 확인된 원인을 통해 효과적으로 실현할 수 있는 대안을 제시하는 단계이다.

㉱ 환류(Feedback)

과정을 진행하며 확인한 문제점 및 미비점을 보완하는 단계이다.

072 운전자의 정밀 적성검사에서 주의력 및 주의의 지속성을 측정하는 검사는?

✅ ㉮ 처치 판단검사

> 처치 판단검사 측정 사항 : 주의력, 동작의 정확도, 주의력 배분 정도, 주의의 지속성

㉯ 속도추정 반응검사

> 속도추정 반응검사 측정 사항 : 속도감각, 초조감, 정서적 안정도, 공간지각능력

㉰ 중복작업 반응검사

> 중복작업 반응검사 측정 사항 : 침착성, 판단속도 및 정확도

㉱ 초초 반응검사

> 초초 반응검사 측정 사항 : 시각과 청각, 수족의 협응력

073 한 지점에 주의를 집중하면 먼 곳의 것이 가깝게 보이고 가까운 곳의 것이 기존과 다르게 보이는 주된 원인은?

✅ ㉮ 주의의 집중   ㉯ 주의의 동요
㉰ 주의의 판단   ㉱ 주의의 배분

> 한 곳에 계속 주의를 집중하면 이외의 곳은 주의가 약해지는 현상이다.

074 페일 세이프(Fail-Safe)의 기능 3단계 중 Fail Operational 기능에 대한 설명으로 옳은 것은?

㉮ 기계장치의 부품 등에 고장 발생 시 작동(정지)

> Fail Passive(자동감지) 기능에 대한 설명이다.

㉯ 고장 발생 시 경보장치 작동과 단기간 운전 지속

> Fail Active(지동제어) 기능에 대한 설명이다.

㉰ 고장 발생 시 에너지 소비 정지

> Fail Passive(자동감지) 기능에 대한 설명이다.

✔ 부품고장이 정지로 이어지지 않도록 하고 보수까지 기능 유지

Fail Operational(차단 및 조정) 기능에 대한 설명이다.

> **TIP**
> 페일 세이프(Fail - Safe)의 3단계 기능
> - 1단계 Fail – Passive(가동감지) : 부품이 고장나면 통상 정지하는 방향으로 이동
> - 2단계 Fail – Active(자동제어) : 부품이 고장나면 기계는 경보를 울리며 짧은 시간 동안 운전이 가능
> - 3단계 Fail – Operational(차단 및 조정) : 부품에 고장이 있더라도 추후 보수가 있을 때까지 안전한 기능을 유지

075 사고의 요인 중 어느 하나의 요인만 없더라도 사고가 발생하지 않을 것이라 하는 연쇄반응이 해당하는 것은?

㉮ 사고복합성의 원리　　　　　　　　✔ ㉯ 사고등치성의 원리
㉰ 사고연쇄성의 원리　　　　　　　　㉱ 사고통일성의 원리

사고등치성의 원리 : 사고가 동일노선, 동일장소에서 일어나고 있다는 원리로 하나의 차이가 있다면 사고라는 결과도 차이가 있을 것이다.

[**3과목**]　철도공학

076 전동기용량의 결정요인이 아닌 것은?

✔ ㉮ 전동기의 중량　　　　　　　　㉯ 제동감속도
㉰ 운전시분　　　　　　　　　　　㉱ 기동 시의 가속도

전동기의 중량이 아닌 전차의 중량에 따라 전동기용량을 결정한다.

> **TIP**
> 전동기용량의 결정요인
> 전차의 중량, 기동 시의 가속도, 역간 거리, 운전시분, 지형, 제동감속도

077 궤도회로의 설치 목적이 아닌 것은?

㉮ 선로전장장치에 대한 직·간접적 제어를 위해
㉯ 열차의 궤도 점유 유무 검지를 위해
✔ 지상신호방식 및 차내신호방식에 있어 신호제어설비를 간접적 제어하기 위해

> 궤도회로는 신호제어설비에 대하여 간접적 제어뿐만 아니라 직접적 제어도 할 수 있다.

㉱ 보안장치에 대한 제어를 위해

078 선로용량 산정을 위한 현실적인 영향인자가 아닌 것은?

㉮ 열차 유효시간대 ㉯ 선로보수시간
㉰ 열차 연료시분 ✔ 탑승 승객의 민원사항

> **TIP**
> 선로용량 한계 계산 및 산정요인
> - 열차속도(운전시분)
> - 열차 간 운전속도 차이
> - 열차종별 운행순서 및 배치
> - 역간 거리와 구내 배선
> - 열차 취급시분(열차 연료시분)
> - 신호·폐색 방식
> - 선로보수시간
> - 열차 유효시간대

079 전기철도에 대한 설명으로 옳지 않은 것은?

㉮ 에너지 효율이 가·감속도가 커 속도 향상과 수송력 증가가 가능하다.
㉯ 역간 거리가 짧은 도시교통에 유용하다.
✔ 건설에 대한 설비투자가 비교적 소액이다.

> 전기철도는 통신유도장해, 전식 방지 설비 등이 필요하여 건설에 있어 다액의 설비투자비용을 요구한다.

㉱ 매연과 배기가스가 없으며 고속향상, 고빈도 운행이 가능하다.

080 철도에 대한 설명으로 옳지 않은 것은?

㉮ 레일을 부설한 선로 위에 동력을 이용한 차량을 운행하여 수송하는 육상교통기관이다.
㉯ 일정한 가이드웨이에 유도되어 여객·화물 운송용 차량을 운전하는 설비이다.
✓ 신속성, 대량성, 고속성, 기동성, 문전 수송, 사생활 보호 등의 특징이 있다.

> 철도는 대량수송이 가능, 안전성, 주행저항성, 신속(고속)성, 정시성, 쾌적성, 저해성, 편리성 등의 특징이 있으나 문전 수송 및 사생활 보호, 기동성에 대한 단점을 지니고 있다.

㉰ 노웨이트, 노면철도, 트롤리버스 등은 특수철도에 속한다.

081 다음 중 신축이음매에 대한 설명으로 옳지 않은 것은?

㉮ 장대레일 끝에 신축이음매를 사용하여 신축량을 흡수한다.
✓ 철도레일의 이음매 부분에 직선으로 겹쳐 설치한다.

> 신축이음매는 추운 겨울에 간격이 벌어져 열차바퀴가 지나갈 때 발생하는 물리적 충격 및 소음 완화, 바퀴 손상 예방 등을 위해 철도레일의 이음매 부분에 비스듬하게 사선으로 겹쳐놓아야 한다.

㉰ 신축이음매와 장대레일 간의 이음매 처짐이 생기지 않도록 보수해야 한다.
㉱ 우리나라는 입사각이 없는 텅레일과 비슷한 신축이음매를 사용한다.

082 유간정정작업에 대한 설명으로 옳지 않은 것은?

✓ 유간정정작업은 가능한 자주 하는 것 좋다.

> 빈번한 유간정정작업은 비경제적이다. 유간정정작업은 레일의 계절에 따른 온도신축에 대한 대비를 위해 진행하므로 여름과 겨울 이전에 연 2회 검사 후 진행한다.

㉯ 과대 유간은 열차운행 시 충격, 동요가 발생하고 승차감이 좋지 않다.
㉰ 맹유간은 레일 신축흡수 미비로 축압력이 발생하여 장출의 원인 및 열차사고 우려가 있다.
㉱ 최고온도 시 궤도가 좌굴하지 않으며 이음매 볼트에 과대한 힘이 걸리지 않도록 하여야 한다.

083 P.C 침목의 연간검사주기로 옳은 것은?

☑ ㉮ 본선 – 연 1회 이상, 측선 – 2년에 1회 이상

> P.C 침목의 본선은 연 1회 이상, P.C 침목의 측선은 2년에 1회 이상 검사를 실시하여야 한다.

㉯ 본선 – 연 2회 이상, 측선 – 연 1회 이상
㉰ 본선 – 연 3회 이상, 측선 – 2년에 1회 이상
㉱ 본선 – 연 4회 이상, 측선 – 연 2회 이상

084 열차의 밀도가 높아서 선행열차가 출발하기 전에 후속열차가 진입 시 필요한 것은?

☑ ㉮ 대피선

> 정거장에서 열차를 대피시킬 목적으로 부설하여 놓은 선로이다. 후속열차가 선행열차를 추월할 때, 높은 열차 밀도로 인하여 선행열차가 출발하기 전에 후속열차가 진입할 때가 예상될 경우 설치하여야 한다.

㉯ 인상선

> 입환작업 또는 구내운전 시 차량의 인상에 전용하는 선로이다.

㉰ 안전측선

> 정차장 내에서 2개 이상의 열차가 동시에 진입, 진출하는 경우 열차의 충돌 등의 사고발생을 방지하기 위하여 부설하는 선로이다.

㉱ 피난측선

> 다른 열차 또는 차량이 충돌하는 사고를 방지하기 위하여 설치하는 측선이다.

085 다음 중 N형 레일에 대한 설명으로 옳은 것은?

☑ ㉮ 다른 레일보다 높이가 높아 단면 2차 모멘트를 효율화할 수 있다.

> N형 레일은 다른 레일보다 높이가 커서 단면 2차 모멘트(moment of inertia)를 효율화한 것으로 레일의 강도 증대에는 효과적이었으나 두부와 복부에 살이 적어 내마모성과 내부식성에 불리하다.

㉯ 레일의 두부와 복부에 살이 크다.
㉰ 내마모성과 내부식성이 우수하다.
㉱ 레일의 높이와 저폭이 같다.

086 한국의 철도에서 사용하는 완화곡선의 형상으로 옳은 것은?

㉮ 나선곡선

> 나선곡선은 3차원 공간의 곡선과 같이, 매끄러운 곡선의 일종을 말한다.

✓ ㉯ 3차 포물선

> 3차 포물선은 곡선반경이 원점으로부터 x좌표에 반비례하는 완화곡선이다. 한국에서 채택하여 이용하고 있다.

㉰ 크로소이드 곡선

> 크로소이드(Clothiod) 곡선은 곡선반경이 곡선의 길이에 반비례하는 완화곡선이다.

㉱ 렘니스케이트 곡선

> 렘니스케이트(Lemniscate) 곡선은 8자 혹은 ∞모양의 곡선이며, 곡선반경이 원점으로부터의 거리에 반비례하는 완화곡선이다.

087 용접이음매 중 효율이 가장 높은 용접법은?

✓ ㉮ 플래시버트 용접

> 플래시버트(Flash Butt) 용접 : 전기저항으로 발생되는 열에 의하여 접합단부를 가열한 후 양모제를 밀착시켜 강압하여 용접시키는 방식이다. 용접효율은 97%이다.

㉯ 가스용접

> 가스(Gas) 용접 : 산소, 아세틸렌, 프로판가스 등을 활용하여 양 레일의 단부를 가열해서 적열하여 용융시키면서 양모재를 가압하여 용접시키는 방식이다. 용접효율은 94%이다.

㉰ 테르밋 용접

> 테르밋(Thermit) 용접 : 양 레일을 예열해서 간극에 테르밋이라고 칭하는 산화철과 알루미늄 분말을 혼합한 용제를 점화하여 가열시킴으로써 화학반응에 의하여 용융 철분을 유리시키며 이때 발생하는 고열로 용접하는 방식이다. 용접효율은 92%이다.

㉱ 전호용접(엔크로즈드 용접)

> 전호(Enclosed) 용접 : 양 레일단부에 용접봉에 의한 전류를 통해서 발생시킨 아크열에 의해서 레일단을 적열시킨 용접봉으로 용접하는 방식이다.

088 다음 중 궤간을 결정하는 요인과 관련이 없는 것은?

㉮ 수송력 ㉯ 속도
㉰ 지형 및 안전도 ✓ ㉱ 선로의 등급

> 궤간은 선로에서 양레일 간의 거리를 말하는 것으로 속도, 크기, 중량, 수송력, 지형 및 안전 등에 따라 결정한다.

089 특수철도의 종류 중 일정한 간격으로 운행하다 역사에 들어서면 속도를 줄여 승객을 탑승시키는 자동순환식 수송기관은?

✓ ㉮ 노웨이트

> 지상의 교각 위에 너비 5m, 높이 4.5m의 투명튜브를 설치하고 그 속으로 일정한 간격으로 운행하다 역사에 들어서면 속도를 줄여 승객들이 탑승할 수 있게 하는 시스템이다. 자동순환식으로 움직이기 때문에 열차를 기다릴 필요가 없어 노웨이트(nowait)라는 이름이 붙여졌다.

㉯ 가이드웨이 버스

> 시스템 버스 운영에 있어서 우선차로제 및 버스전용 차선보다도 한 단계 더 발전한 형태로 버스전용궤도가 설치된 형태이다. 일반적으로 전용궤도 주행과 일반노면 주행이 가능한 듀얼모드 기능을 갖춘다.

㉰ 가공삭도

> 로프웨이라고도 부르며 레일 대신으로 공중에 강선을 강설하고, 차량에 대응하는 운반기를 매달아 여객이나 화물을 운반할 수 있는 시설이다.

㉱ 급기울기 철도

> 레일과 철제차륜과의 사이에서 접착력에 의한 접착철도이다. 주행저항이 적은 반면, 기울기에 약한 교통기관이다.

090 다음 중 객화차의 설비가 아닌 것은?

✓ ㉮ 신호설비 ㉯ 세차설비
㉰ 수선설비 ㉱ 소독설비

> 객화차 설비 : 소독설비, 세차설비, 수선설비 등

091 한국철도의 연도별 발전에 대한 연결이 적절하지 않은 것은?

㉮ 1899년 – 경인선 개통
✓ 1972년 – 서울 지하철 1호선(종로선) 개통
㉯ 1975년 – 호남선 새마을호 개통
㉰ 2004년 – 경부고속철도 1단계 개통

> 1974년 – 서울 지하철 1호선(종로선) 서울~청량리 간 9.5km 개통

092 다음 중 건축한계에 대한 설명으로 옳은 것은?

✓ 차량한계 내의 차량이 안전하게 주행하기 위한 공간이다.
> 건축한계는 차량한계 내의 차량이 안전하게 운행될 수 있도록 선로상에 설정된 공간이다.

㉯ 필요에 따라 건조물을 설치할 수 있다.
> 건축한계 내에는 건조물을 설치할 수 없다.

㉰ 안전히 운행할 수 있는 차량의 크기를 결정하고 제한하는 범위이다.
> 차량한계는 차량을 제작할 때 일정한 크기 안으로 제작하도록 규정한 공간을 말한다. 건축한계보다 좁게 하여 차량과 철도시설물의 접촉을 방지하게 하였다.

㉱ 건축한계는 기관차, 동차, 객화차 등이 각각 다르다.

093 다음 중 궤도의 3요소가 아닌 것은?

㉮ 레일
> 레일 : 차량을 직접 지지하는 부분으로 차량의 주행을 유도한다.

㉯ 침목
> 침목 : 레일로부터 받은 하중을 도상에 전달하는 것으로 레일의 위치를 유지시킨다.

㉰ 도상
> 도상 : 침목으로부터 받은 하중을 분포시켜 노반에 전달한다. 침목의 위치 유지 및 충격력 완화 기능을 한다.

✓ 노반
> 노반 : 노상 아래 위치하여 침목으로부터 받은 하중을 노상에 전달한다.

TIP
궤도의 3요소
레일과 그 부속품, 침목, 도상

094 한국에서 사용하는 P.C 침목 제작 공법은?

☑ 프리텐션 공법

> 프리텐션 공법은 P.C 강선을 배열하고 약간의 인장력을 준 상태에서 콘크리트를 타설하고 경화 후 거푸집 외측의 강선을 절단하며 P.C강성과 콘크리트 간의 부착력에 의해 침목에 압축응력을 도입시키는 공법이다. 한국, 영국, 프랑스, 일본 등에서 활용한다.

㉯ P.C 공법
㉰ 압출공법
㉱ 포스트텐션 공법

> 포스트텐션 공법은 P.C 강봉이 콘크리트에 부착되지 않도록 한 후 콘크리트가 경화시킨다. 그 다음 강봉에 인장력을 주어 콘크리트에 압축응력을 도입시키는 공법이다. 독일, 벨기에, 일본에서 활용한다.

095 차륜의 내측 직경은 크게, 외측 직경은 작게 한 것을 구배(Taper)라고 한다. 차륜답면에 구배를 두는 이유로 적절한 것은?

☑ 주행 시 곡선통과를 원활히 하기 위해

> 차량이 곡선주행 시 안쪽 레일은 직경이 작은 외측 차륜이, 바깥쪽 레일은 직경이 큰 내측 차륜으로 주행한다. 이와 같은 양 차륜의 회전반경의 차이로 주행 시 곡선통과를 원활히 할 수 있다.

㉯ 선로구배를 쉽게 하기 위해
㉰ 차륜답면의 마찰력을 높이기 위해
㉱ 차륜의 마모를 감소시키기 위해

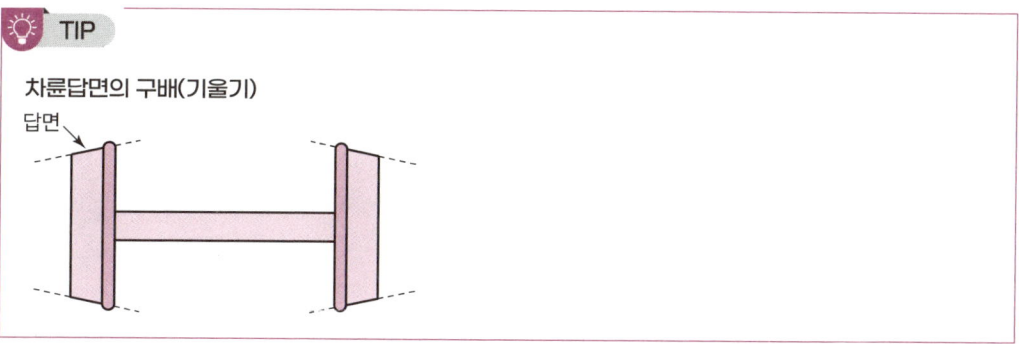

096 다음 중 고속도 차단기의 종류가 아닌 것은?

㉮ 정방향 고속도 차단기

정상 전류와 동일 방향의 과전류에 대해 자동 차단을 수행하는 고속도 차단기

㉯ 역방향 고속도 차단기

정상 전류와 역방향의 전류에 대해 자동 차단을 수행하는 고속도 차단기

㉰ 양방향 고속도 차단기

정ㆍ역 양방향의 전류에 대해 모두 자동 차단을 수행하는 고속도 차단기

 횡방향 고속도 차단기

> **TIP**
>
> **고속도 차단기**
> - 회로에 이상 전압이 발생한 경우 정지시간을 최대한 단축하여 고속도로 개극하고 이상 전류가 최대치에 도달하기 전에 어느 일정치로 제한ㆍ차단시키는 기기
> - 직류 급전 회로의 사고 전류 차단에 사용한다.
> - 종류 : 정방향 고속도 차단기, 역방향 고속도 차단기, 양방향 고속도 차단기

097 철도의 시설 중 궤도와 이를 지지하는 노반으로 구성하고 분기기, 선로방호설비, 노반구조물 등을 무엇이라 하는가?

 선로

㉯ 정거장

여객 또는 화물의 취급을 위한 철도시설 등을 설치한 장소를 말한다.

㉰ 시공기면

노반의 윗 표면. 궤도를 직접 지지하는 노반은 일반적으로 자연의 지반에 흙을 더 돋거나 혹은 깎아서 만드는데 이러한 노반표면을 말한다.

㉱ 도상

침목으로부터 받은 하중을 분포시켜 노반에 전달하는 역할을 하는 것으로 크게 자갈도상과 콘크리트 도상으로 구분된다.

098 다음 중 낙석방지시설의 종류가 아닌 것은?

㉮ 낙석방지울타리
㉯ 낙석방지옹벽
✓ 피암교량
㉱ 피암터널

> 낙석방지시설의 종류(「도로안전시설 설치 및 관리지침」 5.2.2) : 낙석방지망, 낙석방지울타리, 낙석방지옹벽, 피암터널, 식생공법 등

099 전기철도에 있어 교류방식이 직류방식보다 유리한 점으로 옳지 않은 것은?

✓ 교류방식은 저전압으로 교류에 비해 터널단면 및 구름다리 높이를 축소 시킬 수 있다.

> 교류전기는 25kV의 고압으로 절연이격거리가 커야 한다. 따라서 터널과 구름다리의 높이는 커야 한다.

㉯ 교류방식 차량은 전력변환장치를 설치하여야 하여 차량의 가격이 비싸다.
㉰ 교류방식은 변전소 간격은 30~50km 정도로 변압기만 설치하면 되므로 지상설비비가 저렴하다.
㉱ 고전압 저전류로 전선을 가늘게 할 수 있어 전선지지 구조물이 경량화된다.

100 P.C 침목의 특징에 대한 설명으로 옳지 않은 것은?

㉮ 목침목보다 중량이 커 궤도의 안전도가 높다.
㉯ 설계하중에 대하여 균열(Crack)을 방지시킬 수 있다.
✓ 철근콘크리트 침목보다 단면이 적으나 P.C 강성으로 인해 무게가 무겁다.

> P.C(Prestressed Concrete) 침목은 일반 철근콘크리트 침목보다 단면을 적어 자중이 적고 재료를 절약할 수 있다.

㉱ 과대하중으로 균열이 발생하였어도 P.C 강선으로 인해 탄성한계 내에서는 사용할 수 있다.

[4과목] 열차운전(선택)

101 「철도차량운전규칙」에서 열차 간의 안전을 확보할 수 있도록 하는 방법으로 적절하지 않은 것은?

㉮ 폐색에 의한 방법으로 운전하는 경우

> 열차는 열차 간의 안전을 확보할 수 있도록 폐색에 의한 방법으로 운전해야 한다(「철도차량운전규칙」 제46조 제1항 제1호).

㉯ 열차제어장치에 의한 방법으로 운전하는 경우

> 열차는 열차 간의 안전을 확보할 수 있도록 열차제어장치에 의한 방법으로 운전해야 한다(「철도차량운전규칙」 제46조 제1항 제2호).

㉰ 시계운전에 의한 방법으로 운전하는 경우

> 열차는 열차 간의 안전을 확보할 수 있도록 시계(視界)운전에 의한 방법으로 운전해야 한다(「철도차량운전규칙」 제46조 제1항 제3호).

✓ 정거장 내에서 철도신호의 현시·표시에 따라 운전하는 경우

> 열차는 열차 간의 안전을 확보할 수 있도록 다음 각 호의 어느 하나의 방법으로 운전해야 한다. 다만, 정거장 내에서 철도신호의 현시·표시 또는 그 정거장의 운전을 관리하는 사람의 지시에 따라 운전하는 경우에는 그렇지 않다(「철도차량운전규칙」 제46조 제1항).

102 「도시철도운전규칙」상 주신호기가 정지신호를 할 경우 중계신호기의 색등으로 적절한 것은?

㉮ 녹색등 ㉯ 등황색등
✓ 적색등 ㉰ 백색등

> 주신호기가 정지신호를 할 경우 중계신호기의 색등은 적색등이다(「도시철도운전규칙」 제66조 제2호 나목).

법령

「도시철도운전규칙」 제66조(상설신호기의 종류 및 신호 방식)
상설신호기는 계기·색등 또는 등열(燈列)로써 다음 각 호의 방식으로 신호하여야 한다.
2. 종속신호기
 나. 중계신호기

방식	신호의 종류 주간·야간별	주신호기가 정지신호를 할 경우	주신호기가 진행을 지시하는 신호를 할 경우
색등식	주간 및 야간	적색등	주신호기가 한 진행을 지시하는 색등

103 다음 중 기존 선구의 운전실력을 기초로 하여 운전속도와 운전시분, 전동기의 전류, 전력소비량 등을 도시한 선도로 이를 기준운전선도라고도 하는 이것은 무엇인가?

☑ ㉮ 실제운전선도
㉯ 계획운전선도

> 운전계획에 사용하는 것으로 동력차 견인력과 열차저항의 관계에서 열차의 운전속도 결정, 운전시분의 산정, 연료 및 전력소비량 결정 등이 있다.

㉰ 가속력선도

> 열차의 속도를 높이기 위한 동력차의 견인력과 이를 방해하는 열차저항과의 차이가 가속력으로 표시된다. 가속력이 높고 낮음이 열차의 속도변화를 좌우하며, 운전선도의 직접 작도법의 기초자료이다.

㉱ 구배별 속도곡선도

104 다음 중 탈선계수(S)를 나타내는 공식으로 적절한 것은?

☑ ㉮ 탈선계수(S) = 횡압(Q) ÷ 윤중(P)   ㉯ 탈선계수(S) = 윤중(P) + 횡압(Q)
㉰ 탈선계수(S) = 윤중(P) × 횡압(Q)   ㉱ 탈선계수(S) = 윤중(P) − 횡압(Q)

> 💡 **TIP**
>
> **탈선계수**
> - 의의
>   기차, 전철의 탈선 위험을 표시하는 수치이다.
> - 공식
>   탈선계수(S) = $\dfrac{횡압(Q)}{윤중(P)}$, 이때 윤중은 수직방향의 힘, 횡압은 좌우방향의 힘이다.
> - 특징
>   - 탈선계수와 탈선 가능성은 비례한다.
>   - 횡압과 윤중의 비이다.
>   - 탈선계수가 일정 값을 넘으면 기차, 전철 따위가 탈선하게 된다.
>   - 탈선계수가 0.8 미만일 때 탈선이 발생하지 않는다.

105 「철도차량운전규칙」에 따른 임시신호기에 관한 설명으로 적절하지 않은 것은?

✓ ㉮ 선로의 상태가 일시 정상운전을 할 수 없는 상태인 경우에는 그 구역의 앞쪽에 임시신호기를 설치하여야 한다.

> 선로의 상태가 일시 정상운전을 할 수 없는 상태인 경우에는 그 구역의 바깥쪽에 임시신호기를 설치하여야 한다(「철도차량운전규칙」 제90조). ㉮는 「도시철도운전규칙」 제67조에 해당하는 내용이므로 적절하지 않다.

㉯ 주간에 서행해제신호 시 신호현시방식은 백색테두리를 한 녹색원판이다.

> 「철도차량운전규칙」 제92조 제1항

㉰ 임시신호기의 종류에는 서행신호기, 서행예고신호기, 서행해제신호기, 서행발리스가 있다.

> 「철도차량운전규칙」 제91조

㉱ 서행신호기 및 서행예고신호기에는 서행속도를 표시하여야 한다.

> 「철도차량운전규칙」 제92조 제2항

법령

「철도차량운전규칙」 제92조(신호현시방식)
① 임시신호기의 신호현시방식은 다음과 같다.

종류	신호현시방식	
	주간	야간
서행신호	백색테두리를 한 등황색 원판	등황색 또는 반사재
서행예고신호	흑색삼각형 3개를 그린 백색삼각형	흑색삼각형 3개를 그린 백색등 또는 반사재
서행해제신호	백색테두리를 한 녹색원판	녹색등 또는 반사재

② 서행신호기 및 서행예고신호기에는 서행속도를 표시하여야 한다.

---

106 다음 중 공기저항 중 속도에 비례하는 저항으로 가장 적절한 것은?

㉮ 전부저항 ㉯ 후부저항
✓ 상하면저항 ㉱ 차량 간의 와류저항

> 공기에 의한 저항 중에서 측면·상하면저항은 속도에 비례하고, 전부저항, 후부저항, 차량 간의 와류저항은 속도의 제곱에 비례한다.

107 견인정수의 산정 시 고려할 사항 중 동력차의 상태를 판단하기 위한 요소로 가장 적절하지 않은 것은?

㉮ 전기차의 온도상승 한도 ✔ ㉯ 하구배의 제동거리
㉰ 사용연료 및 전차선 전압 ㉱ 제한구배상의 인출조건

하구배의 제동거리는 견인정수 산정 시 고려할 사항 중 선로의 상태를 판단하기 위한 요소이다.

TIP
견인정수의 산정 시 고려하여야 할 사항
- 열차의 사명
- 선로의 상태
  - 곡선 및 터널
  - 레일의 상태
  - 상구배의 완급과 장단
    ※ 견인정수를 지배하는 최대요소이다.
  - 하구배의 제동거리
- 동력차의 상태
  - 동력차의 상태 및 견인시험
  - 사용연료 및 전차선 전압
  - 제한구배상의 인출조건
  - 전기차의 온도상승 한도
- 선로 및 승강장 유효장
- 기온

---

108 「철도차량운전규칙」에 따른 사용폐색방식에 해당하지 않은 것은?

✔ ㉮ 통신식 ㉯ 통표폐색식
㉰ 자동폐색식 ㉱ 연동폐색식

통신식은 대용폐색방식에 해당한다(「철도차량운전규칙」 제50조 제2호).

법령
「철도차량운전규칙」 제50조(폐색방식의 구분)
폐색방식은 각 호와 같이 구분한다.
1. 상용(常用)폐색방식 : 자동폐색식 · 연동폐색식 · 차내신호폐색식 · 통표폐색식
2. 대용(代用)폐색방식 : 통신식 · 지도통신식 · 지도식 · 지령식

109 「철도차량운전규칙」에 따른 용어와 설명의 연결이 적절하지 않은 것은?

㉮ 지령식 – 폐색구간이 관제업무종사자가 열차운행을 감시할 수 있으면서 운전용 통신장치 기능이 정상일 경우 관제업무종사자의 승인에 따라 시행한다.

> 「철도차량운전규칙」 제64조의2 제1항 제1호 ⚖

✓ ㉯ 지도격시법 – 폐색구간의 한끝에 있는 정거장 또는 신호소의 운전취급담당자가 적임자를 파견하여 상대의 정거장 또는 신호소 운전취급담당자와 협의한 경우에만 시행해야 한다.

> 지도격시법은 폐색구간의 한끝에 있는 정거장 또는 신호소의 운전취급담당자가 적임자를 파견하여 상대의 정거장 또는 신호소 운전취급담당자와 협의한 후 시행해야 한다. 다만, 지도통신식을 시행 중인 구간에서 통신두절이 된 경우 지도표를 가지고 있는 정거장 또는 신호소에서 출발하는 최초의 열차에 대해서는 적임자를 파견하지 않고 시행할 수 있다(「철도차량운전규칙」 제73조 제3항).

㉰ 전령법 – 폐색구간 양끝에 있는 정거장 또는 신호소의 운전취급담당자가 협의하여 이를 시행해야 한다.

> 전령법은 그 폐색구간 양끝에 있는 정거장 또는 신호소의 운전취급담당자가 협의하여 이를 시행해야 한다. 다만, 다음 각 호의 어느 하나에 해당하는 경우에는 협의하지 않고 시행할 수 있다(「철도차량운전규칙」 제74조 제2항).

㉱ 지도식 – 철도사고 등의 수습 또는 선로보수공사 등으로 현장과 가장 가까운 정거장 또는 신호소 간을 1폐색구간으로 하여 열차를 운전하는 경우에 후속열차를 운전할 필요가 없을 때에 한하여 시행한다.

> 지도식은 철도사고 등의 수습 또는 선로보수공사 등으로 현장과 가장 가까운 정거장 또는 신호소간을 1폐색구간으로 하여 열차를 운전하는 경우에 후속열차를 운전할 필요가 없을 때에 한하여 시행한다(「철도차량운전규칙」 제63조).

법령 ⚖

「철도차량운전규칙」 제62조의2(지령식의 시행)
① 지령식은 폐색 구간이 다음 각 호의 요건을 모두 갖춘 경우 관제업무종사자의 승인에 따라 시행한다.
  1. 관제업무종사자가 열차 운행을 감시할 수 있을 것
  2. 운전용 통신장치 기능이 정상일 것

110 「도시철도운전규칙」에 따른 지도통신식에 관한 설명으로 적절한 것은?

㉮ 역장이나 소장은 연속하여 둘 이상의 열차를 같은 방향의 폐색구간으로 진입시키려는 경우에는 맨 마지막 열차에 대해서는 지도권을, 나머지 열차에 대해서는 지도표를 발급한다.

> 역장이나 소장은 같은 방향의 폐색구간으로 진입시키려는 열차가 하나뿐인 경우에는 지도표를 발급하고, 연속하여 둘 이상의 열차를 같은 방향의 폐색구간으로 진입시키려는 경우에는 맨 마지막 열차에 대해서는 지도표를, 나머지 열차에 대해서는 지도권을 발급한다(「도시철도운전규칙」 제57조 제3항).

㉯ 지도표와 지도권은 폐색구간에 열차를 진입시키려는 역장 또는 소장이 독단적으로 발행한다.

> 지도표와 지도권은 폐색구간에 열차를 진입시키려는 역장 또는 소장이 상대 역장 또는 소장 및 관제사와 협의하여 발행한다(「도시철도운전규칙」 제57조 제2항).

㉰ 지도표 또는 지도권은 폐색구간을 통과한 후 반납할 필요 없다.

> 열차의 기관사는 제3항에 따라 발급받은 지도표 또는 지도권을 폐색구간을 통과한 후 도착지의 역장 또는 소장에게 반납하여야 한다(「도시철도운전규칙」 제57조 제5항).

✅ 지도권엔 양 쪽 역 이름 또는 소(所)이름, 관제사, 명령번호, 열차번호 및 발행일과 시각을 적는다.

> 「도시철도운전규칙」 제57조 제4항

법령

「도시철도운전규칙」 제57조(지도통신식)
① 지도통신식에 따르는 경우에는 지도표 또는 지도권을 발급받은 열차만 해당 폐색구간을 운전할 수 있다.
② 지도표와 지도권은 폐색구간에 열차를 진입시키려는 역장 또는 소장이 상대 역장 또는 소장 및 관제사와 협의하여 발행한다.
③ 역장이나 소장은 같은 방향의 폐색구간으로 진입시키려는 열차가 하나뿐인 경우에는 지도표를 발급하고, 연속하여 둘 이상의 열차를 같은 방향의 폐색구간으로 진입시키려는 경우에는 맨 마지막 열차에 대해서는 지도표를, 나머지 열차에 대해서는 지도권을 발급한다.
④ 지도표와 지도권에는 폐색구간 양쪽의 역 이름 또는 소(所) 이름, 관제사, 명령번호, 열차번호 및 발행일과 시각을 적어야 한다.
⑤ 열차의 기관사는 제3항에 따라 발급받은 지도표 또는 지도권을 폐색구간을 통과한 후 도착지의 역장 또는 소장에게 반납하여야 한다.

111 「철도차량운전규칙」에 따른 정한 용어의 정의가 적절하지 않은 것은?

㉮ 전차선로란 전차선 및 이를 지지하는 공작물을 말한다.

> "전차선로"라 함은 전차선 및 이를 지지하는 공작물을 말한다(「철도차량운전규칙」 제2조 제7호).

㉯ 구내운전이란 정거장 내 또는 차량기지 내에서 입환신호에 의하여 열차 또는 차량을 운전하는 것을 말한다.

> "구내운전"이라 함은 정거장 내 또는 차량기지 내에서 입환신호에 의하여 열차 또는 차량을 운전하는 것을 말한다(「철도차량운전규칙」 제2조 제12호).

✔ ㉰ 위험물이란 철도차량운전규칙에 규정되어 있는 위험물을 말한다.

> "위험물"이라 함은 「철도안전법」 제44조 제1항의 규정에 의한 위험물을 말한다(「철도차량운전규칙」 제2조 제17호).

㉱ 정거장이란 여객의 승강, 화물의 적하, 열차의 조성, 열차의 교행 또는 대피를 목적으로 사용되는 장소를 말한다.

> "정거장"이라 함은 여객의 승강(여객 이용시설 및 편의시설을 포함한다), 화물의 적하(積下), 열차의 조성(組成), 철도차량을 연결하거나 분리하는 작업을 말한다), 열차의 교행(交行) 또는 대피를 목적으로 사용되는 장소를 말한다(「철도차량운전규칙」 제2조 제1호)

---

112 「도시철도운전규칙」에 따른 열차의 편성에 관한 내용으로 적절하지 않은 것은?

㉮ 열차는 차량의 특성 및 선로 구간의 시설 상태 등을 고려하여 안전운전에 지장이 없도록 편성하여야 한다.

> 「도시철도운전규칙」 제28조

✔ ㉯ 열차의 비상제동거리는 500미터 이하로 하여야 한다.

> 열차의 비상제동거리는 600미터 이하로 하여야 한다(「도시철도운전규칙」 제29조).

㉰ 열차에 편성되는 각 차량에는 제동력이 균일하게 작용하고 분리 시에 자동으로 정차할 수 있는 제동장치를 구비하여야 한다.

> 「도시철도운전규칙」 제30조

㉱ 열차를 편성하거나 편성을 변경할 때에는 운전하기 전에 제동장치의 기능을 시험하여야 한다.

> 「도시철도운전규칙」 제31조

113 다음에서 설명하는 「철도차량운전규칙」에서 정한 상치신호기의 종류로 적절한 것은?

> 방호를 요하는 지점을 통과하려는 열차에 대하여 신호를 현시하는 것

㉮ 출발신호기

  출발신호기는 정거장을 진출하려는 열차에 대하여 신호를 현시한 것이다(「철도차량운전규칙」 제82조 제1호 나목). ⚖

✓ 엄호신호기 「철도차량운전규칙」 제82조 제1호 나목 ⚖

㉰ 입환신호기

  입환신호기는 입환차량 또는 차내신호폐색식을 시행하는 구간의 열차에 대하여 신호를 현시하는 것이다(「철도차량운전규칙」 제82조 제1호 바목). ⚖

㉱ 유도신호기

  유도신호기는 장내신호기에 정지신호의 현시가 있는 경우 유도를 받을 열차에 대하여 신호를 현시하는 것이다(「철도차량운전규칙」 제82조 제1호 마목). ⚖

법령 ⚖

「철도차량운전규칙」 제82조(상치신호기의 종류)

상치신호기의 종류와 용도는 다음 각 호와 같다.
1. 주신호기
   가. 장내신호기 : 정거장에 진입하려는 열차에 대하여 신호를 현시하는 것
   나. 출발신호기 : 정거장을 진출하려는 열차에 대하여 신호를 현시하는 것
   다. 폐색신호기 : 폐색구간에 진입하려는 열차에 대하여 신호를 현시하는 것
   라. 엄호신호기 : 특히 방호를 요하는 지점을 통과하려는 열차에 대하여 신호를 현시하는 것
   마. 유도신호기 : 장내신호기에 정지신호의 현시가 있는 경우 유도를 받을 열차에 대하여 신호를 현시하는 것
   바. 입환신호기 : 입환차량 또는 차내신호폐색식을 시행하는 구간의 열차에 대하여 신호를 현시하는 것
2. 종속신호기
   가. 원방신호기 : 장내신호기·출발신호기·폐색신호기 및 엄호신호기에 종속하여 열차에 주 신호기가 현시하는 신호의 예고신호를 현시하는 것
   나. 통과신호기 : 출발신호기에 종속하여 정거장에 진입하는 열차에 신호기가 현시하는 신호를 예고하며, 정거장을 통과할 수 있는지에 대한 신호를 현시하는 것
   다. 중계신호기 : 장내신호기·출발신호기·폐색신호기 및 엄호신호기에 종속하여 열차에 주 신호기가 현시하는 신호의 중계신호를 현시하는 것
3. 신호부속기
   가. 진로표시기 : 장내신호기·출발신호기·진로개통표시기 및 입환신호기에 부속하여 열차 또는 차량에 대하여 그 진로를 표시하는 것
   나. 진로예고기 : 장내신호기·출발신호기에 종속하여 다음 장내신호기 또는 출발신호기에 현시하는 진로를 열차에 대하여 예고하는 것
   다. 진로개통표시기 : 차내신호를 사용하는 열차가 운행하는 본선의 분기부에 설치하여 진로의 개통 상태를 표시하는 것
4. 차내신호 : 동력차 내에 설치하여 신호를 현시하는 것

114 다음 중 실제동거리를 계산하는 공식으로 적절한 것은?

㉮ 전제동거리 × 공주거리
㉯ 공주거리 ÷ 전제동거리
✔ 전제동거리 − 공주거리
㉱ 제동거리 + 전제동거리

> **TIP**
> 거리산정공식
> - 전제동거리 = 공주거리 + 실제동거리
> - 공주거리 = 전제동거리 − 실제동거리
> - 실제동거리 = 전제동거리 − 공주거리

115 치차비가 3.25이고, 동륜의 직경이 850mm 그리고 회전의 수가 600rpm일 때의 속도로 가장 적절한 것은? (단, 속도는 소수점 2자리에서 반올림한다.)

✔ 29.58km/h
㉯ 92.12km/h
㉰ 150.44km/h
㉱ 225.31km/h

$$\text{속도}(V) = 0.1885 \times \frac{\text{동륜의 직경}(D)}{\text{치차비}(Gr)} \times \text{주전동기 1분간 회전수}$$

$$= 0.1885 \times \frac{0.85(m)}{3.25} \times 600 = 29.58(km/h)$$

따라서 속도는 <u>29.58(km/h)</u>이다.

116 다음은 인장봉견인력에 관한 내용이다. A, B에 들어갈 말로 가장 적절한 것은?

> 인장봉견인력은 객화차의 연결기에 걸리는 견인력으로, (A)에서 동력차의 열차(B)을 제외한다. 또한 견인력 중 가장 작으며 (B)의 크기에 따라 다르다.

㉮ A : 지시견인력, B : 저항
✔ A : 동륜주견인력, B : 저항
㉰ A : 지시견인력, B : 열차중량
㉱ A : 동륜주견인력, B : 열차중량

인장봉견인력은 객화차의 연결기에 걸리는 견인력으로, <u>동륜주견인력</u>에서 동력차의 열차<u>저항</u>을 제외한다. 또한 견인력 중 가장 작으며 <u>저항</u>의 크기에 따라 다르다.

117 「철도차량운전규칙」상 동력차를 맨 앞에 연결하지 않아도 되는 경우로 적절하지 않은 것은?

✔ ㉮ 구원열차 · 제설열차 · 회송열차 또는 시험운전열차를 운전하는 경우

> 열차의 운전에 사용하는 동력차는 열차의 맨 앞에 연결하여야 한다. 다만, 구원열차 · 제설열차 · 공사열차 또는 시험운전열차를 운전하는 경우에 해당하는 경우에는 그러하지 아니하다(「철도차량운전규칙」 제11조 제4호).

㉯ 보조기관차를 사용하는 경우

> 「철도차량운전규칙」 제11조 제2호

㉰ 기관차를 2 이상 연결한 경우로서 열차의 맨 앞에 위치한 기관차에서 열차를 제어하는 경우

> 「철도차량운전규칙」 제11조 제1호

㉱ 정거장과 그 정거장 외의 본선 도중에서 분기하는 측선과의 사이를 운전하는 경우

> 「철도차량운전규칙」 제11조 제5호

법령

「철도차량운전규칙」 제11조(동력차의 연결위치)
열차의 운전에 사용하는 동력차는 열차의 맨 앞에 연결하여야 한다. 다만, 다음 각 호의 어느 하나에 해당하는 경우에는 그러하지 아니하다.
1. 기관차를 2 이상 연결한 경우로서 열차의 맨 앞에 위치한 기관차에서 열차를 제어하는 경우
2. 보조기관차를 사용하는 경우
3. 선로 또는 열차에 고장이 있는 경우
4. 구원열차 · 제설열차 · 공사열차 또는 시험운전열차를 운전하는 경우
5. 정거장과 그 정거장 외의 본선 도중에서 분기하는 측선과의 사이를 운전하는 경우
6. 그 밖에 특별한 사유가 있는 경우

---

118 상대속도를 a, 상대방의 속도를 b 그리고 관측자속도를 c라고 할 때 상대속도를 구하는 공식으로 적절한 것은?

㉮ $a = b \times c$ ㉯ $a = c - b$
㉰ $a = b \div c$ ✔ ㉱ $a = b - c$

> 상대속도란 움직이고 있는 두 물체의 한쪽에서 바라본 다른 쪽의 속도를 의미하며, 상대속도를 구하는 공식은 다음과 같다.
> 상대속도(a) = 상대방의 속도(b) - 관측자의 속도(c)

119 「도시철도운전규칙」에 따른 용어의 설명으로 적절하지 않은 것은?

㉮ 운전사고란 열차등의 운전으로 인하여 사상자가 발생하거나 도시철도시설이 파손된 것을 말한다.

> 「도시철도운전규칙」 제3조 제8호

✓ 정거장이란 여객의 승강(여객 이용시설 및 편의시설을 포함한다), 화물의 적하, 열차의 조성, 열차의 교행 또는 대피를 목적으로 사용되는 장소를 말한다.

> 「철도차량운전규칙」 제2조 제1호에 따른 정거장의 정의에 해당한다. 「도시철도운전규칙」 제3조 제1호에 따른 "정거장"이란 여객의 승차·하차, 열차의 편성, 차량의 입환(入換) 등을 위한 장소를 말한다.

㉰ 차량이란 선로에서 운전하는 열차 외의 전동차·궤도시험차·전기시험차 등을 말한다.

> 「도시철도운전규칙」 제3조 제4호

㉱ 노면전차란 도로면의 궤도를 이용하여 운행되는 열차를 말한다.

> 「도시철도운전규칙」 제3조 제10호

법령

「도시철도운전규칙」 제3조(정의)
이 규칙에서 사용하는 용어의 뜻은 다음과 같다.
1. "정거장"이란 여객의 승차·하차, 열차의 편성, 차량의 입환(入換) 등을 위한 장소를 말한다.
2. "선로"란 궤도 및 이를 지지하는 인공구조물을 말하며, 열차의 운전에 상용(常用)되는 본선(本線)과 그 외의 측선(側線)으로 구분된다.
3. "열차"란 본선에서 운전할 목적으로 편성되어 열차번호를 부여받은 차량을 말한다.
4. "차량"이란 선로에서 운전하는 열차 외의 전동차·궤도시험차·전기시험차 등을 말한다.
5. "운전보안장치"란 열차 및 차량(이하 "열차등"이라 한다)의 안전운전을 확보하기 위한 장치로서 폐색장치, 신호장치, 연동장치, 선로전환장치, 경보장치, 열차자동정지장치, 열차자동제어장치, 열차자동운전장치, 열차종합제어장치 등을 말한다.
6. "폐색(閉塞)"이란 선로의 일정구간에 둘 이상의 열차를 동시에 운전시키지 아니하는 것을 말한다.
7. "전차선로"란 전차선 및 이를 지지하는 인공구조물을 말한다.
8. "운전사고"란 열차등의 운전으로 인하여 사상자(死傷者)가 발생하거나 도시철도시설이 파손된 것을 말한다.
9. "운전장애"란 열차등의 운전으로 인하여 그 열차등의 운전에 지장을 주는 것 중 운전사고에 해당하지 아니하는 것을 말한다.
10. "노면전차"란 도로면의 궤도를 이용하여 운행되는 열차를 말한다.
11. "무인운전"이란 사람이 열차 안에서 직접 운전하지 아니하고 관제실에서의 원격조종에 따라 열차가 자동으로 운행되는 방식을 말한다.
12. "시계운전(視界運轉)"이란 사람의 맨눈에 의존하여 운전하는 것을 말한다.

120 다음 중 제동배율 공식으로 적절하지 않은 것은?

㉮ 제동배율 = $\dfrac{\text{제동압력}}{\text{제동원력}} \times 100(\%)$

✓ 제동배율 = $\dfrac{\text{피스톤행정거리}}{\text{제륜자이동거리}} \times 100(\%)$

> 제동배율 = $\dfrac{\text{제동압력}}{\text{제동원력}} \times 100(\%)$ = $\dfrac{\text{제륜자총압력}}{\text{피스톤총압력}} \times 100(\%)$ = $\dfrac{\text{피스톤행정거리}}{\text{제륜자이동거리}} \times 100(\%)$

㉰ 제동배율 = $\dfrac{\text{피스톤행정거리}}{\text{제륜자이동거리}} \times 100(\%)$

㉱ 제동압력 = $\dfrac{\text{제동원력} \times \text{제동배율}}{100(\%)}$

💡 TIP

제동률 산출식

- 제동배율 = $\dfrac{\text{제동압력}}{\text{제동원력}} \times 100(\%)$ = $\dfrac{\text{제륜자총압력}}{\text{피스톤총압력}} \times 100(\%)$ = $\dfrac{\text{피스톤행정거리}}{\text{제륜자이동거리}} \times 100(\%)$

  ※ 제동압력 = $\dfrac{\text{제동원력} \times \text{제동배율}}{100(\%)}$

- 전차제동률 = $\dfrac{\text{총제륜자압력}}{\text{열차총중량}} \times 100(\%)$

- 축제동률 = $\dfrac{\text{축당제륜자압력}}{\text{열차축당중량}} \times 100(\%)$

- 제동률 = $\dfrac{\text{제륜자압력}}{\text{총중량}} \times 100(\%)$

121 다음 중 상구배 선로에서 정차 시 인출방법으로 적절하지 않은 것은?

㉮ 자연인출법 ㉯ 압축인출법
㉰ 후퇴인출법 ✓ 전진인출법

> 상구배 정차 시 인출방법 : <u>자연인출방법</u>, <u>압축인출방법</u>, <u>후퇴인출방법</u>이 있다.

122 「철도차량운전규칙」상 열차가 퇴행운전을 할 수 있는 경우로 적절한 것을 모두 고른 것은?

> ㄱ. 선로·전차선로 또는 차량에 고장이 있는 경우
> ㄴ. 뒤의 보조기관차를 활용하여 퇴행하는 경우
> ㄷ. 공사열차·구원열차 또는 회송열차가 작업상 퇴행할 필요가 있는 경우
> ㄹ. 철도사고 등의 발생 등 특별한 사유가 있는 경우

㉮ ㄷ
㉯ ㄴ, ㄷ
㉰ ㄱ, ㄷ, ㄹ
✅ ㉱ ㄱ, ㄴ, ㄹ

> ㄱ. (○)「철도차량운전규칙」제26조 제1항 제1호 ⚖
> ㄴ. (○)「철도차량운전규칙」제26조 제1항 제3호 ⚖
> ㄷ. (✕) 공사열차·구원열차 또는 제설열차가 작업상 퇴행할 필요가 있는 경우(「철도차량운전규칙」제26조 제1항 제2호). ⚖
> ㄹ. (○)「철도차량운전규칙」제26조 제1항 제4호 ⚖

법령 ⚖

「철도차량운전규칙」제26조(열차의 퇴행 운전)
① 열차는 퇴행하여서는 아니 된다. 다만, 다음 각 호의 어느 하나에 해당하는 경우에는 그러하지 아니하다.
  1. 선로·전차선로 또는 차량에 고장이 있는 경우
  2. 공사열차·구원열차 또는 제설열차가 작업상 퇴행할 필요가 있는 경우
  3. 뒤의 보조기관차를 활용하여 퇴행하는 경우
  4. 철도사고 등의 발생 등 특별한 사유가 있는 경우

---

123 다음은 「철도차량운전규칙」상 어떤 신호기를 설명하는가?

> 선로의 상태가 일시 정상운전을 할 수 없는 상태인 경우에는 그 구역의 바깥쪽에 설치하는 신호기이다.

✅ ㉮ 임시신호기

> 선로의 상태가 일시 정상운전을 할 수 없는 상태인 경우에는 그 구역의 바깥쪽에 임시신호기를 설치하여야 한다(「철도차량운전규칙」제90조).

㉯ 상치신호기

> 상치신호기는 일정한 장소에서 색등(色燈) 또는 등열(燈列)에 의하여 열차 또는 차량의 운전조건을 지시하는 신호기를 말한다(「철도차량운전규칙」제81조).

㉰ 수신호
㉱ 신호부속기

124 「철도차량운전규칙」에 따라 4현시 색등식 감속신호 현시방식으로 적절한 것은?

㉮ 상·하위 등황색등
㉯ 녹색등
☑ 상위 등황색등, 하위 녹색등
㉱ 적색등

4현시 색등식의 감속신호 현시방식은 상위가 등황색등, 하위가 녹색등이다(「철도차량운전규칙」 제84조 제1호).

법령

「철도차량운전규칙」 제84조(신호현시방식)
상치신호기의 현시방식은 다음 각 호와 같다.
1. 장내신호기·출발신호기·폐색신호기 및 엄호신호기

종류	신호현시방식							
	5현시		4현시		3현시	2현시		
	색등식		색등식		색등식	색등식	완목식	
							주간	야간
정지신호	적색등		적색등		적색등	적색등	완·수평	적색등
경계신호	상위	등황색등						
	하위	등황색등						
주의신호	등황색등		등황색등		등황색등			
감속신호	상위	등황색등	상위	등황색등				
	하위	녹색등	하위	녹색등				
진행신호	녹색등		녹색등		녹색등	녹색등	완·좌하향 45도	녹색등

125 「도시철도운전규칙」상 열차의 비상제동거리 기준으로 적절한 것은?

☑ 600m 이하
㉯ 500m 이하
㉰ 400m 이하
㉱ 300m 이하

열차의 비상제동거리는 600미터 이하로 하여야 한다(「도시철도운전규칙」 제29조).

제6회 기출유형 모의고사

[1과목] 교통법규

001	002	003	004	005	006	007	008	009	010	011	012	013	014	015	016	017	018	019	020
다	라	가	다	나	라	나	나	나	라	라	다	나	가	다	라	가	라	가	나
021	022	023	024	025	026	027	028	029	030	031	032	033	034	035	036	037	038	039	040
라	가	가	나	라	나	나	나	나	나	다	나	나	나	나	나	나	나	나	다
041	042	043	044	045	046	047	048	049	050										
라	라	나	나	나	라	가	나	나											

[2과목] 교통안전관리론

051	052	053	054	055	056	057	058	059	060	061	062	063	064	065	066	067	068	069	070
가	가	나	가	라	다	가	나	다	가	다	가	가	나	나	라	라	나	다	가
071	072	073	074	075															
나	나	라	다	라															

[3과목] 철도공학

076	077	078	079	080	081	082	083	084	085	086	087	088	089	090	091	092	093	094	095
라	가	라	라	라	라	라	가	나	라	다	가	나	가	나	나	나	라	라	라
096	097	098	099	100															
라	가	나	라	라															

[4과목] 열차운전(선택과목)

101	102	103	104	105	106	107	108	109	110	111	112	113	114	115	116	117	118	119	120
나	라	가	가	다	나	가	다	라	라	라	다	라	가	다	가	다	나	라	다
121	122	123	124	125															
나	가	다	다	나															

[1과목] 교통법규

001 다음 중 철도산업정보화기본계획에 포함되는 사항이 아닌 것은?

㉮ 철도산업정보화에 필요한 비용 「철도산업발전기본법 시행령」 제15조 제1항 제3호

㉯ 철도산업정보의 수집 및 조사계획 「철도산업발전기본법 시행령」 제15조 제1항 제4호

✓ 철도산업정보화에 필요한 인력지원계획 및 비용

철도산업정보화에 필요한 인력지원계획 및 비용은 철도산업정보화기본계획의 내용에 포함되지 않는다.

㉱ 철도산업정보화와 관련된 기술개발의 지원에 관한 사항

「철도산업발전기본법 시행령」 제15조 제1항 제6호

법령

「철도산업발전기본법 시행령」 제15조(철도산업정보화기본계획의 내용 등)
① 법 제12조 제1항의 규정에 의한 철도산업정보화기본계획에는 다음 각 호의 사항이 포함되어야 한다.
  1. 철도산업정보화의 여건 및 전망
  2. 철도산업정보화의 목표 및 단계별 추진계획
  3. 철도산업정보화에 필요한 비용
  4. 철도산업정보의 수집 및 조사계획
  5. 철도산업정보의 유통 및 이용활성화에 관한 사항
  6. 철도산업정보화와 관련된 기술개발의 지원에 관한 사항
  7. 그 밖에 국토교통부장관이 필요하다고 인정하는 사항

002 「철도안전법령」상 과징금의 부과 및 납부에 관한 설명 중 빈칸에 들어갈 납부기한으로 적절한 것은?

과징금 통지를 받은 자는 통지를 받은 날부터 (　) 이내에 국토교통부장관이 정하는 수납기관에 과징금을 내야 한다.

㉮ 5일 ㉯ 10일
㉱ 15일 ✓ 20일

통지를 받은 자는 통지를 받은 날부터 20일 이내에 국토교통부장관이 정하는 수납기관에 과징금을 내야 한다 (「철도안전법 시행령」 제7조 제2항).

003 「교통안전법」상 교통안전관리규정에 포함되지 않는 사항은?

✔ ㉮ 교통안전기관의 수익극대화에 관한 사항

> 교통안전기관의 수익극대화에 관한 사항은 교통안전관리규정에 포함되지 않는다.

㉯ 교통안전목표 수립에 관한 사항 「교통안전법」 제21조 제1항 제2호 ⚖

㉰ 교통안전담당자 지정에 관한 사항 「교통안전법」 제21조 제1항 제4호 ⚖

㉱ 안전관리대책의 수립 및 추진에 관한 사항 「교통안전법」 제21조 제1항 제5호 ⚖

법령 ⚖

「교통안전법」 제21조(교통시설설치·관리자 등의 교통안전관리규정)
① 대통령령으로 정하는 교통시설설치·관리자 및 교통수단운영자(이하 이 조에서 "교통시설설치·관리자 등"이라 한다)는 그가 설치·관리하거나 운영하는 교통시설 또는 교통수단과 관련된 교통안전을 확보하기 위하여 다음 각 호의 사항을 포함한 규정(이하 "교통안전관리규정"이라 한다)을 정하여 관할교통행정기관에 제출하여야 한다. 이를 변경한 때에도 또한 같다.
  1. 교통안전의 경영지침에 관한 사항
  2. 교통안전목표 수립에 관한 사항
  3. 교통안전 관련 조직에 관한 사항
  4. 제54조의2에 따른 교통안전담당자 지정에 관한 사항
  5. 안전관리대책의 수립 및 추진에 관한 사항
  6. 그 밖에 교통안전에 관한 중요 사항으로서 대통령령으로 정하는 사항

---

004 「교통안전법」 제16조 국가교통안전시행계획과 관련한 내용 중 빈칸에 들어갈 단어로 적절한 것은?

> 지정행정기관의 장은 국가교통안전기본계획을 집행하기 위하여 매년 (㉠)을 수립하여 이를 (㉡)에게 제출하여야 한다.

㉮ ㉠ 소관별 교통안전시행계획안, ㉡ 지방교통위원장
㉯ ㉠ 국가 교통안전기획안, ㉡ 국토교통부장관
✔ ㉰ ㉠ 소관별 교통안전시행계획안, ㉡ 국토교통부장관
㉱ ㉠ 국가 교통안전기획안, ㉡ 지방교통위원장

> 지정행정기관의 장은 국가교통안전기본계획을 집행하기 위하여 매년 소관별 교통안전시행계획안을 수립하여 이를 국토교통부장관에게 제출하여야 한다(「교통안전법」 제16조 제1항).

005 「철도산업발전기본법」에 따른 철도시설관리자에 포함되지 않는 것은?

㉮ 관리청 「철도산업발전기본법」 제9조 가목 ⚖️

✅ 철도청장 「철도산업발전기본법」에 따른 철도시설관리자에 포함되지 않는다.

㉰ 국가철도공단 「철도산업발전기본법」 제9조 나목 ⚖️

㉱ 철도시설관리권을 설정받은 자 「철도산업발전기본법」 제9조 다목 ⚖️

> **법령** ⚖️
>
> 「철도산업발전기본법」 제3조(정의)
> 이 법에서 사용하는 용어의 정의는 다음 각 호와 같다.
> 9. "철도시설관리자"라 함은 철도시설의 건설 및 관리 등에 관한 업무를 수행하는 자로서 다음 각 목의 어느 하나에 해당하는 자를 말한다.
>   가. 제19조에 따른 관리청
>   나. 제20조 제3항에 따라 설립된 국가철도공단
>   다. 제26조 제1항에 따라 철도시설관리권을 설정받은 자
>   라. 가목부터 다목까지의 자로부터 철도시설의 관리를 대행·위임 또는 위탁받은 자

006 「철도산업발전기본법령」에 따른 철도시설 관리대장에 관한 설명으로 옳지 않은 것은?

㉮ 철도시설을 관리하는 자는 그가 관리하는 철도시설의 관리대장을 작성·비치하여야 한다.

「철도산업발전기본법」 제30조 제1항 ⚖️

㉯ 철도시설 관리대장의 작성·비치 및 기재사항 등에 관하여 필요한 사항은 국토교통부령으로 정한다.

「철도산업발전기본법」 제30조 제2항 ⚖️

㉰ 철도시설 관리대장은 철도노선별로 작성하되, 일정 사항을 기재해야 한다.

「철도산업발전기본법 시행규칙」 제4조 제1항 ⚖️

✅ 철도시설 관리대장 기재사항에 관하여 도면 중 평면도는 철도시설 부근의 지형·방위·해발고도 등을 표시하여 축척 2,000분의 1로 작성한다.

> 철도시설 관리대장 기재사항에 관하여 도면 중 평면도는 철도시설 부근의 지형·방위·해발고도 등을 표시하여 축척 1,200분의 1로 작성한다(「철도산업발전기본법 시행규칙」 제4조 제2항). ⚖️

> **법령**
>
> 「철도산업발전기본법」 제30조(철도시설 관리대장)
> ① 철도시설을 관리하는 자는 그가 관리하는 철도시설의 관리대장을 작성·비치하여야 한다.
> ② 철도시설 관리대장의 작성·비치 및 기재사항 등에 관하여 필요한 사항은 국토교통부령으로 정한다.
>
>> 「철도산업발전기본법 시행규칙」 제4조(철도시설관리대장의 작성)
>> ① 법 제30조의 규정에 의한 철도시설관리대장은 철도노선별로 작성하되, 다음 각 호의 사항을 기재하여야 한다.
>> 1. 철도노선 및 철도시설의 현황 및 도면
>> 2. 철도시설의 신설·증설·개량 등의 변동현황
>> 3. 그 밖에 철도시설의 관리를 위하여 필요한 사
>> ② 제1항 제1호의 규정에 의한 도면 중 평면도는 철도시설 부근의 지형·방위·해발고도 등을 표시하여 축척 1,200분의 1로 작성하되, 다음 각 호의 사항을 기재하여야 한다.
>> 1. 철도시설 및 그 경계선
>> 2. 행정구역의 명칭 및 경계선
>> 3. 철도시설의 위치 및 배치현황
>> 4. 도로·공항·항만 등 철도접근교통시설
>> 5. 철도주변의 장애물 분포현황
>> 6. 그 밖에 철도시설의 관리를 위하여 필요한 사항

007

「철도안전법령」상 철도차량 제작자승인검사 중 해당 철도차량에 대한 품질관리체계의 적용 및 유지 여부 등을 확인하는 검사에 해당하는 것은?

㉮ 완성차시험
✓ ㉯ 제작검사
㉰ 합치성검사
㉱ 품질관리체계 적합성검사

> 제작검사는 해당 철도차량에 대한 품질관리체계의 적용 및 유지 여부 등을 확인하는 검사이다(「철도안전법 시행규칙」 제53조 제1항 제2호).

> **법령**
>
> 「철도안전법」 제26조의3(철도차량 제작자승인)
> ② 국토교통부장관은 제1항에 따른 제작자승인을 하는 경우에는 해당 철도차량 품질관리체계가 국토교통부장관이 정하여 고시하는 철도차량의 제작관리 및 품질유지에 필요한 기술기준에 적합한지에 대하여 국토교통부령으로 정하는 바에 따라 제작자승인검사를 하여야 한다.
>
>> 「철도안전법 시행규칙」 제53조(철도차량 제작자승인검사의 방법 및 증명서 발급 등)
>> ① 법 제26조의3 제2항에 따른 철도차량 제작자승인검사는 다음 각 호의 구분에 따라 실시한다.
>> 1. 품질관리체계 적합성검사 : 해당 철도차량의 품질관리체계가 철도차량제작자승인기준에 적합한지 여부에 대한 검사
>> 2. 제작검사 : 해당 철도차량에 대한 품질관리체계의 적용 및 유지 여부 등을 확인하는 검사

008 「철도산업발전기본법」에 따른 용어의 정의 중 ㉠, ㉡에 들어갈 용어로 적절한 것은?

- (㉠) : 철도시설의 신설과 기존 철도시설의 직선화·전철화·복선화 및 현대화 등 철도시설의 성능 및 기능향상을 위한 철도시설의 개량을 포함한 활동
- (㉡) : 기존 철도시설의 현상유지 및 성능향상을 위한 점검·보수·교체·개량 등 일상적인 활동

㉮ ㉠ 철도시설의 건설, ㉡ 철도시설의 관리
✓ ㉠ 철도시설의 건설, ㉡ 철도시설의 유지보수

- "철도시설의 건설"이라 함은 철도시설의 신설과 기존 철도시설의 직선화·전철화·복선화 및 현대화 등 철도시설의 성능 및 기능향상을 위한 철도시설의 개량을 포함한 활동을 말한다(「철도산업발전기본법」 제3조 제6호). ⚖
- "철도시설의 유지보수"라 함은 기존 철도시설의 현상유지 및 성능향상을 위한 점검·보수·교체·개량 등 일상적인 활동을 말한다(「철도산업발전기본법」 제3조 제7호). ⚖

㉰ ㉠ 철도산업, ㉡ 철도시설의 유지보수
㉱ ㉠ 철도산업, ㉡ 철도시설의 관리

법령 ⚖

「철도산업발전기본법」 제3조(정의)
이 법에서 사용하는 용어의 정의는 다음 각 호와 같다.
1. "철도"라 함은 여객 또는 화물을 운송하는 데 필요한 철도시설과 철도차량 및 이와 관련된 운영·지원체계가 유기적으로 구성된 운송체계를 말한다.
2. "철도시설"이라 함은 다음 각 목의 어느 하나에 해당하는 시설(부지를 포함한다)을 말한다.
   가. 철도의 선로(선로에 부대되는 시설을 포함한다), 역시설(물류시설·환승시설 및 편의시설 등을 포함한다) 및 철도운영을 위한 건축물·건축설비
   나. 선로 및 철도차량을 보수·정비하기 위한 선로보수기지, 차량정비기지 및 차량유치시설
   다. 철도의 전철전력설비, 정보통신설비, 신호 및 열차제어설비
   라. 철도노선 간 또는 다른 교통수단과의 연계운영에 필요한 시설
   마. 철도기술의 개발·시험 및 연구를 위한 시설
   바. 철도경영연수 및 철도전문인력의 교육훈련을 위한 시설
   사. 그 밖에 철도의 건설·유지보수 및 운영을 위한 시설로서 대통령령으로 정하는 시설
3. "철도운영"이라 함은 철도와 관련된 다음 각 목의 어느 하나에 해당하는 것을 말한다.
   가. 철도 여객 및 화물 운송
   나. 철도차량의 정비 및 열차의 운행관리
   다. 철도시설·철도차량 및 철도부지 등을 활용한 부대사업개발 및 서비스
4. "철도차량"이라 함은 선로를 운행할 목적으로 제작된 동력차·객차·화차 및 특수차를 말한다.
5. "선로"라 함은 철도차량을 운행하기 위한 궤도와 이를 받치는 노반 또는 공작물로 구성된 시설을 말한다.
6. "철도시설의 건설"이라 함은 철도시설의 신설과 기존 철도시설의 직선화·전철화·복선화 및 현대화 등 철도시설의 성능 및 기능향상을 위한 철도시설의 개량을 포함한 활동을 말한다.
7. "철도시설의 유지보수"라 함은 기존 철도시설의 현상유지 및 성능향상을 위한 점검·보수·교체·개량 등 일상적인 활동을 말한다.
8. "철도산업"이라 함은 철도운송·철도시설·철도차량 관련산업과 철도기술개발관련산업 그 밖에 철도의 개발·이용·관리와 관련된 산업을 말한다.

9. "철도시설관리자"라 함은 철도시설의 건설 및 관리 등에 관한 업무를 수행하는 자로서 다음 각 목의 어느 하나에 해당하는 자를 말한다.
   가. 제19조에 따른 관리청
   나. 제20조 제3항에 따라 설립된 국가철도공단
   다. 제26조 제1항에 따라 철도시설관리권을 설정받은 자
   라. 가목부터 다목까지의 자로부터 철도시설의 관리를 대행·위임 또는 위탁받은 자
10. "철도운영자"라 함은 제21조 제3항에 따라 설립된 한국철도공사 등 철도운영에 관한 업무를 수행하는 자를 말한다.
11. "공익서비스"라 함은 철도운영자가 영리목적의 영업활동과 관계없이 국가 또는 지방자치단체의 정책이나 공공목적 등을 위하여 제공하는 철도서비스를 말한다.

009

「철도산업발전기본법령」에 따르면 국토교통부장관은 철도시설관리자와 철도운영자가 안전하고 효율적으로 선로를 사용할 수 있도록 하기 위하여 선로배분지침을 수립·고시하여야 한다. 이때 선로배분지침에 포함되어야 하는 사항이 아닌 것은?

㉮ 철도차량의 안전운행에 관한 사항 「철도산업발전기본법 시행령」 제24조 제2항 제4호

✔ 철도서비스 시장의 구조개편에 관한 사항

철도서비스 시장의 구조개편에 관한 사항은 「철도산업발전기본법 시행령」 제24조 제2항에 따른 선로배분지침의 사항에 포함되지 않는다.

㉰ 여객열차와 화물열차에 대한 선로용량의 배분 「철도산업발전기본법 시행령」 제24조 제2항 제1호

㉱ 지역 간 열차와 지역 내 열차에 대한 선로용량의 배분

「철도산업발전기본법 시행령」 제24조 제2항 제2호

> **법령**
> 「철도산업발전기본법 시행령」 제24조(선로배분지침의 수립 등)
> ① 국토교통부장관은 법 제17조 제2항의 규정에 의하여 철도시설관리자와 철도운영자가 안전하고 효율적으로 선로를 사용할 수 있도록 하기 위하여 선로용량의 배분에 관한 지침(이하 "선로배분지침"이라 한다)을 수립·고시하여야 한다.
> ② 제1항의 규정에 의한 선로배분지침에는 다음 각 호의 사항이 포함되어야 한다.
>   1. 여객열차와 화물열차에 대한 선로용량의 배분
>   2. 지역 간 열차와 지역 내 열차에 대한 선로용량의 배분
>   3. 선로의 유지보수·개량 및 건설을 위한 작업시간
>   4. 철도차량의 안전운행에 관한 사항
>   5. 그 밖에 선로의 효율적 활용을 위하여 필요한 사항

010 「교통안전법」상 교통사고 관련자료 등을 보관·관리하지 아니한 자에 대한 벌칙에 해당하는 것은?

㉮ 2년 이하의 징역 또는 2천만 원 이하의 벌금
㉯ 2년 이하의 징역 또는 1천만 원 이하의 벌금
㉰ 1천만 원 이하의 과태료
✔ 500만 원 이하의 과태료

교통사고 관련자료 등을 보관·관리하지 아니한 자에게는 500만 원 이하의 과태료를 부과한다(「교통안전법」 제65조 제2항 제8호).

법령

「교통안전법」 제65조(과태료)
① 다음 각 호의 어느 하나에 해당하는 자에게는 1천만 원 이하의 과태료를 부과한다.
  1. 삭제
  2. 제34조 제5항에 따른 교통시설안전진단을 받지 아니하거나 교통시설안전진단보고서를 거짓으로 제출한 자
  3. 제55조 제1항에 따른 운행기록장치를 장착하지 아니한 자
  3의2. 제55조 제2항 후단을 위반하여 운행기록장치에 기록된 운행기록을 임의로 조작한 자
  4. 제55조의2에 따른 차로이탈경고장치를 장착하지 아니한 자
② 다음 각 호의 어느 하나에 해당하는 자에게는 500만 원 이하의 과태료를 부과한다.
  1. 제21조 제1항부터 제3항까지의 규정을 위반하여 교통안전관리규정을 제출하지 아니하거나 이를 준수하지 아니하는 자 또는 변경명령에 따르지 아니하는 자
  2. 제33조 제1항 또는 제6항에 따른 교통수단안전점검을 거부·방해 또는 기피한 자
  3. 제33조 제3항을 위반하여 보고를 하지 아니하거나 거짓으로 보고한 자 또는 자료제출요청을 거부·기피·방해하거나 관계공무원의 질문에 대하여 거짓으로 진술한 자
  4. 제40조 제1항의 규정에 따른 신고를 하지 아니하거나 거짓으로 신고한 자
  5. 제40조 제2항에 따른 신고를 하지 아니하고 교통시설안전진단 업무를 휴업·재개업 또는 폐업하거나 거짓으로 신고한 자
  6. 제47조 제1항의 규정을 위반하여 보고를 하지 아니하거나 거짓으로 보고한 자 또는 자료제출요청을 거부·기피·방해한 자
  7. 제47조 제1항의 규정에 따른 점검·검사를 거부·기피·방해하거나 질문에 대하여 거짓으로 진술한 자
  8. 제51조 제2항의 규정을 위반하여 교통사고 관련자료 등을 보관·관리하지 아니한 자
  9. 제51조 제3항의 규정을 위반하여 교통사고 관련자료 등을 제공하지 아니한 자
  9의2. 제54조의2 제1항을 위반하여 교통안전담당자를 지정하지 아니한 자
  9의3. 제54조의2 제2항을 위반하여 교육을 받게 하지 아니한 자
  10. 제55조 제2항을 위반하여 운행기록을 보관하지 아니하거나 교통행정기관에 제출하지 아니한 자
  10의2. 제55조의3 제2항을 위반하여 조사를 거부·방해 또는 기피한 자
  11. 제56조의2 제1항을 위반하여 교육을 받지 아니한 자
  12. 제57조의3 제2항을 위반하여 통행방법을 게시하지 아니한 자
  13. 제57조의3 제9항을 위반하여 중대한 사고를 통보하지 아니한 자
③ 제1항 및 제2항의 규정에 따른 과태료는 대통령령으로 정하는 바에 따라 국토교통부장관, 교통행정기관 또는 시장·군수·구청장이 부과·징수한다.

011

「철도안전법령」에 따르면 철도운영자 등은 철도사고가 발생하였을 때에는 즉시 국토교통부장관에게 보고하여야 한다. 이와 관련한 철도사고의 종류로 올바르지 않은 것은?

㉮ 열차의 충돌이나 탈선사고 「철도안전법 시행령」 제57조 제1호

㉯ 철도차량이나 열차에서 화재가 발생하여 운행을 중지시킨 사고 「철도안전법 시행령」 제57조 제2호

㉰ 철도차량이나 열차의 운행과 관련하여 3명 이상 사상자가 발생한 사고
「철도안전법 시행령」 제57조 제3호

✓ 철도차량이나 열차의 운행과 관련하여 1천만 원 이상의 재산피해가 발생한 사고

철도차량이나 열차의 운행과 관련하여 5천만 원 이상의 재산피해가 발생한 사고가 해당된다(「철도안전법 시행령」 제57조 제4호).

법령

「철도안전법」 제61조(철도사고 등 의무보고)
① 철도운영자 등은 사상자가 많은 사고 등 대통령령으로 정하는 철도사고 등이 발생하였을 때에는 국토교통부령으로 정하는 바에 따라 즉시 국토교통부장관에게 보고하여야 한다.

「철도안전법 시행령」 제57조(국토교통부장관에게 즉시 보고하여야 하는 철도사고 등)
법 제61조 제1항에서 "사상자가 많은 사고 등 대통령령으로 정하는 철도사고 등"이란 다음 각 호의 어느 하나에 해당하는 사고를 말한다.
1. 열차의 충돌이나 탈선사고
2. 철도차량이나 열차에서 화재가 발생하여 운행을 중지시킨 사고
3. 철도차량이나 열차의 운행과 관련하여 3명 이상 사상자가 발생한 사고
4. 철도차량이나 열차의 운행과 관련하여 5천만 원 이상의 재산피해가 발생한 사고

012

「철도안전법」상 철도차량정비기술사의 관한 정의 중 빈칸에 들어갈 내용을 순서대로 나열한 것은?

"철도차량정비기술자"란 철도차량정비에 관한 ( ), ( ) 및 ( ) 등을 갖추어 국토교통부장관의 인정을 받은 사람을 말한다.

㉮ 기능, 학력, 자격　　　　　　　㉯ 자격, 기능, 경력
✓ 자격, 경력, 학력　　　　　　　㉱ 기능, 경력, 학력

"철도차량정비기술자"란 철도차량정비에 관한 자격, 경력 및 학력 등을 갖추어 국토교통부장관의 인정을 받은 사람을 말한다(「철도안전법」 제2조 제15호).

013 「철도안전법령」에 따르면 시정조치의 면제를 받으려는 제작자는 중지명령을 받은 날부터 ( ) 이내에 경미한 경우에 해당함을 증명하는 서류를 국토교통부장관에게 제출하여야 한다. 빈칸에 들어갈 제출기한으로 적절한 것은?

㉮ 7일
✓ 15일
㉯ 30일
㉰ 45일

> 시정조치의 면제를 받으려는 제작자는 중지명령을 받은 날부터 15일 이내에 경미한 경우에 해당함을 증명하는 서류를 국토교통부장관에게 제출하여야 한다(「철도안전법 시행령」 제29조 제1항).

014 「철도산업발전기본법」상 공익서비스비용의 부담의무를 지니는 대상으로 옳은 것은?

✓ 원인제공자
㉯ 철도공사
㉰ 국가철도공단
㉱ 국토교통부

> 철도운영자의 공익서비스 제공으로 발생하는 비용(이하 "공익서비스비용"이라 한다)은 대통령령으로 정하는 바에 따라 국가 또는 해당 철도서비스를 직접 요구한 자(이하 "원인제공자"라 한다)가 부담하여야 한다(「철도산업발전기본법」 제32조 제1항).

015 「철도안전법」상 다음의 위반행위를 한 자에 대한 벌칙으로 적절한 것은?

- 거짓이나 그 밖의 부정한 방법으로 관제자격증명을 받은 사람
- 거짓이나 그 밖의 부정한 방법으로 철도차량정비기술자로 인정받은 사람

㉮ 3년 이하의 징역 또는 3천만 원 이하의 벌금
㉯ 2년 이하의 징역 또는 2천만 원 이하의 벌금
✓ 1년 이하의 징역 또는 1천만 원 이하의 벌금

> 거짓이나 그 밖의 부정한 방법으로 관제자격증명을 받은 사람과 철도차량정비기술자로 인정받은 사람은 1년 이하의 징역 또는 1천만 원 이하의 벌금에 처한다(「철도안전법」 제79조 제4항 제2의2호, 제2의3호).

㉱ 500만 원 이하의 벌금

> **법령**
>
> 「철도안전법」 제79조(별칙)
> ④ 다음 각 호의 어느 하나에 해당하는 자는 <u>1년 이하의 징역 또는 1천만 원 이하의 벌금</u>에 처한다.
>   1. 제10조 제1항을 위반하여 운전면허를 받지 아니하고(제20조에 따라 운전면허가 취소되거나 그 효력이 정지된 경우를 포함한다) 철도차량을 운전한 사람
>   2. 거짓이나 그 밖의 부정한 방법으로 운전면허를 받은 사람
>   2의2. <u>거짓이나 그 밖의 부정한 방법으로 관제자격증명을 받은 사람</u>
>   2의3. <u>거짓이나 그 밖의 부정한 방법으로 철도차량정비기술자로 인정받은 사람</u>
>   2의4. 제19조의2를 위반하여 운전면허증을 다른 사람에게 빌려주거나 빌리거나 이를 알선한 사람
>   3. 제21조를 위반하여 실무수습을 이수하지 아니하고 철도차량의 운전업무에 종사한 사람
>   3의2. 제21조의2를 위반하여 운전면허를 받지 아니하거나(제20조에 따라 운전면허가 취소되거나 그 효력이 정지된 경우를 포함한다) 실무수습을 이수하지 아니한 사람을 철도차량의 운전업무에 종사하게 한 철도운영자 등
>   3의3. 제21조의3을 위반하여 관제자격증명을 받지 아니하고(제21조의11에 따라 관제자격증명이 취소되거나 그 효력이 정지된 경우를 포함한다) 관제업무에 종사한 사람
>   3의4. 제21조의10을 위반하여 관제자격증명서를 다른 사람에게 빌려주거나 빌리거나 이를 알선한 사람
>   4. 제22조를 위반하여 실무수습을 이수하지 아니하고 관제업무에 종사한 사람
>   4의2. 제22조의2를 위반하여 관제자격증명을 받지 아니하거나(제21조의11에 따라 관제자격증명이 취소되거나 그 효력이 정지된 경우를 포함한다) 실무수습을 이수하지 아니한 사람을 관제업무에 종사하게 한 철도운영자 등
>   5. 제23조 제1항을 위반하여 신체검사와 적성검사를 받지 아니하거나 같은 조 제3항을 위반하여 신체검사와 적성검사에 합격하지 아니하고 같은 조 제1항에 따른 업무를 한 사람 및 그로 하여금 그 업무에 종사하게 한 자
>   5의2. 제24조의3을 위반한 다음 각 목의 어느 하나에 해당하는 사람
>   가. 다른 사람에게 자기의 성명을 사용하여 철도차량정비 업무를 수행하게 하거나 자신의 철도차량정비경력증을 빌려 준 사람
>   나. 다른 사람의 성명을 사용하여 철도차량정비 업무를 수행하거나 다른 사람의 철도차량정비경력증을 빌린 사람
>   다. 가목 및 나목의 행위를 알선한 사람
>   6. 제26조 제1항 또는 제27조 제1항에 따른 형식승인을 받지 아니한 철도차량 또는 철도용품을 판매한 자
>   6의2. 제31조 제6항에 따른 이행 명령에 따르지 아니한 자
>   7. 제38조 제1항을 위반하여 종합시험운행 결과를 허위로 보고한 자
>   7의2. 제38조의7 제1항을 위반하여 정비조직의 인증을 받지 아니하고 철도차량정비를 한 자
>   8. 제39조의2 제1항에 따른 지시를 따르지 아니한 자
>   9. 제39조의3 제3항을 위반하여 설치 목적과 다른 목적으로 영상기록장치를 임의로 조작하거나 다른 곳을 비춘 자 또는 운행기간 외에 영상기록을 한 자
>   10. 제39조의3 제4항을 위반하여 영상기록을 목적 외의 용도로 이용하거나 다른 자에게 제공한 자
>   11. 제39조의3 제5항을 위반하여 안전성 확보에 필요한 조치를 하지 아니하여 영상기록장치에 기록된 영상정보를 분실·도난·유출·변조 또는 훼손당한 자
>   12. 제47조 제1항 제6호를 위반하여 술을 마시거나 약물을 복용하고 다른 사람에게 위해를 주는 행위를 한 사람
>   13. 거짓이나 부정한 방법으로 철도운행안전관리자 자격을 받은 사람
>   14. 제69조의2 제1항을 위반하여 철도운행안전관리자를 배치하지 아니하고 철도시설의 건설 또는 관리와 관련한 작업을 시행한 철도운영자
>   15. 제69조의3 제1항 및 제2항을 위반하여 정기교육을 받지 아니하고 업무를 한 사람 및 그로 하여금 그 업무에 종사하게 한 자
>   16. 제69조의4를 위반하여 철도안전 전문인력의 분야별 자격을 다른 사람에게 빌려주거나 빌리거나 이를 알선한 사람

016 「철도안전법」상 철도안전 종합계획에 관한 설명으로 옳은 것은?

㉮ 국토교통부장관은 3년마다 철도안전에 관한 종합계획을 수립하여야 한다.

> 국토교통부장관은 5년마다 철도안전에 관한 종합계획을 수립하여야 한다(「철도안전법」 제5조 제1항).

㉯ 국토교통부장관은 수립된 철도안전 종합계획을 변경(대통령령으로 정하는 경미한 사항의 변경 포함)할 경우 철도산업위원회의 심의를 거쳐야 한다.

> 국토교통부장관은 수립된 철도안전 종합계획을 변경(대통령령으로 정하는 경미한 사항의 변경은 제외)할 경우 철도산업위원회의 심의를 거쳐야 한다(「철도안전법」 제5조 제3항 후단).

㉰ 국토교통부장관은 철도안전 종합계획을 수립하거나 변경하기 위하여 필요하다고 인정하면 관계 중앙행정기관의 장 또는 특별시장·광역시장·특별자치시장·도지사·특별자치도지사에게 관련 자료의 제출을 요구하여야 한다.

> 국토교통부장관은 철도안전 종합계획을 수립하거나 변경하기 위하여 필요하다고 인정하면 관계 중앙행정기관의 장 또는 특별시장·광역시장·특별자치시장·도지사·특별자치도지사에게 관련 자료의 제출을 요구할 수 있다(「철도안전법」 제5조 제4항 전단).

㉱ ✓ 자료 제출 요구를 받은 관계 중앙행정기관의 장 또는 시·도지사는 특별한 사유가 없으면 이에 따라야 한다.

> 「철도안전법」 제5조 제4항 후단

017 「철도안전법령」상 운전면허 없이도 운전할 수 있는 경우를 모두 고른 것은?

> ㄱ. 운전교육훈련기관에서 실시하는 운전교육훈련을 받기 위하여 철도차량을 운전하는 경우
> ㄴ. 운전면허시험을 치르기 위하여 철도차량을 운전하는 경우
> ㄷ. 철도차량을 제작·조립·정비하기 위한 공장 안의 선로에서 철도차량을 운전하여 이동하는 경우
> ㄹ. 철도사고 등을 복구하기 위하여 열차운행 중인 선로에서 사고복구용 특수차량을 운전하여 이동하는 경우

㉮ ✓ ㄱ, ㄴ, ㄷ ㉯ ㄱ, ㄴ, ㄹ
㉰ ㄴ, ㄷ, ㄹ ㉱ ㄱ, ㄴ, ㄷ, ㄹ

ㄱ. (○) 「철도안전법 시행령」 제10조 제1항 제1호
ㄴ. (○) 「철도안전법 시행령」 제10조 제1항 제2호
ㄷ. (○) 「철도안전법 시행령」 제10조 제1항 제3호
ㄹ. (×) 철도사고 등을 복구하기 위하여 열차운행이 중지된 선로에서 사고복구용 특수차량을 운전하여 이동하는 경우 운전면허 없이 운전할 수 있다(「철도안전법 시행령」 제10조 제1항 제4호).

> **법령**
>
> 「철도안전법」 제10조(철도차량 운전면허)
> ① 철도차량을 운전하려는 사람은 국토교통부장관으로부터 철도차량 운전면허(이하 "운전면허"라 한다)를 받아야 한다. 다만, 제16조에 따른 교육훈련 또는 제17조에 따른 운전면허시험을 위하여 철도차량을 운전하는 경우 등 대통령령으로 정하는 경우에는 그러하지 아니하다.
>
> > 「철도안전법 시행령」 제10조(운전면허 없이 운전할 수 있는 경우)
> > ① 법 제10조 제1항 단서에서 "대통령령으로 정하는 경우"란 다음 각 호의 어느 하나에 해당하는 경우를 말한다.
> >   1. 법 제16조 제3항에 따른 철도차량 운전에 관한 전문 교육훈련기관(이하 "운전교육훈련기관"이라 한다)에서 실시하는 운전교육훈련을 받기 위하여 철도차량을 운전하는 경우
> >   2. 법 제17조 제1항에 따른 운전면허시험(이하 이 조에서 "운전면허시험"이라 한다)을 치르기 위하여 철도차량을 운전하는 경우
> >   3. 철도차량을 제작 · 조립 · 정비하기 위한 공장 안의 선로에서 철도차량을 운전하여 이동하는 경우
> >   4. 철도사고 등을 복구하기 위하여 열차운행이 중지된 선로에서 사고복구용 특수차량을 운전하여 이동하는 경우
> > ② 제1항 제1호 또는 제2호에 해당하는 경우에는 해당 철도차량에 운전교육훈련을 담당하는 사람이나 운전면허시험에 대한 평가를 담당하는 사람을 승차시켜야 하며, 국토교통부령으로 정하는 표지를 해당 철도차량의 앞면 유리에 붙여야 한다.

018 다음 중 교통문화지수의 조사 항목에 해당하지 않는 것은?

㉮ 운전행태 　「교통안전법 시행령」 제47조 제1항 제1호

㉯ 교통안전 　「교통안전법 시행령」 제47조 제1항 제2호

㉰ 보행행태 　「교통안전법 시행령」 제47조 제1항 제3호

 교통안전점검

> 교통안전점검은 「교통안전법 시행령」 제47에 따른 교통문화지수의 조사 항목에 포함되지 않는다.

> **법령**
>
> 「교통안전법 시행령」 제47조 제1항(교통문화지수의 조사 항목 등)
> ① 법 제57조 제1항에 따른 교통문화지수(이하 "교통문화지수"라 한다)의 조사 항목은 다음 각 호와 같다.
>   1. 운전행태
>   2. 교통안전
>   3. 보행행태(도로교통분야로 한정한다)
>   4. 그 밖에 국토교통부장관이 필요하다고 인정하여 정하는 사항

019 「철도안전법령」에 따른 종합시험운행의 결과에 대한 검토 순서로 올바른 것은?

㉮ 기술기준에의 적합 여부 검토 → 철도시설 및 열차운행체계의 안전성 여부 검토 → 정상운행 준비의 적절성 여부 검토

> 종합시험운행의 결과에 대한 검토는 '기술기준에의 적합 여부 검토 → 철도시설 및 열차운행체계의 안전성 여부 검토 → 정상운행 준비의 적절성 여부 검토'의 절차로 구분하여 순서대로 실시한다(「철도안전법 시행규칙」 제75조의2 제1항).

㉯ 기술기준에의 적합 여부 검토 → 정상운행 준비의 적절성 여부 검토 → 철도시설 및 열차운행체계의 안전성 여부 검토

㉰ 정상운행 준비의 적절성 여부 검토 → 기술기준에의 적합 여부 검토 → 철도시설 및 열차운행체계의 안전성 여부 검토

㉱ 철도시설 및 열차운행체계의 안전성 여부 검토 → 기술기준에의 적합 여부 검토 → 정상운행 준비의 적절성 여부 검토

법령

「철도안전법 시행규칙」 제75조의2(종합시험운행 결과의 검토 및 개선명령 등)
① 법 제38조 제2항에 따라 실시되는 종합시험운행의 결과에 대한 검토는 다음 각 호의 절차로 구분하여 순서대로 실시한다.
  1. 「철도의 건설 및 철도시설 유지관리에 관한 법률」 제19조 제1항 및 제2항에 따른 기술기준에의 적합 여부 검토
  2. 철도시설 및 열차운행체계의 안전성 여부 검토
  3. 정상운행 준비의 적절성 여부 검토

020 「철도산업발전기본법」상 철도산업구조개혁의 추진에 따른 기본시책에 관한 설명 중 빈칸에 들어갈 단어로 적절한 것은?

> 철도산업의 구조개혁을 추진하는 경우 철도시설은 (　　　)이/가 소유하는 것을 원칙으로 한다.

㉮ 사인 ㉯ 국가
㉰ 국토교통부 ㉱ 철도청

> 철도산업의 구조개혁을 추진하는 경우 철도시설은 국가가 소유하는 것을 원칙으로 한다(「철도산업발전기본법」 제20조 제1항).

021 다음 중 운행기록의 점검 및 분석사항에 해당하지 않는 것은?

㉮ 운행기록의 조작 및 교정인자의 위·변조 여부

「자동차 운행기록 및 장치에 관한 관리지침」 제8조 제2항 제1호

㉯ 운행기록장치의 미작동 및 오류발생 여부

「자동차 운행기록 및 장치에 관한 관리지침」 제8조 제2항 제2호

㉰ 운행기록장치의 오류발생 사유조사

「자동차 운행기록 및 장치에 관한 관리지침」 제8조 제2항 제3호

☑ 운행기록장치의 표기형식 오류발생 여부

운행기록장치의 표기형식 오류발생 여부는 운행기록의 점검 및 분석사항에 해당하지 않는다.

> **법령**
>
> 「자동차 운행기록 및 장치에 관한 관리지침」 제8조(운행기록장치 및 운행기록의 점검 등)
> ① 공단은 접수된 운행기록이 범용자료저장방식 및 별표 2의 배열순서에 적합한 지 등을 확인하여야 한다.
> ② 공단은 운송사업자의 운행기록장치 및 운행기록(이하 "운행기록 등"이라 한다)에 대한 다음 각 호의 사항을 점검할 수 있다.
>   1. 운행기록의 조작 및 교정인자의 위·변조 여부
>   2. 운행기록장치의 미작동 및 오류발생 여부
>   3. 운행기록장치의 오류발생 사유조사
>   4. 운행기록장치에 별표 2의 표기순서에 적합한 운행기록 저장 여부
>   5. 그 밖에 운행기록 등에 문제가 있다고 판단되는 사항의 확인

022 「교통안전법」상 국토교통부장관의 교통안전진단기관에 대한 필수 등록 취소 사유로 옳은 것은?

☑ 거짓이나 그 밖의 부정한 방법으로 등록을 한 때

「교통안전법」 제43조 제1항 제1호

㉯ 최근 1년간 2회의 영업정지처분을 받고 새로이 영업정지처분에 해당하는 사유가 발생한 때

최근 2년간 2회의 영업정지처분을 받고 새로이 영업정지처분에 해당하는 사유가 발생한 때(「교통안전법」 제43조 제1항 제2호)

㉰ 영업정지처분을 받고 영업정지처분기간 중에 새로이 교통시설안전진단 업무를 실시하지 아니한 때

> 영업정지처분을 받고 영업정지처분기간 중에 새로이 교통시설안전진단 업무를 실시한 때(「교통안전법」 제43조 제1항 제5호) ⚖️

㉱ 타인의 명칭 또는 상호를 사용하거나 교통안전진단기관등록증을 대여한 때

> 타인에게 자기의 명칭 또는 상호를 사용하게 하거나 교통안전진단기관등록증을 대여한 때(「교통안전법」 제43조 제1항 제4호) ⚖️

> **법령** ⚖️
>
> 「교통안전법」 제43조(등록의 취소 등)
> ① 시·도지사는 교통안전진단기관이 다음 각 호의 어느 하나에 해당하는 때에는 그 등록을 취소하거나 1년 이내의 기간을 정하여 영업의 정지를 명할 수 있다. 다만, 제1호부터 제5호까지의 어느 하나에 해당하는 때에는 그 등록을 취소하여야 한다.
> 1. 거짓이나 그 밖의 부정한 방법으로 등록을 한 때
> 2. 최근 2년간 2회의 영업정지처분을 받고 새로이 영업정지처분에 해당하는 사유가 발생한 때
> 3. 제41조 각 호의 어느 하나에 해당하게 된 때. 다만, 법인의 임원 중에 같은 조 제1호부터 제5호까지의 어느 하나에 해당하는 자가 있는 경우 6월 이내에 해당 임원을 개임한 때에는 그러하지 아니하다.
> 4. 제42조의 규정을 위반하여 타인에게 자기의 명칭 또는 상호를 사용하게 하거나 교통안전진단기관등록증을 대여한 때
> 5. 영업정지처분을 받고 영업정지처분기간 중에 새로이 교통시설안전진단 업무를 실시한 때
> 6. 제39조 제2항의 규정에 따른 등록기준에 미달하게 된 때
> 7. 교통시설안전진단을 실시할 자격이 없는 자로 하여금 교통시설안전진단을 수행하게 한 때
> 8. 제45조에 따라 교통시설안전진단의 실시결과를 평가한 결과 안전의 상태를 사실과 다르게 진단하는 등 교통시설안전진단 업무를 부실하게 수행한 것으로 평가된 때

---

023 「철도산업발전기본법」에 따르면 국가철도공단은 철도자산처리계획에 의하여 일정한 철도자산과 그에 관한 권리와 의무를 포괄하여 승계한다. 이때 철도자산의 구분항목과 가장 거리가 먼 것은?

✅ 철도청이 건설 중인 관리자산

> 철도청이 건설 중인 관리자산은 「철도산업발전기본법」상 철도자산의 구분항목과 관련이 없다.

㉯ 철도청이 건설 중인 시설자산   「철도산업발전기본법」 제23조 제5항 제1호 ⚖️

㉰ 고속철도건설공단이 건설 중인 운영자산   「철도산업발전기본법」 제23조 제5항 제2호 ⚖️

㉱ 고속철도건설공단의 기타자산   「철도산업발전기본법」 제23조 제5항 제3호 ⚖️

> **법령**
>
> 「철도산업발전기본법」 제23조(철도자산의 처리)
> ⑤ 국가철도공단은 철도자산처리계획에 의하여 다음 각 호의 철도자산과 그에 관한 권리와 의무를 포괄하여 승계한다. 이 경우 제1호 및 제2호의 철도자산이 완공된 때에는 국가에 귀속된다.
>   1. 철도청이 건설 중인 시설자산
>   2. 고속철도건설공단이 건설 중인 시설자산 및 운영자산
>   3. 고속철도건설공단의 기타자산

024
「철도산업발전기본법령」상 사용계약에 따른 선로 등의 사용료의 한도에 관한 설명 중 빈칸에 공통적으로 들어갈 단어로 알맞은 것은?

> 선로 등의 사용료를 정하는 경우에는 다음의 한도를 초과하지 않는 범위에서 선로 등의 유지보수비용 등 관련 비용을 회수할 수 있도록 해야 한다.
> - 국가 또는 지방자치단체가 건설사업비의 전액을 부담한 선로 등 : 해당 선로 등에 대한 (   )의 총액
> - 국가 또는 지방자치단체가 건설사업비의 전액을 부담한 선로 등 외의 선로 등 : 해당 선로 등에 대한 (   ) 총액과 총건설사업비의 합계액

㉮ 건설비용
㉯ 유지보수비용 ✓
㉰ 총건설비용
㉱ 유효건설사업비용

「철도산업발전기본법 시행령」 제36조 제1항에 따라 빈칸에 공통적으로 들어갈 단어는 유지보수비용이다.

> **법령**
>
> 「철도산업발전기본법 시행령」 제36조(사용계약에 따른 선로 등의 사용료 등)
> ① 철도시설관리자는 제35조 제1항 제1호에 따른 선로 등의 사용료를 정하는 경우에는 다음 각 호의 한도를 초과하지 않는 범위에서 선로 등의 유지보수비용 등 관련 비용을 회수할 수 있도록 해야 한다. 다만, 「사회기반시설에 대한 민간투자법」 제26조에 따라 사회기반시설관리운영권을 설정받은 철도시설관리자는 같은 법에서 정하는 바에 따라 선로 등의 사용료를 정해야 한다.
>   1. 국가 또는 지방자치단체가 건설사업비의 전액을 부담한 선로 등 : 해당 선로 등에 대한 유지보수비용의 총액
>   2. 제1호의 선로 등 외의 선로 등 : 해당 선로 등에 대한 유지보수비용 총액과 총건설사업비(조사비·설계비·공사비·보상비 및 그 밖에 건설에 소요된 비용의 합계액에서 국가·지방자치단체 또는 법 제37조 제1항에 따라 수익자가 부담한 비용을 제외한 금액을 말한다)의 합계액

025 「교통안전법」상 국가 등의 의무에 관한 설명으로 적절하지 않은 것은?

㉮ 국가는 국민의 생명·신체 및 재산을 보호하기 위하여 교통안전에 관한 종합적인 시책을 수립하고 이를 시행하여야 한다.

> 「교통안전법」 제3조 제1항 ⚖²

㉯ 국가는 교통안전에 관한 시책을 수립·시행하는 것 외에 지역개발·교육·문화 및 법무 등에 관한 계획 및 정책을 수립하는 경우에는 교통안전에 관한 사항을 배려하여야 한다.

> 「교통안전법」 제3조 제3항 ⚖²

㉰ 지방자치단체는 주민의 생명·신체 및 재산을 보호하기 위하여 그 관할구역 내의 교통안전에 관한 시책을 해당 지역의 실정에 맞게 수립하고 이를 시행하여야 한다.

> 「교통안전법」 제3조 제2항 ⚖²

✓ 지방자치단체는 해당 교통시설을 설치 또는 관리하는 경우 교통안전표지 그 밖의 교통안전시설을 확충·정비하는 등 교통안전을 확보하기 위한 필요한 조치를 강구하여야 한다.

교통시설설치·관리자는 해당 교통시설을 설치 또는 관리하는 경우 교통안전표지 그 밖의 교통안전시설을 확충·정비하는 등 교통안전을 확보하기 위한 필요한 조치를 강구하여야 한다(「교통안전법」 제4조). ⚖¹

법령 ⚖¹

「교통안전법」 제4조(교통시설설치·관리자의 의무)
교통시설설치·관리자는 해당 교통시설을 설치 또는 관리하는 경우 교통안전표지 그 밖의 교통안전시설을 확충·정비하는 등 교통안전을 확보하기 위한 필요한 조치를 강구하여야 한다.

법령 ⚖²

「교통안전법」 제3조(국가 등의 의무)
① 국가는 국민의 생명·신체 및 재산을 보호하기 위하여 교통안전에 관한 종합적인 시책을 수립하고 이를 시행하여야 한다.
② 지방자치단체는 주민의 생명·신체 및 재산을 보호하기 위하여 그 관할구역 내의 교통안전에 관한 시책을 해당 지역의 실정에 맞게 수립하고 이를 시행하여야 한다.
③ 국가 및 지방자치단체(이하 "국가 등"이라 한다)는 제1항 및 제2항의 규정에 따른 교통안전에 관한 시책을 수립·시행하는 것 외에 지역개발·교육·문화 및 법무 등에 관한 계획 및 정책을 수립하는 경우에는 교통안전에 관한 사항을 배려하여야 한다.

026 「철도안전법」상 술을 마시거나 약물을 사용한 상태에서 업무를 할 수 없는 철도종사자에 해당하는 사람을 모두 고른 것은?

> ㄱ. 운전업무종사자
> ㄴ. 관제업무종사자
> ㄷ. 철도차량의 운행선로 또는 그 인근에 거주하는 사람
> ㄹ. 철도차량 및 철도시설의 점검·정비 업무에 종사하는 사람

㉮ ㄱ, ㄴ
㉯ ㄱ, ㄴ, ㄹ ✓
㉰ ㄴ, ㄷ, ㄹ
㉱ ㄱ, ㄴ, ㄷ, ㄹ

술을 마시거나 약물을 사용한 상태에서 업무를 할 수 없는 철도종사자에 해당하는 자는 <u>ㄱ. 운전업무종사자, ㄴ. 관제업무종사자, ㄹ. 철도차량 및 철도시설의 점검·정비 업무에 종사하는 사람</u>이다(「철도안전법」 제41조 제1항).

법령

「철도안전법」 제41조(철도종사자의 음주 제한 등)
① 다음 각 호의 어느 하나에 해당하는 철도종사자(실무수습 중인 사람을 포함한다)는 술(「주세법」 제3조 제1호에 따른 주류를 말한다. 이하 같다)을 마시거나 약물을 사용한 상태에서 업무를 하여서는 아니 된다.
  1. <u>운전업무종사자</u>
  2. <u>관제업무종사자</u>
  3. 여객승무원
  4. 작업책임자
  5. 철도운행안전관리자
  6. 정거장에서 철도신호기·선로전환기 및 조작판 등을 취급하거나 열차의 조성(組成: 철도차량을 연결하거나 분리하는 작업을 말한다)업무를 수행하는 사람
  7. <u>철도차량 및 철도시설의 점검·정비 업무에 종사하는 사람</u>

---

027 「철도안전법령」상 운전면허 취득을 위한 교육훈련 과정별 교육시간 및 교육훈련과목 중 일반응시자의 디젤차량 운전면허의 이론교육 시간과 기능교육 시간이 바르게 짝지어진 것은?

㉮ 이론교육 시간: 310시간, 기능교육 시간: 470시간
㉯ 이론교육 시간: 310시간, 기능교육 시간: 490시간
㉰ 이론교육 시간: 340시간, 기능교육 시간: 470시간 ✓
㉱ 이론교육 시간: 340시간, 기능교육 시간: 490시간

「철도안전법 시행규칙」 [별표 7]에 따른 일반응시자의 디젤차량 운전면허의 이론교육 시간은 <u>340시간</u>, 기능교육 시간은 <u>470시간</u>이다.

> **법령** ⚖️
>
> 「철도안전법 시행규칙」[별표 7] 운전면허 취득을 위한 교육훈련 과정별 교육시간 및 교육훈련과목(제20조 제3항 관련)
>
> 1. 일반응시자
>
> | 교육과목 및 시간 | | |
> |---|---|---|
> | 교육과정 | 이론교육 | 기능교육 |
> | 가. <u>디젤차량 운전면허 (810)</u> | • 철도관련법(50)
• 철도시스템 일반(60)
• 디젤 차량의 구조 및 기능(170)
• 운전이론 일반(30)
• 비상시 조치(인적오류 예방 포함) 등(30) | • 현장실습교육
• 운전실무 및 모의운행 훈련
• 비상시 조치 등 |
> | | <u>340시간</u> | <u>470시간</u> |

028 다음은 「교통안전법령」상 안전관리규정 준수 여부의 확인·평가와 관련한 설명이다. 빈칸에 들어갈 단어가 적절하게 나열된 것은?

> 교통안전관리규정 준수 여부의 확인·평가는 교통안전관리규정을 제출한 날을 기준으로 매 (　　)년이 지난 날의 전후 (　　)일 이내에 실시한다.

㉮ 3, 100　　　　　　　　　　　　　　㉯ 5, 50
✓ 5, 100　　　　　　　　　　　　　　㉰ 10, 100

> 교통안전관리규정 준수 여부의 확인·평가는 교통안전관리규정을 제출한 날을 기준으로 매 <u>5</u>년이 지난 날의 전후 <u>100</u>일 이내에 실시한다(「교통안전법」 제21조 제3항, 동법 시행규칙 제5조 제1항). ⚖️

> **법령** ⚖️
>
> 「교통안전법」 제21조(교통시설설치·관리자 등의 교통안전관리규정)
> ③ 교통행정기관은 국토교통부령으로 정하는 바에 따라 교통시설설치·관리자 등이 교통안전관리규정을 준수하고 있는지의 여부를 확인하고 이를 평가하여야 한다.
>
> > 「교통안전법 시행규칙」 제5조(교통안전관리규정 준수 여부의 확인·평가)
> > ① 법 제21조 제3항에 따른 <u>교통안전관리규정 준수 여부의 확인·평가</u>는 영 제17조 제1항에 따라 <u>교통안전관리규정을 제출한 날을 기준으로 매 5년이 지난 날의 전후 100일 이내에 실시한다.</u>

029 「철도산업발전기본법령」상 철도자산 관리업무의 민간위탁계획에 포함되는 사항을 모두 고른 것은?

> ㄱ. 위탁대상 철도자산
> ㄴ. 위탁의 필요성 · 범위 및 효과
> ㄷ. 수탁기관의 선정절차

㉮ ㄱ
㉯ ㄴ
㉰ ㄴ, ㄷ
✅ ㄱ, ㄴ, ㄷ

「철도산업발전기본법 시행령」제30조 제3항에 따라 ㄱ~ㄷ 모두 철도자산 관리업무의 민간위탁계획에 포함된다.

법령

「철도산업발전기본법 시행령」제30조(철도자산 관리업무의 민간위탁계획)
② 국토교통부장관은 법 제23조 제4항의 규정에 의하여 철도자산의 관리업무를 민간법인에 위탁하고자 하는 때에는 위원회의 심의를 거쳐 민간위탁계획을 수립하여야 한다.
③ 제2항의 규정에 의한 민간위탁계획에는 다음 각 호의 사항이 포함되어야 한다.
  1. 위탁대상 철도자산
  2. 위탁의 필요성 · 범위 및 효과
  3. 수탁기관의 선정절차
④ 국토교통부장관이 제2항의 규정에 의하여 민간위탁계획을 수립한 때에는 이를 고시하여야 한다.

---

030 「철도안전법」상 운전면허의 취소 또는 효력정지 통지를 받은 운전면허 취득자는 그 통지를 받은 날부터 며칠 이내에 운전면허증을 국토교통부장관에게 반납하여야 하는가?

㉮ 10일 이내
✅ 15일 이내
㉰ 30일 이내
㉱ 60일 이내

운전면허의 취소 또는 효력정지 통지를 받은 운전면허 취득자는 그 통지를 받은 날부터 15일 이내에 운전면허증을 국토교통부장관에게 반납하여야 한다(「철도안전법」 제20조 제3항).

031 「철도안전법」상 영상기록장치의 설치·운영 등에 관한 설명으로 적절하지 않은 것은?

㉮ 철도운영자 등은 철도차량의 운행상황 기록, 교통사고 상황 파악, 안전사고 방지, 범죄 예방 등을 위하여 철도차량 또는 철도시설에 영상기록장치를 설치·운영하여야 한다.

「철도안전법」 제39조의3 제1항

㉯ 철도운영자 등은 영상기록장치를 설치하는 경우 운전업무종사자, 여객 등이 쉽게 인식할 수 있도록 대통령령으로 정하는 바에 따라 안내판 설치 등 필요한 조치를 하여야 한다.

「철도안전법」 제39조의3 제2항

✔ ㉰ 철도운영자 등은 설치 목적과 다른 목적으로 영상기록장치를 임의로 조작하거나 다른 곳을 비추어서는 아니 되며, 운행기간 외에는 영상기록(음성기록 제외)을 하여서는 아니 된다.

철도운영자 등은 설치 목적과 다른 목적으로 영상기록장치를 임의로 조작하거나 다른 곳을 비추어서는 아니 되며, 운행기간 외에는 영상기록(음성기록을 포함)을 하여서는 아니 된다(「철도안전법」 제39조의3 제3항).

㉱ 철도운영자 등은 영상기록장치에 기록된 영상이 분실·도난·유출·변조 또는 훼손되지 아니하도록 대통령령으로 정하는 바에 따라 영상기록장치의 운영·관리 지침을 마련하여야 한다.

「철도안전법」 제39조의3 제5항

법령

「철도안전법」 제39조의3(영상기록장치의 설치·운영 등)
① 철도운영자 등은 철도차량의 운행상황 기록, 교통사고 상황 파악, 안전사고 방지, 범죄 예방 등을 위하여 다음 각 호의 철도차량 또는 철도시설에 영상기록장치를 설치·운영하여야 한다. 이 경우 영상기록장치의 설치 기준, 방법 등은 대통령령으로 정한다.
  1. 철도차량 중 대통령령으로 정하는 동력차 및 객차
  2. 승강장 등 대통령령으로 정하는 안전사고의 우려가 있는 역 구내
  3. 대통령령으로 정하는 차량정비기지
  4. 변전소 등 대통령령으로 정하는 안전확보가 필요한 철도시설
  5. 「건널목 개량촉진법」 제2조 제3호에 따른 건널목으로서 대통령령으로 정하는 안전확보가 필요한 건널목
② 철도운영자 등은 제1항에 따라 영상기록장치를 설치하는 경우 운전업무종사자, 여객 등이 쉽게 인식할 수 있도록 대통령령으로 정하는 바에 따라 안내판 설치 등 필요한 조치를 하여야 한다.
③ 철도운영자 등은 설치 목적과 다른 목적으로 영상기록장치를 임의로 조작하거나 다른 곳을 비추어서는 아니 되며, 운행기간 외에는 영상기록(음성기록을 포함한다. 이하 같다)을 하여서는 아니 된다.
④ 철도운영자 등은 다음 각 호의 어느 하나에 해당하는 경우 외에는 영상기록을 이용하거나 다른 자에게 제공하여서는 아니 된다.
  1. 교통사고 상황 파악을 위하여 필요한 경우
  2. 범죄의 수사와 공소의 제기 및 유지에 필요한 경우
  3. 법원의 재판업무수행을 위하여 필요한 경우
⑤ 철도운영자 등은 영상기록장치에 기록된 영상이 분실·도난·유출·변조 또는 훼손되지 아니하도록 대통령령으로 정하는 바에 따라 영상기록장치의 운영·관리 지침을 마련하여야 한다.
⑥ 영상기록장치의 설치·관리 및 영상기록의 이용·제공 등은 「개인정보 보호법」에 따라야 한다.
⑦ 제4항에 따른 영상기록의 제공과 그 밖에 영상기록의 보관 기준 및 보관 기간 등에 필요한 사항은 국토교통부령으로 정한다.

032 「철도산업발전기본법령」상 철도운영자가 국가부담비용의 지급신청 시 국가부담비용지급신청서에 첨부하여야 할 서류를 모두 고른 것은?

> ㄱ. 국가부담비용지급신청액 및 산정내역서
> ㄴ. 당해 연도의 예상수입·지출명세서
> ㄷ. 최근 5년간 지급받은 국가부담비용내역서
> ㄹ. 원가계산서

㉮ ㄱ, ㄴ, ㄹ ㉯ ㄴ, ㄷ, ㄹ
✓ ㄱ, ㄷ, ㄹ ㉰ ㄱ, ㄴ, ㄷ, ㄹ

「철도산업발전기본법 시행령」 제41조에 제1항에 따른 국가부담비용의 지급신청 시 국가부담비용지급신청서에 첨부하여야 할 서류는 ㄱ. 국가부담비용지급신청액 및 산정내역서, ㄴ. 당해 연도의 예상수입·지출명세서, ㄹ. 원가계산서 및 최근 2년간 지급받은 국가부담비용내역서이다.

법령

「철도산업발전기본법 시행령」 제41조(국가부담비용의 지급)
① 철도운영자는 국가부담비용의 지급을 신청하고자 하는 때에는 국토교통부장관이 지정하는 기간 내에 국가부담비용지급신청서에 다음 각 호의 서류를 첨부하여 국토교통부장관에게 제출하여야 한다.
1. 국가부담비용지급신청액 및 산정내역서
2. 당해 연도의 예상수입·지출명세서
3. 최근 2년간 지급받은 국가부담비용내역서
4. 원가계산서

033 「교통안전법」에 따르면 정부는 매년 국회에 정기국회 개회 전까지 보고서를 제출하여야 한다. 이때 보고내용에 해당하지 않는 것은?

㉮ 교통사고 상황 ✓ 지역교통안전시행계획
㉯ 국가교통안전기본계획 ㉰ 국가교통안전시행계획의 추진 상황 등

정부는 매년 국회에 정기국회 개회 전까지 교통사고 상황, 제15조에 따른 국가교통안전기본계획 및 제16조에 따른 국가교통안전시행계획의 추진 상황 등에 관한 보고서를 제출하여야 한다(「교통안전법」 제10조). 이때 지역교통안전시행계획은 포함되지 않는다.

034 「교통안전법령」상 국토교통부령으로 정하는 기준에 따라 전자식 운행기록장치를 장착하여야 하는 사업자에 해당하지 않는 자는?

㉮ 「여객자동차 운수사업법」에 따른 여객자동차 운송사업자

> 「여객자동차 운수사업법」에 따른 여객자동차 운송사업자는 국토교통부령으로 정하는 기준에 적합한 전자식 운행기록장치를 장착하여야 한다(「교통안전법」 제55조 제1항 제1호).

㉯ 「화물자동차 운수사업법」에 따른 화물자동차 운송사업자

> 「화물자동차 운수사업법」에 따른 화물자동차 운송사업자 및 화물자동차 운송가맹사업자는 국토교통부령으로 정하는 기준에 적합한 전자식 운행기록장치를 장착하여야 한다(「교통안전법」 제55조 제1항 제2호).

✔ 「여객자동차 운수사업법」에 따른 여객자동차 운송가맹사업자

> 「여객자동차 운수사업법」에 따른 여객자동차 운송가맹사업자는 전자식 운행기록 장치 장착의무 사업자에 해당하지 않는다.

㉱ 「화물자동차 운수사업법」에 따른 화물자동차 운송가맹사업자

> 「화물자동차 운수사업법」에 따른 화물자동차 운송사업자 및 화물자동차 운송가맹사업자는 국토교통부령으로 정하는 기준에 적합한 전자식 운행기록장치를 장착하여야 한다(「교통안전법」 제55조 제1항 제2호).

법령

「교통안전법」 제55조(운행기록장치의 장착 및 운행기록의 활용 등)
① 다음 각 호의 어느 하나에 해당하는 자는 그 운행하는 차량에 국토교통부령으로 정하는 기준에 적합한 운행기록장치를 장착하여야 한다. 다만, 소형 화물차량 등 국토교통부령으로 정하는 차량은 그러하지 아니하다.
  1. 「여객자동차 운수사업법」에 따른 여객자동차 운송사업자
  2. 「화물자동차 운수사업법」에 따른 화물자동차 운송사업자 및 화물자동차 운송가맹사업자
  3. 「도로교통법」 제52조에 따른 어린이통학버스(제1호에 따라 운행기록장치를 장착한 차량은 제외한다) 운영자

「교통안전법 시행규칙」 제29조의3(운행기록장치의 장착)
① 법 제55조 제1항에서 "국토교통부령으로 정하는 기준에 적합한 운행기록장치"란 별표 4에서 정하는 기준을 갖춘 전자식 운행기록장치(Digital Tachograph)를 말한다.
② 법 제5조에 따라 교통수단제조사업자는 그가 제조하는 차량(법 제55조 제1항에 따라 운행기록장치를 장착하여야 하는 차량만 해당한다)에 대하여 제1항에 따른 전자식 운행기록장치를 장착할 수 있다.

「교통안전법 시행규칙」 제29조의4(운행기록장치 장착면제 차량)
법 제55조 제1항 단서에서 "소형 화물차량 등 국토교통부령으로 정하는 차량"이란 다음 각 호의 어느 하나에 해당하는 차량을 말한다.
1. 「화물자동차 운수사업법」 제2조 제3호에 따른 화물자동차운송사업용 자동차로서 최대 적재량 1톤 이하인 화물자동차
2. 「자동차관리법 시행규칙」 별표 1에 따른 경형·소형 특수자동차 및 구난형·특수작업형 특수자동차
3. 「여객자동차 운수사업법」 제3조에 따른 여객자동차운송사업에 사용되는 자동차로서 2002년 6월 30일 이전에 등록된 자동차

035 「철도산업발전기본법」상 철도산업위원회의 심의·조정사항을 모두 고른 것은?

> ㄱ. 철도서비스 품질 개선에 관한 중요정책 사항
> ㄴ. 철도산업의 육성·발전에 관한 중요정책 사항
> ㄷ. 철도산업구조개혁에 관한 중요정책 사항
> ㄹ. 철도시설의 건설 및 관리 등 철도시설에 관한 중요정책 사항
> ㅁ. 철도이용자의 권익 보호를 위한 홍보·교육에 관한 사항

㉮ ㄱ, ㄴ, ㄷ
㉯ ㄴ, ㄷ, ㄹ ✓
㉰ ㄱ, ㄹ, ㅁ
㉱ ㄷ, ㄹ, ㅁ

ㄱ. (×)
ㄴ. (○) 「철도산업발전기본법」 제6조 제2항 제1호
ㄷ. (○) 「철도산업발전기본법」 제6조 제2항 제2호
ㄹ. (○) 「철도산업발전기본법」 제6조 제2항 제3호
ㅁ. (×)

법령

「철도산업발전기본법」 제6조(철도산업위원회)
① 철도산업에 관한 기본계획 및 중요정책 등을 심의·조정하기 위하여 국토교통부에 철도산업위원회(이하 "위원회"라 한다)를 둔다.
② 위원회는 다음 각 호의 사항을 심의·조정한다.
  1. 철도산업의 육성·발전에 관한 중요정책 사항
  2. 철도산업구조개혁에 관한 중요정책 사항
  3. 철도시설의 건설 및 관리 등 철도시설에 관한 중요정책 사항
  4. 철도안전과 철도운영에 관한 중요정책 사항
  5. 철도시설관리자와 철도운영자 간 상호협력 및 조정에 관한 사항
  6. 이 법 또는 다른 법률에서 위원회의 심의를 거치도록 한 사항
  7. 그 밖에 철도산업에 관한 중요한 사항으로서 위원장이 회의에 부치는 사항

036 「철도산업발전기본법」상 국가가 철도시설 관련업무를 체계적이고 효율적으로 추진하기 위하여 그 집행조직으로서 철도청 및 고속철도건설공단의 관련 조직을 통·폐합하여 특별법에 의하여 설립하는 것은?

㉮ 국가철도공단 ✓
㉯ 한국철도공사
㉰ 철도운영위원회
㉱ 교통안전관리공단

국가는 철도시설 관련업무를 체계적이고 효율적으로 추진하기 위하여 그 집행조직으로서 철도청 및 고속철도건설공단의 관련 조직을 통·폐합하여 특별법에 의하여 국가철도공단을 설립한다(「철도산업발전기본법」 제20조 제3항).

037 「철도안전법령」상 철도운행안전관리자로 인정받으려는 경우 필요한 교육훈련 시간으로 적절한 것은?

㉮ 100시간(3주) : 직무관련 50시간 + 교양교육 50시간

✓ 120시간(3주) : 직무관련 100시간 + 교양교육 20시간

> 철도운행 안전 관리자의 교육훈련시간은 120시간(3주) : 직무관련 100시간 + 교양교육 20시간이다(「철도안전법 시행규칙」 [별표 24]).

㉰ 150시간(3주) : 직무관련 100시간 + 교양교육 50시간

㉱ 200시간(3주) : 직무관련 150시간 + 교양교육 50시간

법령

「철도안전법 시행규칙」 [별표 24] 철도안전 전문인력의 교육훈련(제91조 제1항 관련)

대상자	교육시간	교육내용	교육시기
철도운행 안전 관리자	120시간(3주) • 직무관련 : 100시간 • 교양교육 : 20시간	• 열차운행의 통제와 조정 • 안전관리 일반 • 관계법령 • 비상시 조치 등	철도운행안전관리자로 인정받으려는 경우
철도안전 전문 기술자 (초급)	120시간(3주) • 직무관련 : 100시간 • 교양교육 : 20시간	• 기초전문 직무교육 • 안전관리 일반 • 관계법령 • 실무실습	철도안전전문 초급기술자로 인정받으려는 경우

038 다음 중 교통행정기관이 교통안전법이나 관계법령에 따라 소관 교통수단에 대하여 교통안전에 관한 위험요인을 조사·점검·평가하는 모든 활동을 일컫는 용어는?

㉮ 교통체계

> "교통체계"라 함은 사람 또는 화물의 이동·운송과 관련된 활동을 수행하기 위하여 개별적으로 또는 서로 유기적으로 연계되어 있는 교통수단 및 교통시설의 이용·관리·운영체계 또는 이와 관련된 산업 및 제도 등을 말한다(「교통안전법」 제2조 제3호).

㉯ 교통수단

> "교통수단"이라 함은 사람이 이동하거나 화물을 운송하는 데 이용되는 것을 말한다(「교통안전법」 제2조 제1호).

✓ 교통수단안전점검

> "교통수단안전점검"이란 교통행정기관이 이 법 또는 관계법령에 따라 소관 교통수단에 대하여 교통안전에 관한 위험요인을 조사·점검 및 평가하는 모든 활동을 말한다(「교통안전법」 제2조 제8호).

㉓ 교통시설안전진단

"교통시설안전진단"이란 육상교통·해상교통 또는 항공교통의 안전(이하 "교통안전"이라 한다)과 관련된 조사·측정·평가업무를 전문적으로 수행하는 교통안전진단기관이 교통시설에 대하여 교통안전에 관한 위험요인을 조사·측정 및 평가하는 모든 활동을 말한다(「교통안전법」 제2조 제9호).

039 교통안전관리자 시험과 관련한 내용 중 ㉠, ㉡에 들어갈 단어가 바르게 짝지어진 것은?

- 한국교통안전공단은 교통안전관리자 시험을 (㉠) 실시하여야 하며, 시험을 실시하기 전에 교통안전관리자의 수급상황을 파악하여 시험의 실시에 관한 계획을 국토교통부장관에게 제출하여야 한다.
- 한국교통안전공단은 시험을 시행하려면 시험 시행일 (㉡)일 전까지 시험일정과 응시과목 등 시험의 시행에 필요한 사항을 「신문 등의 진흥에 관한 법률」 제9조 제1항에 따라 보급지역을 전국으로 하여 등록한 일간신문 및 한국교통안전공단 인터넷 홈페이지에 공고하여야 한다.

㉮ ㉠ 매년, ㉡ 60　　　　　　㉯ ㉠ 2년마다, ㉡ 60
✓ ㉠ 매년, ㉡ 90　　　　　　㉰ ㉠ 2년마다, ㉡ 90

- 한국교통안전공단은 교통안전관리자 시험을 매년 실시하여야 하며, 시험을 실시하기 전에 교통안전관리자의 수급상황을 파악하여 시험의 실시에 관한 계획을 국토교통부장관에게 제출하여야 한다(「교통안전법 시행규칙」 제18조 제1항).
- 한국교통안전공단은 시험을 시행하려면 시험 시행일 90일 전까지 시험일정과 응시과목 등 시험의 시행에 필요한 사항을 「신문 등의 진흥에 관한 법률」 제9조 제1항에 따라 보급지역을 전국으로 하여 등록한 일간신문 및 한국교통안전공단 인터넷 홈페이지에 공고하여야 한다(동조 제2항).

040 「철도안전법령」상 빈칸에 들어갈 정밀안전진단 시행주기로 옳은 것은?

소유자 등은 정밀안전진단 결과 계속 사용할 수 있다고 인정을 받은 철도차량에 대하여 (　　)마다 해당 철도차량의 물리적 사용가능 여부 및 안전성능 등에 대하여 다시 정밀안전진단을 받아야 한다.

㉮ 1년　　　　　　㉯ 3년
✓ 5년　　　　　　㉰ 10년

소유자 등은 정밀안전진단 결과 계속 사용할 수 있다고 인정을 받은 철도차량에 대하여 제1항 각 호에 따른 기간을 기준으로 5년마다 해당 철도차량의 물리적 사용가능 여부 및 안전성능 등에 대하여 다시 정밀안전진단(이하 "정기 정밀안전진단"라 한다)을 받아야 하며, 정기 정밀안전진단 결과 계속 사용할 수 있다고 인정을 받은 경우에도 또한 같다. 다만, 국토교통부장관은 철도차량의 정비주기·방법 등 철도차량 정비의 특수성을 고려하여 정기 정밀안전진단 시기 및 방법 등을 따로 정할 수 있다(「철도안전법 시행규칙」 제75조의13 제3항).

041
「철도산업발전기본법」상 철도시설관리권에 관한 설명으로 적절하지 않은 것은?

㉮ 국토교통부장관은 철도시설관리권를 설정할 수 있다.

> 「철도산업발전기본법」 제26조 제1항

㉯ 저당권이 설정된 철도시설관리권은 그 저당권자의 동의가 없으면 처분할 수 없다.

> 「철도산업발전기본법」 제28조

㉰ 철도시설관리권의 설정을 받은 자는 국토교통부장관에게 등록하여야 한다. 등록한 사항을 변경하고자 하는 때에도 또한 같다.

> 「철도산업발전기본법」 제26조 제2항

✓ 철도시설관리권 또는 철도시설관리권을 목적으로 하는 저당권의 설정·변경·소멸 및 처분의 제한은 철도시설공단에 비치하는 철도시설관리대장에 등록함으로써 그 효력이 발생한다.

> 철도시설관리권 또는 철도시설관리권을 목적으로 하는 저당권의 설정·변경·소멸 및 처분의 제한은 <u>국토교통부</u>에 비치하는 <u>철도시설관리권등록부</u>에 등록함으로써 그 효력이 발생한다(「철도산업발전기본법」 제29조 제1항).

042
「철도안전법」상 철도 보호 및 질서유지를 위해 철도교량 등 국토교통부령으로 정하는 시설 또는 구역에 폭발물 또는 인화성이 높은 물건 등을 쌓아 놓는 행위는 금지된다. 이때 국토교통부령으로 정하는 폭발물 등 적치금지 구역에 해당하지 않는 것은?

㉮ 철도 역사　「철도안전법 시행규칙」 제81조 제2호

㉯ 철도 교량　「철도안전법 시행규칙」 제81조 제3호

㉰ 철도 터널　「철도안전법 시행규칙」 제81조 제4호

✓ 정거장 및 선로(정거장 또는 선로를 지지하는 구조물 및 그 주변지역을 포함하지 않음)

> 정거장 또는 선로를 지지하는 구조물 및 그 주변지역을 <u>포함하는</u> 정거장 및 선로가 폭발물 등 적치금지 구역에 해당한다(「철도안전법 시행규칙」 제81조 제1호)

> **법령**
>
> 「철도안전법」 제48조(철도 보호 및 질서유지를 위한 금지행위)
> ① 누구든지 정당한 사유 없이 철도 보호 및 질서유지를 해치는 다음 각 호의 어느 하나에 해당하는 행위를 하여서는 아니 된다.
>   4. 철도교량 등 <u>국토교통부령으로 정하는 시설 또는 구역</u>에 국토교통부령으로 정하는 폭발물 또는 인화성이 높은 물건 등을 쌓아 놓는 행위
>
> > 「철도안전법 시행규칙」 제81조(폭발물 등 적치금지 구역)
> > 법 제48조 제1항 제4호에서 "<u>국토교통부령으로 정하는 구역 또는 시설</u>"이란 다음 각 호의 구역 또는 시설을 말한다.
> > 1. 정거장 및 선로(<u>정거장 또는 선로를 지지하는 구조물 및 그 주변지역을 포함한다</u>)
> > 2. <u>철도 역사</u>
> > 3. <u>철도 교량</u>
> > 4. <u>철도 터널</u>

043 「철도안전법령」상 철도차량의 운전면허 종류에 포함되지 않는 것은?

㉮ 고속철도차량 운전면허

> 「철도안전법 시행령」 제11조 제1항 제1호

✅ 제5종 전기차량 운전면허

> 제5종 전기차량 운전면허는 「철도안전법 시행령」 제11조 제1항에 따른 철도차량의 운전면허 종류에 해당하지 않는다.

㉰ 디젤차량 운전면허

> 「철도안전법 시행령」 제11조 제1항 제4호

㉱ 노면전차 운전면허

> 「철도안전법 시행령」 제11조 제1항 제6호

> **법령**
>
> 「철도안전법 시행령」 제11조(운전면허 종류)
> ① 법 제10조 제3항에 따른 철도차량의 종류별 운전면허는 다음 각 호와 같다.
>   1. <u>고속철도차량 운전면허</u>
>   2. 제1종 전기차량 운전면허
>   3. 제2종 전기차량 운전면허
>   4. <u>디젤차량 운전면허</u>
>   5. 철도장비 운전면허
>   6. <u>노면전차(路面電車) 운전면허</u>

044 「철도안전법령」상 철도보호지구에서의 안전운행 저해행위와 가장 거리가 먼 것은?

☑ ㉮ 철도종사자의 허락 없이 선로변에서 총포를 이용하여 수렵하는 행위

> 철도종사자의 허락 없이 선로변에서 총포를 이용하여 수렵하는 행위는 「철도안전법 시행규칙」제85조 제4호에 따른 질서유지를 위한 금지행위에 해당한다. ⚖️¹

㉯ 전차선로에 의하여 감전될 우려가 있는 시설이나 설비를 설치하는 행위

> 「철도안전법 시행령」제48조 제4호 ⚖️²

㉰ 폭발물이나 인화물질 등 위험물을 제조·저장하거나 전시하는 행위

> 「철도안전법 시행령」제48조 제1호 ⚖️²

㉱ 시설 또는 설비가 선로의 위나 밑으로 횡단하거나 선로와 나란히 되도록 설치하는 행위

> 「철도안전법 시행령」제48조 제5호 ⚖️²

법령 ⚖️¹

「철도안전법 시행규칙」제85조(질서유지를 위한 금지행위)
법 제48조 제11호에서 "국토교통부령으로 정하는 금지행위"란 다음 각 호의 행위를 말한다.
1. 흡연이 금지된 철도시설이나 철도차량 안에서 흡연하는 행위
2. 철도종사자의 허락 없이 철도시설이나 철도차량에서 광고물을 붙이거나 배포하는 행위
3. 역시설에서 철도종사자의 허락 없이 기부를 부탁하거나 물품을 판매·배부하거나 연설·권유를 하는 행위
4. 철도종사자의 허락 없이 선로변에서 총포를 이용하여 수렵하는 행위

법령 ⚖️²

「철도안전법 시행령」제48조(철도보호지구에서의 안전운행 저해행위 등)
법 제45조 제1항 제5호에서 "대통령령으로 정하는 행위"란 다음 각 호의 어느 하나에 해당하는 행위를 말한다.
1. 폭발물이나 인화물질 등 위험물을 제조·저장하거나 전시하는 행위
2. 철도차량 운전자 등이 선로나 신호기를 확인하는 데 지장을 주거나 줄 우려가 있는 시설이나 설비를 설치하는 행위
3. 철도신호등(鐵道信號燈)으로 오인할 우려가 있는 시설물이나 조명 설비를 설치하는 행위
4. 전차선로에 의하여 감전될 우려가 있는 시설이나 설비를 설치하는 행위
5. 시설 또는 설비가 선로의 위나 밑으로 횡단하거나 선로와 나란히 되도록 설치하는 행위
6. 그 밖에 열차의 안전운행과 철도 보호를 위하여 필요하다고 인정하여 국토교통부장관이 정하여 고시하는 행위

045 「철도안전법령」상 철도안전 종합계획의 경미한 변경에 해당하는 것을 모두 고르면?

ㄱ. 철도안전 종합계획에서 정한 총사업비를 원래 계획의 100분의 30 이내에서의 변경
ㄴ. 철도안전 종합계획에서 정한 시행기한 내에 단위사업의 시행시기의 변경
ㄷ. 법령의 개정, 행정구역의 변경 등과 관련하여 철도안전 종합계획을 변경하는 등 당초 수립된 철도안전 종합계획의 기본방향에 영향을 미치는 사항의 변경

㉮ ㄱ ㉯ ㄴ ✓
㉰ ㄴ, ㄷ ㉱ ㄱ, ㄴ, ㄷ

ㄱ. (×) 철도안전 종합계획에서 정한 총사업비를 원래 계획의 <u>100분의 10</u> 이내에서의 변경(「철도안전법 시행령」 제4조 제1호) ⚖
ㄴ. (○) 「철도안전법 시행령」 제4조 제2호 ⚖
ㄷ. (×) 법령의 개정, 행정구역의 변경 등과 관련하여 철도안전 종합계획을 변경하는 등 당초 수립된 철도안전 종합계획의 기본방향에 <u>영향을 미치지 아니하는</u> 사항의 변경(「철도안전법 시행령」 제4조 제3호) ⚖

법령 ⚖

「철도안전법」 제5조(철도안전 종합계획)
③ 국토교통부장관은 철도안전 종합계획을 수립할 때에는 미리 관계 중앙행정기관의 장 및 철도운영자 등과 협의한 후 기본법 제6조 제1항에 따른 철도산업위원회의 심의를 거쳐야 한다. 수립된 철도안전 종합계획을 변경(<u>대통령령으로 정하는 경미한 사항의 변경은 제외한다</u>)할 때에도 또한 같다.

「철도안전법 시행령」 제4조(철도안전 종합계획의 경미한 변경)
법 제5조 제3항 후단에서 "대통령령으로 정하는 경미한 사항의 변경"이란 다음 각 호의 어느 하나에 해당하는 변경을 말한다.
1. 법 제5조 제1항에 따른 <u>철도안전 종합계획</u>(이하 "철도안전 종합계획"이라 한다)<u>에서 정한 총사업비를 원래 계획의 100분의 10 이내에서의 변경</u>
2. <u>철도안전 종합계획에서 정한 시행기한 내에 단위사업의 시행시기의 변경</u>
3. <u>법령의 개정, 행정구역의 변경 등과 관련하여 철도안전 종합계획을 변경하는 등 당초 수립된 철도안전 종합계획의 기본방향에 영향을 미치지 아니하는 사항의 변경</u>

046 다음 중 지역교통안전기본계획에 관한 설명으로 옳지 않은 것은?

㉮ 국토교통부장관 또는 시·도지사는 지역교통안전기본계획의 수립에 관한 지침을 작성하여 시·도지사 및 시장·군수·구청장에게 통보할 수 있다.

> 「교통안전법」 제17조 제2항 ⚖

✓ ㉯ 시·도지사가 시·도교통안전기본계획을 수립한 때에는 시·도교통안전위원회의 심의를 거쳐 이를 확정한다.

> 시·도지사가 시·도교통안전기본계획을 수립한 때에는 <u>지방교통위원회</u>의 심의를 거쳐 이를 확정한다 (「교통안전법」 제17조 제3항 전단). ⚖

㉰ 시·도지사는 시·도교통안전기본계획을 확정한 때에는 국토교통부장관에게 제출한 후 이를 공고하여야 한다.

> 「교통안전법」 제17조 제4항 전단 ⚖

㉱ 시장·군수·구청장은 시·군·구교통안전기본계획을 확정한 때에는 시·도지사에게 제출한 후 이를 공고하여야 한다.

> 「교통안전법」 제17조 제4항 후단 ⚖

법령 ⚖

「교통안전법」 제17조(지역교통안전기본계획)

① 시·도지사는 국가교통안전기본계획에 따라 시·도의 교통안전에 관한 기본계획(이하 "시·도교통안전기본계획"이라 한다)을 5년 단위로 수립하여야 하며, 시장·군수·구청장은 시·도교통안전기본계획에 따라 시·군·구의 교통안전에 관한 기본계획(이하 "시·군·구교통안전기본계획"이라 한다)을 5년 단위로 수립하여야 한다.

② <u>국토교통부장관 또는 시·도지사는</u> 시·도교통안전기본계획 또는 시·군·구교통안전기본계획(이하 "지역교통안전기본계획"이라 한다)<u>의 수립에 관한 지침을 작성하여 시·도지사 및 시장·군수·구청장에게 통보할 수 있다.</u>

③ <u>시·도지사가 시·도교통안전기본계획을 수립한 때에는 지방교통위원회의 심의를 거쳐 이를 확정하고</u>, 시장·군수·구청장이 시·군·구교통안전기본계획을 수립한 때에는 시·군·구교통안전위원회의 심의를 거쳐 이를 확정한다.

④ <u>시·도지사는</u> 제3항의 규정에 따라 <u>시·도교통안전기본계획을 확정한 때에는 국토교통부장관에게 제출한 후 이를 공고하여야 하며, 시장·군수·구청장은</u> 제3항의 규정에 따라 <u>시·군·구교통안전기본계획을 확정한 때에는 시·도지사에게 제출한 후 이를 공고하여야 한다.</u>

⑤ 제3항 및 제4항의 규정은 지역교통안전기본계획의 변경에 관하여 이를 준용한다. 다만, 국토교통부령으로 정하는 경미한 사항을 변경하는 경우에는 그러하지 아니하다.

047 「교통안전법령」상 교통안전담당자의 직무에 해당하는 것을 모두 고른 것은?

> ㄱ. 교통안전관리규정의 시행 및 그 기록의 작성·보존
> ㄴ. 교통수단의 운행·운항 또는 항행 또는 교통시설의 운영·관리와 관련된 안전점검의 지도·감독
> ㄷ. 교통시설의 조건 및 기상조건에 따른 안전 운행 등에 필요한 조치
> ㄹ. 운전자 등의 운행 등 중 근무상태 파악 및 교통안전 교육·훈련의 실시

㉮ ㄱ, ㄷ
㉯ ㄱ, ㄴ, ㄹ
㉰ ㄴ, ㄷ, ㄹ
✓ ㉱ ㄱ, ㄴ, ㄷ, ㄹ

ㄱ~ㄹ 모두 「교통안전법 시행령」 제44조의2에 따른 교통안전담당자의 직무에 포함된다.

법령

「교통안전법 시행령」 제44조의2(교통안전담당자의 직무)
① 교통안전담당자의 직무는 다음 각 호와 같다.
1. 교통안전관리규정의 시행 및 그 기록의 작성·보존
2. 교통수단의 운행·운항 또는 항행(이하 이 조에서 "운행 등"이라 한다) 또는 교통시설의 운영·관리와 관련된 안전점검의 지도·감독
3. 교통시설의 조건 및 기상조건에 따른 안전 운행 등에 필요한 조치
4. 법 제24조 제1항에 따른 운전자 등(이하 "운전자 등"이라 한다)의 운행 등 중 근무상태 파악 및 교통안전 교육·훈련의 실시
5. 교통사고 원인 조사·분석 및 기록 유지
6. 운행기록장치 및 차로이탈경고장치 등의 점검 및 관리

048 철도산업위원회의 심의·조정사항에 해당하지 않는 것은?

✓ ㉮ 철도산업정보화의 여건 및 전망

철도산업정보화의 여건 및 전망은 「철도산업발전기본법」 제6조 제2항에 따른 철도산업위원회의 심의·조정사항에 해당하지 않는다.

㉯ 철도산업구조개혁에 관한 중요정책 사항

「철도산업발전기본법」 제6조 제2항 제2호

㉰ 철도시설의 건설 및 관리 등 철도시설에 관한 중요정책 사항

「철도산업발전기본법」 제6조 제2항 제3호

㉱ 그 밖에 철도산업에 관한 중요한 사항으로서 위원장이 회의에 부치는 사항

「철도산업발전기본법」 제6조 제2항 제7호

> **법령** ⚖️
>
> 「철도산업발전기본법」 제6조(철도산업위원회)
> ① 철도산업에 관한 기본계획 및 중요정책 등을 심의·조정하기 위하여 국토교통부에 철도산업위원회(이하 "위원회"라 한다)를 둔다.
> ② <u>위원회는 다음 각 호의 사항을 심의·조정한다.</u>
>   1. 철도산업의 육성·발전에 관한 중요정책 사항
>   2. <u>철도산업구조개혁에 관한 중요정책 사항</u>
>   3. <u>철도시설의 건설 및 관리 등 철도시설에 관한 중요정책 사항</u>
>   4. 철도안전과 철도운영에 관한 중요정책 사항
>   5. 철도시설관리자와 철도운영자 간 상호협력 및 조정에 관한 사항
>   6. 이 법 또는 다른 법률에서 위원회의 심의를 거치도록 한 사항
>   7. <u>그 밖에 철도산업에 관한 중요한 사항으로서 위원장이 회의에 부치는 사항</u>

049

「철도산업발전기본법령」상 철도산업발전기본계획에는 철도산업의 육성 및 발전에 관한 사항으로서 대통령령으로 정하는 사항이 포함되어야 한다. 이때 대통령령으로 정하는 사항에 해당하지 않는 것은?

㉮ 철도수송분담의 목표

> 「철도산업발전기본법」 제5조 제2항 제8호 및 동법 시행령 제3조 제1호 ⚖️

✓ 철도산업 전문인력의 양성에 관한 사항

> 철도산업 전문인력의 양성에 관한 사항은 철도산업발전기본계획의 사항에 해당하나, 대통령령으로 정하는 사항에는 포함되지 않는다(「철도산업발전기본법」 제5조 제2항 제6호). ⚖️

㉰ 철도안전 및 철도서비스에 관한 사항

> 「철도산업발전기본법」 제5조 제2항 제8호 및 동법 시행령 제3조 제2호 ⚖️

㉱ 다른 교통수단과의 연계수송에 관한 사항

> 「철도산업발전기본법」 제5조 제2항 제8호 및 동법 시행령 제3조 제3호 ⚖️

> **법령** ⚖️
>
> 「철도산업발전기본법」 제5조(철도산업발전기본계획의 수립 등)
> ① 국토교통부장관은 철도산업의 육성과 발전을 촉진하기 위하여 5년 단위로 철도산업발전기본계획(이하 "기본계획"이라 한다)을 수립하여 시행하여야 한다.
> ② 기본계획에는 다음 각 호의 사항이 포함되어야 한다.
>   1. 철도산업 육성시책의 기본방향에 관한 사항
>   2. 철도산업의 여건 및 동향전망에 관한 사항
>   3. 철도시설의 투자·건설·유지보수 및 이를 위한 재원확보에 관한 사항

4. 각종 철도 간의 연계수송 및 사업조정에 관한 사항
5. 철도운영체계의 개선에 관한 사항
6. 철도산업 전문인력의 양성에 관한 사항
7. 철도기술의 개발 및 활용에 관한 사항
8. 그 밖에 철도산업의 육성 및 발전에 관한 사항으로서 대통령령으로 정하는 사항

> 「철도산업발전기본법 시행령」 제3조(철도산업발전기본계획의 내용)
> 법 제5조 제2항 제8호에서 "대통령령이 정하는 사항"이라 함은 다음 각 호의 사항을 말한다.
> 1. 철도수송분담의 목표
> 2. 철도안전 및 철도서비스에 관한 사항
> 3. 다른 교통수단과의 연계수송에 관한 사항
> 4. 철도산업의 국제협력 및 해외시장 진출에 관한 사항
> 5. 철도산업시책의 추진체계
> 6. 그 밖에 철도산업의 육성 및 발전에 관한 사항으로서 국토교통부장관이 필요하다고 인정하는 사항

050 「교통안전법령」상 교통안전도 평가지수와 관련한 설명으로 가장 거리가 먼 것은?

㉮ 교통사고는 직전연도 1년간의 교통사고를 기준으로 한다.
㉯ 중상사고는 교통사고로 인하여 다친 사람이 의사의 최초 진단 결과 3주 이상의 치료가 필요한 상해를 입은 사고를 말한다.
✓㉰ 사망사고는 교통사고가 주된 원인이 되어 교통사고 발생 시부터 1년 이내에 사람이 사망한 사고를 말한다.

> 사망사고는 교통사고가 주된 원인이 되어 교통사고 발생 시부터 30일 이내에 사람이 사망한 사고를 말한다 (교통안전법 시행령 [별표 3의2] 교통안전도 평가지수). ⚖

㉱ 교통사고 발생건수 및 교통사고 사상자 수 산정 시 사망사고 1건 또는 사망자 1명의 가중치는 '1'로 한다.

법령 ⚖

「교통안전법 시행령」 [별표 3의2] 교통안전도 평가지수(제20조 제3항 제3호 관련)

교통안전도 평가지수 = $\dfrac{(교통사고\ 발생건수 \times 0.4) + (교통사고\ 사상자\ 수 \times 0.6)}{자동차등록(면허)\ 대수} \times 10$

※ 비고
1. 교통사고는 직전연도 1년간의 교통사고를 기준으로 하며, 다음 각 목과 같이 구분한다.
  가. 사망사고 : 교통사고가 주된 원인이 되어 교통사고 발생 시부터 30일 이내에 사람이 사망한 사고
  나. 중상사고 : 교통사고로 인하여 다친 사람이 의사의 최초 진단 결과 3주 이상의 치료가 필요한 상해를 입은 사고
  다. 경상사고 : 교통사고로 인하여 다친 사람이 의사의 최초 진단 결과 5일 이상 3주 미만의 치료가 필요한 상해를 입은 사고

2. <u>교통사고 발생건수 및 교통사고 사상자 수 산정 시</u> 경상사고 1건 또는 경상자 1명은 '0.3', 중상사고 1건 또는 중상자 1명은 '0.7', <u>사망사고 1건 또는 사망자 1명은 '1'을 각각 가중치로 적용하되</u>, 교통사고 발생건수의 산정 시, 하나의 교통사고로 여러 명이 사망 또는 상해를 입은 경우에는 가장 가중치가 높은 사고를 적용한다.
3. 자동차 등록(면허) 대수가 변동되었을 때의 교통안전도 평가지수 계산은 다음 계산식에 따른다.

$$\frac{\text{변동 전(교통사고 발생건수} \times 0.4) + (\text{교통사고 사상자 수} \times 0.6)}{\text{변동 전 자동차 등록(면허) 대수}} \times 10$$

$$+ \frac{\text{변동 후(교통사고 발생건수} \times 0.4) + (\text{교통사고 사상자 수} \times 0.6)}{\text{변동 후 자동차 등록(면허) 대수}} \times 10$$

[2과목] 교통안전관리론

051 업무나 계층이 조직 내에서 얼마나 나누어져 있는가를 뜻하는 것은?

- ✓ ㉮ 복잡성
- ㉯ 공식화
- ㉰ 직관화
- ㉱ 전문화

TIP

복잡성
- 과업의 분화 정도를 의미를 나타낸다.
- 수평적 분화와 수직적 분화로 구분한다.
- 조직의 업무 분할 및 전문화와 관련되어있다.

052 사람들에게 잘 인식되고 위협감을 줄 수 있어 금지, 정지, 강한 경고 등을 할 때 사용하는 색은?

- ✓ ㉮ 빨간색
- ㉯ 녹색
- ㉰ 노란색
- ㉱ 백색

<u>빨간색</u>은 운전자로 하여금 <u>긴장과 불안</u>을 줄 수 있어 <u>금지, 정지, 강한 경고, 위험, 긴급, 신속 등을 상징할 때 주로 사용</u>한다.

053 직장에서 행해지는 현장안전회의 진행 절차로 적절한 것은?

㉮ 도입 → 운행지시 → 점검·정비 → 위험 예지 → 확인
✓ 도입 → 점검·정비 → 운행지시 → 위험 예지 → 확인

> 현장안전회의 진행 절차 : 도입 → 점검·정비 → 운행지시 → 위험예지 → 확인

㉰ 위험 예지 → 도입 → 운행지시 → 점검·정비 → 확인
㉱ 위험 예지 → 운행지시 → 도입 → 점검·정비 → 확인

> **TIP**
> **현장안전회의 진행 절차**
> • 1단계 도입 : 인사, 목표제창, 직장체조 등으로 회의를 시작하는 단계
> • 2단계 점검·정비 : 참석 인원의 건강·복지, 물품의 정비상태 등을 점검하는 단계
> • 3단계 운행지시 : 전달사항, 연락사항, 작업 시 주의사항, 안전수칙 확인 등이 진행되는 단계
> • 4단계 위험 예지 : 당일 운행에 예상되는 위험예측활동과 위험예지훈련이 이루어지는 단계
> • 5단계 확인 : 위험에 대한 대책, 팀 목표 등을 확인하는 단계

054 현대 교통의 서비스적 기능측면의 특징이 아닌 것은?

✓ 공공성　　　　　　　　㉯ 신속성
㉰ 보급성　　　　　　　　㉱ 쾌적성

> 현대 교통서비스의 주요기능은 서비스적 기능측면과 사회적 기능측면으로 구분할 수 있다. 이중 공공성은 대량성과 함께 교통의 사회적 기능측면에 해당한다.

055 다음 중 교통안전관리의 계획수립과 관련하여 '계획단계'에 해당하지 않는 것은?

㉮ 계획의 수립
㉯ 업무 체계화·조직화 및 일정에 대한 문서화
㉰ 교통안전 정보수집
✓ 계획에 따른 진행

> '계획에 따른 진행'은 계획의 집행단계에서 실행되는 행위이다.

056 인간과 환경이 행동을 규제하는 요인 중 인적요인이 아닌 것은?

㉮ 교육적 조건 ㉯ 소질적 조건
✔ 인관관계 조건 ㉰ 경력 조건

인간관계는 가정, 직장, 사회, 경제, 문화 등을 의미하며, 이는 환경요인(외적요인)에 속한다.

> **TIP**
>
> 인적요인(내적요인) 및 환경요인(외적요인)의 종류
> • 내적요인 : 소질, 일반심리, 경력, 의욕, 심신상태
> • 외적요인 : 인간관계, 자연조건, 물리적 조건, 시간적 조건

057 교통기관(교통수단) 3대 요소가 아닌 것은?

✔ 조종자 ㉯ 통로
㉰ 운반구 ㉱ 동력

조종자(운전자)는 교통의 교통기관(교통수단)의 3대 요소가 아닌 교통의 구성요소이다.

> **TIP**
>
> 교통기관의 3대 구성요소
> • 통로
> • 운반구
> • 동력

058 65세 이상의 노령의 운전자는 자동차 자격유지검사를 반드시 받아야 한다. 자격유지검사 재검사의 경우 검사일로부터 얼마 후 받을 수 있는가?

㉮ 7일 후 ✔ 14일 후
㉰ 1개월 후 ㉱ 3개월 후

자동차 자격유지검사 재검사의 경우 검사일로부터 14일 경과 후 받을 수 있다.

059 다음 중 사고 시 속도추정에 가장 중요한 자료는?

㉮ 가속 흔적
㉯ 차량의 최종 위치
✓ ㉰ 미끄럼 흔적 길이
㉱ 사고 피해 부위 및 정도

> 교통사고 재현 시 속도를 추정할 때 가장 중요한 요소는 미끄럼 흔적의 모양 및 길이이다.

060 특정한 목적에 따라 조사자 혹은 조사기관에 의해 관찰·수집된 자료를 토대로 작성한 2차 자료의 장점으로 옳지 않은 것은?

㉮ 개인적으로는 불가능한 자료를 구할 수 있다.
㉯ 시간과 비용을 절감할 수 있다.
㉰ 문제의 정의를 파악하는 데 도움이 될 수 있다.
✓ ㉱ 각 용어에 대한 다른 정의를 통해 내용에 대한 폭넓은 생각을 가질 수 있다.

> 2차 자료는 특정한 목적에 따라 1차로 조사된 자료를 통해 정리된 자료이다. 따라서, 2차 자료 내 용어가 통일되지 않는다면 자료를 정리한 특정 목적에서 초점이 벗어날 수 있어 단점에 해당한다.

061 곡선부에서의 교통사고를 예방하는 방법으로 부적합한 것은?

㉮ 시선유도표를 포함한 주의표지를 설치한다.
㉯ 시거를 확보한다.
✓ ㉰ 편경사를 감소시킨다.

> 곡선부에서는 편경사를 증가시켰을 때 사고감소를 유도할 수 있다.

㉱ 곡선부의 선형을 개선한다.

062 자동차 속도를 결정함에 있어 가장 먼저 고려하여야 하는 사항은?

✓ ㉮ 교통로
㉯ 동력용구
㉰ 안전시설
㉱ 운전경력진단

> 주행하고 있는 교통로의 종류에 따라 주행 가능한 주행속도가 정해져 있다. 그러므로 자동차 속도를 결정할 때에는 교통로를 우선 고려하여야 한다.

063 기업고용에 있어 레이오프(Lay-off)에 해당하는 경우는?

✅ ㉮ 경영 부진으로 인한 일시적 해고

> 레이오프(Lay-off)는 기업이 경영 부진으로 인해 인원삭감 또는 조업단축의 필요성이 생겼을 때 노동조합과 협의하여 업적 회복 시 재고용을 약속하고 일시적으로 해고하는 것을 말한다. 일시해고, 임시해고, 조건부해고, 권고사직 등이 이에 해당한다.

㉯ 징계의 사유로 인한 휴직
㉰ 경영주에 의한 일방적 해고
㉱ 종사원의 개인적 사정에 의한 임시적 휴직

064 다음 중 ERG 이론에 대한 설명 중 옳지 않은 것은?

㉮ 알더퍼(Alderfer)에 의해 주장된 욕구단계이론이다.
㉯ Maslow의 욕구단계이론의 문제점을 극복하고자 제시하였다.
✅ ㉰ 상위욕구가 발휘되기 위해서는 하위욕구가 충족되어야 한다고 주장하였다.

> 알더퍼의 ERG 이론에서는 한 가지 이상의 욕구가 동시에 작용할 수 있다고 보았다. 매슬로우의 욕구 5단계 이론에서 하위욕구가 만족되어야 상위욕구가 발현될 수 있다고 하였다.

㉱ 인간의 욕구를 존재의 욕구(E), 관계의 욕구(R), 성장의 욕구(G)로 구분하였다.

065 다음 반응 중 자극이 있는 경우 혹은 자극이 예상되는 경우에 발하는 반응은?

㉮ 반사반응   본능적인 반응이며, 최단시간을 요하는 무의식적인 반응(0.1초 정도)
㉯ 복합반응   반응선택 다양성, 경험에 따른 반응(0.5~2초 정도)
✅ ㉰ 단순반응   자극이 예상되거나 자극이 있는 경우 일어나는 반응(0.25초 정도)
㉱ 식별반응   상황이 복잡하거나 긴급을 요하는 것이 아닐 때 일어나는 반응(최대 1분 이상)

066 교육계획의 수립단계를 조사, 계획, 실행으로 구분할 때 조사단계에 해당하지 않는 것은?

㉮ 직무분석

지식, 기능, 태도가 무엇인지를 파악하고 관련성에 대한 내용을 조사·분석한다.

㉯ 요구분석

성취해야 할 목표와 현재 학습자의 능력 간의 차이를 분석하여 추후 목표설정을 도와준다.

㉰ 환경분석

새로운 지식, 기능, 태도 등을 습득할 수 있을 학습환경을 분석하고 획득한 지식, 기능 등을 활용하게 될 수행환경을 분석한다.

✅ 효과분석

067 다음 중 도로표지에 대한 설명으로 잘못된 것은?

㉮ 경계표지 : 행정구역의 경계를 나타내는 표지
㉯ 이정표지 : 목표지까지의 거리를 나타내는 표지
㉰ 방향표지 : 목표지까지의 방향을 나타내는 표지
✅ 안내표지 : 주행노선 또는 분기노선을 나타내는 표지

주행노선 또는 분기노선을 나타내는 표지는 노선표지이다. 안내표지는 「도로표지규칙」 제3조 제5항에 따라 도로정보 안내표지, 도로시설 안내표지, 그 밖의 안내표지 등을 의미한다. ⚖️

> **법령** ⚖️
>
> 「도로표지규칙」 제3조(도로표지의 종류)
> 5. 안내표지
> 가. 도로정보 안내표지 : 양보차로표지, 오르막차로표지, 유도표지, 예고표지, 보행인표지, 지점표지, 출구감속유도표지, 자동차전용도로표지, 시종점표지, 돌아가는길표지 및 고속국도유도표지
> 나. 도로시설 안내표지 : 휴게소표지, 주차장표지, 시설물(하천, 교량, 터널, 비상주차장, 정류장, 도로관리기관 및 긴급제동시설을 말한다)표지, 긴급신고표지 및 매표소표지
> 다. 그 밖의 안내표지 : 관광지표지, 아시안하이웨이안내표지, 공공시설표지 및 도로관리청이 안내를 위하여 필요하다고 인정하여 국토교통부장관과 협의하여 설치한 표지

068 다음 중 MBO(목표에 의한 관리)의 특성으로 옳지 않은 것은?

㉮ 작업에 대한 구체적 목표 설정
㉯ **목표설정에 있어 지도자들이 참여**
㉰ 실적평가를 위한 계획기간 명시
㉱ 실적에 대한 피드백 가능

> 목표에 의한 관리(MBO ; Management By Objective)는 1954년 드러커(P. Drucker)에 의해 주장된 것으로 상사에 의한 부하직원의 업무평가가 아닌 부하가 상사와의 협의하에 양적으로 측정 가능한 구체적, 단기적 업무 목표를 설정하고 이뤄 나가는 관리법이다.

069 다음 중 국가 간 교통안전도를 평가하기 위한 자료로 적절하지 않은 것은?

㉮ 차량주행거리 1억 km당 교통사고 발생건 수
㉯ 차량주행거리 10억 km당 교통사고 사망자 수
㉰ **인구 100만 명당 사망자 수**

> 국가 간 교통안전도를 평가할 때에는 인구 10만 명당 사망자 수를 통해 평가한다.

㉱ 자동차 1만 대 당 사망자 수

> 💡 **TIP**
>
> 국가 간 교통안전도를 평가하기 위한 자료
> - 차량주행거리 1억 km당 교통사고 발생건 수
> - 차량주행거리 10억 km당 교통사고 사망자 수
> - 차량주행거리 1백만 km당 부상자 수
> - 인구 10만 명당 사망자 수
> - 자동차 1만 대당 사망자 수

070 사고발생 요인 중 가장 많은 비중을 차지하고 있는 것은?

㉮ **인적요인** 　인적요인 약 84.8%
㉯ 교통수단의 요인 　차량요인 약 6%
㉰ 환경요인 　환경요인 약 17.9%
㉱ 횡단보도 요인 　횡단보도 요인은 환경요인의 요소 중 하나이다.

071 안전관리계획의 수립 시 고려하여야 할 사항으로 옳지 않은 것은?

㉮ 추진항목은 상황변동에 대비하여 복수안으로 마련한다.
✅ 현재의 안전관리계획 상황과 예정상태를 확실하게 파악한다.

> 현재의 안전관리계획 상황은 물론 과거의 상황 또한 파악하여야 한다.

㉰ 계획안대로 시행이 가능한 것인지에 대한 검토를 진행한다.
㉱ 시행일정이 적절성을 파악한다.

---

072 리더십연구의 전개과정을 순서대로 바르게 나열한 것은?

㉮ 행동이론 → 상황이론 → 특성이론   ✅ 특성이론 → 행동이론 → 상황이론
㉰ 상황이론 → 행동이론 → 특성이론   ㉱ 특성이론 → 행동이론 → 유효성 이론

> 리더십연구 전개과정 : 특성이론(예 신장, 외모, 힘) → 행동이론(예 자신감, 정서적 안정성, 지배성향) → 상황이론(예 지능, 통찰력)

---

073 Fail – Safe의 예시로 거리가 먼 것은?

㉮ 항공 비행 중 엔진이 고장 시 다른 엔진을 통해 운행이 가능하도록 설계

> Fail Operational(차단 및 조정) 기능의 작용 예시이다.

㉯ 승강기 정진 시 마그네틱 브레이크가 자동으로 작동하여 운전을 정지시키도록 설계

> Fail Active(자동제어) 기능의 작용 예시이다.

㉰ 난로 가동 중 기울어지면 자동으로 소화되도록 설계

> Fail Passive(자동감지) 기능의 작용 예시이다.

✅ 교차로 차단기 고장 시 자동으로 내려오도록 설계

> 교차로 차단기가 내려오는 것은 차단기 무게로 인한 것이므로 Fail – Safe에 따른 설계와는 거리가 멀다.

 TIP

Fail - Safe의 정의
인간 또는 기계의 과오나 오작동이 있어도 사고 및 재해가 발생하지 않도록 2중, 3중으로 안전장치를 한 시스템을 말한다.

074 다음 중 공식화가 강한 집단에서 나타나는 특징으로 옳지 않은 것은?

㉮ 조직 내 직무가 정형화, 표준화되어 있다.
㉯ 통제 중심의 관리방식이 이루어져 자율적인 작업을 하기 어렵다.
✔ 어떠한 일을 누가 어떻게 해야 하는지가 정해져 있어 공식적 의사소통의 부담을 덜 수 있다.

> 공식화가 강하면 강할수록 공식적 의사소통의 부담을 초래하게 된다.

㉰ 업무의 진행을 예측하기 쉬워진다.

075 현황도의 표시사항이 아닌 것은?

㉮ 연석과 차도의 경계
㉯ 인접 건축물선
㉰ 교통안전표지
✔ 음주운전자

> 💡 **TIP**
>
> **현황도의 표시사항**
> - 시야장애사항
> - 인접 건축물선
> - 연석과 차도의 경계
> - 도로 가까이 또는 도로 내의 물리적 장애물
> - 도류화, 노면표시 등의 차도 및 보도
> - 교통안전표지 및 교통통제설비

[3과목] 철도공학

076 P.C 침목의 장점으로 적절하지 않은 것은?

㉮ 철근콘크리트 침목보다 단면적이 작아 재료를 절약할 수 있다.
㉯ 자중이 커 안정성이 양호하여 궤도틀림이 적다.
㉰ 설계하중에 대한 균열(Crack)을 방지시킬 수 있다.
✔ 분기부, 건널목 등 거의 모든 장소에서 사용할 수 있다.

> P.C 침목은 전기절연성이 목침목보다 부족하여 분기부, 건널목 등 특정장소에서는 이용이 곤란하다.

077 다음 중 단선에서 사용하는 폐색방식으로 적절한 것은?

 통표폐색식

㉯ 연동폐색식 복선구간에서 사용하는 폐색방식이다.

㉰ 자동폐색식 복선구간에서 사용하는 폐색방식이다.

㉱ 차내 신호폐색식 복선구간에서 사용하는 폐색방식이다.

> **TIP**
> 폐색방식의 종류
> • 단선구간 : 통표폐색식, 연동폐색식, 자동폐색식
> • 복선구간 : 연동폐색식, 자동폐색식, 차내 신호폐색식(ATC 장치)

078 직류급전방식의 특징에 대한 설명으로 옳지 않은 것은?

㉮ 전압이 낮기 때문에 전차선로나 기기의 절연이 쉬우며, 터널이나 교량 등에서 절연거리를 짧게 할 수 있다.

㉯ 전류가 크기 때문에 전류용량이 큰 전선을 사용하여야 하며 이로 인해 고장설비가 무겁다.

㉰ 직류모터는 견인력이 매우 뛰어나며, 튼튼하고 제작하기 쉽고, 경량화가 가능하다.

 통신선로에 유도장해가 커 신호궤도 회로에도 교류방식을 사용할 수 없다.

직류급전방식은 통신선로에 유도장해가 적고 신호궤도 회로에도 교류방식을 사용할 수 있다.

> **TIP**
> 직류급전방식의 특징
> • 직류모터는 견인력이 매우 뛰어나며, 튼튼하고 제작하기 쉽고, 경량화가 가능하다.
> • 가압된 상태에서도 작업이 용이하다.
> • 통신선로에 유도장해가 적고 신호궤도 회로에도 교류방식을 사용할 수 있다.
> • 전압이 낮기 때문에 전차선로나 기기의 절연이 쉬우며, 터널이나 교량 등에서 절연거리를 짧게 할 수 있다.
> • 전류가 크기 때문에 전류용량이 큰 전선을 사용하여야 하며 이로 인해 고장설비가 무겁다.
> • 교류방식과 비교 시 전차선 전류가 커 전압강하가 크다.
> • 변전소 간격이 짧아지므로 변전소의 수가 증가된다.
> • 누설전류에 의한 전식대책이 필요하다.

079 다음 중 급구배 철도가 아닌 것은?

㉮ 점착철도 ㉯ 치궤조철도
㉰ 강색철도 ✔ 모노레일

> 급구배(급경사) 시 이용하는 철도로는 <u>점착철도</u>, <u>강색철도</u>(cable railway, rope railway), <u>치궤조철도</u> 등이 있다.
> 모노레일은 모노레일 1본의 궤도거터 위를 고무타이어 또는 강제의 차량에 의해 주행하는 철도를 말한다. 지지방식에 의해서 과좌식 모노레일과 현수식 모노레일이 있다.

080 다음 중 선로용량의 증대방안으로 옳지 않은 것은?

㉮ 교행·대피를 위한 설비 보강

> 교행·대피를 위산 설비보강, 폐색 및 신호취급방법 개선 등 시설 관련 확충을 통해 선로의 용량 증대가 가능하다.

㉯ 열차 DIA의 조정 및 증설

> 열차 DIA는 train diagram의 약자로 횡축(x)에 시간을 종축(y)에 거리를 두어 작성한 '거리 – 시간' 곡선으로 시간적 추이에 의한 열차운행도를 도시한 것을 의미한다. 열차 DIA의 조정을 통해 선로의 용량 증대가 가능하다.

㉰ 폐색방법 및 구간 조정

> 2 이상의 열차가 동시에 운전시키지 않도록 일정한 거리로 분할하는 폐색에 대한 방법 및 구간을 조정 시 효율적인 운행이 가능해져 선로의 요량 증대가 가능하다.

✔ 운전시격의 연장

> <u>선로용량을 증대시키기 위해서는</u> 차량성능 향상, 폐색방법 및 구간 조정 등을 통해 <u>운전시격의 단축</u>을 시켜야 한다.

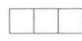
081 다음 중 궤도의 구비조건으로 잘못된 것은?

㉮ 열차하중을 시공기면 이상의 노반에 광범위하고 균등하게 전달할 것
㉯ 유지·보수 및 구성재료의 갱환이 편리할 것
㉰ 차량의 원활한 주행과 안전이 확보되며 경제적일 것
✔ 궤도틀림은 연관이 없으나 열화진행은 반드시 완만할 것

> <u>궤도는 궤도틀림이 적고</u> 열화진행이 완만하여야 한다.

082 험프입환작업 중 화차가 받는 저항으로 볼 수 없는 것은?

㉮ 주행저항 ㉯ 분기기저항
㉰ 구배저항 ✓ ㉱ 제동저항

> 험프입환작업에 따른 화차가 받는 <u>저항의 종류</u>는 <u>주행저항</u>, <u>분기기저항</u>, 공기저항, 구름저항, <u>구배저항</u> 등이 있다.

💡 TIP

험프입환(hump shunting)
- 취급 화차수가 많은 경우 입환작업능률을 향상시키기 위하여 진행하는 작업이다.
- 구내의 적당한 위치에 험프(hump, 혹)라고 하는 소구배면을 구축하고, 입환 기관차로 화차를 압상하여 하방에 부설되어있는 분별선으로 화차의 중력을 이용해 해체 입환시키는 방법이다.
- 자연력에 의한 입환방식의 일종이다.
- 작업 시 화차에 주행저항, 분기기저항, 공기저항, 구름저항, 구배저항 등이 가해진다.

083 지방자치단체의 장이 도시철도를 건설하고자 할 때 승인권자로 옳은 것은?

✓ ㉮ 국토교통부장관 ㉯ 행정안전부장관
㉰ 철도공사사장 ㉱ 기획재정부장관

> 기본계획에 따라 <u>도시철도를 건설하려는 자</u>는 대통령령으로 정하는 바에 따라 도시철도사업계획을 수립하여 <u>국토교통부장관의 승인</u>을 받아야 한다(「도시철도법」 제7조).

⚖️ 법령

사업계획의 승인 등(「도시철도법」 제7조)
기본계획에 따라 <u>도시철도를 건설하려는 자</u>는 대통령령으로 정하는 바에 따라 도시철도사업계획을 수립하여 <u>국토교통부장관</u>의 승인을 받아야 한다. 이를 변경하려는 경우에도 또한 같다.

084 심층 지하철의 일반적인 역간거리는?

㉮ 300~500m ㉯ 600m~1km
㉰ 1~2km ✓ ㉱ 4~6km

> <u>심층 지하철은</u> 일반적으로 지하 50m 이상의 심층부에 노선을 두고 있으며, <u>역간거리는 4~6km 정도이다.</u>

085 열차무선시스템은 정전 시에 몇 시간 이상 운용될 수 있도록 설계되어야 하는가?

㉮ 1시간 이상 ✓ ㉯ 3시간 이상
㉰ 12시간 이상 ㉱ 24시간 이상

열차무선시스템은 정전 시 3시간 이상 운용될 수 있도록 설계하여야 한다.

> **TIP**
>
> 열차무선시스템 구비조건
> • 열차무선설비의 음성 또는 데이터가 신뢰도 및 정확성을 갖추어야 한다.
> • 간선 없이 송·수신이 가능하여야 한다.
> • 모든 지상설비 사이 또는 지상설비와 차상설비 사이에 음성 또는 데이터 통신을 확보하여야 한다.
> • 정전 시 3시간 이상 운용될 수 있어야 한다.

086 회생제동의 특징이 아닌 것은?

㉮ 전차선, 전압변환장치, 주파수 변환장치 등을 설치해야 한다.
㉯ 발전기의 단자전압은 전압에 의해 결정된다.
㉰ 발전제동 시 발전된 전력을 저항기에서 소모시키는 대신 전차선에 반환하여 변전소로 송전함으로써 다른 동력차에서 사용 가능하도록 하는 제동장치이다.
✓ ㉱ 속도의 변화에 따라 계자를 조절하지 않아도 된다.

속도가 저하될 때 계자를 강하게 하지 않으면 전차선 전압보다 높은 발전 전압이 유지되지 않아 계자를 강하게 하여야 한다.

087 정차장 내에서 2개 이상의 열차가 동시에 진입, 진출하는 경우 열차의 충돌 등의 사고발생을 방지하기 위하여 부설하는 선로는?

㉮ 대피선 정거장에서 열차를 대피시킬 목적으로 부설하여 놓은 선로이다.
㉯ 인상선 입환작업 또는 구내운전 시 차량의 인상에 전용하는 선로이다.
✓ ㉰ 안전측선
㉱ 피난측선 다른 열차 또는 차량이 충돌하는 사고를 방지하기 위하여 설치하는 측선이다.

088 온도변화에 따라 레일길이 방향의 신축 때문에 설치하는 장대레일 신축이음매 중 국내 철도에서 사용하는 구조형식은?

 편측첨단형   편측첨단형 : 한국, 이탈리아, 일본

㉯ 양측둔단중복형   양측둔단중복형 : 프랑스

㉰ 완충레일   완충레일 : 미국 독일

㉱ 양측첨단형   양측첨단형 : 네덜란드, 스위스

> **TIP**
> 나라별 사용하는 신축이음매의 구조
> - 편측첨단형 : 한국, 이탈리아, 일본
> - 결선사이드레일형 : 벨기에
> - 완충레일 : 미국 독일
> - 양측둔단중복형 : 프랑스
> - 양측둔단맞붙이기형 : 스페인
> - 양측첨단형 : 네덜란드, 스위스

089 고조파 저감을 위한 대비책으로 옳지 않은 것은?

 계통의 단락용량 감소   ㉯ 배전선의 선간전압의 평형화
㉰ 하이브리드 파워필터 설치   ㉱ 공급배선의 전용선화

고조파를 저감을 위해서는 계통의 단락용량을 증대시켜야 한다.

> **TIP**
> 고조파 저감을 위한 대책
> - 계통의 단락용량 증대
> - 계통전체
> - 교류필터 설치
> - 하이브리드 파워필터 설치
> - 공급배선의 전용선화
> - 배전선의 선간전압의 평형화
> - 액티브필터 설치

090 도상에 대한 설명으로 옳지 않은 것은?

㉮ 궤도에서 노반과 침목 사이에 자갈 등을 깔아 놓은 바닥을 의미한다.
㉯ 레일 및 침목으로부터 전달되는 하중을 널리 노반으로 전달시킨다.
✔ 수평마찰력이 적어야 한다.

> 도상은 수평마찰력(도상저항)이 커야 한다.

㉰ 선로의 파괴를 경감시키고 승차 기분을 좋게 해준다.

091 선로의 등급에 대한 설명으로 옳지 않은 것은?

㉮ 선로의 등급은 선로의 중요도를 나타내는 척도이다.
㉯ 선로의 건설과 보수에 있어 수송량과 열차속도에 따라 등급을 정한다.
㉰ 등급에 해당하는 선로구조로 하여 경제적인 건설과 유지보수를 한다.
✔ 선로제원 및 구조를 달리하여 투자평가를 위해서 정한다.

> 선로의 등급은 선로의 중요도를 산정하여 경제적 건설 및 유지보수를 위해서 정한다.

092 다음의 특징을 가지고 있는 특수철도는?

> 도로의 노면상에 궤도를 부설하여 일반 교통에 이바지하는 철도이다. 레일면이 포장되어 일반자동차의 통행에도 지장을 주지 않는다.

✔ 노면철도
㉯ 가공삭도

> 레일 대신으로 공중에 강선을 강설하고, 차량에 대응하는 운반기를 매달아 여객이나 화물을 운반할 수 있는 시설이다.

㉰ 모노레일

> 모노레일 1본의 궤도거터 위를 고무타이어 또는 강제의 차량에 의해 주행하는 철도를 말한다.

㉱ 트롤리버스

> 가공복선식의 전차선에서 차량의 집전장치를 통해서 전력공급을 받아 레일을 이용하지 않고 노면 위를 주행하는 버스형의 차량에 의한 수송기관이다.

093 하나의 선로로부터 다른 선로로 분기하는 장소에 사용하는 분기기의 구성요소가 아닌 것은?

㉮ 리드
㉯ 크로싱(철차)
㉰ 포인트(전철기)
 호룬레일

> 분기기는 선로전환기 부분(포인트 · 전철기), 리드(Lead) 부분, 크로싱(철차) 부분으로 구성된다.

TIP
열차의 통과 방향에 따른 분기기 구분
- 대향 선로전환기 : 포인트에서 크로싱 방향으로 통과한다. 밀착상태가 약할 경우 탈선의 우려가 있다.
- 배향 선로전환기 : 크로싱에서 포인트 방향으로 통과한다. 밀착상태로 다른 진로 개통에 따른 탈선의 우려가 없다.

---

094 차체의 진동에 대한 설명으로 옳지 않은 것은?

㉮ 롤링은 주행 중 차체의 전후 방향 둘레의 회전운동을 말한다.
㉯ 요잉은 차체의 수직축 둘레에 발생하는 운동으로 차의 앞뒤 부분이 좌우로 움직임을 말한다.
㉰ 피칭은 전후 방향에 있어서 시소와 같은 움직임을 말한다.
 급히 코너를 돌아 차가 스핀하는 것은 롤링이며, 코너링을 돌 때 차가 기우는 것은 요잉이다.

> 급히 코너를 돌아 차가 스핀하는 것은 요잉이며, 코너링을 돌 때 차가 기우는 것은 롤링이다.

TIP
차량진동의 종류

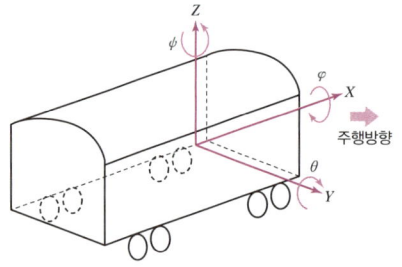

- 롤링(Rolling)
  - 전후축 회전(좌우 진동), X축을 중심으로 회전
  - 스태빌라이저, 스프링, 트레드 너비 등을 통해 롤링을 잡아준다.
- 피칭(Pitching)
  - 좌우축 회전(전후 진동), Y축을 중심으로 회전
  - 승객에게 가장 불편함을 주며, 서스펜션 보강을 통해 피칭을 잡아준다.
- 요잉(Yawing)
  - 상하축 회전(상하 진동), Z축을 중심으로 회전
  - 차간요댐퍼장치를 통해 요잉(사행동)을 잡아준다.

095 다음 중 L.R.T(Light Rail Transit)에 대한 설명으로 옳지 않은 것은?

㉮ 선로의 위치는 도로의 중앙을 원칙으로 하여 자동차 운행의 왕복구간을 구분한다.
㉯ 노면철도는 도로에 부설되는 것을 원칙으로 하며 선로망은 도로망에 의해 지배된다.
㉰ 별도의 용지비를 절감할 수 있어 일반적인 철도에 비해 경제적이다.
✔ 정류장의 간격은 지하철의 절반 정도로 짧고 표정속도가 빠르다.

> L.R.T는 정류장의 간격이 짧으며 표정속도가 느리다.
> ※ 표정속도 : 운전구간의 거리를 도중 정차 시분을 가산한 전 소요시간으로 나눠 계산

💡 **TIP**

L.R.T(Light Rail Transit)
- 지하철과 비교해 상대적으로 가벼운 차량 무게가 적은 수송 규모와 소형차량이다.
- 중간 수준의 수송능력을 가지고 있다.
- 별도의 용지비를 절감할 수 있어 일반적인 철도에 비해 경제적이다.
- 선로의 위치는 도로의 중앙을 원칙으로 하여 자동차 운행의 왕복구간을 구분한다.
- 노면철도는 도로에 부설되는 것을 원칙으로 하며 선로망은 도로망에 의해 지배된다.
- 정류장의 위치는 지하철의 절반 정도로 짧고 표정속도가 느리다.
- 노면전차, 모노레일, 궤도버스, 자기부상열차 등이 L.R.T에 해당한다.

096 AGT 시스템의 특징이 아닌 것은?

㉮ 전기동력 사용으로 배기가스 배출이 없어 환경친화성이 우수하다.
㉯ 자동 무인운전으로 운영비가 저렴하다.
㉰ 차량의 소형화와 경량화로 교량, 터널 등의 건설비가 저렴하다.
✔ 노면을 이용하는 교통수단과 입체교차하기 때문에 교차로에서의 지체가 없다.

> 교통수단과 입체교체하는 것은 모노레일의 특징이다.

💡 **TIP**

AGT(Automated Guideway Transit) 시스템의 특징
- 자동 무인운전으로 승무원의 수를 줄일 수 있다.
- 고무차륜 운행으로 소음과 진동이 적다.
- 다른 교통수단에 비해 정시성, 신속성, 환경친화성이 우수하다.
- 차량의 소형화와 경량화로 건설비 감소 및 운영비가 저렴하다.
- 2,000~20,000/시간·방향의 다양한 규모의 수송능력을 가지고 있다.
- 차량의 등판능력 향상, 회전반경 감소 등으로 지형적 제약을 극복할 수 있다.

097 궤도회로의 구성요소가 아닌 것은?

☑ 전압안정기

전압안정기 : 송신기에 교류전원을 안정되게 공급하기 위한 기기로 고전압 임펄스 궤도회로의 구성요소이다.

㉯ 한류장치

한류장치 : 궤도회로 단락전류 제한을 위해 설치하는 장치로 궤도회로가 단락되었을 때 전원장치에 과전류가 흐르는 것을 제한하여 기기를 보호하고 착전 전압을 조절한다.

㉰ 궤도계전기

궤도계전기 : 궤도회로 내에서 열차 또는 차량의 유무를 최종적으로 나타내는 기기이다.

㉱ 레일본드

레일본드 : 레일이음매 부분의 전기저항을 적게 해서 신호전류와 전차선 귀선전류가 잘 흐르도록 전선 등에 도체로 연결한다.

> **TIP**
> 궤도회로의 구성요소
> 전원장치, 한류장치, 궤도절연, 레일본드, 점퍼선, 궤도계전기

098 레일의 성분 중 제강 시 탈산제로 작용하여 강재 중 반드시 함유되어야 하는 성분으로 양을 증가시킴에 따라 항장력 증대 및 연성을 감소시키는 성분은?

㉮ 탄소(C)

탄소(C ; Carbon)는 함유량 1.0%까지는 증가할수록 결정이 미세해지고 항장력과 강도가 커지나 연성이 감소된다.

☑ 망간(Mn)

㉰ 인(P)

인(P ; Phosphorus)은 탄소강을 취약하게 하여 충격에 대하여 저항력을 약화시키므로 가능한 제거하여야 한다.

㉱ 유황(S)

유황(S ; Sulphur)은 강재에 가장 유해한 성분으로 적열상태에서 압연작업 중 균열을 발생시키고 레일에 함유되면 사용 중 충격에 의한 파손을 조장하여 강질을 불균형하게 만든다.

099 다음 중 협궤의 장점으로 옳은 것은?

㉮ 고속도를 낼 수 있으며 수송력을 증대시킬 수 있다.
㉯ 열차의 주행안전도를 증대시키고 동요를 감소시킨다.
㉰ 차량설비에 용이하며 수송효율이 향상된다.
✔ 차량의 시설물의 규모가 적어도 되어 건설비 및 유지비가 적다.

> 💡 **TIP**
>
> **광궤와 협궤의 특징**
> - 광궤의 특징
>   - 표준궤간보다 넓은 궤간을 가지고 있다.
>   - 고속도를 낼 수 있으며 수송력이 증대된다.
>   - 열차의 주행안전도를 증대시키고 흔들림은 감소시킨다.
>   - 차량의 폭이 넓으며 용적이 커져 차량 설비가 용이해 수송효율이 향상된다.
>   - 직경이 큰 동륜 사용이 가능하여 고속이 가능하고 차륜의 마모가 적어진다.
> - 협궤의 특징
>   - 표준궤간보다 좁은 궤간을 가지고 있다.
>   - 차량의 폭이 좁아 차량의 시설물 규모 또한 적다.
>   - <u>시설물 규모가 적어도 되어 건설비 및 유지비가 저렴하다.</u>
>   - 급곡선 시 광궤보다 곡선저항이 적어 산악지대에서 선로선정에 활용한다.

100 완화곡선의 길이 결정 시 고려조건으로 옳지 않은 것은?

㉮ 캔트의 시간변화율을 고려한 승차감 한도
㉯ 부족캔트에 의해 열차가 받는 초과 원심력의 시간변화율을 고려한 승차감 한도
㉰ 차량의 3점지지에 의한 탈선을 방지하기 위한 안전한도
✔ 고속으로 주행하는 선로는 길이를 짧게, 느리게 주행 시 선로는 길게 설정

완화곡선의 길이는 열차의 속도에 비례하여 빠르면 길게, 느리면 짧게 설정해야 한다.

> 💡 **TIP**
>
> **완화곡선의 사용 목적**
> 열차가 직선에서 원곡선으로 진입하거나 원곡선에서 바로 직선으로 진입할 경우 주행방향이 급변하여 차량의 동요가 심하여 원활한 운전을 할 수 없으므로 완화곡선을 삽입하여야 한다.

[4과목] 열차운전(선택)

101 제동변을 제동위치로 이동시킨 후 제동이 작용하기까지의 주행거리를 의미하는 것으로 적절한 것은?

㉮ 전제동거리

　공주거리와 실제동거리를 합한 값이며, 제동초속도에 영향을 받는다.

✓ ㉯ 공주거리

㉰ 실제동거리

　제동이 유효하게 작용할 때까지 주행한 거리를 말하며 속도의 제곱에 비례한다.

㉱ 제동거리

　브레이크가 작동된 후 열차가 정지할 때까지(운동에너지를 열에너지로 변화시켜 감속하는 과정) 주행한 거리를 말한다.

102 「도시철도운전규칙」에 따른 진로표시기의 표시로 적절한 것은?

㉮ 좌측진로의 색등식 – 흑색바탕에 수직방향 백색화살표(↑)
㉯ 중앙진로의 색등식 – 흑색바탕에 우측방향 백색화살표(→)
㉰ 우측진로의 색등식 – 흑색바탕에 좌측방향 백색화살표(←)
✓ ㉱ 좌측진로의 문자식 – 4각 측색바탕에 문자(A 1)

「도시철도운전규칙」 제66조 제3호 가목 ⚖

> **법령** ⚖
>
> 「도시철도운전규칙」 제66조(상설신호기의 종류 및 신호 방식)
> 상설신호기는 계기 · 색등 또는 등열(燈列)로써 다음 각 호의 방식으로 신호하여야 한다.
> 3. 신호부속기
> 　가. 진로표시기
>
> | 방식 | 개통방향
주간·야간별 | 좌측진로 | 중앙진로 | 우측진로 |
> |---|---|---|---|---|
> | 색등식 | 주간 및 야간 | 흑색바탕에 좌측방향
백색화살표(←) | 흑색바탕에 수직방향
백색화살표(↑) | 흑색바탕에 우측방향
백색화살표(→) |
> | 문자식 | 주간 및 야간 | 4각 측색바탕에 문자(A 1) | | |

103 「철도차량운전규칙」에 따른 완급차의 연결에 관한 내용으로 적절하지 않은 것은?

☑ ㉮ 관통제동기를 사용하는 열차의 맨 앞에 완급차를 연결하여야 한다.

> 관통제동기를 사용하는 열차의 맨 뒤(추진운전의 경우에는 맨 앞)에는 완급차를 연결하여야 한다. 다만, 화물열차에는 완급차를 연결하지 아니할 수 있다(「철도차량운전규칙」 제16조 제1항).

㉯ 추진운전의 경우에는 열차의 맨 앞에 완급차를 연결하여야 한다.

> 「철도차량운전규칙」 제16조 제1항 전단

㉰ 화물열차에는 완급차를 연결하지 아니할 수 있다.

> 「철도차량운전규칙」 제16조 제1항 후단

㉱ 열차승무원이 반드시 탑승하여야 할 필요가 있는 열차에는 완급차를 연결하여야 한다.

> 「철도차량운전규칙」 제16조 제2항

104 「도시철도운전규칙」상 열차를 운전하는 경우에 관한 내용으로 적절한 것은?

☑ ㉮ 차량은 열차에 함께 편성되기 전에는 정거장 외의 본선을 운전할 수 없다.

> 차량은 열차에 함께 편성되기 전에는 정거장 외의 본선을 운전할 수 없다. 다만, 차량을 결합·해체하거나 차선을 바꾸는 경우 또는 그 밖에 특별한 사유가 있는 경우에는 그러하지 아니하다(「도시철도운전규칙」 제32조 제2항).

㉯ 열차를 무인운전할 경우 간이운전대의 개방이나 운전 모드(mode)의 변경은 관제실의 사후 승인을 받아야 한다.

> 도시철도운영자가 열차를 무인운전으로 운행하려는 경우에는 간이운전대의 개방이나 운전 모드(mode)의 변경은 관제실의 사전 승인을 받아야 한다(「도시철도운전규칙」 제32조의2 제3호).

㉰ 열차를 무인운전할 경우 운전 모드를 자동운전으로 변경한 후 관제실과 통신에 이상 여부를 확인하여야 한다.

> 도시철도운영자가 열차를 무인운전으로 운행하려는 경우에는 운전 모드를 변경하여 수동운전을 하려는 경우에는 관제실과의 통신에 이상이 없음을 먼저 확인하여야 한다(「도시철도운전규칙」 제32조의2 제4호).

㉱ 「철도안전법」에 따른 운전면허를 소지한 사람만이 열차를 무인운전할 수 있다.

> 열차등의 운전은 열차 등의 종류에 따라 「철도안전법」 제10조 제1항에 따른 운전면허를 소지한 사람이 하여야 한다. 다만, 제32조의 2에 따른 무인운전의 경우에는 그러하지 아니하다(「도시철도운전규칙」 제32조 제1항).

105. 「도시철도운전규칙」상 지도표와 지도권에 적어야 하는 내용으로 적절하지 않은 것을 모두 고르면?

ㄱ. 폐색구간 양쪽 역 이름
ㄴ. 지도표 번호
ㄷ. 폐색구간 소 이름
ㄹ. 열차번호 및 발행일
ㅁ. 사용열차

㉮ ㄱ, ㄴ
㉯ ㄱ, ㄴ, ㄷ
✓ ㄱ, ㄷ, ㄹ
㉰ ㄱ, ㄴ, ㄷ, ㄹ, ㅁ

ㄱ. (○) 「도시철도운전규칙」 제57조 제4항 [법령1]
ㄴ. (×) 지도표 번호는 지도권의 기입사항이다(「철도차량운전규칙」 제62조 제2항). [법령2]
ㄷ. (○) 「도시철도운전규칙」 제57조 제4항 [법령1]
ㄹ. (○) 「도시철도운전규칙」 제57조 제4항 [법령1]
ㅁ. (×) 사용열차는 지도권의 기입사항이다(「철도차량운전규칙」 제62조 제2항). [법령2]

법령 1

「도시철도운전규칙」 제57조(지도통신식)

① 지도통신식에 따르는 경우에는 지도표 또는 지도권을 발급받은 열차만 해당 폐색구간을 운전할 수 있다.
② 지도표와 지도권은 폐색구간에 열차를 진입시키려는 역장 또는 소장이 상대 역장 또는 소장 및 관제사와 협의하여 발행한다.
③ 역장이나 소장은 같은 방향의 폐색구간으로 진입시키려는 열차가 하나뿐인 경우에는 지도표를 발급하고, 연속하여 둘 이상의 열차를 같은 방향의 폐색구간으로 진입시키려는 경우에는 맨 마지막 열차에 대해서는 지도표를, 나머지 열차에 대해서는 지도권을 발급한다.
④ 지도표와 지도권에는 폐색구간 양쪽의 역 이름 또는 소(所) 이름, 관제사, 명령번호, 열차번호 및 발행일과 시각을 적어야 한다.
⑤ 열차의 기관사는 제3항에 따라 발급받은 지도표 또는 지도권을 폐색구간을 통과한 후 도착지의 역장 또는 소장에게 반납하여야 한다.

법령 2

「철도차량운전규칙」 제62조(지도표·지도권의 기입사항)

① 지도표에는 그 구간 양끝의 정거장명·발행일자 및 사용열차번호를 기입하여야 한다.
② 지도권에는 사용구간·사용열차·발행일자 및 지도표 번호를 기입하여야 한다.

106 다음 중 제동피스톤의 행정이 변화하는 요인으로 적절한 것을 모두 고르면?

> ㄱ. 하중의 변화
> ㄴ. 제동거리의 증감
> ㄷ. 제동통 압력의 대소
> ㄹ. 제동초속도

㉮ ㄱ, ㄴ
㉯ ㄱ, ㄷ, ㄹ ✓
㉰ ㄱ, ㄴ, ㄹ
㉱ ㄱ, ㄴ, ㄷ, ㄹ

> **TIP**
> 제동피스톤의 행정이 변하는 이유
> 1. 제륜자의 마모
> 2. 하중의 변화
> 3. 제동통 압력의 대소
> 4. 제동초속도

107 다음에서 설명하는 「철도차량운전규칙」에서 정한 신호부속기의 종류로 적절한 것은?

> 장내신호기·출발신호기·진로개통표시기 및 입환신호기에 부속하여 열차 또는 차량에 대하여 그 진로를 표시하는 것

㉮ 진로표시기 ✓
> 「철도차량운전규칙」 제82조 제3호 가목 ⚖

㉯ 진로예고기
> 진로예고기는 장내신호기·출발신호기에 종속하여 다음 장내신호기 또는 출발신호기에 현시하는 진로를 열차에 대하여 예고하는 것이다(「철도차량운전규칙」 제82조 제3호 나목). ⚖

㉰ 진로개통표시기
> 진로개통표시기는 차내신호를 사용하는 열차가 운행하는 본선의 분기부에 설치하여 진로의 개통 상태를 표시하는 것이다(「철도차량운전규칙」 제82조 제3호 다목). ⚖

㉱ 원방신호기
> 원방신호기는 장내신호기·출발신호기·폐색신호기 및 엄호신호기에 종속하여 열차에 주 신호기가 현시하는 신호의 예고신호를 현시하는 것이다(「철도차량운전규칙」 제82조 제2호 가목). ⚖

> **법령**
>
> 「철도차량운전규칙」 제82조(상치신호기의 종류)
> 상치신호기의 종류와 용도는 다음 각 호와 같다.
> 1. 주신호기
>   가. 장내신호기 : 정거장에 진입하려는 열차에 대하여 신호를 현시하는 것
>   나. 출발신호기 : 정거장을 진출하려는 열차에 대하여 신호를 현시하는 것
>   다. 폐색신호기 : 폐색구간에 진입하려는 열차에 대하여 신호를 현시하는 것
>   라. 엄호신호기 : 특히 방호를 요하는 지점을 통과하려는 열차에 대하여 신호를 현시하는 것
>   마. 유도신호기 : 장내신호기에 정지신호의 현시가 있는 경우 유도를 받을 열차에 대하여 신호를 현시하는 것
>   바. 입환신호기 : 입환차량 또는 차내신호폐색식을 시행하는 구간의 열차에 대하여 신호를 현시하는 것
> 2. 종속신호기
>   가. 원방신호기 : 장내신호기·출발신호기·폐색신호기 및 엄호신호기에 종속하여 열차에 주 신호기가 현시하는 신호의 예고신호를 현시하는 것
>   나. 통과신호기 : 출발신호기에 종속하여 정거장에 진입하는 열차에 신호기가 현시하는 신호를 예고하며, 정거장을 통과할 수 있는지에 대한 신호를 현시하는 것
>   다. 중계신호기 : 장내신호기·출발신호기·폐색신호기 및 엄호신호기에 종속하여 열차에 주 신호기가 현시하는 신호의 중계신호를 현시하는 것
> 3. 신호부속기
>   가. 진로표시기 : 장내신호기·출발신호기·진로개통표시기 및 입환신호기에 부속하여 열차 또는 차량에 대하여 그 진로를 표시하는 것
>   나. 진로예고기 : 장내신호기·출발신호기에 종속하여 다음 장내신호기 또는 출발신호기에 현시하는 진로를 열차에 대하여 예고하는 것
>   다. 진로개통표시기 : 차내신호를 사용하는 열차가 운행하는 본선의 분기부에 설치하여 진로의 개통 상태를 표시하는 것
> 4. 차내신호 : 동력차 내에 설치하여 신호를 현시하는 것

108 「철도차량운전규칙」에 따른 여객열차의 연결제한에 관한 내용으로 적절하지 않은 것은?

㉮ 여객열차에는 화차를 연결할 수 없는 것이 원칙이다.

> 「철도차량운전규칙」 제12조 제1항 전단

㉯ 회송의 경우와 그 밖에 특별한 사유가 있는 경우에는 여객열차에 화차를 연결할 수 있다.

> 「철도차량운전규칙」 제12조 제1항 후단

✔ 회송과 같이 특별한 사유가 있는 경우에는 화차를 연결할 때 화차를 객차의 중간에 연결한다.

> 제1항 단서의 규정에 의하여 화차를 연결하는 경우에는 화차를 객차의 중간에 연결하여서는 아니 된다(「철도차량운전규칙」 제12조 제2항).

㉱ 파손차량 또는 2차량 이상에 무게를 부담시킨 화물을 적재한 화차는 이를 여객열차에 연결하여서는 아니 된다.

> 「철도차량운전규칙」 제12조 제3항

법령

「철도차량운전규칙」 제12조(여객열차의 연결제한)
① 여객열차에는 화차를 연결할 수 없다. 다만, 회송의 경우와 그 밖에 특별한 사유가 있는 경우에는 그러하지 아니하다.
② 제1항 단서의 규정에 의하여 화차를 연결하는 경우에는 화차를 객차의 중간에 연결하여서는 아니 된다.
③ 파손차량, 동력을 사용하지 아니하는 기관차 또는 2차량 이상에 무게를 부담시킨 화물을 적재한 화차는 이를 여객열차에 연결하여서는 아니 된다.

---

109 「철도차량운전규칙」상 지령식의 시행에 관한 설명으로 적절한 것을 모두 고르면?

ㄱ. 지령식은 폐색 구간이 관제업무종사자가 열차 운행을 감시할 수 있고, 운전용 통신장치 기능이 정상인 경우 관제업무종사자의 승인에 따라 시행한다.
ㄴ. 관제업무종사자는 지령식을 시행하는 경우 지령식을 시행할 폐색구간의 경계를 정하여야 한다.
ㄷ. 관제업무종사자는 지령식을 시행하는 경우 지령식을 시행할 폐색구간에 열차나 철도차량이 없음을 확인하여야 한다.
ㄹ. 관제업무종사자는 지령식을 시행하는 경우 지령식을 시행하는 폐색구간에 진입하는 열차의 기관사에게 승인번호, 운전속도 등 주의사항을 통보하여야 한다.

㉮ ㄱ
㉯ ㄱ, ㄴ
㉰ ㄱ, ㄴ, ㄷ
✅ ㄱ, ㄴ, ㄷ, ㄹ

ㄱ. (O) 「철도차량운전규칙」 제64조의2 제1항 제1호, 제2호
ㄴ. (O) 「철도차량운전규칙」 제64조의2 제2항 제1호
ㄷ. (O) 「철도차량운전규칙」 제64조의2 제2항 제2호
ㄹ. (O) 「철도차량운전규칙」 제64조의2 제2항 제3호

법령

「철도차량운전규칙」 제64조의2(지령식의 시행)
① 지령식은 폐색 구간이 다음 각 호의 요건을 모두 갖춘 경우 관제업무종사자의 승인에 따라 시행한다.
  1. 관제업무종사자가 열차 운행을 감시할 수 있을 것
  2. 운전용 통신장치 기능이 정상일 것
② 관제업무종사자는 지령식을 시행하는 경우 다음 각 호의 사항을 준수해야 한다.
  1. 지령식을 시행할 폐색구간의 경계를 정할 것
  2. 지령식을 시행할 폐색구간에 열차나 철도차량이 없음을 확인할 것
  3. 지령식을 시행하는 폐색구간에 진입하는 열차의 기관사에게 승인번호, 시행구간, 운전속도 등 주의사항을 통보할 것

110 「도시철도운전규칙」상 열차가 맨 앞의 차량에서 운전하지 않아도 되는 것으로 적절한 것은?

㉮ 추진운전 ㉯ 퇴행운전
㉰ 무인운전 ✓ 입환운전

열차는 맨 앞의 차량에서 운전하여야 한다. 다만, 추진운전, 퇴행운전 또는 무인운전을 하는 경우에는 그러하지 아니하다(「도시철도운전규칙」 제33조).

111 다음 중 거리기준 운전선도의 종류로 적절한 것을 모두 고르면?

> ㄱ. 실제운전선도 ㄴ. 가속력선도
> ㄷ. 계획운전선도 ㄹ. 열차 DIA

㉮ ㄱ, ㄷ ㉯ ㄴ, ㄷ
㉰ ㄱ, ㄷ, ㄹ ✓ ㄱ, ㄴ, ㄷ

거리기준 운전선도에는 'ㄱ. 실제운전선도', 'ㄴ. 가속력선도', 'ㄷ. 계획운전선도'가 있다.

112 다음 중 레일의 점착계수가 가장 낮을 때로 적절한 것은? (단, 레일의 표면은 일반적인 경우이다.)

㉮ 건조하고 깨끗한 경우 ㉯ 눈이 덮여 있는 경우
✓ 낙엽이 있는 경우 ㉱ 습한 경우

TIP
레일의 표면 상태에 따른 점착계수

레일의 표면 상태	일반적인 경우(모래를 뿌리지 않았을 때)
낙엽이 있을 때	0.08
기름이나 눈이 덮여 있을 때	0.10
서리가 있을 때	0.15~0.18
습할 때	0.18~0.20
건조하고 깨끗할 때	0.25~0.30

113 다음 중 견인정수를 산정할 때 고려할 사항으로 가장 적절하지 않은 것은?

㉮ 선로의 상태

> 견인정수를 산정할 때 고려할 사항은 대표적으로 열차의 사명, 선로의 상태, 동력차의 상태, 선로 및 승강장 유효장, 기온이 있다.

㉯ 선로 및 승강장 유효장

> 견인정수를 산정할 때 고려할 사항은 대표적으로 열차의 사명, 선로의 상태, 동력차의 상태, 선로 및 승강장 유효장, 기온이 있다.

㉰ 사용연료 및 전차선 전압

> 견인정수의 산정 시 동력차의 상태를 반드시 고려하여야 한다. 동력차의 상태를 판단하기 위한 요인으로는 동력차의 상태 및 견인시험, 사용연료 및 전차선 전압, 제한구배상의 인출조건, 전기차의 온도상승 한도가 있다.

✔ 가파른 경사의 운전 시 견인력

> 급구배의 운전 시의 견인력을 견인정수 산정에 있어 고려할 사항이 아니다.

> 💡 **TIP**
>
> 견인정수의 산정 시 고려하여야 할 사항
> - 열차의 사명
> - 선로의 상태
>   - 곡선 및 터널
>   - 레일의 상태
>   - 상구배의 완급과 장단
>   ※ 견인정수를 지배하는 최대요소이다.
>   - 하구배의 제동거리
> - 동력차의 상태
>   - 동력차의 상태 및 견인시험
>   - 사용연료 및 전차선 전압
>   - 제한구배상의 인출조건
>   - 전기차의 온도상승 한도
> - 선로 및 승강장 유효장
> - 기온

114 대치차의 치수는 50, 소치차의 치수는 25, 동륜의 직경이 2m 그리고 회전수가 450rpm일 때의 속도를 구하시오. (단, 속도는 소수점 2자리에서 반올림한다.)

✓ ㉮ 84.83km/h ㉯ 120.12km/h
㉰ 138.21km/h ㉱ 234.86km/h

$$속도(V) = 0.1885 \times \frac{동륜의\ 직경(D)}{치차비(Gr)} \times 주전동기\ 1분간\ 회전수$$

$$= 0.1885 \times \frac{2}{\frac{50}{25}} \times 450 = 84.83(km/h)$$

따라서 속도는 84.83(km/h)이다.

---

115 「철도차량운전규칙」에 따른 임시신호기의 현시방식에 관한 설명으로 적절하지 않은 것은?

㉮ 주간에 서행신호 시 신호현시방식은 백색테두리를 한 등황색 원판이다.
  「철도차량운전규칙」 제92조 제1항

㉯ 야간에 서행예고신호 시 신호현시방식은 흑색삼각형 3개를 그린 백색 등 또는 반사재이다.
  「철도차량운전규칙」 제92조 제1항

✓ ㉰ 서행신호기 및 서행해제신호기에는 서행속도를 표시하여야 한다.
  서행신호기 및 서행예고신호기에는 서행속도를 표시하여야 한다(「철도차량운전규칙」 제92조 제2항).

㉱ 야간에 서행해제신호 시 신호현시방식은 녹색등 또는 반사재이다.
  「철도차량운전규칙」 제92조 제1항

법령

「철도차량운전규칙」 제92조(신호현시방식)
① 임시신호기의 신호현시방식은 다음과 같다.

종류	신호현시방식	
	주간	야간
서행신호	백색테두리를 한 등황색 원판	등황색 또는 반사재
서행예고신호	흑색삼각형 3개를 그린 백색삼각형	흑색삼각형 3개를 그린 백색등 또는 반사재
서행해제신호	백색테두리를 한 녹색원판	녹색등 또는 반사재

② 서행신호기 및 서행예고신호기에는 서행속도를 표시하여야 한다.

116 견인정수의 산정 시 고려할 사항 중 선로의 상태를 판단하기 위한 요소로 가장 적절하지 않은 것은?

㉮ ✔ 터널 및 교량
㉯ 레일의 상태
㉰ 상구배의 완급과 장단
㉱ 하구배의 제동거리

> 곡선 및 터널은 견인정수 산정 시 고려할 사항 중 선로의 상태를 판단하기 위한 요소에 해당하며, 교량은 해당하지 않는다.

TIP
견인정수의 산정 시 고려하여야 할 사항
- 열차의 사명
- 선로의 상태
  - 곡선 및 터널
  - 레일의 상태
  - 상구배의 완급과 장단
    ※ 견인정수를 지배하는 최대요소이다.
  - 하구배의 제동거리
- 동력차의 상태
  - 동력차의 상태 및 견인시험
  - 사용연료 및 전차선 전압
  - 제한구배상의 인출조건
  - 전기차의 온도상승 한도
- 선로 및 승강장 유효장
- 기온

---

117 다음 중 공기저항 중 속도의 제곱에 비례하는 저항을 모두 고르면?

ㄱ. 전부저항
ㄴ. 후부저항
ㄷ. 차량간의 와류저항
ㄹ. 측면저항
ㅁ. 상하면저항

㉮ ㄱ, ㄷ, ㄹ
㉯ ㄱ, ㄴ, ㄹ
㉰ ✔ ㄱ, ㄴ, ㄷ
㉱ ㄱ, ㄹ, ㅁ

> 공기에 의한 저항 중에서 'ㄱ. 전부저항', 'ㄴ. 후부저항', 'ㄷ. 차량간의 와류저항'은 속도의 제곱에 비례하고, ㄹ. 측면저항, ㅁ. 상하면저항은 속도에 비례한다.

118 다음 중 구심력과 원심력에 관한 설명으로 적절하지 않은 것은?

㉮ 구심력과 원심력은 방향은 반대이다.
㉯ 구심력은 장력의 한 종류로 원의 중심 방향으로 작용한다.
㉰ 구심력과 원심력은 그 크기가 같다.
㉱ 구심력은 회전반경에 반비례한다.

> 구심력이란 원운동을 하는 물체가 원의 궤도를 벗어나지 않고 운동하게 하는 힘으로 공식은 다음과 같다.
> 구심력 = 질량(m) × 회전반경(r) × 각속도^2(w^2)
> 따라서 구심력은 <u>회전반경에 비례</u>한다.

TIP

구심력과 원심력

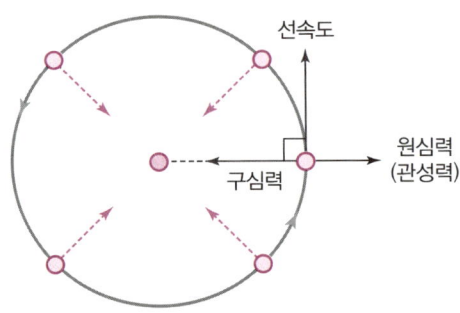

- 구심력
  - 원운동을 하는 물체가 원의 궤도를 벗어나지 않고 운동하게 하는 힘이다.
  - 원의 중심(구심)방향으로 작용한다.
  - 구심력 = 질량(m) × 회전반경(r) × 각속도^2(w^2)

- 원심력
  - 원운동을 하는 물체가 중심 밖으로 나가려는 가상의 힘이다.
  - 원심력의 크기는 구심력과 같고, 방향은 구심력과 반대이다.
  - 원심력 = $\dfrac{질량(m) \times 속도^2(v^2)}{회전반경(r)}$

119 다음 중 견인정수의 정의로 가장 적절한 것은?

㉮ 단위는 차장률로 표시한다.
> 견인정수의 단위는 차중률로 표시한다.

㉯ 동력차가 발휘하는 견인력에 한정하여 결정된다.
> 견인정수는 주로 동력차의 견인력과 열차저항의 상호관계로 결정된다.

✓ 정해진 운전 속도로 한 번에 동력차가 끌 수 있는 최대 차량의 수를 말한다.
> 견인정수는 일정한 운전 속도로 한 번에 동력차가 끌 수 있는 최대 차량의 수를 의미한다.

㉰ 기관차의 종류와 선로의 기울기가 다를 때에는 운전속도에 따라 결정된다.
> 기관차의 종류와 선로의 기울기가 동일할 때에는 운전속도에 따라 결정된다.

> 💡 **TIP**
>
> **견인정수**
> - 의의
>   일정한 운전 속도로 한 번에 동력차가 끌 수 있는 최대 차량의 수를 의미하며, 차량의 수란 실제량수가 아니라 환산량수이다.
> - 특징
>   - 견인정수의 단위는 차중률로 표시한다.
>   - 견인정수는 주로 동력차의 견인력과 열차저항의 상호관계로 결정된다.
>   - 기관차의 종류와 선로의 기울기가 동일할 때에는 운전속도에 따라 결정된다.

120 「철도차량운전규칙」상 정거장의 정의에 해당하는 것을 모두 고르면?

ㄱ. 여객의 승강	ㄴ. 화물의 적하
ㄷ. 열차의 조성	ㄹ. 열차의 교행
ㅁ. 신호기 취급	

㉮ ㄱ, ㄴ, ㄷ ㉯ ㄱ, ㄷ, ㄹ
✓ ㄱ, ㄴ, ㄷ, ㄹ ㉰ ㄱ, ㄴ, ㄷ, ㄹ, ㅁ

> "정거장"이라 함은 ㄱ. 여객의 승강(여객 이용시설 및 편의시설을 포함한다), ㄴ. 화물의 적하(積下), ㄷ. 열차의 조성(組成), 철도차량을 연결하거나 분리하는 작업을 말한다), ㄹ. 열차의 교행(交行) 또는 대피를 목적으로 사용되는 장소를 말한다(「철도차량운전규칙」 제2조 제1호).

121. 「철도차량운전규칙」상 4현시 색등식에서 현시되지 않은 것으로 적절한 것은?

㉮ 정지신호
✔ ㉯ 경계신호
㉰ 주의신호
㉱ 감속신호

4현시 색등식은 정지신호, 주의신호, 감속신호, 진행신호에 현시된다(「철도차량운전규칙」 제84조 제1호).

법령

「철도차량운전규칙」 제84조(신호현시방식)
상치신호기의 현시방식은 다음 각 호와 같다.
1. 장내신호기·출발신호기·폐색신호기 및 엄호신호기

종류	신호현시방식							
	5현시		4현시		3현시	2현시		
	색등식		색등식		색등식	색등식	완목식	
							주간	야간
정지신호	적색등		적색등		적색등	적색등	완·수평	적색등
경계신호	상위	등황색등						
	하위	등황색등						
주의신호	등황색등		등황색등		등황색등			
감속신호	상위	등황색등	상위	등황색등				
	하위	녹색등	하위	녹색등				
진행신호	녹색등		녹색등		녹색등	녹색등	완·좌하향 45도	녹색등

122. 「철도차량운전규칙」상 상용폐색방식에 해당하는 것은?

✔ ㉮ 연동폐색식
㉯ 통신식
㉰ 지도통신식
㉱ 지도식

연동폐색식은 상용폐색방식에 해당한다(「철도차량운전규칙」 제50조 제1호).

법령

「철도차량운전규칙」 제50조(폐색방식의 구분)
제50조(폐색방식의 구분) 폐색방식은 각 호와 같이 구분한다.
1. 상용(常用)폐색방식 : 자동폐색식·연동폐색식·차내신호폐색식·통표폐색식
2. 대용(代用)폐색방식 : 통신식·지도통신식·지도식·지령식

123 「철도차량운전규칙」상 하나의 폐색구간에 둘 이상의 열차를 동시에 운행할 수 있는 것을 모두 고르면?

> ㄱ. 사전에 정한 특정한 구간을 운전하는 경우
> ㄴ. 고장열차가 있는 폐색구간에 구원열차를 운전하는 경우
> ㄷ. 폐색구간에서 뒤의 보조기관차를 열차로부터 떼었을 경우
> ㄹ. 선로가 불통된 구간에 공사열차를 운전하는 경우

㉮ ㄴ   ㉯ ㄴ, ㄷ
✅ ㉰ ㄴ, ㄷ, ㄹ   ㉱ ㄱ, ㄴ, ㄷ, ㄹ

> ㄱ. (X) 하나의 폐색구간에 둘 이상의 열차를 동시에 운행할 수 있는 경우에 해당하지 않는다.
> ㄴ. (O) 「철도차량운전규칙」 제49조 제2항 제2호
> ㄷ. (O) 「철도차량운전규칙」 제49조 제2항 제4호
> ㄹ. (O) 「철도차량운전규칙」 제49조 제2항 제3호

법령

「철도차량운전규칙」 제49조(폐색에 의한 열차 운행)
① 폐색에 의한 방법으로 열차를 운행하는 경우에는 본선을 폐색구간으로 분할하여야 한다. 다만, 정거장내의 본선은 이를 폐색구간으로 하지 아니할 수 있다.
② 하나의 폐색구간에는 둘 이상의 열차를 동시에 운행할 수 없다. 다만, 다음 각 호에 해당하는 경우에는 그렇지 않다.
  1. 제36조 제2항 및 제3항에 따라 열차를 진입시키려는 경우
  2. <u>고장열차가 있는 폐색구간에 구원열차를 운전하는 경우</u>
  3. <u>선로가 불통된 구간에 공사열차를 운전하는 경우</u>
  4. <u>폐색구간에서 뒤의 보조기관차를 열차로부터 떼었을 경우</u>
  5. 열차가 정차되어 있는 폐색구간으로 다른 열차를 유도하는 경우
  6. 폐색에 의한 방법으로 운전을 하고 있는 열차를 열차제어장치로 운전하거나 시계운전이 가능한 노선에서 열차를 서행하여 운전하는 경우
  7. 그 밖에 특별한 사유가 있는 경우

124 다음 중 운전기준에 의하여 동력차의 안전한 최대 견인능력, 즉 견인정수의 단위로 가장 적절한 것은?

㉮ 차장률   ㉯ 유효장
✅ ㉰ 차중률   ㉱ 유효장표

> 견인정수는 일정한 운전 속도로 한 번에 동력차가 끌 수 있는 최대 차량의 수를 의미하며, 단위는 <u>차중률</u>로 표시한다.

125 견인중량이 많은 열차가 상구배에 정차해 있다가 출발할 때는 인출이 불가능할 우려가 있는 인출방법으로 적절한 것은?

㉮ 후퇴인출법

> 열차가 정차 위치에서 후퇴하였다가 인출하는 방법으로, 보통 선로의 구배가 완만하고 열차의 길이가 짧은 경우에 주로 사용한다.

✓ ㉯ 자연인출법

> 열차가 정차한 상태에서 별다른 조치 없이 인출하는 방법으로, 견인중량이 많은 열차가 상구배에 정차하였다가 출발 시 인출이 불가능할 우려가 있다.

㉰ 압축인출법

> 열차에 제동을 걸어 놓은 상태로, 열차의 출발 저항을 이용하는 방법으로, 인출이 쉬워 기관사가 가장 많이 사용하는 방법이다. 또한 견인중량이 높은 열차에 주로 사용된다.

㉱ 전진인출법

제7회 기출유형 모의고사

문제편 212p

[1과목] 교통법규

001	002	003	004	005	006	007	008	009	010	011	012	013	014	015	016	017	018	019	020
다	나	가	나	라	나	가	다	나	라	가	가	가	나	나	라	가	라	나	라
021	022	023	024	025	026	027	028	029	030	031	032	033	034	035	036	037	038	039	040
가	나	나	가	나	나	나	나	나	라	가	가	가	가	나	라	라	라	다	라
041	042	043	044	045	046	047	048	049	050										
나	다	다	다	가	라	나	나	가	다										

[2과목] 교통안전관리론

051	052	053	054	055	056	057	058	059	060	061	062	063	064	065	066	067	068	069	070
나	가	나	나	나	나	라	라	가	라	나	나	나	다	다	나	가	라	가	가	다
071	072	073	074	075															
다	라	가	가	나															

[3과목] 철도공학

076	077	078	079	080	081	082	083	084	085	086	087	088	089	090	091	092	093	094	095
나	나	나	나	라	라	다	라	라	라	라	라	라	나	라	다	나	나	다	라
096	097	098	099	100															
라	다	가	가	나															

[4과목] 열차운전(선택과목)

101	102	103	104	105	106	107	108	109	110	111	112	113	114	115	116	117	118	119	120
라	가	라	가	라	라	가	라	나	다	다	다	라	다	라	라	가	라	라	다	다
121	122	123	124	125															
다	라	나	다	다															

[1과목] 교통법규

001 「철도안전법」상 운전적성검사에 불합격한 사람은 검사일로부터 ( ) 동안 운전적성검사를 받을 수 없다. 빈칸에 들어갈 기한으로 적절한 옳은 것은?

㉮ 30일
㉯ 1개월
✓ ㉰ 3개월
㉱ 6개월

> 운전적성검사에 불합격한 사람은 검사일부터 3개월 동안 운전적성검사를 받을 수 없다(「철도안전법」 제15조 제2항 제1호). ⚖️

법령 ⚖️

「철도안전법」 제15조(운전적성검사)
② 운전적성검사에 불합격한 사람 또는 운전적성검사 과정에서 부정행위를 한 사람은 다음 각 호의 구분에 따른 기간 동안 운전적성검사를 받을 수 없다.
  1. 운전적성검사에 불합격한 사람 : 검사일부터 3개월
  2. 운전적성검사 과정에서 부정행위를 한 사람 : 검사일부터 1년

---

002 「교통안전법」 제63조에 따른 2년 이하의 징역 또는 2천만 원 이하의 벌금형 대상자에 해당하지 않는 자는?

㉮ 타인에게 자기의 명칭 또는 상호를 사용하게 한 자

> 타인에게 자기의 명칭 또는 상호를 사용하게 하거나 교통안전진단기관등록증을 대여한 자 및 교통안전진단기관의 명칭 또는 상호를 사용하거나 교통안전진단기관등록증을 대여받은 자는 2년 이하의 징역 또는 2천만 원 이하의 벌금에 처한다(「교통안전법」 제63조 제3호).

✓ ㉯ 교통수단안전점검을 거부·방해 또는 기피한 자

> 교통수단안전점검을 거부·방해 또는 기피한 자는 500만 원 이하의 과태료를 부과한다(「교통안전법」 제65조 제2항 제2호).

㉰ 영업정지처분을 받고 그 영업정지 기간 중에 새로이 교통시설안전진단 업무를 수행한 자

> 영업정지처분을 받고 그 영업정지 기간 중에 새로이 교통시설안전진단 업무를 수행한 자는 2년 이하의 징역 또는 2천만 원 이하의 벌금에 처한다(「교통안전법」 제63조 제4호).

㉱ 직무상 알게 된 비밀을 타인에게 누설하거나 직무상 목적 외에 이를 사용한 자

> 직무상 알게 된 비밀을 타인에게 누설하거나 직무상 목적 외에 이를 사용한 자는 2년 이하의 징역 또는 2천만 원 이하의 벌금에 처한다(「교통안전법」 제63조 제5호).

003 다음 중 교통안전관리자의 직무에 해당하지 않는 것은?

☑ ㉮ 교통안전관리규정의 작성 및 제출

> 교통안전관리규정의 작성 및 제출은 교통안전관리자가 아닌 <u>교통시설설치·관리자 및 교통수단운영자의 직무</u>이다(「교통안전법」 제21조 제1항). ⚖

㉯ 교통수단의 운행·운항·항행과 관련된 기술적인 사항을 점검

> 국토교통부장관은 <u>교통수단의 운행·운항·항행</u> 또는 교통시설의 운영·관리와 <u>관련된 기술적인 사항을 점검</u>·관리<u>하는 교통안전관리자</u> 자격 제도를 운영하여야 한다(「교통안전법」 제53조 제1항).

㉰ 교통시설의 운영과 관련된 기술적인 사항 점검

> 국토교통부장관은 교통수단의 운행·운항·항행 또는 <u>교통시설의 운영</u>·관리와 <u>관련된 기술적인 사항을 점검</u>·관리<u>하는 교통안전관리자</u> 자격 제도를 운영하여야 한다(「교통안전법」 제53조 제1항).

㉱ 교통시설의 관리와 관련된 기술적인 사항 관리

> 국토교통부장관은 교통수단의 운행·운항·항행 또는 <u>교통시설의</u> 운영·<u>관리와 관련된 기술적인 사항을</u> 점검·<u>관리하는 교통안전관리자</u> 자격 제도를 운영하여야 한다(「교통안전법」 제53조 제1항).

법령 ⚖

「교통안전법」 제21조(교통시설설치·관리자 등의 교통안전관리규정)
① 대통령령으로 정하는 <u>교통시설설치·관리자 및 교통수단운영자</u>(이하 이 조에서 "교통시설설치·관리자 등"이라 한다)는 그가 설치·관리하거나 운영하는 교통시설 또는 교통수단과 관련된 교통안전을 확보하기 위하여 다음 각 호의 사항을 포함한 규정(이하 "<u>교통안전관리규정</u>"이라 한다)<u>을 정하여 관할교통행정기관에 제출하여야 한다</u>. 이를 변경할 때에도 또한 같다.
  1. 교통안전의 경영지침에 관한 사항
  2. 교통안전목표 수립에 관한 사항
  3. 교통안전 관련 조직에 관한 사항
  4. 제54조의2에 따른 교통안전담당자 지정에 관한 사항
  5. 안전관리대책의 수립 및 추진에 관한 사항
  6. 그 밖에 교통안전에 관한 중요 사항으로서 대통령령으로 정하는 사항

004 「철도산업발전기본법령」상 철도시설의 사용계약을 체결하는 경우 충족해야 하는 조건을 모두 고른 것은?

> ㄱ. 사용기간이 1년을 초과할 것
> ㄴ. 사용기간이 5년을 초과하지 않을 것
> ㄷ. 해당 선로 등을 여객 또는 화물운송 목적으로 사용하려는 경우일 것

㉮ ㄱ, ㄴ ✓㉯ ㄴ, ㄷ
㉰ ㄱ, ㄷ ㉱ ㄱ, ㄴ, ㄷ

철도시설에 대한 사용계약을 체결하려는 경우에는 <u>ㄴ. 사용기간이 5년을 초과하지 않을 것, ㄷ. 해당 선로 등을 여객 또는 화물운송 목적으로 사용하려는 경우일 것</u>의 기준을 모두 충족해야 한다(「철도산업발전기본법 시행령」 제35조 제2항). ⚖️

법령 ⚖️

「철도산업발전기본법 시행령」 제35조(철도시설의 사용계약)

① 법 제31조 제1항에 따른 철도시설의 사용계약에는 다음 각 호의 사항이 포함되어야 한다.
　1. 사용기간·대상시설·사용조건 및 사용료
　2. 대상시설의 제3자에 대한 사용승낙의 범위·조건
　3. 상호책임 및 계약위반 시 조치사항
　4. 분쟁 발생 시 조정절차
　5. 비상사태 발생 시 조치
　6. 계약의 갱신에 관한 사항
　7. 계약내용에 대한 비밀누설금지에 관한 사항
② 법 제3조 제2호 가목부터 라목까지에서 규정한 철도시설(이하 "선로 등"이라 한다)에 대한 법 제31조 제1항에 따른 사용계약(이하 "선로 등 사용계약"이라 한다)을 체결하려는 경우에는 다음 각 호의 기준을 모두 충족해야 한다.
　1. <u>해당 선로 등을 여객 또는 화물운송 목적으로 사용하려는 경우일 것</u>
　2. <u>사용기간이 5년을 초과하지 않을 것</u>

005 「철도산업발전기본법령」상 철도산업위원회에 대한 설명으로 적절하지 않은 것은?

㉮ 위원의 임기는 2년으로 하되, 연임할 수 있다. 「철도산업발전기본법 시행령」 제6조 제3항

㉯ 위원회는 위원장을 포함한 25인 이내의 위원으로 구성한다.
> 「철도산업발전기본법」 제6조 제3항

㉰ 위원회의 회의는 재적위원 과반수의 출석과 출석위원 과반수의 찬성으로 의결한다.
> 「철도산업발전기본법 시행령」 제8조 제2항

✅ 위원회에 간사 2인을 두되, 간사는 국토교통부장관이 국토교통부 소속공무원 중에서 지명한다.
> 위원회에 간사 1인을 두되, 간사는 국토교통부장관이 국토교통부 소속공무원 중에서 지명한다(「철도산업발전기본법 시행령」 제9조).

006 다음 중 「철도산업발전기본법」 제2조에 따른 이 법의 적용범위에 해당하지 않는 것은?

㉮ 국가에 의하여 설립된 고속철도건설공단이 소유하는 철도
> 「철도산업발전기본법」 제2조 제1호 ⚖️

✅ 국가안전공단이 소유·건설·운영 또는 관리하는 철도
> 국가안전공단이 아닌 국가철도공단이 소유·건설·운영 또는 관리하는 철도이다(「철도산업발전기본법」 제2조 제2호). ⚖️

㉰ 한국철도공사가 소유·건설·운영 또는 관리하는 철도
> 「철도산업발전기본법」 제2조 제2호 ⚖️

㉱ 한국고속철도건설공단법에 의하여 설립된 고속철도건설공단이 운영하는 철도
> 「철도산업발전기본법」 제2조 제1호 ⚖️

법령 ⚖️

「철도산업발전기본법」 제2조(적용범위)
이 법은 다음 각 호의 어느 하나에 해당하는 철도에 대하여 적용한다. 다만, 제2장의 규정은 모든 철도에 대하여 적용한다.
1. 국가 및 한국고속철도건설공단법에 의하여 설립된 한국고속철도건설공단(이하 "고속철도건설공단"이라 한다)이 소유·건설·운영 또는 관리하는 철도
2. 제20조 제3항에 따라 설립되는 국가철도공단 및 제21조 제3항에 따라 설립되는 한국철도공사가 소유·건설·운영 또는 관리하는 철도

007 다음 중 철도시설관리자와 철도운영자가 특정노선 및 역의 폐지와 관련한 철도서비스의 제한 또는 중지 등의 조치를 취할 수 없는 경우는?

☑ ㉮ 승인신청자가 철도서비스를 제공하고 있는 노선 또는 역에 대하여 철도의 경영개선을 위한 적절한 조치를 취하지 않아 수지균형의 확보가 극히 곤란하여 경영상 어려움이 발생한 경우

> 승인신청자가 철도서비스를 제공하고 있는 노선 또는 역에 대하여 <u>철도의 경영개선을 위한 적절한 조치를 취하였음에도 불구하고</u> 수지균형의 확보가 극히 곤란하여 경영상 어려움이 발생한 경우(「철도산업발전기본법」 제34조 제1항 제1호) ⚖

㉯ 공익서비스제공에 따른 보상계약체결에도 불구하고 공익서비스비용에 대한 적정한 보상이 이루어지지 아니한 경우

> 「철도산업발전기본법」 제34조 제1항 제2호 ⚖

㉰ 원인제공자가 공익서비스비용을 부담하지 아니한 경우

> 「철도산업발전기본법」 제34조 제1항 제3호 ⚖

㉱ 원인제공자가 보상계약체결에 관하여 철도운영자와의 협의가 성립되지 않아 원인제공자 또는 철도운영자의 신청에 의한 위원회의 조정에 따르지 아니한 경우

> 「철도산업발전기본법」 제34조 제1항 제4호 ⚖

법령 ⚖

「철도산업발전기본법」 제34조(특정노선 폐지 등의 승인)
① 철도시설관리자와 철도운영자(이하 "승인신청자"라 한다)는 다음 각 호의 어느 하나에 해당하는 경우에 국토교통부장관의 승인을 얻어 특정노선 및 역의 폐지와 관련 철도서비스의 제한 또는 중지 등 필요한 조치를 취할 수 있다.
  1. <u>승인신청자가 철도서비스를 제공하고 있는 노선 또는 역에 대하여 철도의 경영개선을 위한 적절한 조치를 취하였음에도 불구하고 수지균형의 확보가 극히 곤란하여 경영상 어려움이 발생한 경우</u>
  2. <u>제33조에 따른 보상계약체결에도 불구하고 공익서비스비용에 대한 적정한 보상이 이루어지지 아니한 경우</u>
  3. <u>원인제공자가 공익서비스비용을 부담하지 아니한 경우</u>
  4. <u>원인제공자가 제33조 제5항에 따른 조정에 따르지 아니한 경우</u>

> **「철도산업발전기본법」 제33조(공익서비스 제공에 따른 보상계약의 체결)**
> ⑤ 보상계약체결에 관하여 원인제공자와 철도운영자의 협의가 성립되지 아니하는 때에는 원인제공자 또는 철도운영자의 신청에 의하여 위원회가 이를 조정할 수 있다.

008

「철도안전법령」에 따라 대통령령으로 정하는 철도 관계 법령을 위반한 자는 철도차량 제작자승인을 받을 수 없다. 이때 대통령령으로 정하는 철도 관계 법령에 해당하지 않는 것은?

㉮ 「건널목 개량촉진법」

> 「철도안전법 시행령」 제24조 제1호 ⚖

㉯ 「도시철도법」

> 「철도안전법 시행령」 제24조 제2호 ⚖

✔ ㉰ 「교통안전법」

> 「교통안전법」은 「철도안전법 시행령」 제24조에 따른 대통령령으로 정하는 철도 관계 법령에 해당하지 않는다.

㉱ 「철도의 건설 및 철도시설 유지관리에 관한 법률」

> 「철도안전법 시행령」 제24조 제3호 ⚖

법령 ⚖

「철도안전법」 제26조의4(결격사유)
다음 각 호의 어느 하나에 해당하는 자는 철도차량 제작자승인을 받을 수 없다.
1. 피성년후견인
2. 파산선고를 받고 복권되지 아니한 사람
3. 이 법 또는 대통령령으로 정하는 철도 관계 법령을 위반하여 징역형의 실형을 선고받고 그 집행이 종료(집행이 종료된 것으로 보는 경우를 포함한다)되거나 집행이 면제된 날부터 2년이 지나지 아니한 사람
4. 이 법 또는 대통령령으로 정하는 철도 관계 법령을 위반하여 징역형의 집행유예를 선고받고 그 유예기간 중에 있는 사람

> **「철도안전법 시행령」 제24조(철도 관계 법령의 범위)**
> 법 제26조의4 제3호 및 제4호에서 "대통령령으로 정하는 철도 관계 법령"이란 각각 다음 각 호의 어느 하나에 해당하는 법령을 말한다.
> 1. 「건널목 개량촉진법」
> 2. 「도시철도법」
> 3. 「철도의 건설 및 철도시설 유지관리에 관한 법률」
> 4. 「철도사업법」
> 5. 「철도산업발전 기본법」
> 6. 「한국철도공사법」
> 7. 「국가철도공단법」
> 8. 「항공·철도 사고조사에 관한 법률」

5. 제작자승인이 취소된 후 2년이 지나지 아니한 자
6. 임원 중에 제1호부터 제5호까지의 어느 하나에 해당하는 사람이 있는 법인

009 「교통안전법」상 행정처분 후의 업무수행에 관한 설명으로 적절하지 않은 것은?

㉮ 등록의 취소 처분을 받은 교통안전진단기관은 그 처분 당시에 이미 착수한 교통시설안전진단 업무를 계속할 수 있다.

> 「교통안전법」 제44조 제1항 전단

✓ 자격정지 또는 영업정지처분을 받은 교통안전진단기관은 그 처분 당시에 이미 착수한 교통시설안전진단 업무를 계속할 수 있다.

> <u>등록의 취소</u> 또는 영업정지처분을 받은 교통안전진단기관은 그 처분 당시에 이미 착수한 교통시설안전진단 업무는 이를 계속할 수 있다. 이 경우 교통안전진단기관은 그 처분 받은 내용을 지체 없이 교통시설안전진단 실시를 의뢰한 자에게 통지하여야 한다(「교통안전법」 제44조 제1항).

㉰ 교통안전진단기관은 그 처분 받은 내용을 지체 없이 교통시설안전진단 실시를 의뢰한 자에게 통지하여야 한다.

> 「교통안전법」 제44조 제1항 후단

㉱ 업무를 계속하는 자는 업무를 완료할 때까지 해당 업무에 관하여는 교통안전진단기관으로 본다.

> 「교통안전법」 제44조 제2항

010 「철도산업발전기본법령」에 따른 철도서비스의 품질평가방법에 관한 설명으로 옳은 것은?

㉮ 국토교통부장관은 철도서비스의 품질평가를 1년마다 실시한다.

> 국토교통부장관은 철도서비스의 품질평가를 <u>2년마다</u> 실시한다(「철도산업발전기본법 시행규칙」 제3조 제1항 전단).

㉯ 국토교통부장관은 필요한 경우에는 품질평가일 3주 전까지 철도운영자에게 품질평가계획을 통보한 후 수시품질평가를 실시할 수 있다.

> 국토교통부장관은 필요한 경우에는 품질평가일 <u>2주 전</u>까지 철도운영자에게 품질평가계획을 통보한 후 수시품질평가를 실시할 수 있다(「철도산업발전기본법 시행규칙」 제3조 제1항 후단).

㉰ 국토교통부장관은 객관적인 품질평가를 위하여 적정 철도서비스의 수준, 평가항목 및 평가지표를 정할 수 있다.

> 국토교통부장관은 객관적인 품질평가를 위하여 적정 철도서비스의 수준, 평가항목 및 평가지표를 <u>정하여야 한다</u>(「철도산업발전기본법 시행규칙」 제3조 제2항).

✓ 국토교통부장관은 품질평가의 결과를 확정하기 전에 철도산업위원회의 심의를 거쳐야 한다.

> 「철도산업발전기본법 시행규칙」 제3조 제3항

011 「철도안전법령」에 따른 운송취급주의 위험물에 해당하지 않는 것은?

✓ 건조한 기폭약

> 건조한 기폭약은 운송취급주의 위험물이 아닌 운송위탁 및 운송 금지 위험물에 해당한다(「철도안전법 시행령」 제44조 제3호). ⚖[1]

㉯ 유독성 가스를 발생시킬 우려가 있는 것

> 「철도안전법 시행령」 제45조 제5호 ⚖[2]

㉰ 마찰·충격·흡습(吸濕) 등 주위의 상황으로 인하여 발화할 우려가 있는 것

> 「철도안전법 시행령」 제45조 제2호 ⚖[2]

㉱ 인화성·산화성 등이 강하여 그 물질 자체의 성질에 따라 발화할 우려가 있는 것

> 「철도안전법 시행령」 제45조 제3호 ⚖[2]

법령 ⚖[1]

「철도안전법 시행령」 제44조(운송위탁 및 운송 금지 위험물 등)
법 제43조에서 "점화류(點火類) 또는 점폭약류(點爆藥類)를 붙인 폭약, 니트로글리세린, 건조한 기폭약(起爆藥), 뇌홍질화연(雷汞窒化鉛)에 속하는 것 등 대통령령으로 정하는 위험물"이란 다음 각 호의 위험물을 말한다.
1. 점화 또는 점폭약류를 붙인 폭약
2. 니트로글리세린
3. 건조한 기폭약
4. 뇌홍질화연에 속하는 것
5. 그 밖에 사람에게 위해를 주거나 물건에 손상을 줄 수 있는 물질로서 국토교통부장관이 정하여 고시하는 위험물

법령 ⚖[2]

「철도안전법 시행령」 제45조(운송취급주의 위험물)
법 제44조 제1항에서 "대통령령으로 정하는 위험물"이란 다음 각 호의 어느 하나에 해당하는 것으로서 국토교통부령으로 정하는 것을 말한다.
1. 철도운송 중 폭발할 우려가 있는 것
2. 마찰·충격·흡습(吸濕) 등 주위의 상황으로 인하여 발화할 우려가 있는 것
3. 인화성·산화성 등이 강하여 그 물질 자체의 성질에 따라 발화할 우려가 있는 것
4. 용기가 파손될 경우 내용물이 누출되어 철도차량·레일·기구 또는 다른 화물 등을 부식시키거나 침해할 우려가 있는 것
5. 유독성 가스를 발생시킬 우려가 있는 것
6. 그 밖에 화물의 성질상 철도시설·철도차량·철도종사자·여객 등에 위해나 손상을 끼칠 우려가 있는 것

012 「철도산업발전기본법」상 철도산업구조개혁기본계획에 포함되는 사항으로 적절하지 않은 것은?

✅ ㉮ 철도산업 육성시책의 기본방향에 관한 사항

> 철도산업 육성시책의 기본방향에 관한 사항은 「철도산업발전기본법」 제18조 제2항에 따른 철도산업구조개혁기본개혁의 사항에 포함되지 않는다.

㉯ 철도산업구조개혁의 추진방안에 관한 사항

> 「철도산업발전기본법」 제18조 제2항 제2호 ⚖️

㉰ 철도의 소유 및 경영구조의 개혁에 관한 사항

> 「철도산업발전기본법」 제18조 제2항 제3호 ⚖️

㉱ 철도산업구조개혁에 따른 대내외 여건조성에 관한 사항

> 「철도산업발전기본법」 제18조 제2항 제4호 ⚖️

법령 ⚖️

「철도산업발전기본법」 제18조(철도산업구조개혁기본계획의 수립 등)
① 국토교통부장관은 철도산업의 구조개혁을 효율적으로 추진하기 위하여 철도산업구조개혁기본계획(이하 "구조개혁계획"이라 한다)을 수립하여야 한다.
② 구조개혁계획에는 다음 각 호의 사항이 포함되어야 한다.
  1. 철도산업구조개혁의 목표 및 기본방향에 관한 사항
  2. 철도산업구조개혁의 추진방안에 관한 사항
  3. 철도의 소유 및 경영구조의 개혁에 관한 사항
  4. 철도산업구조개혁에 따른 대내외 여건조성에 관한 사항
  5. 철도산업구조개혁에 따른 자산·부채·인력 등에 관한 사항
  6. 철도산업구조개혁에 따른 철도관련 기관·단체 등의 정비에 관한 사항
  7. 그 밖에 철도산업구조개혁을 위하여 필요한 사항으로서 대통령령으로 정하는 사항

---

013 「교통안전법령」상 교통안전관리규정이 적정하게 작성되었는지를 검토하기 위한 검토 결과 구분으로 적절하지 않은 것은?

✅ ㉮ 보완   ㉯ 적합
㉰ 부적합   ㉱ 조건부 적합

> 교통안전관리규정에 대한 검토 결과는 적합, 부적합, 조건부 적합으로 구분한다(「교통안전법 시행령」 제19조 제1항). ⚖️

> **법령** ⚖️
>
> 「교통안전법 시행령」 제19조(교통안전관리규정의 검토 등)
> ② 제1항에 따른 교통안전관리규정에 대한 검토 결과는 다음 각 호와 같이 구분한다.
>   1. 적합 : 교통안전에 필요한 조치가 구체적이고 명료하게 규정되어 있어 교통시설 또는 교통수단의 안전성이 충분히 확보되어 있다고 인정되는 경우
>   2. 조건부 적합 : 교통안전의 확보에 중대한 문제가 있지는 아니하지만 부분적으로 보완이 필요하다고 인정되는 경우
>   3. 부적합 : 교통안전의 확보에 중대한 문제가 있거나 교통안전관리규정 자체에 근본적인 결함이 있다고 인정되는 경우

014

「교통안전법령」상 교통안전관리자 시험과목과 관련된 교육 및 훈련을 받은 자를 대상으로 한 시험면제과목에 해당하지 않는 것은?

㉮ 교통안전관리론 ✓ ㉯ 교통법규
㉰ 자동차공학 ㉱ 자동차정비

「교통안전법」 제53조 제4항 및 동법 시행규칙 제24조 따라, 국토교통부령으로 정하는 교육 및 훈련 과정을 마치고 교육 및 훈련 과정 수료증을 교부받은 자가 시험에 응시하는 경우 시험과목 중 교통법규를 제외한 시험과목을 면제한다. ⚖️

> **법령** ⚖️
>
> 「교통안전법」 제53조(교통안전관리자 자격의 취득 등)
> ④ 국토교통부장관은 다음 각 호의 어느 하나에 해당하는 자에 대하여는 대통령령으로 정하는 바에 따라 제2항의 규정에 따른 시험의 일부를 면제할 수 있다.
>   1. 「국가기술자격법」 또는 다른 법률에 따라 교통안전분야와 관련이 있는 분야의 자격을 받은 자
>   2. 교통안전분야에 관하여 대통령령으로 정하는 실무경험이 있는 자로서 국토교통부령으로 정하는 교육 및 훈련 과정을 마친 자
>   3. 석사학위 이상의 학위를 취득한 자
>
>> 「교통안전법 시행규칙」 제24조(시험의 일부 면제를 위한 교육 및 훈련 과정)
>> ① 법 제53조 제4항 제2호에서 "국토교통부령으로 정하는 교육 및 훈련 과정을 마친 자"란 한국교통안전공단이 시행하는 교통법규ㆍ교통안전관리론 및 해당 분야별 시험과목과 관련된 교육 및 훈련을 받고 제6항에 따른 교육 및 훈련 과정 수료증을 교부받은 자를 말한다.
>> ⋮
>> ⑥ 한국교통안전공단은 제1항에 따른 교육 및 훈련을 받은 자에게 교육 및 훈련 과정 수료증을 교부하여야 한다.
>> ⑦ 한국교통안전공단은 제6항에 따른 교육 및 훈련 과정 수료증을 교부받은 자가 시험에 응시하는 경우 그 수료증을 교부받은 날부터 2년간 2번의 시험에 대하여는 영 별표 6의 시험과목 중 교통법규를 제외한 시험과목을 면제한다.

015 「교통안전법령」상 교통수단안전점검의 항목으로 옳은 것은?

㉮ 교통수단 운행의 경제성 조사
✓ 교통안전 관계법령의 위반 여부 확인
㉰ 교통행정 처리의 준수 여부 조사
㉱ 교통안전관리자의 경영관리능력 조사

> 교통수단안전점검의 항목은 '교통수단의 교통안전 위험요인 조사, 교통안전 관계 법령의 위반 여부 확인, 교통안전관리규정의 준수 여부 점검, 그 밖에 국토교통부장관이 관계 교통행정기관의 장과 협의하여 정하는 사항'이다(「교통안전법 시행령」 제20조 제4항). ⚖

법령 ⚖

「교통안전법 시행령」 제20조(교통수단안전점검의 대상 등)
④ 법 제33조에 따른 교통수단안전점검의 항목은 다음 각 호와 같다.
  1. 교통수단의 교통안전 위험요인 조사
  2. 교통안전 관계 법령의 위반 여부 확인
  3. 교통안전관리규정의 준수 여부 점검
  4. 그 밖에 국토교통부장관이 관계 교통행정기관의 장과 협의하여 정하는 사항

---

016 「교통안전법」상 교통안전관리규정을 제출하지 아니하거나 이를 준수하지 아니하는 자 또는 변경명령에 따르지 아니하는 자에 대한 벌칙은?

㉮ 2년 이하의 징역 또는 2천만 원 이하의 벌금
㉯ 2년 이하의 징역 또는 1천만 원 이하의 벌금
㉰ 1천만 원 이하의 과태료
✓ 500만 원 이하의 과태료

> 교통안전관리규정을 제출하지 아니하거나 이를 준수하지 아니하는 자 또는 변경명령에 따르지 아니하는 자에게는 500만 원 이하의 과태료를 부과한다(「교통안전법」 제65조 제2항 제1호). ⚖

법령 ⚖

「교통안전법」 제65조(과태료)
① 다음 각 호의 어느 하나에 해당하는 자에게는 1천만 원 이하의 과태료를 부과한다.
  1. 삭제
  2. 제34조 제5항에 따른 교통시설안전진단을 받지 아니하거나 교통시설안전진단보고서를 거짓으로 제출한 자
  3. 제55조 제1항에 따른 운행기록장치를 장착하지 아니한 자
  3의2. 제55조 제2항 후단을 위반하여 운행기록장치에 기록된 운행기록을 임의로 조작한 자
  4. 제55조의2에 따른 차로이탈경고장치를 장착하지 아니한 자

② 다음 각 호의 어느 하나에 해당하는 자에게는 <u>500만 원 이하의 과태료</u>를 부과한다.
1. 제21조 제1항부터 제3항까지의 규정을 위반하여 <u>교통안전관리규정을 제출하지 아니하거나 이를 준수하지 아니하는 자 또는 변경명령에 따르지 아니하는 자</u>
2. 제33조 제1항 또는 제6항에 따른 교통수단안전점검을 거부·방해 또는 기피한 자
3. 제33조 제3항을 위반하여 보고를 하지 아니하거나 거짓으로 보고한 자 또는 자료제출요청을 거부·기피·방해하거나 관계공무원의 질문에 대하여 거짓으로 진술한 자
4. 제40조 제1항의 규정에 따른 신고를 하지 아니하거나 거짓으로 신고한 자
5. 제40조 제2항에 따른 신고를 하지 아니하고 교통시설안전진단 업무를 휴업·재개업 또는 폐업하거나 거짓으로 신고한 자
6. 제47조 제1항의 규정을 위반하여 보고를 하지 아니하거나 거짓으로 보고한 자 또는 자료제출요청을 거부·기피·방해한 자
7. 제47조 제1항의 규정에 따른 점검·검사를 거부·기피·방해하거나 질문에 대하여 거짓으로 진술한 자
8. 제51조 제2항의 규정을 위반하여 교통사고 관련자료 등을 보관·관리하지 아니한 자
9. 제51조 제3항의 규정을 위반하여 교통사고 관련자료 등을 제공하지 아니한 자
9의2. 제54조의2 제1항을 위반하여 교통안전담당자를 지정하지 아니한 자
9의3. 제54조의2 제2항을 위반하여 교육을 받게 하지 아니한 자
10. 제55조 제2항을 위반하여 운행기록을 보관하지 아니하거나 교통행정기관에 제출하지 아니한 자
10의2. 제55조의3 제2항을 위반하여 조사를 거부·방해 또는 기피한 자
11. 제56조의2 제1항을 위반하여 교육을 받지 아니한 자
12. 제57조의3 제2항을 위반하여 통행방법을 게시하지 아니한 자
13. 제57조의3 제9항을 위반하여 중대한 사고를 통보하지 아니한 자
③ 제1항 및 제2항의 규정에 따른 과태료는 대통령령으로 정하는 바에 따라 국토교통부장관, 교통행정기관 또는 시장·군수·구청장이 부과·징수한다.

017 다음 중 「철도산업발전기본법」에 따른 철도시설에 해당하는 것을 모두 고르면?

ㄱ. 철도시설관리자 등의 기숙시설
ㄴ. 철도의 선로(선로에 부대되는 시설을 포함한다)
ㄷ. 철도의 전철전력설비, 정보통신설비, 신호 및 열차제어설비
ㄹ. 철도노선 간 또는 다른 교통수단과의 연계운영에 필요한 시설

㉮ ㄱ, ㄹ
㉯ ㄱ, ㄴ, ㄷ
✓ ㄴ, ㄷ, ㄹ
㉱ ㄱ, ㄴ, ㄷ, ㄹ

ㄱ. (×)
ㄴ. (○) 「철도산업발전기본법」 제3조 제2호 가목 ⚖
ㄷ. (○) 「철도산업발전기본법」 제3조 제2호 다목 ⚖
ㄹ. (○) 「철도산업발전기본법」 제3조 제2호 라목 ⚖

> **법령**
>
> 「철도산업발전기본법」 제3조(정의)
> 2. "철도시설"이라 함은 다음 각 목의 어느 하나에 해당하는 시설(부지를 포함한다)을 말한다.
>   가. 철도의 선로(선로에 부대되는 시설을 포함한다), 역시설(물류시설·환승시설 및 편의시설 등을 포함한다) 및 철도운영을 위한 건축물·건축설비
>   나. 선로 및 철도차량을 보수·정비하기 위한 선로보수기지, 차량정비기지 및 차량유치시설
>   다. 철도의 전철전력설비, 정보통신설비, 신호 및 열차제어설비
>   라. 철도노선 간 또는 다른 교통수단과의 연계운영에 필요한 시설
>   마. 철도기술의 개발·시험 및 연구를 위한 시설
>   바. 철도경영연수 및 철도전문인력의 교육훈련을 위한 시설
>   사. 그 밖에 철도의 건설·유지보수 및 운영을 위한 시설로서 대통령령으로 정하는 시설

018 「교통안전법」상 국가교통안전기본계획의 수립절차 과정이 바르게 연결된 것은?

┌───┐
│ ㉠ 소관별 계획안의 제출   ㉡ 지침의 작성 및 통보   │
│ ㉢ 확정계획의 통보 및 공고   ㉣ 국가교통안전기본계획안의 작성 및 확정 │
└───┘

㉮ ㉠ → ㉡ → ㉢ → ㉣   ㉯ ㉡ → ㉢ → ㉣ → ㉠
㉰ ㉡ → ㉠ → ㉢ → ㉣   ✓㉱ ㉡ → ㉠ → ㉣ → ㉢

> 국가교통안전기본계획의 수립절차 과정은 '㉡ 지침의 작성 및 통보 → ㉠ 소관별 계획안의 제출 → ㉣ 국가교통안전기본계획안의 작성 및 확정 → ㉢ 확정계획의 통보 및 공고'의 순서로 진행된다(「교통안전법」 제15조).

> **법령**
>
> 「교통안전법」 제15조(국가교통안전기본계획)
> ③ 국토교통부장관은 국가교통안전기본계획의 수립을 위하여 지정행정기관별로 추진할 교통안전에 관한 주요 계획 또는 시책에 관한 사항이 포함된 지침을 작성하여 지정행정기관의 장에게 통보하여야 하며, 지정행정기관의 장은 통보받은 지침에 따라 소관별 교통안전에 관한 계획안을 국토교통부장관에게 제출하여야 한다.
> ④ 국토교통부장관은 제3항에 따라 제출받은 소관별 교통안전에 관한 계획안을 종합·조정하여 국가교통안전기본계획안을 작성한 후 국가교통위원회의 심의를 거쳐 이를 확정한다.
> ⑤ 국토교통부장관은 제4항의 규정에 따라 확정된 국가교통안전기본계획을 지정행정기관의 장과 시·도지사에게 통보하고, 이를 공고(인터넷 게재를 포함한다. 이하 같다)하여야 한다.

019

「철도산업발전기본법령」에 따른 철도산업위원회의 간사 지명에 관한 설명 중 ㉠, ㉡에 적절한 단어로 옳은 것은?

> 위원회에 간사 (㉠)인을 두되, 간사는 (㉡)이/가 국토교통부 소속공무원 중에서 지명한다.

㉮ ㉠ : 1, ㉡ : 시·도지사
✓ ㉯ ㉠ : 1, ㉡ : 국토교통부장관
㉰ ㉠ : 2, ㉡ : 국토교통부장관
㉱ ㉠ : 2, ㉡ : 시·도지사

> 위원회에 간사 <u>1인</u>을 두되, 간사는 <u>국토교통부장관</u>이 국토교통부 소속공무원 중에서 지명한다(「철도산업발전기본법 시행령」 제9조).

020

철도안전 종합계획의 수립 주체 및 수립 시기에 관한 설명 중 ㉠, ㉡에 적절한 단어를 순서대로 나열한 것은?

> (㉠)은/는 (㉡)마다 철도안전에 관한 종합계획을 수립하여야 한다.

㉮ ㉠ : 국무총리, ㉡ : 3년마다
㉯ ㉠ : 시·도지사, ㉡ : 5년마다
㉰ ㉠ : 국토교통부장관, ㉡ : 3년마다
✓ ㉱ ㉠ : 국토교통부장관, ㉡ : 5년마다

> <u>국토교통부장관</u>은 <u>5년</u>마다 철도안전에 관한 종합계획을 수립하여야 한다(「철도안전법」 제5조 제1항).

021

「철도안전법」상 정밀안전진단기관의 지정 등에 관한 설명으로 빈칸에 적절한 단어는?

> • 국토교통부장관은 원활한 정밀안전진단 업무 수행을 위하여 철도차량 정밀안전진단기관을 지정하여야 한다.
> • 정밀안전진단기관의 지정기준, 지정절차 등에 필요한 사항은 (   )으로 정한다.

✓ ㉮ 국토교통부령
㉯ 국무총리령
㉰ 대통령령
㉱ 법률

> • 국토교통부장관은 원활한 정밀안전진단 업무 수행을 위하여 철도차량 정밀안전진단기관을 지정하여야 한다(「철도안전법」 제38조의13 제1항).
> • 정밀안전진단기관의 지정기준, 지정절차 등에 필요한 사항은 <u>국토교통부령</u>으로 정한다(동조 제2항).

022 「교통안전법」상 교통안전관리규정에 포함되는 사항에 해당하는 것은?

㉮ 교통수익 증대를 위한 교통효율화
✓ ㉯ 교통안전의 경영지침에 관한 사항
㉰ 교통안전관리 수립에 관한 사항
㉱ 교통시설관리 경영에 관한 사항

교통안전의 경영지침에 관한 사항은 교통안전관리규정에 해당한다(「교통안전법」 제21조 제1항 제1호).

법령

「교통안전법」 제21조(교통시설설치·관리자 등의 교통안전관리규정)

① 대통령령으로 정하는 교통시설설치·관리자 및 교통수단운영자(이하 이 조에서 "교통시설설치·관리자 등"이라 한다)는 그가 설치·관리하거나 운영하는 교통시설 또는 교통수단과 관련된 교통안전을 확보하기 위하여 다음 각 호의 사항을 포함한 규정(이하 "교통안전관리규정"이라 한다)을 정하여 관할 교통행정기관에 제출하여야 한다. 이를 변경한 때에도 또한 같다.
1. 교통안전의 경영지침에 관한 사항
2. 교통안전목표 수립에 관한 사항
3. 교통안전 관련 조직에 관한 사항
4. 제54조의2에 따른 교통안전담당자 지정에 관한 사항
5. 안전관리대책의 수립 및 추진에 관한 사항
6. 그 밖에 교통안전에 관한 중요 사항으로서 대통령령으로 정하는 사항

023 철도종사자의 직무상 지시에 따르지 아니한 사람의 1회 위반 시 과태료는?

㉮ 150만 원
✓ ㉯ 300만 원
㉰ 450만 원
㉱ 600만 원

철도종사자의 직무상 지시에 따르지 아니한 사람의 1회 위반 시 과태료는 300만 원이다(「철도안전법 시행령」 [별표 6]).

법령

「철도안전법 시행령」 [별표 6] 과태료 부과기준(제64조 관련)

위반행위	근거 법조문	과태료 금액(단위 : 만 원)		
		1회 위반	2회 위반	3회 이상 위반
법 제49조 제1항을 위반하여 철도종사자의 직무상 지시에 따르지 않은 경우	법 제82조 제1항 제14호	300	600	900

024 「철도안전법령」상 철도차량을 훼손하거나 정상적인 기능·작동을 방해하여 열차운행에 지장을 줄 수 있는 산업폐기물·생활폐기물을 일컫는 용어는?

㉮ 유해물 ✓
㉯ 산업쓰레기
㉰ 적치금지 폭발물
㉱ 출입금지 철도시설

> "국토교통부령으로 정하는 <u>유해물</u>"이란 철도시설이나 철도차량을 훼손하거나 정상적인 기능·작동을 방해하여 열차운행에 지장을 줄 수 있는 산업폐기물·생활폐기물을 말한다(「철도안전법 시행규칙」 제84조).

025 「교통안전법령」상 중대교통사고자에 대한 교육실시에 관한 설명 중 다음 빈칸에 들어갈 단어를 순서대로 옳게 나열한 것은?

> • 차량의 운전자가 '중대 교통사고'를 일으킨 경우에는 국토교통부령으로 정하는 교육을 받아야 한다.
> • 이때 "중대 교통사고"란 차량운전자가 교통수단운영자의 차량을 운전하던 중 (㉠)건의 교통사고로 (㉡)주 이상의 치료를 요하는 의사의 진단을 받은 피해자가 발생한 사고를 말한다.

㉮ ㉠ : 1, ㉡ : 3
㉯ ㉠ : 1, ㉡ : 8 ✓
㉰ ㉠ : 2, ㉡ : 3
㉱ ㉠ : 2, ㉡ : 8

> • 차량의 운전자가 '중대 교통사고'를 일으킨 경우에는 국토교통부령으로 정하는 교육을 받아야 한다(「교통안전법」 제56조의2 제1항).
> • 이때 "중대 교통사고"란 차량운전자가 교통수단운영자의 차량을 운전하던 중 <u>1건</u>의 교통사고로 <u>8주</u> 이상의 치료를 요하는 의사의 진단을 받은 피해자가 발생한 사고를 말한다(「교통안전법 시행규칙」 제31조의2 제2항).

026 「철도산업발전기본법」상 철도산업구조개혁기본계획의 수립 등에 관한 설명 중 빈칸에 들어갈 단어로 적절한 것은?

> ( )은/는 철도산업의 구조개혁을 효율적으로 추진하기 위하여 철도산업구조개혁기본계획을 수립하여야 한다.

㉮ 국가
㉯ 국토교통부장관 ✓
㉰ 시·도지사
㉱ 관계행정기관의 장

> <u>국토교통부장관</u>은 철도산업의 구조개혁을 효율적으로 추진하기 위하여 철도산업구조개혁기본계획을 수립하여야 한다(「철도산업발전기본법」 제18조 제1항).

027 「철도안전법령」상 표준화와 관련한 설명으로 적절하지 않은 것은?

㉮ 철도의 안전과 호환성의 확보 등을 위하여 철도차량 및 철도용품의 표준규격을 정한다.

「철도안전법」 제34조 제1항 전단 ⚖️

㉯ 국토교통부장관은 철도운영자 등 또는 철도차량을 제작·조립 또는 수입하려는 자 등에게 표준화를 권고할 수 있다.

「철도안전법」 제34조 제1항 후단 ⚖️

✔ ㉰ 「산업표준화법」에 따른 한국산업표준이 제정되어 있는 사항에 대하여 「철도안전법령」을 따른다.

「산업표준화법」에 따른 한국산업표준이 제정되어 있는 사항에 대하여는 그 표준에 따른다(「철도안전법」 제34조 제1항 단서). ⚖️

㉱ 철도차량·철도용품 표준규격의 제정·개정 또는 폐지하는 경우 기술위원회의 심의를 거쳐야 한다.

「철도안전법 시행규칙」 제74조 제1항 ⚖️

법령 ⚖️

「철도안전법」 제34조(표준화)
① 국토교통부장관은 철도의 안전과 호환성의 확보 등을 위하여 철도차량 및 철도용품의 표준규격을 정하여 철도운영자 등 또는 철도차량을 제작·조립 또는 수입하려는 자 등(이하 "차량제작자 등"이라 한다)에게 권고할 수 있다. 다만, 「산업표준화법」에 따른 한국산업표준이 제정되어 있는 사항에 대하여는 그 표준에 따른다.
② 제1항에 따른 표준규격의 제정·개정 등에 필요한 사항은 국토교통부령으로 정한다.

「철도안전법 시행규칙」 제74조(철도표준규격의 제정 등)
① 국토교통부장관은 법 제34조에 따른 철도차량이나 철도용품의 표준규격(이하 "철도표준규격"이라 한다)을 제정·개정하거나 폐지하려는 경우에는 기술위원회의 심의를 거쳐야 한다.

---

028 「철도안전법」상 철도차량 운전면허와 관련한 설명으로 올바르지 않은 것은?

㉮ 철도차량을 운전하려는 사람은 국토교통부장관으로부터 철도차량 운전면허를 받아야 한다.

「철도안전법」 제10조 제1항 전단 ⚖️

㉯ 「도시철도법」에 따른 노면전차를 운전하려는 사람은 철도차량 운전면허 외에 「도로교통법」에 따른 운전면허를 받아야 한다.

「철도안전법」 제10조 제2항 ⚖️

✓ 철도차량 운전면허는 대통령령으로 정하는 바에 따라 철도차량의 등급별로 받아야 한다.

> 철도차량 운전면허는 대통령령으로 정하는 바에 따라 철도차량의 종류별로 받아야 한다(「철도안전법」 제10조 제3항). ⚖️

㉱ 철도차량 운전에 관한 전문 교육훈련기관에서 실시하는 운전교육훈련을 받기 위하여 철도차량을 운전하는 경우에는 철도차량 운전면허를 받지 않아도 된다.

> 「철도안전법」 제10조 제1항 후단, 동법 시행령 제10조 제1항 제1호 ⚖️

법령 ⚖️

「철도안전법」 제10조(철도차량 운전면허)
① 철도차량을 운전하려는 사람은 국토교통부장관으로부터 철도차량 운전면허(이하 "운전면허"라 한다)를 받아야 한다. 다만, 제16조에 따른 교육훈련 또는 제17조에 따른 운전면허시험을 위하여 철도차량을 운전하는 경우 등 대통령령으로 정하는 경우에는 그러하지 아니하다.

> **「철도안전법 시행령」 제10조(운전면허 없이 운전할 수 있는 경우)**
> ① 법 제10조 제1항 단서에서 "대통령령으로 정하는 경우"란 다음 각 호의 어느 하나에 해당하는 경우를 말한다.
> 1. 법 제16조 제3항에 따른 철도차량 운전에 관한 전문 교육훈련기관(이하 "운전교육훈련기관"이라 한다)에서 실시하는 운전교육훈련을 받기 위하여 철도차량을 운전하는 경우
> 2. 법 제17조 제1항에 따른 운전면허시험(이하 이 조에서 "운전면허시험"이라 한다)을 치르기 위하여 철도차량을 운전하는 경우
> 3. 철도차량을 제작·조립·정비하기 위한 공장 안의 선로에서 철도차량을 운전하여 이동하는 경우
> 4. 철도사고 등을 복구하기 위하여 열차운행이 중지된 선로에서 사고복구용 특수차량을 운전하여 이동하는 경우

② 「도시철도법」 제2조 제2호에 따른 노면전차를 운전하려는 사람은 제1항에 따른 운전면허 외에 「도로교통법」 제80조에 따른 운전면허를 받아야 한다.
③ 제1항에 따른 운전면허는 대통령령으로 정하는 바에 따라 철도차량의 종류별로 받아야 한다.

029 「철도산업발전기본법」에 따른 청문 실시와 관련된 설명 중 빈칸에 적절한 내용으로 옳은 것은?

> 국토교통부장관은 ( )에 대한 승인을 하고자 하는 때에는 청문을 실시하여야 한다.

㉮ 철도산업의 육성·발전에 관한 중요 정책 사항의 결정
㉯ 철도산업의 육성·발전의 촉진을 위한 철도산업발전기본계획의 수립
㉰ 철도산업의 구조개혁 추진을 위한 철도산업발전기본계획의 수립
✓ 특정 노선 및 역의 폐지와 이와 관련된 철도서비스의 제한 또는 중지

> 국토교통부장관은 특정 노선 및 역의 폐지와 이와 관련된 철도서비스의 제한 또는 중지에 대한 승인을 하고자 하는 때에는 청문을 실시하여야 한다(「철도산업발전기본법」 제39조).

030 다음 중 교통안전관리자 자격 취득의 결격사유에 해당하는 자를 모두 고르면?

ㄱ. 피성년후견인
ㄴ. 피한정후견인
ㄷ. 금고 이상의 형의 집행유예를 선고받고 그 유예기간 중에 있는 자
ㄹ. 금고 이상의 형의 집행유예를 선고받고 그 유예기간 경과 후 2년이 되지 아니한 자
ㅁ. 금고 이상의 실형을 선고받고 그 집행이 종료되거나 집행이 면제된 날부터 5년이 지나지 아니한 자

㉮ ㄱ, ㄴ
㉯ ㄱ, ㄴ, ㄷ ✓
㉰ ㄱ, ㄴ, ㄹ, ㅁ
㉱ ㄱ, ㄴ, ㄷ, ㄹ, ㅁ

ㄱ. (○) 「교통안전법」 제53조 제3항 제1호
ㄴ. (○) 「교통안전법」 제53조 제3항 제1호
ㄷ. (○) 「교통안전법」 제53조 제3항 제3호
ㄹ. (×) 금고 이상의 형의 집행유예를 선고받고 <u>그 유예기간 중에 있는 자</u>(「교통안전법」 제53조 제3항 제1호)
ㅁ. (×) 금고 이상의 실형을 선고받고 그 집행이 종료되거나 집행이 면제된 날부터 <u>2년</u>이 지나지 아니한 자 (「교통안전법」 제53조 제3항 제2호)

법령

「교통안전법」 제53조(교통안전관리자 자격의 취득 등)
③ 다음 각 호의 어느 하나에 해당하는 자는 <u>교통안전관리자가 될 수 없다</u>.
1. <u>피성년후견인</u> 또는 <u>피한정후견인</u>
2. <u>금고 이상의 실형을 선고받고 그 집행이 종료(집행이 종료된 것으로 보는 경우를 포함한다)되거나 집행이 면제된 날부터 2년이 지나지 아니한 자</u>
3. <u>금고 이상의 형의 집행유예를 선고받고 그 유예기간 중에 있는 자</u>
4. 제54조의 규정에 따라 교통안전관리자 자격의 취소처분을 받은 날부터 2년이 지나지 아니한 자. 다만, 제54조 제1항 제1호 중 제53조 제3항 제1호에 해당하여 자격이 취소된 경우는 제외한다.

031 다음 빈칸에 들어갈 「교통안전법」상 국가교통안전기본계획의 심의기구로 알맞은 것은?

국토교통부장관은 제출받은 소관별 교통안전에 관한 계획안을 종합·조정하여 국가교통안전기본계획안을 작성한 후 (　　　)의 심의를 거쳐 이를 확정한다.

㉮ 행정안전부
㉯ 국무총리부
㉰ 지방경찰청장
㉱ 국가교통위원회 ✓

국토교통부장관은 제3항에 따라 제출받은 소관별 교통안전에 관한 계획안을 종합·조정하여 국가교통안전기본계획안을 작성한 후 <u>국가교통위원회</u>의 심의를 거쳐 이를 확정한다(「교통안전법」 제15조 제4항).

032

「철도산업발전기본법」상 국토교통부장관은 기획재정부장관과 미리 협의하여 철도청과 고속철도건설공단의 철도부채를 구분하여야 한다. 이때 철도부채의 구분에 해당하지 않는 것은?

- ✔ ㉮ 민간부채
- ㉯ 운영부채
- ㉰ 시설부채
- ㉱ 기타부채

민간부채는 철도부채의 구분에 해당하지 않는다. 국토교통부장관은 기획재정부장관과 미리 협의하여 철도청과 고속철도건설공단의 철도부채를 운영부채, 시설부채, 기타부채로 구분하여야 한다(「철도산업발전기본법」 제24조 제1항).

법령

「철도산업발전기본법」 제24조(철도부채의 처리)
① 국토교통부장관은 기획재정부장관과 미리 협의하여 철도청과 고속철도건설공단의 철도부채를 다음 각 호로 구분하여야 한다.
1. 운영부채 : 제22조 제1항 제1호에 따른 운영자산과 직접 관련된 부채
2. 시설부채 : 제22조 제1항 제2호에 따른 시설자산과 직접 관련된 부채
3. 기타부채 : 제1호 및 제2호의 철도부채를 제외한 부채로서 철도사업특별회계가 부담하고 있는 철도부채 중 공공자금관리기금에 대한 부채

033

다음은 「철도산업발전기본법」상 '철도'를 정의한 내용이다. ㉠, ㉡에 들어갈 단어가 바르게 나열된 것은?

"철도"라 함은 여객 또는 화물을 운송하는 데 필요한 (㉠) 및 이와 관련된 (㉡)가 유기적으로 구성된 운송체계를 말한다.

- ✔ ㉮ ㉠ : 철도시설과 철도차량, ㉡ : 운영·지원체계

"철도"라 함은 여객 또는 화물을 운송하는 데 필요한 철도시설과 철도차량 및 이와 관련된 운영·지원체계가 유기적으로 구성된 운송체계를 말한다(「철도산업발전기본법」 제3조 제1호).

- ㉯ ㉠ : 철도장비와 철도차량, ㉡ : 운영·지원체계
- ㉰ ㉠ : 철도시설과 역시설, ㉡ : 경영체계
- ㉱ ㉠ : 철도시설과 철도선로, ㉡ : 경영체계

034

「철도안전법령」상 철도차량 운전·관제업무 등 대통령령으로 정하는 업무에 종사하는 철도종사자는 정기적으로 신체검사와 적성검사를 받아야 한다. 이때 대통령령으로 정하는 업무에 해당하지 않는 자는?

- ✓ 철도안전관리자

  철도안전관리자는 「철도안전법 시행령」 제21조에 따른 신체검사 등을 받아야 하는 철도종사자에 해당하지 않는다.

- ㉯ 운전업무종사자 「철도안전법 시행령」 제21조 제1호 ⚖
- ㉰ 관제업무종사자 「철도안전법 시행령」 제21조 제2호 ⚖
- ㉱ 정거장에서 철도신호기·선로전환기 및 조작판 등을 취급하는 업무를 수행하는 사람

  「철도안전법 시행령」 제21조 제3호 ⚖

> **법령** ⚖
>
> 「철도안전법」 제23조(운전업무종사자 등의 관리)
> ① 철도차량 운전·관제업무 등 대통령령으로 정하는 업무에 종사하는 철도종사자는 정기적으로 신체검사와 적성검사를 받아야 한다.
>
>> 「철도안전법 시행령」 제21조(신체검사 등을 받아야 하는 철도종사자)
>> 법 제23조 제1항에서 "대통령령으로 정하는 업무에 종사하는 철도종사자"란 다음 각 호의 어느 하나에 해당하는 철도종사자를 말한다.
>> 1. 운전업무종사자
>> 2. 관제업무종사자
>> 3. 정거장에서 철도신호기·선로전환기 및 조작판 등을 취급하는 업무를 수행하는 사람

035

「교통안전법령」에 따라 차로이탈경고장치의 장착의무가 있는 차량에 해당하는 것은?

- ✓ 피견인자동차

  피견인자동차는 차로이탈경고장치의 장착 의무가 있는 차량에서 <u>제외한다</u>. 「교통안전법」 제55조의2 및 동법 시행규칙 제30조의2에 따라 차로이탈경고장치의 장착 의무가 있는 차량은 <u>9미터 이상의 승합자동차</u> 및 <u>차량총중량 20톤을 초과하는 화물·특수자동차이다</u>. ⚖

- ㉯ 9미터 이상의 승합자동차
- ㉰ 차량총중량 20톤을 초과하는 화물자동차
- ㉱ 차량총중량 20톤을 초과하는 특수자동차

> **법령**
>
> **「교통안전법」 제55조의2(차로이탈경고장치의 장착)**
> 제55조 제1항 제1호 또는 제2호에 따른 차량 중 국토교통부령으로 정하는 차량은 국토교통부령으로 정하는 기준에 적합한 차로이탈경고장치를 장착하여야 한다.
>
>> **「교통안전법 시행규칙」 제30조의2(차로이탈경고장치의 장착)**
>> ① 법 제55조의2에서 "국토교통부령으로 정하는 차량"이란 길이 9미터 이상의 승합자동차 및 차량총중량 20톤을 초과하는 화물·특수자동차를 말한다. 다만, 다음 각 호의 어느 하나에 해당하는 자동차는 제외한다.
>>   1. 「자동차관리법 시행규칙」 별표 1 제2호에 따른 덤프형 화물자동차
>>   2. 피견인자동차
>>   3. 「자동차 및 자동차부품의 성능과 기준에 관한 규칙」 제28조에 따라 입석을 할 수 있는 자동차
>>   4. 그 밖에 자동차의 구조나 운행여건 등으로 설치가 곤란하거나 불필요하다고 국토교통부장관이 인정하는 자동차
>> ② 법 제55조의2에서 "국토교통부령으로 정하는 기준"이란 「자동차 및 자동차부품의 성능과 기준에 관한 규칙」 별표 6의29에 따른 차로이탈경고장치 기준을 말한다.

036 「철도안전법령」에 따른 철도용품 형식승인검사의 구분으로 적절하지 않은 것은?

㉮ 합치성 검사   「철도안전법 시행규칙」 제62조 제1항 제2호

 신뢰성 검사

> 신뢰성 검사는 「철도안전법 시행규칙」 제62조 제1항에 따른 철도용품 형식승인검사의 구분에 포함되지 않는다.

㉰ 설계적합성 검사   「철도안전법 시행규칙」 제62조 제1항 제1호

㉱ 용품형식 시험   「철도안전법 시행규칙」 제62조 제1항 제3호

> **법령**
>
> **「철도안전법 시행규칙」 제62조(철도용품 형식승인검사의 방법 및 증명서 발급 등)**
> ① 법 제27조 제2항에 따른 철도용품 형식승인검사는 다음 각 호의 구분에 따라 실시한다.
>   1. 설계적합성 검사 : 철도용품의 설계가 철도용품기술기준에 적합한지 여부에 대한 검사
>   2. 합치성 검사 : 철도용품이 부품단계, 구성품단계, 완성품단계에서 제1호에 따른 설계와 합치하게 제작되었는지 여부에 대한 검사
>   3. 용품형식 시험 : 철도용품이 부품단계, 구성품단계, 완성품단계, 시운전단계에서 철도용품기술기준에 적합한지 여부에 대한 시험

037 「교통안전법령」상 운행기록장치의 장착 및 운행기록의 활용 등과 관련하여 밑줄 친 부분에 해당하는 사업자는?

> 운행기록장치 장착의무자는 운행기록장치에 기록된 운행기록을 대통령령으로 정하는 기간 동안 보관하여야 하며, 교통행정기관이 제출을 요청하는 경우 이에 따라야 한다. 다만, <u>대통령령으로 정하는 운행기록장치 장착의무자</u>는 교통행정기관의 제출 요청과 관계없이 운행기록을 주기적으로 제출하여야 한다. 이 경우 운행기록장치 장착의무자는 운행기록장치에 기록된 운행기록을 임의로 조작하여서는 아니 된다.

㉮ 여객자동차 운송사업자
㉯ 화물자동차 운송사업자
㉰ 어린이통학버스 운영자
✓ 노선 여객자동차운송사업자

"대통령령으로 정하는 운행기록장치 장착의무자"란 「여객자동차 운수사업법」 제4조에 따라 면허를 받은 <u>노선 여객자동차운송사업자</u>를 말한다(「교통안전법 시행령」 제45조 제3항). ⚖

법령 ⚖

「교통안전법」 55조(운행기록장치의 장착 및 운행기록의 활용 등)
① 다음 각 호의 어느 하나에 해당하는 자는 그 운행하는 차량에 국토교통부령으로 정하는 기준에 적합한 운행기록장치를 장착하여야 한다. 다만, 소형 화물차량 등 국토교통부령으로 정하는 차량은 그러하지 아니하다.
　1. 「여객자동차 운수사업법」에 따른 여객자동차 운송사업자
　2. 「화물자동차 운수사업법」에 따른 화물자동차 운송사업자 및 화물자동차 운송가맹사업자
　3. 「도로교통법」 제52조에 따른 어린이통학버스(제1호에 따라 운행기록장치를 장착한 차량은 제외한다) 운영자
② 제1항에 따라 운행기록장치를 장착하여야 하는 자(이하 "운행기록장치 장착의무자"라 한다)는 운행기록장치에 기록된 운행기록을 대통령령으로 정하는 기간 동안 보관하여야 하며, 교통행정기관이 제출을 요청하는 경우 이에 따라야 한다. <u>다만, 대통령령으로 정하는 운행기록장치 장착의무자는 교통행정기관의 제출 요청과 관계없이 운행기록을 주기적으로 제출하여야 한다.</u> 이 경우 운행기록장치 장착의무자는 운행기록장치에 기록된 운행기록을 임의로 조작하여서는 아니 된다.

> **「교통안전법 시행령」 제45조(운행기록장치의 장착시기 및 보관기간)**
> ③ 법 제55조 제2항 단서에서 "<u>대통령령으로 정하는 운행기록장치 장착의무자</u>"란 「여객자동차 운수사업법」 제4조에 따라 면허를 받은 <u>노선 여객자동차운송사업자</u>를 말한다.

038

「철도산업발전기본법령」상 비상사태 시 국토교통부장관이 조정·명령 그 밖의 필요한 조치를 취할 수 있는 경우 중 대통령령으로 정하는 처분내용이 아닌 것은?

㉮ 철도시설의 사용제한 「철도산업발전기본법 시행령」 제49조 제2호 ⚖️

㉯ 철도시설의 긴급복구 「철도산업발전기본법 시행령」 제49조 제3호 ⚖️

㉰ 철도시설의 임시사용 「철도산업발전기본법 시행령」 제49조 제1호 ⚖️

✅ 철도시설의 임시제한

> 철도시설의 임시제한은 「철도산업발전기본법 시행령」 제49조에 따른 비상사태 시 대통령령으로 정하는 처분내용에 해당하지 않는다.

법령 ⚖️

「철도산업발전기본법」 제36조(비상사태 시 처분)
① 국토교통부장관은 천재·지변·전시·사변, 철도교통의 심각한 장애 그 밖에 이에 준하는 사태의 발생으로 인하여 철도서비스에 중대한 차질이 발생하거나 발생할 우려가 있다고 인정하는 경우에는 필요한 범위 안에서 철도시설관리자·철도운영자 또는 철도이용자에게 다음 각 호의 사항에 관한 조정·명령 그 밖의 필요한 조치를 할 수 있다.
1. 지역별·노선별·수송대상별 수송 우선순위 부여 등 수송통제
2. 철도시설·철도차량 또는 설비의 가동 및 조업
3. 대체수송수단 및 수송로의 확보
4. 임시열차의 편성 및 운행
5. 철도서비스 인력의 투입
6. 철도이용의 제한 또는 금지
7. <u>그 밖에 철도서비스의 수급안정을 위하여 대통령령으로 정하는 사항</u>

「철도산업발전기본법 시행령」 제49조(비상사태 시 처분)
법 제36조 제1항 제7호에서 "<u>대통령령이 정하는 사항</u>"이라 함은 다음 각 호의 사항을 말한다.
1. <u>철도시설의 임시사용</u>
2. <u>철도시설의 사용제한</u> 및 접근 통제
3. <u>철도시설의 긴급복구</u> 및 복구지원
4. 철도역 및 철도차량에 대한 수색 등

039 「철도안전법」상 국토교통부장관이 철도운행안전관리자 자격을 반드시 취소하여야 하는 경우가 아닌 것은?

㉮ 거짓이나 그 밖의 부정한 방법으로 철도운행안전관리자 자격을 받았을 때
㉯ 철도운행안전관리자 자격을 다른 사람에게 빌려주었을 때
✓ 철도운행안전관리자의 업무 수행 중 고의 또는 중과실로 인한 철도사고가 일어났을 때

> 「철도안전법」제69조의5 제1항 제4호에 따라 철도운행안전관리자의 업무 수행 중 고의 또는 중과실로 인한 철도사고가 일어났을 경우 국토교통부장관은 철도운행안전관리자 자격을 취소하거나 1년 이내의 기간을 정하여 자격을 정지시킬 수 있다.

㉰ 철도운행안전관리자 자격의 효력정지기간 중에 철도운행안전관리자 업무를 수행하였을 때

법령

「철도안전법」제69조의5(철도안전 전문인력 분야별 자격의 취소·정지)
① 국토교통부장관은 철도운행안전관리자가 다음 각 호의 어느 하나에 해당할 때에는 철도운행안전관리자 자격을 취소하거나 1년 이내의 기간을 정하여 철도운행안전관리자 자격을 정지시킬 수 있다. 다만, 제1호부터 제3호까지의 규정에 해당할 때에는 철도운행안전관리자 자격을 취소하여야 한다.
 1. 거짓이나 그 밖의 부정한 방법으로 철도운행안전관리자 자격을 받았을 때
 2. 철도운행안전관리자 자격의 효력정지기간 중에 철도운행안전관리자 업무를 수행하였을 때
 3. 제69조의4를 위반하여 철도운행안전관리자 자격을 다른 사람에게 빌려주었을 때
 4. 철도운행안전관리자의 업무 수행 중 고의 또는 중과실로 인한 철도사고가 일어났을 때
 5. 제41조 제1항을 위반하여 술을 마시거나 약물을 사용한 상태에서 철도운행안전관리자 업무를 하였을 때
 6. 제41조 제2항을 위반하여 술을 마시거나 약물을 사용한 상태에서 업무를 하였다고 인정할 만한 상당한 이유가 있음에도 불구하고 국토교통부장관 또는 시·도지사의 확인 또는 검사를 거부하였을 때

---

040 「철도안전법령」상 안전관리체계 승인 신청 절차 등과 관련한 설명으로 빈칸에 들어갈 제출기한으로 옳은 것은?

> 철도운영자 등이 안전관리체계를 승인받으려는 경우에는 철도운용 또는 철도시설 관리 개시 예정일 (   ) 전까지 철도안전관리체계 승인신청서를 국토교통부장관에게 제출하여야 한다.

㉮ 15일 ㉯ 30일
㉰ 60일 ✓ 90일

> 철도운영자 등이 안전관리체계를 승인받으려는 경우에는 철도운용 또는 철도시설 관리 개시 예정일 90일 전까지 철도안전관리체계 승인신청서를 국토교통부장관에게 제출하여야 한다(「철도안전법 시행규칙」제2조 제1항).

041 「철도산업발전기본법」상 2년 이하의 징역 또는 3천만 원 이하의 벌금에 해당하지 않는 자는?

㉮ 거짓이나 그 밖의 부정한 방법으로 철도시설 사용허가를 받은 자

「철도산업발전기본법」 제40조 제2항 제1호

✓ 국토교통부장관의 승인을 얻지 아니하고 특정 노선 및 역을 폐지한 자

국토교통부장관의 승인을 얻지 아니하고 특정 노선 및 역을 폐지한 자는 3년 이하의 징역 또는 5천만 원 이하의 벌금에 처한다(「철도산업발전기본법」 제40조 제1항).

㉰ 철도시설 사용허가를 받지 아니하고 철도시설을 이용한 자

「철도산업발전기본법」 제40조 제2항 제2호

㉱ 비상사태 시 처분규정(철도이용의 제한 또는 금지는 제외)에 의한 조정·명령 등의 조치를 위반한 자

「철도산업발전기본법」 제40조 제2항 제3호

법령

「철도산업발전기본법」 제40조(벌칙)
① 제34조의 규정을 위반하여 국토교통부장관의 승인을 얻지 아니하고 특정 노선 및 역을 폐지하거나 철도서비스를 제한 또는 중지한 자는 3년 이하의 징역 또는 5천만 원 이하의 벌금에 처한다.
② 다음 각 호의 어느 하나에 해당하는 자는 2년 이하의 징역 또는 3천만 원 이하의 벌금에 처한다.
 1. 거짓이나 그 밖의 부정한 방법으로 제31조 제1항에 따른 허가를 받은 자
 2. 제31조 제1항에 따른 허가를 받지 아니하고 철도시설을 사용한 자

> **「철도산업발전기본법」 제31조(철도시설 사용료)**
> ① 철도시설을 사용하고자 하는 자는 대통령령으로 정하는 바에 따라 관리청의 허가를 받거나 철도시설관리자와 시설사용계약을 체결하거나 그 시설사용계약을 체결한 자(이하 "시설사용계약자"라 한다)의 승낙을 얻어 사용할 수 있다.

 3. 제36조 제1항 제1호부터 제5호까지 또는 제7호에 따른 조정·명령 등의 조치를 위반한 자

> **「철도산업발전기본법」 제36조(비상사태 시 처분)**
> ① 국토교통부장관은 천재·지변·전시·사변, 철도교통의 심각한 장애 그 밖에 이에 준하는 사태의 발생으로 인하여 철도서비스에 중대한 차질이 발생하거나 발생할 우려가 있다고 인정하는 경우에는 필요한 범위 안에서 철도시설관리자·철도운영자 또는 철도이용자에게 다음 각 호의 사항에 관한 조정·명령 그 밖의 필요한 조치를 할 수 있다.
> 1. 지역별·노선별·수송대상별 수송 우선순위 부여 등 수송통제
> 2. 철도시설·철도차량 또는 설비의 가동 및 조업
> 3. 대체수송수단 및 수송로의 확보
> 4. 임시열차의 편성 및 운행
> 5. 철도서비스 인력의 투입
> 6. 철도이용의 제한 또는 금지
> 7. 그 밖에 철도서비스의 수급안정을 위하여 대통령령으로 정하는 사항

042 「철도안전법령」상 철도사고 발생 시 철도운영자 등이 국토교통부장관에게 즉시 보고하여야 하는 사항에 포함되지 않는 것은?

㉮ 사고 발생 일시 「철도안전법 시행규칙」 제86조 제1항 제1호

㉯ 사고 발생 경위 「철도안전법 시행규칙」 제86조 제1항 제3호

✔ 사고 복구 결과

  사고 복구 경과는 「철도안전법 시행규칙」 제86조 제1항에 따른 의무보고사항에 포함되지 않는다.

㉱ 사고 복구 계획 「철도안전법 시행규칙」 제86조 제1항 제4호

> **법령**
>
> 「철도안전법 시행규칙」 제86조(철도사고 등의 의무보고)
> ① 철도운영자 등은 법 제61조 제1항에 따른 철도사고 등이 발생한 때에는 다음 각 호의 사항을 국토교통부장관에게 즉시 보고하여야 한다.
>   1. 사고 발생 일시 및 장소
>   2. 사상자 등 피해사항
>   3. 사고 발생 경위
>   4. 사고 수습 및 복구 계획 등

043 「교통안전법령」에 따른 교통문화지수에 대한 설명으로 옳지 않은 것은?

㉮ 지정행정기관의 장은 소관 분야와 관련된 국민의 교통안전의식의 수준 또는 교통문화의 수준을 객관적으로 측정하기 위한 교통문화지수를 개발·조사·작성하여 그 결과를 공표할 수 있다.

  「교통안전법」 제57조 제1항

㉯ 교통문화지수가 공표된 경우, 교통행정기관은 교통문화지수의 결과를 활용하여 교통시설 개선 및 교통문화 향상을 위한 사업을 실시할 수 있다.

  「교통안전법」 제57조 제2항

✔ 교통문화지수 조사 항목에는 운전행태, 교통안전, 보행행태(도로교통분야 제외)가 있다.

  교통문화지수 조사 항목에는 운전행태, 교통안전, 보행행태(도로교통분야로 한정)가 있다(「교통안전법 시행령」 제47조 제1항).

㉣ 국토교통부장관은 교통문화지수를 조사하기 위하여 필요하다고 인정되는 경우에는 해당 지방자치단체의 장에게 자료 및 의견의 제출 등 필요한 협조를 요청할 수 있다.

「교통안전법 시행령」 제47조 제3항

> **법령**
> 「교통안전법 시행령」 제47조(교통문화지수의 조사 항목 등)
> ① 법 제57조 제1항에 따른 교통문화지수(이하 "교통문화지수"라 한다)의 조사 항목은 다음 각 호와 같다.
>   1. 운전행태
>   2. 교통안전
>   3. 보행행태(도로교통분야로 한정한다)
>   4. 그 밖에 국토교통부장관이 필요하다고 인정하여 정하는 사항

044 「교통안전법」상 교통안전진단기관에 대한 지도·감독에 있어서의 다음 내용 중 빈칸에 들어갈 적절한 단어를 고르면?

> • 시·도지사는 교통안전진단기관이 교통시설안전진단 업무를 적절하게 수행하고 있는지의 여부 등을 확인하기 위하여 교통안전진단기관으로 하여금 필요한 보고를 하게 하거나 관련 자료를 제출하게 할 수 있으며, 필요한 경우 소속 공무원으로 하여금 관련서류 그 밖의 물건을 점검·검사하게 하거나 관계인에게 질문을 하게 할 수 있다.
> • 제1항에 따라 출입·검사를 하는 경우에는 검사일 (   )까지 검사일시·검사이유 및 검사내용 등을 포함한 검사계획을 교통안전진단기관에 통지하여야 한다. 다만, 증거인멸 등으로 검사의 목적을 달성할 수 없거나 긴급한 사정이 있는 경우에는 검사일에 검사계획을 통지할 수 있다.

㉮ 3일 전   ㉯ 5일 전
 7일 전   ㉱ 10일 전

> • 시·도지사는 교통안전진단기관이 교통시설안전진단 업무를 적절하게 수행하고 있는지의 여부 등을 확인하기 위하여 교통안전진단기관으로 하여금 필요한 보고를 하게 하거나 관련 자료를 제출하게 할 수 있으며, 필요한 경우 소속 공무원으로 하여금 관련서류 그 밖의 물건을 점검·검사하게 하거나 관계인에게 질문을 하게 할 수 있다(「교통안전법」 제47조 제1항).
> • 출입·검사를 하는 경우에는 검사일 7일 전까지 검사일시·검사이유 및 검사내용 등을 포함한 검사계획을 교통안전진단기관에 통지하여야 한다. 다만, 증거인멸 등으로 검사의 목적을 달성할 수 없거나 긴급한 사정이 있는 경우에는 검사일에 검사계획을 통지할 수 있다(동조 제2항).

045
국가철도공단은 철도자산처리계획에 의하여 일정한 철도자산과 그에 관한 권리와 의무를 포괄하여 승계한다. 이 경우 철도자산이 완공된 때 국가에 귀속되는 자산이 아닌 것은?

✅ 고속철도건설공단의 기타자산

> 고속철도건설공단의 기타자산은 철도자산 완공 시 국가에 귀속되는 자산에 해당하지 않는다.

㉯ 철도청이 건설 중인 시설자산 「철도산업발전기본법」 제23조 제5항 제1호 ⚖️

㉰ 고속철도건설공단이 건설 중인 시설자산 「철도산업발전기본법」 제23조 제5항 제2호 ⚖️

㉱ 고속철도건설공단이 건설 중인 운영자산 「철도산업발전기본법」 제23조 제5항 제2호 ⚖️

법령 ⚖️

「철도산업발전기본법」 제23조(철도자산의 처리)
⑤ 국가철도공단은 철도자산처리계획에 의하여 다음 각 호의 철도자산과 그에 관한 권리와 의무를 포괄하여 승계한다. 이 경우 제1호 및 제2호의 철도자산이 완공된 때에는 국가에 귀속된다.
  1. 철도청이 건설 중인 시설자산
  2. 고속철도건설공단이 건설 중인 시설자산 및 운영자산
  3. 고속철도건설공단의 기타자산

046
「철도산업발전기본법령」상 철도산업위원회의 실무위원회 구성에 관한 설명으로 옳은 것은?

㉮ 실무위원회는 위원장을 포함한 30인 이내의 위원으로 구성한다.

> 실무위원회는 위원장을 포함한 20인 이내의 위원으로 구성한다(「철도산업발전기본법 시행령」 제10조 제2항).

㉯ 위원의 임기는 2년으로 하되, 연임할 수 없다.

> 위원의 임기는 2년으로 하되, 연임할 수 있다(「철도산업발전기본법 시행령」 제10조 제5항).

㉰ 실무위원회에 간사 2인을 두되, 간사는 국토교통부장관이 국토교통부 소속공무원 중에서 지명한다.

> 실무위원회에 간사 1인을 두되, 간사는 국토교통부장관이 국토교통부소속공무원중에서 지명한다(「철도산업발전기본법 시행령」 제10조 제6항).

✅ 실무위원회의 위원장은 국토교통부장관이 국토교통부의 3급 공무원 또는 고위공무원단에 속하는 일반직 공무원 중에서 지명한다.

> 「철도산업발전기본법 시행령」 제10조 제3항

047 다음 중 국가교통안전기본계획에 포함되는 사항이 아닌 것은?

㉮ 교통안전에 관한 중·장기 종합정책방향 「교통안전법」 제15조 제2항 제1호 ⚖²

㉯ 교통안전정책의 추진성과에 대한 분석·평가 「교통안전법」 제15조 제2항 제5호 ⚖²

㉰ 교통안전과 관련된 투자사업계획 및 우선순위 「교통안전법」 제15조 제2항 제10호 ⚖²

✅ 교통안전 관련 조직에 관한 사항

교통안전 관련 조직에 관한 사항은 국가교통안전기본계획이 아닌 교통시설설치·관리자 등의 교통안전관리 규정에 포함되는 사항이다(「교통안전법」 제21조 제1항 제3조). ⚖¹

법령 ⚖¹

「교통안전법」 제21조(교통시설설치·관리자 등의 교통안전관리규정)
① 대통령령으로 정하는 교통시설설치·관리자 및 교통수단운영자(이하 이 조에서 "교통시설설치·관리자 등"이라 한다)는 그가 설치·관리하거나 운영하는 교통시설 또는 교통수단과 관련된 교통안전을 확보하기 위하여 다음 각 호의 사항을 포함한 규정(이하 "교통안전관리규정"이라 한다)을 정하여 관할교통행정기관에 제출하여야 한다. 이를 변경한 때에도 또한 같다.
 1. 교통안전의 경영지침에 관한 사항
 2. 교통안전목표 수립에 관한 사항
 3. 교통안전 관련 조직에 관한 사항
 4. 제54조의2에 따른 교통안전담당자 지정에 관한 사항
 5. 안전관리대책의 수립 및 추진에 관한 사항
 6. 그 밖에 교통안전에 관한 중요 사항으로서 대통령령으로 정하는 사항

법령 ⚖²

「교통안전법」 제15조(국가교통안전기본계획)
② 국가교통안전기본계획에는 다음 각 호의 사항이 포함되어야 한다.
 1. 교통안전에 관한 중·장기 종합정책방향
 2. 육상교통·해상교통·항공교통 등 부문별 교통사고의 발생현황과 원인의 분석
 3. 교통수단·교통시설별 교통사고 감소목표
 4. 교통안전지식의 보급 및 교통문화 향상목표
 5. 교통안전정책의 추진성과에 대한 분석·평가
 6. 교통안전정책의 목표달성을 위한 부문별 추진전략
 6의2. 고령자, 어린이 등 「교통약자의 이동편의 증진법」 제2조 제1호에 따른 교통약자의 교통사고 예방에 관한 사항
 7. 부문별·기관별·연차별 세부 추진계획 및 투자계획
 8. 교통안전표지·교통관제시설·항행안전시설 등 교통안전시설의 정비·확충에 관한 계획
 9. 교통안전 전문인력의 양성
 10. 교통안전과 관련된 투자사업계획 및 우선순위
 11. 지정행정기관별 교통안전대책에 대한 연계와 집행력 보완방안
 12. 그 밖에 교통안전수준의 향상을 위한 교통안전시책에 관한 사항

048 「철도안전법」상 운전면허에 관한 설명으로 옳은 것은?

㉮ 운전면허의 유효기간은 20년으로 한다.

> 운전면허의 유효기간은 10년으로 한다(「철도안전법」 제19조 제1항).

㉯ 운전면허 취득자가 운전면허의 갱신을 받지 아니하면 그 운전면허의 유효기간이 만료되는 날부터 그 운전면허의 효력이 정지된다.

> 운전면허 취득자가 운전면허의 갱신을 받지 아니하면 그 운전면허의 유효기간이 만료되는 날의 다음 날부터 그 운전면허의 효력이 정지된다(「철도안전법」 제19조 제4항).

㉰ 운전면허의 효력이 정지된 사람이 1년의 범위에서 운전면허의 갱신을 신청하여 운전면허의 갱신을 받지 아니하면 그 기간이 만료되는 날의 다음 날부터 그 운전면허는 효력을 잃는다.

> 운전면허의 효력이 정지된 사람이 6개월의 범위에서 운전면허의 갱신을 신청하여 운전면허의 갱신을 받지 아니하면 그 기간이 만료되는 날의 다음 날부터 그 운전면허는 효력을 잃는다(「철도안전법」 제19조 제5항).

✓ ㉱ 국토교통부장관은 운전면허 취득자에게 그 운전면허의 유효기간이 만료되기 전에 국토교통부령으로 정하는 바에 따라 운전면허의 갱신에 관한 내용을 통지하여야 한다.

> 「철도안전법」 제19조 제6항

049 「철도안전법」상 철도차량 운전면허를 받을 수 없는 사람은?

✓ ㉮ 19세 미만인 사람   「철도안전법」 제11조 제1항 제1호

㉯ 한 귀의 청력을 상실한 사람
㉰ 한 눈의 시력을 상실한 사람
㉱ 운전면허가 취소된 날부터 2년이 지난 사람

> **법령**
>
> 「철도안전법」 제11조(운전면허의 결격사유 등)
> ① 다음 각 호의 어느 하나에 해당하는 사람은 운전면허를 받을 수 없다.
>   1. 19세 미만인 사람
>   2. 철도차량 운전상의 위험과 장해를 일으킬 수 있는 정신질환자 또는 뇌전증환자로서 대통령령으로 정하는 사람
>   3. 철도차량 운전상의 위험과 장해를 일으킬 수 있는 약물(「마약류 관리에 관한 법률」 제2조 제1호에 따른 마약류 및 「화학물질관리법」 제22조 제1항에 따른 환각물질을 말한다. 이하 같다) 또는 알코올 중독자로서 대통령령으로 정하는 사람
>   4. 두 귀의 청력 또는 두 눈의 시력을 완전히 상실한 사람
>   5. 운전면허가 취소된 날부터 2년이 지나지 아니하였거나 운전면허의 효력정지기간 중인 사람

050 「철도산업발전기본법」상 철도산업위원회가 심의·조정하는 사항이 아닌 것은?

㉮ 철도시설의 건설 및 관리 등 철도시설에 관한 중요정책 사항

「철도산업발전기본법」 제6조 제2항 제3호

㉯ 철도시설관리자와 철도운영자 간 상호협력 및 조정에 관한 사항

「철도산업발전기본법」 제6조 제2항 제5호

✓ 철도차량 표준규격의 제정에 관한 사항

철도차량 표준규격의 제정에 관한 사항은 「철도산업발전기본법」 제6조 제2항에 따른 철도산업위원회의 심의·조정사항에 해당하지 않는다.

㉱ 철도산업의 육성·발전에 관한 중요정책 사항

「철도산업발전기본법」 제6조 제2항 제1호

> **법령**
>
> 「철도산업발전기본법」 제6조(철도산업위원회)
> ① 철도산업에 관한 기본계획 및 중요정책 등을 심의·조정하기 위하여 국토교통부에 철도산업위원회(이하 "위원회"라 한다)를 둔다.
> ② 위원회는 다음 각 호의 사항을 심의·조정한다.
>   1. 철도산업의 육성·발전에 관한 중요정책 사항
>   2. 철도산업구조개혁에 관한 중요정책 사항
>   3. 철도시설의 건설 및 관리 등 철도시설에 관한 중요정책 사항
>   4. 철도안전과 철도운영에 관한 중요정책 사항
>   5. 철도시설관리자와 철도운영자 간 상호협력 및 조정에 관한 사항
>   6. 이 법 또는 다른 법률에서 위원회의 심의를 거치도록 한 사항
>   7. 그 밖에 철도산업에 관한 중요한 사항으로서 위원장이 회의에 부치는 사항

[2과목] 교통안전관리론

051 신규검사의 각 검사항목에서 취득한 점수를 요인별로 합산하였을 때 몇 점 이상이 되어야 적합으로 판정되는가?

㉮ 40점 이상 ✓ 50점 이상
㉯ 60점 이상 ㉱ 70점 이상

신규검사의 각 검사항목 점수 합산이 50점 이상일 때 적합으로 판정된다.

052 다음 중 교통시설에 속하지 않는 것은?

✓ ㉮ 교통행정기관
㉯ 비행장
㉰ 교통안전표지
㉱ 교통관제시설

"교통행정기관"이라 함은 법령에 의하여 교통수단·교통시설 또는 교통체계의 운행·운항·설치 또는 운영 등에 관하여 교통사업자에 대한 지도·감독을 행하는 지정행정기관의 장, 특별시장·광역시장·도지사·특별자치도지사 또는 시장·군수·구청장(자치구의 구청장을 말한다. 이하 같다)을 말한다(「교통안전법」 제2조 제6호).

법령

「교통안전법」 제2조(정의)
2. "교통시설"이라 함은 도로·철도·궤도·항만·어항·수로·공항·비행장 등 교통수단의 운행·운항 또는 항행에 필요한 시설과 그 시설에 부속되어 사람의 이동 또는 교통수단의 원활하고 안전한 운행·운항 또는 항행을 보조하는 교통안전표지·교통관제시설·항행안전시설 등의 시설 또는 공작물을 말한다.

053 다음 중 Z이론의 특징이 아닌 것은?

㉮ 장기고용
㉯ 집단의사결정
✓ ㉰ 빠른 평가와 승진
㉱ 비명시적·비공식적 통제

Z형 조직에서는 평가와 승진이 느리다는 특징이 있다.

TIP

Z이론(Z형 조직)의 특징
- 장기고용
- 개인책임
- 비명시적·비공식적 통제
- 전인격적 관심
- 집단의사결정
- 느린 평가와 승진
- 전문화된 경력 경로

054 피로운전의 원인에 대한 설명으로 옳지 않은 것은?

㉮ 장시간 운전
✓ ㉯ 환기운전
㉰ 졸음운전
㉱ 복잡한 도로 운전으로 인한 피로

운전 중 주기적으로 환기를 취해주는 것은 운전자의 피로도를 낮출 수 있다.

055 다음 중 하인리히의 3E 이론에 해당하지 않는 것은?

㉮ Engineering(기술)
✔ Energy(동력)
㉯ Enforcement(규제)
㉱ Education(교육)

하인리히의 3E 이론 : Engineering(기술), Education(교육), Enforcement(규제)

> **TIP**
>
> **하인리히의 3E 이론**
> 하인리히의 3E 이론은 교통사고의 간접원인을 찾아 대책을 마련하여야 한다는 이론으로 각 원인에 대한 대책은 다음과 같다.
>
> | 3E | 간접원인 | 대책 |
> |---|---|---|
> | Engineering(기술) | • 기계설비의 설계 결함
• 위험방호 불량
• 안전시스템 미흡 | • 설비환경의 개선
• 작업방법의 개선
• 안전시스템 점검 |
> | Education(교육) | • 작업 훈련 및 교육 미흡
• 안전지식 부족
• 안전수칙 무시 | • 안전교육 및 훈련 실시
• 안전수칙 이행 점검 |
> | Enforcement(규제) | • 안전관리 조직 결함
• 안전관리 규정 미흡
• 안전관리 계획 미수립 | • 엄격한 규정하에 제도적 시행 |

056 ZD(Zero Defects) 운동의 실행단계 중 출발단계의 내용으로 옳은 것은?

㉮ 문제점의 도출, 지침, 또는 방침의 결정, 교육   조성단계에 해당한다.

✔ 계몽・선전 완료, 실행 조별 목표설정 완료   출발단계에 해당한다.

㉯ 시행, 분석・평가, 통계 유지, 업무개선   실행 및 운영 단계에 해당한다.

㉱ 미비사항 확인・보완   피드백 단계에 해당한다.

> **TIP**
>
> **ZD(Zero Defect) 운동**
> • QC(품질관리) 기법을 일반 관리 사무에까지 확대 적용하여 전사적으로 결함을 없애자는 무결점 운동이다.
> • 실행단계 : 조성단계 → 출발단계 → 실행 및 운영 단계 → 피드백 단계

057 다음 설명 중 옳지 않은 것은?

㉮ 교통사고라 함은 교통수단의 운행·항행·운항과 관련된 사람 또는 물건에 발생한 사고를 말한다.

「교통안전법」 제2조 제1항 제7호

㉯ 교통시설이라 함은 교통수단의 운행·운항·항행에 필요한 시설이다.

「교통안전법」 제2조 제1항 제2호

㉰ 교통시설이란 교통수단의 원활하고 안전한 운행·운항·항행을 위해 보조하는 공작물을 말한다.

「교통안전법」 제2조 제1항 제2호

✔ 교통수단이라 함은 사람 혹은 화물을 운송하는데 이용하는 육상교통용 운송수단을 의미한다.

교통수단이란 육상교통용 운송수단인 차량을 포함하여 선박, 항공기 모두 해당한다(「교통안전법」 제2조 제1항 제1호).

058 정보처리 방법의 하나인 IPDE에 관한 설명으로 옳지 않은 것은?

㉮ I : Identify(확인)
㉯ P : Predict(예측)
㉰ D : Decision(결정)
✔ E : Expectation(예상)

IPDE는 확인(Identify), 예측(Predict), 결정(Decision), 실행(Execute) 과정을 통해 위험을 예측하는 것이다.

059 인간행동에 영향을 주는 요인 중 외적요인의 요소 내용에 대한 예시 연결로 옳지 않은 것은?

㉮ 인간관계 : 가정, 직장, 사회, 경제, 문화
㉯ 자연조건 : 온·습도, 기압, 환기, 기상, 명암
✔ 물리적 조건 : 피로, 질병, 알코올, 약물

물리적 조건은 교통공간 배치 등을 의미하며 피로, 질병, 알코올, 약물은 내적요인 중 심심신상태에 해당한다.

㉱ 시간적 조건 : 근로시간, 시각, 교대제, 속도

060 다음 중 공식집단의 특성에 속하지 않은 것은?

✅ ㉮ 권력, 권한, 책임, 의무 등이 비교적 명확하게 규정되어 있지 않다.

> 비공식조직의 특성이다. 공식집단은 권력, 권한 책임, 의무 등을 명확하게 규정지어 수행하여야 한다.

㉯ 직무가 명확하고 집단의 목표나 계층도 잘 규정되어 있다.
㉰ 감정의 논리에 의하여 인간적 요소를 비교적 덜 수용한다.
㉱ 커뮤니케이션 경로가 비교적 뚜렷하게 되어 있다.

061 다음 중 중간관리자의 역할로 보기 어려운 것은?

㉮ 상하 간 부분 상호 간의 조정자 ㉯ 수관부문의 종합조정자
㉰ 전문가로서의 직장의 리더 ✅ ㉱ 현장에서의 최일선 지도자

> 현장에서의 최일선 지도자는 최고관리자의 역할이다.
> • 최고관리자 : 통합적 기능
> • 중간관리자 : 인간적 기능
> • 하위계층 : 기능적 기능

062 현황도에 대한 설명으로 옳지 않은 것은?

㉮ 교통사고 다발지점에서의 주요 물리적 현황을 축척에 맞추어 그린 것이다.
✅ ㉯ 축척을 거의 무시하고 작도한다.

> 축척을 거의 무시하는 것은 충돌도이다. 현황도는 일반적으로 1:100에서 1:250의 축척도로 작도된다.

㉰ 차량의 이동에 영향을 미치는 중요한 것들을 나타낸다.
㉱ 충돌도와 함께 사고패턴 해석용 보조자료로 활용한다.

063 페이율(H. Fayol)의 경영 활동 정리에 따른 6가지 활동 중 상업활동에 해당하는 것은?

㉮ 생산, 제조, 가공 기술활동에 해당한다.

 구매, 판매, 교환

㉰ 대차대조표, 원가, 통계 회계활동에 해당한다.

㉱ 계획, 조직, 지휘 관리활동에 해당한다.

> **TIP**
> 페이율(H. Fayol)의 경영 활동 정리 6가지
> - 기술활동 : 생산, 제조, 가공 등
> - 상업활동 : 구매, 판매, 교환 등
> - 재무활동 : 자본 조달 및 운영 등
> - 보호활동 : 재화 및 종업원 보호 등
> - 회계활동 : 재산목록, 대차대조표, 원가, 통계 등
> - 관리활동 : 계획, 조직, 지휘, 조정, 통제 등

064 다음은 사이몬(H. Simon)의 조직이론에 관한 내용이다. 빈칸에 들어갈 내용을 순서대로 옳게 나열한 것은?

> - 제한된 합리성은 주관적으로 합리적이라고 생각한다는 의미에서 (   )이라고 부를 수 있다.
> - 제한된 합리성만 달성할 수 없는 현실의 인간은 (   )이라고 부를 수 있다.

㉮ 주관적 합리성 – 경제인 ㉯ 제한적 합리성 – 경제인

 주관적 합리성 – 관리인 ㉱ 제한적 합리성 – 관리인

> **TIP**
> 사이몬(H. Simon)의 조직이론(관리인 가설)
> - 경제학에서 가정하고 있는 초합리적인 경제인은 비현실적인 것이고, 현실적인 합리성은 제한된 합리성에 불과하다고 보았다.
> - 제한된 합리성은 주관적으로 합리적이라고 생각한다는 의미에서 주관적 합리성이라고도 부를 수 있다.
> - 제한된 합리성만 달성할 수 있는 현실의 인간을 관리인(Administrative Man)이라고 하였으며 경제인(Economic Man)과 구분하였다.

065 교통사고 발생 시 응급처치와 구급을 위한 안전처리 시스템의 확립에 필수적인 사항으로 가장 거리가 먼 것은?

㉮ 구급의료시설 정비
㉯ 구급업무체제의 강화
✔ 구급약품 관련 연구비 증액
㉰ 구급대원의 양성 및 자질 향상

> 구급약품 관련 연구비 증액은 안전처리 시스템 확립에 있어서 필수적인 사항에 속하지는 않는다.

066 합리적인 의사결정을 위한 의사결정과정을 바르게 나열한 것은?

✔ 문제인식 → 정보 수집·분석 → 대안 탐색·평가 → 대안 선택 → 실행 → 평가

> 합리적인 의사결정과정 : 문제인식 → 정보 수집·분석 → 대안 탐색·평가 → 대안 선택 → 실행 → 평가

㉯ 정보 수집·분석 → 문제인식 → 대안 선택 → 대안 탐색·평가 → 실행 → 평가
㉰ 문제인식 → 정보 수집·분석 → 대안 선택 → 대안 탐색·평가 → 실행 → 평가
㉱ 정보 수집·분석 → 문제인식 → 대안 탐색·평가 → 대안 선택 → 실행 → 평가

067 욕조곡선의 원리에 대한 설명으로 옳지 않은 것은?

㉮ 체계 또는 설비 등을 사용하기 시작하여 폐기할 때까지의 고장 발생 상태를 나타낸 곡선을 말한다.
㉯ 초기에는 부품 등에 내재하는 결함, 사용자의 미숙 등으로 고장률이 높게 상승한다.
㉰ 중기에는 부품의 적응 및 사용자의 숙련 등으로 고장률이 점차 감소한다.
✔ 말기에는 부품의 정비 및 사용자의 숙련 등으로 고장률이 점차 감소한다.

> 말기에는 설비 또는 장치 부품의 노화 등으로 고장률이 점차 상승한다.

TIP

고장률곡선(욕조곡선)
- 사용 중 나타나는 고장률을 시간의 함수로 나타낸 곡선이다.
- 고장률의 기간에 따른 변화의 양상이 욕조형태를 닮아 붙여진 이름이다.
- 시기별 고장
  - 초기 고장기간(DFR) : 부품 등에 내재하는 결함, 사용자의 미숙 등으로 인한 고장
  - 중기 우발 고장기간(CFR) : 부품의 적응 및 숙련으로 인해 고장률이 점차 감소
  - 말기 마모 고장기간(IFR) : 부품의 노화(마모), 불충분한 정비 등으로 인한 고장

068 교통사고의 위험요소를 제거하기 위해서는 몇 가지의 단계를 거쳐야 한다. 이 중 안전관리업무를 수행할 수 있는 안전관리책임자의 임명, 안전계획 수립·추진 등을 시행하는 단계는?

✔ ㉮ 조직의 구성

㉯ 위험요소의 분석

> 안전점검 및 사고 분석, 교통활동 및 교통활동 종사자의 태도분석을 하여 불안전행위와 위험환경조건 등을 탐지하는 단계이다.

㉰ 위험요소의 탐지

> 안전점검 또는 진단사고, 원인의 규명, 종사원 교통활동 및 태도 분석을 통하여 불안전행위와 위험한 환경조건 등을 탐지하는 단계이다.

㉱ 개선대안 제시

> 분석을 토대로 확인된 원인을 통해 효과적으로 실현할 수 있는 대안을 제시하는 단계이다.

---

069 대면적 화합을 통해 갈등을 해소하는 갈등해결방법에 해당하는 것은?

✔ ㉮ 문제 해결법

> 대면 전략의 일종으로 갈등을 빚는 집단이 얼굴을 맞대고 회의를 통해 갈등을 확인하고 해결하려는 방법이다.

㉯ 조직구조의 개편

> 구성원들의 행위적 변화가 일시적인 해결안 밖이 되지 않을 때 조직구조를 개편하여 갈등을 해소하려는 방법이다.

㉰ 자원의 증대   보편적인 갈등 원인 중 하나인 한정적 자원을 확대하여 갈등을 해결하는 방법이다.

㉱ 협상   토론을 통한 타협으로 상호 양보를 통해 합의점에 도달하는 방법이다.

---

070 존슨(R. A. Johnson)이 설명한 시스템 어프로치의 3대 영역이 아닌 것은?

㉮ 시스템 철학(System philosophy)   ㉯ 시스템 분석(System Analysis)

✔ ㉰ 시스템 설계(system design)   ㉱ 시스템 관리(System Management)

> 시스템 어프로치란 시스템 개념(System Concept)을 이용하여 전체의 입장에서 상호연관성을 추구하여 주어진 문제의 해결을 바라는 시스템 사고방식이다. 시스템 어프로치는 시스템 철학, 시스템 분석, 시스템 경영(관리)로 구분할 수 있다.

071 각 조직 구성원은 전문화된 단일 업무를 하여 직무능률을 올려야 한다는 원칙은 무엇인가?

㉮ 명령통일의 원칙

　조직의 질서를 바르게 유지하기 위해서는 명령계통이 일원화되어야 한다는 원칙

㉯ 권한과 책임의 원칙

　구성원 간의 권한 및 책임은 분배하여야 직무활동의 능률이 올라갈 수 있다는 원칙

✔ 전문화의 원칙

　각 구성원은 전문화된 단일 업무를 담당하여 직무를 수행할 때 직무활동의 능률이 올라갈 수 있다는 원칙

㉱ 감독 범위의 적정화 원칙

　한 명의 상급자가 몇 명의 하급자를 맡는 것이 적절한가는 고민 후 적정하게 조직을 편성하여야 한다는 원칙

072 알더퍼의 ERG 이론에서의 성장욕구(G)와 같은 성격을 보이는 매슬로우의 욕구 단계로 올바른 것은?

㉮ 사회적 욕구　　　　　　　　㉯ 안전 욕구
㉰ 존중 욕구　　　　　　　　　✔ 자아실현 욕구

> **TIP**
>
> **알더퍼의 ERG 이론**
> - E(Existence needs) : 존재의 욕구
>   - 생리적, 물질적, 안전에 관한 욕구
>   - 임금, 복리, 안전한 물리적 환경에서 욕구 충족 가능
>   - 매슬로우의 생리적 욕구, 안전 욕구에 해당
> - R(Relatedness needs) : 관계의 욕구
>   - 타인과의 의미있고 만족스러운 인간관계에 관한 욕구
>   - 가족, 친구 등과의 관계에서 욕구 충족 가능
>   - 매슬로우의 사회적, 소속의 욕구에 해당
> - G(Growth needs) : 성장의 욕구
>   - 개인의 성장과 발전에 관한 욕구
>   - 잠재력 극대화, 능력 개발, 자아실현 시 욕구 충족 가능
>   - 매슬로우의 존경의 욕구, 자아실현의 욕구에 해당

073 다음 중 도로 노면 중 건조한 콘크리트 포장 도로의 마찰계수(μ)는?

㉮ 0.8   ㉯ 0.6
㉰ 0.4   ㉱ 0.2

> **TIP**
>
> 노면종류별 마찰계수
>
> | 노면 종류 | 건조 | 습윤 | 결빙 |
> |---|---|---|---|
> | 아스팔트 | 0.8 | 0.6~0.7 | 0.3 |
> | 콘크리트 | 0.8 | 0.4~0.6 | 0.3 |
> | 블럭 | 0.7 | 0.3~0.4 | 0.2 |
> | 비포장 | 0.5 | 0.3~0.4 | 0.2 |

074 다음 중 교통안전목적에 해당하지 않는 것은?

㉮ 교통시설의 확충   ㉯ 인명의 존중
㉰ 경제성의 향상   ㉱ 사회복지 증진

> 교통시설의 확충은 교통안전목표 달성을 위한 수단에 해당한다.

> **TIP**
>
> 교통안전의 주요 목적
> • 인명의 존중   • 사회복지증진
> • 수송효율의 향상   • 경제성의 향상

075 평균임금에 대한 정의로 옳은 것은?

㉮ 추가적인 수당을 제외한 1개월 임금
㉯ 3개월 동안에 그 근로자에게 지급된 임금의 총액을 그 기간의 총일수로 나눈 금액

> "평균임금"이란 이를 산정하여야 할 사유가 발생한 날 이전 3개월 동안에 그 근로자에게 지급된 임금의 총액을 그 기간의 총일수로 나눈 금액을 말한다. 근로자가 취업한 후 3개월 미만인 경우도 이에 준한다(「근로기준법」제2조 제1항 제6호).

㉰ 6개월 동안에 그 근로자에게 지급된 임금의 총액을 그 기간의 총일수로 나눈 금액
㉱ 추가적인 수당을 포함한 1개월 임금

[3과목] 철도공학

076 운전보안장치의 종류 중 열차가 신호기의 현시 속도를 초과하면 열차를 자동으로 정지시키는 장치는?

㉮ ATC

> 열차자동제어장치(ATC ; Automatic Train Control) : 선행열차의 위치와 선로조건에 의한 운행속도를 차상으로 전송하여 운전실 내 신호현시창에 표시해주는 기능을 지니고 있으며, 열차의 실제 운행속도가 이를 초과하면 자동으로 감속시키는 역할을 한다.

✅ ATS

> 열차자동정지장치(ATS ; Automatic Train Stop) : 열차가 지상에 설치된 신호기의 현시 속도를 초과하면 열차를 자동으로 정지시키는 장치이다.

㉰ ATP

> 열차자동방호장치(ATP ; Automatic Train Protection) : 열차운행에 필요한 각종 정보를 지상장치를 통해 차량으로 전송하면 차상의 신호현시창에 표시해주는 기능이 있으며, 열차의 속도를 감시하여 일정속도 이상을 초과하면 자동으로 감속·제어하는 장치이다.

㉱ ATO

> 열차자동운전장치(ATO ; Automatic Train Operation) : 열차가 정거장에서 출발해 다음 정거장에서 정차할 때까지 가속, 감속, 정거장에서의 정위치 정차 등을 자동으로 수행하여 ATC 기능도 포함하고 있으며, 무인운전도 가능한 장치이다.

077 다음 중 궤도계전기에 대한 설명으로 잘못된 것은?

㉮ 궤도회로 내 열차 또는 차량의 유무를 최종적으로 나타내는 기기이다.
✅ 제어구간의 길이는 짧고 소비전력이 적은 것이 좋다.

> 궤도계전기는 제어구간의 길이가 길고 소비전력이 적은 것이 좋다.

㉰ 사용하는 전원에 따라 직류형과 교류형 궤도계전기로 구분한다.
㉱ 다른 전기회로의 영향을 받지 않아야 한다.

078 다음 중 레일 마모에 대한 설명으로 옳지 않은 것은?

㉮ 레일면에 강한 마찰로 인해 발생하는 손상을 말한다.
㉯ 작용하중에 비해 레일 단면이 작을 경우 쉽게 발생한다.
㉰ 레일의 경질화, 레일 도유기 설치, 마모방지레일 부설 등을 통해 경감시킬 수 있다.
 레일 재질이 무르고 중량일수록 발생하기 쉽다.

> 레일의 재질이 무르고 경량일수록 레일 마모가 발생하기 쉽다.

💡 TIP
레일 마모 발생하기 쉬운 조건
- 작용하중에 비해 레일 단면이 작을 때
- 레일의 재질이 무르고 경량일 때
- 직선보다 곡선의 외궤일 때
- 곡선반경이 적을 때
- 평탄선 보다는 구배선일 때
- 열차중량, 속도, 통과 ton 수가 클수록

079 직류직권전동기의 구비조건으로 옳지 않은 것은?

㉮ 기동회전력이 클 것
㉯ 회전속도가 느릴 때 회전력이 클 것
 속도 변화폭이 작아 속도제어가 용이할 것

> 직류직권전동기는 속도변화의 폭이 커야 속도제어에 있어 용이하다.

㉱ 운전 중 급격한 전류·전압의 변동에 따른 고장이 발생하지 않을 것

💡 TIP
직류직권전동기의 구비조건
- 기동회전력이 클 것
- 속도변화의 폭이 커 속도제어에 용이할 것
- 회전속도가 느릴 때 회전력이 클 것
- 회전속도가 빠를 때 전류가 적어 전력소비량이 적을 것
- 병렬 운전 시 부하불균형이 적을 것
- 운전 중 급격한 전압·전류의 변동에도 고장이 발생하지 않을 것

080 교류 전차선로의 접지시설 설치기준으로 옳지 않은 것은?

㉮ 사람이 접촉되었을 때 인체 통과 전류가 15mA 이하가 되어야 한다.
✅ 일반인이 접근하기 쉬운 지역에 있는 경우 연속 정격 전위가 100V 이하여야 한다.
> 일반인이 접근하기 쉬운 지역에 있는 경우에는 연속 정격 전위가 60V 이하여야 한다.

㉰ 순간정격 전위가 650V 이하가 되도록 한다.
㉱ 교류 전차선로의 접지시설이 일반인이 접근하기 어려운 지역에 있는 경우 연속 정격 전위가 150V 이하여야 한다.

081 이동 폐색장치에 대한 설명으로 틀린 것은?

㉮ 열차운행 위치를 감지하여 무선으로 수신되는 열차의 간격, 위치 등을 파악하여 신호를 제어하는 방법이다.
㉯ 폐색거리를 고정하지 않고 지상에서 수신되는 열차운행 속도신호에 따라 구간을 변화한다.
㉰ 최적 안전거리 연산에 의한 열차운행으로 열차 간 간격을 최소화한다.
✅ 일반적으로 ATC를 설치하지 않은 구간에 단독으로 설치한다.

> **TIP**
>
> **폐색장치**
> • 열차의 안전주행을 위해 열차 상호 간 일정한 시간과 간격을 유지해주는 장치이다.
> • 신뢰성을 위해 열차자동제어장치(ATC)와 병행하여 설치한다.
> • 시간 간극법 : 일정시간마다 열차를 통과시키는 방법이다.
> • 공간 간극법 : 일정공간마다 거리를 확보하여 통과시키는 방법이다.
>   - 고정폐색법 : 일정공간을 고정하여 간극을 주어 통과시키는 방법이다.
>   - 이동폐식법 : 거리를 고정시키지 않고 지상에서 수신된 운행속도 신호에 따라 구역을 변화시키는 방법이다.

082 궤도의 구조조건으로 옳지 않은 것은?

㉮ 열차의 충격하중을 견딜 수 있는 재료로 구성되어야 할 것
㉯ 차량의 동요와 진동이 적고 승차감이 좋게 주행할 수 있을 것
㉰ 궤도틀림이 적고 열화진행이 완만할 것
✅ 열차하중을 시공기면 이상의 노반에 광범위하고 균등하게 할 것
> 궤도는 열차하중을 시공기면 이하의 노반에 광범위하고 균등하게 할 것

083 선로용량 부족으로 인해 발생할 수 있는 현상으로 옳지 않은 것은?

㉮ 차량·승무원 운용의 효율저하 ㉯ 유효시간대의 열차설정 곤란
✅ 열차의 표정속도 향상 ㉱ 열차지연의 만성화

> 선로용량이 부족할 경우 열차의 표정속도는 저하된다.

084 다음 중 정거장 배선계획수립 시 고려사항으로 옳지 않은 것은?

㉮ 본선상의 분기기는 배향분기기로 한다.
㉯ 측선은 본선의 양측보다 안쪽으로 배선한다.
㉰ 분기기는 산재시키지 않고 집중적으로 설치한다.
✅ 유효장의 길이는 균등하게 한다.

> 유효장은 열차 또는 차량을 정지 및 유치할 수 있는 선로의 길이로 하여야 한다. 이로 인해 길이를 균등하게 할 필요가 없다.

085 철도차량의 진동을 감소시키는 방법으로 옳지 않은 것은?

㉮ 레일연결부에 상하, 좌우의 어긋남 없이 궤도의 유간을 정확히 한다.
㉯ 차륜답면의 기울기(Taper)를 최소화한다.
㉰ 차축의 전후, 좌우 간 유동을 적게 한다.
✅ 대차의 상판 높이를 높게 한다.

> 대차의 상판 높이를 가급적 낮게 하여야 철도차량의 진동을 감소시킬 수 있다.

TIP

철도차량의 진동감소 방법
- 레일연결부에 상하, 좌우의 어긋남 없이 궤도의 유간을 정확히 한다.
- 각 차륜 간의 부담중량을 균등히 한다.
- 차륜답면의 기울기(Taper)를 최소화한다.
- 좌우 차륜의 직경을 동일하게 유지한다.
- 차축의 전후, 좌우 간 유동을 적게 한다.
- 대차의 상판 높이를 가급적 낮게 한다.
- 대차의 스프링을 공기댐퍼나 오일댐퍼로 대체한다.
- 차륜의 플랜지와 레일 간의 간격을 가급적 최소화한다.

086 레일 용접부 검사방법으로 옳지 않은 것은?

㉮ 낙중시험
 인장검사
㉯ 굴곡검사
㉱ 외관검사

인장검사는 시험편의 양끝을 시험기에 고정하고, 시험편 축의 양쪽 방향으로 인장력(당기는 힘)을 작용시켜서 재료의 변형에 대한 여러 가지 저항성의 크기를 측정·검사하는 시험으로 레일 용접부 검사 시에는 진행하지 않는다.

TIP
레일 용접부 검사방법
- 외관검사
- 경도시험
- 굴곡시험
- 낙중시험
- 침투검사
- 초음파탐상
- 줄·면 맞춤검사

087 KS 60kg 레일의 1m당 무게(kg)로 맞는 것은?

㉮ 40.50
㉯ 50.40 50kgN 레일, 50kgPS 레일의 1m 무게
㉰ 60.34 UIC60 레일 1m 무게
 60.80

TIP
레일의 단면제원

종류	두부 폭(mm)	저부 폭(mm)	높이(mm)	중량(kg/m)
50kgN	65	127	153.00	50.40
50gkPS	67.86	127	144.46	50.40
UIC 60	72	150	172	60.34
KS 60kg	65	145	174.5	60.80

088 정거장 위치에 대한 고려사항으로 잘못된 것은?

㉮ 가능한 수평이고 직선이며 정거장에 인접하여 급곡선, 급기울기가 없어야 한다.
㉯ 정거장 간 거리는 일반적으로 4~8km, 대도시 전철역은 1~2km로 한다.
㉰ 장래확장 및 개량이 용이하여야 하며 그 기능을 충분히 발휘하고 소요면적이 확보될 수 있어야 한다.
✓ 도착 시에는 하기울기, 출발 시에는 상기울기일 때 가장 안정성이 뛰어나다.

도착 시에는 상기울기, 출발 시에는 하기울기일 때 가장 안정성이 뛰어나다.

089 수송소요의 요인 중 타 교통기관과의 수송 서비스 관련 요인으로 옳은 것은?

㉮ 유발요인 — 열차횟수, 속도, 차량수, 운임 등의 철도 서비스 관련 요인
㉯ 자연요인 — 인구, 생산, 소득, 소비 등의 사회적, 경제적인 요인
✓ 전가요인 — 자동차, 선박, 항공기 등의 타 교통기관과의 수송 서비스 관련 요인
㉱ 감소요인 — 감소요인은 수송소요의 요인에 해당하지 않는다.

 TIP

수송소요의 요인
- 자연요인 : 인구, 생산, 소득, 소비 등의 사회적, 경제적인 요인
- 유발요인 : 열차횟수, 속도, 차량수, 운임 등의 철도 서비스 관련 요인
- 전가요인 : 자동차, 선박, 항공기 등의 타 교통기관과의 수송 서비스 관련 요인

090 한국철도의 연도별 발전에 대한 연결이 적절하지 않은 것은?

㉮ 1899년 – 경인선 개통
✓ 1972년 – 서울 지하철 1호선(종로선) 개통

1974년 – 서울 지하철 1호선(종로선) 서울~청량리 간 9.5km 개통

㉯ 1975년 – 호남선 새마을호 개통
㉰ 2004년 – 경부고속철도 1단계 개통

091 다음 중 자갈도상 재료의 구비조건이 아닌 것은?

㉮ 견고한 재질로서 충격과 마모에 저항력이 있을 것
㉯ 입도가 적정하고 도상작업에 편리할 것
㉰ 재료공급이 용이하고 경제적일 것
✔ 단위중량이 가볍고, 모서리각이 풍부하며, 입자 간의 마찰력이 작을 것

> 자갈도상은 레일 및 침목으로부터 전달되는 하중을 노반에 전달해야 하므로 단위중량은 크고, 모서리각이 풍부하며 입자 간의 마찰력이 큰 것이 좋다.

TIP
자갈도상 재료의 구비조건
- 단위중량이 크고, 능각(모서리각)이 풍부하며, 입자 간의 마찰력이 클 것
- 재질이 견고하며 충격과 마모(마찰)에 저항력이 있을 것
- 광물 알갱이의 크기가 적정하고 도상작업에 편리할 것
- 점토 및 불순물의 혼입률이 낮고 배수가 양호할 것
- 동사와 풍화에 강하고, 잡초를 방지할 것
- 재료공급이 용이하고 경제적일 것

092 가공복선식의 전차선에서 차량의 집전장치를 통해서 전력공급을 받아 레일을 이용하지 않고 노면 위를 주행하는 트롤리 버스의 특징으로 옳지 않은 것은?

㉮ 건설비가 비싸나 동력 비용이 저렴하다.
㉯ 공해가 적으며 화재의 염려가 없다.
✔ 일반적으로 전용궤도 주행과 일반노면 주행이 가능한 듀얼모드성 기능이 있어 운행노선의 제한이 없다.

> 가이드웨이 버스에 대한 설명이다. 트롤리 버스는 노면에서 운전의 융통성이 없으며, 운행노선이 제한되어 있다.

㉱ 운전의 안전도가 높다.

093 보선작업계획에 대한 실행에 대한 설명으로 옳지 않은 것은?

㉮ 보선작업계획은 선로의 안전도 향상에 절대적인 영향을 미친다.
✅ 작업계획 시 선로의 상태, 계절별 기후상태 등은 고려사항이 아니다.
> 보선작업계획을 수립·실행할 때 계절 및 기후에 따라 영향을 받을 수 있으므로 반드시 고려하여야 한다.

㉰ 작업계획은 실제 작업이 가능한 범위 내의 현실작업계획이어야 한다.
㉱ 연간을 통해 작업의 시행시기, 순서, 작업 인원 등을 고려하여야 한다.

094 모노레일의 특징으로 옳지 않은 것은?

㉮ 타교통기관과 입체교차하므로 안전도 및 운전속도가 높다.
㉯ 고무 타이어 사용으로 급구배, 급곡선 운전이 용이하다.
✅ 지하철에 비해 건설비가 저렴하나 지상설치로 인해 공사기간이 길다.
> 모노레일은 모노레일 1본의 궤도거더 위를 고무타이어 또는 강제의 차량에 의해 주행하는 철도로 지하철에 비해 건설비가 저렴하고 공사기간이 짧다.

㉱ 소음, 진동, 대기오염 등 공해가 거의 없다.

095 우리나라 철도 터널의 단면형상으로 사용하지 않는 형상은?

㉮ 원형
> 단면 지압의 외력을 맡는 것에 대한 이상적인 형상이다. 하지만 하부에 쓸데없는 공간을 발생시켜 비경제적이다. 지압이 높은 경우에는 T.B.M(터널보링머신) 공법, 실드(shield) 공법에 의한 굴착공법으로 채용한다.

㉯ 말굽형(마제형)
> 단면 저부의 폭을 넓게 할 수 있으며 쓸데없는 공간이 적어 경제적이다. 산악터널의 표준으로 채용한다.

㉰ 사각형
> 단면도로 밑에 지하철 등 지표로부터 비교적 낮은 개착터널, 하천 밑 등에 침매터널 시 채용한다.

✅ 삼각형

096 새로운 여객역 검토 시 고려하여야 할 사항이 아닌 것은?

㉮ 근대적 영업시설과 업무운영방식의 시스템화
㉯ 타 교통기관과의 유기적 연계
㉰ 토지공간의 입체적 이용 및 여행서비스의 능률적인 제공
✔ 화물취급에 대한 연결관계

여객선이므로 화물취급에 대한 연결관계는 고려사항이 아니다.

097 철도계획 수립 시 고려하여야 하는 사항으로 가장 거리가 먼 것은?

㉮ 수송수요를 예측하여 설비기준을 책정한다.
㉯ 수송능력을 산정·검토하고 투자비 소요 판단을 한다.
✔ 목표 및 세력권을 설정한 후 그 지역의 역사와 문화적 특징을 고려한다.

철도계획 수립 시 목표 및 세력권을 설정하고 그 지역의 경제 및 현황을 고려해야 한다.

㉱ 투자를 평가하고 효과 분석 및 종합적 판단을 한다.

098 분기기검사 중 텅레일의 밀착, 접착과 백 게이지 및 기타 부속품을 검사하는 검사방법은?

✔ 기능검사
㉯ 정밀검사

신호설비의 기기상태 및 성능에 관하여 소정의 주기에 의하여 분해 또는 계기 등을 사용하여 시행하는 검사이다.

㉰ 일반검사

연 1회 이상 레일의 손상, 마모, 부식의 정도 등을 검사하는 방법이다.

㉱ 유간검사

유간의 상태에 대하여 과대 유간의 유무, 맹유간의 연속상태, 평균 유간의 상태를 적어도 여름과 겨울 이전에 연 2회 실시한다.

099 선로전환기의 종류 중 사용동력에 의한 분류가 아닌 것은?

㉮ 발조선로전환기 ㉯ 동력선로전환기
✓ 보통선로전환기 ㉰ 수동선로전환기

> 구조상의 분류에 따른 선로전환기이다.

 TIP

선로전환기의 종류
- **구조상의 분류**
  - <u>보통선로전환기</u> : 텅레일이 2본 있고 좌·우 2개의 분기기에 사용하는 기기
  - 삼지선로 전환기 : 텅레일이 4본 있고 좌·중·우 3개의 분기기에 사용하는 기기
  - 탈선선로전환기 : 크로싱이 없는 선로전환기로 차량을 탈선시키기 위해 사용하는 기기
- **사용동력에 의한 분류**
  - <u>수동선로전환기</u> : 사람의 힘에 의해 선로전환기를 전환하는 기기
  - <u>발조선로전환기</u> : 사람 및 스프링의 힘에 의해 선로전환기를 전환하는 기기
  - <u>동력선로전환기</u> : 전기 및 압축공기의 힘에 의해 선로전환기를 전환하는 기기. 전공 및 전기선로전환기로 구분
- 전환수에 의한 분류
  - 단동선로전환기
  - 쌍동선로전환기
  - 삼동선로전환기

100 직접조가방식에 대한 설명으로 옳지 않은 것은?

㉮ 메신저와이어 없이 직접 트롤리선을 매어 달은 간이 전차선로 방식이다.
✓ 노면전차 혹은 측선에 사용하며 40km/h 이하의 저속 주행(서행)만 가능하다.

> 직접조가방식의 열차는 <u>중속도(85km/h)까지 주행이 가능</u>하다.

㉰ 수송밀도가 높지 않은 전철구간에 적합하다.
㉱ 가장 단순한 구조의 방식이다.

[4과목] 열차운전(선택)

101 「철도차량운전규칙」상 열차를 무인운전할 때 준수하여야 할 사항으로 적절하지 않은 것은?

㉮ 관제업무종사자는 열차의 운행상태를 실시간으로 감시하고 필요한 조치를 할 것

> 「철도차량운전규칙」 제32조의2 제2호 ⚖️

㉯ 철도운영자 등은 여객의 승하차 시 안전을 확보하고 시스템 고장 등 긴급상황에 신속하게 대처하기 위하여 정거장 등에 안전요원을 배치하거나 순회하도록 할 것

> 「철도차량운전규칙」 제32조의2 제4호 ⚖️

㉰ 관제업무종사자는 열차가 정거장의 정지선을 지나쳐서 정차한 경우 후속 열차의 해당 정거장 진입 차단할 것

> 「철도차량운전규칙」 제32조의2 제3호 가목 ⚖️

✔ 철도운영자 등이 지정한 철도종사자는 차량을 차고에서 출고한 후에 운전방식을 무인운전 모드(mode)로 전환하고, 관제업무종사자로부터 무인운전 기능을 확인받을 것

> 열차를 무인운전하는 경우에는 철도운영자 등이 지정한 철도종사자는 <u>차량을 차고에서 출고하기 전 또는 무인운전 구간으로 진입하기 전</u>에 운전방식을 무인운전 모드(mode)로 전환하고, 관제업무종사자로부터 무인운전 기능을 확인받아야 한다(「철도차량운전규칙」 제32조의2 제1호). ⚖️

법령 ⚖️

「철도차량운전규칙」 제32조의2(무인운전 시의 안전확보 등)
열차를 무인운전하는 경우에는 다음 각 호의 사항을 준수해야 한다.
1. 철도운영자 등이 지정한 철도종사자는 차량을 차고에서 출고하기 전 또는 무인운전 구간으로 진입하기 전에 운전방식을 무인운전 모드(mode)로 전환하고, 관제업무종사자로부터 무인운전 기능을 확인받을 것
2. 관제업무종사자는 열차의 운행상태를 실시간으로 감시하고 필요한 조치를 할 것
3. 관제업무종사자는 열차가 정거장의 정지선을 지나쳐서 정차한 경우 다음 각 목의 조치를 할 것
   가. 후속 열차의 해당 정거장 진입 차단
   나. 철도운영자 등이 지정한 철도종사자를 해당 열차에 탑승시켜 수동으로 열차를 정지선으로 이동
   다. 나목의 조치가 어려운 경우 해당 열차를 다음 정거장으로 재출발
4. 철도운영자 등은 여객의 승하차 시 안전을 확보하고 시스템 고장 등 긴급상황에 신속하게 대처하기 위하여 정거장 등에 안전요원을 배치하거나 순회하도록 할 것

102 「도시철도운전규칙」에 따른 입환전호방식으로 적절하지 않은 것은?

✔ ㉮ 주간에 접근전호 – 녹색기를 상하로 흔든다. 다만, 부득이한 경우에는 한 팔을 좌우로 움직이는 것으로 대신할 수 있다.

> 주간에 접근신호는 녹색기를 좌우로 흔든다. 다만, 부득이한 경우에는 한 팔을 좌우로 움직이는 것으로 대신할 수 있다(「도시철도운전규칙」 제74조 제1호 가목). ⚖

㉯ 주간에 퇴거전호 – 녹색기를 상하로 흔든다. 다만, 부득이한 경우에는 한 팔을 상하로 움직이는 것으로 대신할 수 있다.

> 「도시철도운전규칙」 제74조 제2호 가목 ⚖

㉰ 야간에 접근전호 – 녹색등을 좌우로 흔든다. 「도시철도운전규칙」 제74조 제1호 나목 ⚖

㉱ 야간에 정지전호 – 적색등을 흔든다. 「도시철도운전규칙」 제74조 제3호 나목 ⚖

법령 ⚖

「도시철도운전규칙」 제74조(입환전호)
1. 접근전호
   가. 주간 : 녹색기를 좌우로 흔든다. 다만, 부득이한 경우에는 한 팔을 좌우로 움직이는 것으로 대신할 수 있다.
   나. 야간 : 녹색등을 좌우로 흔든다.
2. 퇴거전호
   가. 주간 : 녹색기를 상하로 흔든다. 다만, 부득이한 경우에는 한 팔을 상하로 움직이는 것으로 대신할 수 있다.
   나. 야간 : 녹색등을 상하로 흔든다.
3. 정지전호
   가. 주간 : 적색기를 흔든다. 다만, 부득이한 경우에는 두 팔을 높이 드는 것으로 대신할 수 있다.
   나. 야간 : 적색등을 흔든다.

---

103 다음 중 출발저항에 관한 내용으로 가장 적절하지 않은 것은?

㉮ 열차의 속도가 3km/h 전후에서 최소치가 된다. 3km/h 이상은 주행저항으로 간주한다.
㉯ 출발저항은 베어링의 종류, 기온에 따라 다르다.
㉰ 움직이는 열차의 견인력보다 열차가 출발할 때 더 큰 견인력이 필요하다.
✔ ㉱ 기온이 낮을수록 출발저항은 커진다.

> 출발저항은 기온이 높을수록 커지는데 그 이유는 기온이 높아지면 윤활유의 점도가 낮아져 유막이 파괴되기 때문이다.

104. 「철도차량운전규칙」상 원방신호기가 속하는 신호기의 종류로 적절한 것은?

✓ ㉮ 종속신호기

　종속신호기에는 원방신호기, 통과신호기, 중계신호기가 있다(「철도차량운전규칙」 제82조 제2호).

㉯ 차내신호

　차내신호에는 정지신호, 15신호, 야드신호, 진행신호가 있다(「철도차량운전규칙」 제83조).

㉰ 신호부속기

　신호부속기에는 진로표시기, 진로예고기, 진로개통표시기가 있다(「철도차량운전규칙」 제82조 제3호).

㉱ 주신호기

　주신호기에는 장내신호기, 출발신호기, 폐색신호기, 엄호신호기, 유도신호기, 입환신호기가 있다(「철도차량운전규칙」 제82조 제1호).

105. 다음 중 거리기준 운전선도의 종류로 적절한 것을 모두 고르면?

ㄱ. 실제운전선도　　　　ㄴ. 가속력선도
ㄷ. 계획운전선도　　　　ㄹ. 열차 DIA

㉮ ㄱ, ㄷ　　　　　　　　㉯ ㄴ, ㄷ
㉰ ㄱ, ㄷ, ㄹ　　　　　　✓ ㉱ ㄱ, ㄴ, ㄷ

　거리기준 운전선도에는 'ㄱ. 실제운전선도', 'ㄴ. 가속력선도', 'ㄷ. 계획운전선도'가 있다.

106. 다음 중 제동초속도가 20m/s이고, 공주시간이 4초일 때 공주거리는?

㉮ 30m　　　　　　　　㉯ 50m
㉰ 70m　　　　　　　　✓ ㉱ 80m

　공주거리 = 제동초속도(m/s) × 공주시간 = 20m/s × 4초 = 80m
　∴ 공주거리 = 80m

107 「철도차량운전규칙」에 따른 지도표와 지도권에 관한 설명으로 적절한 것은?

✔ ㉮ 지도표에는 그 구간 양끝의 정거장명·발행일자 및 사용열차번호를 기입하여야 한다.

「철도차량운전규칙」 제62조 제1항 ⚖

㉯ 폐색구간 한쪽의 정거장 또는 신호소의 통신설비를 사용하여 시행한다.

지도통신식을 시행하는 구간에는 폐색구간 양끝의 정거장 또는 신호소의 통신설비를 사용하여 서로 협의한 후 시행한다(「철도차량운전규칙」 제59조 제1항).

㉰ 폐색구간 한쪽의 정거장 또는 신호소가 지도표를 발행하여야 한다.

지도통신식을 시행하는 경우 폐색구간 양끝의 정거장 또는 신호소가 서로 협의한 후 지도표를 발행하여야 한다(「철도차량운전규칙」 제59조 제2항).

㉱ 지도표는 1폐색구간에 2매로 한다.

제2항의 규정에 의한 지도표는 1폐색구간에 1매로 한다(「철도차량운전규칙」 제59조 제3항).

> **법령** ⚖
> 「철도차량운전규칙」 제62조(지도표·지도권의 기입사항)
> ① 지도표에는 그 구간 양끝의 정거장명·발행일자 및 사용열차번호를 기입하여야 한다.
> ② 지도권에는 사용구간·사용열차·발행일자 및 지도표 번호를 기입하여야 한다.

108 「철도차량운전규칙」에 따른 신호현시의 기본원칙에 관한 설명으로 적절한 것은?

㉮ 차내신호 – 정지신호

차내신호는 진행신호를 현시함을 기본으로 한다(「철도차량운전규칙」 제85조 제3항).

㉯ 출발신호기 – 진행신호

출발신호기의 기본원칙은 정지신호이다(「철도차량운전규칙」 제85조 제1항 제2호).

㉰ 엄호신호기 – 주의신호

엄호신호기의 기본원칙은 정지신호이다(「철도차량운전규칙」 제85조 제1항 제4호).

✔ ㉱ 폐색신호기 – 정지신호

폐색신호기의 기본신호는 정지신호이며, 이때 자동폐색신호기는 제외한다(「철도차량운전규칙」 제85조 제1항 제3호).

109 다음 중 A, B에 들어갈 단어로 가장 적절한 것은?

> 후퇴인출방법은 열차가 정차 위치에서 후퇴하였다가 인출하는 방법으로, 보통 선로의 구배가 (A)하고 (B)의 길이가 짧은 경우에 주로 사용된다.

㉮ A : 급격, B : 열차
㉯ A : 완만, B : 열차 ✓
㉰ A : 완만, B : 선로
㉱ A : 급격, B : 선로

후퇴인출방법은 열차가 정차 위치에서 후퇴하였다가 인출하는 방법으로, 보통 선로의 구배가 <u>완만</u>하고 <u>열차</u>의 길이가 짧은 경우에 주로 사용된다.

110 다음은 「철도차량운전규칙」상 철도의 신호에 해당하는 설명이다. 가장 적절한 것은?

> 모양·색 또는 소리 등으로 관계직원 상호간에 의사를 표시하는 것으로 할 것

㉮ 진로표시기

<u>진로표시기</u>는 장내신호기·출발신호기·진로개통표시기 및 입환신호기에 부속하여 열차 또는 차량에 대하여 그 진로를 표시하는 것을 말한다(「철도차량운전규칙」 제82조 제3호 가목).

㉯ 신호

<u>신호</u>는 모양·색 또는 소리 등으로 열차나 차량에 대하여 운행의 조건을 지시하는 것으로 할 것을 말한다(「철도차량운전규칙」 제76조 제1호).

✓ ㉰ 전호

「철도차량운전규칙」 제76조 제2호

㉱ 표지

표지는 모양 또는 색 등으로 물체의 위치·방향·조건 등을 표시하는 것으로 할 것을 말한다(「철도차량운전규칙」 제76조 제3호).

111. 다음 중 「철도차량운전규칙」상 전호에 관한 설명으로 적절하지 않은 것은?

㉮ 야간에 오너라전호는 녹색등을 좌우로 흔들고, 야간에 가거라전호는 녹색등을 위·아래로 흔든다.

> 「철도차량운전규칙」 제101조 제1항 제1호 나목 및 제2호 나목 ⚖

㉯ 주간에 정지전호는 적색기를 신호하나 부득이한 경우에는 두 팔을 높이 들어 이를 대신할 수 있다.

> 「철도차량운전규칙」 제101조 제1항 제3호 ⚖

✓ㅤ**기관사는 위험을 경고하는 경우에만 기적전호를 할 수 있다.**

> 기관사는 위험을 경고하는 경우, 비상사태가 발생한 경우 중 어느 하나에 해당할 때는 기적전호를 하여야 한다 (「철도차량운전규칙」 제100조).

㉱ 열차 또는 차량에 대한 전호는 전호기로 현시하여야 하나 전호기가 설치되어 있지 아니하거나 고장이 난 경우에는 수전호 또는 무선전화기로 현시할 수 있다.

> 「철도차량운전규칙」 제98조

법령 ⚖

「철도차량운전규칙」 제101조 제1항(입환전호 방법)

① 입환작업자(기관사를 포함한다)는 서로 맨눈으로 확인할 수 있도록 다음 각 호의 방법으로 입환전호해야 한다.

1. 오너라전호
   가. 주간 : 녹색기를 좌우로 흔든다. 다만, 부득이한 경우에는 한 팔을 좌우로 움직임으로써 이를 대신할 수 있다.
   나. 야간 : 녹색등을 좌우로 흔든다.
2. 가거라전호
   가. 주간 : 녹색기를 위·아래로 흔든다. 다만, 부득이 한 경우에는 한 팔을 위·아래로 움직임으로써 이를 대신할 수 있다.
   나. 야간 : 녹색등을 위·아래로 흔든다.
3. 정지전호
   가. 주간 : 적색기. 다만, 부득이한 경우에는 두 팔을 높이 들어 이를 대신할 수 있다.
   나. 야간 : 적색등

112 「도시철도운전규칙」상 도시철도운영자가 운전속도를 제한하여야 하는 경우를 모두 고르면?

> ㄱ. 서행신호를 하는 경우
> ㄴ. 쇄정된 선로전환기를 향하여 진행하는 경우
> ㄷ. 차량을 결합 · 해체하거나 차선을 바꾸는 경우
> ㄹ. 차내신호의 "0" 신호가 있은 후 진행하는 경우

㉮ ㄱ, ㄴ   ㉯ ㄱ, ㄴ, ㄷ
✓㉰ ㄱ, ㄷ, ㄹ   ㉱ ㄱ, ㄴ, ㄷ, ㄹ

ㄱ. (O)「도시철도운전규칙」제49조 제1호
ㄴ. (X) 쇄정되지 아니한 선로전환기를 향하여 진행하는 경우 도시철도운영자는 운전속도를 제한하여야 한다(「도시철도운전규칙」제49조 제4호).
ㄷ. (O)「도시철도운전규칙」제49조 제3호
ㄹ. (O)「도시철도운전규칙」제49조 제7호

법령

「도시철도운전규칙」제49조(속도제한)
도시철도운영자는 다음 각 호의 어느 하나에 해당하는 경우에는 운전속도를 제한하여야 한다.
1. 서행신호를 하는 경우
2. 추진운전이나 퇴행운전을 하는 경우
3. 차량을 결합 · 해체하거나 차선을 바꾸는 경우
4. 쇄정(鎖錠)되지 아니한 선로전환기를 향하여 진행하는 경우
5. 대용폐색방식으로 운전하는 경우
6. 자동폐색신호의 정지신호가 있는 지점을 지나서 진행하는 경우
7. 차내신호의 "0" 신호가 있은 후 진행하는 경우
8. 감속 · 주의 · 경계 등의 신호가 있는 지점을 지나서 진행하는 경우
9. 그 밖에 안전운전을 위하여 운전속도제한이 필요한 경우

113 「철도차량운전규칙」상 철도운영자 등이 「철도안전법」 등 관계법령에 따라 필요한 교육을 실시해야 하는 철도종사자를 모두 고르면?

> ㄱ. 운전업무종사자　　　ㄴ. 운전업무보조자
> ㄷ. 관제업무종사자　　　ㄹ. 여객승무원

㉮ ㄱ
㉯ ㄱ, ㄴ
㉰ ㄱ, ㄴ, ㄷ
✓ ㉱ ㄱ, ㄴ, ㄷ, ㄹ

ㄱ. (O)「철도차량운전규칙」제6조 제1항 제1호 ⚖
ㄴ. (O)「철도차량운전규칙」제6조 제1항 제2호 ⚖
ㄷ. (O)「철도차량운전규칙」제6조 제1항 제3호 ⚖
ㄹ. (O)「철도차량운전규칙」제6조 제1항 제4호 ⚖

법령 ⚖

「철도차량운전규칙」제6조(교육 및 훈련 등)
① 철도운영자 등은 다음 각 호의 어느 하나에 해당하는 사람에게「철도안전법」등 관계 법령에 따라 필요한 교육을 실시해야 하고, 해당 철도종사자 등이 업무 수행에 필요한 지식과 기능을 보유한 것을 확인한 후 업무를 수행하도록 해야 한다.
  1. 「철도안전법」제2조 제10호 가목에 따른 철도차량의 운전업무에 종사하는 사람(이하 "운전업무종사자"라 한다)
  2. 철도차량운전업무를 보조하는 사람(이하 "운전업무보조자"라 한다)
  3. 「철도안전법」제2조 제10호 나목에 따라 철도차량의 운행을 집중 제어·통제·감시하는 업무에 종사하는 사람(이하 "관제업무종사자"라 한다)
  4. 「철도안전법」제2조 제10호 다목에 따른 여객에게 승무 서비스를 제공하는 사람(이하 "여객승무원"이라 한다)
  5. 운전취급담당자
  6. 철도차량을 연결·분리하는 업무를 수행하는 사람
  7. 원격제어가 가능한 장치로 입환 작업을 수행하는 사

114 다음 중 레일의 표면에 서리가 있을 때의 점착계수로 적절한 것은? (단, 레일의 표면은 일반적인 경우이다.)

㉮ 0.25~0.30
✓ ㉯ 0.15~0.18
㉰ 0.18~0.20
㉱ 0.08~0.10

> **TIP**
>
> 레일의 표면 상태에 따른 점착계수
>
> | 레일의 표면 상태 | 일반적인 경우(모래를 뿌리지 않았을 때) |
> | --- | --- |
> | 낙엽이 있을 때 | 0.08 |
> | 기름이나 눈이 덮여 있을 때 | 0.10 |
> | 서리가 있을 때 | 0.15~0.18 |
> | 습할 때 | 0.18~0.20 |
> | 건조하고 깨끗할 때 | 0.25~0.30 |

115
종동 기어수가 200, 피니언 기어수가 100, 동륜직경이 1,000mm 그리고 회전의 수가 800rpm일 때의 속도로 가장 적절한 것은? (단, 속도는 소수점 2자리에서 반올림한다.)

㉮ 15.25km/h
㉯ 32.4km/h
㉰ 35.21km/h
✅ 75.4km/h

> 속도$(V) = 0.1885 \times \dfrac{\text{동륜의 직경}(D)}{\text{치차비}(Gr)} \times \text{주전동기 1분간 회전수}$
>
> $= 0.1885 \times \dfrac{1}{\frac{200}{100}} \times 800 = 75.4 \text{(km/h)}$
>
> 따라서 속도는 75.4(km/h)이다.

116
다음 중 「철도차량운전규칙」에서 철도신호에 관한 설명으로 적절하지 않은 것은?

✅ 철도신호의 종류로는 신호, 전호, 표지가 있으며 각각 형태, 색 등을 사용한다.

> 「도시철도 운전규칙」제60조에 해당하는 내용이다. 「철도차량운전규칙」에서의 철도신호는 모양·색 등을 사용한다. ⚖[1]

㉯ 신호는 열차나 차량에 대하여 운행의 조건을 지시하는 것이다.

> 「철도차량운전규칙」제76조 제1호 ⚖[2]

㉰ 전호는 관계직원 상호간에 의사를 표시하는 것이다.

> 「철도차량운전규칙」제76조 제2호 ⚖[2]

㉱ 표지는 물체의 위치·방향·조건 등을 표시하는 것이다.

> 「철도차량운전규칙」제76조 제3호 ⚖[2]

> **법령** [1]
>
> 「도시철도운전규칙」 제60조(신호의 종류)
> 도시철도의 신호의 종류는 다음 각 호와 같다.
> 1. 신호 : 형태 · 색 · 음 등으로 열차 등에 대하여 운전의 조건을 지시하는 것
> 2. 전호(傳號) : 형태 · 색 · 음 등으로 직원 상호간에 의사를 표시하는 것
> 3. 표지 : 형태 · 색 등으로 물체의 위치 · 방향 · 조건을 표시하는 것

> **법령** [2]
>
> 「철도차량운전규칙」 제76조(철도신호)
> 철도의 신호는 다음 각 호와 같이 구분하여 시행한다.
> 1. 신호는 모양 · 색 또는 소리 등으로 열차나 차량에 대하여 운행의 조건을 지시하는 것으로 할 것
> 2. 전호는 모양 · 색 또는 소리 등으로 관계직원 상호간에 의사를 표시하는 것으로 할 것
> 3. 표지는 모양 또는 색 등으로 물체의 위치 · 방향 · 조건 등을 표시하는 것으로 할 것

117 다음은 「도시철도운전규칙」에 따른 용어의 설명이다. 적절한 용어는?

> 선로의 일정구간에 둘 이상의 열차를 동시에 운전시키지 아니하는 것을 말한다.

㉮ 조차장

> "조차장(操車場)"이라 함은 차량의 입환 또는 열차의 조성을 위하여 사용되는 장소를 말한다(「철도차량운전규칙」 제3조 제14호).

㉯ 운전사고

> "운전사고"란 열차등의 운전으로 인하여 사상자(死傷者)가 발생하거나 도시철도시설이 파손된 것을 말한다(「도시철도운전규칙」 제3조 제8호).

㉰ 완급차

> "완급차(緩急車)"라 함은 관통제동기용 제동통 · 압력계 · 차장변(車掌弁) 및 수(手)제동기를 장치한 차량으로서 열차승무원이 집무할 수 있는 차실이 설비된 객차 또는 화차를 말한다(「철도차량운전규칙」 제2조 제8호). [2]

✔ 폐색 「도시철도운전규칙」 제3조 제6호 [1]

> **법령** [1]
>
> 「도시철도운전규칙」 제3조(정의)
> 이 규칙에서 사용하는 용어의 뜻은 다음과 같다.
> 1. "정거장"이란 여객의 승차 · 하차, 열차의 편성, 차량의 입환(入換) 등을 위한 장소를 말한다.
> 2. "선로"란 궤도 및 이를 지지하는 인공구조물을 말하며, 열차의 운전에 상용(常用)되는 본선(本線)과 그 외의 측선(側線)으로 구분된다.

3. "열차"란 본선에서 운전할 목적으로 편성되어 열차번호를 부여받은 차량을 말한다.
4. "차량"이란 선로에서 운전하는 열차 외의 전동차·궤도시험차·전기시험차 등을 말한다.
5. "운전보안장치"란 열차 및 차량(이하 "열차 등"이라 한다)의 안전운전을 확보하기 위한 장치로서 폐색장치, 신호장치, 연동장치, 선로전환장치, 경보장치, 열차자동정지장치, 열차자동제어장치, 열차자동운전장치, 열차종합제어장치 등을 말한다.
6. "폐색(閉塞)"이란 선로의 일정구간에 둘 이상의 열차를 동시에 운전시키지 아니하는 것을 말한다.
7. "전차선로"란 전차선 및 이를 지지하는 인공구조물을 말한다.
8. "운전사고"란 열차 등의 운전으로 인하여 사상자(死傷者)가 발생하거나 도시철도시설이 파손된 것을 말한다.
9. "운전장애"란 열차 등의 운전으로 인하여 그 열차 등의 운전에 지장을 주는 것 중 운전사고에 해당하지 아니하는 것을 말한다.
10. "노면전차"란 도로면의 궤도를 이용하여 운행되는 열차를 말한다.
11. "무인운전"이란 사람이 열차 안에서 직접 운전하지 아니하고 관제실에서의 원격조종에 따라 열차가 자동으로 운행되는 방식을 말한다.
12. "시계운전(視界運轉)"이란 사람의 맨눈에 의존하여 운전하는 것을 말한다.

법령 2

「철도차량운전규칙」 제2조(정의)
이 규칙에서 사용하는 용어의 정의는 다음과 같다.
1. "정거장"이라 함은 여객의 승강(여객 이용시설 및 편의시설을 포함한다), 화물의 적하(積下), 열차의 조성(組成, 철도차량을 연결하거나 분리하는 작업을 말한다), 열차의 교행(交行) 또는 대피를 목적으로 사용되는 장소를 말한다.
2. "본선"이라 함은 열차의 운전에 상용하는 선로를 말한다.
3. "측선"이라 함은 본선이 아닌 선로를 말한다.
4. 삭제
5. 삭제
6. "차량"이라 함은 열차의 구성부분이 되는 1량의 철도차량을 말한다.
7. "전차선로"라 함은 전차선 및 이를 지지하는 공작물을 말한다.
8. "완급차(緩急車)"라 함은 관통제동기용 제동통·압력계·차장변(車掌弁) 및 수(手)제동기를 장치한 차량으로서 열차승무원이 집무할 수 있는 차실이 설비된 객차 또는 화차를 말한다.
9. "철도신호"라 함은 제76조의 규정에 의한 신호·전호(傳號) 및 표지를 말한다.
10. "진행지시신호"라 함은 진행신호·감속신호·주의신호·경계신호·유도신호 및 차내신호(정지신호를 제외한다) 등 차량의 진행을 지시하는 신호를 말한다.
11. "폐색"이라 함은 일정 구간에 동시에 2 이상의 열차를 운전시키지 아니하기 위하여 그 구간을 하나의 열차의 운전에만 점용시키는 것을 말한다.
12. "구내운전"이라 함은 정거장내 또는 차량기지 내에서 입환신호에 의하여 열차 또는 차량을 운전하는 것을 말한다.
13. "입환(入換)"이라 함은 사람의 힘에 의하거나 동력차를 사용하여 차량을 이동·연결 또는 분리하는 작업을 말한다.
14. "조차장(操車場)"이라 함은 차량의 입환 또는 열차의 조성을 위하여 사용되는 장소를 말한다.
15. "신호소"라 함은 상치신호기 등 열차제어시스템을 조작·취급하기 위하여 설치한 장소를 말한다.
16. "동력차"라 함은 기관차(機關車), 전동차(電動車), 동차(動車) 등 동력발생장치에 의하여 선로를 이동하는 것을 목적으로 제조한 철도차량을 말한다.
17. "위험물"이라 함은 「철도안전법」 제44조 제1항의 규정에 의한 위험물을 말한다.
18. "무인운전"이란 사람이 열차 안에서 직접 운전하지 아니하고 관제실에서의 원격조종에 따라 열차가 자동으로 운행되는 방식을 말한다.
19. "운전취급담당자"란 철도 신호기·선로전환기 또는 조작판을 취급하는 사람을 말한다.

118. 「철도차량운전규칙」에서 열차가 퇴행운전을 할 수 있는 경우로 적절한 것을 모두 고른 것은?

ㄱ. 선로·전차선로 또는 차량에 고장이 있는 경우
ㄴ. 뒤의 보조기관차를 활용하여 퇴행하는 경우
ㄷ. 하나의 열차를 분할하여 운전하는 경우 회송열차가 퇴행할 필요가 있는 경우
ㄹ. 철도사고 등의 발생 등 특별한 사유가 있는 경우

㉮ ㄷ
㉯ ㄴ, ㄷ
㉰ ㄱ, ㄷ, ㄹ
✓ ㉱ ㄱ, ㄴ, ㄹ

- ㄱ. (O) 「철도차량운전규칙」 제26조 제1항 제1호
- ㄴ. (O) 「철도차량운전규칙」 제26조 제1항 제3호
- ㄷ. (X) 공사열차·구원열차 또는 제설열차가 작업상 퇴행할 필요가 있는 경우(「철도차량운전규칙」 제26조 제1항 제2호).
- ㄹ. (O) 「철도차량운전규칙」 제26조 제1항 제4호

법령

「철도차량운전규칙」 제26조(열차의 퇴행 운전)
① 열차는 퇴행하여서는 아니 된다. 다만, 다음 각 호의 어느 하나에 해당하는 경우에는 그러하지 아니하다.
1. 선로·전차선로 또는 차량에 고장이 있는 경우
2. 공사열차·구원열차 또는 제설열차가 작업상 퇴행할 필요가 있는 경우
3. 뒤의 보조기관차를 활용하여 퇴행하는 경우
4. 철도사고 등의 발생 등 특별한 사유가 있는 경우

119. 다음 중 「철도차량운전규칙」상 정거장의 정의에 해당하는 것을 모두 고르면?

ㄱ. 여객의 승강   ㄴ. 화물의 적하
ㄷ. 열차의 조성   ㄹ. 열차의 교행
ㅁ. 신호기 취급

㉮ ㄱ, ㄴ, ㄷ
㉯ ㄱ, ㄷ, ㄹ
✓ ㉰ ㄱ, ㄴ, ㄷ, ㄹ
㉱ ㄱ, ㄴ, ㄷ, ㄹ, ㅁ

"정거장"이라 함은 여객의 승강(여객 이용시설 및 편의시설을 포함한다), 화물의 적하(積下), 열차의 조성(組成, 철도차량을 연결하거나 분리하는 작업을 말한다), 열차의 교행(交行) 또는 대피를 목적으로 사용되는 장소를 말한다(「철도차량운전규칙」 제2조 제1호).

120 「철도차량운전규칙」에 따른 입환전호 방법으로 적절한 것은?

㉮ 정지전호 – 주간에 한 팔을 높이 들어 대신할 수 있다.

> 정지신호의 경우 주간에는 부득이한 경우에는 적색기 대신 두 팔을 높이 들어 이를 대신할 수 있다(「철도차량운전규칙」 제101조 제1항 제3호 가목).

㉯ 가거라전호 – 야간에 녹색등을 좌우로 흔든다.

> 「철도차량운전규칙」 제101조 제1항 제2호 나목에 따르면 가거라전호의 경우 야간에는 녹색등을 위·아래로 흔든다. 다만 부득이한 경우에는 한 팔을 위·아래로 움직여 이를 대신할 수 있다(「철도차량운전규칙」 제101조 제1항 제2호 나목).

✔ 오너라전호 – 야간에 녹색등을 좌우로 흔든다.

> 오너라전호의 경우 야간에는 녹색등을 좌우로 흔든다(「철도차량운전규칙」 제101조 제1항 제1호 가목).

㉰ 오너라전호 – 주간에 녹색기를 위·아래로 흔든다.

> 오너라전호의 경우 주간에는 녹색기를 좌우로 흔든다. 다만 부득이한 경우에는 한 팔을 좌우로 움직여 이를 대신할 수 있다(「철도차량운전규칙」 제101조 제1항 제1호 가목).

121 「도시철도운전규칙」에 따른 임시신호기의 신호방식으로 적절하지 않은 것은?

㉮ 서행신호 – 주간에는 백색 테두리 황색 원판
㉯ 서행해제신호 – 주간에는 백색 테두리의 녹색 원판
✔ 서행예고신호 – 야간에는 흑색 삼각형 무늬 3개를 그린 등황색등

> 주간에 서행예고신호는 흑색 삼각형 무늬 3개를 그린 3각형판이고, 야간에 서행예고신호는 흑색 삼각형 무늬 3개를 그린 백색등이다(「도시철도운전규칙」 제69조 제1항).

㉰ 서행해제신호 – 야간에는 녹색등

법령

「도시철도운전규칙」 제69조(임시신호기의 신호방식)
① 임시신호기의 형태·색 및 신호방식은 다음과 같다.

주간·야간별 \ 신호의 종류	서행신호	서행예고 신호	서행해제 신호
주간	백색 테두리의 황색 원판	흑색 삼각형 무늬 3개를 그린 3각형판	백색 테두리의 녹색 원판
야간	등황색등	흑색 삼각형 무늬 3개를 그린 백색등	녹색등

② 임시신호기 표지의 배면(背面)과 배면광(背面光)은 백색으로 하고, 서행신호기에는 지정속도를 표시하여야 한다.

122 다음 중 마찰력에 관한 설명으로 적절하지 않은 것은?

㉮ 마찰계수는 접촉면에 따라 다르다.
㉯ 물체의 운동방향과 반대로 작용한다.
㉰ 마찰력은 마찰계수와 접촉면에 수직으로 작용한 힘의 곱으로 구한다.
 운동마찰력이 최대정지마찰력보다 크다.

> 최대정지마찰력이 운동마찰력보다 크다.

💡 TIP

마찰력
- 물체가 어떤 면과 접촉하여 운동할 때 그 물체의 운동을 방해하는 힘으로 <u>운동 방향의 반대 방향으로 작용한다</u>.
- 물체와 물체의 면이 접해서 생기는 접선력이다.
- <u>마찰력의 크기 = 마찰계수 × 접촉면에 수직으로 가해진 힘</u>
- 마찰력은 경우에 따라 추진력으로 작용한다(예 도로 위 자동차 바퀴).
- <u>마찰계수는 접촉면의 형태에 영향을 받으며</u>, 접촉면의 넓이와는 관계없다.
- 마찰력의 종류

정지마찰력	- 정지해 있는 물체에 작용하는 마찰력 - 크기는 항상 외력과 같음
최대정지마찰력	- 정지해 있던 물체가 막 움직이기 시작하는 순간의 마찰력 - <u>운동마찰력보다 큼</u>
운동마찰력(미끄럼마찰력)	물체가 표면 위를 미끄러질 때 작용하는 마찰력
굴림마찰력	표면 위에서 굴러가는 공이나 바퀴 등이 물체나 표면의 변형 등에 의해 굴러가는 방향의 반대 방향으로 받게 되는 힘

- 마찰계수의 크기 : 정지마찰계수 > 운동(미끄럼)마찰계수 > 회전(굴림)마찰계수

123 다음 중 속도와 관계가 없는 요소로 적절하지 않은 것은?

㉮ 차륜답면과 레일면과의 마찰저항
㉯ 기계부분의 마찰저항
㉰ 차축과 축수 간의 마찰저항
 동요에 의한 저항

> 열차가 주행할 때 반드시 저항이 존재한다. 이때 속도와 관계가 없는 주행저항에는 <u>기계부분의 마찰저항, 차축과 축수 간의 마찰저항, 차륜 답면과 레일면과의 마찰저항</u>이 있다.

TIP

주행저항의 요소
- <u>속도와 관계없는 요소</u>
  - <u>기계부분의 마찰저항</u>
  - <u>차축과 축수 간의 마찰저항</u>
  - <u>차륜 답면과 레일면과의 마찰저항</u>
- 속도에 비례하는 요소
  - 플랜지와 레일 옆면 간의 마찰저항
  - 기계부의 충격에 의한 저항
- 속도의 제곱에 비례하는 요소
  - 공기의 저항
  - 동요에 의한 저항

124 견인정수의 종류로 적절하지 않은 것은?

㉮ 실제 Ton수법   객화차의 실중량으로 견인정수를 구하는 방법이다.

㉯ 실제량수법   실 차량수로 견인정수를 구하는 방법이다.

㉰ 환산량수법   차량중량을 기준중량으로 나눈 값에 의하여 견인정수를 구하는 방법이다.

 TIP

견인정수의 산정 방법
- 실제량수법 : 실 차량수로 견인정수를 구하는 방법이다.
- 인장봉 하중법 : 동력차의 인장봉 견인력과 열차 저항이 균형을 이룰 수 있게 하는 객화차수로 정하는 방법이다.
- 환산량수법 : 차량의 중량을 기준중량으로 나눈 값에 의하여 견인정수를 구하는 방법이다.
- 실제 Ton수법 : 객화차의 실중량으로 견인정수를 구하는 방법이다.
- 수정 Ton수법 : '객화차의 저항은 전부 중량에 비례한다'고 가정하여 같은 저항을 부여하는 방법이다.

125 「도시철도운전규칙」상 폐색구간에서 둘 이상의 열차가 동시 운전이 불가능한 경우는?

㉮ 선로 불통으로 폐색구간에서 공사열차를 운전하는 경우

> 「도시철도운전규칙」 제37조 제2항 제2호

✓ 열차가 정차되어 있는 폐색구간으로 다른 열차를 유도하는 경우

> 「도시철도운전규칙」이 아닌 「철도차량운전규칙」에 해당하는 내용이다(「철도차량운전규칙」 제49조 제2항 제5호).

㉰ 하나의 열차를 분할하여 운전하는 경우

> 「도시철도운전규칙」 제37조 제2항 제4호

㉱ 고장난 열차가 있는 폐색구간에서 구원열차를 운전하는 경우

> 「도시철도운전규칙」 제37조 제2항 제1호

제8회 기출유형 모의고사

문제편 246p

[1과목] 교통법규

001	002	003	004	005	006	007	008	009	010	011	012	013	014	015	016	017	018	019	020
나	다	가	라	가	나	다	라	다	라	다	다	다	나	나	나	나	다	라	나	가
021	022	023	024	025	026	027	028	029	030	031	032	033	034	035	036	037	038	039	040
다	나	라	라	가	나	나	나	가	라	가	라	가	나	나	나	다	다	나	다
041	042	043	044	045	046	047	048	049	050										
가	라	다	가	다	나	다	나	나	가										

[2과목] 교통안전관리론

051	052	053	054	055	056	057	058	059	060	061	062	063	064	065	066	067	068	069	070
라	라	라	라	나	가	다	라	나	나	가	가	라	라	가	다	가	라	나	나
071	072	073	074	075															
라	라	가	가	가															

[3과목] 철도공학

076	077	078	079	080	081	082	083	084	085	086	087	088	089	090	091	092	093	094	095
다	나	다	라	라	나	다	라	라	다	가	라	라	가	다	다	가	다	라	라
096	097	098	099	100															
다	라	라	라	라															

[4과목] 열차운전(선택과목)

101	102	103	104	105	106	107	108	109	110	111	112	113	114	115	116	117	118	119	120
가	가	가	가	라	가	다	나	나	가	나	나	라	나	나	다	라	나	가	나
121	122	123	124	125															
라	나	다	나	다															

[1과목] 교통법규

001 철도시설관리자와 철도운영자가 특정노선 폐지 등의 승인신청서를 제출할 때 첨부하여야 하는 서류를 모두 고른 것은?

> ㄱ. 과거 12월 이상의 기간 동안의 1일 평균 철도서비스 수요
> ㄴ. 과거 3년 이상의 기간 동안의 수입 · 비용 및 영업손실액에 관한 회계보고서
> ㄷ. 향후 5년 동안의 1일 평균 철도서비스 수요에 대한 전망
> ㄹ. 과거 5년 동안의 공익서비스비용의 전체규모 및 원인제공자가 부담한 공익서비스 비용의 규모

㉮ ㄱ, ㄴ   ✓ ㉯ ㄷ, ㄹ
㉰ ㄴ, ㄷ, ㄹ   ㉱ ㄱ, ㄴ, ㄷ, ㄹ

ㄱ. (X) 과거 <u>6월</u> 이상의 기간 동안의 1일 평균 철도서비스 수요(「철도산업발전기본법 시행령」제44조 제3호) ⚖
ㄴ. (X) 과거 <u>1년</u> 이상의 기간 동안의 수입 · 비용 및 영업손실액에 관한 회계보고서(「철도산업발전기본법 시행령」제44조 제4호) ⚖
ㄷ. (O) 「철도산업발전기본법 시행령」제44조 제5호 ⚖
ㄹ. (O) 「철도산업발전기본법 시행령」제44조 제6호 ⚖

법령 ⚖

「철도산업발전기본법 시행령」 제44조(특정노선 폐지 등의 승인신청서의 첨부서류)
철도시설관리자와 철도운영자가 법 제34조 제2항의 규정에 의하여 국토교통부장관에게 승인신청서를 제출하는 때에는 다음 각 호의 사항을 기재한 서류를 첨부하여야 한다.
1. 승인신청 사유
2. 등급별 · 시간대별 철도차량의 운행빈도, 역수, 종사자수 등 운영현황
3. 과거 6월 이상의 기간 동안의 1일 평균 철도서비스 수요
4. 과거 1년 이상의 기간 동안의 수입 · 비용 및 영업손실액에 관한 회계보고서
5. 향후 5년 동안의 1일 평균 철도서비스 수요에 대한 전망
6. 과거 5년 동안의 공익서비스비용의 전체규모 및 법 제32조 제1항의 규정에 의한 원인제공자가 부담한 공익서비스 비용의 규모
7. 대체수송수단의 이용가능성

002
「철도안전법령」상 철도안전관리체계 승인신청서에 첨부하는 서류 중 열차운행체계에 관한 서류에 포함되지 않는 것은?

㉮ 철도운영 개요

> 「철도안전법 시행규칙」 제2조 제4호 가목 ⚖

㉯ 열차운행 방법 및 절차

> 「철도안전법 시행규칙」 제2조 제4호 라목 ⚖

✔ 철도사고 조사 및 보고

> 철도사고 조사 및 보고는 열차운행체계에 관한 서류가 아닌 철도안전관리시스템에 관한 서류에 해당한다 (「철도안전법 시행규칙」 제2조 제3호 바목). ⚖

㉱ 철도보호 및 질서유지

> 「철도안전법 시행규칙」 제2조 제4호 아목 ⚖

법령 ⚖

「철도안전법 시행규칙」 제2조(안전관리체계 승인 신청 절차 등)
① 철도운영자 및 철도시설관리자(이하 "철도운영자 등"이라 한다)가 법 제7조 제1항에 따른 안전관리체계(이하 "안전관리체계"라 한다)를 승인받으려는 경우에는 철도운용 또는 철도시설 관리 개시 예정일 90일 전까지 별지 제1호 서식의 철도안전관리체계 승인신청서에 다음 각 호의 서류를 첨부하여 국토교통부장관에게 제출하여야 한다.
  1. 「철도사업법」 또는 「도시철도법」에 따른 철도사업면허증 사본
  2. 조직·인력의 구성, 업무 분장 및 책임에 관한 서류
  3. 다음 각 호의 사항을 적시한 철도안전관리시스템에 관한 서류
     - 가. 철도안전관리시스템 개요
     - 나. 철도안전경영
     - 다. 문서화
     - 라. 위험관리
     - 마. 요구사항 준수
     - 바. 철도사고 조사 및 보고
     - 사. 내부 점검
     - 아. 비상대응
     - 자. 교육훈련
     - 차. 안전정보
     - 카. 안전문화
  4. 다음 각 호의 사항을 적시한 열차운행체계에 관한 서류
     - 가. 철도운영 개요
     - 나. 철도사업면허
     - 다. 열차운행 조직 및 인력
     - 라. 열차운행 방법 및 절차
     - 마. 열차 운행계획
     - 바. 승무 및 역무
     - 사. 철도관제업무
     - 아. 철도보호 및 질서유지
     - 자. 열차운영 기록관리
     - 차. 위탁 계약자 감독 등 위탁업무 관리에 관한 사항
  5. 다음 각 호의 사항을 적시한 유지관리체계에 관한 서류
     - 가. 유지관리 개요
     - 나. 유지관리 조직 및 인력
     - 다. 유지관리 방법 및 절차
     - 라. 유지관리 이행계획
     - 마. 유지관리 기록
     - 바. 유지관리 설비 및 장비
     - 사. 유지관리 부품
     - 아. 철도차량 제작 감독
     - 자. 위탁 계약자 감독 등 위탁업무 관리에 관한 사항
  6. 법 제38조에 따른 종합시험운행 실시 결과 보고서

003 「철도안전법」상 정부가 재정적 지원을 할 수 있는 대상을 모두 고른 것은?

> ㄱ. 운전적성검사기관
> ㄴ. 관제교육훈련기관
> ㄷ. 철도안전에 관한 단체
> ㄹ. 철도승객의 권익보호단체

- ✅ ㉮ ㄱ, ㄴ, ㄷ
- ㉯ ㄱ, ㄷ, ㄹ
- ㉰ ㄴ, ㄷ, ㄹ
- ㉱ ㄱ, ㄴ, ㄷ, ㄹ

ㄱ. (O) 「철도안전법」 제72조 제1호 ⚖
ㄴ. (O) 「철도안전법」 제72조 제2호 ⚖
ㄷ. (O) 「철도안전법」 제72조 제3호 ⚖
ㄹ. (×)

법령 ⚖

「철도안전법」 제72조(재정지원)
정부는 다음 각 호의 기관 또는 단체에 보조 등 재정적 지원을 할 수 있다.
1. 운전적성검사기관, 관제적성검사기관 또는 정밀안전진단기관
2. 운전교육훈련기관, 관제교육훈련기관 또는 정비교육훈련기관
3. 인증기관, 시험기관, 안전전문기관 및 철도안전에 관한 단체
4. 제77조 제2항에 따라 업무를 위탁받은 기관 또는 단체

004 「철도산업발전기본법」상 청문을 실시하여야 하는 경우에 해당하는 것은?

- ㉮ 국토교통부장관이 비상사태 시 처분을 하고자 하는 경우
- ㉯ 국토교통부장관이 철도산업구조개혁 기본계획을 수립·시행하는 경우
- ㉰ 국토교통부장관이 철도건설 등의 비용부담에 대해 철도시설관리자에게 승인을 하는 경우
- ✅ ㉱ 국토교통부장관이 특정 노선 및 역의 폐지와 이와 관련된 철도서비스의 제한 또는 중지에 대한 승인을 하고자 하는 경우

국토교통부장관은 특정 노선 및 역의 폐지와 이와 관련된 철도서비스의 제한 또는 중지에 대한 승인을 하고자 하는 때에는 청문을 실시하여야 한다(「철도산업발전기본법」 제39조).

005 「교통안전법령」상 중대 교통사고의 기준 및 교육실시에 관한 설명 중 ㉠, ㉡에 적절한 단어를 순서대로 나열한 것은?

- 중대 교통사고란 차량운전자가 교통수단운영자의 차량을 운전하던 중 1건의 교통사고로 (㉠)주 이상의 치료를 요하는 의사의 진단을 받은 피해자가 발생한 사고를 말한다.
- 중대 교통사고로 인하여 운전면허가 취소 또는 정지된 차량운전자의 경우에는 운전면허를 다시 취득하거나 정지기간이 만료되어 운전할 수 있는 날부터 (㉡)일 이내에 교통안전 체험교육을 받아야 한다.

㉮ ㉠ : 8, ㉡ : 30 ㉯ ㉠ : 8, ㉡ : 60
㉰ ㉠ : 10, ㉡ : 30 ㉱ ㉠ : 10, ㉡ : 60

- 중대 교통사고란 차량운전자가 교통수단운영자의 차량을 운전하던 중 1건의 교통사고로 <u>8주</u> 이상의 치료를 요하는 의사의 진단을 받은 피해자가 발생한 사고를 말한다(「교통안전법 시행규칙」 제31조의2 제2항).
- 중대 교통사고로 인하여 운전면허가 취소 또는 정지된 차량운전자의 경우에는 운전면허를 다시 취득하거나 정지기간이 만료되어 운전할 수 있는 날부터 <u>60</u>일 이내에 교통안전 체험교육을 받아야 한다(동조 제3항 제3호).

법령

「교통안전법 시행규칙」 제31조의2(중대 교통사고의 기준 및 교육실시)
② 법 제56조의2 제2항에서 "중대 교통사고"란 차량운전자가 교통수단운영자의 차량을 운전하던 중 1건의 교통사고로 8주 이상의 치료를 요하는 의사의 진단을 받은 피해자가 발생한 사고를 말한다.
③ 차량운전자는 제2항에 따른 중대 교통사고가 발생하였을 때에는 「도로교통법」 제54조 제6항에 따른 교통사고조사에 대한 결과를 통지 받은 날부터 60일 이내에 교통안전 체험교육을 받아야 한다. 다만, 각 호에 해당하는 차량운전자의 경우에는 각 호에서 정한 기간 내에 교육을 받아야 한다.
  1. 해당 차량운전자가 중대 교통사고 발생에 따른 구속 또는 금고 이상의 실형을 선고받고 그 형이 집행 중인 경우에는 석방 또는 그 집행이 종료되거나 집행을 받지 아니하기로 확정된 날부터 60일 이내
  2. 해당 차량운전자가 중대 교통사고 발생에 따른 상해를 받아 치료를 받아야 하는 경우에는 치료가 종료된 날부터 60일 이내
  3. 중대 교통사고로 인하여 운전면허가 취소 또는 정지된 차량운전자의 경우에는 운전면허를 다시 취득하거나 정지기간이 만료되어 운전할 수 있는 날부터 60일 이내

006 다음 중 국가교통안전기본계획의 수립 의무자는?

㉮ 국무총리 ㉯ 국토교통부장관
㉰ 철도시설관리자 ㉱ 교통안전관리자

<u>국토교통부장관</u>은 국가의 전반적인 교통안전수준의 향상을 도모하기 위하여 교통안전에 관한 기본계획(이하 "<u>국가교통안전기본계획</u>"이라 한다)을 5년 단위로 <u>수립하여야 한다</u>(「교통안전법」 제15조 제1항).

007 「교통안전법령」상 교통안전관리규정의 검토에 대한 설명으로 적절하지 않은 것은?

㉮ 교통행정기관은 교통시설설치·관리자 등이 제출한 교통안전관리규정이 적정하게 작성되었는지를 검토하여야 한다.

> 「교통안전법 시행령」 제19조 제1항

㉯ 교통안전관리규정 준수 여부의 확인·평가는 교통안전관리규정을 제출한 날을 기준으로 매 5년이 지난 날의 전후 100일 이내에 실시한다.

> 「교통안전법 시행규칙」 제5조 제1항

✓ 교통행정기관은 교통시설설치·관리자 등이 제출한 교통안전관리규정이 적합 판정을 받은 경우에는 교통안전관리규정의 변경을 명하는 등 필요한 조치를 하여야 한다.

> 교통행정기관은 교통시설설치·관리자 등이 제출한 교통안전관리규정이 조건부 적합 또는 부적합 판정을 받은 경우에는 교통안전관리규정의 변경을 명하는 등 필요한 조치를 하여야 한다(「교통안전법 시행령」 제19조 제3항). ⚖

㉰ 교통시설설치·관리자 등은 교통안전관리규정을 준수하여야 한다.

> 「교통안전법」 제21조 제2항

법령 ⚖

「교통안전법 시행령」 제19조(교통안전관리규정의 검토 등)
① 교통행정기관은 교통시설설치·관리자 등이 제출한 교통안전관리규정이 법 제21조 제1항 각 호에서 정한 사항을 포함하여 적정하게 작성되었는지를 검토하여야 한다.
② 제1항에 따른 교통안전관리규정에 대한 검토 결과는 다음 각 호와 같이 구분한다.
  1. 적합 : 교통안전에 필요한 조치가 구체적이고 명료하게 규정되어 있어 교통시설 또는 교통수단의 안전성이 충분히 확보되어 있다고 인정되는 경우
  2. 조건부 적합 : 교통안전의 확보에 중대한 문제가 있지는 아니하지만 부분적으로 보완이 필요하다고 인정되는 경우
  3. 부적합 : 교통안전의 확보에 중대한 문제가 있거나 교통안전관리규정 자체에 근본적인 결함이 있다고 인정되는 경우
③ 교통행정기관은 교통시설설치·관리자 등이 제출한 교통안전관리규정이 제2항에 따른 조건부 적합 또는 부적합 판정을 받은 경우에는 법 제21조 제4항에 따라 교통안전관리규정의 변경을 명하는 등 필요한 조치를 하여야 한다.

008
다음은 「철도안전법」상 철도보호지구에 관한 설명이다. 이때 '대통령령으로 정하는 필요한 조치'로서 철도 보호를 위한 안전조치에 해당하지 않는 것은?

> 국토교통부장관 또는 시·도지사는 철도차량의 안전운행 및 철도 보호를 위하여 필요하다고 인정할 때에는 철도보호지구의 행위를 하는 자에게 그 행위의 금지 또는 제한을 명령하거나 '대통령령으로 정하는 필요한 조치'를 하도록 명령할 수 있다.

㉮ 공사로 인하여 약해질 우려가 있는 지반에 대한 보강대책 수립

「철도안전법 시행령」 제49조 제1호 ⚖️

㉯ 지하수나 지표수 처리대책의 수립·시행

「철도안전법 시행령」 제49조 제4호 ⚖️

㉰ 굴착공사에 사용되는 장비나 공법 등의 변경

「철도안전법 시행령」 제49조 제3호 ⚖️

✅ 선로나 정거장 주변의 주변환경에 대한 개선 조치

> 선로나 정거장 주변의 주변환경에 대한 개선 조치는 「철도안전법 시행령」 제49조에 따른 '대통령령으로 정하는 필요한 조치'로서 철도 보호를 위한 안전조치에 해당하지 않는다.

법령 ⚖️

「철도안전법」 제45조(철도보호지구에서의 행위제한 등)
③ 국토교통부장관 또는 시·도지사는 철도차량의 안전운행 및 철도 보호를 위하여 필요하다고 인정할 때에는 제1항 또는 제2항의 행위를 하는 자에게 그 행위의 금지 또는 제한을 명령하거나 <u>대통령령으로 정하는 필요한 조치</u>를 하도록 명령할 수 있다.

> 「철도안전법 시행령」 제49조(철도 보호를 위한 안전조치)
> 법 제45조 제3항에서 "대통령령으로 정하는 필요한 조치"란 다음 각 호의 어느 하나에 해당하는 조치를 말한다.
> 1. <u>공사로 인하여 약해질 우려가 있는 지반에 대한 보강대책 수립</u>·시행
> 2. 선로 옆의 제방 등에 대한 흙막이공사 시행
> 3. <u>굴착공사에 사용되는 장비나 공법 등의 변경</u>
> 4. <u>지하수나 지표수 처리대책의 수립·시행</u>
> 5. 시설물의 구조 검토·보강
> 6. 먼지나 티끌 등이 발생하는 시설·설비나 장비를 운용하는 경우 방진막, 물을 뿌리는 설비 등 분진방지시설 설치
> 7. 신호기를 가리거나 신호기를 보는 데 지장을 주는 시설이나 설비 등의 철거
> 8. 안전울타리나 안전통로 등 안전시설의 설치
> 9. 그 밖에 철도시설의 보호 또는 철도차량의 안전운행을 위하여 필요한 안전조치

009 「교통안전법령」에 따르면 국토교토부장관은 지정행정기관의 장이 제출한 소관별 교통안전시행계획안을 종합·조정할 경우 일정 사항을 검토하여야 한다. 이때 검토사항에 포함되는 것을 모두 고르면?

> ㄱ. 기대 효과
> ㄴ. 기관별 조정안
> ㄷ. 소요예산의 확보 가능성
> ㄹ. 국가교통안전기본계획과의 부합 여부

㉮ ㄱ, ㄴ
㉯ ㄴ, ㄷ, ㄹ
✓ ㄱ, ㄷ, ㄹ
㉰ ㄱ, ㄴ, ㄷ, ㄹ

국토교통부장관은 지정행정기관의 장이 제출한 소관별 교통안전시행계획안을 종합·조정할 때에는 <u>ㄱ. 기대 효과, ㄷ. 소요예산의 확보 가능성, ㄹ. 국가교통안전기본계획과의 부합 여부</u>를 검토하여야 한다(「교통안전법 시행령」 제12조 제2항).

법령

「교통안전법 시행령」 제12조(국가교통안전시행계획의 수립)
① 법 제16조 제1항에 따라 지정행정기관의 장은 다음 연도의 소관별 교통안전시행계획안을 수립하여 매년 10월 말까지 국토교통부장관에게 제출하여야 한다.
② 국토교통부장관은 법 제16조 제2항에 따라 소관별 교통안전시행계획안을 종합·조정할 때에는 다음 각 호의 사항을 검토하여야 한다.
　1. <u>국가교통안전기본계획과의 부합 여부</u>
　2. <u>기대 효과</u>
　3. <u>소요예산의 확보 가능성</u>
③ 국토교통부장관은 국가교통안전시행계획을 12월 말까지 확정하여 지정행정기관의 장과 시·도지사에게 통보하여야 한다

---

010 「철도산업발전기본법」에 따른 '철도'의 정의로 올바른 것은?

㉮ 여객 또는 화물을 운송하는 데 필요한 '철도시설과 철도장비' 및 이와 관련된 '운영·지원체계'가 유기적으로 구성된 운송체계
㉯ 여객 또는 화물을 운송하는 데 필요한 '철도시설과 철도차량' 및 이와 관련된 '운영·관리체계'가 유기적으로 구성된 운송체계
㉰ 여객 또는 화물을 운송하는 데 필요한 '철도시설과 철도장비' 및 이와 관련된 '운영·관리체계'가 유기적으로 구성된 운송체계
✓ 여객 또는 화물을 운송하는 데 필요한 '철도시설과 철도차량' 및 이와 관련된 '운영·지원체계'가 유기적으로 구성된 운송체계

"철도"라 함은 여객 또는 화물을 운송하는 데 필요한 <u>철도시설과 철도차량</u> 및 이와 관련된 <u>운영·지원체계</u>가 유기적으로 구성된 운송체계를 말한다(「철도산업발전기본법」 제3조 제1호).

011

「교통안전법령」상 직전연도 1년간의 교통사고를 기준으로 한 교통안전도 평가지수에 따른 사망사고의 발생시기로 옳은 설명은?

㉠ 교통사고가 주된 원인이 되어 교통사고 발생 시부터 1일 이내에 사람이 사망한 사고

㉡ 교통사고가 주된 원인이 되어 교통사고 발생 시부터 15일 이내에 사람이 사망한 사고

✔ 교통사고가 주된 원인이 되어 교통사고 발생 시부터 30일 이내에 사람이 사망한 사고

> 교통안전도 평가지수에 따르면 사망사고는 교통사고가 주된 원인이 되어 교통사고 발생 시부터 30일 이내에 사람이 사망한 사고를 말한다(「교통안전법 시행령」 [별표 3의2]). ⚖

㉣ 교통사고가 주된 원인이 되어 교통사고 발생 시부터 60일 이내에 사람이 사망한 사고

법령 ⚖

「교통안전법 시행령」 [별표 3의2] 교통안전도 평가지수(제20조 제3항 제3호 관련)

$$\text{교통안전도 평가지수} = \frac{(\text{교통사고 발생건수} \times 0.4) + (\text{교통사고 사상자 수} \times 0.6)}{\text{자동차등록(면허) 대수}} \times 10$$

※ 비고

1. 교통사고는 직전연도 1년간의 교통사고를 기준으로 하며, 다음 각 목과 같이 구분한다.
   가. <u>사망사고</u> : <u>교통사고가 주된 원인이 되어 교통사고 발생 시부터 30일 이내에 사람이 사망한 사고</u>
   나. 중상사고 : 교통사고로 인하여 다친 사람이 의사의 최초 진단 결과 3주 이상의 치료가 필요한 상해를 입은 사고
   다. 경상사고 : 교통사고로 인하여 다친 사람이 의사의 최초 진단 결과 5일 이상 3주 미만의 치료가 필요한 상해를 입은 사고

2. 교통사고 발생건수 및 교통사고 사상자 수 산정 시 경상사고 1건 또는 경상자 1명은 '0.3', 중상사고 1건 또는 중상자 1명은 '0.7', 사망사고 1건 또는 사망자 1명은 '1'을 각각 가중치로 적용하되, 교통사고 발생건수의 산정 시, 하나의 교통사고로 여러 명이 사망 또는 상해를 입은 경우에는 가장 가중치가 높은 사고를 적용한다.

3. 자동차 등록(면허) 대수가 변동되었을 때의 교통안전도 평가지수 계산은 다음 계산식에 따른다.

$$\frac{\text{변동 전}(\text{교통사고 발생건수} \times 0.4) + (\text{교통사고 사상자 수} \times 0.6)}{\text{변동 전 자동차 등록(면허) 대수}} \times 10$$

$$+ \frac{\text{변동 후}(\text{교통사고 발생건수} \times 0.4) + (\text{교통사고 사상자 수} \times 0.6)}{\text{변동 후 자동차 등록(면허) 대수}} \times 10$$

012 「교통안전법」상 과태료 부과기준에 관한 설명으로 옳지 않은 것은?

㉮ 하나의 위반행위가 둘 이상의 과태료 부과기준에 해당하는 경우에는 그중 금액이 큰 과태료 부과기준을 적용한다.

㉯ 위반행위의 횟수에 따른 과태료의 가중된 부과기준은 최근 1년간 같은 위반행위로 과태료 부과처분을 받은 경우에 적용한다.

✔ ㉰ 최근 3년간 같은 위반행위로 2회를 초과하여 과태료 부과처분을 받은 경우 과태료 금액의 2분의 1의 범위에서 그 금액을 늘릴 수 있다.

> 최근 1년간 같은 위반행위로 3회를 초과하여 과태료 부과처분을 받은 경우 과태료 금액의 2분의 1의 범위에서 그 금액을 늘릴 수 있다(「교통안전법 시행령」 [별표 9]). ⚖️

㉱ 위반행위가 사소한 부주의나 오류로 인한 것으로 인정되는 경우 과태료 금액의 2분의 1의 범위에서 그 금액을 줄일 수 있다.

법령 ⚖️

「교통안전법 시행령」 [별표 9] 과태료의 부과기준(제49조 관련)

1. 일반기준
   가. 하나의 위반행위가 둘 이상의 과태료 부과기준에 해당하는 경우에는 그중 금액이 큰 과태료 부과기준을 적용한다.
   나. 위반행위의 횟수에 따른 과태료의 가중된 부과기준은 최근 1년간 같은 위반행위로 과태료 부과처분을 받은 경우에 적용한다. 이 경우 기간의 계산은 위반행위에 대하여 과태료 부과처분을 받은 날과 그 처분 후 다시 같은 위반행위를 하여 적발된 날을 기준으로 한다.
   다. 나목에 따라 가중된 부과처분을 하는 경우 가중처분의 적용 차수는 그 위반행위 전 부과처분 차수(나목에 따른 기간 내에 과태료 부과처분이 둘 이상 있었던 경우에는 높은 차수를 말한다)의 다음 차수로 한다.
   라. 부과권자는 다음의 어느 하나에 해당하는 경우에는 제2호의 개별기준에 따른 과태료 금액의 2분의 1의 범위에서 그 금액을 줄일 수 있다. 다만, 과태료를 체납하고 있는 위반행위자의 경우에는 그렇지 않다.
      1) 위반행위자가 「질서위반행위규제법 시행령」 제2조의2 제1항 각 호의 어느 하나에 해당하는 경우
      2) 위반행위가 사소한 부주의나 오류로 인한 것으로 인정되는 경우
      3) 위반행위자의 법 위반상태를 시정하거나 해소하기 위한 노력이 인정되는 경우
      4) 그 밖에 위반행위의 정도, 동기 및 결과 등을 고려하여 그 금액을 줄일 필요가 있다고 인정되는 경우
   마. 부과권자는 다음의 어느 하나에 해당하는 경우에는 제2호의 개별기준에 따른 과태료 금액의 2분의 1의 범위에서 그 금액을 늘릴 수 있다. 다만, 법 제65조에 따른 과태료 금액의 상한을 넘을 수 없다.
      1) 위반의 내용 및 정도가 중대하여 사회에 미치는 피해가 크다고 인정되는 경우
      2) 최근 1년간 같은 위반행위로 3회를 초과하여 과태료 부과처분을 받은 경우
      3) 그 밖에 위반행위의 정도, 위반행위의 동기와 그 결과 등을 고려하여 과태료 금액을 늘릴 필요가 있다고 인정되는 경우

013 다음 중 「교통안전법」상의 용어에 대한 정의로 적절하지 않은 것은?

㉮ 교통수단안전점검이란 교통안전에 관한 위험요인을 조사·점검 및 평가하는 모든 활동을 말한다.

> "교통수단안전점검"이란 교통행정기관이 이 법 또는 관계법령에 따라 소관 교통수단에 대하여 교통안전에 관한 위험요인을 조사·점검 및 평가하는 모든 활동을 말한다(「교통안전법」 제2조 제8호).

㉯ 교통체계란 사람 또는 화물의 이동·운송과 관련된 활동을 수행하기 위하여 개별적으로 또는 서로 유기적으로 연계되어 있는 교통수단 및 교통시설의 운영체계를 말한다.

> "교통체계"라 함은 사람 또는 화물의 이동·운송과 관련된 활동을 수행하기 위하여 개별적으로 또는 서로 유기적으로 연계되어 있는 교통수단 및 교통시설의 이용·관리·운영체계 또는 이와 관련된 산업 및 제도 등을 말한다(「교통안전법」 제2조 제3호).

☑ ㉰ 교통시설이란 교통수단·교통시설 또는 교통체계의 운행·운항·설치 또는 운영 등에 관하여 지도·감독을 행하는 것을 말한다.

> 교통시설이 아닌 지정행정기관에 대한 설명이다(「교통안전법」 제2조 제5호).

㉱ 단지내도로란 공동주택단지, 학교 등에 설치되는 통행로를 말한다.

> "단지내도로"란 「공동주택관리법」 제2조 제1항 제3호에 따른 공동주택단지, 「고등교육법」 제2조에 따른 학교 등에 설치되는 통행로로서 「도로교통법」 제2조 제1호에 따른 도로가 아닌 것을 말하며, 그 종류와 범위는 대통령령으로 정한다(「교통안전법」 제2조 제10호).

법령

「교통안전법」 제2조
2. "교통시설"이라 함은 도로·철도·궤도·항만·어항·수로·공항·비행장 등 교통수단의 운행·운항 또는 항행에 필요한 시설과 그 시설에 부속되어 사람의 이동 또는 교통수단의 원활하고 안전한 운행·운항 또는 항행을 보조하는 교통안전표지·교통관제시설·항행안전시설 등의 시설 또는 공작물을 말한다.
   :
5. "지정행정기관"이라 함은 교통수단·교통시설 또는 교통체계의 운행·운항·설치 또는 운영 등에 관하여 지도·감독을 행하거나 관련 법령·제도를 관장하는 「정부조직법」에 의한 중앙행정기관으로서 대통령령으로 정하는 행정기관을 말한다.

014 다음 중 교통수단안전점검에 관한 설명으로 옳지 않은 것은?

㉮ 교통행정기관은 소관 교통수단에 대한 교통안전 실태를 파악하기 위하여 주기적으로 또는 수시로 교통수단안전점검을 실시할 수 있다.

「교통안전법」 제33조 제1항

✓ 교통행정기관은 교통수단안전점검을 실시한 결과 교통안전을 저해하는 요인이 발견된 경우 그 개선대책을 수립·시행할 수 있으며, 교통수단운영자에게 개선사항을 권고하여야 한다.

교통행정기관은 교통수단안전점검을 실시한 결과 교통안전을 저해하는 요인이 발견된 경우 그 개선대책을 <u>수립·시행하여야 하며</u>, 교통수단운영자에게 개선사항을 <u>권고할 수 있다</u>(「교통안전법」 제33조 제2항).

㉰ 사업장을 출입하여 검사하려는 경우에는 출입·검사 7일 전까지 검사일시·검사이유 및 검사내용 등을 포함한 검사계획을 교통수단운영자에게 통지하여야 한다.

「교통안전법」 제33조 제4항 전단

㉱ 출입·검사를 하는 공무원은 그 권한을 표시하는 증표를 내보이고 성명·출입시간 및 출입목적 등이 표시된 문서를 교부하여야 한다.

「교통안전법」 제33조 제5항

015 「철도안전법」상 운전면허의 갱신에 관한 내용 중 빈칸에 들어갈 갱신기간으로 옳은 것은?

운전면허의 효력이 정지된 사람이 (   )의 범위에서 대통령령으로 정하는 기간 내에 운전면허의 갱신을 신청하여 운전면허의 갱신을 받지 아니하면 그 기간이 만료되는 날의 다음 날부터 그 운전면허는 효력을 잃는다.

㉮ 3개월 　　　　　　　　　　　✓ 6개월
㉰ 1년 　　　　　　　　　　　　㉱ 2년

운전면허의 효력이 정지된 사람이 <u>6개월</u>의 범위에서 대통령령으로 정하는 기간 내에 운전면허의 갱신을 신청하여 운전면허의 갱신을 받지 아니하면 그 기간이 만료되는 날의 다음 날부터 그 운전면허는 효력을 잃는다(「철도안전법」 제19조 제5항).

016 「철도산업발전기본법령」상 철도산업정보화기본계획에 포함되지 않는 사항은?

㉮ 철도산업정보화의 여건 및 전망

「철도산업발전기본법 시행령」 제15조 제1항 제1호 ⚖

✔ 철도산업정보화의 재원확보대책 수립

철도산업정보화의 재원확보대책 수립은 철도산업정보화기본계획에 포함되지 않는다.

㉰ 철도산업정보화의 목표 및 단계별 추진계획

「철도산업발전기본법 시행령」 제15조 제1항 제2호 ⚖

㉱ 철도산업정보화에 필요한 비용

「철도산업발전기본법 시행령」 제15조 제1항 제3호 ⚖

> **법령** ⚖
>
> 「철도산업발전기본법 시행령」 제15조(철도산업정보화기본계획의 내용 등)
> ① 법 제12조 제1항의 규정에 의한 철도산업정보화기본계획에는 다음 각 호의 사항이 포함되어야 한다.
>   1. 철도산업정보화의 여건 및 전망
>   2. 철도산업정보화의 목표 및 단계별 추진계획
>   3. 철도산업정보화에 필요한 비용
>   4. 철도산업정보의 수집 및 조사계획
>   5. 철도산업정보의 유통 및 이용활성화에 관한 사항
>   6. 철도산업정보화와 관련된 기술개발의 지원에 관한 사항
>   7. 그 밖에 국토교통부장관이 필요하다고 인정하는 사항

017 다음 중 국토교통부령으로 정하는 바에 따라 운전면허증의 재발급이나 기재사항의 변경을 신청할 수 있는 경우에 해당하지 않는 것은?

㉮ 운전면허증을 잃어버린 경우

㉯ 운전면허증이 헐어서 쓸 수 없게 된 경우

✔ 운전면허증을 타인에게 대여한 경우

운전면허를 받은 사람이 운전면허증을 잃어버렸거나 운전면허증이 헐어서 쓸 수 없게 되었을 때 또는 운전면허증의 기재사항이 변경되었을 때에는 국토교통부령으로 정하는 바에 따라 운전면허증의 재발급이나 기재사항의 변경을 신청할 수 있다(「철도안전법」 제18조 제2항).

㉱ 운전면허증의 기재사항이 변경되었을 경우

018 「철도안전법령」에 따른 철도차량의 운전면허 종류가 아닌 것은?

㉮ 고속철도차량 운전면허 「철도안전법 시행령」 제11조 제1항 제1호

㉯ 제1종·제2종 전기차량 운전면허 「철도안전법 시행령」 제11조 제1항 제2호·제3호

㉰ 노면전차(路面電車) 운전면허 「철도안전법 시행령」 제11조 제1항 제6호

✔ 전기동차 운전면허

> 전기동차 운전면허는 「철도안전법 시행령」 제11조 제1항에 따른 철도차량의 운전면허 종류에 해당하지 않는다.

법령

「철도안전법 시행령」 제11조(운전면허 종류)
① 법 제10조 제3항에 따른 철도차량의 종류별 운전면허는 다음 각 호와 같다.
  1. 고속철도차량 운전면허
  2. 제1종 전기차량 운전면허
  3. 제2종 전기차량 운전면허
  4. 디젤차량 운전면허
  5. 철도장비 운전면허
  6. 노면전차(路面電車) 운전면허

019 「철도안전법」상 운전면허의 신체검사에 관한 설명으로 옳지 않은 것은?

㉮ 운전면허를 받으려는 사람은 철도차량 운전에 적합한 신체상태를 갖추고 있는지를 판정받기 위하여 신체검사에 합격하여야 한다.

「철도안전법」 제12조 제1항

✔ 신체검사는 국토교통부장관 및 지방자치단체의 장이 실시한다.

> 운전면허를 받으려는 사람은 철도차량 운전에 적합한 신체상태를 갖추고 있는지를 판정받기 위하여 국토교통부장관이 실시하는 신체검사에 합격하여야 한다(「철도안전법」 제12조 제1항).

㉰ 국토교통부장관은 신체검사를 의료기관에서 실시하게 할 수 있다.

「철도안전법」 제12조 제2항

㉱ 신체검사의 합격기준, 검사방법 및 절차 등에 관하여 필요한 사항은 국토교통부령으로 정한다.

「철도안전법」 제12조 제3항

020 다음 중 국토교통부장관이 국가교통안전기본계획의 수립과 관련한 소관별 교통안전에 관한 계획안을 조정하는 경우 검토하여야 할 사항이 아닌 것은?

☑ ㉮ 기대 효과

> 기대 효과는 소관별 교통안전시행계획안을 종합·조정할 때 검토하여야 할 사항이다(「교통안전법 시행령」 제12조 제2항 제2호). ⚖¹

㉯ 정책목표 　「교통안전법 시행령」 제10조 제3항 제1호 ⚖²

㉰ 투자규모 　「교통안전법 시행령」 제10조 제3항 제3호 ⚖²

㉱ 정책과제의 추진시기 　「교통안전법 시행령」 제10조 제3항 제2호 ⚖²

법령 ⚖¹

「교통안전법 시행령」 제12조(국가교통안전시행계획의 수립)
① 법 제16조 제1항에 따라 지정행정기관의 장은 다음 연도의 소관별 교통안전시행계획안을 수립하여 매년 10월 말까지 국토교통부장관에게 제출하여야 한다.
② 국토교통부장관은 법 제16조 제2항에 따라 소관별 교통안전시행계획안을 종합·조정할 때에는 다음 각 호의 사항을 검토하여야 한다.
　1. 국가교통안전기본계획과의 부합 여부
　2. 기대 효과
　3. 소요예산의 확보 가능성

법령 ⚖²

「교통안전법 시행령」 제10조(국가교통안전기본계획의 수립)
③ 국토교통부장관은 법 제15조 제4항에 따라 제2항의 소관별 교통안전에 관한 계획안을 종합·조정하여 계획연도 시작 전년도 6월 말까지 국가교통안전기본계획을 확정하여야 한다. 소관별 교통안전에 관한 계획안을 종합·조정하는 경우에는 다음 각 호의 사항을 검토하여야 한다.
　1. 정책목표
　2. 정책과제의 추진시기
　3. 투자규모
　4. 정책과제의 추진에 필요한 해당 기관별 협의사항

021 다음 중 한국교통안전공단이 운행기록장치 장착의무자가 제출한 운행기록을 점검하고 분석하여야 하는 항목을 모두 고른 것은?

> ㄱ. 과속
> ㄴ. 급감속
> ㄷ. 급출발
> ㄹ. 앞지르기
> ㅁ. 불법주차

㉮ ㄱ, ㄴ, ㄷ
㉯ ㄴ, ㄹ, ㅁ
✓ ㄱ, ㄴ, ㄷ, ㄹ
㉰ ㄴ, ㄷ, ㄹ, ㅁ

한국교통안전공단은 운행기록장치 장착의무자가 제출한 운행기록을 점검하고 ㄱ. 과속, ㄴ. 급감속, ㄷ. 급출발, ㄹ. 앞지르기 등의 항목을 분석하여야 한다(「교통안전법 시행규칙」제30조 제4항). ⚖

법령 ⚖

「교통안전법 시행규칙」 제30조(운행기록의 보관 및 제출방법 등)
④ 한국교통안전공단은 운행기록장치 장착의무자가 제출한 운행기록을 점검하고 다음 각 호의 항목을 분석하여야 한다.
 1. 과속
 2. 급감속
 3. 급출발
 4. 회전
 5. 앞지르기
 6. 진로변경

---

022 「교통안전법」상 국가의 교통안전에 관한 기본시책과 관련이 없는 것은?

㉮ 교통시설의 정비 등
✓ 계획 수립의 협력 요청
㉯ 위험물의 안전운송
㉰ 교통안전에 관한 시책 강구상의 배려

「교통안전법」 제4장(교통안전에 관한 기본시책)에는 다음의 조항이 포함된다. 이때 '계획수립의 협력 요청'은 포함되지 않는다.
제22조 교통시설의 정비 등
제23조 교통안전지식의 보급 등
제24조 교통수단의 안전운행 등의 확보
제25조 교통안전에 관한 정보의 수집·전파
제26조 교통수단의 안전성 향상
제27조 교통질서의 유지
제28조 위험물의 안전운송
제29조 긴급 시의 구조체제의 정비 등
제30조 손해배상의 적정화
제31조 과학기술의 진흥 등
제32조 교통안전에 관한 시책 강구상의 배려

023 「교통안전법령」상 중대 교통사고자에 대한 교육실시에 관한 설명 중 옳지 않은 것은?

㉮ 차량의 운전자가 중대 교통사고를 일으킨 경우에는 국토교통부령으로 정하는 교육을 받아야 한다.

「교통안전법」제56조의2 제1항 전단 ⚖️

㉯ 교육의 내용에는 운전자의 안전운전능력을 효과적으로 향상시킬 수 있는 교통안전 체험교육이 포함되어야 한다.

「교통안전법」제56조의2 제1항 후단 ⚖️

㉰ "중대 교통사고"란 차량운전자가 교통수단운영자의 차량을 운전하던 중 1건의 교통사고로 8주 이상의 치료를 요하는 의사의 진단을 받은 피해자가 발생한 사고를 말한다.

「교통안전법 시행규칙」제31조의2 제2항 ⚖️

✅ 차량운전자는 중대 교통사고가 발생하였을 때에는 교통사고조사에 대한 결과를 통지받은 날부터 150일 이내에 교통안전 체험교육을 받아야 한다.

차량운전자는 따른 중대 교통사고가 발생하였을 때에는 교통사고조사에 대한 결과를 통지 받은 날부터 60일 이내에 교통안전 체험교육을 받아야 한다(「교통안전법 시행규칙」제31조의2 제3항). ⚖️

법령 ⚖️

「교통안전법」제56조의2(중대 교통사고자에 대한 교육실시)

① 제55조 제1항 제1호 또는 제2호에 따른 차량의 운전자가 중대 교통사고를 일으킨 경우에는 국토교통부령으로 정하는 교육을 받아야 한다. 이 경우 교육의 내용에는 운전자의 안전운전능력을 효과적으로 향상시킬 수 있는 교통안전 체험교육이 포함되어야 한다.
② 제1항에 따른 중대 교통사고의 기준 및 교육실시에 필요한 사항은 국토교통부령으로 정한다.

「교통안전법 시행규칙」제31조의2(중대 교통사고의 기준 및 교육실시)

① 법 제56조의2 제1항 전단에서 "국토교통부령으로 정하는 교육"이란 별표 7 제1호의 기본교육과정을 말한다.
② 법 제56조의2 제2항에서 "중대 교통사고"란 차량운전자가 교통수단운영자의 차량을 운전하던 중 1건의 교통사고로 8주 이상의 치료를 요하는 의사의 진단을 받은 피해자가 발생한 사고를 말한다.
③ 차량운전자는 제2항에 따른 중대 교통사고가 발생하였을 때에는 「도로교통법」제54조 제6항에 따른 교통사고조사에 대한 결과를 통지 받은 날부터 60일 이내에 교통안전 체험교육을 받아야 한다. 다만, 각 호에 해당하는 차량운전자의 경우에는 각 호에서 정한 기간 내에 교육을 받아야 한다.
  1. 해당 차량운전자가 중대 교통사고 발생에 따른 구속 또는 금고 이상의 실형을 선고받고 그 형이 집행 중인 경우에는 석방 또는 그 집행이 종료되거나 집행을 받지 아니하기로 확정된 날부터 60일 이내
  2. 해당 차량운전자가 중대 교통사고 발생에 따른 상해를 받아 치료를 받아야 하는 경우에는 치료가 종료된 날부터 60일 이내
  3. 중대 교통사고로 인하여 운전면허가 취소 또는 정지된 차량운전자의 경우에는 운전면허를 다시 취득하거나 정지기간이 만료되어 운전할 수 있는 날부터 60일 이내
④ 교통수단운영자는 제2항에 따른 중대 교통사고를 일으킨 차량운전자를 고용하려는 때에는 교통안전 체험교육을 받았는지 여부를 확인하여야 한다.

024 「철도산업발전기본법」상 철도시설관리자에 해당하지 않는 자는?

㉮ 관리청

> 「철도산업발전기본법」 제3조 제9호 가목 ⚖

㉯ 국가철도공단

> 「철도산업발전기본법」 제3조 제9호 나목 ⚖

㉰ 철도시설관리권을 설정받은 자

> 「철도산업발전기본법」 제3조 제9호 다목 ⚖

✅ 철도시설의 경영에 관한 업무를 수행하는 자

> 철도시설의 경영에 관한 업무를 수행하는 자는 「철도산업발전기본법」 제3조 제9호에 따른 철도시설관리자에 해당하지 않는다.

법령 ⚖

「철도산업발전기본법」 제3조(정의)
이 법에서 사용하는 용어의 정의는 다음 각호와 같다.
9. "철도시설관리자"라 함은 철도시설의 건설 및 관리 등에 관한 업무를 수행하는 자로서 다음 각 목의 어느 하나에 해당하는 자를 말한다.
　가. 제19조에 따른 관리청
　나. 제20조 제3항에 따라 설립된 국가철도공단
　다. 제26조 제1항에 따라 철도시설관리권을 설정받은 자
　라. 가목부터 다목까지의 자로부터 철도시설의 관리를 대행·위임 또는 위탁받은 자

---

025 다음 중 교통안전관리자 자격을 취소하거나 또는 정지를 명할 수 있는 자는?

㉮ 국토교통부장관　　　　㉯ 국무총리
✅ 시·도지사　　　　　　㉱ 교통안전담당자

> 시·도지사는 교통안전관리자가 「교통안전법」 제53조 제3항 각 호의 어느 하나에 해당하게 된 때, 거짓이나 그 밖의 부정한 방법으로 교통안전관리자 자격을 취득한 때, 교통안전관리자가 직무를 행하면서 고의 또는 중대한 과실로 인하여 교통사고를 발생하게 한 때 중 어느 하나에 해당하는 때에는 그 자격을 취소하여야 하며, 교통안전관리자가 직무를 행하면서 고의 또는 중대한 과실로 인하여 교통사고를 발생하게 한 때에는 교통안전관리자의 자격을 취소하거나 1년 이내의 기간을 정하여 해당 자격의 정지를 명할 수 있다(「교통안전법」 제54조 제1항).

026 「철도안전법령」에 따라 위해물품 휴대금지의 예외사항을 모두 고른 것은?

ㄱ. 「사법경찰관리의 직무를 수행할 자와 그 직무범위에 관한 법률」에 따른 철도경찰 사무에 종사하는 국가공무원
ㄴ. 「경찰관 직무집행법」에 따른 경찰관 직무를 수행하는 사람
ㄷ. 「경비업법」에 따른 경비원
ㄹ. 「국군조직법」에 따른 군인

㉮ ㄱ, ㄴ, ㄷ　　㉯ ㄱ, ㄷ, ㄹ
㉰ ㄱ, ㄴ, ㄹ　　㉱ ㄴ, ㄷ, ㄹ

ㄱ. (○) 「철도안전법 시행규칙」 제77조 제1호
ㄴ. (○) 「철도안전법 시행규칙」 제77조 제2호
ㄷ. (○) 「철도안전법 시행규칙」 제77조 제3호
ㄹ. (×) 위해물품 휴대금지의 예외 대상 중 군인은 위험물품을 운송하는 군용열차를 호송하는 군인에 한정한다(「철도안전법 시행규칙」 제77조 제4호).

법령

「철도안전법」 제42조(위해물품의 휴대 금지)

① 누구든지 무기, 화약류, 허가물질, 제한물질, 금지물질, 유해화학물질 또는 인화성이 높은 물질 등 공중(公衆)이나 여객에게 위해를 끼치거나 끼칠 우려가 있는 물건 또는 물질(이하 "위해물품"이라 한다)을 열차에서 휴대하거나 적재(積載)할 수 없다. 다만, 국토교통부장관 또는 시·도지사의 허가를 받은 경우 또는 국토교통부령으로 정하는 특정한 직무를 수행하기 위한 경우에는 그러하지 아니하다.

「철도안전법 시행규칙」 제77조(위해물품 휴대금지 예외)

법 제42조 제1항 단서에서 "국토교통부령으로 정하는 특정한 직무를 수행하기 위한 경우"란 다음 각 호의 사람이 직무를 수행하기 위하여 위해물품을 휴대·적재하는 경우를 말한다.

1. 「사법경찰관리의 직무를 수행할 자와 그 직무범위에 관한 법률」 제5조 제11호에 따른 철도경찰 사무에 종사하는 국가공무원
2. 「경찰관 직무집행법」 제2조의 경찰관 직무를 수행하는 사람
3. 「경비업법」 제2조에 따른 경비원
4. 위험물품을 운송하는 군용열차를 호송하는 군인

027 「교통안전법령」상 과태료를 2분의 1 범위 내에서 감액 또는 증액할 수 있는 사유로 옳지 않은 것은?

✓ ㉮ 과태료를 체납하고 있는 위반행위자의 경우

> 과태료를 체납하고 있는 위반행위자는 과태료를 2분의 1 범위 내에서 감액할 수 없다(「교통안전법 시행령」 [별표 9]). ⚖️

㉯ 위반행위가 사소한 부주의나 오류로 인한 것으로 인정되는 경우
㉰ 위반의 내용 및 정도가 중대하여 사회에 미치는 피해가 크다고 인정되는 경우
㉱ 위반행위의 정도, 위반행위의 동기와 그 결과 등을 고려하여 과태료 금액을 늘릴 필요가 있다고 인정되는 경우

법령 ⚖️

「교통안전법 시행령」[별표 9] 과태료의 부과기준(제49조 관련)

1. 일반기준
   가. 하나의 위반행위가 둘 이상의 과태료 부과기준에 해당하는 경우에는 그중 금액이 큰 과태료 부과기준을 적용한다.
   나. 위반행위의 횟수에 따른 과태료의 가중된 부과기준은 최근 1년간 같은 위반행위로 과태료 부과처분을 받은 경우에 적용한다. 이 경우 기간의 계산은 위반행위에 대하여 과태료 부과처분을 받은 날과 그 처분 후 다시 같은 위반행위를 하여 적발된 날을 기준으로 한다.
   다. 나목에 따라 가중된 부과처분을 하는 경우 가중처분의 적용 차수는 그 위반행위 전 부과처분 차수(나목에 따른 기간 내에 과태료 부과처분이 둘 이상 있었던 경우에는 높은 차수를 말한다)의 다음 차수로 한다.
   라. <u>부과권자는 다음의 어느 하나에 해당하는 경우에는 제2호의 개별기준에 따른 과태료 금액의 2분의 1의 범위에서 그 금액을 줄일 수 있다. 다만, 과태료를 체납하고 있는 위반행위자의 경우에는 그렇지 않다.</u>
      1) 위반행위자가 「질서위반행위규제법 시행령」 제2조의2제1항 각 호의 어느 하나에 해당하는 경우
      2) <u>위반행위가 사소한 부주의나 오류로 인한 것으로 인정되는 경우</u>
      3) 위반행위자의 법 위반상태를 시정하거나 해소하기 위한 노력이 인정되는 경우
      4) 그 밖에 위반행위의 정도, 동기 및 결과 등을 고려하여 그 금액을 줄일 필요가 있다고 인정되는 경우
   마. <u>부과권자는 다음의 어느 하나에 해당하는 경우에는 제2호의 개별기준에 따른 과태료 금액의 2분의 1의 범위에서 그 금액을 늘릴 수 있다.</u> 다만, 법 제65조에 따른 과태료 금액의 상한을 넘을 수 없다.
      1) <u>위반의 내용 및 정도가 중대하여 사회에 미치는 피해가 크다고 인정되는 경우</u>
      2) 최근 1년간 같은 위반행위로 3회를 초과하여 과태료 부과처분을 받은 경우
      3) 그 밖에 <u>위반행위의 정도, 위반행위의 동기와 그 결과 등을 고려하여 과태료 금액을 늘릴 필요가 있다고 인정되는 경우</u>

028 「교통안전법 시행령」[별표 3의2]에 따른 교통안전도 평가지수에 관한 설명으로 적절하지 않은 것은?

㉮ 교통사고는 직전연도 1년간의 교통사고를 기준으로 한다.
㉯ 사망사고는 교통사고가 주된 원인이 되어 교통사고 발생 시부터 30일 이내에 사람이 사망한 사고이다.
㉰ 중상사고는 교통사고로 인하여 다친 사람이 의사의 최초 진단 결과 3주 이상의 치료가 필요한 상해를 입은 사고이다.
☑ 경상사고는 교통사고로 인하여 다친 사람이 의사의 최초 진단 결과 10일 이상 3주 미만의 치료가 필요한 상해를 입은 사고이다.

> 경상사고는 교통사고로 인하여 다친 사람이 의사의 최초 진단 결과 5일 이상 3주 미만의 치료가 필요한 상해를 입은 사고이다(「교통안전법 시행령」[별표 3의2]). ⚖️

법령 ⚖️

「교통안전법 시행령」[별표 3의2] 교통안전도 평가지수(제20조 제3항 제3호 관련)

$$\text{교통안전도 평가지수} = \frac{(\text{교통사고 발생건수} \times 0.4) + (\text{교통사고 사상자 수} \times 0.6)}{\text{자동차등록(면허) 대수}} \times 10$$

※ 비고
1. 교통사고는 직전연도 1년간의 교통사고를 기준으로 하며, 다음 각 목과 같이 구분한다.
   가. 사망사고 : 교통사고가 주된 원인이 되어 교통사고 발생 시부터 30일 이내에 사람이 사망한 사고
   나. 중상사고 : 교통사고로 인하여 다친 사람이 의사의 최초 진단 결과 3주 이상의 치료가 필요한 상해를 입은 사고
   다. 경상사고 : 교통사고로 인하여 다친 사람이 의사의 최초 진단 결과 5일 이상 3주 미만의 치료가 필요한 상해를 입은 사고
2. 교통사고 발생건수 및 교통사고 사상자 수 산정 시 경상사고 1건 또는 경상자 1명은 '0.3', 중상사고 1건 또는 중상자 1명은 '0.7', 사망사고 1건 또는 사망자 1명은 '1'을 각각 가중치로 적용하되, 교통사고 발생건수의 산정 시, 하나의 교통사고로 여러 명이 사망 또는 상해를 입은 경우에는 가장 가중치가 높은 사고를 적용한다.
3. 자동차 등록(면허) 대수가 변동되었을 때의 교통안전도 평가지수 계산은 다음 계산식에 따른다.

$$\frac{\text{변동 전}(\text{교통사고 발생건수} \times 0.4) + (\text{교통사고 사상자 수} \times 0.6)}{\text{변동 전 자동차 등록(면허) 대수}} \times 10$$
$$+ \frac{\text{변동 후}(\text{교통사고 발생건수} \times 0.4) + (\text{교통사고 사상자 수} \times 0.6)}{\text{변동 후 자동차 등록(면허) 대수}} \times 10$$

029 「철도산업발전기본법」상 철도산업구조개혁기본계획에 포함되어야 하는 사항이 아닌 것은?

✅ 철도시설의 안전관리 및 재해대책

> 철도시설의 안전관리 및 재해대책은 철도산업구조개혁기본계획이 아닌 국토교통부장관이 철도시설에 대해 수립・시행하는 시책에 해당한다(「철도산업발전기본법」 제20조 제2항 제4호). ⚖[1]

㈏ 철도산업구조개혁의 목표 및 기본방향에 관한 사항

> 「철도산업발전기본법」 제18조 제2항 제1호 ⚖[2]

㈐ 도산업구조개혁에 따른 대내외 여건조성에 관한 사항

> 「철도산업발전기본법」 제18조 제2항 제4호 ⚖[2]

㈑ 철도산업구조개혁에 따른 철도관련 기관・단체 등의 정비에 관한 사항

> 「철도산업발전기본법」 제18조 제2항 제6호 ⚖[2]

법령 ⚖[1]

「철도산업발전기본법」 제20조(철도시설)
① 철도산업의 구조개혁을 추진하는 경우 철도시설은 국가가 소유하는 것을 원칙으로 한다.
② 국토교통부장관은 철도시설에 대한 다음 각 호의 시책을 수립・시행한다.
  1. 철도시설에 대한 투자 계획수립 및 재원조달
  2. 철도시설의 건설 및 관리
  3. 철도시설의 유지보수 및 적정한 상태유지
  4. 철도시설의 안전관리 및 재해대책
  5. 그 밖에 다른 교통시설과의 연계성확보 등 철도시설의 공공성 확보에 필요한 사항

법령 ⚖[2]

「철도산업발전기본법」 제18조(철도산업구조개혁기본계획의 수립 등)
① 국토교통부장관은 철도산업의 구조개혁을 효율적으로 추진하기 위하여 철도산업구조개혁기본계획(이하 "구조개혁계획"이라 한다)을 수립하여야 한다.
② 구조개혁계획에는 다음 각 호의 사항이 포함되어야 한다.
  1. 철도산업구조개혁의 목표 및 기본방향에 관한 사항
  2. 철도산업구조개혁의 추진방안에 관한 사항
  3. 철도의 소유 및 경영구조의 개혁에 관한 사항
  4. 철도산업구조개혁에 따른 대내외 여건조성에 관한 사항
  5. 철도산업구조개혁에 따른 자산・부채・인력 등에 관한 사항
  6. 철도산업구조개혁에 따른 철도관련 기관・단체 등의 정비에 관한 사항
  7. 그 밖에 철도산업구조개혁을 위하여 필요한 사항으로서 대통령령으로 정하는 사항

030 다음 중 철도산업위원회의 위원이 될 수 없는 자는?

㉮ 교육부차관 「철도산업발전기본법 시행령」 제6조 제2항 제1호

㉯ 기획재정부차관 「철도산업발전기본법 시행령」 제6조 제2항 제1호

✔ **외교통상부차관**

외교통상부차관은 「철도산업발전기본법 시행령」 제6조 제2항에 따른 철도산업위원회의 위원에 해당하지 않는다.

㉱ 한국철도공사의 사장 「철도산업발전기본법 시행령」 제6조 제2항 제3호

> **법령**
>
> 「철도산업발전기본법 시행령」 제6조(철도산업위원회의 구성)
> ② 위원회의 위원은 다음 각 호의 자가 된다.
> 1. 기획재정부차관·교육부차관·과학기술정보통신부차관·행정안전부차관·산업통상자원부차관·고용노동부차관·국토교통부차관·해양수산부차관 및 공정거래위원회부위원장
> 2. 법 제20조 제3항의 규정에 따른 국가철도공단(이하 "국가철도공단"이라 한다)의 이사장
> 3. 법 제21조 제3항의 규정에 의한 한국철도공사(이하 "한국철도공사"라 한다)의 사장
> 4. 철도산업에 관한 전문성과 경험이 풍부한 자 중에서 위원회의 위원장이 위촉하는 자

031 「철도안전법령」상 ㉠, ㉡에 알맞은 철도차량 완성검사의 방법으로 옳은 것은?

- (㉠) : 안전과 직결된 주요 부품의 안전성 확보 등 철도차량이 철도차량기술기준에 적합하고 형식승인 받은 설계대로 제작되었는지를 확인하는 검사
- (㉡) : 철도차량이 형식승인 받은 대로 성능과 안전성을 확보하였는지 운행선로 시운전 등을 통하여 최종 확인하는 검사

✔ ㉮ ㉠ : 완성차량검사, ㉡ 주행시험   ㉯ ㉠ : 완성차량검사, ㉡ 차량형식시험
㉰ ㉠ : 제작검사, ㉡ 주행시험   ㉱ ㉠ : 제작검사, ㉡ 차량형식시험

「철도안전법 시행규칙」 제57조 제1항에 따라, 철도차량 완성검사는 다음 각 호의 구분에 따라 실시한다.
- **완성차량검사** : 안전과 직결된 주요 부품의 안전성 확보 등 철도차량이 철도차량기술기준에 적합하고 형식승인 받은 설계대로 제작되었는지를 확인하는 검사
- **주행시험** : 철도차량이 형식승인 받은대로 성능과 안전성을 확보하였는지 운행선로 시운전 등을 통하여 최종 확인하는 검사

032 「교통안전법」상 대통령령으로 정하는 일정 규모 이상의 (   )·(   )·(   )의 교통시설을 설치하려는 자는 교통안전진단기관에 의뢰하여 교통시설안전진단을 받아야 한다. 빈칸에 적절한 단어가 순서대로 나열된 것은?

㉮ 공항, 철도, 선박
㉯ 공항, 철도, 항만
㉰ 도로, 항만, 선박
✓ ㉱ 도로, 철도, 공항

> 대통령령으로 정하는 일정 규모 이상의 <u>도로·철도·공항</u>의 교통시설을 설치하려는 자(이하 이 조에서 "교통시설설치자"라 한다)는 해당 교통시설의 설치 전에 제39조 제1항에 따라 등록한 교통안전진단기관(이하 "교통안전진단기관"이라 한다)에 의뢰하여 교통시설안전진단을 받아야 한다(교통안전법 제24조 제1항).

033 「교통안전법령」상 교통안전체험에 관한 연구·교육시설의 설치 등에 관한 설명으로 옳은 것은?

✓ ㉮ 시설은 고속주행에 따른 자동차의 변화와 특성을 체험할 수 있는 고속주행 코스 및 통제시설 등 국토교통부령으로 정하는 것이어야 한다.

> 「교통안전법 시행령」 제46조 제1항 제1호 ⚖

㉯ 전문인력은 대통령령으로 정하는 자격과 경력을 갖춘 자로서 교통안전체험에 관하여 대통령령으로 정하는 교육·훈련과정을 마친 자여야 한다.

> 전문인력은 <u>국토교통부령</u>으로 정하는 자격과 경력을 갖춘 자로서 교통안전체험에 관하여 <u>국토교통부령</u>으로 정하는 교육·훈련과정을 마친 자여야 한다(「교통안전법 시행령」 제46조 제1항 제2호). ⚖

㉰ 교통행정기관의 장은 교통수단을 운전·운행하는 자의 교통안전의식과 안전운전능력을 효과적으로 향상시키고 이를 현장에서 적극적으로 실천할 수 있도록 교통안전체험에 관한 연구·교육시설을 설치·운영해야 한다.

> 교통행정기관의 장은 교통수단을 운전·운행하는 자의 교통안전의식과 안전운전능력을 효과적으로 향상시키고 이를 현장에서 적극적으로 실천할 수 있도록 교통안전체험에 관한 연구·교육시설을 설치·운영<u>할 수 있다</u>(「교통안전법」 제56조 제1항). ⚖

㉱ 교통행정기관의 장은 교통사고를 일으킨 운전자가 소속된 교통수단운영자에게 해당 운전자가 대통령령으로 정하는 교육·훈련과정에 참여하도록 권고할 수 있다.

> 교통행정기관의 장은 교통사고를 일으킨 운전자가 소속된 교통수단운영자에게 해당 운전자가 <u>국토교통부령</u>으로 정하는 교육·훈련과정에 참여하도록 권고할 수 있다(「교통안전법 시행령」 제46조 제3항). ⚖

> **법령** ⚖️
>
> 「교통안전법 시행령」 제56조(교통안전체험에 관한 연구·교육시설의 설치 등)
> ① 교통행정기관의 장은 교통수단을 운전·운행하는 자의 교통안전의식과 안전운전능력을 효과적으로 향상시키고 이를 현장에서 적극적으로 실천할 수 있도록 교통안전체험에 관한 연구·교육시설을 설치·운영할 수 있다.
> ② 제1항의 규정에 따른 교통안전체험에 관한 연구·교육시설의 설치·운영 등에 관하여 필요한 사항은 대통령령으로 정한다.
>
> > 「교통안전법」 제46조(교통안전체험에 관한 연구·교육시설의 설치·운영)
> > ① 법 제56조 제1항에 따른 교통안전체험에 관한 연구·교육시설(이하 "교통안전체험연구·교육시설"이라 한다)은 다음 각 호의 요건을 갖추어야 한다.
> > 　1. 시설 : 고속주행에 따른 자동차의 변화와 특성을 체험할 수 있는 고속주행 코스 및 통제시설 등 국토교통부령으로 정하는 시설
> > 　2. 전문인력 : 국토교통부령으로 정하는 자격과 경력을 갖춘 자로서 교통안전체험에 관하여 국토교통부령으로 정하는 교육·훈련과정을 마친 자
> > 　3. 장비 : 국토교통부령으로 정하는 교통안전체험용 자동차
> > ② 교통안전체험연구·교육시설은 다음 각 호의 내용을 체험할 수 있도록 하여야 한다.
> > 　1. 교통사고에 관한 모의 실험
> > 　2. 비상상황에 대한 대처능력 향상을 위한 실습 및 교정
> > 　3. 상황별 안전운전 실습
> > ③ 교통행정기관의 장은 교통사고를 일으킨 운전자가 소속된 교통수단운영자에게 해당 운전자가 국토교통부령으로 정하는 교육·훈련과정에 참여하도록 권고할 수 있다.

034 「철도산업발전기본법」상 철도부채의 처리에 관한 내용 중 ㉠~㉢에 들어갈 단어로 옳은 것은?

> • 국토교통부장관은 기획재정부장관과 미리 협의하여 철도청과 고속철도건설공단의 철도부채를 운영부채, 시설부채, 기타부채로 구분하여야 한다.
> • 운영부채는 (㉠)이/가, 시설부채는 (㉡)이/가 각각 포괄하여 승계하고, 기타부채는 (㉢)가 포괄하여 승계한다.

㉮ ㉠ : 국가철도공단, ㉡ : 철도공사, ㉢ 특별회계
㉯ ㉠ : 국가철도공단, ㉡ : 철도공사, ㉢ 일반회계
㉰ ㉠ : 철도공사, ㉡ : 국가철도공단, ㉢ 특별회계
✓ ㉠ : 철도공사, ㉡ : 국가철도공단, ㉢ 일반회계

> • 국토교통부장관은 기획재정부장관과 미리 협의하여 철도청과 고속철도건설공단의 철도부채를 운영부채, 시설부채, 기타부채로 구분하여야 한다(「철도산업발전기본법」 제24조 제1항). ⚖️
> • 운영부채는 철도공사가, 시설부채는 국가철도공단이 각각 포괄하여 승계하고, 기타부채는 일반회계가 포괄하여 승계한다(동조 제2항). ⚖️

> **법령**
>
> 「철도산업발전기본법」 제24조(철도부채의 처리)
> ① 국토교통부장관은 기획재정부장관과 미리 협의하여 철도청과 고속철도건설공단의 철도부채를 다음 각 호로 구분하여야 한다.
>   1. 운영부채 : 제22조 제1항 제1호에 따른 운영자산과 직접 관련된 부채
>   2. 시설부채 : 제22조 제1항 제2호에 따른 시설자산과 직접 관련된 부채
>   3. 기타부채 : 제1호 및 제2호의 철도부채를 제외한 부채로서 철도사업특별회계가 부담하고 있는 철도부채 중 공공자금관리기금에 대한 부채
> ② 운영부채는 철도공사가, 시설부채는 국가철도공단이 각각 포괄하여 승계하고, 기타부채는 일반회계가 포괄하여 승계한다.
> ③ 제1항 및 제2항에 따라 철도청장 또는 고속철도건설공단이사장이 철도부채를 인계하고자 하는 때에는 인계에 관한 서류를 작성하여 국토교통부장관의 승인을 얻어야 한다.
> ④ 제3항에 따라 철도부채를 인계하는 시기와 인계하는 철도부채 등의 평가방법 및 평가기준일 등에 관한 사항은 대통령령으로 정한다.

035 「철도안전법」상 안전관리체계의 승인과 관련한 설명으로 적절하지 않은 것은?

✓ ㉠ 철도운영자 등(전용철도 운영자 포함)은 철도운영을 하거나 철도시설을 관리하려는 경우에는 안전관리체계를 갖추어 국토교통부장관의 승인을 받아야 한다.

> 철도운영자 등(전용철도의 운영자는 제외한다)은 철도운영을 하거나 철도시설을 관리하려는 경우에는 인력, 시설, 차량, 장비, 운영절차, 교육훈련 및 비상대응계획 등 철도 및 철도시설의 안전관리에 관한 유기적 체계(이하 "안전관리체계"라 한다)를 갖추어 국토교통부장관의 승인을 받아야 한다(「철도안전법」 제7조 제1항).

㉡ 전용철도의 운영자는 자체적으로 안전관리체계를 갖추고 지속적으로 유지하여야 한다.

> 「철도안전법」 제7조 제2항

㉢ 철도운영자 등은 승인받은 안전관리체계를 변경하려는 경우에는 국토교통부장관의 변경승인을 받아야 한다.

> 「철도안전법」 제7조 제3항

㉣ 국토교통부장관은 안전관리체계의 승인 또는 변경승인의 신청을 받은 경우에는 해당 안전관리체계가 안전관리기준에 적합한지를 검사한 후 승인 여부를 결정하여야 한다.

> 「철도안전법」 제7조 제4항

036

철도차량 운전·관제업무 등 대통령령으로 정하는 업무에 종사하는 철도종사자는 정기적으로 신체검사와 적성검사를 받아야 한다. 이때 적성검사의 구분에 해당하지 않는 것은?

㉮ 최초검사

> 「철도안전법 시행규칙」제41조 제1항 제1호 ⚖

㉯ 정기검사

> 「철도안전법 시행규칙」제41조 제1항 제2호 ⚖

✔ **수시검사**

> 수시검사는 「철도안전법 시행규칙」제41조 제1항에 따른 적성검사의 구분에 해당하지 않는다.

㉰ 특별검사

> 「철도안전법 시행규칙」제41조 제1항 제3호 ⚖

법령 ⚖

「철도안전법」제23조(운전업무종사자 등의 관리)
① 철도차량 운전·관제업무 등 대통령령으로 정하는 업무에 종사하는 철도종사자는 정기적으로 신체검사와 적성검사를 받아야 한다.

「철도안전법 시행규칙」제41조(운전업무종사자 등에 대한 적성검사)
① 법 제23조 제1항에 따른 철도종사자에 대한 적성검사는 다음 각 호와 같이 구분하여 실시한다.
1. <u>최초검사</u> : 해당 업무를 수행하기 전에 실시하는 적성검사
2. <u>정기검사</u> : 최초검사를 받은 후 10년(50세 이상인 경우에는 5년)마다 실시하는 적성검사
3. <u>특별검사</u> : 철도종사자가 철도사고 등을 일으키거나 질병 등의 사유로 해당 업무를 적절히 수행하기 어렵다고 철도운영자 등이 인정하는 경우에 실시하는 적성검사

037

「철도산업발전기본법」상 관리청에 관한 설명 중 빈칸에 들어갈 단어로 적절한 것은?

- 철도의 관리청은 (　　　)(으)로 한다.
- 국토교통부장관은 이 법과 그 밖의 철도에 관한 법률에 규정된 철도시설의 건설 및 관리 등에 관한 그의 업무의 일부를 대통령령으로 정하는 바에 의하여 설립되는 국가철도공단으로 하여금 대행하게 할 수 있다. 이 경우 대행하는 업무의 범위·권한의 내용 등에 관하여 필요한 사항은 대통령령으로 정한다.

㉮ 대통령　　　　　　　　　　　　㉯ 시·도지사
✔ **국토교통부장관**　　　　　　　㉰ 지방행정기관의 장

> 철도의 관리청은 <u>국토교통부장관</u>으로 한다(「철도산업발전기본법」제19조 제1항).

038 「교통안전법령」상 운행기록장치의 장착 및 운행기록의 활용과 관련한 설명이다. 빈칸에 들어갈 단어로 적절한 것은?

> - 여객자동차 운송사업자, 화물자동차 운송사업자 및 화물자동차 운송가맹사업자, 어린이통학버스 운영자 등은 그 운행하는 차량에 국토교통부령으로 정하는 기준에 적합한 운행기록장치를 장착하여야 한다.
> - 운행기록장치를 장착하여야 하는 자는 운행기록장치에 기록된 운행기록을 (　　) 동안 보관하여야 한다.

㉮ 1개월　　　　　　　　　㉯ 3개월
✓ 6개월　　　　　　　　　㉱ 1년

> 운행기록장치를 장착하여야 하는 자는 운행기록장치에 기록된 운행기록을 6개월 동안 보관하여야 한다(「교통안전법」 제55조 제2항 및 동법 시행령 제2항).

법령

「교통안전법」 제55조(운행기록장치의 장착 및 운행기록의 활용 등)
① 다음 각 호의 어느 하나에 해당하는 자는 그 운행하는 차량에 국토교통부령으로 정하는 기준에 적합한 운행기록장치를 장착하여야 한다. 다만, 소형 화물차량 등 국토교통부령으로 정하는 차량은 그러하지 아니하다.
　1. 「여객자동차 운수사업법」에 따른 여객자동차 운송사업자
　2. 「화물자동차 운수사업법」에 따른 화물자동차 운송사업자 및 화물자동차 운송가맹사업자
　3. 「도로교통법」 제52조에 따른 어린이통학버스(제1호에 따라 운행기록장치를 장착한 차량은 제외한다) 운영자
② 제1항에 따라 운행기록장치를 장착하여야 하는 자(이하 "운행기록장치 장착의무자"라 한다)는 운행기록장치에 기록된 운행기록을 대통령령으로 정하는 기간 동안 보관하여야 하며, 교통행정기관이 제출을 요청하는 경우 이에 따라야 한다. 다만, 대통령령으로 정하는 운행기록장치 장착의무자는 교통행정기관의 제출 요청과 관계없이 운행기록을 주기적으로 제출하여야 한다. 이 경우 운행기록장치 장착의무자는 운행기록장치에 기록된 운행기록을 임의로 조작하여서는 아니 된다.
「교통안전법 시행령」 제45조(운행기록장치의 장착시기 및 보관기간)
② 법 제55조 제2항에서 "대통령령으로 정하는 기간"은 6개월로 한다.

---

039 「철도안전법령」상 철도운영자 등은 영상기록장치에 기록된 영상기록을 보관하여야 하는 보관기간으로 옳은 것은?

㉮ 1일 이상　　　　　　　　✓ 3일 이상
㉰ 5일 이상　　　　　　　　㉱ 10일 이상

> 철도운영자 등은 영상기록장치에 기록된 영상기록을 영상기록장치 운영·관리 지침에서 정하는 보관기간 동안 보관하여야 한다. 이 경우 보관기간은 3일 이상의 기간이어야 한다(「철도안전법 시행규칙」 제76조의3 제1항).

040 비상사태 시 처분 중 철도이용의 제한 또는 금지 규정에 관한 조정·명령 등의 조치를 위반한 자에 대한 처분으로 옳은 것은?

㉮ 1천만 원 이하의 벌금
㉯ 3천만 원 이하의 벌금
✓ 1천만 원 이하의 과태료
㉱ 3천만 원 이하의 과태료

> 비상사태 시 처분 중 철도이용의 제한 또는 금지 규정에 관한 조정·명령 등의 조치를 위반한 자는 <u>1천만 원 이하의 과태료</u>를 부과한다(「철도산업발전기본법」 제42조 제1항). ⚖️

법령 ⚖️

「철도산업발전기본법」 제42조(과태료)
① 제36조 제1항 제6호의 규정을 위반한 자에게는 <u>1천만 원 이하의 과태료</u>를 부과한다.

> 「철도산업발전기본법」 제36조(비상사태 시 처분)
> ① 국토교통부장관은 천재·지변·전시·사변, 철도교통의 심각한 장애 그 밖에 이에 준하는 사태의 발생으로 인하여 철도서비스에 중대한 차질이 발생하거나 발생할 우려가 있다고 인정하는 경우에는 필요한 범위 안에서 철도시설관리자·철도운영자 또는 철도이용자에게 다음 각 호의 사항에 관한 조정·명령 그 밖의 필요한 조치를 할 수 있다.
>   1. 지역별·노선별·수송대상별 수송 우선순위 부여 등 수송통제
>   2. 철도시설·철도차량 또는 설비의 가동 및 조업
>   3. 대체수송수단 및 수송로의 확보
>   4. 임시열차의 편성 및 운행
>   5. 철도서비스 인력의 투입
>   6. <u>철도이용의 제한 또는 금지</u>
>   7. 그 밖에 철도서비스의 수급안정을 위하여 대통령령으로 정하는 사항

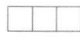

041 「철도산업발전기본법령」에 따른 실무위원회에 대한 설명으로 적절하지 않은 것은?

✓ ㉮ 실무위원회는 위원장을 포함한 25인 이내의 위원으로 구성한다.

> 실무위원회는 위원장을 포함한 <u>20인 이내</u>의 위원으로 구성한다(「철도산업발전기본법 시행령」 제10조 제1항).

㉯ 실무위원회의 위원장은 국토교통부장관이 국토교통부의 3급 공무원 또는 고위공무원단에 속하는 일반직공무원 중에서 지명한다.

> 「철도산업발전기본법 시행령」 제10조 제3항

㉰ 실무위원의 임기는 2년으로 하되, 연임할 수 있다. 「철도산업발전기본법 시행령」 제10조 제5항

㉱ 실무위원회에 간사 1인을 두되, 간사는 국토교통부장관이 국토교통부 소속공무원 중에서 지명한다.

> 「철도산업발전기본법 시행령」 제10조 제6항

042
철도차량 제작자승인의 경미한 사항 변경 신청 시 국토교통부장관에게 제출해야 하는 서류에 해당하지 않는 것은?

㉮ 철도차량 제작자승인증명서 「철도안전법 시행규칙」 제52조 제2항 제1호

㉯ 변경 전후의 대비표 및 해설서 「철도안전법 시행규칙」 제52조 제2항 제3호

㉰ 변경 후의 철도차량 품질관리체계 「철도안전법 시행규칙」 제52조 제2항 제4호

✅ 철도차량제작승인기준에 대한 비적합성 입증자료

> 철도차량제작승인기준에 대한 적합성 입증자료가 「철도안전법 시행규칙」 제52조 제2항에 따른 제출서류에 해당한다(「철도안전법 시행규칙」 제52조 제2항 제5호).

법령

「철도안전법」 제7조(안전관리체계의 승인)
③ 철도운영자 등은 제1항에 따라 승인받은 안전관리체계를 변경(제5항에 따른 안전관리기준의 변경에 따른 안전관리체계의 변경을 포함한다. 이하 이 조에서 같다)하려는 경우에는 국토교통부장관의 변경승인을 받아야 한다. 다만, 국토교통부령으로 정하는 경미한 사항을 변경하려는 경우에는 국토교통부장관에게 신고하여야 한다.

「철도안전법 시행규칙」 제52조(철도차량 제작자승인의 경미한 사항 변경)
② 법 제26조의8에서 준용하는 법 제7조 제3항 단서에 따라 경미한 사항을 변경하려는 경우에는 별지 제31호서식의 철도차량 제작자승인변경신고서에 다음 각 호의 서류를 첨부하여 국토교통부장관에게 제출하여야 한다.
1. 해당 철도차량의 철도차량 제작자승인증명서
2. 제1항 각 호에 해당함을 증명하는 서류
3. 변경 전후의 대비표 및 해설서
4. 변경 후의 철도차량 품질관리체계
5. 철도차량제작자승인기준에 대한 적합성 입증자료(변경되는 부분 및 그와 연관되는 부분에 한정한다)

043
「철도산업발전기본법」상 국토교통부장관의 승인을 얻지 아니하고 특정 노선 및 역을 폐지하거나 철도서비스를 제한 또는 중지한 자는 (   ) 이하의 징역 또는 (   ) 이하의 벌금에 처한다. 빈칸에 들어갈 단어를 순서대로 나열한 것은?

㉮ 1년, 3천만 원   ㉯ 3년, 3천만 원
✅ 3년, 5천만 원   ㉱ 5년, 5천만 원

> 국토교통부장관의 승인을 얻지 아니하고 특정 노선 및 역을 폐지하거나 철도서비스를 제한 또는 중지한 자는 3년 이하의 징역 또는 5천만 원 이하의 벌금에 처한다(「철도산업발전기본법」 제40조 제1항).

044 「철도산업발전기본법」상 철도자산의 구분과 관련한 설명으로 적절하지 않은 것은?

㉮ 국토교통부장관은 철도산업의 구조개혁을 추진하는 경우 철도청과 고속철도건설공단의 철도자산을 3가지로 구분하여야 한다.

> 국토교통부장관은 철도산업의 구조개혁을 추진하는 경우 철도청과 고속철도건설공단의 철도자산을 운영자산, 시설자산, 기타자산의 3가지로 구분하여야 한다(「철도산업발전기본법」 제22조 제1항).

㉯ 국토교통부장관은 철도자산을 구분하는 때에는 기획재정부장관과 미리 협의하여 그 기준을 정한다.

> 「철도산업발전기본법」 제22조 제2항

㉰ 운영자산은 철도청과 고속철도건설공단이 철도운영 등을 주된 목적으로 취득하였거나 관련 법령 및 계약 등에 의하여 취득하기로 한 재산·시설 및 그에 관한 권리를 의미하는 자산이다.

> 「철도산업발전기본법」 제22조 제1항 제1호

☑ 기타자산은 철도청과 고속철도건설공단이 철도의 기반이 되는 시설의 건설 및 관리를 주된 목적으로 취득하였거나 관련 법령 및 계약 등에 의하여 취득하기로 한 재산·시설 및 그에 관한 권리를 의미한다.

> 시설자산은 철도청과 고속철도건설공단이 철도의 기반이 되는 시설의 건설 및 관리를 주된 목적으로 취득하였거나 관련 법령 및 계약 등에 의하여 취득하기로 한 재산·시설 및 그에 관한 권리를 의미한다(「철도산업발전기본법」 제22조 제1항 제2호).

법령

「철도산업발전기본법」 제22조(철도자산의 구분 등)
① 국토교통부장관은 철도산업의 구조개혁을 추진하는 경우 철도청과 고속철도건설공단의 철도자산을 다음 각 호와 같이 구분하여야 한다.
  1. 운영자산 : 철도청과 고속철도건설공단이 철도운영 등을 주된 목적으로 취득하였거나 관련 법령 및 계약 등에 의하여 취득하기로 한 재산·시설 및 그에 관한 권리
  2. 시설자산 : 철도청과 고속철도건설공단이 철도의 기반이 되는 시설의 건설 및 관리를 주된 목적으로 취득하였거나 관련 법령 및 계약 등에 의하여 취득하기로 한 재산·시설 및 그에 관한 권리
  3. 기타자산 : 제1호 및 제2호의 철도자산을 제외한 자산
② 국토교통부장관은 제1항에 따라 철도자산을 구분하는 때에는 기획재정부장관과 미리 협의하여 그 기준을 정한다.

045 「철도산업발전기본법」상 철도산업위원회와 관련된 설명으로 옳지 않은 것은?

㉮ 철도산업에 관한 기본계획 및 중요정책 등을 심의·조정하기 위하여 국토교통부에 철도산업위원회를 둔다.

> 「철도산업발전기본법」 제6조 제1항

㉯ 위원회는 위원장을 포함한 25인 이내의 위원으로 구성한다.

> 「철도산업발전기본법」 제6조 제3항

㉰ 위원회에 상정할 안건을 미리 검토하고 위원회가 위임한 안건을 심의하기 위하여 위원회에 분과위원회를 둔다.

> 「철도산업발전기본법」 제6조 제4항

✓ 위원회 및 분과위원회의 구성·기능 및 운영에 관하여 필요한 사항은 국토교통부령으로 정한다.

> 위원회 및 분과위원회의 구성·기능 및 운영에 관하여 필요한 사항은 <u>대통령령</u>으로 정한다(「철도산업발전기본법」 제6조 제5항).

046 「철도안전법」상 철도 보호 및 질서유지를 위한 금지행위 중 ㉠, ㉡에 들어갈 장소 범위로 옳은 것은?

> 누구든지 정당한 사유 없이 철도 보호 및 질서유지를 해치는 행위로서, 궤도의 (㉠)으로부터 양측으로 폭 (㉡)미터 이내의 장소에 철도차량의 안전 운행에 지장을 주는 물건을 방치하는 행위를 하여서는 아니 된다.

㉮ ㉠ : 바깥쪽, ㉡ : 3   ㉯ ㉠ : 안쪽, ㉡ : 3
✓ ㉠ : 중심, ㉡ : 3   ㉰ ㉠ : 중심, ㉡ : 5

> 누구든지 정당한 사유 없이 철도 보호 및 질서유지를 해치는 행위로서, 궤도의 <u>중심</u>으로부터 양측으로 폭 <u>3미터</u> 이내의 장소에 철도차량의 안전 운행에 지장을 주는 물건을 방치하는 행위를 하여서는 아니 된다(「철도안전법」 제48조 제1항 제3호).

047

「철도산업발전기본법령」상 국토교통부장관이 철도시설관리자와 철도운영자가 안전하고 효율적으로 선로를 사용할 수 있도록 하기 위하여 수립·고시하여야 하는 것은?

㉮ 선로구분지침 ✓ ㉯ 선로배분지침
㉰ 선로분배지침 ㉱ 선로사용지침

> 국토교통부장관은 철도시설관리자와 철도운영자가 안전하고 효율적으로 선로를 사용할 수 있도록 하기 위하여 선로용량의 배분에 관한 지침(이하 "선로배분지침"이라 한다)을 수립·고시하여야 한다(「철도산업발전기본법 시행령」 제24조 제1항).

법령

「철도산업발전기본법 시행령」 제24조(선로배분지침의 수립 등)
① 국토교통부장관은 법 제17조 제2항의 규정에 의하여 철도시설관리자와 철도운영자가 안전하고 효율적으로 선로를 사용할 수 있도록 하기 위하여 선로용량의 배분에 관한 지침(이하 "선로배분지침"이라 한다)을 수립·고시하여야 한다.
② 제1항의 규정에 의한 선로배분지침에는 다음 각 호의 사항이 포함되어야 한다.
  1. 여객열차와 화물열차에 대한 선로용량의 배분
  2. 지역 간 열차와 지역 내 열차에 대한 선로용량의 배분
  3. 선로의 유지보수·개량 및 건설을 위한 작업시간
  4. 철도차량의 안전운행에 관한 사항
  5. 그 밖에 선로의 효율적 활용을 위하여 필요한 사항
③ 철도시설관리자·철도운영자 등 선로를 관리 또는 사용하는 자는 제1항의 규정에 의한 선로배분지침을 준수하여야 한다.
④ 국토교통부장관은 철도차량 등의 운행정보의 제공, 철도차량 등에 대한 운행통제, 적법운행 여부에 대한 지도·감독, 사고발생 시 사고복구 지시 등 철도교통의 안전과 질서를 유지하기 위하여 필요한 조치를 할 수 있도록 철도교통관제시설을 설치·운영하여야 한다.

048

「철도안전법」상 「형법」의 규정을 적용할 때 공무원으로 보는 사람을 모두 고른 것은?

ㄱ. 철도기술심의위원회의 의원   ㄴ. 관제적성검사기관의 임직원
ㄷ. 관제교육훈련기관의 임직원   ㄹ. 철도안전 관련 기관 또는 단체의 임직원

㉮ ㄱ, ㄴ, ㄷ ㉯ ㄱ, ㄴ, ㄹ
㉰ ㄱ, ㄷ, ㄹ ✓ ㉱ ㄴ, ㄷ, ㄹ

ㄱ. (×)
ㄴ. (○) 「철도안전법」 제76조 제1호
ㄷ. (○) 「철도안전법」 제76조 제2호
ㄹ. (○) 「철도안전법」 제76조 제3호

> **법령**
>
> 「철도안전법」 제76조(벌칙 적용에서 공무원 의제)
> 다음 각 호의 어느 하나에 해당하는 사람은 「형법」 제129조부터 제132조까지의 규정을 적용할 때에는 공무원으로 본다.
> 1. 운전적성검사 업무에 종사하는 운전적성검사기관의 임직원 또는 관제적성검사 업무에 종사하는 관제적성검사기관의 임직원
> 2. 운전교육훈련 업무에 종사하는 운전교육훈련기관의 임직원 또는 관제교육훈련 업무에 종사하는 관제교육훈련기관의 임직원
> 2의2. 정비교육훈련 업무에 종사하는 정비교육훈련기관의 임직원
> 2의3. 정밀안전진단 업무에 종사하는 정밀안전진단기관의 임직원
> 2의4. 제27조의3에 따라 위탁받은 검사 업무에 종사하는 기관 또는 단체의 임직원
> 2의5. 제48조의4에 따른 성능시험 업무에 종사하는 시험기관의 임직원 및 성능인증·점검 업무에 종사하는 인증기관의 임직원
> 2의6. 제69조 제5항에 따른 철도안전 전문인력의 양성 및 자격관리 업무에 종사하는 안전전문기관의 임직원
> 2의7. 제44조의2 제4항에 따른 위험물 포장·용기검사 업무에 종사하는 위험물 포장·용기검사기관의 임직원
> 2의8. 제44조의3 제3항에 따른 위험물취급안전교육 업무에 종사하는 위험물취급전문교육기관의 임직원
> 3. 제77조 제2항에 따라 위탁업무에 종사하는 철도안전 관련 기관 또는 단체의 임직원

049 「철도산업발전기본법」상 철도시설에 포함되지 않는 것은?

㉮ 철도의 선로 「철도산업발전기본법」 제3조 제2호 가목

✓ 철도차량 제작시설

철도차량 제작시설은 「철도산업발전기본법」 제3조 제2호에 따른 철도시설의 정의에 포함되지 않는다.

㉰ 역시설(물류시설·환승시설) 「철도산업발전기본법」 제3조 제2호 가목

㉱ 차량정비기지 및 차량유치시설 「철도산업발전기본법」 제3조 제2호 나목

> **법령**
>
> 「철도산업발전기본법」 제3조(정의)
> 이 법에서 사용하는 용어의 정의는 다음 각 호와 같다.
> 2. "철도시설"이라 함은 다음 각 목의 어느 하나에 해당하는 시설(부지를 포함한다)을 말한다.
>   가. 철도의 선로(선로에 부대되는 시설을 포함한다), 역시설(물류시설·환승시설 및 편의시설 등을 포함한다) 및 철도운영을 위한 건축물·건축설비
>   나. 선로 및 철도차량을 보수·정비하기 위한 선로보수기지, 차량정비기지 및 차량유치시설
>   다. 철도의 전철전력설비, 정보통신설비, 신호 및 열차제어설비
>   라. 철도노선 간 또는 다른 교통수단과의 연계운영에 필요한 시설
>   마. 철도기술의 개발·시험 및 연구를 위한 시설
>   바. 철도경영연수 및 철도전문인력의 교육훈련을 위한 시설
>   사. 그 밖에 철도의 건설·유지보수 및 운영을 위한 시설로서 대통령령으로 정하는 시설

050 「철도산업발전기본법령」상 철도시설의 사용계약에 포함되는 사항을 모두 고른 것은?

> ㄱ. 투입되는 철도차량의 종류 및 길이
> ㄴ. 철도차량의 일일운행횟수·운행개시시각·운행종료시각 및 운행간격
> ㄷ. 출발역·정차역 및 종착역
> ㄹ. 철도운영의 안전에 관한 사항

㉮ ㄱ, ㄴ
㉯ ㄴ, ㄹ
㉰ ㄴ, ㄷ, ㄹ
✅ ㄱ, ㄴ, ㄷ, ㄹ

ㄱ. (O) 「철도산업발전기본법 시행령」 제35조 제3항 제1호
ㄴ. (O) 「철도산업발전기본법 시행령」 제35조 제3항 제2호
ㄷ. (O) 「철도산업발전기본법 시행령」 제35조 제3항 제3호
ㄹ. (O) 「철도산업발전기본법 시행령」 제35조 제3항 제4호

법령

「철도산업발전기본법 시행령」 제35조(철도시설의 사용계약)
③ 선로 등에 대한 제1항 제1호에 따른 사용조건에는 다음 각 호의 사항이 포함되어야 하며, 그 사용조건은 제24조 제1항에 따른 선로배분지침에 위반되는 내용이어서는 안 된다.
1. 투입되는 철도차량의 종류 및 길이
2. 철도차량의 일일운행횟수·운행개시시각·운행종료시각 및 운행간격
3. 출발역·정차역 및 종착역
4. 철도운영의 안전에 관한 사항
5. 철도여객 또는 화물운송서비스의 수준

[2과목] 교통안전관리론

051 다음 중 교통경찰이 교통사고를 조사하는 목적으로 옳은 것은?

㉮ 주차제한의 필요성을 검토하기 위해
㉯ 교통법규의 효력을 확인하기 위해
㉰ 교통감시 개선책의 경제성을 검토하기 위해
✅ 사고발생에 대한 직·간접적 원인을 찾아 추궁하기 위해

교통경찰은 교통사고를 조사하여 사고발생에 대한 책임의 추궁 및 범죄 입증하는 것을 목표로 한다. 이와 더불어 사고발생의 직·간접적 원인을 규명하여 사고발생의 실태를 파악해 사고방지를 위한 기초자료 수집 및 방지대책을 수립한다.

052 운전안전교육은 지식교육, 기술교육, 태도교육으로 구분할 수 있다. 이중 지식교육의 내용이 아닌 것은?

㉮ 「도로교통법」, 「도로법」 등 관계법령에 대한 지식
㉯ 화물, 승객 등에 대한 적재물에 관한 지식
㉰ 자동차의 구조, 기능에 관한 지식
✅ 자동차의 브레이크 작동 및 정비방법   운전안전교육 중 기술교육에 관한 내용이다.

053 교통안전증진을 위한 교통안전계획 수립 시 유의사항으로 옳지 않은 것은?

㉮ 과거의 상황과 현재의 상태 비교
㉯ 시행항목과 목표항목이 부합되는지 검토
㉰ 시행이 가능한 계획인지 검토
✅ 추진항목을 복수항목으로 하여 혼란을 주지 않도록 단수로 검토

교통안전계획은 진행함에 있어 발생할 수 있는 상황적 변동에 대비하여 반드시 복수로 검토하여야 한다.

054 상담면접의 주요기법 중 내담자의 진술 내용이나 의미를 반복하면서 다른 참신한 언어로 바꿔주는 기법은?

✅ 환언
㉯ 명료화

내담자의 반응에서 나타난 감정·생각에 내포된 관계와 의미를 분명하게 말해주는 기법이다.

㉰ 재진술

내담자의 말을 그대로 다시 반복하여 이해하고 있다는 것을 알려주는 기법이다.

㉱ 직면

내담자의 말, 행동, 감정, 태도 등이 모순되거나 불일치할 때 이를 깨닫도록 해주는 기법이다.

> 💡 **TIP**
>
> **주요 상담기법**
> 반영, 수용, 구조화, 환언, 경청, 요약, 명료화, 명료화, 해석, 재진술, 직면, 신뢰감·라포 형성

055 외부 자극이 행동으로 이어지는 과정을 바르게 나열한 것은?

㉮ 자각 → 식별 → 판단 → 행동
✅ 식별 → 자각 → 판단 → 행동
㉯ 자각 → 판단 → 행동 → 식별
㉱ 식별 → 순응 → 판단 → 행동

> 외부 자극에 따른 행동 과정 : 식별 → 자각 → 판단 → 행동

056 암순응에 대한 설명으로 가장 적절한 것은?

✅ 밝은 곳에서 어두운 곳으로 들어갈 때 앞이 보이지 않던 것이 점차 보이는 현상
> 암순응은 밝은 곳에서 어두운 곳으로 들어갈 때 시간이 지남에 따라 앞이 점차 보이는 현상이다.

㉯ 급작스러운 빛에 대한 노출로 앞이 보이지 않던 것이 점차 보이는 현상
㉰ 눈의 피로로 인해 밝은 곳보다 어두운 곳에서 눈이 잘 보이는 현상
㉱ 어두운 곳에서 밝은 곳으로 들어갈 때 점차 눈이 익숙해지는 현상
> 명순응 현상에 대한 설명이다.

057 사이몬(H. Simon)의 조직이론에 대한 설명으로 옳지 않은 것은?

㉮ 경제학에서 가정하고 있는 초합리적인 경제인은 비현실적이고 현실적인 합리성은 제한된 합리성에서 온다고 하였다.
㉯ 구성원의 동의를 얻기 위해서 조직은 '조직에서 부과하는 권위와 종업원의 자기통제'라는 영향력을 행사하여야 한다.
✅ 자기통제(Self-Control)를 발전시키기 위해서는 조직과 나를 분리시킬 수 있어야 한다고 하였다.
> 사이몬(H. Simon)은 조직과 나를 분리시키는 것이 아닌 조직에 대한 일체감을 얻어야 자기통제가 가능하다고 하였다.

㉱ 제한된 합리성만 달성할 수 없는 현실의 인간을 관리인이라고 구분하였다.

> **TIP**
>
> **자기통제(Self - Control)을 발달시키기 위한 방안**
> - 조직에 대한 충성심
> - 조직에 대한 일체감
> - 종업원에 대한 유효성 기준의 설득

058 교통사고에 영향을 미치는 인간행위의 가변적 요소로서 적합하지 않은 것은?

㉮ 소질적 요소
㉯ 심리적 요소
㉰ 생리적 요소
✓ ㉱ 시간적 요소

시간적 요소는 불변적인 것으로 외적(환경적)요소에 해당한다.

059 교통사고에 대한 특성으로 옳지 않은 것은?

㉮ 특정 지점에서의 교통사고 반복
✓ ㉯ 교통사고의 원인 규명 확실성
㉰ 복합적인 원인에 의한 사고 발생
㉱ 시간적·공간적 임의성

교통사고는 원인 규명 시 복합적인 원인에 의해 불확실성의 특성이 있다.

060 교통안전교육의 교수설계단계(ADDIE) 중 교수자료 개발 및 제작을 진행하는 단계는?

㉮ 분석단계

분석단계(Analysis) : 학습자 요구분석, 환경분석, 직무 및 과제분석

㉯ 설계단계

설계단계(Design) : 수행목표 명세화, 평가도구 선정, 교수전략 수립 및 매체 선정

✓ ㉰ 개발단계

개발단계(Development) : 교수자료 개발 및 제작, 교수자료 초안 작성, 교수자료 시제품 형성평가, 매체 개발

㉱ 평가단계

평가단계(Evaluation) : 교육훈련 총괄평가, 수정 및 개선

> **TIP**
>
> **교수설계모형(ADDIE) 5단계 활동내용**
> 1. 분석단계(Analysis) : 학습자 요구분석, 환경분석, 직무 및 과제분석
> 2. 설계단계(Design) : 수행목표 명세화, 평가도구 선정, 교수전략 수립 및 매체 선정
> 3. 개발단계(Development) : 교수자료 개발 및 제작, 교수자료 초안 작성, 교수자료 시제품 형성평가, 매체 개발
> 4. 실행단계(Implementation) : 교수 활동, 지원체계 강구, 유지 및 관리활동
> 5. 평가단계(Evaluation) : 교육훈련 총괄평가, 수정 및 개선

061 다음 중 아담스(J. Adams)의 공정성 이론의 진행과정에 대한 나열로 옳은 것은?

☑ 불공정의 지각 → 개인 내의 긴장 → 긴장감소를 위한 동기유발 → 행동
㉯ 개인 내의 긴장 → 불공정의 지각 → 긴장감소를 위한 동기유발 → 행동
㉰ 불공정의 지각 → 긴장감소를 위한 동기유발 → 개인 내의 긴장 → 행동
㉱ 개인 내의 긴장 → 불공정의 지각 → 긴장감소를 위한 동기유발 → 행동

> **TIP**
> 아담스(J. Adams)의 공정성 이론
> - 조직구성원은 조직에 대한 자신의 공헌, 노력을 공정하다고 느낄 수준으로 보상을 받을 때 동기부여가 된다고 주장하는 이론이다.
> - 자신의 투입 대 산출과 타인의 투입과 산출 사이의 불균형을 크게 인지할수록 강하게 동기유발이 된다고 주장하였다.
> - 진행과정 : 불공정의 지각 → 개인 내의 긴장 → 긴장감소를 위한 동기유발 → 행동

062 다음 중 교통안전관리자의 직무 내용이 아닌 것은?

☑ 교통안전관리규정의 시행 및 그 기록의 작성 확인
 교통안전관리자는 교통안전관리규정의 시행 및 그 기록을 작성하고 보존하여야 한다(「교통안전법 시행령」제44조의2 제1항 제1호).
㉯ 교통시설의 운영·관리와 관련된 안전점검의 지도·감독
㉰ 교통시설의 조건 및 기상조건에 따른 안전 운행 등에 필요한 조치
㉱ 운전자 등의 운행 중 근무상태 파악 및 교통안전 교육·훈련의 실시

> **법령**
> 「교통안전법 시행령」제44조의2(교통안전담당자의 직무)
> ① 교통안전담당자의 직무는 다음 각 호와 같다.
>   1. 교통안전관리규정의 시행 및 그 기록의 작성·보존
>   2. 교통수단의 운행·운항 또는 항행(이하 이 조에서 "운행 등"이라 한다) 또는 교통시설의 운영·관리와 관련된 안전점검의 지도·감독
>   3. 교통시설의 조건 및 기상조건에 따른 안전 운행 등에 필요한 조치
>   4. 법 제24조 제1항에 따른 운전자 등의 운행 등 중 근무상태 파악 및 교통안전 교육·훈련의 실시
>   5. 교통사고 원인 조사·분석 및 기록 유지
>   6. 운행기록장치 및 차로이탈경고장치 등의 점검 및 관리
> ② 삭제
> ③ 교통안전담당자는 교통안전을 위해 필요하다고 인정하는 경우에는 다음 각 호의 조치를 교통시설설치·관리자 등에게 요청해야 한다. 다만, 교통안전담당자가 교통시설설치·관리자 등에게 필요한 조치를 요청할 시간적 여유가 없는 경우에는 직접 필요한 조치를 하고, 이를 교통시설설치·관리자 등에게 보고해야 한다.

063 매슬로우(A. Maslow)의 욕구위계 5단계를 하위욕구부터 상위욕구까지 바르게 나열한 것은?

㉮ 생리적 욕구 → 사회적 욕구 → 자아실현 욕구 → 존경 욕구 → 안전 욕구
㉯ 생리적 욕구 → 안전 욕구 → 존경 욕구 → 사회적 욕구 → 자아실현 욕구
㉰ 생리적 욕구 → 사회적 욕구 → 존경 욕구 → 자아실현 욕구 → 안전 욕구
✓ ㉱ 생리적 욕구 → 안전 욕구 → 사회적 욕구 → 존경 욕구 → 자아실현 욕구

> 매슬로우(A. Maslow)의 욕구위계 5단계 : 생리적 욕구 → 안전욕구 → 사회적 욕구 → 존경 욕구 → 자아실현 욕구

064 다음 중 관리계층별 주요 기능에 대한 연결로 잘못된 것은?

㉮ 최고경영자 – 통합적 기능
㉯ 중간관리자 – 인간적 기능
㉰ 하위경영자 – 기능적 기능
✓ ㉱ 최고경영자 – 조정적 기능

> 조정적 기능은 상하 간 및 상호 간의 커뮤니케이션 및 조정을 통해 현장을 원활하게 하는 기능으로 중간관리자(중간경영자)의 기능이다.

065 어떤 것을 선택하여 집중하고 다른 것들을 무시하는 인지과정을 의미하는 것은?

✓ ㉮ 주의의 집중
㉯ 주의의 배분
㉰ 주의의 분산
㉱ 주의의 완화

> 한 가지 일에만 집중하는 것이 아니라 여러 가지 행동을 동시에 진행하여 주의의 집중이 분산되는 행위이다. 교통사고의 주된 원인이 된다.

066 다음 사항 중 옳지 않은 것은?

㉮ 우리나라 최초의 철도는 노량진~제물포 간의 경인선 철도이다.
㉯ 우리나라 최초의 자동차는 1903년에 고종 황제가 구입한 포드 승용차이다.
✓ ㉰ 칼 벤츠를 통해 4cycle 가솔린 자동차가 만들어졌다.

> 4cycle 내연기관 자동차는 독일의 다임러에 의해 만들어졌다. 칼 벤츠는 2cycle 가솔린 자동차를 만들었다.

㉱ 세계 최초 내연기관 가솔린 자동차는 1886년 벤츠가 제작한 3륜 특허차이다.

067 운전자의 정밀 적성검사 중 시각과 청각, 수족의 협응에 따른 반응 등을 측정하는 검사는 무엇인가?

- ✅ ㉮ 초초 반응검사 — 시각과 청각, 수족의 협응에 따른 반응 검출 및 측정
- ㉯ 처치 판단검사 — 주의력, 동작의 정확성, 주의력 배분, 주의의 지속성 측정
- ㉰ 중복작업 반응검사 — 침착성, 긴장상태의 판단능력 측정
- ㉱ 속도추정 반응검사 — 초조감, 정서적 안정도, 속도감각, 공간지각능력 측정

068 운수종사자가 운전업무를 시작하기 전에 받아야 하는 교육으로 옳지 않은 것은?

- ㉮ 도로교통 관계 법령
- ㉯ 교통안전수칙
- ㉰ 응급처치의 방법
- ✅ ㉱ 사업소 화재 대비 소화기 사용 방법

운송종사자는 차량화재 발생에 대비하여 차량용 소화기 사용법에 대한 교육을 받아야 한다(「여객자동차 운수사업법」 제25조 제1항 제4호의2).

법령

운수종사자의 교육 등(「여객자동차 운수사업법」 제25조)

① 운수종사자는 국토교통부령으로 정하는 바에 따라 운전업무를 시작하기 전에 다음 각 호의 사항에 관한 교육을 받아야 한다.
1. 여객자동차 운수사업 관계 법령 및 도로교통 관계 법령
2. 서비스의 자세 및 운송질서의 확립
3. 교통안전수칙
4. 응급처치의 방법
4의2. 차량용 소화기 사용법 등 차량화재 발생 시 대응방법
5. 「지속가능 교통물류 발전법」 제2조 제15호에 따른 경제운전
6. 그 밖에 운전업무에 필요한 사항

069 사고지점도에 대한 설명으로 옳지 않은 것은?

㉮ 보고받은 사고는 즉시 지점도에 표시된다.
㉯ 다수의 희생자를 포함하는 대형사고에 의한 왜곡을 피하기 위해 사고건수를 나타낸다.
✓ 범례는 가능한 한 자세하여야 하며 상이한 모양, 크기, 색채가 사고의 유형이나 정도를 나타내는 데 사용된다.

> 사고지점도에 있어서 범례는 가능한 한 단순하여야 하며 4~5가지 이하의 유형, 크기 및 색체를 사용한다.

㉰ 가로와 지형적인 특성을 나타내는 1:5,000의 가로 축척도를 사고지점도로 활용한다.

070 다음 중 IPDE에 관한 설명으로 옳지 않은 것은?

㉮ 확인(Identify) : 주변의 모든 것을 확인·파악하는 것
✓ 예측(Predict) : 확인한 정보를 모으고 발생할 수 있는 사고결과를 예측하는 것

> 예측(Predict) 단계는 확인한 정보를 모으고 발생할 수 있는 사고지점을 예측하는 것을 말한다.

㉰ 결정(Decision) : 사고 가능성을 예측한 후 피하기 위한 행동을 결정하는 것
㉱ 실행(Execute) : 결정된 행동을 실제 진행으로 옮기는 것

071 운전 중 앞차가 갑자기 정지하게 되는 경우 추돌사고를 피하는 데 필요한 거리를 의미하는 것은?

㉮ 제동거리   차량이 제동되기 시작하여 정지될 때까지 주행한 거리
㉯ 공주거리

> 운전자가 위험을 느끼고 브레이크 페달을 밟아 실제로 자동차가 제동되기 전까지 주행한 거리

㉰ 시인거리   육안으로 물체를 알아볼 수 있는 거리
✓ 안전거리   앞차가 갑자기 정지하게 되는 경우 추돌사고를 피하는 데 필요한 거리

072 다음 시각에 대한 설명 중 옳지 않은 것은?

㉮ 시각은 운전 시에 필요한 80% 이상의 정보를 받아들이는 기관이다.
㉯ 시야는 얼굴과 눈을 정면으로 두었을 때 볼 수 있는 범위를 말하며, 시야가 좁은 경우 끼어들기 사고, 측면 사고 등의 위험이 있다.
㉰ 색약의 경우 운전 중 적색신호에서 주행하거나 지시표지와 규제표지를 혼동할 수 있다.
㉱ 야간 운행 시 대형차의 전조등에 의해 발생할 수 있는 눈부심 등의 현혹현상은 젊은 운전자층에서 쉽게 발생한다.

> 야간에 대형차의 전조등으로 인해 발생할 수 있는 눈부심 등의 현혹현상에 의한 사고는 회복이 느린 노년층에서 더 발생하기 쉽다.

073 인간행동 규제하는 요인 중 환경요인이 아닌 것은?

㉮ 경력조건　　　　　　　　㉯ 물리적 조건
㉰ 자연조건　　　　　　　　㉱ 시간조건

> 경력조건은 인적요인(내적요인)에 해당한다.

TIP
인적요인(내적요인)의 종류

인적요인(내적요인)의 종류	환경요인(외적요인)의 종류
• 의욕 : 지위, 대우, 후생, 흥미 등 • 소질 : 운동기능, 성격, 태도 등 • 경력 : 연령, 경험, 교육 등 • 일반심리 : 착오, 부주의, 무의식적 조건반사 등 • 심신상태 : 피로, 질병, 수면, 휴식, 알코올, 약물 등	• 인간관계 : 가정, 직장, 사회, 경제, 문화 등 • 자연조건 : 온·습도, 기압, 환기, 기상, 명암 등 • 시간적 조건 : 근로시간, 시각, 속도, 교대제 등 • 물리적 조건 : 교통공간의 배치 등

074 소집단활동 관리기법 중 전사적인 품질관리운동을 의미하는 용어로 옳은 것은?

✓ ㉮ ZD 운동

ZD(Zero Defects) 운동은 무결점 운동을 의미한다. 이는 기존 품질관리 기법을 일반 관리와 사무 등 확대 적용하여 <u>전사적인 결점을 없애자는 품질관리운동</u>이다.

㉯ QC 운동

QC(Quality Control) 운동은 품질관리 운동을 의미한다. 이는 소비자가 요구하는 품질의 제품과 서비스를 경제적으로 생산할 수 있도록 품질 유지 및 개선하는 관리활동이다.

㉰ TQC 운동

TQC(Total Quality Control) 운동은 종합적 품질관리를 의미한다. 이는 모든 소비자의 만족을 고려한 경제적인 수준으로 매매, 기술, 생산 및 서비스를 할 수 있도록 조직 내의 여러 부문의 품질개발, 품질유지 및 개선 노력을 종합하는 관리활동이다.

㉱ 상담역 운동

075 교통수단의 3가지 구성요소가 아닌 것은?

✓ ㉮ 운전자 ㉯ 교통로
㉰ 교통동력 ㉱ 운반구

> **TIP**
> 교통기관의 3대 구성요소
> • 통로
> • 운반구
> • 동력

[3과목] 철도공학

076 AT급전방식과 BT급전방식에 대한 비교로 옳지 않은 것은?

㉮ AT급전방식은 BT급전방식보다 전차선로가 복잡하고 비용이 고가이다.
㉯ AT급전방식은 전압이 높아 회로보호가 용이하나, BT급전방식은 급전전압이 낮아 고장전류가 적어 회로보호가 어렵다.
㉰ AT급전방식은 BT급전방식보다 회로가 단순하여 고장점 발견에 용이하다.
　　AT급전방식은 BT급전방식보다 <u>회로가 복잡하여 고장점 발견에 어렵다</u>.
㉱ 전력회사로부터의 송전선 건설비용은 AT방식이 BT방식보다 매우 저렴하다.

💡 TIP

AT(단권변압기)급전방식과 BT(흡상변압기)급전방식의 비교

구분	AT급전방식	BT급전방식	비교
급전전압 및 급전거리	• 급전전압 : AC • 50kV 변전소 간격이 넓음 (40~100km)	• 급전전압 : AC • 25kV 변전소 간격이 좁음 (약 30km) • 전기차 급전전압은 AT와 같은 25kV(팬터그래프~레일 간)	급전가능거리는 급전압의 제곱과 비례하여 전력회사로부터의 송전선 건설비용은 AT방식이 BT방식보다 매우 저렴
전차선로	복잡(고가)	간단(저렴)	-
통신유도	BT방식보다 적음	-	-
전압강하	BT방식의 1/3이면 충분함 (대용량 장거리 급전에 적합)	급전전압이 AT에 비해 낮아 전기차에 공급하는 전류가 크게 되며 전차선로의 전압강하가 커짐	급전전압이 2배가 되면 전류는 1/2이 되며 전압강하는 1/4가 됨
회로보호	전압이 높아 보호가 용이함	급전전압이 낮으므로 고장전류가 적어 보호가 어려움	고장전류는 전압에 비례
고장점 발견	회로가 복잡하여 어려움	회로가 단순하여 용이함	
경제성	전철변전소의 장소를 수전점 측으로 접근시켜 설치가 가능하여 경제적	수전점이 멀 때는 송전선 건설비가 많이 듦	송전선을 고려하면 AT측이 경제적

077 다음 중 선로용량에 대한 설명으로 틀린 것은?

㉮ 선로용량이란 1일 몇 회의 열차를 운행할 수 있는가에 대한 기준을 말한다.
✓ 단선구간, 복선구간 모두 편도열차횟수로 표시한다.

> 단선구간에서 선로용량은 편도열차횟수를 표시하며, 복선구간에서의 선로용량은 상하행선 각각의 선별 열차횟수로 표시해야 한다.

㉰ 선로용량 사정에는 한계용량, 실용용량, 경제용량이 있다.
㉱ 열차속도가 낮고 폐색취급이 복잡할수록 선로용량은 적어진다.

078 다음 중 신호기장치에 대한 설명으로 옳지 않은 것은?

㉮ 신호기장치는 승무원에게 열차운전 조건을 제시해주는 설비이다.
㉯ 전호는 종사원의 의지를 표시하는 것이다.
✓ 철도신호는 운행 가부를 기관사에게 지시하는 기능을 한다.

> 철도신호는 운행조건을 기관사에게 지시하는 기능을 한다.

㉱ 신호기장치는 열차의 진행 가부를 색이나 형으로 표시한다.

💡 TIP

신호기장치의 종류

구분	신호기	전호	표지
형을 통한 표시	진로표시기	제동시험전호	차막이표지
색을 통한 표시	색등식신호기	이동금지전호, 추진운전전호	서행허용표지
형·색을 통한 표시	입환신호기, 완목식신호기	입환전호	입환표지, 선로전환기표지
음을 통한 표시	폭음신호	기적전호	—

079 다음 중 낙석방지 시설로 옳지 않은 것은?

㉮ 낙석방지망   ㉯ 콘크리트버팀벽
㉰ 낙석방지옹벽   ✓ 피암교량

> 피암교량이 아닌 피암터널이 낙석방지시설에 해당한다. 피암터널은 철근콘크리트 혹은 강재에 의해 낙석이 철도에 직접 낙하하는 것을 막는 방법이다(「도로안전시설 설치 및 관리지침」 5.2.2).

> **법령**
>
> 「도로안전시설 설치 및 관리지침」 5.2.2(낙석방지시설 종류)
> 낙석방지시설은 기능에 따라 크게 보강공법과 보호공법으로 구분되며, 보호공법은 낙석방지망, 낙석방지울타리, 낙석방지옹벽, 피암터널, 식생공법 등으로 구분된다.

080 콘크리트 도상의 특징으로 잘못된 것은?

㉮ 궤도의 선형유지가 좋아 선형유지용 보수작업이 거의 필요치 않다.
㉯ 다른 도상에 비해 배수가 양호하고 잡초발생이 적다.
㉰ 도상 다짐이 필요치 않아 보수 노력이 적다.
✓ 에너지비용, 차량수선비, 궤도보수비 등을 증가시킬 수 있다.

> 콘크리트 도상을 사용 시 궤도의 강도가 향상되어 에너지비용, 차량수선비, 궤도보수비 등은 감소된다.

> **TIP**
>
> 콘크리트 도상의 장·단점
> - 콘크리트 도상은 침목을 콘크리트로 지지하거나 레일 자체를 콘크리트에 직접 체결하는 방식의 구조이다.
> - 장점
>   - 도상 다짐이 불필요하므로 보수 노력이 경감된다.
>   - 배수가 양호하여 동상이 없고 잡초 발생이 적다.
>   - 도상의 진동과 차량의 동요가 적어 승객 안전성과 승차감이 양호하다.
>   - 궤도의 세척과 청소가 쉽다.
>   - 궤도 틀림 진행이 적다.
>   - 궤도 횡방향 안전성 개선된다(도상의 고강도 확보).
>   - 궤도 강도가 향상되어 장대 구간 확대 가능하다.
>   - 궤도 강도가 향상되어 에너지 비용, 차량 수선비, 궤도 보수비 감소된다.
>   - 자갈 도상보다 두께가 낮으므로 구조물 규모를 줄일 수 있다.
>   - 차량 탈선 시 궤도의 피해를 줄일 수 있다.
>   - 역 구내의 청결 유지 및 환경 개선이 가능하다.
> - 단점
>   - 궤도의 탄성이 적으므로 충격과 소음이 크다.
>   - 시공 기간이 길어 건설비가 많이 필요하다.
>   - 레일이 파상 마모될 우려가 있다.
>   - 레일 이음매부의 손상, 침목 교환, 도상 파손 시 수선이 곤란하다.
>   - 장래 선로 변경에 대한 융통성이 없다.
>   - 수명이 다했을 경우 막대한 교환 비용이 소요된다.
>   - 탄성 부족으로 충격과 소음이 높아 별도의 방진 설비가 필요하다.

081 직선구간 레일의 내구연한으로 옳은 것은?

㉮ 40~50년 ✓ ㉯ 20~30년
㉰ 12~16년 해안구간 레일의 내구연한   ㉱ 5~10년 터널 내 레일의 내구연한

> **TIP**
> 레일의 교체시기
> - 본선 직선구간(누적통과톤수 기준)
>   - 50kg 레일 : 5억 톤   - 60kg 레일 : 6억 톤
> - 내구연한
>   - 직선구간 : 20~30년   - 해안구간 : 12~16년
>   - 터널 내 : 5~10년
> - 레일이 균열, 마모, 변형, 손상 등 열차운전상 위험할 경우

082 견인정수 산정 시 고려하여야 하는 사항이 아닌 것은?

㉮ 동력차의 상태   ㉯ 사용연료 및 전차선 전압
✓ ㉰ 상구배의 제동거리   ㉱ 곡선 및 터널

<u>견인정수 산정</u> 시 <u>상구배의 완급과 장단</u>, <u>하구배의 제동거리</u>를 고려하여야 한다.

> **TIP**
> 견인정수 산정 시 고려사항
> - 선로상태에 관한 요소 : 상구배의 완급과 장단, 하구배의 제동거리, 곡선 및 터널, 레일의 상태, 선로 및 승강장의 유효장
> - 동력차상태에 관한 요소 : 동력차의 상태 및 견인시험, 사용연료 및 전차선 전압, 제한구배상의 인출조건, 전기차의 온도상승 한도

083 다음 중 관절대차에 대한 설명으로 옳지 않은 것은?

㉮ 차량과 차량 사이에 대차 1개 사용하여 2대의 차량을 연결하고 지지하는 대차이다.
㉯ 대차수 및 차륜수량이 감소되어 차량의 경량화가 이루어진다.
㉰ 구름저항이나 진동 감소 등 주행성능이 향상된다.
✓ ㉱ 차량의 분리가 용이하고 대차구조가 간단하다.

<u>관절대차는</u> 차량과 차량 사이에 설치하여 <u>분리가 어려우며 대차구조가 복잡하다.</u>

084 철도에 대한 분류 중 도시철도, 노면철도, 지하철도 등으로 구분하는 방법은?

㉮ 사용하는 동력에 따른 구분 증기철도, 전기철도, 내연기관철도 등

㉯ 궤간의 크기에 따른 구분 표준궤간철도, 광궤철도, 협궤철도

㉰ 견인방식에 따른 구분

마찰철도, 랙레일(rack rail) 철도, 강삭철도, 가공철도, 현수 철도, 모노레일 철도 등

☑ 부설장소나 목적에 따른 구분

<u>도시철도, 노면철도, 지하철도,</u> 고가철도, 교외 철도, 등산철도, 임항철도, 군용철도, 삼림철도, 유람철도 등

085 철도의 신설에 대한 설명으로 옳지 않은 것은?

㉮ 1/25,000~1/50,000의 지형도에서 시·종점 및 경유지를 연결하는 노선을 찾는다.

㉯ 도상선정된 몇 개의 비교안에 대하여 현지에 가서 조사한다.

☑ 실측 후 더 이상 개측하지 않는다.

실측 후에도 더 나은 노선이 찾아질 때에는 개측을 실시한다.

㉱ 중심선 양쪽 100~300m 범위에서 선로평면도와 선로 종단면도 50~100m마다 선로횡단면도를 작성한다.

086 다음 중 정거장에 인접한 본선에 급구배가 있을 경우 고장차량 등으로 역행하여 정차장 내의 다른 열차와 충돌하는 것을 예방하고자 부설하는 선로는?

☑ 피난측선

㉯ 안전측선

정차장 내에서 2개 이상의 열차가 동시에 진입, 진출하는 경우 열차의 충돌 등의 사고 발생을 방지하기 위하여 부설하는 선로이다.

㉰ 인상선 입환작업 또는 구내운전 시 차량의 인상에 전용하는 선로이다.

㉱ 대피선 정거장에서 열차를 대피시킬 목적으로 부설하여 놓은 선로이다.

087 전차전용선에서 복선의 선로용량으로 적절한 것은?

㉮ 70~100회 단선의 선로용량은 약 80회 정도이다.
㉯ 120~140회
㉰ 140~200회
✅ 230~240회 복선의 선로용량은 약 240회 정도이다.

> 💡 **TIP**
>
> **선로용량 결정요소**
> 선로용량은 하루 중 실용적으로 운전할 수 있는 열차횟수를 말한다.
> - 역간 거리
> - 열차속도
> - 각역 열차 퇴피(退避) 설비
> - 신호 보안설비 등

088 다음 중 전차선로 구분장치에 대한 설명으로 옳지 않은 것은?

㉮ 에어섹션

  에어섹션(Air section) : 집전부분 전차선에 절연물을 넣지 않고 절연하여야 할 전차선 상호 평행부분을 일정한 간격으로 유지하여 공기의 절연을 이용한 구분장치이다.

㉯ 에어조인트

  에어조인트(Air Joint) : 전가선 가선 시 무한정 가선할 수 없으므로 작업의 편리성을 위해 온도 변화 등에 의한 전차선의 신축 때문에 전차선을 일정 길이마다 인류하기 위해 설치하는 기계적인 구분장치이다.

㉰ 애자섹션

  애자섹션(Section insulator) : 구분애자라고도 부르며 전원선을 구간마다 구분해 놓고 상호 전기흐름을 끊어(절연) 고장 시 전류가 끊기도록 해 놓은 애자를 말한다. 전기철도의 트롤리선, 제3레일 등의 구분에 사용되는 애자이다.

✅ 급전장치

  급전장치는 전차선로를 구분해주는 것이 아닌 전기를 공급해주는 장치이다. 전차선로의 구분장치는 절연구간이다.
  ※ 절연구간 : 에어조인트와 함께 기계적 구분장치로 전력공급 방식을 다르게 하여 일시적으로 전력공급이 끊어지게 하는 구분장치이다.

089 전차고와 동차고에 대한 설명으로 옳은 것은?

㉮ ✓ 편성검사가 가능한 2개 열차편성 이상이 수용될 수 있는 긴 차고이다.

> 전차고와 동차고는 편성검사가 가능한 1개 열차편성을 수용하는 형식이다.

㉯ 동차고는 동차의 검사, 수선 및 수용을 하기 위하여 설치한 차고이다.
㉰ 전차고는 전기차의 검사, 수선, 및 수용을 하기 위하여 설치하는 차고이다.
㉱ 전차고는 일반적으로 장방형(長方形)이다.

090 보통철도에서 이론적 한계속도는 얼마인가?

㉮ 130~180km/h   ㉯ 200~250km/h
✓ 300~350km/h   ㉱ 400~450km/h

> 보통철도(차륜식 철도)는 마찰력·점착력 등으로 인해 개선을 전제로 하여도 300~350km/h를 한계속도로 측정한다.

091 다음 중 사행동에 대한 설명으로 옳지 않은 것은?

㉮ 사행동은 차륜의 좌우 직경차에 의해 윤축이 한쪽으로 쏠렸다가 반대쪽으로 쏠리며 발생한다.

> 윤축은 바퀴를 고정하여 바퀴와 축을 동시에 회전시키는 장치를 말한다.

㉯ 낮은 속도에서 차체가 심하게 흔들리는 것은 1차 사행동이다.

> 1차 사행동(차체 사행동)에 대한 설명이다.

✓ 속도가 증가할 때 운동학적 주파수가 대차 횡진동 고유 진동수와 일치할 때 대차가 심하게 진동하는 대차 사행동이 발생한다.

> 운동학적 주파수와 대차 횡진동 고유 진동수가 일치하며 발생하는 사행동은 차축 사행동(3차 사행동)이다.

㉱ 속도 증가에 따라 1차 사행동이 사라진 후 대차가 진동하는 2차 사행동은 속도가 증가하여도 사라지지 않는다.

092 다음 중 선로중심간격에 대한 설명으로 옳지 않은 것은?

㉮ 정거장 외 구간에서 2개의 선로를 설치하는 경우 선로중심간격은 5m 이상으로 한다.
> 정거장 외 구간에서 2개의 선로를 설치하는 경우 선로중심간격은 4m 이상으로 한다.

㉯ 정거장 외 구간에서 3개 이상의 선로를 설치하는 경우 하나는 4.5m 이상이어야 한다.
㉰ 정거장 안에 나란히 설치하는 선로중심 간격은 4.3m 이상이어야 한다.
㉱ 정차장 내의 선로중심간격은 가공전차선 지지주, 신호기, 급수주 등을 설치하여야 하는 경우 필요에 따라 적당히 확대하여야 한다.

093 트러스(truss)와 거더(girder)의 검사종류가 아닌 것은?

㉮ 핀, 볼트 및 리벳트의 이완, 부식의 유무와 정도
㉯ 슈좌면의 청소상태 및 부재 방청도장의 상태
㉰ 교대, 교각의 균열 유무
> 거더와 트러스를 통해서는 교대, 교각의 균열 유무를 확인할 수 없다.

㉱ 교량대피소의 상태 및 각 부재의 안정성

> **TIP**
> 트러스와 거더
> • 트러스(truss) : 직선봉을 삼각형으로 조립한 일종의 빔(beam), 재(材), 교량, 건축물 등의 골조 구조물
> • 거더(girder) : 교량의 상부구조물

094 다음 중 특수신호에 해당하지 않는 것은?

㉮ 발보신호 ㉯ 폭음신호
㉰ 화염신호 ㉱ 수신호

> 특수신호의 종류 : 발보신호, 발광신호, 폭음신호, 화염신호, 발뢰신호

신호기의 종류
- 상치신호기
  - 주신호기 : 장내, 출발, 폐색, 엄포, 유도, 입환 신호기
  - 종속 신호기 : 통과, 원방, 중계, 입환신호기
  - 신호 부속기 : 진로표시기
- 임시신호기 : 서행, 서행예고, 서행해제 신호기
- 수신호 : 대용수신호, 통과수신호, 임시수신호
- 특수신호 : 발보신호, 발광신호, 폭음신호, 화염신호, 발뢰신호

---

095 레일이 열차통과에 의해 궤도방향으로 이동하는 현상인 복진에 대한 원인이 아닌 것은?

㉮ 레일과 차륜과의 마찰, 특히 제동기 사용
㉯ 차륜의 레일이음매 충격
㉰ 레일의 온도신축
㉱ 레일과 침목의 체결강화

> 레일과 침목의 체결이 강화될 때 복진은 예방될 수 있다.

레일복진의 발생원인 및 대책
- 발생원인
  - 레일과 차륜과의 마찰, 특히 제동기 사용
  - 차륜의 레일이음매 충격
  - 레일의 온도신축
  - 차륜 회전의 반작용
  - 열차 진행 시의 레일의 파상운동 등
- 방지대책
  - 레일과 침목의 체결강화
  - 레일앵커 체결
  - 침목 이동방지 등

096 건널목 보안설비 검토사항으로 옳지 않은 것은?

㉮ 건널목 투시거리 및 건널목 길이   ㉯ 건널목의 길이 및 전후의 지형
✓ 열차투시거리 및 열차편성량   ㉱ 열차횟수 및 도로교통량

건널목 보안설비를 설치할 때 열차투시거리는 고려사항으로 볼 수 없다.

> 💡 **TIP**
>
> **건널목 보안설비 종류**
> - 건널목 경보장치
> - 건널목 주의표식
> - 건널목 집중감시장치
> - 건널목 차단기
> - 건널목 지장검지장치

097 레일의 단면형상의 필수조건으로 옳지 않은 것은?

㉮ 두부의 형상은 차륜의 탈선이 쉽지 않아야 한다.
㉯ 차륜과 마찰에 의한 마모저항력이 크고 형상의 변화가 작아야 한다.
㉰ 수직하중, 횡압, 길이 방향의 수평력에 대한 저항력이 커야 한다.
✓ 상수, 하수의 반경이 큰 것은 파손되기 쉬우므로 피해야 한다.

상수, 하수의 반경이 작은 것은 파손되기 쉬우므로 피해야 한다.

> 💡 **TIP**
>
> **레일 단면형상의 필수조건**
> - 두부의 형상은 차륜의 탈선이 쉽지 않아야 한다.
> - 수직하중, 횡압, 길이 방향의 수평력에 대한 저항력이 커야 한다.
> - 차륜과 마찰에 의한 마모저항력이 크고 형상의 변화가 작아야 한다.
> - 저부는 설치하기 용이하도록 넓어야 한다.
> - 상하 중간의 폭은 부식을 고려하여 설정하여야 한다.
> - 상수, 하수의 반경이 작은 것은 파손되기 쉬우므로 피해야 한다.

098 P.C 침목의 단점으로 적절하지 않은 것은?

㉮ 중량이 무거우며 부분파손이 쉬워 취급이 어렵다.
㉯ 레일 체결이 복잡하고 탄성이 부족하여 충격력에 약하다.
㉰ 인력 다지기 시 침목에 의한 손상 우려가 있다.
✅ 침목에 균열이 발생할 시 사용할 수 없다.

> P.C 침목은 균열이 발생하여도 탄성한계 내에서는 사용에 지장이 없다.

099 직류직권전동기의 회전수에 관한 설명으로 옳지 않은 것은?

㉮ 직류직권전동기의 회전수는 단자전압에 비례한다.
㉯ 직류직권전동기의 회전수는 자속수에 반비례한다.
㉰ 전동기의 자속이 포화점에 달할 때까지 자속수는 공급전류에 비례한다.
✅ 주전동기 회전수는 전류에 비례하고 단자전압에 반비례한다.

> 주전동기 회전수는 전류에 반비례하고 단자전압에 비례한다.

100 다음 중 고전압 임펄스 궤도회로의 구성요소에 대한 설명으로 옳지 않은 것은?

㉮ 전압안정기 : 송신기에 교류전원을 안정되게 공급하기 위한 기기이다.
㉯ 수신기 : 비대칭 파형을 수집하여 임펄스는 궤도계전기를 동작시키기 위한 적정 비율의 파형으로 나타낸다.
㉰ 송신기 : 정류부, 송신부, 제어부로 구성되어 비대칭 파형의 임펄스를 궤도에 송신한다.
✅ 궤도계전기 : 전차선의 귀선전류를 흐르게 하고 인접 궤도회로에는 신호전류의 흐름을 차단한다.

> 임피던스 본드에 대한 설명이다. 궤도계전기는 동작에 필요한 직류 전원을 공급하는 수신기에 연결되어 충분한 진폭 및 정확한 비대칭파를 가진 펄스인가를 확인하여 동작한다.

[**4과목**] 열차운전(선택)

101 다음 중 곡선저항에 관한 설명으로 적절하지 않은 것은?

✓ ㉮ 열차가 곡선구간을 주행할 때 곡선의 반지름에 반비례하여 받는 저항을 의미한다.
　　열차가 곡선구간을 주행할 때 곡선의 반지름에 <u>비례</u>하여 받는 저항을 의미한다.
㉯ 곡선저항은 고정축거가 클수록, 궤간이 넓을수록, 곡선반경이 작을수록 커진다.
㉰ 곡선저항의 크기는 캔트량, 슬랙량 등에 의해 좌우된다.
㉱ 내측과 외측 레일의 길이 차이에 의해 발생한다.

> 💡 **TIP**
>
> **곡선저항**
> - 의의
>   열차가 곡선구간을 주행할 때 곡선의 반지름에 비례하여 받는 저항을 의미한다.
> - 발생 원인
>   - 내외 레일 길이차에 의한 저항
>   - 관성 및 원심력에 의한 레일과 차륜간의 마찰저항
>   - 차륜이 곡선 운전 시 회전중심으로부터 전반부는 곡선의 내측으로 후부는 외측으로 활동하게 되어 발생하는 레일과 차륜답면의 마찰저항
> - 특징
>   - 곡선저항의 크기는 선로의 곡선반경의 대소, 캔트량, 슬랙량, 운전속도, 대차고정축거, 레일의 형태 및 마찰력, 속도 등에 의해 좌우된다.
>   - 곡선저항은 고정축거가 클수록, 궤간이 넓을수록, 곡선반경이 작을수록 커진다.

102 다음 중 열차 회수가 많은 선구에 1시간 눈금 DIA를 대신하여 사용하는 열차 다이아(DIA)로 적절한 것은?

✓ ㉮ 10분 눈금 DIA　　　　　　㉯ 30분 눈금 DIA
㉰ 2분 눈금 DIA　　　　　　　㉱ 1분 눈금 DIA

> 💡 **TIP**
>
> **열차 DIA의 종류**
> - 1시간 눈금 DIA : 시간 간격이 1시간 단위로 표시된 DIA로 주로 장기열차계획, 열차시각개정의 구상, 승무원 운용계획, 차량운용계획 등에 사용된다.
> - <u>10분 눈금 DIA</u> : 시간 간격이 10분 단위로 표시된 DIA로 <u>열차 횟수가 많은 구간에 1시간 눈금 DIA를 대신한다.</u>
> - 2분 눈금 DIA : 시간 간격이 2분 단위로 표시된 DIA로 열차 계획의 기본이며 시각개정작업, 임시열차 계획 등에 사용된다.
> - 1분 눈금 DIA : 시간 간격이 1분 단위로 표시된 DIA로 열차 밀도가 높은 수도권의 전동열차 DIA로 사용된다.

103 동력차의 치차비를 선정하는 제한요소와 설명으로 가장 적절하지 않은 것은?

㉠ 지시견인력 – 치차비가 작을수록 기계 각부의 마찰로 인한 손실이 크게 하여 지시견인력을 낮춘다.

> 지시견인력은 기계효율을 100%로 보았을 때의 견인력을 의미한다. 따라서 기계 각부의 마찰로 인한 손실은 고려하지 않는다.

㉡ 차량한계의 제한 – 치차비가 클수록 대치차의 직경이 커진다.

㉢ 최대 허용 회전수 – 치차비가 클수록 전동기의 회전수가 증가하므로 고속운전에 제한된다.

㉣ 기동 견인력 – 견인력이 작아지면 기동 시에 견인력 부족으로 인한 인출불능 또는 가속불량을 초래한다.

> **TIP**
>
> **치차비 선정 시 고려사항**
> - 견인전동기의 최대 허용 회전수 : 회전수가 증가하면 속도도 증가하기 때문에 회전수는 한계가 있다.
> - 차량한계의 제한 : 치차비와 대치차의 직경은 비례하므로 차량 한계에 제한이 있다.
> - 필요한 기동 견인력 : 치차비와 견인력은 비례한다. 견인력이 작아지면 기동 시 인출불능 또는 가속불량이 초래된다.

104 「철도차량운전규칙」에 따른 제한신호의 추정에 대한 설명으로 적절하지 않은 것은?

㉠ 상치신호기(임시신호기 제외)와 수신호가 각각 다른 신호를 현시한 때에는 그 운전을 최대로 제한하는 신호의 현시에 의하여야 한다.

> 상치신호기 또는 임시신호기와 수신호가 각각 다른 신호를 현시한 때에는 그 운전을 최대로 제한하는 신호의 현시에 의하여야 한다. 다만, 사전에 통보가 있을 때에는 통보된 신호에 의한다(「철도차량운전규칙」 제79조 제2항 전단).

㉡ 사전에 통보가 있을 때에는 통보된 신호에 의한다.

> 상치신호기 또는 임시신호기와 수신호가 각각 다른 신호를 현시한 때에는 그 운전을 최대로 제한하는 신호의 현시에 의하여야 한다. 다만, 사전에 통보가 있을 때에는 통보된 신호에 의한다(「철도차량운전규칙」 제79조 제2항 단서).

㉢ 신호를 현시할 소정의 장소에 신호의 현시가 없으면 정지신호의 현시가 있는 것으로 본다.

> 신호를 현시할 소정의 장소에 신호의 현시가 없거나 그 현시가 정확하지 아니할 때에는 정지신호의 현시가 있는 것으로 본다(「철도차량운전규칙」 제79조 제1항 전단).

㉣ 신호를 현시할 소정의 장소에 현시가 정확하지 않으면 정지신호의 현시가 있는 것으로 본다.

> 신호를 현시할 소정의 장소에 신호의 현시가 없거나 그 현시가 정확하지 아니할 때에는 정지신호의 현시가 있는 것으로 본다(「철도차량운전규칙」 제79조 제1항 후단).

105 「철도차량운전규칙」에 따른 주간 또는 야간의 신호에 관한 설명으로 적절하지 않은 것은?

㉮ 주간과 야간의 현시방식을 달리하는 신호·전호 및 표지의 경우 일출 후부터 일몰 전까지는 주간 방식으로 한다.

> 「철도차량운전규칙」 제77조 전단 ⚖

㉯ 주간과 야간의 현시방식을 달리하는 신호·전호 및 표지의 경우 일몰 후부터 다음 날 일출 전까지는 야간 방식으로 한다.

> 「철도차량운전규칙」 제77조 후단 ⚖

㉰ 일출 후부터 일몰 전까지의 경우에도 주간 방식에 따른 신호·전호 또는 표지를 확인하기 곤란한 경우에는 야간 방식에 따른다.

> 「철도차량운전규칙」 제77조 단서 ⚖

✓ ㉱ 조명시설이 설치된 터널 안의 경우라도 신호·전호 및 표지는 반드시 야간 방식에 의한다.

> 지하구간 및 터널 안의 신호·전호 및 표지는 야간의 방식에 의하여야 한다. 다만, 길이가 짧아 빛이 통하는 지하구간 또는 조명시설이 설치된 터널 안 또는 지하 정거장 구내의 경우에는 그러하지 아니하다(「철도차량운전규칙」 제78조).

법령 ⚖

「철도차량운전규칙」 제77조(주간 또는 야간의 신호 등)
주간과 야간의 현시방식을 달리하는 신호·전호 및 표지의 경우 일출 후부터 일몰 전까지는 주간 방식으로, 일몰 후부터 다음 날 일출 전까지는 야간 방식으로 한다. 다만, 일출 후부터 일몰 전까지의 경우에도 주간 방식에 따른 신호·전호 또는 표지를 확인하기 곤란한 경우에는 야간 방식에 따른다.

---

106 다음 중 정해진 운전속도로 한 번에 동력차가 끌 수 있는 최대 차량의 수를 무엇이라고 하는가?

✓ ㉮ 견인정수　　　　　　　　　　㉯ 인자옹견인력
㉰ 동륜주견인력　　　　　　　　㉱ 견인중량

> 견인정수는 일정한 운전속도로 한 번에 동력차가 끌 수 있는 최대 차량의 수를 의미하며, 차량의 수란 실제량수가 아니라 환산량수이다.

107 「철도차량운전규칙」에 따른 신호기의 설명으로 적절하지 않은 것은?

㉮ 진로개통표시기는 차내신호를 사용하는 열차가 운행하는 본선의 분기부에 설치하여 진로의 개통 상태를 표시하는 것

「철도차량운전규칙」 제82조 제3호 다목

㉯ 중계신호기는 장내신호기·출발신호기·폐색신호기 및 엄호신호기에 종속하여 열차에 주신호기가 현시하는 신호의 중계신호를 현시하는 것

「철도차량운전규칙」 제82조 제2호 다목

✔ 통과신호기는 장내신호기에 종속하여 정거장에 진입하는 열차에 신호기가 현시하는 신호를 예고하며, 정거장을 통과할 수 있는지에 대한 신호를 현시하는 것

통과신호기는 출발신호기에 종속하여 정거장에 진입하는 열차에 신호기가 현시하는 신호를 예고하며, 정거장을 통과할 수 있는지에 대한 신호를 현시하는 것이다(「철도차량운전규칙」 제82조 제3호 나목).

㉱ 폐색신호기는 폐색구간에 진입하려는 열차에 대하여 신호를 현시하는 것

「철도차량운전규칙」 제82조 제1호 다목

108 다음에서 설명하는 내용은 「철도차량운전규칙」 제2조(정의)에서 어떤 장소에 해당하는가?

> 차량의 입환 또는 열차의 조성을 위하여 사용되는 장소를 말한다.

㉮ 전차선로

"전차선로"라 함은 전차선 및 이를 지지하는 공작물을 말한다(「철도차량운전규칙」 제2조 제7호).

✔ 조차장

"조차장(操車場)"이라 함은 차량의 입환 또는 열차의 조성을 위하여 사용되는 장소를 말한다(「철도차량운전규칙」 제2조 제14호).

㉰ 정거장

"정거장"이라 함은 여객의 승강(여객 이용시설 및 편의시설을 포함한다), 화물의 적하(積下), 열차의 조성(組成, 철도차량을 연결하거나 분리하는 작업을 말한다), 열차의 교행(交行) 또는 대피를 목적으로 사용되는 장소를 말한다(「철도차량운전규칙」 제2조 제1호).

㉱ 신호소

"신호소"라 함은 상치신호기 등 열차제어시스템을 조작·취급하기 위하여 설치한 장소를 말한다(「철도차량운전규칙」 제2조 제15호).

109 「도시철도운전규칙」상 폐색구간에서 둘 이상의 열차가 동시 운전이 불가능한 경우는?

㉮ 하나의 열차를 분할하여 운전하는 경우

> 「도시철도운전규칙」 제37조 제2항 제4호

㉯ 다른 열차의 차선 바꾸기 지시에 따라 차선을 바꾸기 위하여 운전하는 경우

> 「도시철도운전규칙」 제37조 제2항 제3호

✔ 폐색에 의한 방법으로 운전을 하고 있는 열차를 열차제어장치로 운전하는 경우

> 「도시철도운전규칙」이 아닌 「철도차량운전규칙」에 해당하는 내용이다(「철도차량운전규칙」 제49조 제2항 제6호).

㉱ 선로 불통으로 폐색구간에서 공사열차를 운전하는 경우

> 「도시철도운전규칙」 제37조 제2항 제2호

110 「철도차량운전규칙」상 철도운영자가 열차 또는 차량의 운전제한속도를 정하여야 하는 경우로 적절하지 않은 것은?

✔ 총괄제어법에 따라 열차의 맨 앞에서 제어하는 경우

> 철도운영자 등은 추진운전을 하는 경우(총괄제어법에 따라 열차의 맨 앞에서 제어하는 경우를 제외한다)에는 열차 또는 차량의 운전제한속도를 따로 정하여 시행하여야 한다(「철도차량운전규칙」 제35조 제2호).

㉯ 입환운전을 하는 경우

> 「철도차량운전규칙」 제35조 제5호

㉰ 무인운전 구간에서 운전업무종사자가 탑승하여 운전하는 경우

> 「철도차량운전규칙」 제35조 제9호

㉱ 수신호 현시구간을 운전하는 경우

> 「철도차량운전규칙」 제35조 제7호

111 「도시철도운전규칙」에 따른 용어의 설명으로 적절하지 않은 것은?

㉮ 운전사고란 열차등의 운전으로 인하여 사상자가 발생하거나 도시철도시설이 파손된 것을 말한다.

> 「도시철도운전규칙」 제3조 제8호 ⚖

✓ 정거장이란 여객의 승강(여객 이용시설 및 편의시설을 포함한다), 화물의 적하, 열차의 조성, 열차의 교행 또는 대피를 목적으로 사용되는 장소를 말한다.

> 「철도차량운전규칙」 제2조 제1호에 따른 정거장의 정의에 해당한다. 「도시철도운전규칙」 제3조 제1호에 따른 "정거장"이란 여객의 승차·하차, 열차의 편성, 차량의 입환(入換) 등을 위한 장소를 말한다.

㉰ 차량이란 선로에서 운전하는 열차 외의 전동차·궤도시험차·전기시험차 등을 말한다.

> 「도시철도운전규칙」 제3조 제4호 ⚖

㉱ 노면전차란 도로면의 궤도를 이용하여 운행되는 열차를 말한다.

> 「도시철도운전규칙」 제3조 제10호 ⚖

법령 ⚖

「도시철도운전규칙」 제3조(정의)

이 규칙에서 사용하는 용어의 뜻은 다음과 같다.
1. "정거장"이란 여객의 승차·하차, 열차의 편성, 차량의 입환(入換) 등을 위한 장소를 말한다.
2. "선로"란 궤도 및 이를 지지하는 인공구조물을 말하며, 열차의 운전에 상용(常用)되는 본선(本線)과 그 외의 측선(側線)으로 구분된다.
3. "열차"란 본선에서 운전할 목적으로 편성되어 열차번호를 부여받은 차량을 말한다.
4. "차량"이란 선로에서 운전하는 열차 외의 전동차·궤도시험차·전기시험차 등을 말한다.
5. "운전보안장치"란 열차 및 차량(이하 "열차 등"이라 한다)의 안전운전을 확보하기 위한 장치로서 폐색장치, 신호장치, 연동장치, 선로전환장치, 경보장치, 열차자동정지장치, 열차자동제어장치, 열차자동운전장치, 열차종합제어장치 등을 말한다.
6. "폐색(閉塞)"이란 선로의 일정구간에 둘 이상의 열차를 동시에 운전시키지 아니하는 것을 말한다.
7. "전차선로"란 전차선 및 이를 지지하는 인공구조물을 말한다.
8. "운전사고"란 열차 등의 운전으로 인하여 사상자(死傷者)가 발생하거나 도시철도시설이 파손된 것을 말한다.
9. "운전장애"란 열차 등의 운전으로 인하여 그 열차 등의 운전에 지장을 주는 것 중 운전사고에 해당하지 아니하는 것을 말한다.
10. "노면전차"란 도로면의 궤도를 이용하여 운행되는 열차를 말한다.
11. "무인운전"이란 사람이 열차 안에서 직접 운전하지 아니하고 관제실에서의 원격조종에 따라 열차가 자동으로 운행되는 방식을 말한다.
12. "시계운전(視界運轉)"이란 사람의 맨눈에 의존하여 운전하는 것을 말한다.

112. 「철도차량운전규칙」상 야간에 가거라전호의 방법으로 적절한 것은?

㉮ 녹색등을 좌·우로 흔든다.
✅ 녹색등을 위·아래로 흔든다.
㉰ 녹색기를 위·아래로 흔든다.
㉱ 녹색기를 좌·우로 흔든다.

가거라전호의 경우 야간에는 녹색등을 위·아래로 흔든다(「철도차량운전규칙」 제101조 제1항 제2호).

> **법령**
>
> 「철도차량운전규칙」 제101조 제1항(입환전호 방법)
> ① 입환작업자(기관사를 포함한다)는 서로 맨눈으로 확인할 수 있도록 다음 각 호의 방법으로 입환전호해야 한다.
>   1. 오너라전호
>   가. 주간 : 녹색기를 좌우로 흔든다. 다만, 부득이한 경우에는 한 팔을 좌우로 움직임으로써 이를 대신할 수 있다.
>   나. 야간 : 녹색등을 좌우로 흔든다.
>   2. 가거라전호
>   가. 주간 : 녹색기를 위·아래로 흔든다. 다만, 부득이한 경우에는 한 팔을 위·아래로 움직임으로써 이를 대신할 수 있다.
>   나. 야간 : 녹색등을 위·아래로 흔든다.
>   3. 정지전호
>   가. 주간 : 적색기. 다만, 부득이한 경우에는 두 팔을 높이 들어 이를 대신할 수 있다.
>   나. 야간 : 적색등

113. 물체가 어떤 면과 접촉하여 운동할 때 그 물체의 운동을 방해하는 힘으로 운동 방향의 반대 방향으로 작용하려는 힘은 무엇인가?

㉮ 관성력

> 정지한 물체는 계속 정지하려고 하고, 움직이는 물체는 계속 움직이려고 하는 힘이다.

㉯ 원심력

> 원운동을 하는 물체가 중심 밖으로 나가려는 가상의 힘이다. 원심력의 크기는 구심력과 같고, 방향은 구심력과 반대이다.

㉰ 구심력

> 원운동을 하는 물체가 원의 궤도를 벗어나지 않고 운동하게 하는 힘으로, 원의 중심(구심)방향으로 작용한다.

✅ 마찰력

> 물체가 어떤 면과 접촉하여 운동할 때 그 물체의 운동을 방해하는 힘으로 운동 방향의 반대 방향으로 작용하려는 힘이다.

114 「철도차량운전규칙」에 따른 작업전호에 관한 내용으로 적절하지 않은 것은?

㉮ 여객 또는 화물의 취급을 위하여 정지위치를 지시할 때

> 「철도차량운전규칙」 제102조 제1호 ⚖

✓ 퇴행 또는 추진운전 시 열차의 맨 뒤 차량에 승무한 직원이 철도차량운전자에 대하여 운전상 필요한 연락을 할 때

> 퇴행 또는 추진운전시 열차의 맨 앞 차량에 승무한 직원이 철도차량운전자에 대하여 운전상 필요한 연락을 할 때에는 전호의 방식을 정하여 그 전호에 따라 작업을 하여야 한다(「철도차량운전규칙」 제102조 제2호). ⚖

㉰ 신호기 취급직원 또는 입환전호를 하는 직원과 선로전환기취급 직원간에 선로전환기의 취급에 관한 연락을 할 때

> 「철도차량운전규칙」 제102조 제4호 ⚖

㉱ 열차의 관통제동기의 시험을 할 때

> 「철도차량운전규칙」 제102조 제5호 ⚖

「철도차량운전규칙」 제102조(작업전호)
다음 각 호의 어느 하나에 해당하는 때에는 전호의 방식을 정하여 그 전호에 따라 작업을 하여야 한다.
1. 여객 또는 화물의 취급을 위하여 정지위치를 지시할 때
2. 퇴행 또는 추진운전시 열차의 맨 앞 차량에 승무한 직원이 철도차량운전자에 대하여 운전상 필요한 연락을 할 때
3. 검사·수선연결 또는 해방을 하는 경우에 당해 차량의 이동을 금지시킬 때
4. 신호기 취급직원 또는 입환전호를 하는 직원과 선로전환기취급 직원간에 선로전환기의 취급에 관한 연락을 할 때
5. 열차의 관통제동기의 시험을 할 때

115 다음 중 공주거리에 관한 설명으로 가장 적절하지 않은 것은?

㉮ 전제동거리에서 실제동거리를 뺀 값이다.

✓ 제동초속도에 반비례한다.

> 공주거리의 공식은 다음과 같다.
> 공주거리 = 제동초속도(m/s) × 공주시간
> 따라서, 공주거리는 제동초속도에 비례한다.

㉰ 유효제동률은 75%이다.

㉱ 제동변을 제동위치로 이동시킨 후 제동이 작용하기까지 주행한 거리를 말한다.

116 「철도차량운전규칙」상 주의신호의 현시가 신호현시의 기본원칙인 것으로 적절한 것은?

㉮ 장내신호기

> 장내신호기는 정지신호를 현시함을 기본으로 한다(「철도차량운전규칙」 제85조 제1항 제1호).

㉯ 자동폐색신호기

> 자동폐색신호기 및 반자동폐색신호기는 진행을 지시하는 신호를 현시함을 기본으로 한다. 다만, 단선구간의 경우에는 정지신호를 현시함을 기본으로 한다(「철도차량운전규칙」 제85조 제2항).

✓ ㉰ 원방신호기

> 원방신호기는 주의신호를 현시함을 기본으로 한다(「철도차량운전규칙」 제85조 제7호).

㉱ 단선구간의 반자동폐색신호기

> 자동폐색신호기 및 반자동폐색신호기는 진행을 지시하는 신호를 현시함을 기본으로 한다. 다만, 단선구간의 경우에는 정지신호를 현시함을 기본으로 한다(「철도차량운전규칙」 제85조 제2항).

117 「도시철도운전규칙」에 관한 설명으로 적절하지 않은 것은?

㉮ 도시철도운영자는 소속직원의 자질 향상을 위하여 적절한 국내연수 또는 국외연수 교육을 실시할 수 있다.

> 「도시철도운전규칙」 제4조 제2항

㉯ 도시철도운영자는 재해를 예방하고 안전성을 확보하기 위하여 도시철도시설의 안전점검 등 안전조치를 하여야 한다.

> 「도시철도운전규칙」 제5조 제2항

㉰ 도시철도운영자는 안전운전과 이용승객의 편의 증진을 위하여 장기·단기계획을 수립하여 시행하여야 한다.

> 「도시철도운전규칙」 제8조

✓ ㉱ 도시철도운영자는 도시철도의 안전과 관련이 있는 자격을 갖춘 사람이더라도 반드시 적성검사와 정해진 교육을 통해 지식과 기능을 습득한 후 업무에 종사하도록 하여야 한다.

> 도시철도운영자는 도시철도의 안전과 관련된 업무에 종사하는 직원에 대하여 적성검사와 정해진 교육을 하여 도시철도 운전 지식과 기능을 습득한 것을 확인한 후 그 업무에 종사하도록 하여야 한다. 다만, 해당 업무와 관련이 있는 자격을 갖춘 사람에 대해서는 적성검사나 교육의 전부 또는 일부를 면제할 수 있다(「도시철도운전규칙」 제4조 제1항).

118 질량 250kg을 100N의 힘으로 작용하였을 때의 가속도로 적절한 것은?

㉮ 2.5(m/sec²)
✔ ㉯ 0.4(m/sec²)
㉰ 0.85(m/sec²)
㉱ 1.25(m/sec²)

> 뉴턴(Newton)의 운동 제2법칙(가속도의 법칙) 공식을 활용하여 가속도를 구할 수 있다.
> 뉴턴의 운동 제2법칙은 $F = m\alpha$이다. (이때 F = 물체에 작용하는 힘, m = 물체의 질량, α = 물체의 가속도)
> 따라서 α(가속도) = $\dfrac{F(\text{물체에 작용하는 힘})}{m(\text{물체의 질량})}$ = $\dfrac{100N}{250kg}$ = 0.4m/sec² 이다.

119 「철도차량운전규칙」상 열차에 탑승하여야 하는 철도종사자에 관한 설명으로 적절하지 않은 것은?

✔ ㉮ 열차에는 운전업무종사자와 여객역무원을 반드시 탑승시켜야 한다.

> 열차에는 운전업무종사자와 여객승무원을 탑승시켜야 한다. 다만, 해당 선로의 상태, 열차에 연결되는 차량의 종류, 철도차량의 구조 및 장치의 수준 등을 고려하여 열차운행의 안전에 지장이 없다고 인정되는 경우에는 운전업무종사자 외의 다른 철도종사자를 탑승시키지 않거나 인원을 조정할 수 있다(「철도차량운전규칙」제7조 제1항).

㉯ 선로의 상태 등을 고려하여 열차운행의 안전에 지장이 없다고 인정되는 경우에는 운전업무종사자 외의 다른 철도종사자의 탑승 인원을 조정할 수 있다.

> 「철도차량운전규칙」제7조 제1항

㉰ 열차에 연결되는 차량의 종류 등을 고려하여 열차운행의 안전에 지장이 없다고 인정되는 경우에는 운전업무종사자 외의 다른 철도종사자를 탑승시키지 않을 수 있다.

> 「철도차량운전규칙」제7조 제1항

㉱ 무인운전의 경우에는 운전업무종사자를 탑승시키지 않을 수 있다.

> 「철도차량운전규칙」제7조 제2항

법령

「철도차량운전규칙」제7조(열차에 탑승하여야 하는 철도종사자)
① 열차에는 운전업무종사자와 여객승무원을 탑승시켜야 한다. 다만, 해당 선로의 상태, 열차에 연결되는 차량의 종류, 철도차량의 구조 및 장치의 수준 등을 고려하여 열차운행의 안전에 지장이 없다고 인정되는 경우에는 운전업무종사자 외의 다른 철도종사자를 탑승시키지 않거나 인원을 조정할 수 있다.
② 제1항에도 불구하고 무인운전의 경우에는 운전업무종사자를 탑승시키지 않을 수 있다.

120. 「도시철도운전규칙」에 따른 입환전호 중 주간의 접근전호는?

㉮ 한 팔을 상하로 움직이는 것으로 대신할 수 있다.

✔ 녹색기를 좌우로 흔든다. 「도시철도운전규칙」 제74조 제1호 가목

㉰ 녹색기를 상하로 흔든다.

㉱ 두 팔을 높이 드는 것으로 대신할 수 있다.

> **법령**
>
> 「도시철도운전규칙」 제74조(입환전호)
> 입환전호방식은 다음과 같다.
> 1. 접근전호
>   가. 주간 : 녹색기를 좌우로 흔든다. 다만, 부득이한 경우에는 한 팔을 좌우로 움직이는 것으로 대신할 수 있다.
>   나. 야간 : 녹색등을 좌우로 흔든다.
> 2. 퇴거전호
>   가. 주간 : 녹색기를 상하로 흔든다. 다만, 부득이한 경우에는 한 팔을 상하로 움직이는 것으로 대신할 수 있다.
>   나. 야간 : 녹색등을 상하로 흔든다.
> 3. 정지전호
>   가. 주간 : 적색기를 흔든다. 다만, 부득이한 경우에는 두 팔을 높이 드는 것으로 대신할 수 있다.
>   나. 야간 : 적색등을 흔든다.

121. 「도시철도운전규칙」에 따른 폐색방식의 구분에 관한 설명으로 적절하지 않은 것은?

㉮ 열차를 운전하는 경우에는 일상적으로 사용할 때에는 상용폐색방식을 사용한다.

「도시철도운전규칙」 제51조 제1항 전단

㉯ 폐색장치의 고장이나 그 밖의 사유로 상용폐색방식에 따를 수 없을 때에는 대용폐색방식을 사용한다.

「도시철도운전규칙」 제51조 제1항 후단

㉰ 폐색방식에 따를 수 없을 때에는 전령법에 따르거나 무폐색운전을 한다.

「도시철도운전규칙」 제51조 제2항

✔ 대용폐색방식은 자동폐색식 또는 차내신호폐색식에 따른다.

상용폐색방식은 자동폐색식 또는 차내신호폐색식에 따른다(「도시철도운전규칙」 제52조).

122 다음 중 속도 제곱에 비례하는 저항으로 적절한 것을 모두 고르면?

> ㄱ. 공기의 저항 ㄴ. 차량의 동요에 의한 저항
> ㄷ. 충격에 의한 저항 ㄹ. 플랜지와 레일 간의 마찰저항

㉮ ㄱ ✓㉯ ㄱ, ㄴ
㉰ ㄱ, ㄴ, ㄷ ㉱ ㄱ, ㄴ, ㄷ, ㄹ

ㄱ. (○) 공기의 저항이란 공기 속을 운동하는 물체가 공기로부터 받는 저항을 의미하며, 이는 속도의 제곱에 비례한다.
ㄴ. (○) 운전의 속도가 높아지면 차량은 상하좌우 등으로 동요가 생긴다. 이때 동요로 인해 생기는 저항을 동요에 의한 저항이라고 하며, 이는 속도의 제곱에 비례한다.
ㄷ. (×)
ㄹ. (×)

💡 TIP

주행저항의 요소
- 속도와 관계없는 요소
  - 기계부분의 마찰저항
  - 차축과 축수 간의 마찰저항
  - 차륜 답면과 레일면과의 마찰저항
- 속도에 비례하는 요소
  - 플랜지와 레일 옆면 간의 마찰저항
  - 기계부의 충격에 의한 저항
- 속도의 제곱에 비례하는 요소
  - 공기의 저항
  - 동요에 의한 저항

123 다음 중 공전을 방지하기 위해 취해야 할 운전 방식으로 적절하지 않은 것은?

㉮ 기울기가 심한 선로에서는 가·감간을 적절하게 조절한다.
㉯ 동력차 보수 상태를 최적의 상태로 유지한다.
✓㉰ 가속 전진을 위해 "동륜주견인력＞동륜과 레일면의 마찰력＞열차저항"의 상태가 되도록 한다.

> 공전을 방지하기 위해서는 동륜주견인력을 작게 하거나 점착견인력을 크게 한다. 특히 공전을 하지 않고 가속 전진을 위해 "동륜과 레일면의 마찰력＞동륜주견인력＞열차저항"의 상태가 되도록 한다.

㉱ 열차의 바퀴와 레일 가운데에 모래를 뿌려 점착견인력을 크게 한다.

124 「철도차량운전규칙」상 2 이상 열차를 동시에 정거장에 진입·진출시킬 수 있는 경우로 적절하지 않은 것은?

㉮ 열차를 유도하여 서행으로 진입시키는 경우

> 「철도차량운전규칙」 제28조 제2호.

✅ ㉯ 다른 방향에서 진입하는 동차가 정차위치로부터 200미터 이상의 여유거리가 있는 경우

> 2 이상의 열차가 정거장에 진입하거나 정거장으로부터 진출하는 경우로서 열차 상호간 그 진로에 지장을 줄 염려가 있는 경우에는 2 이상의 열차를 동시에 정거장에 진입시키거나 진출시킬 수 없다. 다만, 다른 방향에서 진입하는 열차들이 출발신호기 또는 정차위치로부터 200미터(동차·전동차의 경우에는 150미터) 이상의 여유거리가 있는 경우에는 그러하지 아니하다(「철도차량운전규칙」 제28조 제4호).

㉰ 동일방향에서 진입하는 열차들이 각 정차위치에서 100미터 이상의 여유거리가 있는 경우

> 「철도차량운전규칙」 제28조 제5호.

㉱ 안전측선·탈선선로전환기·탈선기가 설치되어 있는 경우

> 「철도차량운전규칙」 제28조 제1호.

법령

「철도차량운전규칙」 제28조(열차의 동시 진출·입 금지)
2 이상의 열차가 정거장에 진입하거나 정거장으로부터 진출하는 경우로서 열차 상호간 그 진로에 지장을 줄 염려가 있는 경우에는 2 이상의 열차를 동시에 정거장에 진입시키거나 진출시킬 수 없다. 다만, 다음 각 호의 어느 하나에 해당하는 경우에는 그러하지 아니하다.
1. 안전측선·탈선선로전환기·탈선기가 설치되어 있는 경우
2. 열차를 유도하여 서행으로 진입시키는 경우
3. 단행기관차로 운행하는 열차를 진입시키는 경우
4. 다른 방향에서 진입하는 열차들이 출발신호기 또는 정차위치로부터 200미터(동차·전동차의 경우에는 150미터) 이상의 여유거리가 있는 경우
5. 동일방향에서 진입하는 열차들이 각 정차위치에서 100미터 이상의 여유거리가 있는 경우

125 「철도차량운전규칙」에 관한 설명으로 적절하지 않은 것은?

㉮ 지도권은 지도표를 가지고 있는 정거장 또는 신호소에서 서로 협의를 한 후 발행하여야 한다.

> 「철도차량운전규칙」 제60조 제2항

㉯ 지도통신식을 시행하는 구간에는 폐색구간 양끝의 정거장 또는 신호소의 통신설비를 사용하여 시행한다.

> 「철도차량운전규칙」 제59조 제1항

✔ 지도권에는 사용구간, 발행일자 그리고 사용열차번호를 기입하여야 한다.

> 지도권에는 사용구간·사용열차·발행일자 및 지도표 번호를 기입하여야 한다(「철도차량운전규칙」 제62조 제2항).

㉰ 지도표에는 그 구간 양끝의 정거장명·발행일자를 기입하여야 한다.

> 「철도차량운전규칙」 제62조 제2항

제9회 기출유형 모의고사

[1과목] 교통법규

001	002	003	004	005	006	007	008	009	010	011	012	013	014	015	016	017	018	019	020
㉮	㉱	㉯	㉯	㉯	㉱	㉱	㉰	㉯	㉯	㉯	㉮	㉰	㉮	㉱	㉱	㉯	㉯	㉯	㉱
021	022	023	024	025	026	027	028	029	030	031	032	033	034	035	036	037	038	039	040
㉰	㉯	㉯	㉯	㉯	㉮	㉯	㉱	㉯	㉮	㉰	㉰	㉰	㉰	㉱	㉱	㉱	㉯	㉯	㉮
041	042	043	044	045	046	047	048	049	050										
㉱	㉱	㉯	㉯	㉯	㉯	㉯	㉯	㉯	㉯										

[2과목] 교통안전관리론

051	052	053	054	055	056	057	058	059	060	061	062	063	064	065	066	067	068	069	070
㉯	㉮	㉯	㉯	㉱	㉱	㉰	㉯	㉱	㉰	㉯	㉯	㉱	㉯	㉮	㉮	㉯	㉮	㉯	㉰
071	072	073	074	075															
㉯	㉰	㉮	㉯	㉮															

[3과목] 철도공학

076	077	078	079	080	081	082	083	084	085	086	087	088	089	090	091	092	093	094	095
㉯	㉯	㉯	㉯	㉮	㉰	㉱	㉱	㉱	㉱	㉮	㉰	㉱	㉮	㉱	㉰	㉱	㉱	㉱	㉯
096	097	098	099	100															
㉮	㉯	㉯	㉯	㉯															

[4과목] 열차운전(선택과목)

101	102	103	104	105	106	107	108	109	110	111	112	113	114	115	116	117	118	119	120
㉱	㉱	㉮	㉱	㉯	㉰	㉯	㉰	㉱	㉯	㉯	㉯	㉱	㉯	㉯	㉯	㉰	㉮	㉯	㉮	㉱
121	122	123	124	125															
㉰	㉮	㉯	㉯	㉯															

1과목 교통법규

001 다음은 철도산업발전기본계획의 변경절차를 생략할 수 있는 경미한 변경사항에 관한 설명이다. 이때 ㉠~㉢에 들어갈 단어가 바르게 짝지어진 것은?

- 철도시설투자사업 규모의 (㉠)의 범위 안에서의 변경
- 철도시설투자사업 총투자비용의 (㉡)의 범위 안에서의 변경
- 철도시설투자사업 기간의 (㉢)의 기간 내에서의 변경

✓ ㉮ ㉠ : 100분의 1, ㉡ 100분의 1, ㉢ 2년
㉯ ㉠ : 100분의 1, ㉡ 100분의 5, ㉢ 2년
㉰ ㉠ : 100분의 5, ㉡ 100분의 1, ㉢ 5년
㉱ ㉠ : 100분의 5, ㉡ 100분의 5, ㉢ 5년

> 국토교통부장관은 수립된 기본계획을 변경(대통령령으로 정하는 경미한 변경은 제외한다)하고자 하는 때에는 미리 기본계획과 관련이 있는 행정기관의 장과 협의한 후 철도산업위원회의 심의를 거쳐야 한다. 이때 대통령령으로 정하는 경미한 변경은 다음과 같다(「철도산업발전기본법」 제5조 제4항, 동법 시행령 제4조).
> - 철도시설투자사업 규모의 100분의 1의 범위 안에서의 변경
> - 철도시설투자사업 총투자비용의 100분의 1의 범위 안에서의 변경
> - 철도시설투자사업 기간의 2년의 기간 내에서의 변경

법령

「철도산업발전기본법」 제5조(철도산업발전기본계획의 수립 등)
④ 국토교통부장관은 기본계획을 수립하고자 하는 때에는 미리 기본계획과 관련이 있는 행정기관의 장과 협의한 후 제6조에 따른 철도산업위원회의 심의를 거쳐야 한다. 수립된 기본계획을 변경(대통령령으로 정하는 경미한 변경은 제외한다)하고자 하는 때에도 또한 같다.

「철도산업발전기본법 시행령」 제4조(철도산업발전기본계획의 경미한 변경)
법 제5조 제4항 후단에서 "대통령령이 정하는 경미한 변경"이라 함은 다음 각 호의 변경을 말한다.
1. 철도시설투자사업 규모의 100분의 1의 범위 안에서의 변경
2. 철도시설투자사업 총투자비용의 100분의 1의 범위 안에서의 변경
3. 철도시설투자사업 기간의 2년의 기간 내에서의 변경

002 「철도산업발전기본법령」에 따른 비상사태 시 처분과 관련한 설명 중 빈칸에 들어갈 수 없는 단어는?

> • 국토교통부장관은 비상사태 시 철도서비스의 수급안정을 위해 대통령령이 정하는 사항에 관해 조정·명령 그 밖의 필요한 조치를 할 수 있다.
> • 이때 "대통령령이 정하는 사항"이라 함은 (　　　)의 사항을 말한다.

㉮ 철도시설의 임시사용　「철도산업발전기본법 시행령」 제49조 제1호 ⚖

㉯ 철도시설의 사용제한 및 접근 통제　「철도산업발전기본법 시행령」 제49조 제2호 ⚖

㉰ 철도시설의 긴급복구 및 복구지원　「철도산업발전기본법 시행령」 제49조 제3호 ⚖

✓ 철도시설 운영자·관리자에 대한 수색

'철도역·철도차량에 대한 수색'이 적절하다(「철도산업발전기본법 시행령」 제49조 제4호). ⚖

법령 ⚖

「철도산업발전기본법」 제36조(비상사태 시 처분)
① 국토교통부장관은 천재·지변·전시·사변, 철도교통의 심각한 장애 그 밖에 이에 준하는 사태의 발생으로 인하여 철도서비스에 중대한 차질이 발생하거나 발생할 우려가 있다고 인정하는 경우에는 필요한 범위 안에서 철도시설관리자·철도운영자 또는 철도이용자에게 다음 각 호의 사항에 관한 조정·명령 그 밖의 필요한 조치를 할 수 있다.
  1. 지역별·노선별·수송대상별 수송 우선순위 부여 등 수송통제
  2. 철도시설·철도차량 또는 설비의 가동 및 조업
  3. 대체수송수단 및 수송로의 확보
  4. 임시열차의 편성 및 운행
  5. 철도서비스 인력의 투입
  6. 철도이용의 제한 또는 금지
  7. 그 밖에 철도서비스의 수급안정을 위하여 대통령령으로 정하는 사항

「철도산업발전기본법 시행령」 제49조(비상사태 시 처분)
법 제36조 제1항 제7호에서 "대통령령이 정하는 사항"이라 함은 다음 각 호의 사항을 말한다.
  1. 철도시설의 임시사용
  2. 철도시설의 사용제한 및 접근 통제
  3. 철도시설의 긴급복구 및 복구지원
  4. 철도역 및 철도차량에 대한 수색 등

003 「철도안전법령」상 지위승계의 신고에 관한 설명으로 빈칸에 들어갈 제출대상으로 옳은 것은?

> 철도차량 제작자승인의 지위를 승계하는 자는 철도차량 제작자승계신고서에 일정 서류를 첨부하여 (　　　)에게 제출하여야 한다.

㉮ 시·도지사
㉯ **국토교통부장관**
㉰ 행정안전부장관
㉱ 지방행정기관의 장

철도차량 제작자승인의 지위를 승계하는 자는 철도차량 제작자승계신고서에 서류를 첨부하여 **국토교통부장관**에게 제출하여야 한다(「철도안전법 시행규칙」 제55조 제1항).

---

004 「철도안전법령」상 규제의 재검토와 관련한 설명으로 빈칸에 적절한 규제의 재검토 주기로 옳은 것은?

> 국토교통부장관은 다음의 사항에 대하여 2020년 1월 1일을 기준으로 (　　　)마다 그 타당성을 검토하여 개선 등의 조치를 하여야 한다.
> - 신체검사 방법·절차·합격기준 등
> - 적성검사 방법·절차 및 합격기준 등
> - 위해물품의 종류 등
> - 안전전문기관의 세부 지정기준 등

㉮ 1년
㉯ **3년**
㉰ 5년
㉱ 10년

국토교통부장관은 다음 각 호의 사항에 대하여 2020년 1월 1일을 기준으로 **3년마다** 그 타당성을 검토하여 개선 등의 조치를 하여야 한다(「철도안전법 시행규칙」 제96조).

법령

「철도안전법 시행규칙」 제96조(규제의 재검토)

국토교통부장관은 다음 각 호의 사항에 대하여 2020년 1월 1일을 기준으로 3년마다(매 3년이 되는 해의 1월 1일 전까지를 말한다) 그 타당성을 검토하여 개선 등의 조치를 하여야 한다.
1. 제12조에 따른 신체검사 방법·절차·합격기준 등
2. 제16조에 따른 적성검사 방법·절차 및 합격기준 등
3. 삭제
4. 제78조에 따른 위해물품의 종류 등
5. 제92조의3 및 별표 25에 따른 안전전문기관의 세부 지정기준 등

005 다음 중 철도시설관리자와 철도운영자가 특정노선 및 역의 폐지와 관련 철도서비스의 제한 또는 중지 등 필요한 조치를 취할 수 있는 경우를 모두 고른 것은?

> ㄱ. 원인제공자가 조정에 따르지 아니한 경우
> ㄴ. 원인제공자가 공익서비스비용을 부담하지 아니한 경우
> ㄷ. 승인신청자가 경영개선을 적절한 조치로 취하여 수지균형의 확보가 가능한 경우
> ㄹ. 보상계약체결에도 불구하고 공익서비스비용에 대한 적정한 보상이 이루어지지 아니한 경우
> ㅁ. 승인신청자가 철도서비스를 제공하고 있는 노선 또는 역에 대하여 철도의 경영개선을 위한 적절한 조치를 취하였음에도 불구하고 수지균형의 확보가 극히 곤란하여 경영상 어려움이 발생한 경우

㉮ ㄱ, ㄴ, ㄷ
㉯ ㄱ, ㄴ, ㄹ, ㅁ ✓
㉰ ㄴ, ㄷ, ㄹ, ㅁ
㉱ ㄱ, ㄴ, ㄷ, ㄹ, ㅁ

> ㄱ. (○) 「철도산업발전기본법」 제34조 제1항 제4호 ⚖
> ㄴ. (○) 「철도산업발전기본법」 제34조 제1항 제3호 ⚖
> ㄷ. (✕)
> ㄹ. (○) 「철도산업발전기본법」 제34조 제1항 제2호 ⚖
> ㅁ. (○) 「철도산업발전기본법」 제34조 제1항 제1호 ⚖

법령 ⚖

「철도산업발전기본법」 제34조(특정노선 폐지 등의 승인)
① 철도시설관리자와 철도운영자(이하 "승인신청자"라 한다)는 다음 각 호의 어느 하나에 해당하는 경우에 국토교통부장관의 승인을 얻어 특정노선 및 역의 폐지와 관련 철도서비스의 제한 또는 중지 등 필요한 조치를 취할 수 있다.
  1. 승인신청자가 철도서비스를 제공하고 있는 노선 또는 역에 대하여 철도의 경영개선을 위한 적절한 조치를 취하였음에도 불구하고 수지균형의 확보가 극히 곤란하여 경영상 어려움이 발생한 경우
  2. 제33조에 따른 보상계약체결에도 불구하고 공익서비스비용에 대한 적정한 보상이 이루어지지 아니한 경우
  3. 원인제공자가 공익서비스비용을 부담하지 아니한 경우
  4. 원인제공자가 제33조 제5항에 따른 조정에 따르지 아니한 경우

006 국토교통부장관은 국가부담비용지급신청서를 제출받은 때에는 이를 검토하여 매 (　　) 마다 (　　)에 국가부담비용을 지급하여야 한다. 빈칸에 들어갈 단어를 순서대로 나열한 것은?

㉮ 분기, 반기 말
㉯ 분기, 반기 초
㉰ 반기, 반기 말
㉱ 반기, 반기 초 ✓

> 국토교통부장관은 국가부담비용지급신청서를 제출받은 때에는 이를 검토하여 매 반기마다 반기 초에 국가부담비용을 지급하여야 한다(「철도산업발전기본법」 제41조 제2항).

007 「교통안전법」에 따라 다음에서 설명하는 적절한 용어로 옳은 것은?

> 국민의 교통안전의식의 수준 또는 교통문화의 수준을 객관적으로 측정하기 위한 지수

㉮ 교통안전지수
㉯ 교통의식지수
㉰ 교통사고지수
✔ 교통문화지수

> 지정행정기관의 장은 소관 분야와 관련된 국민의 <u>교통안전의식의 수준 또는 교통문화의 수준을 객관적으로 측정하기 위한 지수</u>(이하 "교통문화지수"라 한다)를 개발·조사·작성하여 그 결과를 공표할 수 있다(「교통안전법」 제57조 제1항).

008 「철도안전법」상 철도안전 우수운영자 지정관 관한 설명으로 옳은 것은?

㉮ 지정행정기관의 장은 안전관리 수준평가 결과에 따라 철도운영자 등을 대상으로 철도안전 우수운영자를 지정할 수 있다.

> <u>국토교통부장관</u>은 안전관리 수준평가 결과에 따라 철도운영자 등을 대상으로 철도안전 우수운영자를 지정할 수 있다(「철도안전법」 제9조의4 제1항).

㉯ 철도안전 우수운영자로 지정을 받은 자는 철도차량, 철도시설이나 관련 문서 등에 철도안전 우수운영자로 지정되었음을 나타내는 표시를 하여야 한다.

> 철도안전 우수운영자로 지정을 받은 자는 철도차량, 철도시설이나 관련 문서 등에 철도안전 우수운영자로 지정되었음을 나타내는 표시를 <u>할 수 있다</u>(「철도안전법」 제9조의4 제2항).

✔ 지정을 받은 자가 아니면 철도차량, 철도시설이나 관련 문서 등에 우수운영자로 지정되었음을 나타내는 표시를 하거나 이와 유사한 표시를 하여서는 아니 된다.

> 「철도안전법」 제9조의4 제3항

㉰ 철도안전 우수운영자 지정의 대상, 기준, 방법, 절차 등에 필요한 사항은 대통령령으로 정한다.

> 철도안전 우수운영자 지정의 대상, 기준, 방법, 절차 등에 필요한 사항은 <u>국토교통부령</u>으로 정한다(「철도안전법」 제9조의4 제5항).

009 다음 중 교통시설안전진단보고서에 포함되는 사항을 모두 고른 것은?

ㄱ. 교통시설안전진단 대상의 종류
ㄴ. 교통시설안전진단 대상의 상태 및 결함 내용
ㄷ. 교통시설안전진단의 결과에 따른 조치내용
ㄹ. 그 밖에 교통안전관리에 필요한 사항

㉮ ㄱ, ㄴ, ㄷ　　　　　　　　　　☑ ㄱ, ㄴ, ㄹ
㉰ ㄴ, ㄷ, ㄹ　　　　　　　　　　㉱ ㄷ, ㄹ

ㄱ. (○) 「교통안전법 시행령」 제26조 제2호
ㄴ. (○) 「교통안전법 시행령」 제26조 제4호
ㄷ. (×)
ㄹ. (○) 「교통안전법 시행령」 제26조 제6호

법령

「교통안전법 시행령」 제26조(교통시설안전진단보고서)
법 제34조 제2항, 제4항 및 제6항에 따른 교통시설안전진단보고서에는 다음 각 호의 사항이 포함되어야 한다.
1. 교통시설안전진단을 받아야 하는 자의 명칭 및 소재지
2. 교통시설안전진단 대상의 종류
3. 교통시설안전진단의 실시기간과 실시자
4. 교통시설안전진단 대상의 상태 및 결함 내용
5. 교통안전진단기관의 권고사항
6. 그 밖에 교통안전관리에 필요한 사항

010 「철도안전법」상 철도특별사법경찰관리가 사용할 수 있는 직무장비에 해당하는 것을 모두 고르면?

ㄱ. 수갑　　　　　　　　　ㄴ. 포승
ㄷ. 권총　　　　　　　　　ㄹ. 가스발사총

㉮ ㄱ, ㄴ, ㄷ　　　　　　　　　　☑ ㄱ, ㄴ, ㄹ
㉰ ㄱ, ㄷ, ㄹ　　　　　　　　　　㉱ ㄴ, ㄷ, ㄹ

"직무장비"란 철도특별사법경찰관리가 휴대하여 범인검거와 피의자 호송 등의 직무수행에 사용하는 ㄱ. 수갑, ㄴ. 포승, 가스분사기, ㄹ. 가스발사총(고무탄 발사겸용인 것을 포함한다. 이하 같다), 전자충격기, 경비봉을 말한다(「철도안전법」 제48조의5 제2항).

011 다음 중 교통수단안전점검의 항목에 해당하지 않는 것은?

㉮ 교통안전 관계 법령의 위반 여부 확인 「교통안전법 시행령」 제20조 제4항 제2호 ⚖️

㉯ 교통수단의 교통안전 위험요인 조사 「교통안전법 시행령」 제20조 제4항 제1호 ⚖️

✔ **교통수단운영자 준수사항의 검토 여부**

> 교통수단운영자 준수사항의 검토 여부는 「교통안전법 시행령」 제20조 제4항에 따른 교통수단안전점검 항목에 해당하지 않는다.

㉱ 교통안전관리규정의 준수 여부 점검 「교통안전법 시행령」 제20조 제4항 제3호 ⚖️

법령 ⚖️

「교통안전법 시행령」 제20조(교통수단안전점검의 대상 등)
④ 법 제33조에 따른 교통수단안전점검의 항목은 다음 각 호와 같다.
  1. 교통수단의 교통안전 위험요인 조사
  2. 교통안전 관계 법령의 위반 여부 확인
  3. 교통안전관리규정의 준수 여부 점검
  4. 그 밖에 국토교통부장관이 관계 교통행정기관의 장과 협의하여 정하는 사항

---

012 「철도산업발전기본법령」에 따른 철도산업정보화기본계획에 관한 설명 중 빈칸에 들어갈 단어로 적절한 것은?

> 국토교통부장관은 철도산업정보화기본계획을 수립 또는 변경하고자 하는 때에는 (   )의 심의를 거쳐야 한다.

✔ 철도산업위원회 ㉯ 시·도지사
㉰ 국무총리 ㉱ 지정행정기관

> 국토교통부장관은 철도산업정보화기본계획을 수립 또는 변경하고자 하는 때에는 철도산업위원회의 심의를 거쳐야 한다(「철도산업발전기본법 시행령」 제15조 제2항).

013

「철도산업발전기본법」상 철도산업구조개혁의 추진에 따른 기본시책에 관한 설명으로 적절하지 않은 것은?

㉮ 철도의 관리청은 국토교통부장관으로 한다.

> 「철도산업발전기본법」 제19조 제1항

㉯ 철도산업의 구조개혁을 추진하는 경우 철도운영 관련사업은 시장경제원리에 따라 국가 외의 자가 영위하는 것을 원칙으로 한다.

> 「철도산업발전기본법」 제21조 제1항

✓ 국가는 철도산업의 경쟁력을 강화하고 발전기반을 조성하기 위하여 철도시설 부문과 철도운영 부문을 결합하는 철도산업의 구조개혁을 추진하여야 한다.

> 국가는 철도산업의 경쟁력을 강화하고 발전기반을 조성하기 위하여 철도시설 부문과 철도운영 부문을 분리하는 철도산업의 구조개혁을 추진하여야 한다(「철도산업발전기본법」 제17조 제1항).

㉱ 국가는 철도시설 부문과 철도운영 부문 간의 상호 보완적 기능이 발휘될 수 있도록 상호협력체계 구축 등 필요한 조치를 마련하여야 한다.

> 「철도산업발전기본법」 제17조 제2항

014

「철도산업발전기본법」상 철도운영자가 영리목적의 영업활동과 관계없이 국가 또는 지방자치단체의 정책이나 공공목적 등을 위하여 제공하는 철도서비스를 일컫는 용어는?

✓ 공익서비스

> "공익서비스"라 함은 철도운영자가 영리목적의 영업활동과 관계없이 국가 또는 지방자치단체의 정책이나 공공목적 등을 위하여 제공하는 철도서비스를 말한다(「철도산업발전기본법」 제3조 제11호).

㉯ 공공서비스

> 공공서비스는 「철도산업발전기본법」 제3조에 정의되어 있지 않다.

㉰ 철도운영

> "철도운영"이라 함은 철도와 관련된 철도 여객 및 화물 운송, 철도차량의 정비 및 열차의 운행관리, 철도시설·철도차량 및 철도부지 등을 활용한 부대사업개발 및 서비스 중 어느 하나에 해당하는 것을 말한다(「철도산업발전기본법」 제3조 제3호).

㉱ 철도시설의 유지보수

> "철도시설의 유지보수"라 함은 기존 철도시설의 현상유지 및 성능향상을 위한 점검·보수·교체·개량 등 일상적인 활동을 말한다(「철도산업발전기본법」 제3조 제7호).

> **법령**
>
> 「철도산업발전기본법」 제3조(정의)
> 이 법에서 사용하는 용어의 정의는 다음 각 호와 같다.
> 1. "철도"라 함은 여객 또는 화물을 운송하는 데 필요한 철도시설과 철도차량 및 이와 관련된 운영·지원체계가 유기적으로 구성된 운송체계를 말한다.
> 2. "철도시설"이라 함은 다음 각 목의 어느 하나에 해당하는 시설(부지를 포함한다)을 말한다.
>   가. 철도의 선로(선로에 부대되는 시설을 포함한다), 역시설(물류시설·환승시설 및 편의시설 등을 포함한다) 및 철도운영을 위한 건축물·건축설비
>   나. 선로 및 철도차량을 보수·정비하기 위한 선로보수기지, 차량정비기지 및 차량유치시설
>   다. 철도의 전철전력설비, 정보통신설비, 신호 및 열차제어설비
>   라. 철도노선 간 또는 다른 교통수단과의 연계운영에 필요한 시설
>   마. 철도기술의 개발·시험 및 연구를 위한 시설
>   바. 철도경영연수 및 철도전문인력의 교육훈련을 위한 시설
>   사. 그 밖에 철도의 건설·유지보수 및 운영을 위한 시설로서 대통령령으로 정하는 시설
> 3. "철도운영"이라 함은 철도와 관련된 다음 각 목의 어느 하나에 해당하는 것을 말한다.
>   가. 철도 여객 및 화물 운송
>   나. 철도차량의 정비 및 열차의 운행관리
>   다. 철도시설·철도차량 및 철도부지 등을 활용한 부대사업개발 및 서비스
> 4. "철도차량"이라 함은 선로를 운행할 목적으로 제작된 동력차·객차·화차 및 특수차를 말한다.
> 5. "선로"라 함은 철도차량을 운행하기 위한 궤도와 이를 받치는 노반 또는 공작물로 구성된 시설을 말한다.
> 6. "철도시설의 건설"이라 함은 철도시설의 신설과 기존 철도시설의 직선화·전철화·복선화 및 현대화 등 철도시설의 성능 및 기능향상을 위한 철도시설의 개량을 포함한 활동을 말한다.
> 7. "철도시설의 유지보수"라 함은 기존 철도시설의 현상유지 및 성능향상을 위한 점검·보수·교체·개량 등 일상적인 활동을 말한다.
> 8. "철도산업"이라 함은 철도운송·철도시설·철도차량 관련산업과 철도기술개발관련산업 그 밖에 철도의 개발·이용·관리와 관련된 산업을 말한다.
> 9. "철도시설관리자"라 함은 철도시설의 건설 및 관리 등에 관한 업무를 수행하는 자로서 다음 각 목의 어느 하나에 해당하는 자를 말한다.
>   가. 제19조에 따른 관리청
>   나. 제20조 제3항에 따라 설립된 국가철도공단
>   다. 제26조 제1항에 따라 철도시설관리권을 설정받은 자
>   라. 가목부터 다목까지의 자로부터 철도시설의 관리를 대행·위임 또는 위탁받은 자
> 10. "철도운영자"라 함은 제21조 제3항에 따라 설립된 한국철도공사 등 철도운영에 관한 업무를 수행하는 자를 말한다.
> 11. "공익서비스"라 함은 철도운영자가 영리목적의 영업활동과 관계없이 국가 또는 지방자치단체의 정책이나 공공목적 등을 위하여 제공하는 철도서비스를 말한다.

015 다음 중 차량이탈경고장치를 장착하여야 하는 차량은?

㉮ 덤프형 화물자동차
㉯ 피견인자동차
㉰ 입석을 할 수 있는 자동차
㉱ 차량총중량 20톤을 초과하는 화물·특수자동차

> 길이 9미터 이상의 승합자동차 및 차량총중량 20톤을 초과하는 화물·특수자동차는 국토교통부령으로 정하는 기준에 적합한 차로이탈경고장치를 장착하여야 한다(「교통안전법」 제55조의2). ⚖️

법령 ⚖️

「교통안전법」 제55조의2(차로이탈경고장치의 장착)
제55조 제1항 제1호 또는 제2호에 따른 차량 중 국토교통부령으로 정하는 차량은 국토교통부령으로 정하는 기준에 적합한 차로이탈경고장치를 장착하여야 한다.

「교통안전법 시행규칙」 제30조의2(차로이탈경고장치의 장착)
① 법 제55조의2에서 "국토교통부령으로 정하는 차량"이란 길이 9미터 이상의 승합자동차 및 차량총중량 20톤을 초과하는 화물·특수자동차를 말한다. 다만, 다음 각 호의 어느 하나에 해당하는 자동차는 제외한다.
  1. 「자동차관리법 시행규칙」 별표 1 제2호에 따른 덤프형 화물자동차
  2. 피견인자동차
  3. 「자동차 및 자동차부품의 성능과 기준에 관한 규칙」 제28조에 따라 입석을 할 수 있는 자동차
  4. 그 밖에 자동차의 구조나 운행여건 등으로 설치가 곤란하거나 불필요하다고 국토교통부장관이 인정하는 자동차

016 「교통안전법령」상 시설관리자 등의 교통안전관리규정 준수 여부의 확인·평가는 교통안전관리규정을 제출한 날을 기준으로 매 (　　)년이 지난 날의 전후 (　　)일 이내에 실시한다. 빈칸에 들어갈 숫자를 순서대로 나열한 것은?

㉮ 3, 50　　　　　　　　　　　㉯ 3, 100
㉰ 5, 50　　　　　　　　　　　**㉱ 5, 100**

> 시설관리자 등의 교통안전관리규정 준수 여부의 확인·평가는 교통안전관리규정을 제출한 날을 기준으로 매 5년이 지난 날의 전후 100일 이내에 실시한다(「교통안전법 시행규칙」 제5조 제1항).

017 철도교통의 비상사태 시 국토교통부장관이 행하는 조정 및 명령사항과 관련이 없는 것은?

㉮ 임시열차의 편성 및 운행

> 「철도산업발전기본법」 제36조 제1항 제4호 ⚖️

✅ **철도교통 장애 발생자에 대한 체포·구금**

> 철도교통 장애 발생자에 대한 체포·구금은 「철도산업발전기본법」 제36조 제1항에 따른 철도교통의 비상사태 시 국토교통부장관이 행하는 조정 및 명령사항과 관련이 없다.

㉰ 철도시설·철도차량 또는 설비의 가동 및 조업

> 「철도산업발전기본법」 제36조 제1항 제2호 ⚖️

㉯ 철도이용의 제한 또는 금지

> 「철도산업발전기본법」 제36조 제1항 제6호 ⚖️

법령 ⚖️

「철도산업발전기본법」 제36조(비상사태 시 처분)
① 국토교통부장관은 천재·지변·전시·사변, 철도교통의 심각한 장애 그 밖에 이에 준하는 사태의 발생으로 인하여 철도서비스에 중대한 차질이 발생하거나 발생할 우려가 있다고 인정하는 경우에는 필요한 범위 안에서 철도시설관리자·철도운영자 또는 철도이용자에게 다음 각 호의 사항에 관한 조정·명령 그 밖의 필요한 조치를 할 수 있다.
  1. 지역별·노선별·수송대상별 수송 우선순위 부여 등 수송통제
  2. 철도시설·철도차량 또는 설비의 가동 및 조업
  3. 대체수송수단 및 수송로의 확보
  4. 임시열차의 편성 및 운행
  5. 철도서비스 인력의 투입
  6. 철도이용의 제한 또는 금지
  7. 그 밖에 철도서비스의 수급안정을 위하여 대통령령으로 정하는 사항

---

018 다음 중 국가교통안전기본계획을 확정하기 위한 심의기구로 옳은 것은?

㉮ 교통행정기관   ㉯ 도로정책심의위원회
✅ **국가교통위원회**   ㉰ 지정행정기관

> 국토교통부장관은 제3항에 따라 제출받은 소관별 교통안전에 관한 계획안을 종합·조정하여 국가교통안전기본계획안을 작성한 후 국가교통위원회의 심의를 거쳐 이를 확정한다(「교통안전법」 제15조 제4항).

019 「철도안전법령」에 따른 철도용품 형식승인과 관련하여 국토교통부장관에게 신고하는 경미한 사항의 변경에 해당하는 것은?

㉮ 철도용품의 안전 및 성능에 영향을 미치는 형상 변경

> 철도용품의 안전 및 성능에 영향을 <u>미치지 아니하는</u> 형상 변경(「철도안전법 시행규칙」 제61조 제1항 제1호) ⚖️

㉯ 철도용품의 안전에 영향을 미치는 설비의 변경

> 철도용품의 안전에 영향을 <u>미치지 아니하는</u> 설비의 변경(「철도안전법 시행규칙」 제61조 제1항 제2호) ⚖️

✅ **동일 성능으로 입증할 수 있는 부품의 규격 변경**

> 「철도안전법 시행규칙」 제61조 제1항 제4호 ⚖️

㉱ 중량분포 및 크기에 영향을 미치는 장치 또는 부품의 배치 변경

> 중량분포 및 크기에 영향을 <u>미치지 아니하는</u> 장치 또는 부품의 배치 변경(「철도안전법 시행규칙」 제61조 제1항 제3호) ⚖️

법령 ⚖️

「철도안전법 시행규칙」 제61조(철도용품 형식승인의 경미한 사항 변경)
① 법 제27조 제4항에서 준용하는 법 제26조 제2항 단서에서 "국토교통부령으로 정하는 경미한 사항을 변경하려는 경우"란 다음 각 호의 어느 하나에 해당하는 변경을 말한다.
  1. 철도용품의 안전 및 성능에 영향을 미치지 아니하는 형상 변경
  2. 철도용품의 안전에 영향을 미치지 아니하는 설비의 변경
  3. 중량분포 및 크기에 영향을 미치지 아니하는 장치 또는 부품의 배치 변경
  4. 동일 성능으로 입증할 수 있는 부품의 규격 변경
  5. 그 밖에 철도용품의 안전 및 성능에 영향을 미치지 아니한다고 국토교통부장관이 인정하는 사항의 변경

---

020 다음 중 시·도지사가 청문을 실시하여야 하는 처분대상은?

㉮ 교통안전관리자 자격의 정지
㉯ 교통안전진단기관의 영업 정지
㉰ 교통안전관리자의 과실로 인한 교통사고 발생 시
✅ **교통안전관리자 자격의 취소**

> 시·도지사는 <u>교통안전진단기관 등록의 취소</u> 또는 <u>교통안전관리자 자격의 취소</u>에 해당하는 처분을 하고자 하는 경우에는 청문을 실시하여야 한다(「교통안전법」 제61조).

021

「철도안전법」상 운전적성검사 과정에서 부정행위를 한 사람이 운전적성검사를 받을 수 없는 기간으로 옳은 것은?

㉮ 검사일로부터 3개월
㉯ 검사일로부터 6개월
✓ 검사일로부터 1년
㉱ 검사일로부터 2년

운전적성검사 과정에서 부정행위를 한 사람은 검사일부터 1년 동안 운전적성검사를 받을 수 없다(「철도안전법」 제15조 제2항 제2호).

법령

「철도안전법」 제15조(운전적성검사)
① 운전면허를 받으려는 사람은 철도차량 운전에 적합한 적성을 갖추고 있는지를 판정받기 위하여 국토교통부장관이 실시하는 적성검사(이하 "운전적성검사"라 한다)에 합격하여야 한다.
② 운전적성검사에 불합격한 사람 또는 운전적성검사 과정에서 부정행위를 한 사람은 다음 각 호의 구분에 따른 기간 동안 운전적성검사를 받을 수 없다.
  1. 운전적성검사에 불합격한 사람 : 검사일부터 3개월
  2. 운전적성검사 과정에서 부정행위를 한 사람 : 검사일부터 1년

022

다음은 「철도안전법」상 철도차량 제작자승인의 지위 승계와 관련된 설명이다. 빈칸에 들어갈 신고 기한으로 적절한 것은?

- 철도차량 제작자승인을 받은 자가 그 사업을 양도하거나 사망한 때 또는 법인의 합병이 있는 때에는 양수인, 상속인 또는 합병 후 존속하는 법인이나 합병에 의하여 설립되는 법인은 제작자승인을 받은 자의 지위를 승계한다.
- 철도차량 제작자승인의 지위를 승계하는 자는 승계일부터 (   ) 이내에 국토교통부령으로 정하는 바에 따라 그 승계사실을 국토교통부장관에게 신고하여야 한다.

㉮ 10일
㉯ 15일
✓ 1개월
㉱ 3개월

- 철도차량 제작자승인을 받은 자가 그 사업을 양도하거나 사망한 때 또는 법인의 합병이 있는 때에는 양수인, 상속인 또는 합병 후 존속하는 법인이나 합병에 의하여 설립되는 법인은 제작자승인을 받은 자의 지위를 승계한다(「철도안전법」 제26조의5 제1항).
- 철도차량 제작자승인의 지위를 승계하는 자는 승계일부터 1개월 이내에 국토교통부령으로 정하는 바에 따라 그 승계사실을 국토교통부장관에게 신고하여야 한다(동조 제2항).

023 「철도안전법」상 철도준사고에 해당하지 않는 것은?

㉮ 운행허가를 받지 않은 구간으로 열차가 주행하는 경우

> 「철도안전법 시행규칙」 제1조의3 제1호 ⚖²

㉯ 열차가 운행하려는 선로에 장애가 있음에도 진행을 지시하는 신호가 표시되는 경우

> 「철도안전법 시행규칙」 제1조의3 제2호 ⚖²

✅ 철도역사, 기계실 등 철도시설에서 화재가 발생하는 경우

> 철도역사, 기계실 등 철도시설에서 화재가 발생하는 경우는 철도안전사고로서 철도사고의 범위에 해당한다(「철도안전법 시행규칙」 제1조의2 제2호 가목). ⚖¹

㉰ 열차 또는 철도차량이 승인 없이 정지신호를 지난 경우

> 「철도안전법 시행규칙」 제1조의3 제3호 ⚖²

법령 ⚖¹

「철도안전법」 제2조(정의)
이 법에서 사용하는 용어의 뜻은 다음과 같다.
11. "철도사고"란 철도운영 또는 철도시설관리와 관련하여 사람이 죽거나 다치거나 물건이 파손되는 사고로 국토교통부령으로 정하는 것을 말한다.

「철도안전법 시행규칙」 제1조의2(철도사고의 범위)
「철도안전법」(이하 "법"이라 한다) 제2조 제11호에서 "국토교통부령으로 정하는 것"이란 다음 각 호의 어느 하나에 해당하는 것을 말한다.
1. 철도교통사고 : 철도차량의 운행과 관련된 사고로서 다음 각 목의 어느 하나에 해당하는 사고
  가. 충돌사고 : 철도차량이 다른 철도차량 또는 장애물(동물 및 조류는 제외한다)과 충돌하거나 접촉한 사고
  나. 탈선사고 : 철도차량이 궤도를 이탈하는 사고
  다. 열차화재사고 : 철도차량에서 화재가 발생하는 사고
  라. 기타철도교통사고 : 가목부터 다목까지의 사고에 해당하지 않는 사고로서 철도차량의 운행과 관련된 사고
2. 철도안전사고 : 철도시설 관리와 관련된 사고로서 다음 각 목의 어느 하나에 해당하는 사고. 다만, 「재난 및 안전관리 기본법」 제3조 제1호 가목에 따른 자연재난으로 인한 사고는 제외한다.
  가. 철도화재사고 : 철도역사, 기계실 등 철도시설에서 화재가 발생하는 사고
  나. 철도시설파손사고 : 교량·터널·선로, 신호·전기·통신 설비 등의 철도시설이 파손되는 사고
  다. 기타철도안전사고 : 가목 및 나목에 해당하지 않는 사고로서 철도시설 관리와 관련된 사고

> **법령 ⚖²**
>
> 「철도안전법」 제2조(정의)
> 이 법에서 사용하는 용어의 뜻은 다음과 같다.
> 12. "철도준사고"란 철도안전에 중대한 위해를 끼쳐 철도사고로 이어질 수 있었던 것으로 국토교통부령으로 정하는 것을 말한다.
>
>> 「철도안전법 시행규칙」 제1조의3(철도준사고의 범위)
>> 법 제2조 제12호에서 "국토교통부령으로 정하는 것"이란 다음 각 호의 어느 하나에 해당하는 것을 말한다.
>> 1. 운행허가를 받지 않은 구간으로 열차가 주행하는 경우
>> 2. 열차가 운행하려는 선로에 장애가 있음에도 진행을 지시하는 신호가 표시되는 경우. 다만, 복구 및 유지 보수를 위한 경우로서 관제 승인을 받은 경우에는 제외한다.
>> 3. 열차 또는 철도차량이 승인 없이 정지신호를 지난 경우
>> 4. 열차 또는 철도차량이 역과 역 사이로 미끄러진 경우
>> 5. 열차운행을 중지하고 공사 또는 보수작업을 시행하는 구간으로 열차가 주행한 경우
>> 6. 안전운행에 지장을 주는 레일 파손이나 유지보수 허용범위를 벗어난 선로 뒤틀림이 발생한 경우
>> 7. 안전운행에 지장을 주는 철도차량의 차륜, 차축, 차축베어링에 균열 등의 고장이 발생한 경우
>> 8. 철도차량에서 화약류 등 「철도안전법 시행령」(이하 "영"이라 한다) 제45조에 따른 위험물 또는 제78조 제1항에 따른 위해물품이 누출된 경우
>> 9. 제1호부터 제8호까지의 준사고에 준하는 것으로서 철도사고로 이어질 수 있는 것

024 「철도산업발전기본법」상 철도시설관리권의 변동에 관한 설명 중 ㉠, ㉡에 들어갈 적절한 단어로 옳은 것은?

> 철도시설관리권 또는 철도시설관리권을 목적으로 하는 저당권의 설정·변경·소멸 및 처분의 제한은 (㉠)에 비치하는 철도시설관리권등록부에 (㉡)함으로써 그 효력이 발생한다.

㉮ ㉠ : 한국철도공사, ㉡ : 등록
㉯ ㉠ : 한국철도공사, ㉡ : 인가
☑ ㉰ ㉠ : 국토교통부, ㉡ : 등록
㉱ ㉠ : 국토교통부, ㉡ : 인가

> 철도시설관리권 또는 철도시설관리권을 목적으로 하는 저당권의 설정·변경·소멸 및 처분의 제한은 국토교통부에 비치하는 철도시설관리권등록부에 등록함으로써 그 효력이 발생한다(「철도산업발전기본법」 제29조 제1항).

025 「철도안전법령」에 따른 위해물품의 종류 등에 관한 설명으로 적절하지 않은 것은?

㉮ 화약류는 「총포·도검·화약류 등의 안전관리에 관한 법률」에 따른 화약·폭약·화공품과 그 밖에 폭발성이 있는 물질을 말한다.

> 「철도안전법 시행규칙」 제78조 제1항 제1호 ⚖

✓ 유기과산화물은 다른 물질을 산화시키는 설질을 가진 유기물질로 가연성 물질에 속한다.

> 유기과산화물은 다른 물질을 산화시키는 설질을 가진 유기물질로 산화성 물질에 속한다(「철도안전법 시행규칙」 제78조 제1항 제5호 나목). ⚖

㉰ 산화성 물질은 다른 물질을 산화시키는 성질을 가진 물질로서 유기과산화물 외의 것으로 산화성 물질에 속한다.

> 「철도안전법 시행규칙」 제78조 제1항 제5호 가목 ⚖

㉱ 인화성 액체는 밀폐식 인화점 측정법에 따른 인화점이 섭씨 60.5도 이하인 액체나 개방식 인화점 측정법에 따른 인화점이 섭씨 65.6도 이하인 액체를 말한다.

> 「철도안전법 시행규칙」 제78조 제1항 제3호 ⚖

법령 ⚖

「철도안전법 시행규칙」 제78조(위해물품의 종류 등)
① 법 제42조 제2항에 따른 위해물품의 종류는 다음 각 호와 같다.
  1. 화약류 : 「총포·도검·화약류 등의 안전관리에 관한 법률」에 따른 화약·폭약·화공품과 그 밖에 폭발성이 있는 물질
  2. 고압가스 : 섭씨 50도 미만의 임계온도를 가진 물질, 섭씨 50도에서 300킬로파스칼을 초과하는 절대압력(진공을 0으로 하는 압력을 말한다. 이하 같다)을 가진 물질, 섭씨 21.1도에서 280킬로파스칼을 초과하거나 섭씨 54.4도에서 730킬로파스칼을 초과하는 절대압력을 가진 물질이나, 섭씨 37.8도에서 280킬로파스칼을 초과하는 절대가스압력(진공을 0으로 하는 가스압력을 말한다)을 가진 액체상태의 인화성 물질
  3. 인화성 액체 : 밀폐식 인화점 측정법에 따른 인화점이 섭씨 60.5도 이하인 액체나 개방식 인화점 측정법에 따른 인화점이 섭씨 65.6도 이하인 액체
  4. 가연성 물질류 : 다음 각 목에서 정하는 물질
     가. 가연성 고체 : 화기 등에 의하여 용이하게 점화되며 화재를 조장할 수 있는 가연성 고체
     나. 자연발화성 물질 : 통상적인 운송상태에서 마찰·습기흡수·화학변화 등으로 인하여 자연발열하거나 자연발화하기 쉬운 물질
     다. 그 밖의 가연성 물질: 물과 작용하여 인화성 가스를 발생하는 물질
  5. 산화성 물질류 : 다음 각 목에서 정하는 물질
     가. 산화성 물질 : 다른 물질을 산화시키는 성질을 가진 물질로서 유기과산화물 외의 것
     나. 유기과산화물 : 다른 물질을 산화시키는 성질을 가진 유기물질
  6. 독물류 : 다음 각 목에서 정하는 물질
     가. 독물 : 사람이 흡입·접촉하거나 체내에 섭취한 경우에 강력한 독작용이나 자극을 일으키는 물질
     나. 병독을 옮기기 쉬운 물질 : 살아 있는 병원체 및 살아 있는 병원체를 함유하거나 병원체가 부착되어 있다고 인정되는 물질

7. 방사성 물질 : 「원자력안전법」 제2조에 따른 핵물질 및 방사성물질이나 이로 인하여 오염된 물질로서 방사능의 농도가 킬로그램당 74킬로베크렐(그램당 0.002마이크로큐리) 이상인 것
8. 부식성 물질 : 생물체의 조직에 접촉한 경우 화학반응에 의하여 조직에 심한 위해를 주는 물질이나 열차의 차체·적하물 등에 접촉한 경우 물질적 손상을 주는 물질
9. 마취성 물질 : 객실승무원이 정상근무를 할 수 없도록 극도의 고통이나 불편함을 발생시키는 마취성이 있는 물질이나 그와 유사한 성질을 가진 물질
10. 총포·도검류 등 : 「총포·도검·화약류 등의 안전관리에 관한 법률」에 따른 총포·도검 및 이에 준하는 흉기류
11. 그 밖의 유해물질 : 제1호부터 제10호까지 외의 것으로서 화학변화 등에 의하여 사람에게 위해를 주거나 열차 안에 적재된 물건에 물질적인 손상을 줄 수 있는 물질

026

「철도산업발전기본법령」상 철도자산의 관리업무를 위탁하고자 하는 때에 민간위탁계약체결에 포함되어야 하는 사항이 아닌 것은?

㉮ 위탁대상 철도자산 「철도산업발전기본법 시행령」 제31조 제2항 제1호

㉯ 위탁대상 철도자산의 관리에 관한 사항 「철도산업발전기본법 시행령」 제31조 제2항 제2호

✓ 위탁계약기간(계약기간의 수정·갱신 및 위탁계약의 해지에 관한 사항 제외)

민간위탁계약체결에 포함되어야 하는 사항 중 위탁계약기간은 계약기간의 수정·갱신 및 위탁계약의 해지에 관한 사항을 포함한다(「철도산업발전기본법 시행령」 제31조 제2항 제3호).

㉰ 위탁업무에 대한 관리 및 감독에 관한 사항 「철도산업발전기본법 시행령」 제31조 제2항 제5호

법령

「철도산업발전기본법 시행령」 제31조(민간위탁계약의 체결)
① 국토교통부장관은 법 제23조 제4항의 규정에 의하여 철도자산의 관리업무를 위탁하고자 하는 때에는 제30조 제4항의 규정에 의하여 고시된 민간위탁계획에 따라 사업계획을 제출한 자 중에서 당해 철도자산을 관리하기에 적합하다고 인정되는 자를 선정하여 위탁계약을 체결하여야 한다.
② 제1항의 규정에 의한 위탁계약에는 다음 각 호의 사항이 포함되어야 한다.
  1. 위탁대상 철도자산
  2. 위탁대상 철도자산의 관리에 관한 사항
  3. 위탁계약기간(계약기간의 수정·갱신 및 위탁계약의 해지에 관한 사항을 포함한다)
  4. 위탁대가의 지급에 관한 사항
  5. 위탁업무에 대한 관리 및 감독에 관한 사항
  6. 위탁업무의 재위탁에 관한 사항
  7. 그 밖에 국토교통부장관이 필요하다고 인정하는 사항

027 「철도산업발전기본법」상 철도시설에 해당하지 않는 것은?

✅ ㉮ 역시설(물류시설 및 차량유치시설) 및 철도운영을 위한 건축물·건축설비

> 역시설(물류시설·환승시설 및 편의시설) 및 철도운영을 위한 건축물·건축설비가 철도시설에 해당한다(「철도산업발전기본법」 제3조 제2호 가목).

㉯ 선로 및 철도차량을 보수·정비하기 위한 선로보수기지, 차량정비기지

> 「철도산업발전기본법」 제3조 제2호 나목

㉰ 철도노선 간 또는 다른 교통수단과의 연계운영에 필요한 시설

> 「철도산업발전기본법」 제3조 제2호 라목

㉱ 철도경영연수 및 철도전문인력의 교육훈련을 위한 시설

> 「철도산업발전기본법」 제3조 제2호 바목

법령

「철도산업발전기본법」 제3조(정의)
이 법에서 사용하는 용어의 정의는 다음 각 호와 같다.
2. "철도시설"이라 함은 다음 각 목의 어느 하나에 해당하는 시설(부지를 포함한다)을 말한다.
   가. 철도의 선로(선로에 부대되는 시설을 포함한다), 역시설(물류시설·환승시설 및 편의시설 등을 포함한다) 및 철도운영을 위한 건축물·건축설비
   나. 선로 및 철도차량을 보수·정비하기 위한 선로보수기지, 차량정비기지 및 차량유치시설
   다. 철도의 전철전력설비, 정보통신설비, 신호 및 열차제어설비
   라. 철도노선 간 또는 다른 교통수단과의 연계운영에 필요한 시설
   마. 철도기술의 개발·시험 및 연구를 위한 시설
   바. 철도경영연수 및 철도전문인력의 교육훈련을 위한 시설
   사. 그 밖에 철도의 건설·유지보수 및 운영을 위한 시설로서 대통령령으로 정하는 시설

---

028 다음은 「철도산업발전기본법」상 철도산업의 정보화 촉진과 관련한 내용이다. 빈칸에 들어갈 단어로 적절한 것은?

> (   )은/는 철도산업에 관한 정보를 효율적으로 처리하고 원활하게 유통하기 위하여 대통령령으로 정하는 바에 의하여 철도산업정보화기본계획을 수립·시행하여야 한다.

㉮ 시·도지사 ✅ ㉰ 국토교통부장관
㉯ 국가 ㉱ 철도산업전문인력

> 국토교통부장관은 철도산업에 관한 정보를 효율적으로 처리하고 원활하게 유통하기 위하여 대통령령으로 정하는 바에 의하여 철도산업정보화기본계획을 수립·시행하여야 한다(「철도산업발전기본법」 제12조 제1항).

029 「철도안전법」상 영상기록장치의 운영·관리 지침에 포함되는 사항을 모두 고르면?

ㄱ. 정보주체의 영상기록 공개방법 절차
ㄴ. 영상기록장치의 설치 근거 및 설치 목적
ㄷ. 영상기록장치의 설치 대수, 설치 위치 및 촬영 범위
ㄹ. 철도운영자 등의 영상기록 확인 방법 및 장소

㉮ ㄱ, ㄴ, ㄷ　　　　　　　　　㉯ ㄱ, ㄴ, ㄹ
㉰ ㄱ, ㄷ, ㄹ　　　　　　　　　**㉱ ㄴ, ㄷ, ㄹ** ✓

ㄱ. (×)
ㄴ. (○) 「철도안전법 시행령」 제32조 제1호 ⚖
ㄷ. (○) 「철도안전법 시행령」 제32조 제2호 ⚖
ㄹ. (○) 「철도안전법 시행령」 제32조 제5호 ⚖

법령 ⚖

「철도안전법 시행령」 제32조(영상기록장치의 운영·관리 지침)

철도운영자 등은 법 제39조의3 제5항에 따라 영상기록장치에 기록된 영상이 분실·도난·유출·변조 또는 훼손되지 않도록 다음 각 호의 사항이 포함된 <u>영상기록장치 운영·관리 지침</u>을 마련해야 한다.

1. <u>영상기록장치의 설치 근거 및 설치 목적</u>
2. <u>영상기록장치의 설치 대수, 설치 위치 및 촬영 범위</u>
3. 관리책임자, 담당 부서 및 영상기록에 대한 접근 권한이 있는 사람
4. 영상기록의 촬영 시간, 보관기간, 보관장소 및 처리방법
5. <u>철도운영자 등의 영상기록 확인 방법 및 장소</u>
6. 정보주체의 영상기록 열람 등 요구에 대한 조치
7. 영상기록에 대한 접근 통제 및 접근 권한의 제한 조치
8. 영상기록을 안전하게 저장·전송할 수 있는 암호화 기술의 적용 또는 이에 상응하는 조치
9. 영상기록 침해사고 발생에 대응하기 위한 접속기록의 보관 및 위조·변조 방지를 위한 조치
10. 영상기록에 대한 보안프로그램의 설치 및 갱신
11. 영상기록의 안전한 보관을 위한 보관시설의 마련 또는 잠금장치의 설치 등 물리적 조치
12. 그 밖에 영상기록장치의 설치·운영 및 관리에 필요한 사항

030 「철도안전법령」상 운전면허시험 시행계획의 공고시기 및 공고장소가 바르게 짝지어진 것은?

㉮ 공고시기 : 매년 11월 30일, 공고장소 : 게시판

✓ 공고시기 : 매년 12월 31일, 공고장소 : 인터넷 홈페이지

> 「한국교통안전공단법」에 따른 한국교통안전공단은 운전면허시험을 실시하려는 때에는 매년 11월 30일까지 필기시험 및 기능시험의 일정·응시과목 등을 포함한 다음 해의 운전면허시험 시행계획을 인터넷 홈페이지 등에 공고하여야 한다(「철도안전법 시행규칙」 제25조 제1항).

㉰ 공고시기 : 매년 11월 30일, 공고장소 : 게시판
㉱ 공고시기 : 매년 12월 31일, 공고장소 : 인터넷 홈페이지

031 교통안전담당자는 교통안전을 위해 필요하다고 인정하는 경우에는 일정한 조치를 교통시설설치·관리자 등에게 요청해야 한다. 이때 교통안전담당자가 요청해야 하는 조치에 해당하지 않는 것은?

✓ 교통사고 원인조사

> 교통사고 원인조사는 「교통안전법 시행령」 제44조의2 제3항에 따른 교통안전담당자의 요청사항에 해당하지 않는다.

㉯ 교통수단의 정비   「교통안전법 시행령」 제44조의2 제3항 제2호 ⚖️

㉰ 운전자 등의 승무계획 변경   「교통안전법 시행령」 제44조의2 제3항 제3호 ⚖️

㉱ 교통안전 관련 시설 및 장비의 설치 또는 보완   「교통안전법 시행령」 제44조의2 제3항 제4호 ⚖️

> **법령** ⚖️
>
> 「교통안전법 시행령」 제44조의2(교통안전담당자의 직무)
> ③ 교통안전담당자는 교통안전을 위해 필요하다고 인정하는 경우에는 다음 각 호의 조치를 교통시설설치·관리자 등에게 요청해야 한다. 다만, 교통안전담당자가 교통시설설치·관리자 등에게 필요한 조치를 요청할 시간적 여유가 없는 경우에는 직접 필요한 조치를 하고, 이를 교통시설설치·관리자 등에게 보고해야 한다.
> 1. 국토교통부령으로 정하는 교통수단의 운행 등의 계획 변경
> 2. 교통수단의 정비
> 3. 운전자 등의 승무계획 변경
> 4. 교통안전 관련 시설 및 장비의 설치 또는 보완
> 5. 교통안전을 해치는 행위를 한 운전자 등에 대한 징계 건의

032 「철도산업발전기본법령」상 철도시설관리대장에 관한 설명 중 빈칸에 들어갈 범위로 알맞은 것은?

> 철도노선 및 철도시설의 현황 및 도면 중 평면도는 철도시설 부근의 지형·방위·해발고도 등을 표시하여 축척 (   )로 작성한다.

㉮ 500분의 1
㉯ 1,000분의 1
✓ 1,200분의 1
㉱ 2,000분의 1

철도노선 및 철도시설의 현황 및 도면 중 평면도는 철도시설 부근의 지형·방위·해발고도 등을 표시하여 축척 <u>1,200분의 1</u>로 작성한다(「철도산업발전기본법 시행규칙」 제4조 제2항).

법령

「철도산업발전기본법 시행규칙」 제4조(철도시설관리대장의 작성)
① 법 제30조의 규정에 의한 철도시설관리대장은 철도노선별로 작성하되, 다음 각 호의 사항을 기재하여야 한다.
  1. 철도노선 및 철도시설의 현황 및 도면
  2. 철도시설의 신설·증설·개량 등의 변동현황
  3. 그 밖에 철도시설의 관리를 위하여 필요한 사항
② <u>제1항 제1호의 규정에 의한 도면 중 평면도는 철도시설 부근의 지형·방위·해발고도 등을 표시하여 축척 1,200분의 1로 작성하되</u>, 다음 각호의 사항을 기재하여야 한다.
  1. 철도시설 및 그 경계선
  2. 행정구역의 명칭 및 경계선
  3. 철도시설의 위치 및 배치현황
  4. 도로·공항·항만 등 철도접근교통시설
  5. 철도주변의 장애물 분포현황
  6. 그 밖에 철도시설의 관리를 위하여 필요한 사항

033 「철도산업발전기본법」상 국토교통부장관은 철도자산을 구분하는 때에 누구와 미리 협의하여 그 기준을 정하는가?

㉮ 국무총리
㉯ 행정안전부장관
✓ 기획재정부장관
㉱ 산업통상자원부장관

국토교통부장관은 철도자산을 구분하는 때에는 <u>기획재정부장관</u>과 미리 협의하여 그 기준을 정한다(「철도산업발전기본법」 제22조 제2항).

034 「교통안전법」상 교통체계에 대한 정의 중 ㉠, ㉡에 들어갈 단어로 알맞은 것은?

> "교통체계"라 함은 사람 또는 화물의 (㉠)와/과 관련된 활동을 수행하기 위하여 개별적으로 또는 서로 유기적으로 연계되어 있는 교통수단 및 교통시설의 (㉡) 또는 이와 관련된 산업 및 제도 등을 말한다.

㉮ ㉠ : 이동 · 운송, ㉡ : 설치 · 실행 · 운영체계
㉯ ㉠ : 보전 · 관리, ㉡ : 이용 · 관리 · 운영체계
✓ ㉰ ㉠ : 이동 · 운송, ㉡ : 이용 · 관리 · 운영체계

> "교통체계"라 함은 사람 또는 화물의 <u>이동 · 운송</u>과 관련된 활동을 수행하기 위하여 개별적으로 또는 서로 유기적으로 연계되어 있는 교통수단 및 교통시설의 <u>이용 · 관리 · 운영체계</u> 또는 이와 관련된 산업 및 제도 등을 말한다(「교통안전법」 제2조 제3호).

㉱ ㉠ : 보전 · 관리, ㉡ : 설치 · 실행 · 운영체계

---

035 「교통안전법」상 교통수단안전점검과 관련한 설명으로 옳은 것은?

㉮ 교통행정기관은 소관 교통수단에 대한 교통안전 실태를 파악하기 위하여 주기적으로 또는 수시로 교통수단안전점검을 실시해야 한다.

> 교통행정기관은 소관 교통수단에 대한 교통안전 실태를 파악하기 위하여 주기적으로 또는 수시로 교통수단안전점검을 <u>실시할 수 있다</u>(「교통안전법」 제33조 제1항).

㉯ 교통행정기관은 교통수단안전점검을 실시한 결과 교통안전을 저해하는 요인이 발견된 경우 그 개선대책을 수립 · 시행할 수 있다.

> 교통행정기관은 교통수단안전점검을 실시한 결과 교통안전을 저해하는 요인이 발견된 경우 그 개선대책을 <u>수립 · 시행하여야 한다</u>(「교통안전법」 제33조 제2항).

✓ ㉰ 교통행정기관은 교통수단안전점검을 효율적으로 실시하기 위하여 관련 교통수단운영자로 하여금 필요한 보고를 하게 하거나 관련 자료를 제출하게 할 수 있다.

> <u>교통행정기관은 교통수단안전점검을 효율적으로 실시하기 위하여 관련 교통수단운영자로 하여금 필요한 보고를 하게 하거나 관련 자료를 제출하게 할 수 있으며</u>, 필요한 경우 소속 공무원으로 하여금 교통수단운영자의 사업장 등에 출입하여 교통수단 또는 장부 · 서류나 그 밖의 물건을 검사하게 하거나 관계인에게 질문하게 할 수 있다(「교통안전법」 제33조 제3항).

㉱ 사업장을 출입하여 검사하려는 경우에는 출입 · 검사 15일 전까지 검사일시 · 검사이유 및 검사내용 등을 포함한 검사계획을 교통수단운영자에게 통지하여야 한다.

> 사업장을 출입하여 검사하려는 경우에는 출입 · 검사 <u>7일</u> 전까지 검사일시 · 검사이유 및 검사내용 등을 포함한 검사계획을 교통수단운영자에게 통지하여야 한다(「교통안전법」 제33조 제4항).

036 「교통안전법」상 교통행정기관은 교통수단안전점검을 효율적으로 실시하기 위하여 필요한 경우 교통수단운영자의 사업장 등에 출입·검사할 수 있으며, 이때 출입·검사 (　　　)일 전까지 검사계획을 교통수단운영자에게 통지해야 한다. 빈칸에 들어갈 적절한 단어는?

㉮ 1　　　㉯ 3
㉰ 5　　　✓ ㉱ 7

- 교통행정기관은 교통수단안전점검을 효율적으로 실시하기 위하여 관련 교통수단운영자로 하여금 필요한 보고를 하게 하거나 관련 자료를 제출하게 할 수 있으며, 필요한 경우 소속 공무원으로 하여금 교통수단운영자의 사업장 등에 출입하여 교통수단 또는 장부·서류나 그 밖의 물건을 검사하게 하거나 관계인에게 질문하게 할 수 있다(「교통안전법」 제33조 제3항).
- 사업장을 출입하여 검사하려는 경우에는 출입·검사 7일 전까지 검사일시·검사이유 및 검사내용 등을 포함한 검사계획을 교통수단운영자에게 통지하여야 한다. 다만, 증거인멸 등으로 검사의 목적을 달성할 수 없다고 판단되는 경우에는 검사일에 검사계획을 통지할 수 있다(동조 제4항).

037 철도차량 운전면허 실무수습 이수경력이 없는 자에 대한 노면전차 운전면허 소지자의 실무수습 교육시간 및 거리는?

㉮ 400시간 이상 또는 8,000킬로미터 이상　　㉯ 400시간 이상 또는 6,000킬로미터 이상
㉰ 300시간 이상 또는 2,000킬로미터 이상　　✓ ㉱ 300시간 이상 또는 3,000킬로미터 이상

철도차량 운전면허 실무수습 이수경력이 없는 자로서 노면전차 운전면허 소지자의 실무수습 교육시간은 300시간 이상, 거리는 3,000킬로미터 이상이다(「철도안전법 시행규칙」 [별표 11]).

법령

「철도안전법 시행규칙」 [별표 11] 실무수습·교육의 세부기준(제37조 관련)
1. 운전면허취득 후 실무수습·교육 기준
   가. 철도차량 운전면허 실무수습 이수경력이 없는 사람

면허종별	실무수습·교육항목	실무수습·교육시간 또는 거리
제1종 전기차량 운전면허	·선로·신호 등 시스템 ·운전취급 관련 규정 ·제동기 취급 ·제동기 외의 기기취급 ·속도관측 ·비상시 조치 등	400시간 이상 또는 8,000킬로미터 이상
디젤차량 운전면허		400시간 이상 또는 8,000킬로미터 이상
제2종 전기차량 운전면허		400시간 이상 또는 6,000킬로미터 이상(단, 무인운전 구간의 경우 200시간 이상 또는 3,000킬로미터 이상)
철도장비 운전면허		300시간 이상 또는 3,000킬로미터 이상[입환(入換)작업을 위해 원격제어가 가능한 장치를 설치하여 시속 25킬로미터 이하로 동력차를 운전할 경우 150시간 이상]
노면전차 운전면허		300시간 이상 또는 3,000킬로미터 이상

038 다음 중 교통안전관리자 자격을 취소하거나 해당 자격 정지를 명할 수 있는 자는?

㉮ 국무총리 ㉯ 한국교통안전공단
㉰ 국토교통부장관 ✔㉱ 시·도지사

> 시·도지사는 교통안전관리자가 다음 제1호 및 제2호의 어느 하나에 해당하는 때에는 그 자격을 취소하여야 하며, 제3호에 해당하는 때에는 교통안전관리자의 자격을 취소하거나 1년 이내의 기간을 정하여 해당 자격의 정지를 명할 수 있다(「교통안전법」 제54조 제1항).

039 「교통안전법」상 국가교통안전시행계획에 대한 설명으로 옳지 않은 것은?

㉮ 지정행정기관의 장은 국가교통안전기본계획을 집행하기 위하여 국가교통안전시행계획안을 수립하여 국토교통부장관에게 제출하여야 한다.

> 「교통안전법」 제16조 제1항

✔㉯ 국가교통위원회는 소관별 교통안전시행계획안을 국토교통부장관의 심의를 거쳐 이를 확정한다.

> 국토교통부장관은 제1항의 규정에 따라 제출받은 소관별 교통안전시행계획안을 국가교통안전기본계획에 따라 종합·정하여 국가교통안전시행계획안을 작성한 후 국가교통위원회의 심의를 거쳐 이를 확정한다(「교통안전법」 제16조 제2항).

㉰ 국토교통부장관은 확정된 국가교통안전시행계획을 지정행정기관의 장과 시·도지사에게 통보하고, 이를 공고하여야 한다.

> 「교통안전법」 제16조 제3항

㉱ 국가교통안전시행계획의 수립 및 변경 등에 관하여 필요한 사항은 대통령령으로 정한다.

> 「교통안전법」 제16조 제5항

법령

「교통안전법」 제16조(국가교통안전시행계획)
① 지정행정기관의 장은 국가교통안전기본계획을 집행하기 위하여 매년 소관별 교통안전시행계획안을 수립하여 이를 국토교통부장관에게 제출하여야 한다.
② 국토교통부장관은 제1항의 규정에 따라 제출받은 소관별 교통안전시행계획안을 국가교통안전기본계획에 따라 종합·조정하여 국가교통안전시행계획안을 작성한 후 국가교통위원회의 심의를 거쳐 이를 확정한다.
③ 국토교통부장관은 제2항의 규정에 따라 확정된 국가교통안전시행계획을 지정행정기관의 장과 시·도지사에게 통보하고, 이를 공고하여야 한다.
④ 제1항부터 제3항까지의 규정은 국가교통안전시행계획을 변경하는 경우에 이를 준용한다. 다만, 대통령령으로 정하는 경미한 사항을 변경하는 경우에는 그러하지 아니하다.
⑤ 제1항부터 제4항까지의 규정에 따른 국가교통안전시행계획의 수립 및 변경 등에 관하여 필요한 사항은 대통령령으로 정한다.

040 다음은 「철도안전법」상 철도 보호 및 질서유지를 위한 금지행위를 설명한 것이다. 이때 빈칸에 들어갈 기준으로 옳은 것은?

> 누구든지 정당한 사유 없이 철도 보호 및 질서유지를 해치는 다음에 해당하는 행위를 하여서는 아니 된다.
> - 철도시설 또는 철도차량을 파손하여 철도차량 운행에 위험을 발생하게 하는 행위
> - 철도차량을 향하여 돌이나 그 밖의 위험한 물건을 던져 철도차량 운행에 위험을 발생하게 하는 행위
> - 궤도의 중심으로부터 양측으로 폭 (　　) 이내의 장소에 철도차량의 안전 운행에 지장을 주는 물건을 방치하는 행위
> 　　　　　　　　　　　⋮

㉮ 3미터　　　　　　　　　㉯ 5미터
㉰ 7미터　　　　　　　　　㉱ 10미터

> 누구든지 정당한 사유 없이 철도 보호 및 질서유지를 해치는 행위로서, 궤도의 중심으로부터 양측으로 폭 <u>3미터</u> 이내의 장소에 철도차량의 안전 운행에 지장을 주는 물건을 방치하는 행위를 하여서는 아니 된다(「철도안전법」 제48조 제1항 제3호).

법령

「철도안전법」 제48조(철도 보호 및 질서유지를 위한 금지행위)
① 누구든지 정당한 사유 없이 철도 보호 및 질서유지를 해치는 다음 각 호의 어느 하나에 해당하는 행위를 하여서는 아니 된다.
  1. 철도시설 또는 철도차량을 파손하여 철도차량 운행에 위험을 발생하게 하는 행위
  2. 철도차량을 향하여 돌이나 그 밖의 위험한 물건을 던져 철도차량 운행에 위험을 발생하게 하는 행위
  3. <u>궤도의 중심으로부터 양측으로 폭 3미터 이내의 장소에 철도차량의 안전 운행에 지장을 주는 물건을 방치하는 행위</u>
  4. 철도교량 등 국토교통부령으로 정하는 시설 또는 구역에 국토교통부령으로 정하는 폭발물 또는 인화성이 높은 물건 등을 쌓아 놓는 행위
  5. 선로(철도와 교차된 도로는 제외한다) 또는 국토교통부령으로 정하는 철도시설에 철도운영자 등의 승낙 없이 출입하거나 통행하는 행위
  6. 역시설 등 공중이 이용하는 철도시설 또는 철도차량에서 폭언 또는 고성방가 등 소란을 피우는 행위
  7. 철도시설에 국토교통부령으로 정하는 유해물 또는 열차운행에 지장을 줄 수 있는 오물을 버리는 행위
  8. 역시설 또는 철도차량에서 노숙(露宿)하는 행위
  9. 열차운행 중에 타고 내리거나 정당한 사유 없이 승강용 출입문의 개폐를 방해하여 열차운행에 지장을 주는 행위
  10. 정당한 사유 없이 열차 승강장의 비상정지버튼을 작동시켜 열차운행에 지장을 주는 행위
  11. 그 밖에 철도시설 또는 철도차량에서 공중의 안전을 위하여 질서유지가 필요하다고 인정되어 국토교통부령으로 정하는 금지행위

041

다음은 「교통안전법」에 따른 교통시설의 정의이다. 빈칸에 들어갈 단어에 해당하지 않는 것은?

> "교통시설"이라 함은 도로·철도·궤도·항만·어항·수로·공항·비행장 등 교통수단의 운행·운항 또는 항행에 필요한 시설과 그 시설에 부속되어 사람의 이동 또는 교통수단의 원활하고 안전한 운행·운항 또는 항행을 보조하는 (   ) 등의 시설 또는 공작물을 말한다.

㉮ 교통안전표지
㉯ 교통관제시설
㉰ 항행안전시설
✅ 도로교통법에 의한 노면전차

> "교통시설"이라 함은 도로·철도·궤도·항만·어항·수로·공항·비행장 등 교통수단의 운행·운항 또는 항행에 필요한 시설과 그 시설에 부속되어 사람의 이동 또는 교통수단의 원활하고 안전한 운행·운항 또는 항행을 보조하는 <u>교통안전표지·교통관제시설·항행안전시설</u> 등의 시설 또는 공작물을 말한다(「교통안전법」 제2조 제2호).

042

「철도산업발전기본법」상 국토교통부장관이 철도운영에 대해 수립·시행하여야 하는 시책이 아닌 것은?

㉮ 철도운영부문의 경쟁력 강화 「철도산업발전기본법」 제21조 제2항 제1호 ⚖
㉯ 철도운영서비스의 개선 「철도산업발전기본법」 제21조 제2항 제2호 ⚖
㉰ 공정한 경쟁여건의 조성 「철도산업발전기본법」 제21조 제2항 제4호 ⚖
✅ 철도운영서비스의 확대

> 철도운영서비스의 확대는 「철도산업발전기본법」 제21조 제2항에 따른 국토교통부장관이 철도운영에 대해 수립·시행하여야 하는 시책에 해당하지 않는다.

법령 ⚖

「철도산업발전기본법」 제21조(철도운영)
① 철도산업의 구조개혁을 추진하는 경우 철도운영 관련사업은 시장경제원리에 따라 국가외의 자가 영위하는 것을 원칙으로 한다.
② <u>국토교통부장관은 철도운영에 대한 다음 각 호의 시책을 수립·시행한다.</u>
  1. <u>철도운영부문의 경쟁력 강화</u>
  2. <u>철도운영서비스의 개선</u>
  3. 열차운영의 안전진단 등 예방조치 및 사고조사 등 철도운영의 안전확보
  4. <u>공정한 경쟁여건의 조성</u>
  5. 그 밖에 철도이용자 보호와 열차운행원칙 등 철도운영에 필요한 사항

043 「철도안전법」상 관제자격증명과 관련한 설명으로 올바르지 않은 것은?

㉮ 관제업무에 종사하려는 사람은 국토교통부장관으로부터 철도교통관제사 자격증명(관제자격증명)을 받아야 한다.

「철도안전법」 제21조의3 제1항

㉯ 관제자격증명을 받으려는 사람은 관제업무에 적합한 신체상태를 갖추고 있는지 판정받기 위하여 국토교통부장관이 실시하는 신체검사에 합격하여야 한다.

「철도안전법」 제21조의5 제1항

㉰ 누구든지 관제자격증명서를 다른 사람에게 빌려주거나 빌리거나 이를 알선하여서는 아니 된다.

「철도안전법」 제21조의10

✓ 철도차량의 운전업무에 대해 5년 이상의 경력을 취득한 사람은 관제자격증명시험의 일부를 면제받을 수 있다.

철도차량의 운전업무에 대해 5년 이상의 경력을 취득한 사람은 관제교육훈련의 일부를 면제받을 수 있다(「철도안전법」 제21조의7 제1항 제2호 가목). ⚖️

> **법령** ⚖️
>
> 「철도안전법」 제21조의7(관제교육훈련)
> ① 관제자격증명을 받으려는 사람은 관제업무의 안전한 수행을 위하여 국토교통부장관이 실시하는 관제업무에 필요한 지식과 능력을 습득할 수 있는 교육훈련(이하 "관제교육훈련"이라 한다)을 받아야 한다. 다만, 다음 각 호의 어느 하나에 해당하는 사람에게는 국토교통부령으로 정하는 바에 따라 관제교육훈련의 일부를 면제할 수 있다.
> 1. 「고등교육법」 제2조에 따른 학교에서 국토교통부령으로 정하는 관제업무 관련 교과목을 이수한 사람
> 2. 다음 각 목의 어느 하나에 해당하는 업무에 대하여 5년 이상의 경력을 취득한 사람
>   가. 철도차량의 운전업무
>   나. 철도신호기·선로전환기·조작판의 취급업무
> 3. 관제자격증명을 받은 후 제21조의3 제2항에 따른 다른 종류의 관제자격증명을 받으려는 사람

044 다음 중 철도산업위원회의 위원장으로 옳은 것은?

㉮ 시·도지사　　　　　　　　✓ 국토교통부장관
㉰ 지방행정기관의 장　　　　㉱ 국가철도공단의 이사장

철도산업위원회의 위원장은 국토교통부장관이 된다(「철도산업발전기본법 시행령」 제6조 제1항).

045 「교통안전법 시행령」[별표 9] 과태료의 부과기준에 관한 설명으로 적절하지 않은 것은?

㉮ 하나의 위반행위가 둘 이상의 과태료 부과기준에 해당하는 경우에는 그중 금액이 큰 과태료 부과기준을 적용한다.

㉯ 위반행위의 횟수에 따른 과태료의 가중된 부과기준은 최근 1년간 같은 위반행위로 과태료 부과처분을 받은 경우에 적용한다.

✓ 위반행위자의 법 위반상태를 시정하거나 해소하기 위한 노력이 인정되는 경우에는 과태료를 체납하는 경우에도 그 금액의 2분의 1의 범위에서 그 금액을 줄일 수 있다.

> 위반행위자의 법 위반상태를 시정하거나 해소하기 위한 노력이 인정되는 경우에는 그 금액의 2분의 1의 범위에서 그 금액을 줄일 수 있다. 다만, 과태료를 체납하고 있는 위반행위자의 경우에는 그렇지 않다(「교통안전법 시행령」[별표 9]). ⚖️

㉰ 최근 1년간 같은 위반행위로 3회를 초과하여 과태료 부과처분을 받은 경우에는 과태료 금액의 2분의 1의 범위에서 그 금액을 늘릴 수 있다.

법령 ⚖️

「교통안전법 시행령」[별표 9] 과태료의 부과기준(제49조 관련)

1. 일반기준
   가. 하나의 위반행위가 둘 이상의 과태료 부과기준에 해당하는 경우에는 그중 금액이 큰 과태료 부과기준을 적용한다.
   나. 위반행위의 횟수에 따른 과태료의 가중된 부과기준은 최근 1년간 같은 위반행위로 과태료 부과처분을 받은 경우에 적용한다. 이 경우 기간의 계산은 위반행위에 대하여 과태료 부과처분을 받은 날과 그 처분 후 다시 같은 위반행위를 하여 적발된 날을 기준으로 한다.
   다. 나목에 따라 가중된 부과처분을 하는 경우 가중처분의 적용 차수는 그 위반행위 전 부과처분 차수(나목에 따른 기간 내에 과태료 부과처분이 둘 이상 있었던 경우에는 높은 차수를 말한다)의 다음 차수로 한다.
   라. 부과권자는 다음의 어느 하나에 해당하는 경우에는 제2호의 개별기준에 따른 과태료 금액의 2분의 1의 범위에서 그 금액을 줄일 수 있다. 다만, 과태료를 체납하고 있는 위반행위자의 경우에는 그렇지 않다.
      1) 위반행위자가 「질서위반행위규제법 시행령」 제2조의2제1항 각 호의 어느 하나에 해당하는 경우
      2) 위반행위가 사소한 부주의나 오류로 인한 것으로 인정되는 경우
      3) 위반행위자의 법 위반상태를 시정하거나 해소하기 위한 노력이 인정되는 경우
      4) 그 밖에 위반행위의 정도, 동기 및 결과 등을 고려하여 그 금액을 줄일 필요가 있다고 인정되는 경우
   마. 부과권자는 다음의 어느 하나에 해당하는 경우에는 제2호의 개별기준에 따른 과태료 금액의 2분의 1의 범위에서 그 금액을 늘릴 수 있다. 다만, 법 제65조에 따른 과태료 금액의 상한을 넘을 수 없다.
      1) 위반의 내용 및 정도가 중대하여 사회에 미치는 피해가 크다고 인정되는 경우
      2) 최근 1년간 같은 위반행위로 3회를 초과하여 과태료 부과처분을 받은 경우
      3) 그 밖에 위반행위의 정도, 위반행위의 동기와 그 결과 등을 고려하여 과태료 금액을 늘릴 필요가 있다고 인정되는 경우

046

다음은 「철도안전법령」에 따른 안전관리체계 승인 신청 절차의 변경 등에 관한 설명이다. 빈칸에 들어갈 제출 기한으로 적절한 것은?

> 철도운영자 등이 승인받은 안전관리체계를 변경하려는 경우에는 변경된 철도운용 또는 철도시설 관리 개시 예정일 (　　) 전까지 철도안전관리체계 변경승인신청서에 다음 각 호의 서류를 첨부하여 국토교통부장관에게 제출하여야 한다.

㉮ 15일　　　　　　　　✓ ㉯ 30일
㉰ 60일　　　　　　　　　㉱ 90일

> 철도운영자 등이 승인받은 안전관리체계를 변경하려는 경우에는 변경된 철도운용 또는 철도시설 관리 개시 예정일 30일 전까지 철도안전관리체계 변경승인신청서에 다음 각 호의 서류를 첨부하여 국토교통부장관에게 제출하여야 한다(「철도안전법 시행규칙」 제2조 제2항).

047

「철도안전법」상 철도종사자가 열차 밖이나 대통령령으로 정하는 지역 밖으로 퇴거시키거나 철거할 수 있는 대상과 관련이 없는 것은?

㉮ 보안검색에 따르지 아니한 사람 「철도안전법」 제50조 제6호

✓ ㉯ 철도차량 내에서 음주를 한 사람

> 철도차량 내에서 음주를 한 사람은 「철도안전법」 제50조에 따른 퇴거 조치 대상에 포함되지 않는다.

㉰ 철도종사자의 직무집행을 방해하는 사람 「철도안전법」 제50조 제7호

㉱ 운송 금지 위험물을 운송위탁하거나 운송하는 자 「철도안전법」 제50조 제2호

법령

「철도안전법」 제50조(사람 또는 물건에 대한 퇴거 조치 등)

철도종사자는 다음 각 호의 어느 하나에 해당하는 사람 또는 물건을 열차 밖이나 대통령령으로 정하는 지역 밖으로 퇴거시키거나 철거할 수 있다.
1. 제42조를 위반하여 여객열차에서 위해물품을 휴대한 사람 및 그 위해물품
2. 제43조를 위반하여 운송 금지 위험물을 운송위탁하거나 운송하는 자 및 그 위험물
3. 제45조 제3항 또는 제4항에 따른 행위 금지·제한 또는 조치 명령에 따르지 아니하는 사람 및 그 물건
4. 제47조 제1항 또는 제2항을 위반하여 금지행위를 한 사람 및 그 물건
5. 제48조 제1항을 위반하여 금지행위를 한 사람 및 그 물건
6. 제48조의2에 따른 보안검색에 따르지 아니한 사람
7. 제49조를 위반하여 철도종사자의 직무상 지시를 따르지 아니하거나 직무집행을 방해하는 사람

048. 「교통안전법령」상 어린이, 노인 및 장애인의 교통안전 체험을 위한 교육시설의 설치 기준 및 방법으로 옳지 않은 것은?

㉮ 교통안전 체험시설에 설치하는 교통안전표지 등이 관계 법령에 따른 기준과 일치할 것

「교통안전법 시행령」 제19조의2 제1항 제4호 ⚖

㉯ 어린이 등이 자전거를 운전할 때 안전한 운전방법을 익힐 수 있는 체험시설을 갖출 것

「교통안전법 시행령」 제19조의2 제1항 제2호 ⚖

✔ **어린이 등이 교통사고를 당했을 경우 대처방안을 익힐 수 있는 체험시설을 갖출 것**

「교통안전법 시행령」 제19조의2에 따른 교통안전 체험시설의 설치 기준 및 방법에 해당하지 않는다.

㉱ 어린이 등이 교통사고 예방법을 습득할 수 있도록 교통의 위험상황을 재현할 수 있는 영상장치 등 시설·장비를 갖출 것

「교통안전법 시행령」 제19조의2 제1항 제1호 ⚖

> **법령** ⚖
>
> 「교통안전법 시행령」 제19조의2(교통안전 체험시설의 설치 기준 등)
> ① 국가 및 시·도지사 등은 법 제23조 제3항에 따라 어린이, 노인 및 장애인(이하 이 조에서 "어린이 등"이라 한다)의 교통안전 체험을 위한 교육시설(이하 이 조에서 "교통안전 체험시설"이라 한다)을 설치할 때에는 다음 각 호의 설치 기준 및 방법에 따른다.
> 1. 어린이 등이 교통사고 예방법을 습득할 수 있도록 교통의 위험상황을 재현할 수 있는 영상장치 등 시설·장비를 갖출 것
> 2. 어린이 등이 자전거를 운전할 때 안전한 운전방법을 익힐 수 있는 체험시설을 갖출 것
> 3. 어린이 등이 교통시설의 운영체계를 이해할 수 있도록 보도·횡단보도 등의 시설을 관계 법령에 맞게 배치할 것
> 4. 교통안전 체험시설에 설치하는 교통안전표지 등이 관계 법령에 따른 기준과 일치할 것

049. 교통안전관리자 자격을 취득하려는 자가 부정행위를 한 경우 그 처분이 있은 날부터 몇 년간 시험에 응시할 수 없는가?

㉮ 1년 ✔ **㉯ 2년**
㉰ 3년 ㉱ 5년

국토교통부장관은 부정한 방법으로 교통안전관리자 시험에 응시한 사람 또는 시험에서 부정행위를 한 사람에 대하여는 그 시험을 정지시키거나 무효로 한다(교통안전법 제53조의2 제1항).
• 시험이 정지되거나 무효로 된 사람은 그 처분이 있은 날부터 2년간 시험에 응시할 수 없다(동조 제2항).

050 다음 중 교통시설설치·관리자 및 교통수단운영자가 관할교통행정기관에 제출하여야 하는 교통안전관리규정에 해당하지 않는 사항은?

㉮ 교통안전담당자 지정에 관한 사항   「교통안전법」 제21조 제1항 제4호

✔ 교통안전 전문인력의 양성에 관한 사항

> 교통안전 전문인력의 양성에 관한 사항은 「교통안전법」 제21조 제1항에 따른 교통안전관리규정에 포함되지 않는다.

㉰ 안전관리대책의 수립 및 추진에 관한 사항   「교통안전법」 제21조 제1항 제5호

㉱ 그 밖에 교통안전에 관한 중요 사항으로서 대통령령으로 정하는 사항

「교통안전법」 제21조 제1항 제6호

법령
「교통안전법」 제21조(교통시설설치·관리자 등의 교통안전관리규정)
① 대통령령으로 정하는 교통시설설치·관리자 및 교통수단운영자(이하 이 조에서 "교통시설설치·관리자 등"이라 한다)는 그가 설치·관리하거나 운영하는 교통시설 또는 교통수단과 관련된 교통안전을 확보하기 위하여 다음 각 호의 사항을 포함한 규정(이하 "교통안전관리규정"이라 한다)을 정하여 관할교통행정기관에 제출하여야 한다. 이를 변경한 때에도 또한 같다.
  1. 교통안전의 경영지침에 관한 사항
  2. 교통안전목표 수립에 관한 사항
  3. 교통안전 관련 조직에 관한 사항
  4. 제54조의2에 따른 교통안전담당자 지정에 관한 사항
  5. 안전관리대책의 수립 및 추진에 관한 사항
  6. 그 밖에 교통안전에 관한 중요 사항으로서 대통령령으로 정하는 사항

[2과목] 교통안전관리론

051 상담면접의 주요기법 중 대화의 내용과 행동, 생각의 요체 그리고 줄거리를 잡아주는 기법은?

㉮ 명료화   내담자의 반응에서 나타난 감정 혹은 생각의 의미를 분명하게 말해주는 기법이다.

✔ 요약

㉰ 해석   내담자가 자신의 언행에 대해 넓게 혹은 타인의 시점에서 볼 수 있게 해주는 기법이다.

㉱ 구조화   상담과정의 방향, 제한조건, 진행 이유에 대해 상담자가 정의를 내려주는 기법이다.

052 교통안전교육의 내용 중 안전운전에 대한 인지·판단·결정기능과 위험감수능력, 위험발견 기능 등을 체득할 수 있도록 하는 교육은?

- ⑦ **안전운전기술 교육** ✓
- ⑭ 운전조작기능 교육

  자동차를 완벽하게 컨트롤 할 수 있는 기능과 교통위험을 회피할 수 있는 능력을 위한 교육이다.

- ⑮ 자기통제 교육

  교통수단의 사회적인 의미·기능, 교통참가자의 의무·책임·사회적 제한 등에 충분히 인식하고 자기의 욕구 및 감정을 통제하기 위한 교육이다.

- ㉑ 준법 교육

  준법정신을 갖게 하기 위해서는 교통법령에 대한 지식과 그 의미를 이해하고 적법한 교통습관 형성을 위한 교육이다.

053 특정사고의 사고유발 책임소재를 규명하는 데 활용하는 교통사고 분석방법은?

- ⑦ 사고원인 분석
- ⑭ 위험도 분석
- ⑮ 사고통계 비교분석
- ㉑ **사고요인 분석** ✓

특정사고의 사고유발 책임소재를 규명할 때에는 사고요인 분석 등의 미시적 분석방법을 활용하여야 한다.

054 다음 중 교통안전종사원의 업무에 해당하지 않는 것은?

- ⑦ 운행기록 등의 분석
- ⑭ **교통안전관리규정의 제정** ✓
- ⑮ 교통사고 예방 조치
- ㉑ 교통사고 취약지점의 점검

교통안전관리규정의 제정은 교통시설설치·관리자 및 교통수단운영자에 의해 진행된다(「교통안전법」 제21조 제1항).

055 인간의 행동을 규제하는 내적 요인이 아닌 것은?

㉮ 의욕
㉯ 심신상태
㉰ 일반심리
✔ 인간관계

인간관계는 <u>외적요인(환경요인)</u>에 해당한다.

 TIP

인적요인(내적 요인)의 종류

인적요인(내적요인)의 종류	환경요인(외적요인)의 종류
• 의욕 : 지위, 대우, 후생, 흥미 등 • 소질 : 운동기능, 성격, 태도 등 • 경력 : 연령, 경험, 교육 등 • 일반심리 : 착오, 부주의, 무의식적 조건반사 등 • 심신상태 : 피로, 질병, 수면, 휴식, 알코올, 약물 등	• 인간관계 : 가정, 직장, 사회, 경제, 문화 등 • 자연조건 : 온·습도, 기압, 환기, 기상, 명암 등 • 시간적 조건 : 근로시간, 시각, 속도, 교대제 등 • 물리적 조건 : 교통공간의 배치 등

056 카운슬링(counseling) 교육기법에 대한 설명으로 잘못된 것은?

㉮ 상담자와 내담자 1대1 대화를 통해 진행한다.
㉯ 현재의 고민과 문제에 초점을 맞추어 진행한다.
㉰ 상담자와 내담자가 대화를 통해 일상생활에서 생겨나는 문제에 대한 해결 혹은 학습을 진행한다.
✔ 미래의 목표에 초점을 맞추어 구체적인 목표를 설정하고 이를 위해 진행한다.

코칭(coaching)에 대한 설명이다. <u>카운슬링(counseling)은 현재의 고민과 문제에 초점을 맞춘다.</u>

057 다음 중 등치성 이론에 대한 설명으로 옳지 않은 것은?

㉮ 교통사고 발생 시 사고를 구성하는 각종 요소가 똑같은 비중을 차지한다.
㉯ 여러 사고원인 요소 중 어느 한 가지 요인이라도 없으면 사고는 발생하지 않는다.
✔ 어떤 사고요인이 발생하면 이는 상호 자극에 의하여 순간적으로 재해가 발생한다.

집중형(단순자극형)에 대한 설명이다. <u>교통사고 원인의 등치성 이론은 연쇄형의 원리로 설명된다. 연쇄형의 원리는 어떤 사고요인이 발생하면 그것이 또 근원이 되어 다음 요인을 발생하게 되는 것</u>으로 여러 요인이 유기적으로 연결되어있다는 것이다.

㉰ 사고방지를 위해서는 사고의 유형에 따라 등치요인을 찾아내어야 하며 사고요인들의 원인 분석을 통해 사고를 방지해야 한다.

058 국가 간의 교통안전도를 평가할 때 이용할 자료로 적절하지 않은 것은?

㉮ 인구 10만 명당 교통사고 사망자 수
✓ ㉯ 사고 10만 건당 교통사고 사망자 수

> 국가 간의 교통안전도를 평가할 때에는 사고 1만 건당 교통사고 사망자 수를 헤아려 자료로 참고한다.

㉰ 주행거리 1억 킬로미터당 교통사고 사망자 수
㉱ 100만 진입차량대수 사고율

059 조직설계의 원칙 중 전문화의 원칙에 대한 설명으로 옳은 것은?

㉮ 조직 내 직무가 표준화되어 있어야 한다.

> 공식화의 원칙에 대한 설명이다.

㉯ 상급자가 하급자에게 일을 시키는 경우 권한을 될 수 있는 대로 위임하여야 한다.

> 권한위임의 원칙에 대한 설명이다.

㉰ 조직의 질서를 바르게 유지하기 위해서 명령 계통은 일원화되어야 한다.

> 명령통일의 원칙에 대한 설명이다.

✓ ㉱ 각 구성원은 가능한 한 전문화된 단일 업무를 수행하여야 한다.

060 주간 운행 시 정지상태의 정상적인 시야각은 180~200° 정도이다. 주간에 70km/h로 주행할 경우 시야각으로 옳은 것은?

㉮ 180~200° 정지상태의 시야각
㉯ 100° 40km/h 주행속도의 시야각
✓ ㉰ 65°
㉱ 40° 100km/h 주행속도의 시야각

061
10명 이하의 소집단교육법 중 구성원들로 하여금 서로 다른 역할을 연기시켜 하나의 문제에 대한 지식·태도를 다각면으로 체득시키는 교육법은?

㉮ 사례연구법

> 구성원들에게 하나의 사례를 제시하여 사실확정, 문제점 및 원인을 분석, 대책 수립 및 평가 등의 과정을 통해 교육을 진행하는 방식이다.

㉯ 패널 디스커션

> 선발된 사람들이 토론을 통해 문제를 다각도로 검토하는 방법이다.

✔ 분할연기법

㉱ 밀봉토의법

> 꿀벌(蜂)이 꿀을 모으듯 토의한다고 하여 밀봉토의법이라 하며 6명의 구성원이 각자 1분씩, 합계 6분간 대화하는 방법이다. 6·6방식이라고도 부른다.

062
사고 관련 종합 통계자료의 사용 목적으로 옳지 않은 것은?

㉮ 차량검사 ㉯ 응급의료서비스
✔ 차량가격 설정 ㉱ 도로 개선

> 사고 관련 종합 통계자료의 사용 목적 : 단속, 교육, 차량검사, 응급의료서비스, 도로 개선 등을 위한 기술 연구자료 등

063
정지시거에 대한 설명으로 옳지 않은 것은?

㉮ 정지시거는 공주거리와 제동거리의 합으로 계산한다.
㉯ 공주거리는 차량의 속도와 운전자의 능력에 따라 달라지나 설계목적으로 통상 2.5초로 사용한다.

> 공주거리는 설계목적으로 통상 2.5초로 사용한다. 2.5초 중 1.5초는 지각, 식별, 행동판단에 따른 반사시간이며, 1초는 근육반응 및 브레이크 반응시간으로 본다.

㉰ 공주거리란 운전자가 위험을 느끼고 브레이크 페달을 밟아 실제로 자동차가 제동되기 전까지 주행한 거리이다.

✔ 제동거리란 앞차가 갑자기 정지하게 되는 경우 추돌사고를 피하는 데 필요한 거리이다.

> 안전거리에 대한 설명이다. 제동거리란 운전자가 위험을 느끼고 브레이크 페달을 밟아 실제로 자동차가 제동되기 전까지 주행한 거리를 말한다.

064 페이욜(H. Fayol)이 제시한 14가지 관리원칙 중 가장 핵심이 되는 것으로, 규모가 커진 기업 경영을 위해 필수적인 전제가 되는 원칙은?

㉮ 권한과 책임의 원칙 ㉯ 규율의 원칙
☑ 분업의 원칙 ㉱ 단결의 원칙

> 분업의 원칙은 대규모 기업 경영에서 구성원들로 하여금 일의 범주를 줄여 주고, 능률은 증진시켜 주기에 필수적인 전제가 된다.

> **TIP**
> 페이욜(H. Fayol)의 14가지 관리일반원칙
> 1. 분업의 원칙
> 2. 권한과 책임의 원칙
> 3. 규율의 원칙
> 4. 명령통일의 원칙
> 5. 지휘일원화의 원칙
> 6. 개인이익이 전체이익에 종속
> 7. 종업원 보상의 원칙
> 8. 집권화의 원칙
> 9. 계층적 연쇄의 원칙
> 10. 질서의 원칙
> 11. 공정성의 원칙
> 12. 고용안전의 원칙
> 13. 창의력 개발의 원칙
> 14. 단결의 원칙

065 운전자에게 필요한 감각기관 중 운전정보의 약 80%를 차지하고 있는 기관은?

☑ 시각 ㉯ 후각
㉰ 청각 ㉱ 촉각

> 시각은 운전자에게 필요한 운전정보 중 약 80% 이상을 제공한다.

066 위험예지활동 중 Tool Box Meeting에 대한 설명 중 옳지 않은 것은?

☑ 불안전한 상태를 개선하기 위한 활동이다.

> TBM(Tool Box Meeting)은 사고의 직접원인인 불안전한 상태 및 불안전한 행동 중에서 주로 불안전한 행동을 근절시키기 위해 진행하는 활동이다.

㉯ 5~6인의 소집단으로 나누어 진행하는 활동이다.
㉰ 작업장 내에서 적당한 장소를 정하여 실시하는 위험예지활동이다.
㉱ 직장에서 진행하는 자발적인 안전의식 고취 활동이다.

067 조직 내의 직무가 표준화되어 있어야 한다는 원칙은?

㉮ 전문화의 원칙 ㉯ 권한과 책임의 원칙
✓ ㉰ 공식화의 원칙 ㉱ 명령통일의 원칙

> 구성원의 직무나 행위를 정형화하여 직무활동에 대한 예측, 조정, 통제를 할 수 있도록 하는 원칙이다.

068 소집단 교육방법의 일종으로 해당 주제에 대해 의견이나 생활체험을 달리하는 특정 협조자의 토의를 통해 문제에 대해 다양한 각도로 검토하여 깊고 넓은 지식을 얻고자 하는 방법은?

✓ ㉮ 패널 디스커션(Panel discussion)
㉯ 심포지엄(Symposium)
> 입장을 달리하는 구성원들이 공통된 주제에 대해 자유롭게 토의하면서 지식을 습득하는 방법이다.

㉰ 밀봉토의법
> 6명의 구성원이 각각 1분씩 합계 6분간 꿀벌이 꿀을 모으듯 주제에 대한 대화를 하게 하는 방법이다.

㉱ 분할연기법
> 소집단 구성원들에게 서로 다른 역할의 연기를 시켜 하나의 문제에 대한 지식·태도를 체득시키는 방법이다.

069 다음 중 안전관리 통제기법 중 검열에 대한 내용으로 옳지 않은 것은?

㉮ 안전관리와 다른 기능을 수행할 때 필요한 통제기법이다.
㉯ 작업의 위험도 또는 대상 근무에 따라 빈도를 결정하는 기법이다.
✓ ㉰ 매일 반복 관찰을 통해 불안전한 행위 및 상태를 명확히 파악하여 사고를 구분해 내어 예방하는 기법이다.
> 일일관찰(Day to Day Observation)에 관한 내용이다.

㉱ 현장 즉각 조치 또는 추후 교정 조치를 수반하여 사고를 예방하고 사고 후 대책 또한 효과적으로 수립하게 도와주는 기법이다.

070 맥클러랜드(McClelland's)는 동기유발에 관여하는 욕구는 크게 3가지가 있다고 하였다. 이 중 '개인적 친밀함과 우정에 대한 욕구'는 무엇인가?

㉮ 성취욕구(Achievement needs)

> 해내고 싶어지는 욕망, 평균 이상의 결과를 내 성공하고 싶어하는 동기유발 욕구이다.

㉯ 권력욕구(Power needs)

> 타인의 행동에 영향을 미쳐 변화를 일으키고 변화시키고 싶어하는 동기유발 욕구이다.

✓ 제휴욕구(Affiliation needs)

㉱ 관계욕구(Relatedness needs)

> 관계의 욕구(Relatedness needs)는 알더퍼의 ERG 이론의 R에 해당하는 욕구로, 타인과의 의미있고 만족스러운 인간관계에 관한 욕구이다.

071 교통안전기관에서의 소집단 구성인원으로 적당한 것은?

㉮ 3~5명　　　　　　　　✓ 5~6명
㉰ 8~10명　　　　　　　㉱ 10~15명

> 소집단은 일반적으로 10명 내외의 인원수를 가진 집단을 뜻하며, 교통안전기관에서는 주로 5~6명을 소집단으로 구성한다.

072 바나드(C. Barnard)의 주장에 따른 조직 존속을 위한 3요소로 옳게 묶은 것은?

㉮ 분업의 원칙, 의사소통, 단결의 원칙
㉯ 공통목적, 창의성, 분업의 원칙
✓ 공헌의욕, 의사소통, 공통목적

> 버나드는 조직의 존속을 위해 공헌의욕, 의사소통, 공통목적이 필요하다 하였다.

㉱ 공통목적, 공헌의욕, 단결의 원칙

073 구간평가에 대한 교통사고 분석 시 흔히 사용되는 구간 분할 단위로써 맞지 않은 것은?

㉮ 100m
㉯ 500m
㉰ 1,000m
☑ ㉱ 1,500m

> 구간평가 시에는 주로 100m, 500m, 1,000m(1km)를 단위로 하여 분할 평가한다.

074 야간 주행 중 전조등이 하향등인 경우 밝은색의 물체를 확인할 수 있는 거리는?

☑ ㉮ 80m
㉯ 60m
㉰ 43m
㉱ 20m

 TIP

전조등이 하향등일 때 야간 주행 시 식별거리

구분	밝은색	어두운색
사람확인 가능 거리	42m	20m
물체확인 가능 거리	80m	43m

075 인적자원 관리법을 역사적 흐름에 따라 바르게 나열한 것은?

☑ ㉮ 과학적 관리법 → 인간관계 관리법 → 참여적 관리법
㉯ 인간관계 관리법 → 참여적 관리법 → 과학적 관리법
㉰ 참여적 관리법 → 과학적 관리법 → 인간관계 관리법
㉱ 과학적 관리법 → 참여적 관리법 → 인간관계 관리법

 TIP

조직관리 이론
- **과학적 관리론** : 생산성 향상에 가장 큰 중심으로 두었다. 인간의 개성 및 잠재력을 고려하지 않고 인간을 기계적, 합리적 도구로만 바라보았다는 문제점이 있었다.
- **인간관계론** : 인간을 사회인 혹은 자기실현인으로 간주하며 인간에 대한 동기부여를 시도하였다. 현대적 조직관리 이론의 발전에 크게 기여하였다.
- **참여적 관리론** : 조직을 개방 시스템으로 보고 인간을 강하며 권한의 분권화, 구성원 간의 합의, 동기 부여욕구, 민주적 접근을 목표로 진행한다. 예 의사결정론, 시스템 이론, 행동과학론 등

[**3과목**] 철도공학

076 건널목 보안설비 검토사항으로 옳지 않은 것은?

㉮ 열차횟수 및 도로교통량   ✓ 열차투시거리 및 열차편성량
㉯ 건널목의 길이 및 전후의 지형   ㉱ 건널목 투시거리 및 건널목 길이

> 건널목은 철도선로가 도로와 평면적으로 교차하는 부분을 말하며 제1, 2, 3종 건널목으로 나눠 보안설비를 설치한다. 건널목 보안설비에서는 열차투시거리가 아닌 건널목 투시거리를 검토하여야 한다.

 TIP

건널목 보안설비 종류
- 건널목 경보장치
- 건널목 차단기
- 건널목 주의표식
- 건널목 지장검지장치
- 건널목 집중감시장치

077 다음 중 안전레일에 대한 설명으로 옳지 않은 것은?

㉮ 높은 축제 또는 고가부에 열차탈선의 경우 큰 사고를 최소화하기 위해 부설한다.
✓ 안전레일은 차량탈선의 위험이 클 경우 내·외궤 양쪽에 본선레일과 65mm 간격으로 부설한다.

> 안전레일과 본선레일의 최대 간격은 180mm이다.

㉰ 안전레일의 위치는 내·외궤쪽 중 차량의 탈선 시 피해정도를 비교하여 결정한다.
㉱ 열차가 탈선하였을 때 전복하는 것을 방지하기 위해 만들어진 보조레일이다.

078 다음 중 신축이음매에 대한 설명으로 옳지 않은 것은?

㉮ 장대레일 끝에 신축이음매를 사용하여 신축량을 흡수한다.
㉯ 철도레일의 이음매 부분에 비스듬히 사선으로 겹쳐 설치한다.
㉰ 신축이음매와 장대레일 간의 이음매 처짐이 생기지 않도록 보수해야 한다.
✓ 겨울철 철로레일의 이음매부분 간격이 좁아질 때 기차 바퀴로 인한 물리적 충격과 소음을 완화해준다.

> 신축이음매는 추운 겨울 철도레일의 이음매부분의 간격이 넓어져 발생하는 물리적 충격과 소음 및 차체 바퀴의 손상을 예방하기 위해 설치한다.

079 다음 중 철도의 특징이 아닌 것은?

㉮ 안정성이 뛰어나다.
㉯ 신속성을 지니고 있다.
✔ 기동성이 뛰어나다.
㉱ 대량수송성을 지니고 있다.

철도는 시간적 공간적 제약이 크고 상황에 따라 신속하게 이동하거나 행동하는 기동성이 부족하다.

> **TIP**
> 철도의 특징
> • 신속성   • 신뢰성   • 안정성
> • 친환경성 • 경제성   • 에너지 효율성
> • 대량수송성 • 장거리성 • 편리성

080 레일의 물리적 시험의 종류에 해당하지 않는 것은?

㉮ 피로시험
㉯ 경도시험
✔ 침투시험
㉱ 낙중시험

침투시험(Penetrant Testing)은 레일의 표면에 생긴 벌려진 틈에 침투액을 침투시킨 후, 확대된 상의 지시무 늬로 틈을 관찰하는 화학적 비파괴시험방법이다.

> **TIP**
> 레일의 물리적 시험 종류
> • 인장시험 • 낙중시험 • 휨시험
> • 경도시험 • 파단시험 • 피로시험

081 다음 중 소수로 횡단구조물 중 깎기가 깊지 않고 수로면이 높지 않을 때, 철근 콘크리트 구조물을 궤도하부에 매설하는 것은?

✔ 사이폰
㉯ 하수로
㉰ 구교
㉱ 관하수

사이폰은 용기를 기울이지 않고 높은 곳에 있는 액체를 낮은 곳으로 옮기는 연통관이다. 관로의 대부분은 물 매선 이상의 높이이고, 이때 궤도하부에 매설한다.

082 장대레일의 자갈 도상두께로 옳은 것은?

㉮ 200mm
㉯ 270mm
✓ 300mm
㉱ 350mm

> 장대레일인 경우 자갈 도상두께를 300mm로 해야 한다(「철도의 건설기준에 관한 규정」 제16조).

법령

「철도의 건설기준에 관한 규정」 제16조(선로 설계 시 유의사항)

설계속도 V(km/h)	최소 도상두께(mm)
V≤70	250*
70＜V≤120	270*
120＜V≤230	300
230＜V≤350	350

＊ 장대레일인 경우 300mm로 한다.

083 목침목의 장점이 아닌 것은?

㉮ 레일의 체결이 용이하고 가공이 편리하다.
㉯ 탄성이 풍부하며 완충성이 뛰어나다.
㉰ 보수와 교환작업이 용이하다.
✓ 전기절연도가 높으며 내구연한이 길다.

> 목침목은 전기절연도가 높으나 자연적인 부식으로 인해 갈라지는 등 내구연한이 비교적 짧다.

084 다음 중 피암터널에 대한 설명으로 옳지 않은 것은?

㉮ 낙석방지 시설 중 하나이다.
㉯ 경사지가 넓거나 험준해 그물 혹은 옹벽 등을 설치하기 어려울 때 활용한다.
㉰ 낙석이 최대하중을 초과해 쌓거나 오래되어 삭거나 금이 가도 무너지므로 주기적 확인이 필요하다.
✓ 낙석방지울타리, 낙석방지옹벽 등으로 대체할 수 있다.

> 피암터널은 비탈면이 급격사로 철도와 이격할 여유가 없거나 낙석의 규모가 커서 낙석방지울타리, 낙석방지옹벽 등으로 안전을 기대하기 어려울 때 설치한다.

085 선로밀림현상(복진)의 발생원인에 대한 설명으로 옳은 것은?

㉮ 기관차 및 전동차의 구동륜이 회전할 시 반작용으로 레일이 전방으로 밀린다.

> 기관차 및 전동차의 구동륜이 회전할 시 반작용으로 레일이 후방으로 밀린다.

㉯ 열차 주행 시 레일에 파상진동이 발생하여 레일이 후방으로 이동하기 쉽다.

> 차 주행 시 레일에 파상진동이 발생하여 레일이 전방으로 이동하기 쉽다.

㉰ 이음매부 처짐 시 차륜이 레일 단부에 부딪쳐 레일을 후방으로 밀게 된다.

> 이음매부 처짐 시 차륜이 레일 단부에 부딪쳐 레일을 전방으로 밀게 된다.

☑ 열차의 견인 및 제동에 있어서 차륜과 레일의 마찰에 의해 발생한다.

086 가공삭도에 대한 설명으로 옳지 않은 것은?

㉮ 전용 궤도계의 교통기관으로 도로교통에 영향이 없어 정시성이 확보된다.
㉯ 급구배가 가능하고 종단 선형 설정의 자유도가 높다.
㉰ 지주의 간격을 넓게 설정할 수 있다.
☑ 도입공간의 확보가 어렵다.

> 가공삭도는 레일 대신 공중에 강색을 가설하고 여기에 운반기를 매달아서 운반하는 시설로 용지가 필요한 곳은 지반부분으로서 도입공간 확보가 용이하다.

087 공차회송의 경우 객차 조차장과 여객역과의 거리는 몇 km 이내여야 하는가?

☑ 원거리 열차 10km 이내, 근거리 열차 5km 이내

> 공차회송의 경우 객차 조차장과 여객역과의 거리는 원거리 열차의 경우 10km 이내, 근거리 열차 5km 이내여야 한다.

㉯ 원거리 열차 7km 이내, 근거리 열차 5km 이내
㉰ 원거리 열차 5km 이내, 근거리 열차 3km 이내
㉱ 원거리 열차 3km 이내, 근거리 열차 1km 이내

088 열차의 보수방향에 대한 설명으로 옳지 않은 것은?

㉮ 궤도구조의 강화와 보선작업의 기계화
㉯ 레일의 중량화, 침목의 P.C화, 장대레일화
✔ 열차상간의 확보를 통한 직원들의 휴무 안정화
　　열차의 보수를 통해 열차상간을 확보하여 선로보수 및 기타 작업시간 확보를 목표로 하여야 한다.
㉱ 전자기술의 이용에 따른 보선경비처리 시스템 확립

089 다음 중 캔트(Cant)와 슬랙(Slack)에 대한 설명으로 옳지 않은 것은?

㉮ 슬랙은 바깥쪽 레일을 기준으로 안쪽 레일을 조정하여 궤간을 넓히는 것을 말한다.
㉯ 슬랙은 30mm, 캔트는 160mm를 초과할 수 없다.
㉰ 캔트는 안쪽 레일을 기준으로 바깥쪽 레일을 높게 부설하는 것을 말한다.
✔ 철도공사에서 곡선반경 300m 이하의 곡선에는 캔트를 붙여야 하고, 캔트는 30mm를 초과할 수 없다.
　　철도공사에서 곡선반경 300m 이하의 곡선에는 슬랙을 붙여야 하고, 슬랙을 30mm를 초과할 수 없다.

090 다음 중 동력분산형 열차가 아닌 것은?

✔ KTX-산천
㉯ KTX-이음
㉰ ITX-마음
㉱ ITX-새마을호

KTX-산천은 동력집중식 열차에 해당한다.

TIP
동력집중식 열차와 동력분사식 열차
- 동력집중식 열차 : KTX-1, KTX-산천, 디젤 · 전기 기관차 연결열차
- 동력분산식 열차 : KTX-이음, ITX 마음, ITX-새마을호, 디젤동차, 전기동차

091 전철 급전계통의 특성에 대한 설명으로 옳지 않은 것은?

㉮ 고신뢰도, 고안정도의 전원설비가 요구된다.
㉯ 부하의 크기 및 시간적 변동이 심하다.
㉰ 레일을 귀선로로 사용한다.
✅ 직류방식에서는 통신선에 대한 유도장애 대책이 필요하다.

> 직류방식에서는 전식대책이 필요하며, 교류방식에서는 통신선에 대한 유도장애 대책이 필요하다.

092 선로의 분기교차점, 크로싱 부분 등 좌우 레일 극성이 같게 되어 열차에 의해 궤도단락이 불가능한 구간의 최대 길이(m)는?

㉮ 3m ㉯ 5m
✅ 7m ㉱ 10m

> 선로의 분기교차점, 크로싱 부분, 교량 등에 있어 좌우 레일 극성이 같게 되어 열차에 의해 궤도단락이 불가능한 곳을 사구간이라 부르며 7m를 넘기지 않아야 한다.

093 다음 중 사행동에 대한 설명으로 옳지 않은 것은?

㉮ 1축 사행동의 움직임은 좌우진동과 좌우의 차륜이 번갈아 전후하는 진동이다.
㉯ 1축 사행동의 파장은 약 14m로 속도가 높아지면 진동수도 높아진다.

> 1축 사행동의 파장은 약 14m를 가지며 레일 간격(궤간) 크기에 비례하고, 차륜경(차륜지름)에 비례한다.

㉰ 대차 사행동은 2축을 고정한 대차에서 발생하는 사행동이다.
✅ 대차 사행동의 파장은 약 30m를 가지며 속도가 증가하면 사라진다.

> 대차 사행동의 파장은 약 30m를 가지며 속도가 증가하여도 없어지지 않는다. 윤축의 1축의 파장 및 고정축 간의 거리(축거)에 비례하나 레일간격(궤간)에 반비례한다.

094 궤간틀림에 대한 설명으로 잘못된 것은?

㉮ 좌우레일의 간격틀림으로 레일 두부면에서 14mm 이내의 레일 내면 간의 최단거리로 표시한다.
㉯ 정비기준은 본선, 측선은 +10mm, -2mm이며, 크로싱부는 +3mm, -2mm이다.
㉰ 궤간틀림이 크게 확대되면 차륜이 궤간 내로 탈락하게 된다.
✓ 좌우레일 답면의 수준틀림을 말하며 고저차로 표시한다. 　수평틀림(수준틀림)에 대한 설명이다.

> **TIP**
>
> **궤도틀림의 종류**
> - 궤간틀림 : 좌우레일의 간격틀림으로 궤간틀림이 클 경우에는 주행차량이 진동을 일으키며, 더욱 크게 확대될 시 차륜이 궤간 내로 탈락할 수 있다.
> - 수평틀림(수준틀림) : 좌우레일 답면의 수준틀림을 말하며, 고저차로 표시한다. 수평틀림 발생 시 차량에 좌우진동을 일으킨다.
> - 고저틀림(면틀림) : 한쪽레일의 길이방향의 높이틀림을 말하며, 상하진동을 유발하고 주행차륜의 부상으로 플랜지가 레일을 올라타 탈선의 원인이 되기도 한다.
> - 줄틀림(방향틀림) : 한쪽레일의 길이방향의 좌우 굴곡틀림을 말하며, 차량의 사행동을 일으키는 원인이 된다.
> - 평면성틀림 : 수평(수준)틀림의 변화량을 말하며, 주행차륜의 후렌지가 레일을 올라타 탈선의 원인이 된다.
> - 복합틀림
>
> | [궤간틀림] | [수평틀림] | [고저틀림] |
> |---|---|---|
> | [줄틀림] | [평면성 틀림] | |

095 보통철도에서의 이론적 한계속도(km/h)는 얼마인가?

㉮ 400~450km/h　　　　　✓ 300~350km/h
㉯ 200~250km/h　　　　　㉱ 150km/h

> 보통철도(차륜식 철도)는 마찰력·점착력 등으로 인해 개선을 전제로 하여도 300~350km/h를 한계속도로 측정한다.

096 모노레일의 단점이 아닌 것은?

- ✅ ㉮ 도로, 하천 등과 이어져 통과하므로 불편하다.
  > 모노레일은 도로 및 하천 등과 연결되어 통과하여 접근성 및 타 교통과의 입체교차에 편리하다.
- ㉯ 차량 고장에 따른 피난시간이 장시간 소요된다.
- ㉰ 구조가 복잡하고 전환에 시간이 필요하다.
- ㉱ 차량의 기구가 복잡하고 고가이다.

097 수송소요 예측방법에 대한 설명으로 옳지 않은 것은?

- ㉮ 시계열 분석법 : 통계량의 시간적 경과에 따른 과거의 변동을 통계적으로 재구성하여 분석하고, 이들 정보로부터 장래의 수요를 예측하는 방법
- ✅ ㉯ 요인 분석법 : 여러 대상 지역을 여러 개의 교통구역으로 분할 후 각 구역의 시설과 교통 발생력을 추정하여 장래 토지 이용과 인구로서 교통 수송량을 구하는 방법
  > 원 단위법에 대한 설명이다. 요인 분석법은 현상과 몇 개의 요인변수와의 관계를 분석하여 그 관계로부터 장래의 수요를 예측하는 방법이다.
- ㉰ 중력 모델법 : 두 지역 상호 간의 교통량이 두 지역의 수송수요 발생량 크기의 제곱에 비례하고, 양 지역 간의 거리에 반비례하는 예측 모델법
- ㉱ OD(Original Destination) 표 작성법 : 각 지역의 여객, 화물의 수송경로를 몇 개의 Zone으로 나누고 각 Zone 상호 간의 교통량을 출발, 도착의 양면에서 작성하는 Original Destination 표를 작성하는 방법

098 도상검사 사항이 아닌 것은?

- ㉮ 도상보충 및 정리 여부
- ㉯ 토사혼입도
- ㉰ 단면 부족
- ✅ ㉱ 종저항력 유지상태

> 도상검사는 선로에 노반과 침목 사이에 끼워진 자갈, 콘크리트 등을 말하며, 레일 및 침목으로부터 전달되는 열차하중을 넓게 분산시켜야 하므로 수직으로 들어오는 힘에 대한 저항력을 확인하여야 한다.

099 일반적인 철도의 수송능력을 표시하는 것은?

㉮ 선로이용률
㉯ 평균 승차 거리(km)
㉰ 인구 1인당 화물수송 톤 수
✓ 선로용량

> 선로용량은 일정선로상에서의 하루에 운행 가능한 열차회수를 말한다.

100 변전소와 급전구분소 사이에 설치되어, 점검 또는 사고 발생 시 피해범위를 최소화하기 위해 단로기와 차단기를 설치한 전차선로의 급전설비는?

㉮ 급전구분소

> 급전구분소(TP) : 변전소와 변전소 사이에 단로기와 차단기를 설치한 급전설비

✓ 보조급전구분소

㉰ 급전타이포스트

> 급전타이포스트(SSP) : 직류전철방식에서 전차선 전압강하를 경감시키기 위해 선로 말단 혹은 중간에 차단기를 통해 상선과 하선을 연결하는 급전설비

㉱ 단말보조급전구분소

> 단말보조급전구분소(ATP) : 전차선로의 말단에 전압강하 보상 및 유도장해 경감을 목적으로 단권변압기(AT)를 설치한 급전설비

💡 TIP

전차선로의 급전설비
- 급전타이포스트(SSP) : 직류전철방식에서 전차선 전압강하를 경감시키기 위해 선로 말단 혹은 중간에 차단기를 통해 상선과 하선을 연결하는 급전설비
- 급전구분소(TP) : 변전소와 변전소 사이에 단로기와 차단기를 설치한 급전설비
- 보조급전구분소(SP) : 변전소와 급전구분소 사이에 설치되어, 점검 또는 사고 발생 시 피해범위를 최소화 하기 위해 단로기와 차단기를 설치한 전차선로의 급전설비
- 단말보조급전구분소(ATP) : 전차선로의 말단에 전압강하 보상 및 유도장해 경감을 목적으로 단권변압기(AT)를 설치한 급전설비
- 병렬급전소(PP) : 급전계통에서 상선과 하선을 평소에는 전기적으로 연결하여 전압강하 보상과 회생전력 배분을 수행하는 급전설비

4과목 열차운전(선택)

101 다음 중 공주거리와 공주시간에 대한 설명으로 적절하지 않은 것은?

㉮ 공주거리는 전제동거리에서 실제동거리를 뺀 거리이다.
㉯ 공주시간은 제동장치의 종류, 제동취급방법, 열차의 편성, 연결된 객차의 수 등에 따라 달라진다.
㉰ 제동변을 제동위치로 이동시킨 후 제동이 작용하기까지 주행한 거리를 공주거리, 소요시간을 공주시간이라 한다.
✓ 공주거리는 제동취급 후 예정제동률의 60%에 도달할 때까지 진행한 거리이다.

> 공주거리는 제동취급 후 예정제동률의 75%에 도달할 때까지 진행한 거리이다.

102 「철도차량운전규칙」상 차내신호의 종류로 적절하지 않은 것은?

㉮ 정지신호 「철도차량운전규칙」 제83조 제1호 ⚖️
㉯ 15신호 「철도차량운전규칙」 제83조 제2호 ⚖️
㉰ 야드신호 「철도차량운전규칙」 제83조 제3호 ⚖️
✓ 주의신호

> 차내신호의 종류로는 정지신호, 15신호, 야드신호, 진행신고가 있다(「철도차량운전규칙」 제83조). ⚖️

법령 ⚖️

「철도차량운전규칙」 제83조(차내신호)
차내신호의 종류 및 그 제한속도는 다음 각 호와 같다.
1. 정지신호 : 열차운행에 지장이 있는 구간으로 운행하는 열차에 대하여 정지하도록 하는 것
2. 15신호 : 정지신호에 의하여 정지한 열차에 대한 신호로서 1시간에 15킬로미터 이하의 속도로 운전하게 하는 것
3. 야드신호 : 입환차량에 대한 신호로서 1시간에 25킬로미터 이하의 속도로 운전하게 하는 것
4. 진행신호 : 열차를 지정된 속도 이하로 운전하게 하는 것

103 「철도차량운전규칙」상 진행을 지시하는 신호가 기본 원칙이나 예외로 단선구간의 경우 정지신호를 현시하는 신호기는?

☑ ㉮ 반자동폐색신호기

> 자동폐색신호기 및 반자동폐색신호기는 진행을 지시하는 신호를 현시함을 기본으로 한다. 다만, 단선구간의 경우에는 정지신호를 현시함을 기본으로 한다(「철도차량운전규칙」 제85조 제2항).

㉯ 장내신호기

> 장내신호기는 정지신호를 현시함을 기본으로 한다(「철도차량운전규칙」 제85조 제1항 제1호).

㉰ 엄호신호기

> 엄호신호기의 기본원칙은 정지신호이다(「철도차량운전규칙」 제85조 제1항 제4호).

㉱ 유도신호기

> 유도신호기는 신호를 현시하지 않는다(「철도차량운전규칙」 제85조 제1항 제5호).

104 「철도차량운전규칙」에 따른 상치신호기의 종류와 그 용도가 적절한 것은?

㉮ 진로표시기 – 장내신호기·출발신호기에 종속하여 다음 장내신호기 또는 출발신호기에 현시하는 진로를 열차에 대하여 예고하는 것

> 진로예고기에 대한 설명이다(「철도차량운전규칙」 제82조 제3호 나목). 진로표시기는 장내신호기·출발신호기·진로개통표시기 및 입환신호기에 부속하여 열차 또는 차량에 대하여 그 진로를 표시하는 것을 말한다(동조 제3호 가목).

㉯ 출발신호기 – 정거장에 진입하려는 열차에 대하여 신호를 현시하는 것

> 장내신호기에 대한 설명이다(「철도차량운전규칙」 제82조 제1호 가목). 출발신호기는 정거장을 진출하려는 열차에 대하여 신호를 현시하는 것을 말한다(동조 제1호 나목).

☑ ㉰ 유도신호기 – 장내신호기에 정지신호의 현시가 있는 경우 유도를 받을 열차에 대하여 신호를 현시하는 것

> 「철도차량운전규칙」 제82조 제1호 마목

㉱ 장내신호기 – 정거장을 진출하려는 열차에 대하여 신호를 현시하는 것

> 출반신호기에 대한 설명이다(「철도차량운전규칙」 제82조 제1호 나목). 장내신호기는 정거장에 진입하려는 열차에 대하여 신호를 현시하는 것을 말한다(동조 제1호 가목).

105 「도시철도운전규칙」상 폐색구간에서 둘 이상의 열차가 동시 운전이 불가능한 경우는?

㉮ 고장난 열차가 있는 폐색구간에서 구원열차를 운전하는 경우

> 「도시철도운전규칙」 제37조 제2항 제1호 ⚖

㉯ 다른 열차의 차선 바꾸기 지시에 따라 차선을 바꾸기 위하여 운전하는 경우

> 「도시철도운전규칙」 제37조 제2항 제3호 ⚖

㉰ 선로 불통으로 폐색구간에서 공사열차를 운전하는 경우

> 「도시철도운전규칙」 제37조 제2항 제2호 ⚖

✔ 폐색구간에서 뒤의 보조기관차를 열차로부터 떼었을 경우

> 「도시철도운전규칙」이 아닌 「철도차량운전규칙」에 해당하는 내용이다(「철도차량운전규칙」 제49조 제2항 제4호).

법령 ⚖

「도시철도운전규칙」 제37조(폐색구간)
① 본선은 폐색구간으로 분할하여야 한다. 다만, 정거장 안의 본선은 그러하지 아니하다.
② 폐색구간에서는 둘 이상의 열차를 동시에 운전할 수 없다. 다만, 다음 각 호의 어느 하나에 해당하는 경우에는 그러하지 아니하다.
  1. 고장난 열차가 있는 폐색구간에서 구원열차를 운전하는 경우
  2. 선로 불통으로 폐색구간에서 공사열차를 운전하는 경우
  3. 다른 열차의 차선 바꾸기 지시에 따라 차선을 바꾸기 위하여 운전하는 경우
  4. 하나의 열차를 분할하여 운전하는 경우

---

106 질량이 90kg인 물체에 180N의 힘으로 작용하였을 때의 가속도로 적절한 것은?

㉮ 1.0m/sec²   ㉯ 1.5m/sec²
✔ 2.0m/sec²   ㉰ 3.5m/sec²

> 뉴턴(Newton)의 운동 제2법칙(가속도의 법칙) 공식을 활용하여 가속도를 구할 수 있다.
> 뉴턴의 운동 제2법칙은 $F = m\alpha$이다(이때 F = 물체에 작용하는 힘, m = 물체의 질량, α = 물체의 가속도).
> 따라서 $\alpha(가속도) = \dfrac{F(물체에 작용하는 힘)}{m(물체의 질량)} = \dfrac{180N}{90kg} = \underline{2m/sec^2}$ 이다.

107 「철도차량운전규칙」상 동력차를 맨 앞에 연결하지 않아도 되는 경우만 모두 고르면?

> ㄱ. 기관차를 2 이상 연결한 경우로서 열차의 맨 앞에 위치한 기관차에서 열차를 제어하는 경우
> ㄴ. 선로 또는 열차에 고장이 있는 경우
> ㄷ. 보조기관차를 사용하는 경우
> ㄹ. 정거장과 그 정거장 내의 본선 도중에서 분기하는 측선과의 사이를 운전하는 경우

㉮ ㄱ
㉯ ㄱ, ㄴ
✓ ㄱ, ㄴ, ㄷ
㉱ ㄱ, ㄴ, ㄷ, ㄹ

> ㄱ. (○) 「철도차량운전규칙」 제11조 제1호
> ㄴ. (○) 「철도차량운전규칙」 제11조 제3호
> ㄷ. (○) 「철도차량운전규칙」 제11조 제2호
> ㄹ. (×) 정거장과 그 <u>정거장 외의</u> 본선 도중에서 분기하는 측선과의 사이를 운전하는 경우에는 열차의 맨 앞에 연결하지 않아도 된다(「철도차량운전규칙」 제11조 제5호).

법령

「철도차량운전규칙」 제11조(동력차의 연결위치)
열차의 운전에 사용하는 동력차는 열차의 맨 앞에 연결하여야 한다. 다만, 다음 각 호의 어느 하나에 해당하는 경우에는 그러하지 아니하다.
1. 기관차를 2 이상 연결한 경우로서 열차의 맨 앞에 위치한 기관차에서 열차를 제어하는 경우
2. 보조기관차를 사용하는 경우
3. 선로 또는 열차에 고장이 있는 경우
4. 구원열차 · 제설열차 · 공사열차 또는 시험운전열차를 운전하는 경우
5. 정거장과 그 정거장 외의 본선 도중에서 분기하는 측선과의 사이를 운전하는 경우
6. 그 밖에 특별한 사유가 있는 경우

108 다음 중 설명으로 적절하지 않은 것은?

㉮ 동륜주견인력은 지시견인력에서 마찰 값(내부 손실)을 제외한다.
✓ 동륜주견인력이 점착견인력보다 작을 때 공전이 발생한다.

> 동륜주견인력이 점착견인력보다 <u>클 때</u> 공전이 발생한다. 따라서 공전을 방지하기 위해서는 점착견인력을 크게, 동륜주견인력을 작게 한다.

㉰ 인장봉견인력이 견인력 중 가장 작다.
㉱ 서리가 내린 날에 레일에 모래를 뿌렸을 때 마찰 계수는 0.20~0.22이다.

109 「철도차량운전규칙」에 따른 제한신호의 추정에 관한 설명으로 적절하지 않은 것은?

㉮ 신호를 현시할 소정의 장소에 신호의 현시가 없으면 정지신호의 현시가 있는 것으로 본다.

> 「철도차량운전규칙」 제79조 제1항 전단

㉯ 신호를 현시할 소정의 장소에 신호의 현시가 정확하지 아니하면 정지신호의 현시가 없는 것으로 본다.

> 「철도차량운전규칙」 제79조 제1항 후단

✔ ㉰ 상치신호기 또는 임시신호기와 수신호가 각각 다른 신호를 현시한 때에는 사전통보 보다 그 운전을 최대로 제한하는 신호의 현시에 의하여야 한다.

> ② 상치신호기 또는 임시신호기와 수신호가 각각 다른 신호를 현시한 때에는 그 운전을 최대로 제한하는 신호의 현시에 의하여야 한다. 다만, 사전에 통보가 있을 때에는 통보된 신호에 의한다(「철도차량운전규칙」 제79조 제2항).

㉱ 상치신호기 또는 임시신호기와 수신호가 사전에 통보 후 각각 다른 신호를 현시한 경우에는 통보된 신호에 의하여야 한다.

> 「철도차량운전규칙」 제79조 제2항 후단

법령

「철도차량운전규칙」 제79조(제한신호의 추정)
① 신호를 현시할 소정의 장소에 신호의 현시가 없거나 그 현시가 정확하지 아니할 때에는 정지신호의 현시가 있는 것으로 본다.
② 상치신호기 또는 임시신호기와 수신호가 각각 다른 신호를 현시한 때에는 그 운전을 최대로 제한하는 신호의 현시에 의하여야 한다. 다만, 사전에 통보가 있을 때에는 통보된 신호에 의한다.

110 「철도차량운전규칙」상 지도표에 기입하여야 할 사항으로 적절하지 않은 것은?

㉮ 사용열차번호 ㉯ 정거장명
㉰ 발행일자 ✔ ㉱ 사용구간

> 지도표에는 그 구간 양끝의 정거장명·발행일자 및 사용열차번호를 기입하여야 한다(「철도차량운전규칙」 제62조 제1항).

법령

「철도차량운전규칙」 제62조(지도표·지도권의 기입사항)
① 지도표에는 그 구간 양끝의 정거장명·발행일자 및 사용열차번호를 기입하여야 한다.
② 지도권에는 사용구간·사용열차·발행일자 및 지도표 번호를 기입하여야 한다.

111 「도시철도운전규칙」에 따른 상설신호기에 해당하지 않는 것은?

㉮ 차내신호기 　「도시철도운전규칙」 제65조 제1호 가목 ⚖1

✓ ㉯ 서행신호기 　서행신호기는 「도시철도운전규칙」 제68조에 따른 임시신호기에 해당한다. ⚖2

㉰ 진로개통표시기 　「도시철도운전규칙」 제65조 제3호 나목 ⚖1

㉱ 중계신호기 　「도시철도운전규칙」 제65조 제2호 나목 ⚖1

법령 ⚖1

「도시철도운전규칙」 제65조(상설신호기의 종류)
상설신호기의 종류와 기능은 다음 각 호와 같다.
1. 주신호기
   가. 차내신호기 : 열차 등의 가장 앞쪽의 운전실에 설치하여 운전조건을 지시하는 신호기
   나. 장내신호기 : 정거장에 진입하려는 열차 등에 대하여 신호기 뒷방향으로의 진입이 가능한지를 지시하는 신호기
   다. 출발신호기 : 정거장에서 출발하려는 열차 등에 대하여 신호기 뒷방향으로의 진입이 가능한지를 지시하는 신호기
   라. 폐색신호기 : 폐색구간에 진입하려는 열차 등에 대하여 운전조건을 지시하는 신호기
   마. 입환신호기 : 차량을 결합·해체하거나 차선을 바꾸려는 차량에 대하여 신호기 뒷방향으로의 진입이 가능한지를 지시하는 신호기
2. 종속신호기
   가. 원방신호기 : 장내신호기 및 폐색신호기에 종속되어 그 신호상태를 예고하는 신호기
   나. 중계신호기 : 주신호기에 종속되어 그 신호상태를 중계하는 신호기
3. 신호부속기
   가. 진로표시기 : 장내신호기, 출발신호기, 진로개통표시기 또는 입환신호기에 부속되어 열차 등에 대하여 그 진로를 표시하는 것
   나. 진로개통표시기 : 차내신호기를 사용하는 본선로의 분기부에 설치하여 진로의 개통상태를 표시하는 것

법령 ⚖2

「도시철도운전규칙」 제68조(임시신호기의 종류)
임시신호기의 종류는 다음 각 호와 같다.
1. 서행신호기
   서행운전을 필요로 하는 구역에 진입하는 열차 등에 대하여 그 구간을 서행할 것을 지시하는 신호기
2. 서행예고신호기
   서행신호기가 있을 것임을 예고하는 신호기
3. 서행해제신호기
   서행운전구역을 지나 운전하는 열차 등에 대하여 서행 해제를 지시하는 신호기

112 다음 중 마찰력에 관한 설명으로 적절하지 않은 것은?

㉮ 마찰력은 마찰계수와 수직항력에 비례한다.
✓ 마찰계수는 접촉면의 넓이에 영향을 받는다.
　　마찰계수는 접촉면의 형태에 영향을 받으며, 접촉면의 넓이와는 관계없다.
㉰ 물체끼리의 면이 접해서 생기는 접선력이다.
㉱ 최대정지마찰력이 운동마찰력보다 크다.

> **TIP**
> **마찰력**
> - 물체가 어떤 면과 접촉하여 운동할 때 그 물체의 운동을 방해하는 힘으로 운동 방향의 반대 방향으로 작용한다.
> - 물체와 물체의 면이 접해서 생기는 접선력이다.
> - 마찰력의 크기＝마찰계수×접촉면에 수직으로 가해진 힘
> - 마찰력은 경우에 따라 추진력으로 작용한다(예 도로 위 자동차 바퀴).
> - 마찰계수는 접촉면의 형태에 영향을 받으며, 접촉면의 넓이와는 관계없다.
> - 마찰력의 종류
>
> | 정지마찰력 | - 정지해 있는 물체에 작용하는 마찰력
- 크기는 항상 외력과 같음 |
> |---|---|
> | 최대정지마찰력 | - 정지해 있던 물체가 막 움직이기 시작하는 순간의 마찰력
- 운동마찰력보다 큼 |
> | 운동마찰력(미끄럼마찰력) | 물체가 표면 위를 미끄러질 때 작용하는 마찰력 |
> | 굴림마찰력 | 표면 위에서 굴러가는 공이나 바퀴 등이 물체나 표면의 변형 등에 의해 굴러가는 방향의 반대 방향으로 받게 되는 힘 |
>
> - 마찰계수의 크기
> 정지마찰계수＞운동(미끄럼)마찰계수＞회전(굴림)마찰계수

113 다음 중 열차운전의 3요소에 해당하는 것을 모두 고르면?

ㄱ. 궤도　　　　　　　ㄴ. 신호
ㄷ. 기관사　　　　　　ㄹ. 차량

㉮ ㄱ, ㄴ　　　　　　　㉯ ㄱ, ㄴ, ㄷ
㉰ ㄴ, ㄷ, ㄹ　　　　　✓ ㄱ, ㄷ, ㄹ

　　열차운전의 3요소에는 'ㄱ. 궤도', 'ㄷ. 기관사', 'ㄹ. 차량'이 있다.

114 「도시철도운전규칙」상 운전에 관한 내용으로 적절하지 않은 것은?

㉮ 차의 안전운전에 지장이 없도록 신호 또는 제어설비 등을 완전하게 갖춘 경우에는 둘 이상의 열차를 동시에 출발 및 도착시킬 수 있다.

> 「도시철도운전규칙」 제39조

✓ ㉯ 열차의 운전방향을 구별하여 운전하는 한 쌍의 선로에서 열차의 운전 진로는 반드시 우측으로 한다.

> 열차의 운전방향을 구별하여 운전하는 한 쌍의 선로에서 열차의 운전 진로는 우측으로 한다. 다만, 좌측으로 운전하는 기존의 선로에 직통으로 연결하여 운전하는 경우에는 좌측으로 할 수 있다(「도시철도운전규칙」 제36조 제1항). ⚖

㉰ 공사열차나 구원열차를 운전하는 경우 열차는 추진운전이나 퇴행운전이 가능하다.

> 「도시철도운전규칙」 제38조 제1항 제2호

㉱ 도시철도운영자는 공사나 그 밖의 사유로 선로를 차단할 필요가 있을 때에는 미리 계획을 수립한 후 그 계획에 따라야 한다.

> 「도시철도운전규칙」 제41조

법령 ⚖

「도시철도운전규칙」 제36조(운전 진로)
① 열차의 운전방향을 구별하여 운전하는 한 쌍의 선로에서 열차의 운전 진로는 우측으로 한다. 다만, 좌측으로 운전하는 기존의 선로에 직통으로 연결하여 운전하는 경우에는 좌측으로 할 수 있다.
② 다음 각 호의 어느 하나에 해당하는 경우에는 제1항에도 불구하고 운전 진로를 달리할 수 있다.
  1. 선로 또는 열차에 고장이 발생하여 퇴행운전을 하는 경우
  2. 구원열차(救援列車)나 공사열차(工事列車)를 운전하는 경우
  3. 차량을 결합·해체하거나 차선을 바꾸는 경우
  4. 구내운전(構內運轉)을 하는 경우
  5. 시험운전을 하는 경우
  6. 운전사고 등으로 인하여 일시적으로 단선운전(單線運轉)을 하는 경우
  7. 그 밖에 특별한 사유가 있는 경우

115 다음 중 견인력에 관한 설명으로 적절한 것은?

㉮ 지시견인력은 기계효율을 100%로 보았을 때의 견인력으로 견인력 중 인력 중 가장 작은 값이다.

> 지시견인력은 기계 각부의 마찰로 인한 손실을 고려하지 않고, 기계효율을 100%로 보았을 때의 견인력으로 견인력 중 가장 큰 값이다.

✓ 인장봉견인력은 동륜주견인력에서 동력차의 열차저항을 뺀 견인력을 말하며, 견인력중 가장 작은 견인력이다.

> 인장봉견인력은 객화차의 연결기에 걸리는 견인력으로, 동륜주견인력에서 동력차의 열차저항을 제외한다. 또한 견인력 중 가장 작으며 주행저항의 크기에 따라 다르다.

㉰ 동륜주견인력은 객화차의 연결기에 걸리는 견인력으로 견인력 중 가장 작은 견인력이다.

> 인장봉견인력에 대한 설명이다. 동륜주견인력은 동륜과 레일 간에 발휘되는 견인력으로, 지시견인력에서 마찰 값(내부 손실)을 제외한다.

㉱ 점착견인력은 동력차의 동륜 답면과 레일 사이의 마찰력에 의해 제한되는 견인력으로, 공전하지 않기 위해서는 동륜주견인력이 점착견인력보다 커야 한다.

> 점착견인력은 동력차의 동륜 답면과 레일 사이의 마찰력에 의해 제한되는 견인력으로, 공전하지 않기 위해서는 점착견인력이 동륜주견인력보다 커야 한다.

TIP

견인력의 종류
- 지시견인력(Ti) : 기계 각부의 마찰로 인한 손실을 고려하지 않고, 기계효율을 100%로 보았을 때의 견인력으로 견인력 중 가장 큰 값이다.
- 인장봉견인력(Te) : 객화차의 연결기에 걸리는 견인력으로, 동륜주견인력에서 동력차의 열차저항을 제외하고, 견인력 중 가장 작다.
- 동륜주견인력(Td) : 동륜과 레일 간에 발휘되는 견인력으로, 지시견인력에서 마찰 값(내부 손실)을 제외한다.
- 점착견인력(Ta) : 동력차의 동륜 답면과 레일 사이의 마찰력에 의해 제한되는 견인력으로, 공전하지 않기 위해서는 점착견인력이 동륜주견인력보다 커야 한다.

116 「철도차량운전규칙」에 따른 화재 발생 시 운전에 관한 설명으로 적절한 것은?

㉮ 열차에 화재가 발생한 장소가 지하구간인 경우 열차를 정차시키고 열차 밖으로 대피하는 것이 원칙이다.

> 열차에 화재가 발생한 장소가 교량 또는 터널 안인 경우에는 우선 철도차량을 교량 또는 터널 밖으로 운전하는 것을 원칙으로 하고, 지하구간인 경우에는 가장 가까운 역 또는 지하구간 밖으로 운전하는 것을 원칙으로 한다(「차량운전규칙」 제32조 제2항 후단). ⚖️

㉯ 열차에 화재가 발생한 장소가 교량인 경우 열차를 정차시키는 것이 원칙이다.

> 열차에 화재가 발생한 장소가 교량 또는 터널 안인 경우에는 우선 철도차량을 교량 또는 터널 밖으로 운전하는 것을 원칙으로 하고, 지하구간인 경우에는 가장 가까운 역 또는 지하구간 밖으로 운전하는 것을 원칙으로 한다(「차량운전규칙」 제32조 제2항 전단). ⚖️

✅ 열차에 화재가 발생한 경우 소화의 조치를 하고 여객을 대피시켜야 한다.

> 열차에 화재가 발생한 경우에는 조속히 소화의 조치를 하고 여객을 대피시키거나 화재가 발생한 차량을 다른 차량에서 격리시키는 등의 필요한 조치를 하여야 한다(「차량운전규칙」 제32조 제1항). ⚖️

㉱ 열차에 화재가 발생한 장소가 터널 안인 경우 우선 철도차량을 정차시키고 열차 밖으로 대피하는 것이 원칙이다.

> 열차에 화재가 발생한 장소가 교량 또는 터널 안인 경우에는 우선 철도차량을 교량 또는 터널 밖으로 운전하는 것을 원칙으로 하고, 지하구간인 경우에는 가장 가까운 역 또는 지하구간 밖으로 운전하는 것을 원칙으로 한다(「차량운전규칙」 제32조 제2항 전단). ⚖️

법령 ⚖️

「철도차량운전규칙」 제32조(화재발생시의 운전)
① 열차에 화재가 발생한 경우에는 조속히 소화의 조치를 하고 여객을 대피시키거나 화재가 발생한 차량을 다른 차량에서 격리시키는 등의 필요한 조치를 하여야 한다.
② 열차에 화재가 발생한 장소가 교량 또는 터널 안인 경우에는 우선 철도차량을 교량 또는 터널 밖으로 운전하는 것을 원칙으로 하고, 지하구간인 경우에는 가장 가까운 역 또는 지하구간 밖으로 운전하는 것을 원칙으로 한다.

117 「도시철도운전규칙」상 열차 및 차량의 안전운전을 확보하기 위한 장치로 폐색장치, 신호장치, 선로전환장치, 열차종합제어장치 등을 뜻하는 용어로 적절한 것은?

☑ 운전보안장치

"운전보안장치"란 열차 및 차량(이하 "열차 등"이라 한다)의 안전운전을 확보하기 위한 장치로서 폐색장치, 신호장치, 연동장치, 선로전환장치, 경보장치, 열차자동정지장치, 열차자동제어장치, 열차자동운전장치, 열차종합제어장치 등을 말한다(「도시철도운전규칙」 제3조 제5호). ⚖️

㉯ 운전장애

"운전장애"란 열차 등의 운전으로 인하여 그 열차 등의 운전에 지장을 주는 것 중 운전사고에 해당하지 아니하는 것을 말한다(「도시철도운전규칙」 제3조 제9호). ⚖️

㉰ 운전사고

"운전사고"란 열차 등의 운전으로 인하여 사상자(死傷者)가 발생하거나 도시철도시설이 파손된 것을 말한다(「도시철도운전규칙」 제3조 제8호). ⚖️

㉱ 폐색

"폐색(閉塞)"이란 선로의 일정구간에 둘 이상의 열차를 동시에 운전시키지 아니하는 것을 말한다(「도시철도운전규칙」 제3조 제6호). ⚖️

법령 ⚖️

「도시철도운전규칙」 제3조(정의)
이 규칙에서 사용하는 용어의 뜻은 다음과 같다.
1. "정거장"이란 여객의 승차·하차, 열차의 편성, 차량의 입환(入換) 등을 위한 장소를 말한다.
2. "선로"란 궤도 및 이를 지지하는 인공구조물을 말하며, 열차의 운전에 상용(常用)되는 본선(本線)과 그 외의 측선(側線)으로 구분된다.
3. "열차"란 본선에서 운전할 목적으로 편성되어 열차번호를 부여받은 차량을 말한다.
4. "차량"이란 선로에서 운전하는 열차 외의 전동차·궤도시험차·전기시험차 등을 말한다.
5. "운전보안장치"란 열차 및 차량(이하 "열차 등"이라 한다)의 안전운전을 확보하기 위한 장치로서 폐색장치, 신호장치, 연동장치, 선로전환장치, 경보장치, 열차자동정지장치, 열차자동제어장치, 열차자동운전장치, 열차종합제어장치 등을 말한다.
6. "폐색(閉塞)"이란 선로의 일정구간에 둘 이상의 열차를 동시에 운전시키지 아니하는 것을 말한다.
7. "전차선로"란 전차선 및 이를 지지하는 인공구조물을 말한다.
8. "운전사고"란 열차 등의 운전으로 인하여 사상자(死傷者)가 발생하거나 도시철도시설이 파손된 것을 말한다.
9. "운전장애"란 열차 등의 운전으로 인하여 그 열차 등의 운전에 지장을 주는 것 중 운전사고에 해당하지 아니하는 것을 말한다.
10. "노면전차"란 도로면의 궤도를 이용하여 운행되는 열차를 말한다.
11. "무인운전"이란 사람이 열차 안에서 직접 운전하지 아니하고 관제실에서의 원격조종에 따라 열차가 자동으로 운행되는 방식을 말한다.
12. "시계운전(視界運轉)"이란 사람의 맨눈에 의존하여 운전하는 것을 말한다.

118 「철도차량운전규칙」에 따른 열차 또는 차량의 정지에 관한 설명으로 적절하지 않은 것은?

㉮ 열차 또는 차량은 정지신호가 현시된 경우에는 그 현시지점을 넘어서 진행할 수 없다.

> 「철도차량운전규칙」 제36조 제1항

✔ ㉯ 신호기 고장 등으로 인하여 정지가 불가능한 거리에서 정지신호의 현시가 있는 경우에는 그 현시지점을 넘어서 진행할 수 없다.

> 신호기 고장 등으로 인하여 정지가 불가능한 거리에서 정지신호의 현시가 있는 경우에는 그 현시지점을 넘어서 진행할 수 있다(「철도차량운전규칙」 제36조 제1항 제3호).

㉰ 서행허용표지를 추가하여 부설한 자동폐색신호기가 정지신호를 현시하는 때에는 정지신호 현시중이라도 정지하지 아니하고 운전속도의 제한 등 안전조치에 따라 서행하여 그 현시지점을 넘어서 진행할 수 있다.

> 「철도차량운전규칙」 제36조 제3항

㉱ 자동폐색신호기의 정지신호에 의하여 일단 정지한 열차 또는 차량은 정지신호 현시중이라도 운전속도의 제한 등 안전조치에 따라 서행하여 그 현시지점을 넘어서 진행할 수 있다.

> 「철도차량운전규칙」 제36조 제2항

법령

「철도차량운전규칙」 제36조(열차 또는 차량의 정지)
① 열차 또는 차량은 정지신호가 현시된 경우에는 그 현시지점을 넘어서 진행할 수 없다. 다만, 다음 각 호의 어느 하나에 해당하는 경우에는 그러하지 아니하다.
  1. 삭제
  2. 수신호에 의하여 정지신호의 현시가 있는 경우
  3. 신호기 고장 등으로 인하여 정지가 불가능한 거리에서 정지신호의 현시가 있는 경우
② 제1항의 규정에 불구하고 자동폐색신호기의 정지신호에 의하여 일단 정지한 열차 또는 차량은 정지신호 현시중이라도 운전속도의 제한 등 안전조치에 따라 서행하여 그 현시지점을 넘어서 진행할 수 있다.
③ 서행허용표지를 추가하여 부설한 자동폐색신호기가 정지신호를 현시하는 때에는 정지신호 현시중이라도 정지하지 아니하고 운전속도의 제한 등 안전조치에 따라 서행하여 그 현시지점을 넘어서 진행할 수 있다.

119 다음 중 열차저항에 관한 내용으로 가장 적절하지 않은 것은?

✓ ㉮ 공기저항 중간부를 1이라고 할 때 공기저항의 크기는 열차 전면부의 저항이 2.5, 열차후부의 차량이 10이다.

> 공기저항 중간부를 1이라고 할 때 공기저항의 크기는 열차 전면부의 저항이 <u>10</u>, 열차후부의 차량이 <u>2.5</u>이다.

㉯ 공기저항은 전부·후부저항의 속도에 비례한다.

> 공기에 의한 저항 중에서 측면·상하면저항은 속도에 비례하고, 전부저항, 후부저항, 차량간의 와류저항은 속도의 제곱에 비례한다.

㉰ 견인량수가 많은 경우 Ton당 공기저항이 감소한다.

> 공기의 저항은 차량 중량과 관계없으며 차량의 형상, 단면적, 연결량수, 속도 등과 전면형상에 상당한 영향을 받는다. 이는 견인량수가 많은 경우 Ton당 공기저항이 감소하게 된다.

㉱ 차축과 축수 간의 마찰저항은 마찰계수에 비례한다.

> 차축과 축수 간의 마찰저항은 마찰계수, 차축직경, 차축의 부담중량에 비례하고, 차륜직경에 반비례한다.

120 A역과 B역 사이의 운전거리는 40km, 운전소요시간 20분, 중간정차 5분일 때의 A~B 구간의 평균속도로 적절한 것은?

㉮ 60km/h ㉯ 80km/h
㉰ 100km/h ✓ ㉱ 120km/h

> • 평균속도란 운전거리를 순수운전시분으로 나누어 구한 속도를 의미한다. 단, 이때 순수운전시분에는 정차시간을 포함하지 않는다. 공식은 평균속도(km/h) = $\frac{운전거리}{순수운전시분}$ 이다.
>
> 따라서 평균속도(km/h) = $\frac{운전거리}{순수운전시분} = \frac{40}{\frac{20}{60}} = \underline{120\text{km/h}}$ 이다.

「철도차량운전규칙」 제2조(정의)
이 규칙에서 사용하는 용어의 정의는 다음과 같다.
8. "완급차(緩急車)"라 함은 <u>관통제동기용 제동통</u>·<u>압력계</u>·<u>차장변(車掌弁)</u> 및 <u>수(手)제동기</u>를 장치한 차량으로서 열차승무원이 집무할 수 있는 차실이 설비된 객차 또는 화차를 말한다.

121 「철도차량운전규칙」에 따른 임시신호기의 신호현시방식으로 적절하지 않은 것은?

㉮ 주간의 서행해제신호는 백색테두리를 한 녹색원판을 현시한다.

「철도차량운전규칙」 제92조 제1항

㉯ 야간의 서행예고신호는 흑색삼각형 3개를 그린 백색등 또는 반사재를 현시한다.

「철도차량운전규칙」 제92조 제1항

✓ 주간의 서행예고신호는 백색삼각형 3개를 그린 흑색삼각형을 현시한다.

주간에 서행예고신호는 흑색삼각형 3개를 그린 백색삼각형을 현시한다(「철도차량운전규칙」 제92조 제1항).

㉱ 야간의 서행신호는 등황색등 또는 반사재를 현시한다.

「철도차량운전규칙」 제92조 제1항

법령

「철도차량운전규칙」 제92조(신호현시방식)
① 임시신호기의 신호현시방식은 다음과 같다.

종류	신호현시방식	
	주간	야간
서행신호	백색테두리를 한 등황색 원판	등황색등 또는 반사재
서행예고신호	흑색삼각형 3개를 그린 백색삼각형	흑색삼각형 3개를 그린 백색등 또는 반사재
서행해제신호	백색테두리를 한 녹색원판	녹색등 또는 반사재

122 다음 중 운전선도에 관한 설명으로 적절하지 않은 것은?

✓ 거리기준 운전선도는 운전속도와 소요시간을 구하는 데 일반적으로 많이 사용되며, 운전선도의 직접 작도법의 기초자료이다.

거리기준 운전선도는 운전속도와 소요시간을 구하는 데 일반적으로 많이 사용되며, 운전선도의 직접 작도법의 기초자료가 되는 것은 가속력선도이다.

㉯ 계획운전선도란 동력차 견인력과 열차저항의 관계에서 열차의 운전속도를 결정한다.
㉰ 가속력선도란 가속력이 높고 낮음이 열차의 속도변화를 좌우한다.
㉱ 실제운전선도란 운전실력을 기초로 하여 운전속도와 시분 등을 도시한 선도를 말한다.

123 「도시철도운전규칙」에 따른 정한 용어의 설명으로 적절하지 않은 것은?

㉮ 무인운전이란 사람이 열차 안에서 직접 운전하지 아니하고 관제실에서의 원격조종에 따라 열차가 자동으로 운행되는 방식을 말한다.

> 「도시철도운전규칙」 제3조 제11호 ⚖

㉯ 시계운전이란 사람의 맨눈에 의존하여 운전하는 것을 말한다.

> 「도시철도운전규칙」 제3조 제12호 ⚖

㉰ 선로란 궤도 및 이를 지지하는 인공구조물을 말하며, 열차의 운전에 상용되는 본선과 그 외의 측선으로 구분된다.

> 「도시철도운전규칙」 제3조 제2호 ⚖

✅ 폐색이란 선로의 일정구간에 한 개 이상의 열차를 동시에 운전시키지 아니하는 것을 말한다.

> "폐색(閉塞)"이란 선로의 일정구간에 둘 이상의 열차를 동시에 운전시키지 아니하는 것을 말한다(「도시철도운전규칙」 제3조 제6호). ⚖

법령 ⚖

「도시철도운전규칙」 제3조(정의)
이 규칙에서 사용하는 용어의 뜻은 다음과 같다.
1. "정거장"이란 여객의 승차·하차, 열차의 편성, 차량의 입환(入換) 등을 위한 장소를 말한다.
2. "선로"란 궤도 및 이를 지지하는 인공구조물을 말하며, 열차의 운전에 상용(常用)되는 본선(本線)과 그 외의 측선(側線)으로 구분된다.
3. "열차"란 본선에서 운전할 목적으로 편성되어 열차번호를 부여받은 차량을 말한다.
4. "차량"이란 선로에서 운전하는 열차 외의 전동차·궤도시험차·전기시험차 등을 말한다.
5. "운전보안장치"란 열차 및 차량(이하 "열차 등"이라 한다)의 안전운전을 확보하기 위한 장치로서 폐색장치, 신호장치, 연동장치, 선로전환장치, 경보장치, 열차자동정지장치, 열차자동제어장치, 열차자동운전장치, 열차종합제어장치 등을 말한다.
6. "폐색(閉塞)"이란 선로의 일정구간에 둘 이상의 열차를 동시에 운전시키지 아니하는 것을 말한다.
7. "전차선로"란 전차선 및 이를 지지하는 인공구조물을 말한다.
8. "운전사고"란 열차 등의 운전으로 인하여 사상자(死傷者)가 발생하거나 도시철도시설이 파손된 것을 말한다.
9. "운전장애"란 열차 등의 운전으로 인하여 그 열차 등의 운전에 지장을 주는 것 중 운전사고에 해당하지 아니하는 것을 말한다.
10. "노면전차"란 도로면의 궤도를 이용하여 운행되는 열차를 말한다.
11. "무인운전"이란 사람이 열차 안에서 직접 운전하지 아니하고 관제실에서의 원격조종에 따라 열차가 자동으로 운행되는 방식을 말한다.
12. "시계운전(視界運轉)"이란 사람의 맨눈에 의존하여 운전하는 것을 말한다.

124 「철도차량운전규칙」에 따른 완급차의 정의로 적절한 것은?

㉮ 기관차, 전동차, 동차 등 동력발생장치에 의하여 선로를 이동하는 것을 목적으로 제조한 철도차량을 말한다.

> "동력차"라 함은 기관차(機關車), 전동차(電動車), 동차(動車) 등 동력발생장치에 의하여 선로를 이동하는 것을 목적으로 제조한 철도차량을 말한다(「철도차량운전규칙」 제2조 제16호).

✓ 관통제동기용 제동통·압력계·차장변 및 수제동기를 장치한 차량으로서 열차승무원이 집무할 수 있는 차실이 설비된 객차 또는 화차를 말한다.

> 「철도차량운전규칙」 제2조 제8호 ⚖

㉰ 완급차에는 관통제동기용 제동통 및 측등이 장치된 차량이다.

> 측등은 완급차에 장치되어 있지 않다(「철도차량운전규칙」 제2조 제8호). ⚖

㉱ 열차의 구성부분이 되는 1량의 철도차량을 말한다.

> "차량"이라 함은 열차의 구성부분이 되는 1량의 철도차량을 말한다(「철도차량운전규칙」 제2조 제6호).

법령 ⚖

「철도차량운전규칙」 제2조(정의)
이 규칙에서 사용하는 용어의 정의는 다음과 같다.
8. "완급차(緩急車)"라 함은 관통제동기용 제동통·압력계·차장변(車掌弁) 및 수(手)제동기를 장치한 차량으로서 열차승무원이 집무할 수 있는 차실이 설비된 객차 또는 화차를 말한다.

---

125 「철도차량운전규칙」상 임시신호기에 서행속도를 표시하여야 하는 신호기를 모두 고르면?

> ㄱ. 서행신호기　　　　　ㄴ. 서행발리스
> ㄷ. 서행예고신호기　　　ㄹ. 서행해제신호기

㉮ ㄱ, ㄴ, ㄷ, ㄹ　　　　　㉯ ㄱ, ㄷ, ㄹ
✓ ㄱ, ㄷ　　　　　　　　㉱ ㄱ, ㄴ

> 서행신호기 및 서행예고신호기에는 서행속도를 표시하여야 한다(「철도차량운전규칙」 제92조 제2항).

제10회 기출유형 모의고사

문제편 314p

[1과목] 교통법규

001	002	003	004	005	006	007	008	009	010	011	012	013	014	015	016	017	018	019	020
다	라	가	다	나	나	가	가	나	가	가	나	라	라	라	나	나	라	가	라
021	022	023	024	025	026	027	028	029	030	031	032	033	034	035	036	037	038	039	040
다	다	다	라	나	나	다	다	라	나	가	나	나	나	가	나	나	가	다	나
041	042	043	044	045	046	047	048	049	050										
다	나	다	다	라	가	나	라	나	라										

[2과목] 교통안전관리론

051	052	053	054	055	056	057	058	059	060	061	062	063	064	065	066	067	068	069	070
가	다	나	가	가	나	나	가	다	나	라	라	다	가	가	다	라	라	가	가
071	072	073	074	075															
가	나	다	가																

[3과목] 철도공학

076	077	078	079	080	081	082	083	084	085	086	087	088	089	090	091	092	093	094	095
라	나	나	가	라	나	라	다	가	라	라	나	나	라	라	라	라	가	나	라
096	097	098	099	100															
가	가	나	라	다															

[4과목] 열차운전(선택과목)

101	102	103	104	105	106	107	108	109	110	111	112	113	114	115	116	117	118	119	120
다	가	라	라	나	다	가	라	나	다	나	다	가	가	다	다	가	가	라	가	라
121	122	123	124	125															
나	다	가	라	라															

[1과목] 교통법규

001 「교통안전법령」상 교통수단안전점검의 항목을 모두 고르면?

> ㄱ. 교통수단 운행의 경제성 검토
> ㄴ. 교통수단의 교통안전 위험요인 조사
> ㄷ. 교통안전 관계 법령의 위반 여부 확인
> ㄹ. 교통안전관리규정의 준수 여부 점검
> ㅁ. 그 밖에 국토교통부장관이 관계 교통행정기관의 장과 협의하여 정하는 사항

㉮ ㄱ, ㄴ, ㅁ
㉯ ㄱ, ㄷ, ㄹ
✓ ㄴ, ㄷ, ㄹ, ㅁ
㉱ ㄱ, ㄴ, ㄷ, ㄹ, ㅁ

ㄱ. (×)
ㄴ. (○) 「교통안전법 시행령」 제20조 제4항 제1호
ㄷ. (○) 「교통안전법 시행령」 제20조 제4항 제2호
ㄹ. (○) 「교통안전법 시행령」 제20조 제4항 제3호
ㅁ. (○) 「교통안전법 시행령」 제20조 제4항 제4호

법령

「교통안전법 시행령」 제20조(교통수단안전점검의 대상 등)
④ 법 제33조에 따른 교통수단안전점검의 항목은 다음 각 호와 같다.
1. 교통수단의 교통안전 위험요인 조사
2. 교통안전 관계 법령의 위반 여부 확인
3. 교통안전관리규정의 준수 여부 점검
4. 그 밖에 국토교통부장관이 관계 교통행정기관의 장과 협의하여 정하는 사항

002 「교통안전법」상 다음의 설명에 해당하는 용어는?

> 교통행정기관이 이 법 또는 관계법령에 따라 소관 교통수단에 대하여 교통안전에 관한 위험요인을 조사·점검 및 평가하는 모든 활동

㉮ 교통시설안전진단
㉯ 교통시설위험평가
㉰ 교통수단안전평가
✓ 교통수단안전점검

"교통수단안전점검"이란 교통행정기관이 이 법 또는 관계법령에 따라 소관 교통수단에 대하여 교통안전에 관한 위험요인을 조사·점검 및 평가하는 모든 활동을 말한다(「교통안전법」 제2조 제8호).

003

「철도안전법령」상 운전적성검사기관 또는 관제적성검사기관으로 지정받으려는 자가 국토교통부장관에게 제출하여야 하는 서류를 모두 고른 것은?

> ㄱ. 운영계획서
> ㄴ. 운전적성검사시설 또는 관제적성검사시설 내역서
> ㄷ. 운전적성검사장비 또는 관제적성검사장비 내역서
> ㄹ. 운전적성검사기관 또는 관제적성검사기관 추천서

- ✓ ㉮ ㄱ, ㄴ, ㄷ
- ㉯ ㄱ, ㄴ, ㄹ
- ㉰ ㄱ, ㄷ, ㄹ
- ㉱ ㄴ, ㄷ, ㄹ

> ㄱ. (○) 「철도안전법 시행규칙」 제17조 제1항 제1호 ⚖
> ㄴ. (○) 「철도안전법 시행규칙」 제17조 제1항 제4호 ⚖
> ㄷ. (○) 「철도안전법 시행규칙」 제17조 제1항 제5호 ⚖
> ㄹ. (×)

법령 ⚖

「철도안전법 시행규칙」 제17조(운전적성검사기관 또는 관제적성검사기관의 지정절차 등)

① 운전적성검사기관 또는 관제적성검사기관으로 지정받으려는 자는 별지 제10호서식의 적성검사기관 지정신청서에 다음 각 호의 서류를 첨부하여 국토교통부장관에게 제출하여야 한다. 이 경우 국토교통부장관은 「전자정부법」 제36조 제1항에 따른 행정정보의 공동이용을 통하여 법인 등기사항증명서(신청인이 법인인 경우만 해당한다)를 확인하여야 한다.

1. 운영계획서
2. 정관이나 이에 준하는 약정(법인 그 밖의 단체만 해당한다)
3. 운전적성검사 또는 관제적성검사를 담당하는 전문인력의 보유 현황 및 학력·경력·자격 등을 증명할 수 있는 서류
4. 운전적성검사시설 또는 관제적성검사시설 내역서
5. 운전적성검사장비 또는 관제적성검사장비 내역서
6. 운전적성검사기관 또는 관제적성검사기관에서 사용하는 직인의 인영

004

다음 중 국가의 전반적인 교통안전수준의 향상을 도모하기 위한 국가교통안전기본계획의 수립의무자는?

- ㉮ 국무총리
- ㉯ 국가교통위원회 위원장
- ✓ ㉰ 국토교통부장관
- ㉱ 지방자치단체의 장

> 국토교통부장관은 국가의 전반적인 교통안전수준의 향상을 도모하기 위하여 교통안전에 관한 기본계획(이하 "국가교통안전기본계획"이라 한다)을 5년 단위로 수립하여야 한다(「교통안전법」 제15조 제1항).

005 다음 중 중대 교통사고자에 대한 교육실시에 관한 설명으로 적절하지 않은 것은?

㉮ 차량의 운전자가 중대 교통사고를 일으킨 경우에는 국토교통부령으로 정하는 교육을 받아야 한다.

> 「교통안전법」 제56조의2 제1항 전단

✓ 중대 교통사고란 차량운전자가 교통수단운영자의 차량을 운전하던 중 1건의 교통사고로 10주 이상의 치료를 요하는 의사의 진단을 받은 피해자가 발생한 사고를 말한다.

> "중대 교통사고"란 차량운전자가 교통수단운영자의 차량을 운전하던 중 1건의 교통사고로 <u>8주 이상</u>의 치료를 요하는 의사의 진단을 받은 피해자가 발생한 사고를 말한다(「교통안전법 시행규칙」 제31조의2 제2항).

㉰ 교육의 내용에는 운전자의 안전운전능력을 효과적으로 향상시킬 수 있는 교통안전 체험교육이 포함되어야 한다.

> 「교통안전법」 제56조의2 제1항 후단

㉱ 차량운전자는 중대 교통사고가 발생하였을 때에는 「도로교통법」에 따른 교통사고조사에 대한 결과를 통지받은 날부터 60일 이내에 교통안전 체험교육을 받아야 한다.

> 「교통안전법 시행규칙」 제31조의2 제3항

006 「교통안전법」상 과태료 처분 대상이 아닌 것은?

㉮ 운행기록장치를 장착하지 아니한 자

> 운행기록장치를 장착하지 아니한 자는 <u>1천만 원 이하의 과태료</u>를 부과한다(「교통안전법」 제65조 제1항 제3호).

✓ 직무상 알게 된 비밀을 타인에게 누설하거나 직무상 목적 외에 이를 사용한 자

> 직무상 알게 된 비밀을 타인에게 누설하거나 직무상 목적 외에 이를 사용한 자는 <u>2년 이하의 징역 또는 2천만 원 이하의 벌금</u>에 처한다(「교통안전법」 제63조 제5호).

㉰ 신고를 하지 아니하고 교통시설안전진단 업무를 휴업·재개업 또는 폐업하거나 거짓으로 신고한 자

> 신고를 하지 아니하고 교통시설안전진단 업무를 휴업·재개업 또는 폐업하거나 거짓으로 신고한 자는 <u>500만 원 이하의 과태료</u>를 부과한다(「교통안전법」 제65조 제2항 제5호).

㉱ 운행기록을 보관하지 아니하거나 교통행정기관에 제출하지 아니한 자

> 운행기록을 보관하지 아니하거나 교통행정기관에 제출하지 아니한 자는 <u>500만 원 이하의 과태료</u>를 부과한다(「교통안전법」 제65조 제2항 제10호).

007 「철도안전법령」상 다음에서 설명하는 형식승인검사의 구분에 해당하는 것은?

> 철도차량이 부품단계, 구성품단계, 완성차단계, 시운전단계에서 철도차량기술기준에 적합한지 여부에 대한 시험

✅ ㉮ 차량형식 시험

> 차량형식 시험은 철도차량이 부품단계, 구성품단계, 완성차단계, 시운전단계에서 철도차량기술기준에 적합한지 여부에 대한 시험이다(「철도안전법 시행규칙」 제48조 제1항 제3호).

㉯ 개조형식 시험

> 개조형식시험은 철도차량의 개조가 부품단계, 구성품단계, 완성차단계, 시운전단계에서 철도차량기술기준에 적합한지 여부에 대한 시험이다(「철도안전법 시행규칙」 제75조의6 제1항 제3호).

㉰ 설계적합성 검사

> 설계적합성 검사는 철도차량의 설계가 철도차량기술기준에 적합한지 여부에 대한 검사이다(「철도안전법 시행규칙」 제48조 제1항 제1호).

㉱ 합치성 검사

> 합치성 검사는 철도차량이 부품단계, 구성품단계, 완성차단계에서 따른 설계와 합치하게 제작되었는지 여부에 대한 검사이다(「철도안전법 시행규칙」 제48조 제1항 제2호).

008 「철도산업발전기본법령」에 따른 철도산업위원회에 관한 설명으로 옳지 않은 것은?

✅ ㉮ 위원회는 회의록을 작성·비치할 수 있다.

> 위원회는 회의록을 작성·비치하여야 한다(「철도산업발전기본법 시행령」 제8조 제3항).

㉯ 위원회의 위원장은 위원회의 회의를 소집하고, 그 의장이 된다.

> 「철도산업발전기본법 시행령」 제8조 제1항

㉰ 위원회의 회의는 재적위원 과반수의 출석과 출석위원 과반수의 찬성으로 의결한다.

> 「철도산업발전기본법 시행령」 제8조 제2항

㉱ 위원회에 간사 1인을 두되, 간사는 국토교통부장관이 국토교통부 소속공무원 중에서 지명한다.

> 「철도산업발전기본법 시행령」 제9조

009 「철도산업발전기본법」상 철도자산의 처리와 관련한 설명으로 적절하지 않은 것은?

㉮ 국토교통부장관은 철도산업의 구조개혁을 추진하기 위한 "철도자산처리계획"을 위원회의 심의를 거쳐 수립하여야 한다.

> 「철도산업발전기본법」 제23조 제1항 ⚖

㉯ 국가는 「국유재산법」에도 불구하고 철도자산처리계획에 의하여 철도공사에 운영자산을 현물출자한다.

> 「철도산업발전기본법」 제23조 제2항 ⚖

✓ 국토교통부장관은 철도자산처리계획에 의하여 철도청장으로부터 건설 중인 시설자산을 이관받는다.

> 국토교통부장관은 철도자산처리계획에 의하여 철도청장으로부터 철도청의 시설자산(건설 중인 시설자산은 제외) 및 기타자산을 이관받는다(「철도산업발전기본법」 제23조 제4항 제1호). ⚖

㉰ 국토교통부장관은 이관받은 관리업무를 국가철도공단, 철도공사, 관련 기관 및 단체 또는 대통령령으로 정하는 민간법인에 위탁하거나 그 자산을 사용·수익하게 할 수 있다.

> 「철도산업발전기본법」 제23조 제4항 후단 ⚖

법령 ⚖

「철도산업발전기본법」 제23조(철도자산의 처리)
① 국토교통부장관은 대통령령으로 정하는 바에 의하여 철도산업의 구조개혁을 추진하기 위한 철도자산의 처리계획(이하 "철도자산처리계획"이라 한다)을 위원회의 심의를 거쳐 수립하여야 한다.
② 국가는 「국유재산법」에도 불구하고 철도자산처리계획에 의하여 철도공사에 운영자산을 현물출자한다.
③ 철도공사는 제2항에 따라 현물출자받은 운영자산과 관련된 권리와 의무를 포괄하여 승계한다.
④ 국토교통부장관은 철도자산처리계획에 의하여 철도청장으로부터 다음 각 호의 철도자산을 이관받으며, 그 관리업무를 국가철도공단, 철도공사, 관련 기관 및 단체 또는 대통령령으로 정하는 민간법인에 위탁하거나 그 자산을 사용·수익하게 할 수 있다.
  1. 철도청의 시설자산(건설 중인 시설자산은 제외한다)
  2. 철도청의 기타자산

---

010 「철도산업발전기본법」의 제정 목적과 가장 거리가 먼 것은?

㉮ 철도산업의 경쟁력 향상
㉯ 철도산업 발전기반 조성
✓ 철도산업의 경제성 향상
㉰ 국민경제의 발전에 이바지

> 「철도산업발전기본법」은 철도산업의 경쟁력을 높이고 발전기반을 조성함으로써 철도산업의 효율성 및 공익성의 향상과 국민경제의 발전에 이바지함을 목적으로 한다(「철도산업발전기본법」 제1조).

011 「철도안전법」상 술을 마시거나 약물을 복용한 상태에서 업무를 하여서는 안 되는 철도종사자에 해당하지 않는 것은?

✓ ㉮ 여객역무원

> 여객역무원은 「철도안전법」 제41조 제1항에 따른 술을 마시거나 약물을 복용한 상태에서 업무를 하면 안 되는 철도종사자에 포함되지 않는다.

㉯ 운전업무종사자 「철도안전법」 제41조 제1항 제1호 ⚖

㉰ 관제업무종사자 「철도안전법」 제41조 제1항 제2호 ⚖

㉱ 철도운행안전관리자 「철도안전법」 제41조 제1항 제5호 ⚖

법령 ⚖

「철도안전법」 제41조(철도종사자의 음주 제한 등)
① 다음 각 호의 어느 하나에 해당하는 철도종사자(실무수습 중인 사람을 포함한다)는 술(「주세법」 제3조 제1호에 따른 주류를 말한다. 이하 같다)을 마시거나 약물을 사용한 상태에서 업무를 하여서는 아니 된다.
  1. 운전업무종사자
  2. 관제업무종사자
  3. 여객승무원
  4. 작업책임자
  5. 철도운행안전관리자
  6. 정거장에서 철도신호기·선로전환기 및 조작판 등을 취급하거나 열차의 조성(組成: 철도차량을 연결하거나 분리하는 작업을 말한다)업무를 수행하는 사람
  7. 철도차량 및 철도시설의 점검·정비 업무에 종사하는 사람

012 다음은 「철도산업발전기본법」상 철도운영에 관한 설명이다. 빈칸에 들어갈 단어로 적절한 것은?

> 국가는 철도운영 관련사업을 효율적으로 경영하기 위하여 철도청 및 고속철도건설공단의 관련조직을 전환하여 특별법에 의하여 (   )을/를 설립한다.

㉮ 철도운영위원회   ✓ ㉯ 한국철도공사
㉰ 국가철도공단   ㉱ 교통안전관리공단

> 국가는 철도운영 관련사업을 효율적으로 경영하기 위하여 철도청 및 고속철도건설공단의 관련조직을 전환하여 특별법에 의하여 한국철도공사(이하 "철도공사"라 한다)를 설립한다(「철도산업발전기본법」 제21조 제3항).

013 「철도산업발전기본법령」상 철도산업구조개혁기본계획의 수립 등에 관한 설명 중 적절하지 않은 것은?

㉮ 국토교통부장관은 철도산업의 구조개혁을 효율적으로 추진하기 위하여 철도산업구조개혁기본계획을 수립하여야 한다.

「철도산업발전기본법」 제18조 제1항

㉯ 관계행정기관의 장은 수립·고시된 구조개혁계획에 따라 연도별 시행계획을 수립·추진하고, 그 연도의 계획 및 전년도의 추진실적을 국토교통부장관에게 제출하여야 한다.

「철도산업발전기본법」 제18조 제5항

㉰ 관계행정기관의 장은 당해 연도의 시행계획을 전년도 11월 말까지 국토교통부장관에게 제출하여야 한다.

「철도산업발전기본법 시행령」 제27조 제1항

✔ 관계행정기관의 장은 전년도 시행계획의 추진실적을 매년 6월 말까지 국토교통부장관에게 제출하여야 한다.

관계행정기관의 장은 전년도 시행계획의 추진실적을 매년 2월 말까지 국토교통부장관에게 제출하여야 한다(「철도산업발전기본법 시행령」 제27조 제2항).

014 철도산업발전시행계획의 수립절차와 관련된 설명으로 적절하지 않은 것은?

㉮ 관계행정기관의 장은 수립·고시된 기본계획에 따라 연도별 시행계획을 수립·추진하고, 해당 연도의 계획 및 전년도의 추진실적을 국토교통부장관에게 제출하여야 한다.

「철도산업발전기본법」 제5조 제6항

㉯ 연도별 시행계획의 수립 및 시행절차에 관하여 필요한 사항은 대통령령으로 정한다.

「철도산업발전기본법」 제5조 제7항

㉰ 관계행정기관의 장은 당해 연도의 시행계획을 전년도 11월 말까지 국토교통부장관에게 제출하여야 한다.

「철도산업발전기본법 시행령」 제5조 제1항

✔ 관계계행정기관의 장은 전년도 시행계획의 추진실적을 매년 6월 말까지 국토교통부장관에게 제출하여야 한다.

관계계행정기관의 장은 전년도 시행계획의 추진실적을 매년 2월 말까지 국토교통부장관에게 제출하여야 한다(「철도산업발전기본법 시행령」 제5조 제2항).

015 다음은 「철도안전법」상 철도차량 형식승인에 관한 설명이다. 이때 '국토교통부령으로 정하는 경미한 사항'에 해당하지 않는 경우는?

> - 국내에서 운행하는 철도차량을 제작하거나 수입하려는 자는 국토교통부령으로 정하는 바에 따라 해당 철도차량의 설계에 관하여 국토교통부장관의 형식승인을 받아야 한다.
> - 형식승인을 받은 자가 승인받은 사항을 변경하려는 경우에는 국토교통부장관의 변경승인을 받아야 한다. 다만, '국토교통부령으로 정하는 경미한 사항'을 변경하려는 경우에는 국토교통부장관에게 신고하여야 한다.

㉮ 철도차량의 구조안전 및 성능에 영향을 미치지 아니하는 차체 형상의 변경

「철도안전법 시행규칙」 제47조 제1항 제1호 ⚖

㉯ 철도차량의 안전에 영향을 미치지 아니하는 설비의 변경

「철도안전법 시행규칙」 제47조 제1항 제2호 ⚖

㉰ 중량분포에 영향을 미치지 아니하는 장치 또는 부품의 배치 변경

「철도안전법 시행규칙」 제47조 제1항 제3호 ⚖

✔ 동일 성능으로 입증할 수 없는 부품의 규격 변경

동일 성능으로 입증할 수 있는 부품의 규격 변경이 국토교통부령으로 정하는 경미한 사항에 포함된다(「철도안전법 시행규칙」 제47조 제1항 제4호). ⚖

법령 ⚖

「철도안전법」 제26조(철도차량 형식승인)
① 국내에서 운행하는 철도차량을 제작하거나 수입하려는 자는 국토교통부령으로 정하는 바에 따라 해당 철도차량의 설계에 관하여 국토교통부장관의 형식승인을 받아야 한다.
② 제1항에 따라 형식승인을 받은 자가 승인받은 사항을 변경하려는 경우에는 국토교통부장관의 변경승인을 받아야 한다. 다만, 국토교통부령으로 정하는 경미한 사항을 변경하려는 경우에는 국토교통부장관에게 신고하여야 한다.

> 「철도안전법 시행규칙」 제47조(철도차량 형식승인의 경미한 사항 변경)
> ① 법 제26조 제2항 단서에서 "국토교통부령으로 정하는 경미한 사항을 변경하려는 경우"란 다음 각 호의 어느 하나에 해당하는 변경을 말한다.
> 1. 철도차량의 구조안전 및 성능에 영향을 미치지 아니하는 차체 형상의 변경
> 2. 철도차량의 안전에 영향을 미치지 아니하는 설비의 변경
> 3. 중량분포에 영향을 미치지 아니하는 장치 또는 부품의 배치 변경
> 4. 동일 성능으로 입증할 수 있는 부품의 규격 변경
> 5. 그 밖에 철도차량의 안전 및 성능에 영향을 미치지 아니한다고 국토교통부장관이 인정하는 사항의 변경

016 「교통안전법」에 따른 국가 및 지방자치단체의 의무에 해당하지 않는 것은?

㉮ ✓ 교통시설의 안전운항 의무

> 교통시설의 안전운항 의무는 「교통안전법」 제3조에 정의된 국가 등의 의무에 해당하지 않는다.

㉯ 교통안전에 관한 종합적인 시책의 수립 의무   「교통안전법」 제3조 제1항 ⚖

㉰ 관할구역 내의 교통안전에 관한 시책 수립 의무   「교통안전법」 제3조 제2항 ⚖

㉱ 지역개발에 관한 계획 및 정책을 수립하는 경우에는 교통안전에 관한 사항의 배려 의무

> 「교통안전법」 제3조 제3항 ⚖

법령 ⚖

「교통안전법」 제3조(국가 등의 의무)
① 국가는 국민의 생명·신체 및 재산을 보호하기 위하여 교통안전에 관한 종합적인 시책을 수립하고 이를 시행하여야 한다.
② 지방자치단체는 주민의 생명·신체 및 재산을 보호하기 위하여 그 관할구역 내의 교통안전에 관한 시책을 해당 지역의 실정에 맞게 수립하고 이를 시행하여야 한다.
③ 국가 및 지방자치단체(이하 "국가 등"이라 한다)는 제1항 및 제2항의 규정에 따른 교통안전에 관한 시책을 수립·시행하는 것 외에 지역개발·교육·문화 및 법무 등에 관한 계획 및 정책을 수립하는 경우에는 교통안전에 관한 사항을 배려하여야 한다.

---

017 「철도안전법」상 철도종사자의 안전관리에 관한 내용으로 올바르지 않은 것은?

㉮ 철도차량을 운전하려는 사람은 국토교통부장관으로부터 철도차량 운전면허를 받아야 한다.

> 「철도안전법」 제10조 제1항

㉯ ✓ 「도시철도법」에 따른 노면전차를 운전하려는 사람은 철도차량 운전면허 소지 시 「도로교통법」에 따른 별도 운전면허를 받지 않아도 된다.

> 「도시철도법」에 따른 노면전차를 운전하려는 사람은 철도차량 운전면허 외에 「도로교통법」 제80조에 따른 운전면허를 받아야 한다(「철도안전법」 제10조 제2항).

㉰ 운전면허를 받으려는 사람은 철도차량 운전에 적합한 신체상태를 갖추고 있는지를 판정받기 위하여 국토교통부장관이 실시하는 신체검사에 합격하여야 한다.

> 「철도안전법」 제12조 제1항

㉱ 신체검사의 합격기준, 검사방법 및 절차 등에 관하여 필요한 사항은 국토교통부령으로 정한다.

> 「철도안전법」 제12조 제3항

018 「철도산업발전기본법」에 따른 철도운영에 해당하는 것을 모두 고르면?

> ㄱ. 철도 여객 및 화물 운송
> ㄴ. 철도차량의 정비 및 열차의 운행관리
> ㄷ. 철도시설·철도차량 및 철도부지 등을 활용한 부대사업개발 및 서비스

㉮ ㄱ
㉯ ㄴ
㉰ ㄴ, ㄷ
☑ ㄱ, ㄴ, ㄷ

철도운영이라 함은 ㄱ. 철도 여객 및 화물 운송, ㄴ. 철도차량의 정비 및 열차의 운행관리, ㄷ. 철도시설·철도차량 및 철도부지 등을 활용한 부대사업개발 및 서비스 중 어느 하나에 해당하는 것을 말한다(「철도산업발전기본법」 제3조 제3호).

법령

「철도산업발전기본법」 제3조(정의)
3. "철도운영"이라 함은 철도와 관련된 다음 각 목의 어느 하나에 해당하는 것을 말한다.
　가. 철도 여객 및 화물 운송
　나. 철도차량의 정비 및 열차의 운행관리
　다. 철도시설·철도차량 및 철도부지 등을 활용한 부대사업개발 및 서비스

019 「철도안전법」상 폭행·협박으로 철도종사자의 직무집행을 방해한 자에 대한 처벌로 옳은 것은?

☑ 5년 이하의 징역 또는 5천만 원 이하의 벌금

폭행·협박으로 철도종사자의 직무집행을 방해한 자는 5년 이하의 징역 또는 5천만 원 이하의 벌금에 처한다(「철도안전법」 제79조 제1항).

㉯ 3년 이하의 징역 또는 3천만 원 이하의 벌금
㉰ 2년 이하의 징역 또는 2천만 원 이하의 벌금
㉱ 1년 이하의 징역 또는 1천만 원 이하의 벌금

020 「철도안전법」의 총칙에 관한 설명 중 적절하지 않은 것은?

㉮ 이 법은 철도안전을 확보하기 위하여 필요한 사항을 규정하고 철도안전 관리체계를 확립함으로써 공공복리의 증진에 이바지함을 목적으로 한다.

> 「철도안전법」 제1조

㉯ 철도안전에 관하여 다른 법률에 특별한 규정이 있는 경우를 제외하고는 이 법에서 정하는 바에 따른다.

> 「철도안전법」 제3조

㉰ 국가와 지방자치단체는 국민의 생명·신체 및 재산을 보호하기 위하여 철도안전시책을 마련하여 성실히 추진하여야 한다.

> 「철도안전법」 제4조 제1항

✓ 국가와 지방자치단체는 철도운영이나 철도시설관리를 할 때에는 법령에서 정하는 바에 따라 철도안전을 위하여 필요한 조치를 하고, 철도운영자가 시행하는 철도안전시책에 적극 협조하여야 한다.

> 철도운영자 및 철도시설관리자는 철도운영이나 철도시설관리를 할 때에는 법령에서 정하는 바에 따라 철도안전을 위하여 필요한 조치를 하고, 국가나 지방자치단체가 시행하는 철도안전시책에 적극 협조하여야 한다(「철도안전법」 제4조 제2항).

021 「철도안전법」상 철도안전 전문인력이 받아야 할 교육으로서 빈칸에 공통적으로 들어갈 단어로 적절한 것은?

> • 철도안전 전문인력의 분야별 자격을 부여받은 사람은 직무 수행의 적정성 등을 유지할 수 있도록 (   )을 받아야 한다.
> • 철도운영자 등은 (   )을 받지 아니한 사람을 관련 업무에 종사하게 하여서는 아니 된다.

㉮ 수시교육
㉯ 보수교육
✓ 정기교육
㉱ 임시교육

> • 철도안전 전문인력의 분야별 자격을 부여받은 사람은 직무 수행의 적정성 등을 유지할 수 있도록 정기적으로 교육을 받아야 한다(「철도안전법」 제69조의3 제1항).
> • 철도운영자 등은 정기교육을 받지 아니한 사람을 관련 업무에 종사하게 하여서는 아니 된다(「철도안전법」 제69조의3 제2항).

> **법령**
>
> 「철도안전법」 제69조의3(철도안전 전문인력의 정기교육)
> ① 제69조에 따라 철도안전 전문인력의 분야별 자격을 부여받은 사람은 직무 수행의 적정성 등을 유지할 수 있도록 정기적으로 교육을 받아야 한다.
> ② 철도운영자 등은 제1항에 따른 정기교육을 받지 아니한 사람을 관련 업무에 종사하게 하여서는 아니 된다.
> ③ 제1항에 따른 철도안전 전문인력에 대한 정기교육의 주기, 교육 내용, 교육 절차 등에 관하여 필요한 사항은 국토교통부령으로 정한다.

022 「철도안전법령」에 따른 철도차량의 운전면허 종류에 포함되는 것을 모두 고른 것은?

ㄱ. 제1종 전기차량 운전면허
ㄴ. 제1종 전차선차량 운전면허
ㄷ. 디젤차량 운전면허
ㄹ. 철도장비 운전면허

㉮ ㄱ, ㄴ, ㄷ
㉯ ㄱ, ㄴ, ㄹ
☑ ㄱ, ㄷ, ㄹ
㉱ ㄴ, ㄷ, ㄹ

ㄱ. (○) 「철도안전법 시행령」 제11조 제1항 제2호
ㄴ. (×)
ㄷ. (○) 「철도안전법 시행령」 제11조 제1항 제4호
ㄹ. (○) 「철도안전법 시행령」 제11조 제1항 제5호

> **법령**
>
> 「철도안전법 시행령」 제11조(운전면허 종류)
> ① 법 제10조 제3항에 따른 철도차량의 종류별 운전면허는 다음 각 호와 같다.
>   1. 고속철도차량 운전면허
>   2. 제1종 전기차량 운전면허
>   3. 제2종 전기차량 운전면허
>   4. 디젤차량 운전면허
>   5. 철도장비 운전면허
>   6. 노면전차(路面電車) 운전면허

023

「철도산업발전기본법령」상 철도자산의 관리업무를 위탁하고자 하는 때에 민간위탁계약체결에 포함되어야 하는 사항으로 거리가 먼 것은?

㉮ 위탁대상 철도자산의 관리에 관한 사항

> 「철도산업발전기본법 시행령」 제31조 제2항 제2호 ⚖️

㉯ 위탁대가의 지급에 관한 사항

> 「철도산업발전기본법 시행령」 제31조 제2항 제4호 ⚖️

✅ 위탁의 필요성·범위 및 효과에 관한 사항

> 위탁의 필요성·범위 및 효과에 관한 사항은 「철도산업발전기본법 시행령」 제31조 제2항에 따른 민간위탁계약체결에 포함되어야 하는 사항에 포함되지 않는다.

㉱ 위탁계약기간(계약기간의 수정·갱신 및 위탁계약의 해지에 관한 사항을 포함)

> 「철도산업발전기본법 시행령」 제31조 제2항 제3호 ⚖️

법령 ⚖️

「철도산업발전기본법 시행령」 제31조(민간위탁계약의 체결)
① 국토교통부장관은 법 제23조 제4항의 규정에 의하여 철도자산의 관리업무를 위탁하고자 하는 때에는 제30조 제4항의 규정에 의하여 고시된 민간위탁계획에 따라 사업계획을 제출한 자 중에서 당해 철도자산을 관리하기에 적합하다고 인정되는 자를 선정하여 위탁계약을 체결하여야 한다.
② 제1항의 규정에 의한 위탁계약에는 다음 각 호의 사항이 포함되어야 한다.
 1. 위탁대상 철도자산
 2. <u>위탁대상 철도자산의 관리에 관한 사항</u>
 3. <u>위탁계약기간(계약기간의 수정·갱신 및 위탁계약의 해지에 관한 사항을 포함한다)</u>
 4. <u>위탁대가의 지급에 관한 사항</u>
 5. 위탁업무에 대한 관리 및 감독에 관한 사항
 6. 위탁업무의 재위탁에 관한 사항
 7. 그 밖에 국토교통부장관이 필요하다고 인정하는 사항

024

「교통안전법령」상 국가 및 지방자치단체가 장착비용을 지원하는 첨단안전장치에 해당하는 것은?

㉮ 자동제동장치
㉯ 적응순환제어장치
㉰ 지능형 최고속도제어장치
✅ 차로이탈경고장치

> 국가 및 지방자치단체는 법 제9조 제2항에 따라 법 제55조의2에 따른 차로이탈경고장치를 장착하여야 하는 자에게 차로이탈경고장치의 장착 비용을 예산의 범위에서 보조하거나 융자할 수 있다(「교통안전법 시행령」 제4조 제1항).

025

「철도산업발전기본법」상 비상사태 시 처분과 관련한 다음의 설명 중 빈칸에 들어갈 수 없는 경우는?

> 국토교통부장관은 천재·지변·전시·사변, 철도교통의 심각한 장애 그 밖에 이에 준하는 사태의 발생으로 인하여 철도서비스에 중대한 차질이 발생하거나 발생할 우려가 있다고 인정하는 경우에는 필요한 범위 안에서 철도시설관리자·철도운영자 또는 철도이용자에게 (   )에 관한 조정·명령 그 밖의 필요한 조치를 할 수 있다.

㉮ 수송 우선순위 부여 등 수송통제   「철도산업발전기본법」 제36조 제1항 제1호

✔ 철도운영자에 대한 과태료 처분

   철도운영자에 대한 과태료 처분은 「철도산업발전기본법」 제36조 제1항에 따른 조치사항에 포함되지 않는다.

㉰ 철도시설·철도차량 또는 설비의 가동 및 조업   「철도산업발전기본법」 제36조 제1항 제2호

㉱ 대체수송수단 및 수송로의 확보   「철도산업발전기본법」 제36조 제1항 제3호

법령

「철도산업발전기본법」 제36조(비상사태 시 처분)
① 국토교통부장관은 천재·지변·전시·사변, 철도교통의 심각한 장애 그 밖에 이에 준하는 사태의 발생으로 인하여 철도서비스에 중대한 차질이 발생하거나 발생할 우려가 있다고 인정하는 경우에는 필요한 범위 안에서 철도시설관리자·철도운영자 또는 철도이용자에게 다음 각 호의 사항에 관한 조정·명령 그 밖의 필요한 조치를 할 수 있다.
  1. 지역별·노선별·수송대상별 수송 우선순위 부여 등 수송통제
  2. 철도시설·철도차량 또는 설비의 가동 및 조업
  3. 대체수송수단 및 수송로의 확보
  4. 임시열차의 편성 및 운행
  5. 철도서비스 인력의 투입
  6. 철도이용의 제한 또는 금지
  7. 그 밖에 철도서비스의 수급안정을 위하여 대통령령으로 정하는 사항

026

교통시설설치·관리자 등이 교통안전관리규정을 변경한 경우, 변경된 교통안전관리규정을 어디에 제출하여야 하는가?

㉮ 지정행정기관   ✔ 관할 교통행정기관
㉰ 국토교통부   ㉱ 관할 구청장

교통시설설치·관리자 등은 교통안전관리규정을 변경한 경우에는 변경한 날부터 3개월 이내에 변경된 교통안전관리규정을 관할 교통행정기관에 제출하여야 한다(「교통안전법 시행령」 제17조 제2항).

027 교통시설안전진단 결과의 처리와 관련한 설명으로 옳지 않은 것은?

㉮ 교통행정기관은 교통시설안전진단을 받은 자가 제출한 교통시설안전진단보고서를 검토한 후 해당 교통시설안전진단을 받은 자에 대하여 권고 등의 조치를 할 수 있다.

「교통안전법」 제37조 제1항 ⚖️

✓ 교통시설안전진단 실시결과에 대한 권고 등의 조치 내용에는 교통시설 사용중지 개성 명령이 포함된다.

> 교통시설안전진단 실시결과에 대한 권고 등의 조치 내용에는 교통시설에 대한 공사계획 또는 사업계획 등의 시정 또는 보완, 교통시설의 개선·보완 및 이용제한, 교통시설의 관리·운영 등과 관련된 절차·방법 등의 개선·보완, 그 밖에 교통안전에 관한 업무의 개선 등이 포함되며, 교통시설 사용중지 개성 명령은 포함되지 않는다(「교통안전법」 제37조 제1항). ⚖️

㉯ 교통행정기관은 권고 등을 받은 자가 권고 등을 이행하는지를 점검할 수 있다.

「교통안전법」 제37조 제2항 ⚖️

㉰ 교통행정기관은 권고 등을 받은 자에게 권고 등의 이행실적을 제출할 것을 요청할 수 있다.

「교통안전법」 제37조 제3항 ⚖️

법령 ⚖️

「교통안전법」 제37조(교통시설안전진단 결과의 처리)
① 교통행정기관은 제34조 제1항, 제3항 및 제5항에 따른 교통시설안전진단을 받은 자가 제출한 교통시설안전진단보고서를 검토한 후 교통안전의 확보를 위하여 필요하다고 인정되는 경우에는 해당 교통시설안전진단을 받은 자에 대하여 다음 각 호의 어느 하나에 해당하는 사항을 권고하거나 관계법령에 따른 필요한 조치(이하 "권고 등"이라 한다)를 할 수 있다. 이 경우 교통행정기관은 교통시설안전진단을 받은 자가 권고사항을 이행하기 위하여 필요한 자료 제공 및 기술지원을 할 수 있다.
 1. 교통시설에 대한 공사계획 또는 사업계획 등의 시정 또는 보완
 2. 교통시설의 개선·보완 및 이용제한
 3. 교통시설의 관리·운영 등과 관련된 절차·방법 등의 개선·보완
 4. 삭제
 5. 그 밖에 교통안전에 관한 업무의 개선
② 교통행정기관은 제1항에 따라 권고 등을 받은 자가 권고 등을 이행하는지를 점검할 수 있다.
③ 교통행정기관은 제2항에 따른 점검을 위하여 필요하다고 인정하는 경우에는 제1항에 따라 권고 등을 받은 자에게 권고 등의 이행실적을 제출할 것을 요청할 수 있다.

028

다음은 「철도안전법」상 철도종사자의 음주 제한에 관한 설명이다. 이때 ㉠, ㉡에 들어갈 판단 기준이 올바르게 나열된 것은?

> - 국토교통부장관 또는 시·도지사는 철도안전과 위험방지를 위하여 필요하다고 인정하거나 철도종사자가 술을 마시거나 약물을 사용한 상태에서 업무를 하였다고 인정할 만한 상당한 이유가 있을 때에는 철도종사자에 대하여 술을 마셨거나 약물을 사용하였는지 확인 또는 검사할 수 있다.
> - 확인 또는 검사 결과 철도종사자가 술을 마시거나 약물을 사용하였다고 판단하는 기준은 다음과 같다.
>   - 술 : 혈중 알코올농도가 (㉠)퍼센트 이상인 경우
>   - 약물 : (㉡)으로 판정된 경우

㉮ ㉠ : 0.01, ㉡ 양성   ㉯ ㉠ : 0.01, ㉡ 음성
✓ ㉠ : 0.02, ㉡ 양성   ㉰ ㉠ : 0.02, ㉡ 음성

확인 또는 검사 결과 철도종사자가 술을 마시거나 약물을 사용하였다고 판단하는 기준은 다음과 같다.
- 술 : 혈중 알코올농도가 <u>0.02퍼센트</u> 이상인 경우(「철도안전법」 제41조 제3항 제1호) ⚖
- 약물 : <u>양성</u>으로 판정된 경우(「철도안전법」 제41조 제3항 제2호) ⚖

법령 ⚖

「철도안전법」 제41조(철도종사자의 음주 제한 등)
② <u>국토교통부장관 또는 시·도지사</u>(「도시철도법」 제3조 제2호에 따른 도시철도 및 같은 법 제24조에 따라 지방자치단체로부터 도시철도의 건설과 운영의 위탁을 받은 법인이 건설·운영하는 도시철도만 해당한다. 이하 이 조, 제42조, 제45조, 제46조 및 제82조 제6항에서 같다)<u>는 철도안전과 위험방지를 위하여 필요하다고 인정하거나 제1항에 따른 철도종사자가 술을 마시거나 약물을 사용한 상태에서 업무를 하였다고 인정할 만한 상당한 이유가 있을 때에는 철도종사자에 대하여 술을 마셨거나 약물을 사용하였는지 확인 또는 검사할 수 있다.</u> 이 경우 그 철도종사자는 국토교통부장관 또는 시·도지사의 확인 또는 검사를 거부하여서는 아니 된다.
③ <u>제2항에 따른 확인 또는 검사 결과 철도종사자가 술을 마시거나 약물을 사용하였다고 판단하는 기준은 다음 각 호의 구분과 같다.</u>
  1. 술 : 혈중 알코올농도가 <u>0.02퍼센트</u>(제1항 제4호부터 제6호까지의 철도종사자는 0.03퍼센트) 이상인 경우
  2. 약물 : <u>양성</u>으로 판정된 경우

029 국토교통부장관은 철도산업에 관한 정보를 효율적으로 수집·관리 및 제공하기 위하여 철도산업정보센터를 설치·운영하거나 철도산업에 관한 정보를 수집·관리 또는 제공하는 자 등에게 필요한 지원을 할 수 있다. 이때 철도산업정보센터의 업무에 해당하는 것은?

㉮ 철도산업 경영관리에 필요한 예산안 수립
㉯ 철도산업정보 계획안의 작성 및 배포
✓ 철도산업정보의 수집·분석·보급 및 홍보

> 철도산업정보센터의 업무는 철도산업정보의 수집·분석·보급 및 홍보 및 철도산업의 국제동향 파악 및 국제협력사업의 지원이다(「철도산업발전기본법 시행령」 제16조 제1항).

㉱ 철도산업 구조개혁 관련 법령의 정비

> **법령**
>
> 「철도산업발전기본법」 제12조(철도산업의 정보화 촉진)
> ② 국토교통부장관은 철도산업에 관한 정보를 효율적으로 수집·관리 및 제공하기 위하여 대통령령으로 정하는 바에 의하여 철도산업정보센터를 설치·운영하거나 철도산업에 관한 정보를 수집·관리 또는 제공하는 자 등에게 필요한 지원을 할 수 있다.
>
> > 「철도산업발전기본법 시행령」 제16조(철도산업정보센터의 업무 등)
> > ① 법 제12조 제2항의 규정에 의한 철도산업정보센터는 다음 각 호의 업무를 행한다.
> >   1. 철도산업정보의 수집·분석·보급 및 홍보
> >   2. 철도산업의 국제동향 파악 및 국제협력사업의 지원
> > ② 국토교통부장관은 법 제12조 제2항의 규정에 의하여 철도산업에 관한 정보를 수집·관리 또는 제공하는 자에게 예산의 범위 안에서 운영에 소요되는 비용을 지원할 수 있다.

030 「교통안전법령」상 교통안전점검의 항목에 해당되는 항목을 모두 고르면?

> ㄱ. 교통수단의 교통안전 위험요인 조사
> ㄴ. 교통안전 관계 법령의 위반 여부 확인
> ㄷ. 교통안전관리규정의 준수 여부 점검
> ㄹ. 그 밖에 국토교통부장관이 관계 교통행정기관의 장과 협의하여 정하는 사항

㉮ ㄱ, ㄷ
㉯ ㄱ, ㄴ, ㄹ
㉰ ㄴ, ㄷ, ㄹ
✓ ㄱ, ㄴ, ㄷ, ㄹ

> ㄱ~ㄹ 모두 「교통안전법 시행령」 제20조 제4항에 따른 교통안전점검 항목에 포함된다.

> **법령**
> 「교통안전법 시행령」 제20조(교통수단안전점검의 대상 등)
> ④ 법 제33조에 따른 교통수단안전점검의 항목은 다음 각 호와 같다.
>   1. 교통수단의 교통안전 위험요인 조사
>   2. 교통안전 관계 법령의 위반 여부 확인
>   3. 교통안전관리규정의 준수 여부 점검
>   4. 그 밖에 국토교통부장관이 관계 교통행정기관의 장과 협의하여 정하는 사항

031 「철도안전법」상 안전관리체계를 지속적으로 유지하지 않아 철도운영이나 철도시설의 관리에 중대한 지장을 초래한 경우로서, 철도사고로 인한 사망자 수가 3명일 때 부과되는 과징금은?

㉮ 3억 6천만 원
✔ ㉯ 7억 2천만 원
㉰ 14억 4천만 원
㉱ 21억 6천만 원

안전관리체계를 지속적으로 유지하지 않아 철도운영이나 철도시설의 관리에 중대한 지장을 초래한 경우 철도사고로 인한 사망자 수가 3명일 경우 부과되는 과징금은 7억 2천만 원이다(「철도안전법 시행령」 [별표 1]).

> **법령**
> 「철도안전법 시행령」 [별표 1] 안전관리체계 관련 과징금의 부과기준(제6조 관련)
> (단위: 백만 원)

위반행위	근거 법조문	과징금 금액
법 제8조 제1항을 위반하여 안전관리체계를 지속적으로 유지하지 않아 철도운영이나 철도시설의 관리에 중대한 지장을 초래한 경우	법 제9조 제1항 제3호	
1) 철도사고로 인한 사망자 수		
가) 1명 이상 3명 미만		360
나) 3명 이상 5명 미만		720
다) 5명 이상 10명 미만		1,440
라) 10명 이상		2,160
2) 철도사고로 인한 중상자 수		
가) 5명 이상 10명 미만		180
나) 10명 이상 30명 미만		360
다) 30명 이상 50명 미만		720
라) 50명 이상 100명 미만		1,440
마) 100명 이상		2,160
3) 철도사고 또는 운행장애로 인한 재산피해액		
가) 5억 원 이상 10억 원 미만		180
나) 10억 원 이상 20억 원 미만		360
다) 20억 원 이상		720

032

「교통안전법 시행규칙」 제30조에 따르면 한국교통안전공단은 운행기록장치 장착의무자가 제출한 운행기록을 점검하고 일정한 항목을 분석하여야 한다. 이 항목에 해당하지 않는 것은?

✅ 주차

> 한국교통안전공단은 운행기록장치 장착의무자가 제출한 운행기록을 점검하고 과속, 급감속, 급출발, 회전, 앞지르기, 진로변경 등의 항목을 분석하여야 한다(「교통안전법 시행규칙」 제30조 제4항). 이때 주차는 해당하지 않는다.

㉯ 과속 「교통안전법 시행규칙」 제30조 제4항 제1호

㉰ 회전 「교통안전법 시행규칙」 제30조 제4항 제4호

㉱ 급감속 「교통안전법 시행규칙」 제30조 제4항 제2호

법령

「교통안전법 시행규칙」 제30조(운행기록의 보관 및 제출방법 등)
④ 한국교통안전공단은 운행기록장치 장착의무자가 제출한 운행기록을 점검하고 다음 각 호의 항목을 분석하여야 한다.
　1. 과속　　2. 급감속　　3. 급출발　　4. 회전　　5. 앞지르기　　6. 진로변경

033

다음 중 국토교통부장관이 철도안전 우수운영자 지정을 취소할 수 있는 경우가 아닌 것은?

㉮ 안전관리체계의 승인이 취소된 경우

> 「철도안전법」 제9조의5 제2호

✅ 안전관리체계의 유지 중 사고가 발생한 경우

> 안전관리체계의 유지 중 사고가 발생한 경우는 「철도안전법」 제9조의5에 따른 철도안전 우수운영자 지정을 취소 사유에 해당하지 않는다.

㉰ 거짓이나 그 밖의 부정한 방법으로 철도안전 우수운영자 지정을 받은 경우

> 「철도안전법」 제9조의5 제1호

㉱ 계산 착오, 자료의 오류 등으로 안전관리 수준평가 결과가 최상위 등급이 아닌 것으로 확인된 경우

> 「철도안전법」 제9조의5 제3호, 동법 시행규칙 제9조의2 제1호

> **법령**
>
> 「철도안전법」 제9조의5(우수운영자 지정의 취소)
> 국토교통부장관은 제9조의4에 따라 철도안전 우수운영자 지정을 받은 자가 다음 각 호의 어느 하나에 해당하는 경우에는 그 지정을 취소할 수 있다. 다만, 제1호 또는 제2호에 해당하는 경우에는 지정을 취소하여야 한다.
> 1. 거짓이나 그 밖의 부정한 방법으로 철도안전 우수운영자 지정을 받은 경우
> 2. 제9조에 따라 안전관리체계의 승인이 취소된 경우
> 3. 제9조의4 제5항에 따른 지정기준에 부적합하게 되는 등 그 밖에 국토교통부령으로 정하는 사유가 발생한 경우
>
> > 「철도안전법 시행규칙」 제9조의2(철도안전 우수운영자 지정의 취소)
> > 법 제9조의5 제3호에서 "제9조의4 제5항에 따른 지정기준에 부적합하게 되는 등 그 밖에 국토교통부령으로 정하는 사유"란 다음 각 호의 사유를 말한다.
> > 1. 계산 착오, 자료의 오류 등으로 안전관리 수준평가 결과가 최상위 등급이 아닌 것으로 확인된 경우
> > 2. 제9조 제3항을 위반하여 국토교통부장관이 정해 고시하는 표시가 아닌 다른 표시를 사용한 경우

034 「교통안전법」에 따른 용어의 정의로 옳지 않은 것은?

㉮ 교통수단은 사람이 이동하거나 화물을 운송하는 데 이용되는 것을 의미한다.

「교통안전법」 제2조 제1호

✓ 차량은 「해사안전기본법」에 의한 철도차량, 용구 등의 운송수단을 말한다.

차량은 「도로교통법」에 의한 차마 또는 노면전차, 「철도산업발전 기본법」에 의한 철도차량(도시철도를 포함한다) 또는 「궤도운송법」에 따른 궤도에 의하여 교통용으로 사용되는 용구 등 육상교통용으로 사용되는 모든 운송수단을 말한다(「교통안전법」 제2조 제1호 가목).

㉰ 선박은 수상 또는 수중의 항행에 사용되는 모든 운송수단을 말한다.

「교통안전법」 제2조 제1호 나목

㉱ 항공기란 「항공안전법」에 의한 항공교통에 사용되는 모든 운송수단을 말한다.

「교통안전법」 제2조 제1호 다목

> **법령**
>
> 「교통안전법」 제2조(정의)
> 이 법에서 사용하는 용어의 뜻은 다음과 같다.
> 1. "교통수단"이라 함은 사람이 이동하거나 화물을 운송하는 데 이용되는 것으로서 다음 각 목의 어느 하나에 해당하는 운송수단을 말한다.
>   가. 「도로교통법」에 의한 차마 또는 노면전차, 「철도산업발전 기본법」에 의한 철도차량(도시철도를 포함한다) 또는 「궤도운송법」에 따른 궤도에 의하여 교통용으로 사용되는 용구 등 육상교통용으로 사용되는 모든 운송수단(이하 "차량"이라 한다)
>   나. 「해사안전기본법」에 의한 선박 등 수상 또는 수중의 항행에 사용되는 모든 운송수단(이하 "선박"이라 한다)
>   다. 「항공안전법」에 의한 항공기 등 항공교통에 사용되는 모든 운송수단(이하 "항공기"라 한다)

035 「교통안전법」제55조에 따르면 교통행정기관은 분석결과를 이용하여 운행기록장치 장착의 무자 및 차량운전자에게 허가·등록의 취소 등 어떠한 불리한 제재나 처벌을 하여서는 아니 된다. 이와 관련이 없는 것은?

㉮ ✓ 교통수단안전진단의 실시

㉯ 교통수단안전점검의 실시 「교통안전법」제55조 제4항 제1호

㉰ 교통수단 및 교통수단운영체계의 개선 권고 「교통안전법」제55조 제4항 제3호

㉱ 최소휴게시간, 연속근무시간 및 속도제한장치 무단해제 확인 「교통안전법」제55조 제4항 제4호

> **법령**
>
> 「교통안전법」제55조(운행기록장치의 장착 및 운행기록의 활용 등)
> ④ 교통행정기관은 다음 각 호의 조치를 제외하고는 제3항에 따른 분석결과를 이용하여 운행기록장치 장착의 무자 및 차량운전자에게 이 법 또는 다른 법률에 따른 허가·등록의 취소 등 어떠한 불리한 제재나 처벌을 하여서는 아니 된다.
> 1. 제33조 제1항 및 제6항에 따른 <u>교통수단안전점검의 실시</u>
> 2. 삭제
> 3. <u>교통수단 및 교통수단운영체계의 개선 권고</u>
> 4. <u>최소휴게시간, 연속근무시간 및 속도제한장치 무단해제 확인</u>

036 철도시설의 사용료에 관한 설명으로 적절하지 않은 것은?

㉮ 철도시설을 사용하고자 하는 자는 대통령령으로 정하는 바에 따라 관리청의 허가를 받거나 철도시설관리자와 시설사용계약을 체결하거나 그 시설사용계약을 체결한 자의 승낙을 얻어 사용할 수 있다.
「철도산업발전기본법」제31조 제1항

㉯ ✓ 철도시설관리자 또는 시설사용계약자는 철도시설을 사용하는 자로부터 사용료를 징수할 수 있으며, 지방자치단체가 직접 공용·공공용 또는 비영리 공익사업용으로 철도시설을 사용하고자 하는 경우 또한 같다.

> 철도시설관리자 또는 시설사용계약자는 제1항에 따라 철도시설을 사용하는 자로부터 사용료를 징수할 수 있다. 다만, 「국유재산법」제34조에도 불구하고 <u>지방자치단체가 직접 공용·공공용 또는 비영리 공익사업용으로 철도시설을 사용하고자 하는 경우</u>에는 대통령령으로 정하는 바에 따라 <u>그 사용료의 전부 또는 일부를 면제할 수 있다</u>(「철도산업발전기본법」제31조 제2항).

㉰ 철도시설 사용료를 징수하는 경우 철도의 사회경제적 편익과 다른 교통수단과의 형평성 등이 고려되어야 한다.

「철도산업발전기본법」 제31조 제3항

㉱ 철도시설 사용료의 징수기준 및 절차 등에 관하여 필요한 사항은 대통령령으로 정한다.

「철도산업발전기본법」 제31조 제4항

037 다음은 「철도산업발전기본법」에 따른 철도건설 등의 비용부담과 관련한 설명이다. 빈칸에 들어갈 단어로 옳은 것은?

- 철도시설관리자는 지방자치단체·특정한 기관 또는 단체가 철도시설건설사업으로 인하여 현저한 이익을 받는 경우에는 국토교통부장관의 승인을 얻어 그 이익을 받는 자로 하여금 그 비용의 일부를 부담하게 할 수 있다.
- 수익자가 부담하여야 할 비용은 철도시설관리자와 수익자가 협의하여 정한다. 이 경우 협의가 성립되지 아니하는 때에는 철도시설관리자 또는 수익자의 신청에 의하여 (   )이/가 이를 조정할 수 있다.

㉮ 철도청 ㉯ **위원회** ✓
㉰ 철도공사 ㉱ 행정기관

- 철도시설관리자는 지방자치단체·특정한 기관 또는 단체가 철도시설건설사업으로 인하여 현저한 이익을 받는 경우에는 국토교통부장관의 승인을 얻어 그 이익을 받는 자로 하여금 그 비용의 일부를 부담하게 할 수 있다(「철도산업발전기본법」 제37조 제1항).
- 수익자가 부담하여야 할 비용은 철도시설관리자와 수익자가 협의하여 정한다. 이 경우 협의가 성립되지 아니하는 때에는 철도시설관리자 또는 수익자의 신청에 의하여 위원회가 이를 조정할 수 있다(동조 제2항).

038 「철도안전법령」상 여객의 승하차(여객 이용시설 및 편의시설 포함), 화물의 적하(積荷), 열차의 조성, 열차의 교차통행 또는 대피를 목적으로 사용되는 장소를 일컫는 용어는?

㉮ **정거장** ✓ ㉯ 선로
㉰ 철도 ㉱ 열차

"정거장"이란 여객의 승하차(여객 이용시설 및 편의시설을 포함한다), 화물의 적하(積荷), 열차의 조성(組成: 철도차량을 연결하거나 분리하는 작업을 말한다), 열차의 교차통행 또는 대피를 목적으로 사용되는 장소를 말한다(「철도안전법 시행령」 제2조 제1호).

039 「교통안전법령」상 국토교통부장관이 교통수단안전점검을 실시하여야 하는 경우에 해당하지 않는 것은?

㉮ 1건의 사고로 중상자가 2명 이상 발생한 교통사고

> 「교통안전법」 제33조 제6항, 동법 시행령 제20조 제3항 제2호

㉯ 자동차를 20대 이상 보유하여「화물자동차 운수사업법」에 따라 일반화물자동차운손사업의 허가를 받은 자의 교통안전도 평가지수가 1을 초과하는 경우

> 「교통안전법」 제33조 제6항, 동법 시행령 제20조 제3항 제3호, 동법 시행규칙 제7조의2 제2호

✓ 1건의 사고로 사망자가 2명 이상 발생한 교통사고

> 1건의 사고로 사망자가 1명 이상 발생한 교통사고에 대해 교통수단안전점검을 실시하여야 한다(「교통안전법」 제33조 제6항, 동법 시행령 제20조 제3항 제1호).

㉱ 자동차를 20대 이상 보유하여「여객자동차 운수사업법」에 따라 전세버스운송사업의 면허를 받거나 등록을 한 자의 교통안전도 평가지수가 1을 초과하는 경우

> 「교통안전법」 제33조 제6항, 동법 시행령 제20조 제3항 제1호, 동법 시행규칙 제7조의2 제1호 다목

법령

「교통안전법」 제33조(교통수단안전점검)
① 교통행정기관은 소관 교통수단에 대한 교통안전 실태를 파악하기 위하여 주기적으로 또는 수시로 교통수단안전점검을 실시할 수 있다.
⋮
⑥ 제1항에도 불구하고 국토교통부장관은 대통령령으로 정하는 교통수단과 관련하여 대통령령으로 정하는 기준 이상의 교통사고가 발생한 경우 해당 교통수단에 대하여 교통수단안전점검을 실시하여야 한다.

「교통안전법 시행령」 제20조(교통수단안전점검의 대상 등)
③ 법 제33조 제6항에서 "대통령령으로 정하는 기준 이상의 교통사고"란 다음 각 호의 어느 하나에 해당하는 교통사고를 말한다.
1. 1건의 사고로 사망자가 1명 이상 발생한 교통사고
2. 1건의 사고로 중상자가 2명 이상 발생한 교통사고
3. 자동차를 20대 이상 보유한 제2항 각 호의 어느 하나에 해당하는 자의 별표 3의2에 따른 교통안전도 평가지수가 국토교통부령으로 정하는 기준을 초과하여 발생한 교통사고

「교통안전법 시행규칙」 제7조의2(교통안전도 평가지수)
영 제20조 제3항 제3호에서 "국토교통부령으로 정하는 기준"이란 다음 각 호와 같다.
1. 자동차를 20대 이상 보유하여「여객자동차 운수사업법」 제4조에 따른 여객자동차운송사업의 면허를 받거나 등록을 한 자
   가. 시내버스운송사업, 농어촌버스운송사업, 특수여객자동차운송사업 및 마을버스운송사업의 경우 : 2.5
   나. 시외버스운송사업 및 일반택시운송사업의 경우 : 2
   다. 전세버스운송사업의 경우 : 1
2. 자동차를 20대 이상 보유하여「화물자동차 운수사업법」 제3조에 따라 일반화물자동차운송사업의 허가를 받은 자 : 1

040 「철도산업발전기본법령」상 철도서비스의 품질개선 등에 관한 내용으로 옳은 것은?

㉮ 국토교통부장관은 철도서비스의 품질평가를 3년마다 실시한다.

> 국토교통부장관은 철도서비스의 품질평가를 2년마다 실시한다(「철도산업발전기본법 시행규칙」 제3조 제1항 전단). ⚖️

✓ 국토교통부장관은 철도서비스의 품질을 개선하고 이용자의 편익을 높이기 위하여 철도서비스의 품질을 평가하여 시책에 반영하여야 한다.

> 「철도산업발전기본법」 제15조 제2항 ⚖️

㉰ 국토교통부장관은 품질평가일 3주 전까지 철도운영자에게 품질평가계획을 통보한 후 정기품질평가를 실시할 수 있다.

> 국토교통부장관은 품질평가일 2주 전까지 철도운영자에게 품질평가계획을 통보한 후 수시품질평가를 실시할 수 있다(「철도산업발전기본법 시행규칙」 제3조 제1항 후단). ⚖️

㉱ 국토교통부장관은 품질평가의 결과를 확정하기 전에 품질평가위원회의 심의를 거쳐야 한다.

> 국토교통부장관은 품질평가의 결과를 확정하기 전에 철도산업위원회의 심의를 거쳐야 한다(「철도산업발전기본법 시행규칙」 제3조 제3항). ⚖️

법령 ⚖️

「철도산업발전기본법」 제15조(철도서비스의 품질개선 등)
① 철도운영자는 그가 제공하는 철도서비스의 품질을 개선하기 위하여 노력하여야 한다.
② 국토교통부장관은 철도서비스의 품질을 개선하고 이용자의 편익을 높이기 위하여 철도서비스의 품질을 평가하여 시책에 반영하여야 한다.
③ 제2항에 따른 철도서비스 품질평가의 절차 및 활용 등에 관하여 필요한 사항은 국토교통부령으로 정한다.

> 「철도산업발전기본법 시행규칙」 제3조(철도서비스의 품질평가방법 등)
> ① 국토교통부장관은 법 제15조 제2항의 규정에 의한 철도서비스의 품질평가(이하 "품질평가"라 한다)를 2년마다 실시한다. 다만, 필요한 경우에는 품질평가일 2주 전까지 철도운영자에게 품질평가계획을 통보한 후 수시품질평가를 실시할 수 있다.
> ② 국토교통부장관은 객관적인 품질평가를 위하여 적정 철도서비스의 수준, 평가항목 및 평가지표를 정하여야 한다.
> ③ 국토교통부장관은 품질평가의 결과를 확정하기 전에 법 제6조의 규정에 의한 철도산업위원회(이하 "위원회"라 한다)의 심의를 거쳐야 한다.

041

「철도안전법령」상 철도차량 완성검사 신청 시 첨부하여야 하는 제출서류에 해당하지 않는 것은?

㉮ 철도차량 형식승인증명서

> 「철도안전법 시행규칙」 제56조 제1항 제1호 ⚖️

㉯ 철도차량 제작자승인증명서

> 「철도안전법 시행규칙」 제56조 제1항 제2호 ⚖️

✅ 철도차량 완성검사 절차서

> 철도차량 완성검사 절차서는 「철도안전법 시행규칙」 제56조 제1항에 따른 철도차량 완성검사 신청 시 제출서류에 포함되지 않는다.

㉱ 형식승인된 설계와의 형식동일성 입증계획서 및 입증서류

> 「철도안전법 시행규칙」 제56조 제1항 제3호 ⚖️

법령 ⚖️

「철도안전법 시행규칙」 제56조(철도차량 완성검사의 신청 등)

① 법 제26조의6 제1항에 따라 철도차량 완성검사를 받으려는 자는 별지 제34호서식의 철도차량 완성검사신청서에 다음 각 호의 서류를 첨부하여 국토교통부장관에게 제출하여야 한다.
  1. 철도차량 형식승인증명서
  2. 철도차량 제작자승인증명서
  3. 형식승인된 설계와의 형식동일성 입증계획서 및 입증서류
  4. 제57조 제1항 제2호에 따른 주행시험 절차서
  5. 그 밖에 형식동일성 입증을 위하여 국토교통부장관이 필요하다고 인정하여 고시하는 서류

042

「교통안전법령」상 국가교통안전기본계획에 관한 설명 중 빈칸에 들어갈 단어로 적절한 것은?

> - 국가교통안전기본계획을 변경하는 경우에 이를 준용한다. 다만, 대통령령으로 정하는 경미한 사항을 변경하는 경우에는 그러하지 아니하다.
> - "대통령령이 정하는 경미한 사항을 변경하는 경우"란 국가교통안전기본계획 또는 국가교통안전시행계획에서 정한 부문별 사업규모를 (　　) 이내의 범위에서 변경하는 경우를 말한다.

㉮ 100분의 5　　　　　　　　✅ 100분의 10
㉯ 100분의 15　　　　　　　㉱ 100분의 20

- 국가교통안전기본계획을 변경하는 경우에 이를 준용한다. 다만, 대통령령으로 정하는 경미한 사항을 변경하는 경우에는 그러하지 아니하다(「교통안전법」 제15조 제6항). ⚖️
- "대통령령이 정하는 경미한 사항을 변경하는 경우"란 국가교통안전기본계획 또는 국가교통안전시행계획에서 정한 부문별 사업규모를 100분의 10 이내의 범위에서 변경하는 경우를 말한다(교통안전법 시행령 제11조 제1호). ⚖️

> **법령** ⚖️
>
> **「교통안전법」 제15조(국가교통안전기본계획)**
> ⑥ 제3항부터 제5항까지의 규정은 확정된 국가교통안전기본계획을 변경하는 경우에 이를 준용한다. <u>다만, 대통령령으로 정하는 경미한 사항을 변경하는 경우에는 그러하지 아니하다.</u>
>
> > **「교통안전법 시행령」 제11조(경미한 사항의 변경)**
> > 법 제15조 제6항 단서 및 법 제16조 제4항 단서에서 "<u>대통령령이 정하는 경미한 사항을 변경하는 경우</u>"란 각각 다음 각 호의 어느 하나에 해당하는 경우를 말한다.
> > 1. <u>국가교통안전기본계획 또는 국가교통안전시행계획에서 정한 부문별 사업규모를 100분의 10 이내의 범위에서 변경하는 경우</u>
> > 2. 국가교통안전기본계획 또는 국가교통안전시행계획에서 정한 시행기한의 범위에서 단위 사업의 시행시기를 변경하는 경우
> > 3. 계산 착오, 오기(誤記), 누락, 그 밖에 국가교통안전기본계획 또는 국가교통안전시행계획의 기본방향에 영향을 미치지 아니하는 사항으로서 그 변경 근거가 분명한 사항을 변경하는 경우

043 「철도안전법령」상 철도운영자가 국토교통부장관에게 즉시 보고해야 할 철도사고 대상이 아닌 것은?

㉮ 열차의 충돌이나 탈선사고

> 「철도안전법 시행령」 제57조 제1호 ⚖️

㉯ 철도차량이나 열차에서 화재가 발생하여 운행을 중지시킨 사고

> 「철도안전법 시행령」 제57조 제2호 ⚖️

✓ 철도차량이나 열차의 운행과 관련하여 5명 이상 사상자가 발생한 사고

> 철도차량이나 열차의 운행과 관련하여 <u>3명 이상</u> 사상자가 발생한 사고가 국토교통부장관에게 즉시 보고하여야 하는 철도사고 등에 포함된다(「철도안전법 시행령」 제57조 제3호). ⚖️

㉱ 철도차량이나 열차의 운행과 관련하여 5천만 원 이상의 재산피해가 발생한 사고

> 「철도안전법 시행령」 제57조 제4호 ⚖️

> **법령**
>
> 「철도안전법」 제61조(철도사고 등 의무보고)
> ① 철도운영자 등은 사상자가 많은 사고 등 대통령령으로 정하는 철도사고 등이 발생하였을 때에는 국토교통부령으로 정하는 바에 따라 즉시 국토교통부장관에게 보고하여야 한다.
>
> > 「철도안전법 시행령」 제57조(국토교통부장관에게 즉시 보고하여야 하는 철도사고 등)
> > 법 제61조 제1항에서 "사상자가 많은 사고 등 대통령령으로 정하는 철도사고 등"이란 다음 각 호의 어느 하나에 해당하는 사고를 말한다.
> > 1. 열차의 충돌이나 탈선사고
> > 2. 철도차량이나 열차에서 화재가 발생하여 운행을 중지시킨 사고
> > 3. 철도차량이나 열차의 운행과 관련하여 3명 이상 사상자가 발생한 사고
> > 4. 철도차량이나 열차의 운행과 관련하여 5천만 원 이상의 재산피해가 발생한 사고

044 「철도안전법령」상 관제업무 실무수습의 이수에 관한 설명으로 빈칸에 들어갈 실무수습 시간으로 적절한 것은?

> 철도운영자 등은 관제업무 실무수습의 항목 및 교육시간 등에 관한 실무수습 계획을 수립하여 시행하여야 한다. 이 경우 총 실무수습 시간은 (   ) 이상으로 하여야 한다.

㉮ 200시간　　　　　　　　　　㉯ 150시간
㉰ 100시간 ✓　　　　　　　　　㉱ 50시간

철도운영자 등은 관제업무 실무수습의 항목 및 교육시간 등에 관한 실무수습 계획을 수립하여 시행하여야 한다. 이 경우 총 실무수습 시간은 <u>100시간</u> 이상으로 하여야 한다(「철도안전법 시행규칙」 제39조 제2항).

> **법령**
>
> 「철도안전법 시행규칙」 제39조(관제업무 실무수습)
> ① 법 제22조에 따라 관제업무에 종사하려는 사람은 다음 각 호의 관제업무 실무수습을 모두 이수하여야 한다.
>   1. 관제업무를 수행할 구간의 철도차량 운행의 통제·조정 등에 관한 관제업무 실무수습
>   2. 관제업무 수행에 필요한 기기 취급방법 및 비상 시 조치방법 등에 대한 관제업무 실무수습
> ② 철도운영자 등은 제1항에 따른 관제업무 실무수습의 항목 및 교육시간 등에 관한 실무수습 계획을 수립하여 시행하여야 한다. 이 경우 총 실무수습 시간은 <u>100시간</u> 이상으로 하여야 한다.

045

「철도산업발전기본법」상 철도시설관리자와 철도운영자는 국토교통부장관의 승인을 얻어 특정노선 및 역의 폐지와 관련 철도서비스의 제한 또는 중지 등 필요한 조치를 취할 수 있다. 이 경우에 해당하지 않는 것은?

㉮ 원인제공자가 조정에 따르지 아니한 경우

> 「철도산업발전기본법」제34조 제1항 제4호

㉯ 원인제공자가 공익서비스비용을 부담하지 아니한 경우

> 「철도산업발전기본법」제34조 제1항 제3호

㉰ 보상계약체결에도 불구하고 공익서비스비용에 대한 적정한 보상이 이루어지지 아니한 경우

> 「철도산업발전기본법」제34조 제1항 제2호

✔ 승인신청자가 철도서비스를 제공하고 있는 노선 또는 역에 대하여 철도의 경영개선을 위한 적절한 조치를 취하지 않아 수지균형의 확보가 극히 곤란하여 경영상 어려움이 발생한 경우

> 승인신청자가 철도서비스를 제공하고 있는 노선 또는 역에 대하여 철도의 경영개선을 위한 적절한 조치를 취하였음에도 불구하고 수지균형의 확보가 극히 곤란하여 경영상 어려움이 발생한 경우(「철도산업발전기본법」제34조 제1항 제1호)

법령

「철도산업발전기본법」제34조(특정노선 폐지 등의 승인)
① 철도시설관리자와 철도운영자(이하 "승인신청자"라 한다)는 다음 각 호의 어느 하나에 해당하는 경우에 국토교통부장관의 승인을 얻어 특정노선 및 역의 폐지와 관련 철도서비스의 제한 또는 중지 등 필요한 조치를 취할 수 있다.
  1. 승인신청자가 철도서비스를 제공하고 있는 노선 또는 역에 대하여 철도의 경영개선을 위한 적절한 조치를 취하였음에도 불구하고 수지균형의 확보가 극히 곤란하여 경영상 어려움이 발생한 경우
  2. 제33조에 따른 보상계약체결에도 불구하고 공익서비스비용에 대한 적정한 보상이 이루어지지 아니한 경우
  3. 원인제공자가 공익서비스비용을 부담하지 아니한 경우
  4. 원인제공자가 제33조 제5항에 따른 조정에 따르지 아니한 경우

046

교통안전담당자는 교통안전을 위해 필요하다고 인정하는 경우에는 일정한 조치를 교통시설 설치·관리자 등에게 요청해야 한다. 이때 교통안전담당자가 요청해야 하는 조치에 해당하지 않는 것은?

✔ 교통사고 원인조사

> 교통사고 원인조사는 「교통안전법 시행령」제44조의2 제3항에 따른 교통안전담당자의 요청사항에 해당하지 않는다.

㉯ 교통수단의 정비 「교통안전법 시행령」 제44조의2 제3항 제2호

㉰ 운전자 등의 승무계획 변경 「교통안전법 시행령」 제44조의2 제3항 제3호

㉱ 교통안전 관련 시설 및 장비의 설치 또는 보완 「교통안전법 시행령」 제44조의2 제3항 제4호

> **법령**
>
> 「교통안전법 시행령」 제44조의2(교통안전담당자의 직무)
> ③ 교통안전담당자는 교통안전을 위해 필요하다고 인정하는 경우에는 다음 각 호의 조치를 교통시설설치·관리자 등에게 요청해야 한다. 다만, 교통안전담당자가 교통시설설치·관리자 등에게 필요한 조치를 요청할 시간적 여유가 없는 경우에는 직접 필요한 조치를 하고, 이를 교통시설설치·관리자 등에게 보고해야 한다.
> 1. 국토교통부령으로 정하는 교통수단의 운행 등의 계획 변경
> 2. 교통수단의 정비
> 3. 운전자 등의 승무계획 변경
> 4. 교통안전 관련 시설 및 장비의 설치 또는 보완
> 5. 교통안전을 해치는 행위를 한 운전자 등에 대한 징계 건의

047 다음 중 철도산업위원회의 위원에 해당하지 않는 자는?

㉮ 교육부차관 「철도산업발전기본법 시행령」 제6조 제2항 제1호

✔ 국가철도공단의 사장

　　국가철도공단의 이사장이 철도산업위원회의 위원이 된다(「철도산업발전기본법 시행령」 제6조 제2항 제2호).

㉰ 한국철도공사의 사장 「철도산업발전기본법 시행령」 제6조 제2항 제3호

㉱ 철도산업에 관한 전문성과 경험이 풍부한 자 중에서 위원회의 위원장이 위촉하는 자
　　「철도산업발전기본법 시행령」 제6조 제2항 제4호

> **법령**
>
> 「철도산업발전기본법 시행령」 제6조(철도산업위원회의 구성)
> ② 위원회의 위원은 다음 각 호의 자가 된다.
> 　1. 기획재정부차관·교육부차관·과학기술정보통신부차관·행정안전부차관·산업통상자원부차관·고용노동부차관·국토교통부차관·해양수산부차관 및 공정거래위원회부위원장
> 　2. 법 제20조 제3항의 규정에 따른 국가철도공단(이하 "국가철도공단"이라 한다)의 이사장
> 　3. 법 제21조 제3항의 규정에 의한 한국철도공사(이하 "한국철도공사"라 한다)의 사장
> 　4. 철도산업에 관한 전문성과 경험이 풍부한 자 중에서 위원회의 위원장이 위촉하는 자

048 「철도산업발전기본법」상 공익서비스 제공에 따른 보상계약의 체결과 관련한 설명 중 옳은 것은?

㉮ 원인제공자는 철도운영자와 공익서비스비용의 보상에 관한 계약을 체결할 수 있다.

> 원인제공자는 철도운영자와 공익서비스비용의 보상에 관한 계약을 <u>체결하여야 한다</u>(「철도산업발전기본법」 제33조 제1항).

㉯ 원인제공자는 철도운영자와 보상계약을 체결하기 전에 계약내용에 관하여 철도시설관리자와 미리 협의하여야 한다.

> 원인제공자는 철도운영자와 보상계약을 체결하기 전에 계약내용에 관하여 <u>국토교통부장관 및 기획재정부장관</u>과 미리 협의하여야 한다(「철도산업발전기본법」 제33조 제3항).

㉰ 국토교통부장관은 공익서비스비용의 객관성과 공정성을 확보하기 위하여 전문기관을 지정하여 그 기관으로 하여금 공익서비스비용의 산정 및 평가 등의 업무를 담당하게 해야 한다.

> 국토교통부장관은 공익서비스비용의 객관성과 공정성을 확보하기 위하여 필요한 때에는 국토교통부령으로 정하는 바에 의하여 전문기관을 지정하여 그 기관으로 하여금 공익서비스비용의 산정 및 평가 등의 업무를 담당하게 <u>할 수 있다</u>(「철도산업발전기본법」 제33조 제4항).

✅ 보상계약체결에 관하여 원인제공자와 철도운영자의 협의가 성립되지 아니하는 때에는 원인제공자 또는 철도운영자의 신청에 의하여 위원회가 이를 조정할 수 있다.

> 「철도산업발전기본법」 제33조 제5항

049 시·도지사가 교통안전관리자 자격의 취소 또는 정지처분을 한 때에 교통안전관리자에게 통지하여야 하는 사항으로 옳은 것은?

> ㄱ. 자격의 취소 또는 정지처분의 사유
> ㄴ. 자격 취소 또는 정지처분 시 회복절차
> ㄷ. 교통안전관리자 자격증명서의 반납에 관한 사항
> ㄹ. 자격의 취소 또는 정지처분에 대하여 불복하는 경우 불복신청의 절차와 기간 등

㉮ ㄱ, ㄴ, ㄷ 　　　　　　　　　✅ ㄱ, ㄷ, ㄹ
㉰ ㄴ, ㄷ, ㄹ 　　　　　　　　　㉱ ㄱ, ㄴ, ㄷ, ㄹ

> ㄱ. (○) 「교통안전법」 제54조 제2호 및 동법 시행규칙 제26조 제1항 제1호 ⚖
> ㄴ. (×)
> ㄷ. (○) 「교통안전법」 제54조 제2호 및 동법 시행규칙 제26조 제1항 제3호 ⚖
> ㄹ. (○) 「교통안전법」 제54조 제2호 및 동법 시행규칙 제26조 제1항 제2호 ⚖

> **법령**
>
> 「교통안전법」 제54조(교통안전관리자 자격의 취소 등)
> ① 시·도지사는 교통안전관리자가 다음 제1호 및 제2호의 어느 하나에 해당하는 때에는 그 자격을 취소하여야 하며, 제3호에 해당하는 때에는 교통안전관리자의 자격을 취소하거나 1년 이내의 기간을 정하여 해당 자격의 정지를 명할 수 있다.
> 1. 제53조 제3항 각 호의 어느 하나에 해당하게 된 때
> 2. 거짓이나 그 밖의 부정한 방법으로 교통안전관리자 자격을 취득한 때
> 3. 교통안전관리자가 직무를 행하면서 고의 또는 중대한 과실로 인하여 교통사고를 발생하게 한 때
> <u>② 시·도지사는 제1항에 따라 자격의 취소 또는 정지처분을 한 때에는 국토교통부령으로 정하는 바에 따라 해당 교통안전관리자에게 이를 통지하여야 한다.</u>
>
>> 「교통안전법 시행규칙」 제26조(자격의 취소 등)
>> ① 법 제54조 제2항에 따른 교통안전관리자 자격의 취소 또는 정지처분의 통지에는 다음 각 호의 사항이 포함되어야 한다.
>> 1. <u>자격의 취소 또는 정지처분의 사유</u>
>> 2. <u>자격의 취소 또는 정지처분에 대하여 불복하는 경우 불복신청의 절차와 기간 등</u>
>> 3. <u>교통안전관리자 자격증명서의 반납에 관한 사항</u>

050 「철도안전법령」상 철도안전투자의 예산 규모에 포함되지 않는 것은?

㉮ 철도차량 교체에 관한 예산

> 「철도안전법 시행규칙」 제1조의5 제1항 제1호 가목

㉯ 철도시설 개량에 관한 예산

> 「철도안전법 시행규칙」 제1조의5 제1항 제1호 나목

㉰ 철도안전 연구개발에 관한 예산

> 「철도안전법 시행규칙」 제1조의5 제1항 제1호 마목

✔ 철도안전 경영관리에 관한 예산

> 철도안전 경영관리에 관한 예산은 「철도안전법 시행규칙」 제1조의5 제1항 제1호에 따른 철도안전투자의 예산 규모에 포함되지 않는다.

> **법령**
>
> 「철도안전법」 제6조의2(철도안전투자의 공시)
> ① 철도운영자는 철도차량의 교체, 철도시설의 개량 등 철도안전 분야에 투자(이하 이 조에서 "철도안전투자"라 한다)하는 예산 규모를 매년 공시하여야 한다.
> ② 제1항에 따른 철도안전투자의 공시 기준, 항목, 절차 등에 필요한 사항은 국토교통부령으로 정한다.
>
> > 「철도안전법 시행규칙」 제1조의5(철도안전투자의 공시 기준 등)
> > ① 철도운영자는 법 제6조의2 제1항에 따라 철도안전투자(이하 "철도안전투자"라 한다)의 예산 규모를 공시하는 경우에는 다음 각 호의 기준에 따라야 한다.
> >   1. <u>예산 규모에는 다음 각 목의 예산이 모두 포함되도록 할 것</u>
> >   가. <u>철도차량 교체에 관한 예산</u>
> >   나. <u>철도시설 개량에 관한 예산</u>
> >   다. 안전설비의 설치에 관한 예산
> >   라. 철도안전 교육훈련에 관한 예산
> >   마. <u>철도안전 연구개발에 관한 예산</u>
> >   바. 철도안전 홍보에 관한 예산
> >   사. 그 밖에 철도안전에 관련된 예산으로서 국토교통부장관이 정해 고시하는 사항

[**2과목**] 교통안전관리론

051 다음 중 공주시간에 대한 설명으로 옳은 것은?

- ✅ ㉮ 운전자가 위험을 인식·판단한 후 브레이크 페달을 밟아 브레이크가 작동되기 전까지 나아가는 시간
- ㉯ 브레이크가 작동을 시작하여 정지할 때까지의 시간

  제동시간에 대한 설명이다.

- ㉰ 운전자가 위험을 인식하고 판단한 뒤 브레이크 페달을 밟아 브레이크가 작동하여 정지할 때까지의 시간

  정지시간에 대한 설명이다.

- ㉱ 정지시간보다 조금 긴 시간으로 앞차가 갑자기 정지하더라도 충돌할 수 있는 시간

  안전시간에 대한 설명이다.

052 테일러(F. Taylor)의 과학적 관리법에 관한 설명으로 옳지 않은 것은?

㉮ 작업관리에 있어 시간과 동작연구를 통해 과학적으로 작업관리를 할 수 있다는 이론이다.
㉯ 금전적인 동기부여만을 지나치게 강조하여 인간성을 무시하였다.
✅ 표준작업량을 기준으로 고임금 – 고노무비를 적용하였다.

> 테일러(F. Taylor)는 과학적 관리법을 통해 표준작업량을 기준으로 <u>고임금 – 저노무비</u>를 적용하였다.
> ※ 노무비 : 건설 현장이나 생산 현장 따위에서 육체노동을 하는 것에 해당하는 비용

㉰ 생산성 향상을 위해 차별적 성과급제, 직능적 직장제도 등을 주장하였다.

053 암순응(암조응)에 대한 설명으로 옳지 않은 것은?

㉮ 암순응이란 밝은 장소에서 어두운 곳으로 들어갔을 때 어둠에 눈이 익숙해지는 것이다.
✅ 암순응은 일반적으로 명순응보다 시간이 짧게 걸린다.

> <u>암순응</u>은 어두운 곳에서 밝은 곳으로 갔을 때 익숙해져 빛이 잘 보이는 <u>명순응보다 시간이 오래 걸린다</u>. 완전한 암순응은 일반적으로 30분 혹은 그 이상의 시간이 필요하다.

㉰ 암순응과 밤눈은 관계가 없다.
㉱ 노년층으로 갈수록 암순응 시간이 늘어나게 된다.

054 고속도로나 주요 간선도로에 평행하게 붙어있는 국지도로는?

✅ 측도
㉯ 갓길

> 고속도로나 자동차 전용 도로 따위에서 자동차가 달리는 도로 폭 밖의 가장자리 길이다. 위급한 차량이 지나가거나 고장 난 차량을 임시로 세워 놓기 위해 사용한다.

㉰ 연석

> 차도와 인도 또는 차도와 가로수 사이의 경계가 되는 돌을 말하며, 차량이탈방지의 기능을 한다.

㉱ 배수구

055 다음 중 TBM(Tool Box Meeting)의 단계로 옳은 것은?

☑ ㉮ 도입 → 점검 → 작업지시 → 위험예측 → 확인
㉯ 점검 → 도입 → 위험예측 → 작업지시 → 확인
㉰ 도입 → 점검 → 위험예측 → 작업지시 → 확인
㉱ 점검 → 도입 → 작업지시 → 위험예측 → 확인

> **TIP**
> 현장안전회의(TBM ; Tool Box Meeting) 5단계
> • 1단계 도입 : 상호인사, 직장체조, 안전연설, 목표제창 등
> • 2단계 점검 : 보호장구, 공구 등을 확인, 작업자의 건강 및 복장 확인 등
> • 3단계 작업지시 : 작업 및 업무지시 등
> • 4단계 위험예측 : 작업 중 발생할 수 있는 위험예측 및 예방, 예지 · 대응 훈련 등
> • 5단계 확인 : 위험요소 재확인, 대책 확정 등

056 다음 중 멘토링(mentoring)에 대한 설명으로 옳지 않은 것은?

㉮ 조직 내 상급자(mentor)와 하급자(mentee) 간의 관계발전을 조정하거나 유지시키는 과정이다.
☑ ㉯ 시간 차원으로 볼 때는 상 · 하급자 간의 단기적인 관계에 초점을 주고 있다.
　　멘토링은 장기적인 관계에 초점을 두고 있다.
㉰ 미시적인 상 · 하급자 간의 교류에 중점을 둔다.
㉱ 교육기법 중 개별교육에 해당한다.

057 매슬로우(A. Maslow)의 욕구단계설에 대한 설명으로 옳지 않은 것은?

㉮ 한 가지 이상의 욕구가 동시에 작동할 수 없다.
☑ ㉯ 하위욕구가 충족되어도 하위욕구의 충족 요인이 동기부여 요인이 될 수 있다.
　　매슬로우의 욕구단계설에서 하위욕구가 충족되면 하위욕구의 충족을 위한 요인은 동기부여의 요인이 될 수 없다.
㉰ 상위단계의 욕구는 하위단계의 욕구가 충족될 때 동기부여가 된다.
㉱ 만족 – 진행 형태의 모형이다.

058 교통안전관리조직의 개념에 대한 설명으로 옳지 않은 것은?

 안전관리조직은 상호 간 연결을 위해 세분화하여 다소 복잡하여야 할 것

> 안전관리조직은 안전관리 목적달성에 지장이 없는 한 단순하여야 한다.

㉯ 안전관리조직은 구성원 상호 간을 연결할 수 있는 공식적 조직이어야 할 것
㉰ 안전관리조직은 구성원을 능률적으로 조절할 수 있어야 할 것
㉱ 안전관리조직은 환경변화에 순응할 수 있도록 유기체조직이어야 할 것

059 근로자의 작업능률 등에 영향을 미치는 색채에 대한 설명으로 잘못된 것은?

㉮ 장파장 색은 따뜻한 느낌을 주고 단파장 색은 차가운 느낌을 준다.
㉯ 장파장 계통의 색은 심리적으로 느슨함과 여유를 느낄 수 있다.
 청록, 파랑은 장파장 색에 해당하며, 단파장 색으로는 빨강, 주황, 노랑이 있다.

- 장파장 색 : 빨강, 주황, 노랑 등
- 단파장 색 : 청록, 파랑, 초록 등

㉱ 명도가 높은 색은 크게 팽창해 보이며, 명도가 낮은 색은 수축되어 보인다.

> **TIP**
>
> 장파장 색과 단파장 색의 비교
>
> | 구분 | 장파장 계통 | 단파장 계통 |
> |---|---|---|
> | 색 예시 | 빨강, 주황, 노랑 | 청록, 파랑, 초록 |
> | 특징 | • 따뜻한 느낌
• 진출 · 팽창성
• 심리적으로 느슨함과 여유 | • 차가운 느낌
• 후퇴 · 수축성
• 심리적으로 긴장감 증가 |

060 조직의 사회적 성격을 규명하고 개인 간의 유기적 관련성을 중시하며 조직의 인간적 측면을 강조하게 된 호손실험을 진행한 학자는 누구인가?

㉮ 포드(H. Ford)   포드(H. Ford)는 동시관리법을 주장하였다.

✓ 메이요(E. Mayo)

메이요(E. Mayo)가 연구한 호손실험을 계기로 인간관계론은 인간이 물질적 요인만이 아닌 정신적 요인에 의해서도 영향을 받으며 개인 간 유기적 관련성을 중시한다는 것을 알게 되었다.

㉰ 페이욜(H. Fayol)   페이욜(H. Fayol)은 일반경영(관리)이론을 주장하였다.

㉱ 테일러(F. Taylor)   테일러(F. Taylor)은 과학적 관리법을 주장하였다.

061 안전관리조직 중 라인-스탭(Line-staff)형 조직에 대한 설명으로 옳은 것은?

㉮ 강력한 추진이 가능한 형태이다.   라인형 조직의 특징이다.

㉯ 안전관리를 위한 계획에서 시행까지의 업무지시를 명령계통을 통해 진행한다.

라인형 조직의 특징이다.

㉰ 안전활동을 전담하는 부서를 두고 업무를 관장하게 하는 제도이다.

스태프형(참모형) 조직의 특징이다.

✓ 대규모 조직에 적합하며 교통안전관리는 라인과 참모의 역할을 함께 한다.

062 하나의 사고요인이 발생하면 그 요인이 근원이 되어 다음 사고요인이 발생하고 또다시 그 요인이 원인이 되어 사고가 발생하는 형태를 의미하는 것은?

㉮ 집중형   집중형(단순자극형) : 상호자극에 의해 순간적으로 사고가 발생하는 유형

㉯ 단순자극형   집중형(단순자극형) : 상호자극에 의해 순간적으로 사고가 발생하는 유형

㉰ 혼합형   혼합형 : 집중형과 연쇄형이 복합적으로 얽혀 있는 유형

✓ 연쇄형   연쇄형 : 하나의 사고요인이 또 다른 사고요인을 연쇄적으로 만들어 나가며 발생하는 유형

063 도시지역에서의 적절한 교통사고원인조사 대상구간은?

㉮ 150m 교차로 또는 횡단보도 및 그 경계선으로부터 150m까지의 도로 지점

㉯ 400m

☑ 600m

  도시지역의 경우에는 600m의 도로구간에 대해 교통사고원인조사를 한다(「교통안전법 시행령」 [별표 5]).

㉱ 1,000m 도시지역 외의 경우에는 1,000m의 도로구간

법령

「교통안전법 시행령」 [별표 5] 교통사고원인조사의 대상(제37조 제1항 관련)

대상도로	대상구간
최근 3년간 다음 각 호의 어느 하나에 해당하는 교통사고가 발생하여 해당 구간의 교통시설에 문제가 있는 것으로 의심되는 도로 1. 사망사고 3건 이상 2. 중상사고 이상의 교통사고 10건 이상	1. 교차로 또는 횡단보도 및 그 경계선으로부터 150m까지의 도로 지점 2. 「국토의 계획 및 이용에 관한 법률」 제6조 제1호에 따른 도시지역의 경우에는 600m, 도시지역 외의 경우에는 1,000m의 도로 구간

064 관리기능에 따른 직무수행방법 중 통제의 특성에 관한 설명으로 부적절한 것은?

☑ 과도한 통제가 있어야 업무의 사고 및 목표미달을 막을 수 있다.

  과도한 통제는 불만을 일으켜 능률을 저해시킬 수 있다. 과소한 통제는 업무 진행에 있어 혼란을 줄 수 있다.

㉯ 통제는 목표 달성 순간까지 계속적이어야 한다.
㉰ 통제는 책임을 확보하는 수단이 될 수 있다.
㉱ 통제는 계획이나 목표와 밀접한 관련이 있다.

TIP

통제의 특성
- 목표, 계획 등과의 밀접불가분성
- 통제의 정도에 대한 적절성
- 책임의 확보수단
- 계속적 과정
- 정보제공기능

065 다음 중 페이욜(H. Fayol)이 주장한 경영관리순환과정의 순서를 옳게 나열한 것은?

㉮ 계획 → 조직 → 지휘 → 조정 → 통제
㉯ 계획 → 조정 → 조직 → 지휘 → 통제
㉰ 계획 → 지휘 → 조정 → 조직 → 통제
㉱ 계획 → 지휘 → 조직 → 조정 → 통제

> **TIP**
> 페이욜(H. Fayol)이 주장한 경영관리순환과정
> - 1단계 계획(Planning) : 장래를 예견하여 조직의 목표, 예산, 활동계획을 설정하는 과정
> - 2단계 조직(Organizing) : 목표에 따라 조직구조 설계 및 역할배분하며 조직을 형성하는 과정
> - 3단계 지휘(Commanding) : 과제수행을 위한 지시 및 직능을 수행하는 과정
> - 4단계 조정(Coordinating) : 활동 시 발생하는 분쟁 및 갈등을 해결하고 활동이 이어지도록 하는 과정
> - 5단계 통제(Controlling) : 활동이 정해진 계획에 맞춰 진행되도록 감시하고 업무수행에 대해 평가와 반성을 통해 환류(feedback)기능을 시행하는 과정

066 다음 중 집합교육의 유형에 해당하지 않는 것은?

㉮ 강의
㉯ 시범
㉰ 카운슬링
㉱ 토론

개인별 교육훈련 유형에 속한다.

> **TIP**
> 집합교육
> 개개인이 아닌 교육생 전체를 대상으로 실시하는 교육훈련 유형이다. 강의, 시범, 토론, 실습 등이 집합교육에 해당한다.

067 교통사고로 인한 인명피해에 대한 설명 중 옳지 않은 것은?

㉮ 경상은 교통사고로 인해 5일~3주 미만의 치료를 요하는 경우를 말한다.
㉯ 중상은 교통사고로 인해 3주 이상의 치료를 요하는 경우를 말한다.
㉰ 교통사고로 인한 사망사고는 교통사고 발생 이후 72시간 이내에 사망한 것을 말한다.
㉱ 사고로 인한 부상 치료기간이 5일 미만인 부상의 경우 신고를 하지 않는다.

교통사고로 인한 치료기간이 5일 미만인 경우에도 부상신고를 한다.

068 소집단 활동의 추진방법으로 맞는 것은?

㉮ 문제점의 발견 → 테마의 결정 → 활동의 실시 → 계획의 수립 → 성과의 확인
㉯ 계획의 수립 → 문제점의 발견 → 테마의 결정 → 문제점의 발견 → 성과의 확인
㉰ 계획의 수립 → 활동의 실시 → 테마의 결정 → 활동의 실시 → 성과의 확인
✅ 문제점의 발견 → 테마의 결정 → 계획의 수립 → 활동의 실시 → 성과의 확인

> 소집단 활동의 추진 방법 : 문제점의 발견 → 테마의 결정 → 계획의 수립 → 활동의 실시 → 성과의 확인

069 상담의 기본원리 중 개별화의 원리에 대한 설명으로 옳은 것은?

✅ 내담자의 개성과 개인차를 인정하는 범위에서 상담이 이뤄져야 한다.
㉯ 내담자의 잘못 혹은 안고 있는 문제에 대해 비판적이어서는 안 된다.

> 비심판적 태도의 원리에 해당한다.

㉰ 내담자 중심으로 욕구·권리를 존중하여 수용적으로 대해야 한다.

> 수용의 원리에 해당한다.

㉱ 내담자가 자유롭게 감정표현할 수 있도록 환경을 조성하여야 한다.

> 의도된 감정표현의 원리에 해당한다.

> **TIP**
>
> **상담자의 상담 기본원리**
> - 통제된 정서관여의 원리 : 상담자는 내담자의 정서변화에 대해 민감하게 반응하여 대응책 마련 및 관여해야 한다.
> - 수용의 원리 : 상담자는 내담자를 중심으로 욕구 및 권리를 존중하여 수용적으로 상담하여야 한다.
> - 개별화의 원리 : 내담자의 개성과 개인차를 인정하는 범위 내에서 상담을 진행하여야 한다.
> - 자기결정의 원리 : 내담자가 스스로 문제에 대한 결정을 할 수 있도록 도와주어야 한다.
> - 비밀보장의 원리 : 상담사는 내담자에 대한 비밀을 외부에 알려서는 안 된다.
> - 의도적 감정표현의 원리 : 내담자가 자유롭게 감정 표현을 할 수 있도록 분위기를 조성하여야 한다.
> - 비심판적 태도의 원리 : 내담자의 잘못 혹은 내담자가 안고 있는 문제에 대해 비판적으로 심판자의 태도로 바라봐서는 안 된다.

070 사고예방을 위한 접근방법 중 기술적 접근방법에 대한 설명으로 옳은 것은?

✔ ㉮ 교통기관, 운반구, 동력 등 하드웨어의 개발을 통해 안전도를 올리는 방법이다.
㉯ 교통기관을 효율적으로 관리·통제할 수 있도록 진행하는 방법으로 경영관리기법을 통한 전사적 안전관리가 이에 해당한다.

> 관리적(정신적·내적) 접근방법에 대한 설명이다.

㉰ 법규나 관리규정 등을 제정하여 안전관리의 효율성을 제고하고자 하는 방법이다.

> 제도적 접근방법에 대한 설명이다.

㉱ 통계학을 이용한 사고유형 및 원인 분석법, 인간형태학적 접근 등을 통해 사고예방을 하고자 한다.

> 관리적(정신적·내적) 접근방법에 대한 설명이다.

071 교통사고를 방지하기 위한 대책 5단계가 바르게 나열된 것은?

✔ ㉮ 안전관리조직 구성 → 사실의 발견 → 분석평가 → 시정책 선정→ 개선

> 교통사고방지 대책 5단계 : <u>안전관리조직 구성 → 사실의 발견 → 분석평가 → 시정책 선정→ 개선</u>

㉯ 사실의 발견 → 안전관리조직 구성 → 분석평가 → 시정책 선정 → 개선
㉰ 안전관리조직 구성 → 사실의 발견 → 시정책 선정 → 분석평가 → 개선
㉱ 사실의 발견 → 안전관리조직 구성 → 시정책 선정→ 분석평가 → 개선

072 교통운용계획의 시행절차를 올바르게 나열한 것은?

㉮ 계획 → 통제 → 조정 → 실시   ✔ ㉯ 계획 → 실시 → 통제 → 조정
㉰ 통제 → 계획 → 실시 → 조정   ㉱ 조정 → 통제 → 계획 → 실시

> <u>교통운용계획 시행절차(PDCA)</u> : 계획(Plan) → 실시(Do) → 통제(Control) → 조정(Adjustment)

073 젖어있는 아스팔트에서 타이어와 노면과의 마찰계수(μ)로 옳은 것은?

㉮ 0.2 이하 얼어있는 노면에서의 마찰계수 : 0.2μ 이하

㉯ 0.1~0.4

✔ 0.5~0.7

㉱ 0.8~0.9 건조한 노면에서의 마찰계수 : 0.8~0.9μ

074 교통사고 분석을 통해 얻어지는 도로조건 및 교통조건 정보가 아닌 것은?

㉮ 교통안전시설의 효과

✔ 차량특성에 따른 사고 발생의 관계

　　차량특성에 따른 정보는 도로조건 및 교통조건 정보가 아닌 차량조건에 따라 얻을 수 있는 정보이다.

㉰ 교통운영 방법, 차종 구성비와 사고율의 관계

㉱ 도로조건변화의 효과

> **TIP**
>
> **안전정책 및 안전대책 수립에 활용되는 교통사고 분석 정보**
> - 운전자 및 보행자 관련 정보
>   - 육체적 및 심리검사 결과와 사고의 관계
>   - 거주지별 운전자 운전형태
>   - 사고경력이 많은 운전자
>   - 연령별 사고 발생률
> - 차량 조건 관련 정보
>   - 차량 손상의 심각도
>   - 차량 특성에 따른 사고발생과의 관계
>   - 차량사고와 관련된 인명피해 정도 및 피해 부위
> - 도로조건 및 교통조건 관련 정보
>   - 도로조건변화에 따른 효과
>   - 교통운영법 및 교통안전시설의 효과
>   - 차종구성비와 사고율의 관계
>   - 도로의 특성과 사고발생 및 심각도와의 관계

075 다음은 교통사고 현장조사 시 관찰하여야 하는 주요사항이다. 연결이 잘못된 것은?

✔ ㉮ 도로 및 교통조건 : 신호기 작동상태, 황색신호에서 상충 관찰, 시인성

> 교통사고 현장조사 시 도로 및 교통조건은 타이어 흔, 노면상태, 노면경사 및 시계 등에 대해 확인하여야 한다. 신호기 작동상태, 황색신호에서 상충 관찰, 시인성 등은 교통통제설비에 대한 확인 필요사항이다.

㉯ 도로이용자의 형태 : 회전 차량의 회전 궤적, 정지 위치, 보행자 횡단 특성

㉰ 이면도로의 이용실태 : 이면도로를 이용하는 교통실태 및 교통실태를 대응하는 교통통제방법 관찰

㉱ 도로주변 토지이용실태 : 버스정류장 위치, 주·정차 실태, 차량출입 빈도

[3과목] 철도공학

076 전차의 가선방식 중 신교통시스템이나 모노레일 등 고무타이어 주행차량에 사용되는 것은?

㉮ 가공 단선식

> 전차선을 궤도상부에 가설하고 레일을 귀선으로 하는 방식으로 트롤리버스 등에 활용하며 가선 구조가 간단하여 설비비 및 보수비가 저렴하다. 누설전류에 의한 전식의 피해가 크다.

㉯ 가공 복선식

> 플러스와 마이너스 2가닥의 전차선을 궤도 상부에 가선하는 방식으로 노면전차 등에 사용된다. 가공 단선식보다 전식의 발생이 적다.

㉰ 제3궤조방식

> 지하철이나 터널 등에 채용되는 방식으로 전차선 대신 운전용 궤도와 병행으로 급전궤도를 부설하여 집전하는 방식이다. 절연기술의 발달과 전차선 단선사고의 우려가 없으며 구조가 비교적 간단하다.

✔ ㉱ 강체식

> 전차선을 강체에 완전하게 일체화시켜서 고정한 것으로 터널 등의 천정에 애자를 설치하거나 측면에 브래킷을 설치하고 여기에 강체 전차선을 조가하는 방식이다. 신교통시스템 혹은 모노레일 등에서 고무타이어 주행차량의 경우 채택한다.

077 급곡선부 외궤 레일의 두부 내측은 차륜에 의한 마모가 방지를 위해 곡선 내측에 부설하는 레일은?

㉮ 건널목가드레일

> 건널목 호륜레일과 같은 높이로 만든 노면이 파손되어 바퀴의 플랜지웨이(Flangeway)가 파손되는 것을 막기 위해 설치한다.

 레일 마모방지레일

㉰ 안전레일

> 탈선방지레일을 부설하기 어려운 곳에 설치하며, 열차가 탈선했을 때 전복하는 것을 방지하기 위해 설치하는 보조레일이다.

㉱ 포인트가드레일

> 차량이 분기점으로 진입할 때 차량의 충격으로 인한 텅레일의 마모와 손상을 방지하기 위하여 텅레일의 바로 앞에 부설하는 첨단 파손 방지 가드레일이다.

078 상치신호기의 신호현시별 분류 중 3현시 신호의 종류가 아닌 것은?

㉮ 진행   경계
㉰ 주의   ㉱ 정지

> 경계에 대한 신호는 4현시, 5현시 신호에 사용한다.

> 💡 **TIP**
>
> 상치신호기의 신호현시별 분류
> • 2위식 신호기 : 진행, 정지 또는 주의, 진행
> • 3위식 신호기
> −3현시 : 진행, 주의, 정지
> −4현시 : 진행, 감속, 주의, 정지 또는 진행, 주의, 경계, 정지
> −5현시 : 진행, 감속, 주의, 경계, 정지

079 진동계의 운전정한 상태를 말하며, 직선 레일에서도 발생하며 속도가 증가하더라도 없어지지 않는 사행동은?

㉮ **대차 사행동**

㉯ 차축 헌팅

> 헌팅(Hunting)이란 주행속도 범위에서 철도차량의 횡진동이 심하게 나타나는 현상으로 사행동과 같은 의미이다. 차축 헌팅은 속도가 증가할 때 운동학적 주파수와 대차 횡진동 고유 진동수가 일치할 때 대차가 심하게 진동하는 현상이다.

㉰ 차체 사행동

> 1차 사행동이라고도 부르며 좌우 진동과 좌우의 차륜이 번갈아 전후하는 진동이다.

㉱ 크리프 속도

> 크리프(Creep) 속도는 차륜과 레일 간의 접촉상태에서 완전한 접촉과 미끄러짐 중간단계에 해당하는 상대운동의 속도를 말한다.

080 유도전동기의 특징으로 옳지 않은 것은?

㉮ 교류전원을 사용할 수 있으므로 전원 공급이 쉽다.
㉯ 가격이 저렴하고 튼튼하여 유지보수비가 적다.
㉰ 구조 및 취급 간단하고 운전이 쉽다.
㉱ **부하증감에 따른 속도변화가 크다.**

> 유도전동기는 부하증감에 따른 속도변화가 적다.

081 서울과 부산을 잇는 경부선의 개통연도는?

㉮ 1899년 경인선의 개통연도이다.   ㉯ **1905년**

㉰ 1906년 경의선의 개통연도이다.   ㉱ 1914년 호남선, 경원선의 개통연도이다.

082 다음 중 동력집중식 열차와 동력분산식 열차에 대한 비교로 옳지 않은 것은?

㉮ 동력집중식 열차는 동력분산식 열차에 비하여 동력차의 수가 적어 값이 저렴하다.
㉯ 동력집중식 열차는 동력분산식 열차에 비하여 관리가 쉽고 정비하기 편리하다.
㉰ 동력집중식 열차는 동력분산식 열차에 비하여 증결 및 감차 편성의 유연성이 있다.
✔ 동력집중식 열차는 동력분산식 열차에 비하여 기관차의 하중이 분산되어 선로의 부하가 적다.

동력집중식 열차는 가관차의 하중이 커 동력분산방식보다 <u>선로의 부하가 크다.</u>

TIP
동력집중방식과 동력분산방식의 비교

구분	동력집중방식	동력분산방식
운전성	기관차의 고장 시 운전이 불가함	동력차 일부가 고장이 발생해도 운전 가능함
쾌적성	객차의 소음·진동이 적음	각 차량에 동력이 있어 소음·진동이 큼
가감속성	동력이 집중되어 상구배에서 속도를 내기 어려움	동력차의 수를 늘려 기동가속도를 향상시킬 수 있음
유지보수	쉬움	동력차가 많아 어려움
방향전환	기관차의 교환 혹은 기관차를 분리하여 다른 쪽에 연결하여야 가능함	양쪽에 운전실이 있어 방향전환이 유리함
선로의 부하	동력이 집중되어 부하가 큼	동력이 분산되어 부하가 작음
편성의 유연성	증결 및 감차가 쉬움	편성이 고정되어 유연하지 못함
차량의 경제성	동력차의 수가 적어 비교적 저렴	동력차가 많아 고가임

083 다음 중 차량의 검사, 제동관 연결, 견인기관차 연결, 제동기 시험 등의 작업을 하는 선로는?

㉮ 분별선

조차선이라고도 하며, 화차를 행선지별로 분별하고 열차를 조성하기 위하여 설치한 선로이다.

㉯ 인상선

인출선이라고도 하며, 입환선을 사용하여 차량입환을 하였을 때 이들 차량을 인상하기 위한 측선이다.

✔ 출발선
㉰ 도착선

정차장에서 열차의 도착을 주목적으로 부설된 선로로 객차조차장과 화차조차장의 선군의 한 종류이다. 조차장에서는 도착선에서 도착검사를 하고 견인기관차를 입환기가 바꾸어 단 후 제동관의 연결·해체 등 작업을 한다.

084 철도차량의 특징에 대한 설명으로 옳은 것은?

☑ ㉮ 일반적으로 2축이 평행하게 고정축거에 의해 강결되어 있다.
㉯ 곡선주행 시 내측 차륜이 외측 차륜보다 회전수가 적다.

> 곡선주행 시 내측 차륜이 외측 차륜보다 회전수가 크다.

㉰ 건축한계를 벗어나지 않는 범위 내에서 크기를 적정하게 결정한다.

> 차량한계에 대한 내용이다. 이와 더불어 철도차량이 선로 위를 계속 운행하려면 그 차량의 크기 이상의 공간이 선로 위에 확보되어야만 한다.

㉱ 주로 각 차량에 설치된 동력장치에서 발생되는 힘으로 주행한다.

> 철도차량은 동력이 부가된 차량과 부가되지 않은 차량으로 구분된다.

085 선로의 기울기 분류에 대한 설명으로 옳지 않은 것은?

㉮ 제한기울기 : 기관차의 견인정수를 제한하는 기울기이다.
㉯ 타력기울기 : 열차의 타력에 의해 통과할 수 있는 기울기이다.
㉰ 최대 선로기울기 : 열차운전구간 중 가장 높이차가 큰 기울기를 말하며 최대한도는 30‰이다.
☑ ㉱ 표준기울기 : 열차의 속도변화를 기울기로 환산하여 실제의 구배에 대수적으로 가산한 기울기이다.

> 가상기울기에 대한 설명이다. 표준기울기는 열차운전 계획에 따라 정거장 사이마다 조정된 기울기이다. 역간 임의 지점 간 거리 1km의 연장 중 가장 급한 기울기로 조정된다.

086 트롤리 버스에 대한 장점으로 옳지 않은 것은?

㉮ 운전의 안전도가 높고 동력비가 적다.
㉯ 승차감이 좋으며 운전이 용해하다.
㉰ 공해를 줄이고 화재의 염려가 없다.
☑ ㉱ 노면에서의 운전에 융통성이 있다.

> 트롤리 버스는 가공복선식의 전차선에서 차량의 집전장치를 통해 전력을 공급받아 노면을 주행하는 버스로 운전에 융통성이 없다.

087 다음 중 슬랙(Slack)과 캔트(Cant)의 산정식으로 옳은 것은? [단, R = 곡선반경(m), S' = 슬랙조정치, V = 곡선통과 최소속도(km/h), C' = 캔트조정치 : 캔트부족량이다.]

㉮ 슬랙$(S) = \dfrac{2,400}{R} + S'$, 캔트$(C) = 11.8 \times \dfrac{V^2}{R} + C'$

✔ ㉯ 슬랙$(S) = \dfrac{2,400}{R} - S'$, 캔트$(C) = 11.8 \times \dfrac{V^2}{R} - C'$

㉰ 슬랙$(S) = \dfrac{2,400}{R} + S'$, 캔트$(C) = 11.8 \times \dfrac{V^2}{R} - C'$

㉱ 슬랙$(S) = \dfrac{2,400}{R} - S'$, 캔트$(C) = 11.8 \times \dfrac{V^2}{R} + C'$

> **TIP**
> 슬랙(Slack)과 캔트(Cant) 조정치
> - 슬랙 조정치 : 0~15mm
> - 캔트 조정치 : 0~100mm

---

088 견인정수에 대한 설명으로 옳지 않은 것은?

㉮ 동력차가 정해진 운전속도로 운행 시 끌 수 있는 최대 열차 수를 말한다.

✔ ㉯ 열차 1량의 총중량을 40ton으로 나눈 값을 말한다.
> 차량의 종류에 따라 총중량을 나누는 값이 달라진다.

㉰ 실제량수법, 인장봉하중법 등을 통해 산정할 수 있다.
> 견인정수 산정방법 : 실제량수법, 실제톤(ton)수법, 인장봉하중법, 수정톤수법, 환산수량법

㉱ 상구배의 완급과 장단을 고려하여 산정하여야 한다.
> 견인정수 산정 시 선로상태에 따른 고려요소 : 상구배의 완급과 장단, 하구배의 제동거리, 곡선 및 터널, 레일의 상태, 선로 및 승강장의 유효장

> **TIP**
> 차량 종류에 따른 견인정수
> - 기관차의 견인정수 = 열차 1량의 총중량(자체중량적재중량)÷30ton
> - 객차의 견인정수 = 열차 1량의 총중량(자체중량적재중량)÷40ton
> - 화물차의 견인정수 = 열차 1량의 총중량(자체중량적재중량)÷43.5ton
> ※ 소수점 둘째 자리에서 반올림한다.

089 길이가 200m 이상 되는 장대레일을 부설할 수 있는 조건으로 옳지 않은 것은?

㉮ 곡선반경 1,000m 이상인 구간
㉯ 기울기의 종곡선반경은 3,000m 이상인 구간
㉰ 무게가 50kg/m 이상인 장대레일
✅ 전체 길이가 25m를 넘는 무 도상 교량구간

> 전체 길이가 25m를 넘는 무 도상 교량이 존재하는 구간에서는 장대레일을 부설해서는 안 된다.

> **TIP**
> 장대레일 부설조건
> • 50kg/m 이상인 장대레일을 사용할 것
> • 양호한 노반인 구반일 것
>   ※ 양호한 노반조건 : 궤도의 침하, 레일의 밀림현상, 균열 등으로 인한 국부적 손상이 발생하지 않는 지반
> • 곡선반경이 1,000m 이상인 구간일 것
> • 기울기의 종곡선반경이 3,000m 이상인 구간일 것
> • PC 침목을 사용할 것

090 다음 중 궤도에 작용하는 축방향력이 아닌 것은?

㉮ 레일 온도변화에 따른 축력
㉯ 제동 및 시동하중
㉰ 기울기 구간에서 차량중량의 점착력을 통해 전후로 작용하는 힘
✅ 차량동요에 따른 관성력

> 차량동요에 따른 관성력은 궤도에 작용하는 축 방향에 수직으로 가해진다.

091 다음 중 선로용량에 대한 설명으로 옳지 않은 것은?

㉮ 철도의 수송능력을 표시한다.
㉯ 1일 최대 운행 가능한 열차회수를 말한다.
㉰ 운전속도, 선로의 상태, 역간 거리 폐색방식 등을 고려해 결정한다.
✅ 열차속도가 낮고 폐색취급이 복잡할수록 선로용량은 커진다.

> 선로용량은 열차의 속도가 낮고, 폐색취급이 복잡할수록 작다.

092 다음 중 정차장 간의 열차와 열차 사이에 열차의 충동방지를 위해 일정한 시간·거리 간격을 두는 것으로 옳은 것은?

㉮ 절연구간

절연구간은 궤도회로를 구성하는 궤도의 일부를 열차가 점유할 때 전력공급 방식을 다르게 하여 일시적으로 전력공급을 끊어 작동하지 않는 구간이다.

㉯ 운행구간
㉰ 단전구간
✅ 폐색구간

폐색구간은 열차간 충·추돌을 방지하기 위해 1개 이상의 열차가 동시에 진입할 수 없도록 일정 거리로 분할한 구간이다.

093 전차선로 가선방식의 일종으로 전차선로의 가선방식에 있어 지하구간에 적합하게 개발되어 우리나라에서 표준으로 사용하고 있는 방식은?

✅ 강체단선식

지하 구간의 전차선로 가선방식으로 전차선을 강체에 완전하게 일체화시켜서 고정한 것으로 터널 등의 천장에 애자 또는 측면에 브래킷을 취부하고 여기에 강체 전차선을 조가하는 방식이다. 우리나라에서 표준으로 하고 있다.

㉯ 강체복선식

주행궤도구조물에 강체구조를 한 급전용 및 귀선용 정·부 도전레일을 설비한 방식이다. 모노레일 등에 채용되는 방식이다.

㉰ 제3궤조식

주행용 레일 외에 궤도 측면에 설치된 급전용 레일로부터 전기차에 전기를 공급하여 귀선으로 주행레일을 사용하는 방식이다.

㉱ 직접조가식

메신저와이어를 설치하지 않고 직접 트롤리선을 매어 달은 간이 전차선로방식이다. 저속의 역·구 내 측선이나 노면전차선 등에 채용된다.

094 신호기의 현시를 열차에 의해 자동적으로 현시되도록 제어하는 장비는?

㉮ ATS

> 열차자동정지장치(ATS ; Automatic Train Stop) : 열차가 지상에 설치된 신호기의 현시 속도를 초과하면 열차를 자동으로 정지시키는 장치

 ABS

> 자동폐색장치(ABS ; Automatic Blocking System) : 폐색구간에 설치한 궤도회로를 이용하여 레일 위에 차량이 있는지에 따라 자동으로 신호를 내주는 시스템으로 신호기의 현시를 열차에 의해 자동으로 현시되도록 제어하는 장치이다.
> ※ 현시(現示) : 열차 또는 차량에 대하여 현재 신호 지시를 나타내 보임. 또는 그 신호의 지시

㉰ ATP

> 열차자동방호장치(ATP ; Automatic Train Protection) : 열차운행에 필요한 각종 정보를 지상장치를 통해 차량으로 전송하면 차상의 신호현시창에 표시하며 열차의 속도를 감시하여 일정속도 이상을 초과하면 자동으로 감속·제어하는 장치이다.

㉱ ATC

> 열차자동제어장치(ATC ; Automatic Train Control) : 선행열차의 위치와 선로조건에 의한 운행속도를 차상으로 전송하여 운전실 내 신호현시창에 표시하며, 열차의 실제 운행속도가 이를 초과하면 자동으로 감속시키는 장치이다.

095 기관사 또는 작업원에게 운전상 필요한 정보를 제공하는 선로제표가 아닌 것은?

㉮ 구배표 ㉯ 차량접촉한계표
㉰ 선로작업표   건널목 경표

> 건널목 경표는 건널목설비에 해당한다.

> 💡 **TIP**
>
> **선로제표 및 건널목설비의 종류**
> - 선로제표 : 거리표, 구배표(기울기표), 곡선표, 차량접촉한계표, 용지경계표, 수준표, 기적표, 선로작업표(임시표), 속도제한표
> - 건널목설비 : 건널목 경표, 건널목 차단기, 건널목 경보장치

096 다음 중 궤도틀림상태 중 도상저항력의 부족으로 발생하는 틀림상태를 정정하는 작업은?

- ✓ ㉮ 줄맞춤작업
- ㉯ 레일 버릇 정정작업
- ㉰ 이음매처짐 정정작업
- ㉱ 면맞춤과 다지기 작업

> 줄맞춤작업은 궤도가 직선부에 있어서는 똑바르게, 곡선부에서는 같은 반경의 곡률을 유지하게 하여 도상저항력의 부족으로 발생하는 틀림상태에 대한 보수작업이다.

097 다음 중 건널목의 종류가 아닌 것은?

- ✓ ㉮ 특종 건널목 — 건널목의 종류에 해당하지 않는다.
- ㉯ 제1종 건널목
  > 차단기, 경보기 및 건널목 교통안전표지를 설치하고 차단기를 주·야간 계속 작동하거나 건널목 안내원이 근무하는 건널목
- ㉰ 제2종 건널목 — 경보기와 건널목 교통안전표지만 설치하는 건널목
- ㉱ 제3종 건널목 — 건널목 교통안전표지만 설치하는 건널목

098 탈선분기기에 대한 설명으로 옳지 않은 것은?

- ㉮ 차량을 탈선시키는 데 사용하는 분기기이다.
- ㉯ 단선구간에서 열차를 고의로 탈선시켜 대향열차 또는 구내진입 시 유치열차와 충돌을 방지한다.
- ㉰ 단선구간에서 신호기를 오인하는 경우 혹은 운전 보안상 중대한 사고가 예측될 때 사용된다.
- ✓ ㉱ 궤간선이 교차하는 크로싱이 있는 분기기이다.

> 탈선분기기는 크로싱이 없는 분기기이다.

099 궤도틀림에 대한 설명으로 옳지 않은 것은?

㉮ 궤간 틀림 – 좌우레일의 간격틀림
㉯ 수평틀림 – 좌우레일 답면의 수준틀림
✔ 고저틀림 – 한쪽레일의 길이방향 좌우 굴곡틀림

> 줄틀림에 대한 설명이다. 고저틀림은 한쪽 레일의 길이 방향의 높이틀림을 의미한다.

㉱ 평면성틀림 – 수평(수준)틀림의 변화량

100 철도계획의 특징으로 보기 어려운 것은?

㉮ 대규모의 투자가 필요하다.
㉯ 효과와 영향이 지역사회에 광범위하고 복잡하게 미친다.
✔ 단기간에 걸친 Life Cycle을 가진다.

> 철도는 장기간에 걸친 Life Cycle을 가지게 된다는 것을 고려하여 계획을 세워야 한다.

㉱ 많은 사람과 직·간접적으로 이해관계를 가진다.

[4과목] 열차운전(선택)

101 다음 중 제동초속도 V(km/h), 공주시간 t(sec)일 때 공주거리 S(m) 공식으로 적절한 것은?

㉮ $S(m) = V^2 \times t$
㉯ $S(m) = \dfrac{V^2}{3.6} \times t$
✔ $S(m) = \dfrac{V}{3.6} \times t$
㉱ $S(m) = V \times t$

> - 제동초속도(V)의 단위 변환(km/h → m/s)
> $V(km/h) = 1km/h = \dfrac{1km}{1h} = \dfrac{1,000m}{3,600s} = \dfrac{1}{3.6} m/s$
> 따라서 $V(m/s) = \dfrac{V(km/h)}{3.6}$
> - 공주거리 공식에 대입
> $S(m) = V(m/s) \times t = \dfrac{V(km/h)}{3.6} \times t = \dfrac{V}{3.6} \times t = \dfrac{Vt}{3.6}$

102 「도시철도운전규칙」에 따른 임시신호기의 신호방식으로 적절하지 않은 것은?

✔ ㉮ 주간에 서행해제신호 – 백색 테두리의 등황색등 원판

> 주간에 서행해제신호의 신호방식은 <u>백색테두리의 녹색 원판</u>이다(「도시철도운전규칙」 제69조 제1항). ⚖

㉯ 주간에 서행신호 – 백색테두리의 황색 원판
㉰ 야간에 서행예고신호 – 흑색 삼각형 무늬 3개를 그린 백색등
㉱ 야간에 서행해제신호 – 녹색등

법령 ⚖

「도시철도운전규칙」 제69조(임시신호기의 신호방식)

① 임시신호기의 형태·색 및 신호방식은 다음과 같다.

주간·야간별	개통방향	서행신호	서행예고신호	서행해제신호
주간		백색 테두리의 황색 원판	흑색 삼각형 무늬 3개를 그린 3각형판	백색 테두리의 녹색 원판
야간		등황색등	흑색 삼각형 무늬 3개를 그린 백색등	녹색등

② 임시신호기 표지의 배면(背面)과 배면광(背面光)은 백색으로 하고, 서행신호기에는 지정속도를 표시하여야 한다.

---

103 역과 역 사이의 운전거리는 300km, 순수운전시분이 50분 그리고 정차시분이 10분일 때 표정속도로 적절한 것은?

㉮ 150km/h
㉯ 250km/h
㉰ 255km/h
✔ ㉱ 300km/h

> 표정속도란 출발역에서 종착역까지의 거리를 중간역 정차시간이 포함된 전 소요시간으로 나눈 속도를 말하며, 공식은 다음과 같다.
>
> $$\text{표정속도(km/h)} \frac{\text{이동거리}}{\text{소요시간}} = \frac{\text{운전거리}}{\text{순수운전시분} + \text{도중정차시분}}$$
>
> 따라서, $\text{표정속도(km/h)} = \frac{\text{운전거리}}{\text{순수운전시분} + \text{도중정차시분}}$
>
> $= \dfrac{300}{\frac{50}{60} + \frac{10}{60}} = \dfrac{300}{\frac{60}{60}} = \dfrac{300 \times 60}{60} = \underline{300\text{km/h}}$ 이다.

104 다음 중 동력차가 공전을 하지 않고 가속 전진하기 위한 기본조건으로 가장 적절한 것은?

㉮ 동륜과 레일의 마찰력 > 저항력 > 동륜주견인력
㉯ 저항력 > 동륜주견인력 > 동륜과 레일의 마찰력
㉰ 동륜주견인력 > 동륜과 레일의 마찰력 > 저항력
✓ 동륜과 레일의 마찰력 > 동륜주견인력 > 저항력

105 「철도차량운전규칙」에서 입환차량에 관한 신호로서 1시간에 25킬로미터 이하의 속도로 운전하게 하는 차내신호로 적절한 것은?

㉮ 진행신호

> 진행신호란 열차를 지정된 속도 이하로 운전하게 하는 것을 말한다(「철도차량운전규칙」 제83조 제4호).

✓ 야드신호

> 야드신호란 입환차량에 대한 신호로서 1시간에 25킬로미터 이하의 속도로 운전하게 하는 것을 말한다(「철도차량운전규칙」 제83조 제3호).

㉰ 정지신호

> 정지신호란 열차운행에 지장이 있는 구간으로 운행하는 열차에 대하여 정지하도록 하는 것을 말한다(「철도차량운전규칙」 제83조 제1호).

㉱ 15신호

> 15신호란 정지신호에 의하여 정지한 열차에 대한 신호로서 1시간에 15킬로미터 이하의 속도로 운전하게 하는 것을 말한다(「철도차량운전규칙」 제83조 제2호).

106 다음 중 견인력에 관한 설명으로 적절하지 않은 것은?

㉮ 지시견인력은 견인력 중 가장 큰 값이다.
㉯ 인장봉견인력은 견인력 중 가장 작다.
✓ 동륜주견인력은 지시견인력에서 마찰 값(내부 손실)을 포함한다.

> 동륜주견인력은 동륜과 레일간에 발휘되는 견인력으로, 지시견인력에서 마찰 값(내부 손실)을 제외한다.

㉱ 견인력은 치차비에 비례한다.

107 「도시철도운전규칙」상 열차 및 차량의 안전운전을 확보하기 위한 장치로 폐색장치, 신호장치, 선로전환장치, 열차종합제어장치 등을 뜻하는 용어로 적절한 것은?

㉮ ✔ 운전보안장치

> "운전보안장치"란 열차 및 차량(이하 "열차등"이라 한다)의 안전운전을 확보하기 위한 장치로서 폐색장치, 신호장치, 연동장치, 선로전환장치, 경보장치, 열차자동정지장치, 열차자동제어장치, 열차자동운전장치, 열차종합제어장치 등을 말한다(「도시철도운전규칙」 제3조 제5호). ⚖

㉯ 운전장애

> "운전장애"란 열차등의 운전으로 인하여 그 열차등의 운전에 지장을 주는 것 중 운전사고에 해당하지 아니하는 것을 말한다(「도시철도운전규칙」 제3조 제9호). ⚖

㉰ 운전사고

> "운전사고"란 열차등의 운전으로 인하여 사상자(死傷者)가 발생하거나 도시철도시설이 파손된 것을 말한다(「도시철도운전규칙」 제3조 제8호). ⚖

㉱ 폐색

> "폐색(閉塞)"이란 선로의 일정구간에 둘 이상의 열차를 동시에 운전시키지 아니하는 것을 말한다(「도시철도운전규칙」 제3조 제6호). ⚖

법령 ⚖

「도시철도운전규칙」 제3조(정의)
이 규칙에서 사용하는 용어의 뜻은 다음과 같다.
1. "정거장"이란 여객의 승차 · 하차, 열차의 편성, 차량의 입환(入換) 등을 위한 장소를 말한다.
2. "선로"란 궤도 및 이를 지지하는 인공구조물을 말하며, 열차의 운전에 상용(常用)되는 본선(本線)과 그 외의 측선(側線)으로 구분된다.
3. "열차"란 본선에서 운전할 목적으로 편성되어 열차번호를 부여받은 차량을 말한다.
4. "차량"이란 선로에서 운전하는 열차 외의 전동차 · 궤도시험차 · 전기시험차 등을 말한다.
5. "운전보안장치"란 열차 및 차량(이하 "열차 등"이라 한다)의 안전운전을 확보하기 위한 장치로서 폐색장치, 신호장치, 연동장치, 선로전환장치, 경보장치, 열차자동정지장치, 열차자동제어장치, 열차자동운전장치, 열차종합제어장치 등을 말한다.
6. "폐색(閉塞)"이란 선로의 일정구간에 둘 이상의 열차를 동시에 운전시키지 아니하는 것을 말한다.
7. "전차선로"란 전차선 및 이를 지지하는 인공구조물을 말한다.
8. "운전사고"란 열차 등의 운전으로 인하여 사상자(死傷者)가 발생하거나 도시철도시설이 파손된 것을 말한다.
9. "운전장애"란 열차 등의 운전으로 인하여 그 열차 등의 운전에 지장을 주는 것 중 운전사고에 해당하지 아니하는 것을 말한다.
10. "노면전차"란 도로면의 궤도를 이용하여 운행되는 열차를 말한다.
11. "무인운전"이란 사람이 열차 안에서 직접 운전하지 아니하고 관제실에서의 원격조종에 따라 열차가 자동으로 운행되는 방식을 말한다.
12. "시계운전(視界運轉)"이란 사람의 맨눈에 의존하여 운전하는 것을 말한다.

108 「철도차량운전규칙」에 따른 입환에 관한 설명으로 적절하지 않은 것은?

㉮ 철도운영자 등은 단순히 선로를 변경하기 위하여 이동하는 입환의 경우에는 입환작업계획서를 작성하지 아니할 수 있다.

> 「철도차량운전규칙」 제39조 제1항 후단

㉯ 쇄정되지 아니한 선로전환기를 대향으로 통과할 때에는 쇄정기구를 사용하여 텅레일(Tongue Rail)을 쇄정하여야 한다.

> 「철도차량운전규칙」 제40조 제2항

㉰ 다른 열차가 정거장에 진입할 시각이 임박한 때에는 다른 열차에 지장을 줄 수 있는 입환을 할 수 없다.

> 「철도차량운전규칙」 제42조 제1항 전단

✔ 다른 열차가 인접정거장 또는 신호소를 출발한 후에는 어떠한 경우라도 그 열차에 대한 장내신호기의 바깥쪽에 걸친 입환을 할 수 없다.

> 다른 열차가 인접정거장 또는 신호소를 출발한 후에는 그 열차에 대한 장내신호기의 바깥쪽에 걸친 입환을 할 수 없다. 다만, <u>특별한 사유가 있는 경우로서 충분한 안전조치를 한 때에는 그러하지 아니하다</u>(「철도차량운전규칙」 제43조).

109 「철도차량운전규칙」에 따른 정한 용어의 정의가 적절하지 않은 것은?

㉮ 측선이란 본선이 아닌 선로를 말한다.

> 「철도차량운전규칙」 제2조 제3호

✔ 차량이란 열차의 구성부분이 되는 2량의 철도차량을 말한다.

> "차량"이라 함은 열차의 구성부분이 되는 <u>1량</u>의 철도차량을 말한다(「철도차량운전규칙」 제2조 제6호).

㉰ 철도신호란 제76조의 규정에 의한 신호·전호(傳號) 및 표지를 말한다.

> 「철도차량운전규칙」 제2조 제9호

㉱ 신호소란 상치신호기 등 열차제어시스템을 조작·취급하기 위하여 설치한 장소를 말한다.

> 「철도차량운전규칙」 제2조 제15호

110 「도시철도운전규칙」에 따른 상설신호기의 종류로 적절하지 않은 것을 모두 고르면?

> ㄱ. 출발신호기 ㄴ. 노면전차신호기
> ㄷ. 입환신호기 ㄹ. 서행신호기
> ㅁ. 진로표시기

㉮ ㄱ, ㄴ ㉯ ㄴ, ㄷ, ㅁ
✓ ㉰ ㄴ, ㄹ ㉱ ㄴ, ㄹ, ㅁ

- ㄱ. (○)「도시철도운전규칙」제65조 제1호 다목 ⚖
- ㄴ. (×)「도시철도운전규칙」제65조에 따른 상설신호기에 해당하지 않는다.
- ㄷ. (○)「도시철도운전규칙」제65조 제1호 마목 ⚖
- ㄹ. (×)「도시철도운전규칙」제65조에 따른 상설신호기에 해당하지 않으며, 제68조에 따른 임시신호기에 해당한다.
- ㅁ. (○)「도시철도운전규칙」제65조 제3호 가목 ⚖

법령 ⚖

「도시철도운전규칙」제65조(상설신호기의 종류)
상설신호기의 종류와 기능은 다음 각 호와 같다.
1. 주신호기
   가. 차내신호기 : 열차등의 가장 앞쪽의 운전실에 설치하여 운전조건을 지시하는 신호기
   나. 장내신호기 : 정거장에 진입하려는 열차등에 대하여 신호기 뒷방향으로의 진입이 가능한지를 지시하는 신호기
   다. 출발신호기 : 정거장에서 출발하려는 열차등에 대하여 신호기 뒷방향으로의 진입이 가능한지를 지시하는 신호기
   라. 폐색신호기 : 폐색구간에 진입하려는 열차등에 대하여 운전조건을 지시하는 신호기
   마. 입환신호기 : 차량을 결합·해체하거나 차선을 바꾸려는 차량에 대하여 신호기 뒷방향으로의 진입이 가능한지를 지시하는 신호기
2. 종속신호기
   가. 원방신호기 : 장내신호기 및 폐색신호기에 종속되어 그 신호상태를 예고하는 신호기
   나. 중계신호기 : 주신호기에 종속되어 그 신호상태를 중계하는 신호기
3. 신호부속기
   가. 진로표시기 : 장내신호기, 출발신호기, 진로개통표시기 또는 입환신호기에 부속되어 열차등에 대하여 그 진로를 표시하는 것
   나. 진로개통표시기 : 차내신호기를 사용하는 본선로의 분기부에 설치하여 진로의 개통상태를 표시하는 것

111 「철도차량운전규칙」에 따른 지도식과 지도표에 관한 설명으로 적절하지 않은 것은?

㉮ 지도식은 1폐색구간으로 하여 열차를 운전하는 경우에 후속열차를 운전할 필요가 없을 때에 한하여 시행한다.

> 지도식은 철도사고 등의 수습 또는 선로보수공사 등으로 현장과 가장 가까운 정거장 또는 신호소간을 <u>1폐색구간으로 하여 열차를 운전하는 경우에 후속열차를 운전할 필요가 없을 때에 한하여 시행한다</u>(「철도차량운전규칙」 제63조 후단).

✔ 지도표는 1폐색구간에 2매로 한다.

> 지도표는 1폐색구간에 <u>1매</u>로 하며, 열차는 당해구간의 지도표를 휴대하지 아니하면 그 구간을 운전할 수 없다(「철도차량운전규칙」 제64조 제2항).

㉰ 열차는 당해구간의 지도표를 휴대하지 아니하면 그 구간을 운전할 수 없다.

> 지도표는 1폐색구간에 1매로 하며, <u>열차는 당해구간의 지도표를 휴대하지 아니하면 그 구간을 운전할 수 없다</u>(「철도차량운전규칙」 제64조 제2항 후단).

㉱ 지도식을 시행하는 구간에서는 지도표를 발행하여야 한다.

> 지도식을 시행하는 구간에는 지도표를 발행하여야 한다(「철도차량운전규칙」 제64조 제1항).

112 다음 중 실제동거리를 계산하는 공식으로 적절한 것은?

㉮ 전제동거리 × 공주거리 ㉯ 공주거리 ÷ 전제동거리
✔ 전제동거리 − 공주거리 ㉱ 전제동거리 + 공주거리

> 실제동거리 = 전제동거리 − 공주거리

💡 **TIP**

거리산정공식
- 전제동거리 = 공주거리 + 실제동거리
- 공주거리 = 전제동거리 − 실제동거리
- 실제동거리 = 전제동거리 − 공주거리

113 「철도차량운전규칙」상 여객열차의 연결제한에 대한 설명으로 적절하지 않은 것은?

☑ ㉮ 여객열차에는 화차를 연결할 수 없으며 회송의 경우와 그 밖에 특별한 사유가 있는 경우라도 마찬가지이다.

> 여객열차에는 화차를 연결할 수 없다. 다만, 회송의 경우와 그 밖에 특별한 사유가 있는 경우에는 그러하지 아니하다(「철도차량운전규칙」 제12조 제1항).

㉯ 여객열차에 화차를 연결하는 경우에는 화차를 객차의 중간에 연결하여서는 아니 된다.

> 「철도차량운전규칙」 제12조 제2항

㉰ 동력을 사용하지 않는 기관차는 여객열차에 연결하여서는 아니 된다.

> 「철도차량운전규칙」 제12조 제3항 전단

㉱ 2차량 이상에 무게를 부담시킨 화물을 적재한 화차는 여객열차에 연결하여서는 아니 된다.

> 「철도차량운전규칙」 제12조 제3항 후단

법령

「철도차량운전규칙」 제12조(여객열차의 연결제한)
① 여객열차에는 화차를 연결할 수 없다. 다만, 회송의 경우와 그 밖에 특별한 사유가 있는 경우에는 그러하지 아니하다.
② 제1항 단서의 규정에 의하여 화차를 연결하는 경우에는 화차를 객차의 중간에 연결하여서는 아니된다.
③ 파손차량, 동력을 사용하지 아니하는 기관차 또는 2차량 이상에 무게를 부담시킨 화물을 적재한 화차는 이를 여객열차에 연결하여서는 아니 된다.

114 「도시철도운전규칙」에 따라 지정속도를 표시하여야 하는 임시신호기를 모두 고르면?

> ㄱ. 서행신호기
> ㄴ. 서행예고신호기
> ㄷ. 서행해제신호기

☑ ㉮ ㄱ   ㉯ ㄱ, ㄴ
㉰ ㄴ, ㄷ   ㉱ ㄱ, ㄴ, ㄷ

> 임시신호기 표지의 배면(背面)과 배면광(背面光)은 백색으로 하고, 서행신호기에는 지정속도를 표시하여야 한다(「도시철도운전규칙」 제69조 제2항).

115 다음 중 열차를 경제적으로 운전하기 위한 3원칙에 해당하는 것만을 고르면?

> ㄱ. 차량의 중량을 낮출 것
> ㄴ. 동력비가 최소일 것
> ㄷ. 정시운전을 할 수 있을 것
> ㄹ. 열차에 충격 및 기기의 손상이 없을 것
> ㅁ. 안전하게 운전할 것

㉮ ㄱ, ㄴ, ㄷ   ㉯ ㄱ, ㄷ, ㅁ
✅ ㉰ ㄴ, ㄷ, ㄹ   ㉱ ㄴ, ㄷ, ㅁ

<u>운전기술상의 경제운전의 3원칙</u>에는 '<u>ㄴ. 동력비가 최소일 것</u>', '<u>ㄷ. 정시운전을 할 수 있을 것</u>' 그리고 '<u>ㄹ. 열차에 충격 및 기기 손상이 없을 것</u>'이 있다.

💡 **TIP**

운전기술상의 경제운전의 3원칙
1. 정시운전을 할 수 있을 것
2. 동력비가 최소일 것
3. 열차에 충격 및 기기 손상이 없을 것

116 다음 중 속도 제곱에 비례하는 저항으로 적절한 것?

㉮ 차축과 축수간의 마찰   ㉯ 플랜지와 레일 간의 마찰저항
✅ ㉰ 공기의 저항   ㉱ 기계부분의 마찰저항

<u>공기의 저항</u>이란 공기 속을 운동하는 물체가 공기로부터 받는 저항을 의미하며, 이는 <u>속도의 제곱에 비례한다</u>.

💡 **TIP**

주행저항의 요소
- 속도와 관계없는 요소
  - 기계부분의 마찰저항
  - 차축과 축수 간의 마찰저항
  - 차륜 답면과 레일면과의 마찰저항
- 속도에 비례하는 요소
  - 플랜지와 레일 옆면 간의 마찰저항
  - 기계부의 충격에 의한 저항
- <u>속도의 제곱에 비례하는 요소</u>
  - <u>공기의 저항</u>
  - <u>동요에 의한 저항</u>

117 「철도차량운전규칙」상 열차 또는 차량의 속도제한 및 정지에 관한 설명으로 적절하지 않은 것은?

✅ ㉮ 총괄제어법에 따라 열차의 맨 앞에서 제어하는 경우 열차 또는 차량의 운전제한속도를 따로 정하여 시행하여야 한다.

> 추진운전을 하는 경우(총괄제어법에 따라 열차의 맨 앞에서 제어하는 경우를 제외한다) 열차 또는 차량의 운전제한속도를 따로 정하여 시행하여야 한다(「철도차량운전규칙」 제35조 제2호). ⚖[1]

㉯ 수신호에 의하여 정지신호의 현시가 있는 경우 그 현시지점을 넘어서 진행할 수 있다.

> 「철도차량운전규칙」 제36조 제1항 제2호 ⚖[2]

㉰ 자동폐색신호기의 정지신호에 의하여 일단 정지한 열차 또는 차량은 정지신호 현시중이라도 운전속도의 제한 등 안전조치에 따라 서행하여 그 현시지점을 넘어서 진행할 수 있다.

> 「철도차량운전규칙」 제36조 제2항 ⚖[2]

㉱ 무인운전 구간에서 운전업무종사자가 탑승하여 운전하는 경우 열차 또는 차량의 운전제한속도를 따로 정하여 시행하여야 한다.

> 「철도차량운전규칙」 제35조 제9호 ⚖[1]

법령 ⚖[1]

「철도차량운전규칙」 제35조(운전방법 등에 의한 속도제한)
철도운영자 등은 다음 각 호의 어느 하나에 해당하는 경우에는 열차 또는 차량의 운전제한속도를 따로 정하여 시행하여야 한다.
1. 서행신호 현시구간을 운전하는 경우
2. 추진운전을 하는 경우(총괄제어법에 따라 열차의 맨 앞에서 제어하는 경우를 제외한다)
3. 열차를 퇴행운전을 하는 경우
4. 쇄정(鎖錠)되지 않은 선로전환기를 대향(對向)으로 운전하는 경우
5. 입환운전을 하는 경우
6. 제74조에 따른 전령법(傳令法)에 의하여 열차를 운전하는 경우
7. 수신호 현시구간을 운전하는 경우
8. 지령운전을 하는 경우
9. 무인운전 구간에서 운전업무종사자가 탑승하여 운전하는 경우
10. 그 밖에 철도안전을 위하여 필요하다고 인정되는 경우

법령 ⚖[2]

「철도차량운전규칙」 제36조(열차 또는 차량의 정지)
① 열차 또는 차량은 정지신호가 현시된 경우에는 그 현시지점을 넘어서 진행할 수 없다. 다만, 다음 각 호의 어느 하나에 해당하는 경우에는 그러하지 아니하다.
  1. 삭제
  2. 수신호에 의하여 정지신호의 현시가 있는 경우
  3. 신호기 고장 등으로 인하여 정지가 불가능한 거리에서 정지신호의 현시가 있는 경우

② 제1항의 규정에 불구하고 자동폐색신호기의 정지신호에 의하여 일단 정지한 열차 또는 차량은 정지신호 현시중이라도 운전속도의 제한 등 안전조치에 따라 서행하여 그 현시지점을 넘어서 진행할 수 있다.
③ 서행허용표지를 추가하여 부설한 자동폐색신호기가 정지신호를 현시하는 때에는 정지신호 현시중이라도 정지하지 아니하고 운전속도의 제한 등 안전조치에 따라 서행하여 그 현시지점을 넘어서 진행할 수 있다.

118. 다음 중 「철도차량운전규칙」에서 철도운영자 등이 「철도안전법」 등 관계법령에 따라 필요한 교육을 실시해야 하는 철도종사자를 모두 고르면?

ㄱ. 운전업무종사자 ㄴ. 운전업무보조자
ㄷ. 관제업무종사자 ㄹ. 여객승무원

㉮ ㄱ
㉯ ㄱ, ㄴ
㉰ ㄱ, ㄴ, ㄷ
✓㉱ ㄱ, ㄴ, ㄷ, ㄹ

ㄱ. (O) 「철도차량운전규칙」 제6조 제1항 제1호
ㄴ. (O) 「철도차량운전규칙」 제6조 제1항 제2호
ㄷ. (O) 「철도차량운전규칙」 제6조 제1항 제3호
ㄹ. (O) 「철도차량운전규칙」 제6조 제1항 제4호

법령

「철도차량운전규칙」 제6조(교육 및 훈련 등)
① 철도운영자 등은 다음 각 호의 어느 하나에 해당하는 사람에게 「철도안전법」 등 관계 법령에 따라 필요한 교육을 실시해야 하고, 해당 철도종사자 등이 업무 수행에 필요한 지식과 기능을 보유한 것을 확인한 후 업무를 수행하도록 해야 한다.
 1. 「철도안전법」 제2조 제10호 가목에 따른 철도차량의 운전업무에 종사하는 사람(이하 "운전업무종사자"라 한다)
 2. 철도차량운전업무를 보조하는 사람(이하 "운전업무보조자"라 한다)
 3. 「철도안전법」 제2조 제10호 나목에 따라 철도차량의 운행을 집중 제어·통제·감시하는 업무에 종사하는 사람(이하 "관제업무종사자"라 한다)
 4. 「철도안전법」 제2조 제10호 다목에 따른 여객에게 승무 서비스를 제공하는 사람(이하 "여객승무원"이라 한다)
 5. 운전취급담당자
 6. 철도차량을 연결·분리하는 업무를 수행하는 사람
 7. 원격제어가 가능한 장치로 입환 작업을 수행하는 사

119. 다음 중 기존 선구의 운전실력을 기초로 하여 운전속도와 운전시분, 전동기의 전류, 전력소비량 등을 도시한 선도로 이를 기준운전선도라고도 하는 이것은 무엇인가?

㉮ **실제운전선도** ✓

㉯ 계획운전선도

> 운전계획에 사용하는 것으로 동력차 견인력과 열차저항의 관계에서 열차의 운전속도 결정, 운전시분의 산정, 연료 및 전력소비량 결정 등이 있다.

㉰ 가속력선도

> 열차의 속도를 높이기 위한 동력차의 견인력과 이를 방해하는 열차저항과의 차이가 가속력으로 표시된다. 가속력이 높고 낮음이 열차의 속도변화를 좌우하며, 운전선도의 직접 작도법의 기초자료이다.

㉱ 구배별 속도곡선도

120. 다음 중 옴의 법칙에 관한 설명으로 적절하지 않은 것은?

㉮ 저항은 전압에 비례한다. ㉯ 저항은 전류에 반비례한다.

㉰ 전압은 저항에 비례한다. ✓ 전류는 전압에 반비례한다.

> 옴의 법칙은 회로를 통과해 흐르는 전류(I)는 회로의 양단에 가해진 전압(V)에 비례하고, 저항(R)에 반비례한다.
> 이때 전류(I)의 공식은 $\frac{전압(V)}{저항(R)}$ 이므로 <u>전류는 전압에 비례하고, 저항에 반비례한다.</u>

TIP

옴의 법칙
- 의의
  회로를 통과해 흐르는 전류(I)는 회로의 양단에 가해진 전압(V)에 비례하고, 저항(R)에 반비례한다.
- 공식
  - 전압(V) = 전류(I) × 저항(R)
  - 전류(I) = $\frac{전압(V)}{저항(R)}$
  - 저항(R) = $\frac{전압(V)}{전류(I)}$

121 「도시철도운전규칙」에 따른 열차의 운전에 관한 내용으로 적절하지 않은 것은?

㉠ 운전사고 등으로 인하여 일시적으로 단선운전을 하는 경우 운전 진로를 달리할 수 있다.

> 「도시철도운전규칙」 제36조 제2항 제6호 ⚖️

✅ 열차를 추진운전하는 경우에는 반드시 맨 앞의 차량에서 운전하여야 한다.

> 열차는 맨 앞의 차량에서 운전하여야 한다. 다만, 추진운전, 퇴행운전 또는 무인운전을 하는 경우에는 그러하지 아니하다(「도시철도운전규칙」 제33조).

㉰ 열차는 도시철도운영자가 정하는 열차시간표에 따라 운전하여야 한다.

> 열차는 도시철도운영자가 정하는 열차시간표에 따라 운전하여야 한다. 다만, 운전사고, 운전장애 등 특별한 사유가 있는 경우에는 그러하지 아니하다(「도시철도운전규칙」 제34조).

㉱ 도시철도운영자는 운전사고, 운전장애 등으로 열차를 정상적으로 운전할 수 없을 때에는 열차의 종류, 도착지, 접속 등을 고려하여 열차가 정상운전이 되도록 운전정리를 하여야 한다.

> 「도시철도운전규칙」 제35조

법령 ⚖️

「도시철도운전규칙」 제36조(운전진로)
① 열차의 운전방향을 구별하여 운전하는 한 쌍의 선로에서 열차의 운전 진로는 우측으로 한다. 다만, 좌측으로 운전하는 기존의 선로에 직통으로 연결하여 운전하는 경우에는 좌측으로 할 수 있다.
② 다음 각 호의 어느 하나에 해당하는 경우에는 제1항에도 불구하고 운전 진로를 달리할 수 있다.
  1. 선로 또는 열차에 고장이 발생하여 퇴행운전을 하는 경우
  2. 구원열차(救援列車)나 공사열차(工事列車)를 운전하는 경우
  3. 차량을 결합·해체하거나 차선을 바꾸는 경우
  4. 구내운전(構內運轉)을 하는 경우
  5. 시험운전을 하는 경우
  6. 운전사고 등으로 인하여 일시적으로 단선운전(單線運轉)을 하는 경우
  7. 그 밖에 특별한 사유가 있는 경우

---

122 다음 중 출발저항에 관한 내용으로 가장 적절하지 않은 것은?

㉠ 화차가 객차보다 출발저항이 작다.
㉯ 열차가 구배 없는 평탄한 직선구간에서 출발할 때 받는 저항을 의미한다.
✅ 정차시간이 짧을 때 출발저항이 증가한다.

> 열차가 오래 정지해 있다가 움직이면 차량의 치차 등에 유막이 파괴되어 출발저항이 커진다.

㉱ 열차의 속도가 3km/h 이상일 때 주행저항으로 간주한다.

123 「철도차량운전규칙」에 따른 상치신호기의 종류와 용도로 적절하지 않은 것은?

㉮ 장내신호기 – 정거장에 진입하려는 열차 등에 대하여 신호기 뒷방향으로의 진입이 가능한지를 지시하는 것

> 장내신호기란 정거장에 진입하려는 열차에 대하여 신호를 현시하는 것이다(「철도차량운전규칙」 제82조 제1호 가목).

㉯ 원방신호기 – 장내신호기·출발신호기·폐색신호기 및 엄호신호기에 종속하여 열차에 주신호기가 현시하는 신호의 예고신호를 현시하는 것

㉰ 진로개통표시기 – 차내신호를 사용하는 열차가 운행하는 본선의 분기부에 설치하여 진로의 개통 상태를 표시하는 것

㉱ 차내신호 – 동력차 내에 설치하여 신호를 현시하는 것

💡 TIP

상치신호기와 상설신호기의 종류

구분	상치신호기 (「철도차량운전규칙」 제82조)	상설신호기 (「도시철도운전규칙」 제65조)
주신호기	장내신호기, 출발신호기, 폐색신호기, 엄호신호기, 유도신호기, 입환신호기	차내신호기, 장내신호기, 출발신호기, 폐색신호기, 입환신호기
종속신호기	원방신호기, 통과신호기, 중계신호기	원방신호기, 중계신호기
신호부속기	진로표시기, 진로예고기, 진로개통표시기	진로표시기, 진로개통표시기
차내신호	차내신호	–

124 「도시철도운전규칙」에 따른 용어의 설명으로 적절하지 않은 것은?

㉮ 무인운전이란 사람이 열차 안에서 직접 운전하지 아니하고 관제실에서의 원격조종에 따라 열차가 자동으로 운행되는 방식을 말한다.

> 「도시철도운전규칙」 제3조 제11호

㉯ 시계운전이란 사람의 맨눈에 의존하여 운전하는 것을 말한다.

> 「도시철도운전규칙」 제3조 제12호

㉰ 선로란 궤도 및 이를 지지하는 인공구조물을 말하며, 열차의 운전에 상용되는 본선과 그 외의 측선으로 구분된다.

> 「도시철도운전규칙」 제3조 제2호

내가 뽑은 원픽!

내가 뽑은 원픽!

2025
철도교통안전관리자
기출유형 모의고사 첨삭식 10회

―

초 판 발 행	2025년 02월 10일
편 저	교통안전자격시험연구회
발 행 인	정용수
발 행 처	(주)예문아카이브
주 소	서울시 마포구 동교로 18길 10 2층
T E L	02) 2038 – 7597
F A X	031) 955 – 0660
등 록 번 호	제2016-000240호
정 가	38,000원

- 이 책의 어느 부분도 저작권자나 발행인의 승인 없이 무단 복제하여 이용할 수 없습니다.
- 파본 및 낙장은 구입하신 서점에서 교환하여 드립니다.

홈페이지 http://www.yeamoonedu.com

ISBN 979-11-6386-406-6 [14530](전 2권)